执业兽医
资格考试指南
（兽医全科类）

预防科目

2025年

全国执业兽医资格考试推荐用书

中国兽医协会 组编

机械工业出版社

本书由中国兽医协会组织兽医学各学科权威专家，紧密围绕《全国执业兽医资格考试大纲（兽医全科类）（2025版）》要求的知识点，精心编写而成。内容包括兽医微生物学与免疫学、兽医传染病学、兽医寄生虫病学、兽医公共卫生学。全书采用双色印刷，并对重点内容突出显示，方便考生掌握考试重点；配有高清图片及详细图表，便于考生理解；配备电子书及核心考点精讲视频，方便考生随时随地复习。

本书重点突出、结构合理、逻辑性强，便于考生理解和记忆，以期为参加执业兽医资格考试的考生高效复习、备考及提高考试能力提供卓有成效的帮助。

图书在版编目（CIP）数据

执业兽医资格考试指南（兽医全科类）预防科目. 2025年 / 中国兽医协会组编. -- 北京：机械工业出版社，2025.3. -- （全国执业兽医资格考试推荐用书）.
ISBN 978-7-111-77711-3

Ⅰ.S85

中国国家版本馆CIP数据核字第2025WX2866号

机械工业出版社（北京市百万庄大街22号 邮政编码100037）
策划编辑：周晓伟　高　伟　　责任编辑：周晓伟　高　伟　刘　源
责任校对：曹若菲　王　延　　责任印制：单爱军
保定市中画美凯印刷有限公司印刷
2025年3月第1版第1次印刷
184mm×260mm·27.75印张·12插页·707千字
标准书号：ISBN 978-7-111-77711-3
定价：115.00元

电话服务　　　　　　　　网络服务
客服电话：010-88361066　　机　工　官　网：www.cmpbook.com
　　　　　010-88379833　　机　工　官　博：weibo.com/cmp1952
　　　　　010-68326294　　金　书　网：www.golden-book.com
封底无防伪标均为盗版　　机工教育服务网：www.cmpedu.com

编审委员会

顾　问　陈焕春　沈建忠　金梅林

主　任　辛盛鹏

副主任　刘秀丽

委　员　（按姓氏笔画排序）

王化磊　王丽平　冯亚楠　刘　源　刘　璐　刘大程
刘永夏　刘钟杰　许心怡　许巧瑜　李　靖　杨利峰
杨艳玲　束　刚　何启盖　张龙现　张剑柄　张源淑
陈　洁　陈向武　陈明勇　林鹏飞　周振雷　周晓伟
郎　峰　赵德明　党晓群　高　伟　郭慧君　剧世强
盖新娜　彭大新　董　婧

本书编写组

兽医微生物学与免疫学
主编 盖新娜
编者 盖新娜 王笑言 王 丽 文雪霞

兽医传染病学
主编 刘大程 王金玲
编者 刘大程 周伟光 希尼尼根 王金玲 杜 山
　　　 刘永宏 董俊斌 毛 伟 张 良 张宇飞

兽医寄生虫病学
主编 张龙现
编者 张龙现 刘 晶 孙玮玮 宋小凯 陆明敏
　　　 宫鹏涛 宁长申 李俊强 李晓迎 王春仁
　　　 闫文朝 马鸣潇

兽医公共卫生学
主编 王化磊 黄 培
编者 王化磊 刘晓雷 段 铭 任洪林 李建亮
　　　 黄 培 商营利 胡 盼 唐 斌 丁 静

序 FOREWORD

兽医，即给动物看病的医生，这大概是兽医最初的定义，也是现代民众对兽医的直观认识。据记载，兽医职业行为最早可以追溯到3800多年前。在农耕社会，兽医的主要工作内容以治疗畜禽疾病为主；20世纪初到20世纪80年代，动物规模化饲养日益普遍，动物传染病对畜牧业发展构成了极大威胁，控制和消灭重大动物疫病成为这一时期兽医工作的主要内容；20世纪末至今，动物饲养规模进一步扩大，集约化程度进一步提高，动物产品国际贸易日益频繁，且食品安全和环境保护问题日益突出，公共卫生问题越来越受关注，社会对兽医职业的要求使得兽医工作的领域不断拓宽，除保障畜牧业生产安全外，保障动物源性食品安全、公共卫生安全和生态环境安全也逐渐成了兽医工作的重要内容。

社会需求多元化引发了兽医职业在发展过程中的功能分化，兽医专业人员的从业渠道逐渐拓宽，承担不同的社会职责，因而，兽医这一古老而传统的职业在当下社会中并未随着工业化、信息化进程的加速而衰落，相反以强劲的发展势头紧跟时代的脚步。

我国社会、经济的发展对兽医的要求不断提高，兽医职业关系公共利益，这种职业特性决定了政府要规定从事兽医工作应具备的专业知识、技术和能力的从业资格标准，还要规定实行执业许可（执照）管理。2005年，在《国务院关于推进兽医管理体制改革的若干意见》（国发〔2005〕15号）中，第一次提出"要逐步推行执业兽医制度"。随后，在2008年实施的新修订的《中华人民共和国动物防疫法》中，明确提出"国家实行执业兽医制度"，以法律的形式确定了执业兽医制度。农业部（现农业农村部）高度重视执业兽医制度建设，颁布实施了《执业兽医管理办法》和《动物诊疗机构管理办法》，于2009年在吉林、河南、广西、重庆、宁夏五省（区、市）开展了执业兽医资格考试试点工作，并于2010年起在全国推行。通过执业兽医资格考试成为兽医取得执业资格的准入条件。

通过执业兽医资格考试，确保从事动物诊疗活动的兽医具备必要的知识和技能，具备正确的疫病防控知识和技能，有助于动物疫病的有效控制，同时也是与国际接轨、实现相互认证的需要，便于国际上兽医资格认证和动物诊疗服务的相互认可。随着当前我国畜牧业极大繁荣、宠物行业迅猛发展、动物疫病日益复杂以及公共卫生备受关注，对兽医专业人才的需求量加速增长。中国兽医协会作为国家级兽医行业协会，促进兽医职业更专业化，助力执业兽医的培养责无旁贷。

为帮助考生更好地应对执业兽医资格考试，中国兽医协会组织权威专家，依据考试大纲要求，于2010年开始组织编写执业兽医资格考试指南，为众多考生高效复习、备考、应试提供了全面系统的指引。光阴荏苒，"全国执业兽医资格考试推荐用书"系列焕新升级，将继续成为考生们的备考宝典。

我相信,"全国执业兽医资格考试推荐用书"系列图书的出版将对参加全国执业兽医资格考试考生的复习、应试提供很大帮助,将积极推动执业兽医人才培养、提升行业整体素质,进而为提高畜牧业、公共卫生和食品安全保障水平奠定坚实基础。我们期待通过本丛书,推动执业兽医队伍建设,为行业的发展和社会的进步贡献力量。

陈焕春

中国工程院院士
中国兽医协会会长
华中农业大学教授

前言

依据《中华人民共和国动物防疫法》和《国务院关于推进兽医管理体制改革的若干意见》相关要求以及《执业兽医管理办法》规定，我国于2009年1月1日起实行执业兽医资格考试制度。为帮助考生更好地应对执业兽医资格考试，中国兽医协会组织权威专家，依据考试大纲要求，于2010年开始组织编写执业兽医资格考试指南，为众多考生高效复习、备考、应试提供了全面系统的指导。随着科技的发展，考生的学习习惯和考试形式发生了很大的变化。为了适应现在的备考环境和考试形式，中国兽医协会与机械工业出版社展开合作，将执业兽医资格考试指南（兽医全科类）系列丛书焕新升级，使其更直击考点，以提升考生的备考效率。

《执业兽医资格考试指南（兽医全科类）预防科目2025年》包括兽医微生物学与免疫学、兽医传染病学、兽医寄生虫病学、兽医公共卫生学共4篇，是全国执业兽医资格考试推荐用书，具有以下特点：

内容更新：以最新考试大纲为框架进行编写，结构合理，逻辑性强。

重点突出：采用双色印刷，对重点内容进行突出处理，方便考生掌握考试重点。

图表结合：配有高清图片及详细图表，便于考生理解。

配有视频：配备电子书及核心考点精讲视频，方便考生随时随地复习，更好地掌握考点。

祝愿广大考生顺利通过执业兽医资格考试，开启一段充满挑战与成就的职业生涯。愿每一位追求兽医梦想的您，都能为动物、为人类、为环境贡献力量。

中国兽医协会

目录 CONTENTS

序

前言

第一篇　兽医微生物学与免疫学

第一章　细菌的结构与生理 ... 2
第一节　细菌的形态 ... 2
一、细菌的个体形态 ... 2
二、细菌的群体形态 ... 2
第二节　细菌的基本结构 ... 3
一、细胞壁 ... 3
二、细胞膜 ... 3
三、细胞质 ... 3
四、核体 ... 3
第三节　细菌的特殊结构 ... 4
一、荚膜 ... 4
二、鞭毛 ... 4
三、菌毛 ... 4
四、芽孢 ... 4
第四节　细菌染色方法 ... 5
一、革兰氏染色法 ... 5
二、瑞氏染色法 ... 5
三、特殊染色法 ... 5
第五节　细菌的生长繁殖 ... 6
一、细菌生长繁殖的基本条件 ... 6
二、细菌个体的生长繁殖 ... 7
三、细菌群体的生长繁殖 ... 7
第六节　细菌的代谢 ... 7
一、细菌的基本代谢过程 ... 7
二、细菌的合成代谢产物及其作用 ... 8
三、细菌的分解代谢与生化反应 ... 8
第七节　细菌的人工培养 ... 9
一、培养基的概念及种类 ... 10
二、细菌在培养基中的生长现象 ... 10
三、人工培养细菌的意义 ... 11

第二章　细菌的感染 ... 11
第一节　正常菌群 ... 11
一、正常菌群的概念 ... 11
二、动物体内正常菌群的分布 ... 11
三、正常菌群的生理作用 ... 12
第二节　细菌的致病性 ... 12
一、细菌致病性的确定 ... 12
二、细菌毒力的测定 ... 13
三、细菌的毒力因子 ... 13
四、细菌的侵入数量、途径与感染 ... 15
五、感染的类型 ... 15
第三节　细菌的耐药性 ... 16
一、细菌耐药性的概念 ... 16
二、细菌耐药性的检测方法 ... 16

第三章　细菌感染的诊断 ... 17
第一节　样本的采集原则 ... 17
第二节　细菌的分离鉴定 ... 17
一、常规细菌学检测 ... 17
二、血清学检测 ... 18
三、基因检测 ... 18

第四章　消毒和灭菌 ... 19
第一节　基本概念 ... 19
一、消毒 ... 19
二、灭菌 ... 19
三、无菌 ... 19
四、防腐 ... 19
第二节　物理消毒灭菌法 ... 19
一、热力灭菌法 ... 19
二、辐射灭菌法 ... 20

三、滤过除菌法 ································· 21
第三节 化学消毒灭菌法 ······················ 21
　一、常用消毒剂的种类及应用 ············ 21
　二、影响消毒剂作用的因素 ··············· 22

第五章　主要的动物病原菌 ············· 23
第一节　球菌 ····································· 23
　一、链球菌属 ·································· 23
　二、葡萄球菌属 ······························· 24
　三、蜜蜂球菌属 ······························· 25
第二节　肠杆菌科 ······························· 25
　一、埃希菌属 ·································· 25
　二、沙门菌属 ·································· 26
第三节　巴氏杆菌科及相关属 ··············· 27
　一、巴氏杆菌属 ······························· 27
　二、里氏杆菌属 ······························· 28
　三、嗜血杆菌属 ······························· 29
　四、放线杆菌属 ······························· 29
第四节　革兰氏阴性需氧杆菌 ··············· 30
　一、布鲁氏菌属 ······························· 30
　二、伯氏菌属 ·································· 31
　三、波氏菌属 ·································· 32
第五节　革兰氏阳性无芽孢杆菌 ············ 33
　一、李氏杆菌属 ······························· 33
　二、丹毒丝菌属 ······························· 33
第六节　革兰氏阳性产芽孢杆菌 ············ 34
　一、芽孢杆菌属 ······························· 34
　二、梭菌属 ····································· 35
　三、拟幼虫芽孢杆菌 ························· 36
第七节　分枝杆菌 ······························· 36
　一、牛分枝杆菌 ······························· 36
　二、副结核分枝杆菌 ························· 37
第八节　螺旋体 ·································· 38
　猪痢短螺旋体 ·································· 38
第九节　支原体 ·································· 39
　一、鸡毒支原体 ······························· 39
　二、猪肺炎支原体 ···························· 40
　三、牛支原体 ·································· 40
　四、丝状支原体山羊亚种 ··················· 40
　五、嗜血支原体 ······························· 40
第十节　真菌 ····································· 40
　一、白僵菌 ····································· 40
　二、蜜蜂球囊菌变种 ························· 41
第十一节　类菌质体 ···························· 41
　蜜蜂螺旋菌质体 ······························· 41

第六章　病毒基本特性 ···················· 42
第一节　病毒的结构 ···························· 42
　一、病毒的基本结构 ························· 42
　二、病毒的化学组成 ························· 42
　三、病毒的分类 ······························· 43

第二节　病毒的增殖 ···························· 43
　一、病毒的培养方法及其特点 ············ 43
　二、病毒的细胞培养 ························· 43
　三、病毒感染后产生的细胞病变、包涵体及空斑 ··· 44
第三节　病毒的感染 ···························· 44
　一、急性感染 ·································· 44
　二、持续性感染 ······························· 44

第七章　病毒的检测 ······················· 45
第一节　病料的采集与准备 ··················· 45
第二节　病毒的分离和鉴定 ··················· 45
　一、病毒的分离与培养 ······················ 45
　二、病毒的鉴定 ······························· 45
第三节　病毒感染单位的测定 ··············· 46
　一、空斑试验 ·································· 46
　二、终点稀释法 ······························· 46
第四节　病毒感染的血清学诊断方法 ······ 46
　一、病毒中和试验 ···························· 46
　二、血凝抑制试验 ···························· 46
　三、免疫组化技术 ···························· 46
　四、免疫转印技术 ···························· 46
　五、酶联免疫吸附试验（ELISA） ······ 46
第五节　病毒感染的分子诊断 ··············· 47
　一、聚合酶链式反应（PCR）及序列分析 ··· 47
　二、核酸杂交 ·································· 47
　三、DNA 芯片 ································ 47

第八章　主要的动物病毒 ················· 47
第一节　痘病毒科 ······························· 47
　一、绵羊痘病毒与山羊痘病毒 ············ 47
　二、黏液瘤病毒 ······························· 48
　三、口疮病毒 ·································· 48
第二节　非洲猪瘟病毒科 ······················ 48
　非洲猪瘟病毒 ·································· 48
第三节　疱疹病毒科 ···························· 49
　一、伪狂犬病病毒 ···························· 49
　二、牛传染性鼻气管炎病毒 ··············· 49
　三、马立克病病毒 ···························· 49
　四、禽传染性喉气管炎病毒 ··············· 50
　五、鸭瘟病毒 ·································· 50
第四节　腺病毒科 ······························· 50
　一、犬传染性肝炎病毒 ······················ 50
　二、产蛋下降综合征病毒 ··················· 51
第五节　细小病毒科 ···························· 51
　一、猪细小病毒 ······························· 51
　二、犬细小病毒 ······························· 51
　三、鹅细小病毒 ······························· 52
　四、猫泛白细胞减少症病毒 ··············· 52
　五、貂肠炎病毒 ······························· 52
　六、貂阿留申病病毒 ························· 52
第六节　圆环病毒科 ···························· 53

猪圆环病毒……53
第七节　逆转录病毒科……53
　　一、禽白血病病毒……53
　　二、山羊关节炎/脑脊髓炎病毒……54
　　三、马传染性贫血病毒……54
第八节　呼肠孤病毒科……54
　　一、禽正呼肠孤病毒……54
　　二、蓝舌病毒……54
　　三、轮状病毒……55
　　四、质型多角体病毒（蚕）……55
第九节　双RNA病毒科……55
　　传染性法氏囊病病毒……55
第十节　副黏病毒科……56
　　一、新城疫病毒……56
　　二、小反刍兽疫病毒……56
　　三、犬瘟热病毒……57
第十一节　弹状病毒科……57
　　一、狂犬病毒……57
　　二、牛暂时热病毒……58
第十二节　正黏病毒科……58
　　禽流感病毒……58
第十三节　冠状病毒科……59
　　一、禽传染性支气管炎病毒……59
　　二、猪传染性胃肠炎病毒……59
　　三、猪流行性腹泻病毒……60
　　四、猫冠状病毒……60
　　五、犬冠状病毒……60
第十四节　动脉炎病毒科……60
　　猪繁殖与呼吸综合征病毒……60
第十五节　微RNA病毒科……61
　　一、口蹄疫病毒……61
　　二、猪水疱病病毒……61
　　三、鸭肝炎病毒……62
　　四、囊状幼虫病病毒……62
　　五、蜜蜂慢性麻痹病毒……62
　　六、家蚕软化病病毒……62
第十六节　嵌杯病毒科……63
　　兔出血症病毒……63
第十七节　黄病毒科……63
　　一、猪瘟病毒……63
　　二、牛病毒性腹泻病毒……64
　　三、日本脑炎病毒……64
　　四、鸭坦布苏病毒……64
第十八节　朊病毒……65
　　朊病毒的特性及其所致疾病……65

第九章　抗原与抗体……65
第一节　抗原……65
　　一、抗原与抗原性的概念……65
　　二、影响抗原免疫原性的因素……65

　　三、抗原表位……66
　　四、抗原的交叉性……67
　　五、抗原的分类……67
　　六、重要的抗原……68
　　七、佐剂与免疫调节剂……68
第二节　抗体……70
　　一、免疫球蛋白与抗体的概念……70
　　二、免疫球蛋白的基本结构……70
　　三、免疫球蛋白的种类与抗原决定簇……71
　　四、各类抗体的特点及生物学功能……71
　　五、主要畜禽免疫球蛋白的特点……72
　　六、多克隆抗体……72
　　七、单克隆抗体……73
　　八、基因工程抗体……73

第十章　免疫系统……74
第一节　免疫器官……74
　　一、中枢免疫器官……74
　　二、外周免疫器官……75
第二节　免疫细胞……76
　　一、T细胞和B细胞……76
　　二、K细胞和NK细胞……76
　　三、抗原提呈细胞……77
　　四、其他免疫细胞……77
第三节　细胞因子……78
　　一、细胞因子的概念……78
　　二、细胞因子的种类和来源……78
　　三、细胞因子的特性……79
　　四、细胞因子的主要生物学作用……80
　　五、细胞因子的应用……81
　　六、主要动物的细胞因子……81
第四节　补体系统……82
　　一、补体系统的概念、组成和性质……82
　　二、补体细胞的激活途径……83
　　三、补体激活后的生物学效应……83
第五节　黏膜免疫系统……85
　　一、黏膜免疫系统的组成和结构特点……85
　　二、黏膜免疫系统的功能……86

第十一章　免疫应答……86
第一节　概述……86
　　一、免疫应答的概念……86
　　二、免疫应答的特点……86
　　三、免疫应答产生的部位……87
第二节　免疫应答的基本过程……87
　　一、致敏阶段……87
　　二、反应阶段……87
　　三、效应阶段……87
第三节　抗原的加工和提呈……87
　　一、抗原提呈细胞……88

二、外源性抗原的加工和提呈 ················· 88
　　三、内源性抗原的加工和提呈 ················· 88
　第四节　细胞免疫 ····························· 89
　　一、效应性T细胞的种类 ····················· 89
　　二、细胞毒性T细胞与细胞毒作用 ············· 89
　　三、T_{DTH}细胞与迟发型超敏反应 ············· 89
　第五节　体液免疫 ····························· 89
　　一、抗体产生的一般规律及特点 ··············· 89
　　二、抗体的免疫学功能 ······················· 90

第十二章　变态反应 ··················· 91
　第一节　概述 ································· 91
　第二节　过敏反应型（Ⅰ型）变态反应 ··········· 91
　　一、参与过敏反应的成分 ····················· 91
　　二、过敏反应型（Ⅰ型）变态反应的机理 ······· 92
　　三、临床常见的过敏反应型（Ⅰ型）变态反应 ··· 92
　第三节　细胞毒型（Ⅱ型）变态反应 ············· 92
　　一、细胞毒型（Ⅱ型）变态反应的机理 ········· 92
　　二、临床常见的细胞毒型（Ⅱ型）变态反应 ····· 93
　第四节　免疫复合物型（Ⅲ型）变态反应 ········· 93
　　一、免疫复合物型（Ⅲ型）变态反应的机理 ····· 93
　　二、临床常见的免疫复合物疾病 ··············· 94
　第五节　迟发型（Ⅳ型）变态反应 ··············· 94
　　一、迟发型（Ⅳ型）变态反应的机理 ··········· 94
　　二、临床常见的迟发型（Ⅳ型）变态反应 ······· 94

第十三章　抗感染免疫 ················· 95
　第一节　先天性（非特异性）免疫 ··············· 95
　　一、概念 ··································· 95
　　二、组成与生物学作用 ······················· 95
　　三、特点 ··································· 97
　第二节　获得性（特异性）免疫 ················· 97
　　一、概念 ··································· 97
　　二、组成与生物学作用 ······················· 97
　　三、特点 ··································· 97
　第三节　抗细菌、真菌感染的免疫 ··············· 97
　　一、抗细胞外细菌感染免疫 ··················· 97
　　二、抗细胞内细菌感染免疫 ··················· 98
　　三、抗真菌感染免疫 ························· 98
　第四节　抗病毒感染的免疫 ····················· 98
　　一、抗病毒的非特异性免疫 ··················· 98
　　二、抗病毒的特异性免疫 ····················· 99
　第五节　抗寄生虫感染的免疫 ·················· 100
　　一、抗原虫感染的免疫 ······················ 100
　　二、抗蠕虫感染的免疫 ······················ 100

第十四章　免疫防治 ·················· 101
　第一节　主动免疫 ···························· 101
　　一、概念 ·································· 101
　　二、天然主动免疫 ·························· 101
　　三、人工主动免疫 ·························· 101
　第二节　被动免疫 ···························· 102
　　一、概念 ·································· 102
　　二、天然被动免疫 ·························· 102
　　三、人工被动免疫 ·························· 102
　第三节　疫苗与免疫预防 ······················ 102
　　一、疫苗的种类、特点及应用 ················ 102
　　二、疫苗的免疫接种 ························ 104
　　三、影响疫苗免疫效果的因素 ················ 105

第十五章　免疫学技术 ················ 106
　第一节　概述 ································ 106
　　一、免疫学技术的概念及分类 ················ 106
　　二、免疫血清学反应的特点及影响因素 ········ 106
　　三、细胞免疫技术的种类 ···················· 108
　　四、免疫制备技术的种类 ···················· 108
　　五、免疫学技术的应用 ······················ 108
　　六、免疫学技术的发展趋向 ·················· 109
　第二节　凝集反应 ···························· 109
　　一、概念 ·································· 109
　　二、原理 ·································· 109
　　三、方法的分类与应用 ······················ 110
　第三节　沉淀反应 ···························· 110
　　一、概念 ·································· 110
　　二、原理 ·································· 110
　　三、方法的分类及应用 ······················ 110
　第四节　标记抗体技术 ························ 112
　　一、概念 ·································· 112
　　二、免疫荧光抗体技术 ······················ 112
　　三、免疫酶标记技术 ························ 113
　　四、放射免疫分析 ·························· 114
　第五节　中和试验 ···························· 115
　　一、概念 ·································· 115
　　二、原理 ·································· 115
　　三、方法的分类及应用 ······················ 115
　第六节　补体参与的检测技术 ·················· 116
　　一、概念 ·································· 116
　　二、原理 ·································· 116
　　三、方法的分类及应用 ······················ 116
　第七节　免疫检测新技术 ······················ 116
　　一、SPA免疫检测技术 ······················ 117
　　二、生物素-亲和素免疫检测技术 ············· 117
　　三、免疫胶体金检测技术 ···················· 117
　　四、免疫电镜技术 ·························· 117
　　五、免疫转印技术 ·························· 117
　　六、免疫沉淀技术 ·························· 117
　　七、PCR-ELISA技术 ························ 117
　　八、化学发光免疫测定 ······················ 118
　　九、免疫传感器 ···························· 118
　　十、免疫核酸探针技术 ······················ 118
　　十一、生物芯片 ···························· 118

第二篇 兽医传染病学

第一章 总论 ... 120

第一节 动物传染病与感染 ... 120
一、感染和传染病的概念 ... 120
二、感染的类型 ... 120

第二节 动物传染病流行过程的基本环节 ... 121
一、传染源 ... 121
二、传播途径与传播方式 ... 122
三、动物群体的易感性 ... 123
四、影响流行过程的因素 ... 124

第三节 动物流行病学调查 ... 124
一、流行病学调查的方法 ... 124
二、流行病学调查的内容 ... 124
三、流行病学分析中常用的频率指标 ... 125

第四节 动物传染病诊断方法 ... 125
一、临床综合诊断 ... 125
二、实验室诊断 ... 125

第五节 动物传染病的免疫防控措施 ... 126
一、预防接种 ... 126
二、紧急接种 ... 128

第六节 动物传染病的综合防控措施 ... 128
一、防疫工作的基本原则和内容 ... 128
二、疫情报告 ... 129
三、检疫、隔离、封锁的概念 ... 129
四、消毒、杀虫、灭鼠 ... 131
五、药物防治 ... 132

第二章 人兽共患传染病 ... 134
第一节 牛海绵状脑病 ... 134
第二节 高致病性禽流感 ... 134
第三节 狂犬病 ... 135
第四节 日本脑炎 ... 136
第五节 炭疽 ... 137
第六节 布鲁氏菌病 ... 137
第七节 沙门菌病 ... 138
第八节 结核病（牛结核病、禽结核病） ... 140
第九节 猪链球菌病 ... 141
第十节 马鼻疽 ... 142
第十一节 大肠杆菌病 ... 143
第十二节 李氏杆菌病 ... 144

第三章 多种动物共患传染病 ... 145
第一节 口蹄疫 ... 145
第二节 伪狂犬病 ... 146
第三节 梭菌性疾病 ... 147
第四节 副结核病 ... 150
第五节 多杀性巴氏杆菌病 ... 151

第四章 猪的传染病 ... 152
第一节 猪瘟 ... 152
第二节 非洲猪瘟 ... 154
第三节 猪水疱病 ... 155
第四节 猪繁殖与呼吸综合征 ... 155
第五节 猪细小病毒感染 ... 156
第六节 猪传染性胃肠炎 ... 157
第七节 猪流行性腹泻 ... 158
第八节 猪丹毒 ... 159
第九节 猪接触传染性胸膜肺炎 ... 160
第十节 猪传染性萎缩性鼻炎 ... 160
第十一节 猪支原体肺炎 ... 161
第十二节 猪圆环病毒病 ... 162
第十三节 副猪嗜血杆菌病 ... 163
第十四节 猪痢疾 ... 164

第五章 牛、羊的传染病 ... 165
第一节 牛传染性胸膜肺炎 ... 165
第二节 蓝舌病 ... 166
第三节 牛传染性鼻气管炎 ... 168
第四节 牛流行热 ... 169
第五节 牛病毒性腹泻/黏膜病 ... 170
第六节 小反刍兽疫 ... 171
第七节 绵羊痘和山羊痘 ... 172
第八节 山羊关节炎-脑炎 ... 173
第九节 山羊传染性胸膜肺炎 ... 174
第十节 羊传染性脓疱皮炎 ... 175
第十一节 坏死杆菌病 ... 176

第六章 马的传染病 ... 177
第一节 马传染性贫血 ... 177
第二节 马腺疫 ... 178
第三节 马流行性感冒 ... 179
第四节 非洲马瘟 ... 179

第七章 禽的传染病 ... 180
第一节 新城疫 ... 180
第二节 鸡传染性喉气管炎 ... 181
第三节 鸡传染性支气管炎 ... 182
第四节 鸡传染性法氏囊病 ... 182
第五节 鸡马立克病 ... 183
第六节 产蛋下降综合征 ... 184
第七节 禽白血病 ... 185
第八节 鸡病毒性关节炎 ... 186
第九节 鸡传染性鼻炎 ... 186
第十节 鸡败血支原体感染 ... 187
第十一节 鸭瘟 ... 188
第十二节 鸭病毒性肝炎 ... 188

第十三节　鸭浆膜炎…………………189
第十四节　鸭坦布苏病毒病……………190
第十五节　小鹅瘟………………………191

第八章　犬、猫的传染病……………192
第一节　犬瘟热…………………………192
第二节　犬细小病毒病…………………193
第三节　犬传染性肝炎…………………194
第四节　犬冠状病毒性腹泻……………195
第五节　猫泛白细胞减少症……………196
第六节　猫传染性腹膜炎………………197
第七节　猫艾滋病………………………198

第九章　兔、貂的传染病……………199
第一节　兔出血症………………………199
第二节　兔黏液瘤病……………………200
第三节　水貂阿留申病…………………201
第四节　水貂病毒性肠炎………………202

第十章　蚕、蜂的传染病……………202
第一节　家蚕核型多角体病……………202
第二节　白僵病…………………………203
第三节　家蚕微粒子病…………………205
第四节　美洲蜜蜂幼虫腐臭病…………206
第五节　欧洲蜜蜂幼虫腐臭病…………207
第六节　白垩病…………………………208

第三篇　兽医寄生虫病学

第一章　寄生虫学基础知识…………210
第一节　寄生虫与宿主的类型…………210
　一、寄生虫与寄生虫类型……………210
　二、宿主与宿主类型…………………210
第二节　寄生虫病的流行病学与危害性…211
　一、寄生虫病的感染来源与感染途径…211
　二、寄生虫病的流行特点……………211
　三、影响寄生虫病流行的主要因素…213
　四、寄生虫对宿主的影响（致病机理）…213
第三节　寄生虫病的免疫………………214
　一、寄生虫的抗原特性………………214
　二、寄生虫病获得性免疫的类型……214
　三、寄生虫病的变态反应类型………214
　四、寄生虫的免疫逃避………………215

第二章　寄生虫病的诊断与防控技术……216
第一节　寄生虫病的诊断技术…………216
　一、消化道、呼吸道与生殖道寄生虫病的诊断……216
　二、血液与组织内寄生虫病的诊断…217
　三、外寄生虫病的诊断………………217
　四、寄生虫病的免疫诊断……………217
第二节　寄生虫病的防控技术…………218
　一、常规防控措施……………………218
　二、药物的选择与应用………………219
　三、免疫预防…………………………220

第三章　人兽共患寄生虫病…………220
第一节　弓形虫病………………………220
第二节　利什曼原虫病…………………223
第三节　日本分体吸虫病（日本血吸虫病）…224
第四节　片形吸虫病……………………227
第五节　猪囊尾蚴病……………………229
第六节　棘球蚴病………………………231
第七节　旋毛虫病………………………233

第四章　多种动物共患寄生虫病……235
第一节　伊氏锥虫病……………………235
第二节　新孢子虫病……………………236
第三节　隐孢子虫病……………………238
第四节　贾第虫病………………………240
第五节　肉孢子虫病……………………241
第六节　华支睾吸虫病…………………243
第七节　细颈囊尾蚴病…………………244
第八节　类圆线虫病……………………245
第九节　毛尾线虫病……………………246
第十节　疥螨病…………………………247
第十一节　痒螨病………………………248
第十二节　蠕形螨病……………………248
第十三节　蜱病（硬蜱、软蜱）………249

第五章　猪的寄生虫病………………250
第一节　猪球虫病………………………250
第二节　猪小袋纤毛虫病………………252
第三节　猪姜片吸虫病…………………253
第四节　猪消化道线虫病………………254
　一、猪蛔虫病…………………………254
　二、猪食道口线虫病…………………255
　三、猪胃线虫病………………………256
第五节　猪肺线虫病……………………257
第六节　猪肾虫病………………………258
第七节　猪棘头虫病……………………259

第六章　牛、羊的寄生虫病…………261
第一节　巴贝斯虫病……………………261
第二节　牛、羊泰勒虫病………………263
第三节　牛、羊球虫病…………………265
　一、牛球虫病…………………………265
　二、羊球虫病…………………………266
第四节　牛胎儿三毛滴虫病……………267
第五节　牛、羊吸虫病…………………268
　一、歧腔吸虫病………………………268

二、阔盘吸虫病…………………………269
三、东毕吸虫病…………………………270
四、前后盘吸虫病………………………271
第六节　牛、羊消化道绦虫病……………272
第七节　多头蚴病…………………………273
一、脑多头蚴病（脑包虫病）…………273
二、斯氏多头蚴病………………………274
第八节　牛囊尾蚴病………………………275
第九节　羊囊尾蚴病………………………276
第十节　牛、羊消化道线虫病……………276
一、牛蛔虫病……………………………276
二、毛圆科线虫病………………………277
三、食道口线虫病………………………279
四、仰口线虫病…………………………280
第十一节　牛、羊肺线虫病………………280
一、羊网尾线虫病………………………280
二、原圆线虫病…………………………282
三、牛网尾线虫病………………………282
第十二节　牛吸吮线虫病…………………283
第十三节　牛皮蝇蛆病……………………284
第十四节　羊狂蝇蛆病……………………285

第七章　马的寄生虫病……………286

第一节　驽巴贝斯虫病……………………286
第二节　马泰勒虫病（原马巴贝斯虫病）…287
第三节　马媾疫……………………………288
第四节　马绦虫病…………………………288
第五节　马消化道线虫病…………………289
一、马副蛔虫病…………………………289
二、马圆线虫病…………………………290
三、马胃线虫病…………………………291
第六节　马网尾线虫病……………………292
第七节　马脑脊髓丝虫病与浑睛虫病……292
第八节　马胃蝇蛆病………………………294

第八章　禽的寄生虫病……………295

第一节　组织滴虫病………………………295
第二节　住白细胞虫病……………………296
第三节　鸡球虫病…………………………297
第四节　鸭球虫病…………………………301
第五节　鹅球虫病…………………………302
第六节　前殖吸虫病………………………304
第七节　后睾吸虫病………………………305
第八节　赖利绦虫病………………………306

第九节　戴文绦虫病………………………307
第十节　剑带绦虫病………………………308
第十一节　皱褶绦虫病……………………308
第十二节　膜壳绦虫病……………………309
第十三节　消化道线虫病…………………309
一、禽蛔虫病……………………………309
二、异刺线虫病…………………………310
三、毛细线虫病…………………………311
四、胃线虫病……………………………312
第十四节　比翼线虫病……………………313
第十五节　禽皮刺螨病……………………314
第十六节　突变膝螨病……………………314
第十七节　新棒恙螨病……………………315
第十八节　禽虱病…………………………316

第九章　犬、猫的寄生虫病………316

第一节　犬巴贝斯虫病……………………316
第二节　犬、猫球虫病……………………317
第三节　并殖吸虫病………………………318
第四节　犬复孔绦虫病……………………319
第五节　孟氏迭宫绦虫病…………………320
第六节　犬、猫蛔虫病……………………321
第七节　犬、猫钩虫病……………………323
第八节　犬恶丝虫病………………………323
第九节　犬耳痒螨病………………………324
第十节　猫背肛螨病………………………325
第十一节　犬、猫蚤………………………326

第十章　兔的寄生虫病……………326

兔球虫病……………………………………326

第十一章　蚕的寄生虫病…………328

第一节　家蚕的寄生虫病…………………328
一、蝇蛆病………………………………328
二、蒲螨病………………………………329
第二节　柞蚕的寄生虫病…………………331
一、寄生蝇………………………………331
二、线虫病………………………………332

第十二章　蜂的寄生虫病…………333

第一节　孢子虫病…………………………333
第二节　蜜蜂马氏管变形虫病……………335
第三节　蜂螨病……………………………336

第四篇　兽医公共卫生学

第一章　环境与健康………………340

第一节　生态环境与人类健康……………340
一、生态系统与生态平衡………………340

二、影响生态平衡的因素………………340
三、食物链………………………………340
四、臭氧层破坏对人类健康的影响……341

五、环境有害因素对机体作用的一般特性……341
　第二节　环境污染及对人类健康的影响……342
　　一、环境污染与公害的概念……342
　　二、环境污染的分类……343
　　三、环境污染对人体健康影响的特点……346
　　四、环境污染对健康的病理损害作用……346
　　五、环境污染引起的疾病……348
　　六、兽药对生态环境的污染与影响……349
　　七、环境污染的控制……350

第二章　动物性食品污染及控制……352
　第一节　动物性食品污染概述……352
　　一、概念……352
　　二、动物性食品污染的分类……353
　　三、动物性食品污染的来源与途径……355
　　四、动物性食品污染的危害……355
　第二节　化学性污染……357
　　一、农药残留……357
　　二、兽药残留……358
　　三、重金属和非金属污染……359
　第三节　放射性污染……363
　　一、食品放射性污染物的来源与途径……363
　　二、食品放射性污染的危害……364
　第四节　细菌性食物中毒……364
　　一、沙门菌食物中毒……364
　　二、志贺菌食物中毒……365
　　三、致泻性大肠埃希菌食物中毒……365
　　四、小肠结肠炎耶尔森菌食物中毒……366
　　五、空肠弯曲菌食物中毒……366
　　六、葡萄球菌食物中毒……367
　　七、链球菌食物中毒……367
　　八、李氏杆菌食物中毒……368
　　九、肉毒梭菌毒素食物中毒……368
　　十、产气荚膜梭菌食物中毒……369
　第五节　动物性食品的安全性评价……369
　　一、食品卫生标准和食品安全标准……369
　　二、生物性污染评价指标……370
　　三、化学性污染评价指标……371
　第六节　动物性食品污染的控制……372
　　一、生物性污染控制措施……372
　　二、化学性污染控制措施……373
　　三、放射性污染控制措施……373
　　四、畜禽标识和可追溯管理……374
　第七节　动物性食品安全生产与管理……375
　　一、无公害食品的生产与管理……375
　　二、绿色食品的生产与管理……377
　　三、有机食品的生产与管理……380
　第八节　食品安全监督管理与控制……383
　　一、食品安全监督管理……383
　　二、食品安全风险监测和评估……389
　　三、HACCP体系……390
　　四、GMP体系……392
　　五、食品安全的其他质量控制体系……392

第三章　人兽共患病概论……393
　第一节　人兽共患病的概念与分类……393
　　一、人兽共患病的概念……393
　　二、人兽共患病的分类……393
　第二节　人兽共患病的特征及危害……394
　　一、人兽共患病的特征……394
　　二、人兽共患病的危害……395
　第三节　人兽共患病疫源地和自然疫源地……396
　　一、人兽共患病疫源地……396
　　二、人兽共患病自然疫源地……396

第四章　动物检疫……397
　第一节　动物检疫方式……397
　　一、现场检疫……397
　　二、隔离检疫……397
　第二节　产地检疫……398
　　一、产地检疫对象……398
　　二、产地检疫方法……398
　第三节　屠宰检疫……398
　　一、屠宰检疫对象……398
　　二、宰前检疫方法……398
　　三、宰后检验方法……399
　第四节　屠宰畜禽重要疫病的检疫与处理……399
　　一、屠宰畜禽重要疫病的检疫……399
　　二、屠宰畜禽重要疫病的处理……409

第五章　乳品卫生……411
　第一节　影响乳品质量安全的因素……411
　　一、饲养管理……411
　　二、乳畜的健康状况……411
　　三、化学性污染……411
　　四、微生物污染……411
　第二节　乳的生产卫生……412
　　一、环境与设施……412
　　二、动物卫生条件……413
　　三、饲养卫生与管理……413
　　四、工作人员的健康与卫生……413
　　五、挤奶卫生……413
　　六、鲜奶盛装、贮藏与运输卫生……413
　　七、免疫与消毒……414
　　八、监测与净化……414
　第三节　乳品掺假及不合格乳的卫生评定……414
　　一、乳品掺假……414
　　二、不合格乳的卫生评定……415

第六章　场地消毒及无害化处理……416
　第一节　场地消毒技术……416
　　一、养殖场的消毒……416
　　二、屠宰加工车间的消毒……417
　　三、冷库的消毒……418
　　四、运输工具的消毒……419
　第二节　污水的处理……419

一、污水处理的原理与基本方法 …………… 419
二、测定指标 …………………………………… 421
三、处理后的消毒 ……………………………… 421
第三节 粪便、垫料及其他污物的无害化处理 …………………………………… 423
一、粪便的无害化处理 ………………………… 423
二、垫料及其他污物的无害化处理 ……………… 424

第七章 动物诊疗机构及其人员公共卫生要求 …………………………… 424

第一节 动物诊疗机构的卫生要求 ……………… 424
一、环境和公共区清洁卫生要求 ………………… 424
二、污水和废弃物处理要求 ……………………… 425
三、放射线防护要求 ……………………………… 426
第二节 动物诊疗机构医护人员防护要求 ……… 426
一、疫病预防措施 ………………………………… 426
二、卫生防护要求 ………………………………… 427

参考文献 ……………………………………… 428

第一篇
兽医微生物学与免疫学

第一章 细菌的结构与生理

第一节 细菌的形态

细菌的形态简单,以二等分分裂的方式进行繁殖。有些细菌分裂后彼此分离,以单个形式存在;有些细菌分裂后彼此间通过原浆带相连,呈现出特殊的排列方式。正常情况下,不同种类细菌的形态和排列方式相对稳定,并具有种属特征,可作为细菌菌种鉴定的依据。

一、细菌的个体形态

细菌的基本个体形态大致有球状、杆状和螺旋状 3 种,分别称之为球菌、杆菌和螺旋菌。

1. 球菌

多数菌体呈球形或近似球形。根据其分裂方向及分裂后的排列情况,可分为双球菌、链球菌、葡萄球菌等。双球菌沿一个平面分裂,分裂后两个菌体成对排列,如肺炎双球菌;链球菌沿一个平面、连续、多次进行分裂,分裂后 3 个以上的菌体排列呈链状,如猪链球菌;葡萄球菌沿多个平面无定向分裂,分裂后多个菌体不规则地排列在一起,呈葡萄串状,如金黄色葡萄球菌。

2. 杆菌

菌体一般呈直杆状,也有的呈近似卵圆形。多数平直,少数微弯曲。两端多为钝圆,少数为平截。只有一个分裂方向,分裂面与菌体长轴垂直。多数杆菌分裂后彼此分离,单独存在,无特殊排列,称为单杆菌;有的杆菌菌体短小、两端钝圆、近似球状,称为球杆菌,如布鲁氏菌、大肠杆菌;有的杆菌两端平齐,如炭疽杆菌;有的杆菌菌体一端膨大,呈棒状,称为棒状杆菌,如化脓棒状杆菌;有的杆菌菌体有侧枝或分枝,称为分枝杆菌,如结核分枝杆菌。

3. 螺旋菌

菌体呈弯曲状或螺旋状,两端圆或尖突。根据弯曲程度和弯曲数可分为弧菌和螺菌。只有一个弯曲、菌体呈弧形或逗点状的为弧菌,如霍乱弧菌;呈螺旋状、有两个以上弯曲的为螺菌,如鼠咬热螺菌;也有的菌体细长、弯曲、呈弧形或螺旋状,称为螺杆菌,如幽门螺杆菌。

当环境条件不适合细菌生长时(如培养温度、营养成分等)或菌龄较长时,菌体形态往往会发生改变。在适宜条件下培养 8~18h 的细菌形态通常较为典型。幼龄或衰老的细菌受药物等因素作用后常表现为多形性。但有些细菌在适宜的环境条件下形态也很不一致,如嗜血杆菌。

二、细菌的群体形态

细菌在固体培养基中以菌落形式出现。细菌在适宜条件下经过一定时间培养(一般为 18~24h),在适宜的固体培养基表面或内部分裂增殖,形成肉眼可见的、有一定形态的独立群体,称为菌落,又称为克隆。如果菌落连成一片称为菌苔。不同种细菌的菌落在大小、色泽、表面性状、边缘结构等方面各具特征,例如,金黄色葡萄球菌在普通营养琼脂培养基上的菌落为圆形、表面光滑、边缘整齐；炭疽杆菌的菌落大而扁平、表面粗糙、边缘呈卷发状。菌落特征可作为鉴定细菌种类的依据。

第二节　细菌的基本结构

基本结构是指所有细菌都具有的细胞结构，包括细胞壁、细胞膜、细胞质和核体等。

一、细胞壁

细胞壁是位于细菌细胞最外层、贴近细胞膜的一层坚韧而具有弹性的结构，不易着色，个别大型菌可以在光学显微镜下观察到。细胞壁一般由糖类、蛋白质和脂类镶嵌排列组成，主要成分是肽聚糖。不同细菌细胞壁的结构和成分有所不同，通过革兰氏染色法染色可将细菌分为革兰氏阳性菌和革兰氏阴性菌两大类。革兰氏阳性菌的细胞壁较厚，主要由肽聚糖和磷壁酸组成，其中磷壁酸穿插于肽聚糖层内，是革兰氏阳性菌所特有的成分。革兰氏阴性菌的细胞壁较薄，结构较革兰氏阳性菌更为复杂，除含有肽聚糖层外，还包含外膜和周质间隙，外膜由外膜蛋白、脂质双层和脂多糖三部分组成。

当细菌受到某些理化因素或药物作用时，其细胞壁的肽聚糖层可被直接破坏或合成受到抑制，这种细胞壁缺陷型的细菌称为细菌 L 型。几乎所有的细菌、螺旋体和真菌均可产生细菌 L 型。革兰氏阳性菌细胞壁缺失后，原生质仅被一层细胞膜包裹，称为原生质体；革兰氏阴性菌肽聚糖层受损后尚有外膜保护，称为原生质球。

细胞壁维持了菌体固有的外形，保护细菌抵抗低渗环境，参与细胞内外的物质交换，与细菌的致病性、免疫原性、对药物的敏感性及染色特性有关。

二、细胞膜

细胞膜位于细胞壁内侧，紧密包裹细胞质，是一层富有弹性及半渗透性的薄膜。细菌细胞膜的结构与真核生物的细胞膜基本相同，由磷脂和多种蛋白质组成，但不含胆固醇。

细胞膜具有选择通透性，可进行细胞内外的物质交换，维持细胞内正常渗透压。有多种酶类，参与细胞呼吸过程，与细菌的能量产生、利用和贮存有关，是细菌细胞生物合成的场所，菌体的多种成分如肽聚糖、磷壁酸、脂多糖等均可由细胞膜合成。

三、细胞质

细胞质指细胞膜所包围的、除核体以外的所有物质，含有多种酶系统，是细菌新陈代谢的主要场所。细胞质中含有一些有形成分如核糖体、质粒等亚显微结构。

1. 核糖体

核糖体是游离于细胞质中的微小颗粒，由 RNA 和蛋白质组成，是合成蛋白质的场所。细菌核糖体的沉降系数为 70S，由 50S 和 30S 两个亚基组成，有些抗生素如红霉素、链霉素能分别与 50S 和 30S 亚基结合，从而干扰菌体蛋白的合成发挥抗菌作用。

2. 质粒

质粒是细菌染色体外的遗传物质，为小型环状双股 DNA 分子。质粒编码细菌生命活动非必需的基因，赋予其某些特定的遗传性状。质粒可自我复制随细菌分裂传给子代菌体，也可从一个细菌转移至另一个细菌。在基因工程中质粒常用作目的基因的转运载体。

四、核体

核体是细菌的染色体，由裸露的共价闭合、环状双股 DNA 分子堆积而成，因其无核膜和核仁，也无组蛋白包绕，故又称拟核。核体具有细胞核的功能，是细菌遗传变异的物质基础。

第三节　细菌的特殊结构

某些细菌在一定条件下可形成一些特殊结构，如荚膜、鞭毛、菌毛和芽孢等。

一、荚膜

荚膜是某些细菌在生活过程中在细胞壁外包绕的一层边界清楚且较厚的黏液样物质。大多数细菌的荚膜为多糖，少数细菌的荚膜为多肽。荚膜的形成与细菌所处的环境有关，一般在机体内或营养丰富的培养基中容易形成，而在环境不良或普通培养基上则易消失。

荚膜具有黏附作用，可使细菌与宿主组织特异性结合，是引起感染的重要因素。荚膜可保护细菌抵御吞噬细胞的吞噬，增加细菌的侵袭力和致病性。荚膜成分具有抗原性，可作为细菌鉴定及细菌分类的依据。

二、鞭毛

鞭毛是某些细菌表面附着的细长呈波浪状弯曲的丝状物，其数目从一根到数十根不等。鞭毛的成分是蛋白质，由鞭毛蛋白的亚单位组成。根据鞭毛的数目、位置等可将有鞭毛的细菌分为一端单毛菌、两端单毛菌、丛毛菌和周毛菌。

鞭毛是细菌的运动器官，其运动有化学趋向性，向营养物质靠近，逃离有害物质。根据鞭毛菌的动力和鞭毛的抗原性，可作为细菌鉴定和分类的依据。有些细菌的鞭毛与致病性有关。

三、菌毛

菌毛是在大多数革兰氏阴性菌和少数革兰氏阳性菌的表面，遍布比鞭毛细而短的丝状物，又称为纤毛或伞毛。菌毛只有在电子显微镜下才能观察到，与细菌的运动无关。菌毛的化学成分为蛋白质，具有良好的抗原性。按其形态、分布和功能可分为普通菌毛和性菌毛。

1. 普通菌毛

普通菌毛遍布于菌体表面，数量多。具有黏附作用，细菌借此黏附于呼吸道、消化道和泌尿生殖道的黏膜上皮细胞上，进而侵入细胞。因此，普通菌毛与细菌的致病性有关。

2. 性菌毛

性菌毛仅见于少数革兰氏阴性菌，每个菌体仅有1~4根，为中空管状，比普通菌毛长而粗。由质粒携带的致育因子（F因子）编码，故又称为F菌毛。

四、芽孢

芽孢是某些细菌在一定环境条件下，胞质脱水浓缩形成的具有多层膜包裹、通透性低的圆形或椭圆形小体。芽孢的形成不是细菌的繁殖方式，而是细菌的休眠状态，是细菌抵抗不良环境的特殊存活形式。

芽孢形成的意义：①芽孢对热力、干燥、化学消毒剂和辐射等有较强的抵抗力。杀灭芽孢的可靠方法是干热灭菌或高压蒸汽灭菌，常以杀灭细菌芽孢作为灭菌或消毒是否彻底的标准。芽孢的休眠能力强，在自然界中可存活数年甚至数十年。②环境中的芽孢一旦进入机体后又可发芽而形成新的繁殖体。③芽孢的大小、形态和在菌体中的位置随菌种而异，有助于细菌的鉴别，如炭疽杆菌的芽孢为卵圆形，位于菌体中央；破伤风梭菌的芽孢为圆形，比菌体大，位于菌体末端。

第四节 细菌染色方法

细菌个体微小，肉眼不可见，需借助普通光学显微镜或电子显微镜放大后才能观察到其形态和结构。普通光学显微镜包括明视野显微镜、暗视野显微镜、相差显微镜和荧光显微镜等，暗视野显微镜多用于不易染色的微生物（如螺旋体等）的形态和运动观察。细菌学检验中最常用的是明视野显微镜，但由于细菌通常为无色半透明，且具有一些特殊结构，需要经过染色才能在明视野显微镜下清楚地观察细菌的形态和结构。

细菌通常带有负电荷，易与带正电荷的碱性染料结合，故多选用碱性染料，如亚甲蓝（美蓝）、碱性复红、甲紫等。细菌的染色方法有多种，常用的有革兰氏染色法、瑞氏染色法和特殊染色法（如抗酸染色法、芽孢染色法、荚膜染色法、鞭毛染色法）等。

一、革兰氏染色法

根据革兰氏染色结果可将细菌分为革兰氏阳性菌和革兰氏阴性菌两大类，革兰氏阳性菌呈紫色，革兰氏阴性菌呈红色。革兰氏染色法包括结晶紫初染、碘液媒染、95%乙醇脱色、苯酚（石炭酸）或沙黄复染4个步骤。革兰氏染色法与细菌的细胞壁结构密切相关，经结晶紫初染和碘液媒染后，所有细菌都染上不溶于水的结晶紫与碘的复合物，呈现深紫色。因革兰氏阴性菌的细胞壁肽聚糖含量较少，脂质含量高易被乙醇溶解，使细胞壁通透性升高，结晶紫与碘的复合物被乙醇洗脱出细胞壁之外，最后被沙黄复染为红色。革兰氏阳性菌细胞壁肽聚糖层厚，脂质含量低，结晶紫与碘的复合物不易从菌体细胞壁洗脱，仍保留深紫色。

革兰氏染色法在鉴别细菌、研究细菌致病性、选择抗菌药物等方面具有重要的临床价值。

二、瑞氏染色法

瑞氏染料是碱性亚甲蓝与酸性伊红钠盐混合而成的染料，当溶于甲醇后即发生分离，分解成酸性和碱性两种染料。由于细菌带负电荷，与带正电荷的碱性染料结合而呈蓝色。组织细胞的细胞核含有大量的核糖核酸镁盐，也与碱性染料结合呈蓝色。而背景和细胞质一般为中性，易与酸性染料结合呈红色。

三、特殊染色法

1. 抗酸染色法

抗酸杆菌类（结核分枝杆菌）的细胞壁含有丰富蜡质，一般不易着色，需用浓染液加温或延长时间才能着色，但一旦着色后即使用强酸、强碱或酸性酒精也不能使其脱色。抗酸染色法步骤包括：以5%石炭酸复红加温染色，再用3%盐酸酒精脱色，最后用亚甲蓝复染。最终抗酸性细菌呈红色，非抗酸性细菌和背景物质呈蓝色。

2. 芽孢、荚膜和鞭毛的染色法

（1）芽孢染色法　根据细菌的菌体和芽孢对染料亲和力不同的原理，用不同染料进行染色，使芽孢和菌体呈不同颜色以便于区别。由于芽孢壁厚、透性低，着色和脱色均较困难，当用弱碱性染料孔雀绿在加热的情况下进行染色时，染料可以进入菌体及芽孢使其着色，而进入芽孢的染料则难以透出。如果再用番红液复染，则菌体呈红色，芽孢呈绿色。

（2）荚膜染色法　通常采用负染色法，即将菌体染色后，再使背景着色（常用亚甲蓝），从而把荚膜衬托出来。有荚膜的细菌菌体为蓝色，荚膜不着色（菌体周围呈现一个透明圈），背景呈蓝紫色；无荚膜的细菌菌体为蓝色，背景呈蓝紫色。

（3）鞭毛染色法 在染色的同时将染料堆积在鞭毛上使其加粗的方法：在风干的载玻片上滴加以丹宁酸和氯化高铁为主要成分的甲液，蒸馏水冲净后再滴加以硝酸银为主要成分的乙液，菌体及鞭毛呈深褐色或黑色。

第五节　细菌的生长繁殖

细菌是一类能独立进行生命活动的单细胞微生物，其生长繁殖涉及复杂的新陈代谢过程。细菌的生长繁殖与环境条件密切相关，条件适宜时生长繁殖及新陈代谢旺盛；反之，则易受到抑制或死亡。了解细菌生长繁殖的条件和规律，对实验室检测和临床实践有重要指导意义。

一、细菌生长繁殖的基本条件

1. 营养物质

营养物质是构成菌体成分的原料，也是细菌生命活动所需能量的来源。根据营养物质在机体中的生理功能不同，可将它们分为水、碳源、氮源、无机盐和生长因子5大类。①水：细菌对物质的吸收、渗透、分泌、排泄及代谢过程的生化反应均必须在水中进行。②碳源：各种含碳的无机物（如CO_2、碳酸盐等）和有机物（如糖、脂肪等）都能被细菌吸收利用，作为合成菌体的必需原料，同时也作为细菌代谢的主要能量来源。③氮源：细菌对氮源（如蛋白胨、氨基酸等）的需要仅次于碳源，其主要功能是作为菌体成分的原料。④无机盐：细菌需要钾、钠、镁、磷、铁、硫、氯等无机盐，除构成菌体成分外，其主要作用是调节菌体的渗透压和酸碱平衡，作为酶的组成部分维持酶的活性。⑤生长因子：指某些细菌生长繁殖所必需而又不能自身合成的生长因子，通常为有机化合物如B族维生素、某些特定氨基酸、嘌呤和嘧啶等。少数细菌还需要特殊的生长因子，如嗜血杆菌需要X因子和V因子。

2. 酸碱度（pH）

大多数细菌最适pH为7.2~7.6，在宿主体内极易生存。个别细菌如霍乱弧菌在pH 8.4~9.2的碱性条件下生长最好，而结核分枝杆菌则在pH 6.0~6.5的弱酸性条件下生长最适宜。细菌代谢过程中分解糖类产酸，pH下降，不利于细菌生长。

3. 温度

各类细菌对温度的要求不同，根据其对温度的适应范围，可将细菌分为3类。①嗜冷菌：生长范围−5~30℃，最适生长温度10~20℃。②嗜温菌：生长范围10~45℃，最适生长温度20~40℃。③嗜热菌：生长范围25~95℃，最适生长温度50~60℃。大多数病原菌在长期进化过程中适应了动物和人体环境，为嗜温菌，最适生长温度为37℃，个别细菌如鼠疫杆菌在28~30℃的条件下生长最好。

4. 气体

细菌生长繁殖需要的气体主要是氧气和二氧化碳。根据细菌代谢时对分子氧的需要与否，分为4种类型。①专性需氧菌：必须在有氧条件下才能生长繁殖的细菌，如结核分枝杆菌、铜绿假单胞菌等。②微需氧菌：在低氧压（5%~6%）的环境中生长最好，氧浓度>10%对其生长有抑制作用，如空肠弯曲菌。③专性厌氧菌：必须在无氧条件下才能生长繁殖的细菌，如破伤风芽孢梭菌。④兼性厌氧菌：在有氧或无氧条件下均能生长繁殖，但在有氧时生长较好，大多数病原菌属于此类，如葡萄球菌、伤寒沙门菌等。

5. 渗透压

一般培养基的渗透压和盐浓度对大多数细菌是安全的，少数细菌如嗜盐菌在较高浓度（3%）的 NaCl 环境中生长良好。

二、细菌个体的生长繁殖

细菌个体多以二分裂方式进行无性繁殖，当细菌生长到一定时间，即在细胞中间逐渐形成横隔，将一个细胞分裂成两个等大的子细胞。通常将一个菌体分裂为两个菌体所需的时间称为世代时间。细菌繁殖速度与其所处的环境条件有关，在适宜条件下多数细菌繁殖速度很快，一般细菌（如大肠埃希菌）繁殖一代只需 20~30min；个别细菌分裂较慢，如结核分枝杆菌繁殖一代需 18~20h。

将临床样本或食品样本进行一定的稀释后在固体培养基上培养，根据形成的菌落数进行细菌计数，用菌落形成单位（CFU）表示。

三、细菌群体的生长繁殖

细菌繁殖极快，但由于生长环境中营养物质逐渐消耗、有害代谢产物不断积聚以及环境 pH 的改变，细菌不可能无限增殖，而是呈现一定的规律。如果将一定数量的细菌接种于适宜的液体培养基后，连续定时取样检查活菌数，以培养时间为横坐标，培养物中活菌数的对数为纵坐标，可绘制出一条反映细菌增殖规律的曲线，称为生长曲线。

细菌的生长曲线分为以下 4 个时期。

1. 迟缓期

迟缓期为细菌进入新环境的适应阶段，主要是合成和积累生长繁殖所需的各种酶系统，此期菌体增大，代谢活跃，但分裂迟缓，细菌数并不显著增加。一般需要 1~4h。

2. 对数期

对数期又称为指数期。细菌此时生长迅速，活菌数以恒定的几何级数增长，达到顶峰。此期细菌的大小、形态、染色性和生理活性等都较典型，对抗菌药物等外界环境因素较为敏感。大肠杆菌的对数期可持续 6~10h。

3. 稳定期

由于培养基中营养物质的消耗、有害代谢产物的累积以及 pH 下降等，细菌的繁殖速度渐趋减慢，死亡菌数逐渐增加，新繁殖的活菌数与死菌数大致平衡。稳定期细菌的形态、染色和生理性状常有改变，如革兰氏阳性菌可能被染成革兰阴性菌。一些细菌的芽孢、外毒素和抗生素等代谢产物大多在此期产生。大肠杆菌的稳定期约持续 8h。

4. 衰亡期

衰亡期细菌的繁殖速度减慢或停止，死菌数超过活菌数，生理代谢活动也趋于停滞。此期菌体形态改变显著，出现多形态的衰退型，甚至菌体自溶。

第六节 细菌的代谢

一、细菌的基本代谢过程

细菌的代谢包括分解代谢与合成代谢，二者是一个整体的过程，保证细菌生命活动的正常进行。细菌的代谢最显著的两个特点是代谢活跃和代谢类型的多样化。

细菌的代谢过程以胞外酶水解外环境中的大分子营养物质开始，产生小分子物质如单糖、短肽、脂肪酸等，经主动或被动转运机制进入细胞内。这些小分子物质在一系列酶的催化作用下，经过一种或多种途径转变为共同通用的中间产物——丙酮酸，再从丙酮酸进一步分解产生能量或合成新的碳水化合物、氨基酸、脂类和核酸。上述过程中细胞将大分子物质降解成小分子物质的过程称为分解代谢，在这个过程中会产生能量；产生的能量用于合成代谢，即细胞将小分子物质合成细胞组分的过程。

二、细菌的合成代谢产物及其作用

细菌在合成代谢中除合成菌体自身成分外，还合成一些在兽医学上具有重要意义的代谢产物。

1. 热原质

热原质又称为致热源，是大多数革兰氏阴性菌和少数革兰氏阳性菌合成的多糖，微量注入动物体内即可引起发热反应的物质。革兰氏阴性菌的热原质就是细胞壁中的脂多糖，革兰氏阳性菌的热原质是多糖。热原质耐热，高压蒸汽灭菌20min不会被破坏。因此在制备和使用生物制品、注射液、抗生素等过程中应严格进行无菌操作，防止细菌污染，保证无热原质存在。

2. 毒素

毒素是病原菌在代谢过程中合成的对机体有毒害作用的物质，包括内毒素和外毒素。内毒素是革兰氏阴性菌细胞壁中的脂多糖，菌体死亡或裂解后才能释放出来。外毒素是由革兰氏阳性菌和少数革兰氏阴性菌产生的一类蛋白质，在代谢过程中分泌到菌体外，毒性极强。

3. 侵袭性酶类

有些细菌能产生降解和损伤组织细胞的胞外酶，破坏宿主的防御系统，以促使细菌扩散，增强病原菌的侵袭力。常见的侵袭性酶类如透明质酸酶、卵磷脂酶、胶原酶、链激酶等。

4. 色素

某些细菌在代谢过程中能产生不同颜色的色素，分为水溶性和脂溶性两种，对细菌的鉴别有一定意义。如铜绿假单胞菌产生的水溶性绿色色素、金黄色葡萄球菌产生的脂溶性金黄色色素。

5. 细菌素

细菌素是某些细菌产生的具有杀菌作用的蛋白质，仅作用于同种不同菌株的细菌以及亲缘关系较近的细菌。其种类繁多，常以产生的菌种命名，如葡萄球菌素、绿脓菌素、弧菌素等。

6. 抗生素

抗生素是某些微生物在代谢过程中产生的一种能抑制和杀灭其他微生物或肿瘤细胞的物质。多由放线菌和真菌产生，少数由细菌产生。

7. 维生素

某些细菌能合成自身所需的维生素，并能分泌至菌体外，供动物体吸收利用。如大肠埃希菌在肠道内能合成B族维生素和维生素K。

三、细菌的分解代谢与生化反应

各种细菌所具有的酶不完全相同，对营养物质的分解能力不一致，因而其代谢产物也不相同。据此特点，利用生物化学方法可以鉴别不同种类的细菌，即为生化反应试验。

1. 氧化发酵试验

不同细菌分解糖类的能力及代谢产物不同，有氧条件下的分解称为氧化，无氧条件下的分解称为发酵。有些细菌能分解糖类产酸并产生气体，有的则不能。如大肠埃希菌可分解葡萄糖和乳糖，产酸产气；而伤寒沙门菌仅分解葡萄糖，产酸不产气。

2. 氧化酶试验

氧化酶又称为细胞色素氧化酶。该酶在细胞色素 C 存在时可氧化对二苯二胺，出现紫色反应。如假单胞菌、气单胞菌等氧化酶试验呈阳性，而肠杆菌科细菌则为阴性。

3. 触酶试验

触酶又称为过氧化氢酶，具有过氧化氢酶的细菌能催化过氧化氢生成水和氧气，因此滴加过氧化氢能立即出现气泡。

4. VP 试验

大肠埃希菌和产气杆菌均能分解葡萄糖，产酸产气，两者不能区别。但产气杆菌可使丙酮酸脱羧、氧化产生二乙酰，二乙酰可与含胍基化合物反应生成红色化合物，为 VP 试验阳性，而大肠埃希菌则为 VP 试验阴性。

5. 甲基红试验

产气杆菌分解葡萄糖产生丙酮酸，后者经脱羧后产生中性的乙酰甲基甲醇，培养液 pH>5.4，加入甲基红指示剂后呈橘黄色，为甲基红试验阴性。大肠埃希菌分解葡萄糖产生的丙酮酸不进一步转化为乙酰甲基甲醇，培养液 pH≤4.5，甲基红指示剂呈红色，则为甲基红试验阳性。

6. 枸橼酸盐利用试验

某些细菌（如产气杆菌）利用铵盐及枸橼酸盐作为唯一氮源和碳源时，可在枸橼酸盐培养基上生长，分解铵盐及枸橼酸盐，培养基变为碱性，使指示剂溴麝香草酚蓝由浅绿色转为深蓝色，此为枸橼酸盐利用试验阳性。大肠埃希菌不能利用枸橼酸盐为唯一碳源，故在该培养基上不能生长，为枸橼酸盐利用试验阴性。

7. 吲哚试验

某些细菌（如大肠埃希菌、变形杆菌等）含有色氨酸酶，能分解培养基中的色氨酸生成吲哚；当培养基中滴加靛基质试剂（对二甲基氨基苯甲醛）时，可在接触界面上生成玫瑰吲哚而呈红色，为吲哚试验阳性。

8. 硫化氢试验

某些细菌（如变形杆菌等）能分解培养基中含硫氨基酸（如胱氨酸、甲硫氨酸等）生成硫化氢，硫化氢遇铅或铁离子产生黑色的硫化物，为硫化氢试验阳性。

9. 脲酶试验

脲酶又称为尿素酶。变形杆菌有尿素酶，能分解培养基中的尿素产生氨，使培养基变为碱性，以酚红指示剂检测时为红色，为脲酶试验阳性。

细菌的生化反应试验主要用于鉴别细菌，对形态、革兰氏染色反应和培养特性相同或相似的细菌更为重要。吲哚（I）、甲基红（M）、VP（Vi）、枸橼酸盐利用（C）4 种试验，常用于鉴定肠道杆菌，统称为 IMViC 试验。例如，大肠埃希菌对这四种试验的结果是"＋＋－－"，产气杆菌为"－－＋＋"。

第七节　细菌的人工培养

用人工方法为细菌提供必需的营养及适宜的生长环境，使其在体外生长繁殖，以研究各种细菌的生物学性状、制备生物制品、诊断细菌性疾病、分析抗菌药物的敏感性等。

一、培养基的概念及种类

培养基是人工配制、适合细菌生长繁殖的营养基质，根据不同细菌生长繁殖的要求，将氮源、碳源、无机盐、生长因子、水等物质按一定比例配制，调整pH为7.2~7.6，并经灭菌后使用。培养基按其理化性状可分为液体、半固体和固体三大类。①液体培养基可供细菌的扩大培养和鉴定使用。②在液体培养基中加入0.5%的琼脂即成为半固体培养基，可用于观察细菌的运动力和菌种的短期保存。③液体培养基中加入1.5%~2%的琼脂，即为固体培养基，可供细菌分离培养、细菌计数和药敏试验等使用。

根据培养基的营养组成和用途，可分为以下几类。

1. 基础培养基

基础培养基含有细菌生长繁殖所需要的基本营养成分，可供大多数细菌培养用。最常用的是普通肉汤培养基、普通营养琼脂培养基等。

2. 营养培养基

营养培养基指在基础培养基中加入葡萄糖、血液、血清和酵母浸膏等，最常用的是血琼脂平板（简称血平板）培养基。可供营养要求较高的细菌生长，如链球菌、肺炎球菌的生长需要加入血液、血清；结核分枝杆菌的生长需要加入鸡蛋、马铃薯、甘油等。

3. 选择培养基

选择培养基指根据特定目的，在培养基中加入某种化学物质以抑制某些细菌生长、促进另一类细菌的生长繁殖，以便从混杂多种细菌的样本中分离出所需细菌，如麦康凯培养基含胆酸盐，能抑制革兰氏阳性菌的生长，大肠埃希菌和沙门菌可耐胆盐生长。

4. 鉴别培养基

鉴别培养基指在培养基中加入特定作用底物及产生显色反应指示剂，用肉眼可以初步鉴别细菌，如糖发酵管、三糖铁培养基和麦康凯培养基等。在实际使用中，鉴别和选择两种功能往往结合在一种培养基之中，如麦康凯培养基既是鉴别培养基也是选择培养基。

5. 厌氧培养基

厌氧培养基指专供厌氧菌的分类、培养和鉴别用的培养基。常用的有庖肉培养基，其肉渣中含有不饱和脂肪酸、谷胱甘肽等还原性物质，能降低培养基中的氧化还原电势，并用凡士林或石蜡封口，隔绝空气。

二、细菌在培养基中的生长现象

将细菌接种到培养基中，经37℃培养18~24h后可观察其生长现象，个别生长缓慢的细菌需培养数天甚至数周后才能观察。

1. 液体培养基中的生长现象

不同细菌在液体培养基中可出现：①混浊生长。大多数细菌呈此现象。②沉淀生长。少数链状细菌或较粗的杆菌在底部形成沉淀，呈沉淀生长。③菌膜生长。结核分枝杆菌等专性需氧菌可浮在液体表面生长，形成菌膜。

2. 半固体培养基中的生长现象

用接种针将细菌穿刺接种于半固体培养基中，无鞭毛的细菌不能运动，沿此穿刺线生长，周围培养基清澈透明。有鞭毛的细菌能运动，可由穿刺线向四周扩散，呈放射状或云雾状生长。

3. 固体培养基中的生长现象

固体培养基分平板与斜面，细菌在平板上经划线分离培养后，平板表面出现由单个细胞生长繁殖形成的肉眼可见菌落，菌落的大小、形状、颜色、边缘、表面光滑度、湿润度、透明度以及在血平板上的溶血情况等，可因细菌种类和所用培养基不同而有所差异，是鉴别细菌的重要依据之一。挑取单个菌落划线接种于斜面上，由于划线密集重叠，可见长出的菌落融合成片，形成菌苔。

三、人工培养细菌的意义

1. 细菌的鉴定

研究细菌的形态、生理、抗原性、致病性、遗传与变异等生物学性状，均需人工培养细菌才能实现，而且分离培养细菌也是人们发现未知新病原的先决条件。

2. 传染性疾病的诊断

从患病畜禽标本中分离培养出病原菌是诊断传染性疾病最可靠的依据，并可对分离出的病原菌进行药物敏感试验，帮助临床选择有效药物进行治疗。

3. 分子流行病学调查

对细菌特异基因的分子检测、序列测定、基因组 DNA 指纹分析等分子流行病学研究也需要细菌的纯培养。

4. 生物制品的制备

经人工培养获得的细菌可用于制备菌苗、类毒素、诊断用菌液等生物制品。

5. 饲料或畜产品卫生学指标的检测

可通过定性或定量方法对饲料、畜产品等中的微生物污染状况进行检测。

第二章 细菌的感染

细菌侵入动物体后，一旦突破宿主的防御功能，可引起机体出现不同程度的病理变化。病原菌侵入机体能否致病、致病性强弱与其毒力有关。细菌毒力可以通过测定半数致死量（LD_{50}）或半数感染量（ID_{50}）来确定，同种细菌的不同型或菌株，致病力强弱有差异。细菌的毒力因子主要包括侵袭力和毒素。许多微生物都有耐药现象，不同细菌对不同种类抗菌药物耐药性的机制有所不同。

第一节 正常菌群

一、正常菌群的概念

幼畜出生前是无菌的，出生后因与环境接触、吮乳和采食等，体表和整个消化道就有细菌栖居。寄生在正常动物的体表、消化道和其他与外界相通的开放部位的微生物群以细菌数量最多。通常把这些在动物体各部位正常寄居而对动物无害的细菌称为正常菌群，这些细菌之间、细菌与动物体间及环境之间形成了一种生态关系，这种微生态环境处于一个相对平衡状态。

二、动物体内正常菌群的分布

在动物体内不同部位的细菌种类和数量差异很大。①消化道：口腔温度适宜，含有食物残渣，具备微生物生长的良好条件，主要有多种球菌、乳杆菌、棒状杆菌等。胃内因胃酸的杀菌作用，细菌极少，只有乳杆菌、幽门螺杆菌等少量耐酸细菌。反刍动物前胃没有消化腺，主要靠微生物的发酵作用消化食物，故存在大量细菌。大多数为无芽孢的厌氧菌，也存在一些兼性厌氧菌。小肠中由于多种消化液的作用，细菌较少。大肠积存食物残渣，又有合适的酸碱度，适于细菌繁殖，微生物的种类繁多，主要是厌氧菌（如双歧杆菌、拟杆菌等），大肠埃希菌并非大肠内的优势菌。②呼吸道：鼻腔和咽部常存在葡萄球菌等，在咽喉及扁桃体黏膜上，主要是甲型链球菌和卡他球菌；此外还存在潜在致病性微生物如肺炎球菌、乙型链球菌等。正常动物的支气管和肺泡是无菌的。③泌尿生殖道：正常情况下，仅在泌尿道和生殖道外口近端有细菌存在，阴道内主要是乳杆菌等抗酸性细菌。

三、正常菌群的生理作用

正常菌群对动物体内局部的微生态平衡发挥重要作用。

1. 生物拮抗作用

正常菌群与黏膜上皮细胞紧密结合，在定植处起占位性生物屏障作用。其机制是寄居的正常菌群通过空间和营养竞争以及产生有害代谢产物，抵制病原菌定植、抑制其生长或将其杀灭。抗生素使用不当将会破坏这一保护作用，使病原菌在数量上占优势，并引发疾病。

2. 营养作用

正常菌群参与动物体的物质代谢、营养转化与合成。肠道正常菌群能参与营养物质的消化，如纤维素只能在微生物纤维素酶的作用下被分解为挥发性脂肪酸；肠道细菌能利用非蛋白氮化合物合成蛋白质，能合成B族维生素和维生素K并被宿主吸收。

3. 免疫作用

正常菌群的免疫作用表现在两个方面：①作为与宿主终生相伴的抗原库，刺激宿主产生免疫应答，产生的免疫物质对具有交叉抗原组分的致病菌有一定的抑制和杀灭作用。特别是肠道中乳杆菌和双歧杆菌能诱导分泌型IgA（免疫球蛋白A）的产生，激活免疫细胞产生细胞因子，对胃肠道的抗感染免疫功能具有重要作用。②促进宿主免疫器官发育。无菌动物免疫器官发育不良，使之建立正常菌群两周后，免疫系统发育与普通动物一样。

某些细菌或真菌有利于宿主胃肠道微生物区系的平衡，抑制有害微生物的生长，这些微生物制剂称为益生菌或益生素。饲料中添加不易被宿主消化吸收的寡糖，能选择性地刺激消化道有益微生物（如双歧杆菌）的生长，而对宿主产生有益作用，此类成分称为益生元。用益生素与益生元联合饲喂动物具有一定的保健作用。

第二节 细菌的致病性

细菌的致病性是指细菌侵入动物体后突破宿主的防御功能，并引起机体出现不同程度病理变化的能力。细菌致病性的强弱程度可用毒力来表示。致病性是针对宿主而言，有些细菌只对人致病，有些只对动物致病，还有些对人和动物都有致病性。同种细菌的不同型或株，其致病力也不一样。因此，病原菌侵入机体能否致病，与特定细菌型或菌株本身的毒力、数量、侵入途径以及机体的免疫力、环境因素等密切相关。

一、细菌致病性的确定

著名的柯赫法则（Koch's postulates）是确定某种细菌是否具有致病性的主要依据，其要点是：①特定的病原菌应在同一疾病中可见，在健康动物中不存在。②此病原菌能被分离培养而得到纯种。③此纯培养物接种易感动物能导致同样病症。④自实验感染的动物体内能重新获得该病原菌的纯培养物。

柯赫法则在确定细菌致病性方面具有重要意义,特别是鉴定一种新的病原时非常重要。但它也具有一定的局限性,有些情况并不符合该法则。如健康带菌或隐性感染,有些病原菌迄今仍无法在体外人工培养,有的则没有可用的易感动物。

二、细菌毒力的测定

在病原生物学研究、疫苗研制等工作中都需要知道细菌的毒力。致病性是"质"的概念,而细菌的毒力具有"量"的概念,常用半数致死量和半数感染量来表示。

1. 半数致死量(LD_{50})

半数致死量是指能使接种的实验动物在感染后一定时限内死亡一半所需的微生物量或毒素量。测定LD_{50}应选取品种、年龄、体重等各方面都相同的易感动物,可避免动物个体差异造成的误差。

2. 半数感染量(ID_{50})

某些病原微生物只能感染实验动物、鸡胚或细胞,但不致死亡,可用ID_{50}来表示其毒力。测定的方法与测定LD_{50}类似,但统计结果以引起一半动物(或鸡胚、细胞)感染所需的微生物量或毒素量来表示。

三、细菌的毒力因子

构成细菌毒力的物质称为毒力因子,主要包括与细菌侵袭力有关的毒力因子和细菌分泌的毒素。

1. 与细菌侵袭力有关的毒力因子

病原菌突破动物体的防御系统,在体内定居、繁殖和扩散的能力称为侵袭力。与侵袭力有关的毒力因子主要包括黏附或定植因子、侵袭性酶、Ⅲ型分泌系统和干扰宿主的防御机制四类。

(1)黏附或定植因子 细菌引起感染首先需黏附于宿主体表或呼吸道、消化道、泌尿生殖道黏膜上,以抵抗黏液的冲刷、呼吸道上皮细胞纤毛的摆动及肠蠕动的清除作用,然后进一步在局部繁殖,积聚毒素引起感染;有些细菌可穿过黏膜上皮细胞,经细胞间隙进入深层组织或血液,甚至向全身扩散,造成深部或全身感染。

具有黏附作用的细菌结构称为黏附因子,通常是细菌表面的一些大分子结构成分。革兰氏阴性菌的黏附因子为菌毛,如肠道中产毒性大肠埃希菌的菌毛;革兰氏阳性菌的黏附因子是菌体表面的层蛋白、脂磷壁酸等。大多数黏附因子具有宿主特异性或组织嗜性,如大肠埃希菌F4(K88)菌毛仅黏附于猪的小肠前段,F6(987P)菌毛黏附于猪的小肠后段等。

(2)侵袭性酶 多为胞外酶类,在感染过程中能协助病原菌扩散。如某些链球菌产生透明质酸酶和链激酶等,前者能降解细胞间质的透明质酸,后者能溶解纤维蛋白,两者均利于细菌在组织中的扩散。梭菌、气单胞菌等能产生胶原酶,分解胞外基质中的胶原蛋白。致病性葡萄球菌产生血浆凝固酶,能使血浆中的纤维蛋白原变为纤维蛋白,进而使血浆凝固;纤维蛋白沉积在菌体表面,可使细菌免受吞噬细胞的吞噬作用,利于细菌在局部繁殖。

(3)Ⅲ型分泌系统 革兰氏阴性菌与宿主细胞接触后启动,具有接触介导的特征。启动后细菌分泌与毒力有关的多种蛋白质,与相应的伴侣蛋白结合,从细菌的胞浆直接进入宿主细胞的胞浆,发挥毒性作用。Ⅲ型分泌系统通常由30~40kb大小的基因组编码,以毒力岛的形式存在于细菌的大质粒或染色体。已确定具有Ⅲ型分泌系统的细菌有沙门菌、耶尔森菌、大肠埃希菌、铜绿假单胞菌等。

除Ⅲ型分泌系统外，革兰氏阴性菌尚有Ⅰ型、Ⅱ型与Ⅳ型分泌系统。Ⅰ型可将细菌分泌物蛋白质直接从胞浆送达细胞表面，如大肠埃希菌的溶血素。Ⅱ型是细菌将蛋白质分泌到周质间隙，经切割加工，然后通过微孔蛋白穿越外膜分泌到胞外。Ⅳ型是一种自主运输系统，其分泌的蛋白质需剪切加工，而后形成一个孔道穿过外膜。

（4）干扰宿主的防御机制　病原菌黏附于细胞表面后，必须克服机体局部的防御机制，特别是要干扰或逃避局部的吞噬作用及抗体介导的免疫作用。①荚膜：细菌的荚膜本身对宿主无毒性，但具有抵抗吞噬和体液中杀菌物质的作用，使病原菌在宿主体内迅速繁殖，引起疾病。②细菌表面的蛋白：如金黄色葡萄球菌的 A 蛋白、A 群链球菌的 M 蛋白以及某些大肠埃希菌的 K 抗原等，都具有抗吞噬作用和保护菌体免受相应抗体、补体的作用。③蛋白酶：如嗜血杆菌等可分泌 IgA 蛋白酶，能分解黏膜表面的 IgA。④细胞内逃逸：包括非吞噬细胞的内化作用、吞噬细胞内的生存机制等。如单核细胞增多性李斯特菌可产生内化素，能进入肠上皮细胞或其他组织细胞，使宿主细胞成为其生存的庇护所，逃避宿主免疫系统的杀灭作用；沙门菌的某些成分能够抑制溶酶体与吞噬小体的融合；单核细胞增多性李斯特菌的磷脂酶和溶血素能裂解吞噬小体，这些都有利于病原菌在吞噬细胞内的生存；金黄色葡萄球菌可以产生大量过氧化氢，能中和吞噬细胞中的氧自由基。

2. 细菌分泌的毒素

细菌分泌的毒素按其来源、性质和作用分为外毒素和内毒素两类（表 1-2-1）。

（1）外毒素　某些细菌在生长繁殖过程中产生并分泌到菌体外的毒性物质。产生菌主要是革兰氏阳性菌（如炭疽杆菌、肉毒梭菌、产气荚膜梭菌、破伤风梭菌、金黄色葡萄球菌、A 群溶血性链球菌等）及少数革兰氏阴性菌（如产毒性大肠埃希菌、铜绿假单胞菌、霍乱弧菌等）。大多数外毒素是在菌体细胞内合成并分泌至胞外；也有少数外毒素存在于菌体内的细胞周间隙，菌体裂解后才释放出来。

外毒素的化学成分是蛋白质，性质不稳定，不耐热，易被热、酸、蛋白酶分解破坏，如破伤风毒素在 62℃条件下 20min 即被破坏。但葡萄球菌肠毒素例外，其在 100℃条件下可存活 30min。外毒素的毒性极强，极少量即可使易感动物死亡，如 1mg 肉毒毒素纯品能杀死 2000 万只小鼠。外毒素免疫原性也很强，经过 0.3%~0.4% 甲醛处理后脱去毒性而成为类毒素，但仍保留原有抗原性，类毒素能刺激机体产生抗毒素，可用于预防接种。抗毒素具有中和外毒素的作用，常用于治疗和紧急预防。

不同细菌产生的外毒素对宿主的组织器官具有高度选择性，根据外毒素对宿主细胞的亲和性及作用方式不同而分为神经毒素、细胞毒素和肠毒素三类。如破伤风外毒素主要与中枢神经系统的抑制性突触前膜结合，阻断抑制性介质释放，引起骨骼肌强直性痉挛收缩；肉毒毒素主要作用于胆碱能神经轴突终端，干扰乙酰胆碱释放，引起肌肉松弛性麻痹，出现软瘫。但也有一些毒素具有相似的作用，如霍乱弧菌、大肠埃希菌、金黄色葡萄球菌等细菌均可产生肠毒素。

（2）内毒素　革兰氏阴性菌细胞壁中的脂多糖成分，只有当细菌死亡裂解后才能游离出来。螺旋体、衣原体、立克次氏体等胞壁中也含有脂多糖，具有内毒素活性。内毒素的化学成分是脂多糖，位于细胞壁的最外层，由特异性多糖侧链、核心多糖和脂质 A 三部分组成。脂质 A 是内毒素的主要毒性成分。内毒素耐热，加热至 100℃经过 1h 不会被破坏，必须加热至 160℃经过 2~4h，或用强碱、强酸或强氧化剂加热煮沸 30min 才被灭活。内毒素抗原性弱，不能用甲醛处理脱毒成为类毒素。内毒素刺激机体产生的抗体中和作用较弱，不能中和内毒素的毒性作用。不同革兰氏阴性菌感染时，由内毒素引起的毒性作用、病理变化和临床症状大致相似，主要包括发热反应、内毒素血症与内毒素休克、弥散性血管内凝血等。内毒素还能直接活化并促进纤维蛋白溶解，使血管内的凝血又被溶解，因而有出血现象发生，表现为皮肤黏膜出血点和广泛内脏出血、渗血，严重者可致死亡。

表1-2-1 细菌外毒素和内毒素的基本特性比较

特性	外毒素	内毒素
化学性质	蛋白质	脂多糖
产生	一些革兰氏阳性菌或阴性菌分泌	由革兰氏阴性菌菌体裂解产生
耐热	通常不耐热	极为耐热
毒性作用	特异性，对特定的细胞或组织发挥特定作用，如细胞毒素、肠毒素或神经毒素	全身性，致发热、腹泻、呕吐
毒性程度	高，致死性	弱，很少致死
致热性	对宿主不致热	常致宿主发热
免疫原性	强，刺激机体产生中和抗体（抗毒素）	较弱，免疫应答不足以中和毒性
能否产生类毒素	能，用0.3%~0.4%甲醛处理	不能

四、细菌的侵入数量、途径与感染

病原菌侵入机体引起感染，除具有一定毒力外，还需有足够的数量。一般来说细菌毒力越强，致病所需菌量越小；反之则需菌量大。感染所需菌量的多少，一方面与致病菌的毒力强弱有关，另一方面还与宿主的免疫力有关。如毒力强的鼠疫杆菌，对于无特异性免疫的机体只需数个菌侵入即能引起鼠疫。

有了一定毒力和足够数量的病原菌，如果侵入易感机体的部位不适宜，仍不能引起感染。各种病原菌都有其特定的侵入途径和部位，这与病原菌生长繁殖需要特定的微环境有关。如破伤风梭菌及其芽孢必须侵入缺氧的深部创口才能致病；但也有一些病原菌有多种侵入途径，如结核分枝杆菌可经呼吸道、消化道、皮肤创伤等多个部位侵入引起感染。

五、感染的类型

感染的发生、发展和转归涉及机体与病原菌在一定条件下相互作用的复杂过程。根据两者之间的力量对比，感染类型分为隐性感染、显性感染和带菌状态，三种类型可以随着两者力量的变化而处于相互转化或交替出现的动态变化中。

1. 隐性感染

当机体抗感染的免疫力较强或侵入的病原菌数量较少、毒力较弱时，感染后病原菌对机体损害较轻，不出现或仅出现轻微的临床症状者，称为隐性感染或亚临床感染。隐性感染后，机体一般可获得足够的特异性免疫力，能抵御同种病原菌的再次感染。隐性感染的动物为带菌者，能向体外排出病原菌，是重要的传染源。

2. 显性感染

当机体抗感染的免疫力较弱或侵入的病原菌数量较多、毒力较强时，导致机体组织细胞受到严重损害，生理功能发生改变，出现一系列的临床症状和体征者，称为显性感染。

显性感染可分为急性感染和慢性感染。前者指发病急、病程短，一般只有数天至数周，病愈后，病原菌即从宿主体内消失；后者指发病缓、病程长，常持续数月至数年。而按感染部位及性质不同，显性感染又可分为局部感染和全身感染。局部感染是指病原菌侵入机体，仅局限在一定部位生长繁殖，引起局限病变；全身感染是指感染发生后，病原菌及其毒性代谢产物向全身扩散，引起全身症状。临床上常见的全身感染有以下几种情况：①菌血症：即病原菌由原发部位一时性或间断性侵入血流，但并不在血液中生长繁殖。②毒血症：即病原菌侵入机体后，仅在局部生长繁殖而不侵入血流，但其产生的外毒素侵入血流，到达易感组织和细胞，引起特殊的毒性症状。③败血症：即病原菌侵入血流并在其中大量繁殖，产生毒性代谢产物，引起严重的全身中毒症状，如高热、皮肤黏膜瘀斑、肝脏和脾脏肿大等。④脓毒血症：即化脓性细菌由病灶局部侵入血流，在其中大量繁殖，并随血流扩散至全身组织和器官，产生新的化脓性病灶。

3. 带菌状态

机体在显性感染或隐性感染后，病原菌在体内继续留存一段时间，与机体免疫力处于相对平衡状态，称为带菌状态。处于带菌状态的动物称为带菌者，带菌者可经常或间歇性排出病原菌，是重要的传染源之一。

第三节 细菌的耐药性

一、细菌耐药性的概念

耐药性是指微生物多次与药物接触发生敏感性降低的现象，其程度以该药物对某种微生物最小抑菌浓度来衡量。在抗菌药应用的早期，几乎所有细菌感染性疾病都很容易治愈。随着抗菌药的大量和长期使用，耐药细菌越来越多、耐药范围越来越广，对三种或三种以上药物耐药的多重耐药菌不断出现。养殖业为防止感染性疾病、促进动物生长，将抗菌药物作为饲料添加剂长期使用，对耐药菌株的出现及耐药性的传播也起到了重要作用，并且耐药性可通过食物链转移到人群，从而危害人自身的安全。因此，监测细菌耐药性的变化趋势，了解细菌的耐药机理，对有效控制细菌耐药性的产生及传播具有重要意义。

二、细菌耐药性的检测方法

耐药菌监测既是鉴定细菌和临床合理选用抗菌药物的需要，也可以为有效控制耐药菌引起的感染性疾病和耐药性进一步扩散提供重要依据。目前主要采用以下两种方法。

1. 表型检测法

采用药物敏感试验，即在体外测定抗菌药物对细菌有无抑制或杀灭作用。

（1）稀释法　将抗菌药物进行一系列稀释后分别加入适宜的液体培养基中，再接种一定量的待测细菌，经适宜温度和一定培养时间后观察其最小抑菌浓度（MIC）。此方法既定性又定量，包括试管稀释法和微孔板稀释法。

（2）纸片扩散法　即K-B法，是世界卫生组织（WHO）推荐的定性药敏试验的基本方法。将含有一定量抗菌药物的纸片贴在涂有被测菌株的琼脂培养基上，经适宜温度和一定培养时间后观察有无抑菌圈及其大小，结果判定按照美国临床和实验室标准协会（CLSI）推荐的标准，分为敏感、中介和耐药三级。敏感是指被测菌株所致感染使用常用剂量该抗菌药物治疗有效；中介是指被测菌株的MIC与该抗菌药物常用剂量所能达到的血清和组织浓度相近；耐药是指被测菌株不能被该抗菌药物常用剂量达到的血液浓度所抑制，临床治疗无效。纸片法虽不能定量但方便，是临床常用的方法。

2. 耐药基因检测法

细菌耐药性由耐药基因编码，耐药基因表达受其调节基因及细菌生存的外界因素等影响。因此，检测耐药基因较表型检测准确，而且特异又敏感，也较快速。测定方法有探针杂交法、PCR（聚合酶链式反应）等多种分子生物学方法。

第三章 细菌感染的诊断

细菌性疾病的诊断，除个别有典型临床症状不需要进行细菌学诊断外，一般均需采集相应部位的样本进行细菌学诊断以明确病因。从样本中分离到细菌并不一定意味着本菌为疾病的病原，还需要根据病畜的临床表现特征、采集标本的部位、获得的细菌种类进行综合分析。对分离到的细菌常需要做药物敏感试验，以便选用适当的药物进行治疗。由于细菌及其代谢产物具有抗原性，细菌性感染还可通过检测特异性抗体或扩增细菌的 DNA 片段进行诊断。

第一节　样本的采集原则

样本的采集是细菌学诊断的第一步，直接关系到检验结果的正确性或可靠性。为此，采集样本应：①严格无菌操作，尽量避免样本被杂菌污染。②根据不同疾病或同一疾病不同时期采集不同的样本。③应在使用抗菌药物前采集样本。采集局部不得使用消毒剂，必要时用无菌生理盐水冲洗，拭干后再取材。④样本必须新鲜，尽快送检。⑤根据病原菌的特点，多数病原菌可冷藏运输。粪便样本常加入甘油缓冲盐水保存液。⑥对疑似烈性传染病或人兽共患病样本，严格按相关的生物安全规定包装、冷藏、专人递送。⑦样本应做好标记，并在相应检验单中详细填写检验目的、样本种类、临床诊断初步结果等。

第二节　细菌的分离鉴定

一、常规细菌学检测

1. 细菌形态与结构检查

凡在形态和染色性上具有特征的致病菌，样本直接涂片染色（如革兰氏染色法、抗酸染色法等）后显微镜观察可以进行初步诊断。如患病动物痰液中查见抗酸染色阳性的有分枝状的细长杆菌，可初步诊断为结核分枝杆菌。直接涂片法还可结合免疫荧光技术，将特异性荧光抗体与相应的细菌结合，在荧光显微镜下见有发荧光的菌体，也可做出快速诊断。此外，制作悬滴标本并借助于暗视野显微镜可观察不染色活菌、螺旋体及其动力。很多细菌仅凭形态学不能做出确切诊断，需进行细菌的分离培养，并对其进行生化反应和血清学试验等进一步鉴定才能明确感染的细菌。

2. 分离培养

原则上应对所有送检样本做分离培养，以便获得单个菌落后进行纯培养，从而对细菌做进一步鉴定。细菌培养时应选择适宜的培养基、培养时间和温度等，以提供特定细菌生长所需的必要条件。由无菌部位采集的样本，如血液、脑脊液等可直接接种至营养丰富的液体或固体培养基。取自正常菌群部位的样本应接种到选择培养基或鉴别培养基。分离培养后，根据菌落的大小、形态、颜色、表面性状、透明度和溶血性等对细菌做出初步识别，同时取单个菌落再次进行革兰氏染色镜检观察，再次进行生化试验。此外，在液体培养基中生长状态及在半固体培养基是否表现出动力等，也是鉴别某些细菌的重要依据。

3. 生化试验

利用各种细菌生化反应，可对分离到的细菌进行鉴定。对于鉴别一些在形态和培养特性上不能区别而代谢产物不同的细菌尤为重要。如肠道杆菌种类很多，一般为革兰氏阴性菌，它们的染色性、镜下形态和菌落特征基本相同。因此，利用生化反应对肠道杆菌进行鉴定是必不可少的步骤。目前多种微量、快速、半自动和全自动的细菌检测系统和仪器已广泛应用于临床，能较准确地鉴定出兽医临床上常见的致病菌。

4. 药物敏感性试验

在已确定患病动物所感染的病原菌后，临床上按常规用药又没有明显疗效时，有必要做抗菌药物敏感性试验。

二、血清学检测

有些细菌即使用生化反应也难以鉴别，但其细菌抗原成分（包括菌体抗原、鞭毛抗原）却不同。利用已知的特异抗体检测有无相应的细菌抗原可以确定菌种或菌型；也可利用已知菌检测感染动物血清中的抗体，从而对细菌感染做出诊断。

1. 抗原检测

多种免疫检测技术可用于细菌抗原的检测，如采用含已知特异性抗体的沙门菌、猪链球菌等细菌的特异性多价和单价诊断血清，可对分离的细菌进行属、种和血清型鉴定。常用的免疫检测技术有玻片凝集试验、协同凝集试验、乳胶凝集试验、间接血凝试验、免疫标记抗体技术等。有的方法既可直接检测样本中的微量抗原，也可以检测细菌分离培养物。

2. 抗体检测

用已知细菌或其特异性抗原来检测患病动物血清或其他体液中的相应特异性抗体，可对某些细菌性传染病做出诊断。血清学诊断主要适用于抗原性较强的致病菌和病程较长的感染性疾病。抗体检测最好取患病动物急性期和恢复期的双份血清样本，后者的抗体效价比前者升高4倍或4倍以上时才具有诊断价值。从某种意义上说，血清学诊断主要为病后的回顾性诊断。但利用检测某些细菌特异性IgM抗体，可进行早期诊断。常用于细菌性感染的血清学诊断技术有直接凝集试验、乳胶凝集试验、沉淀试验和免疫标记抗体技术等。

三、基因检测

不同种类细菌的基因序列不同，可通过检测细菌的特异性基因而对细菌感染进行诊断，称为基因诊断。常用的方法主要有聚合酶链式反应和核酸杂交技术。

1. 聚合酶链式反应

聚合酶链式反应（Polymerase chain reaction，PCR）是一种特异的DNA体外扩增技术。基本原理是在DNA模板（含被检测细菌的基因序列）、引物、耐热DNA聚合酶、脱氧核苷酸这4种主要材料存在的情况下，经变性（DNA模板解链）、退火、延伸等基本步骤的多次重复循环，使目的基因片段在引物的"引导"下得到指数扩增。经琼脂糖电泳，可显示出一条特定的DNA条带，与阳性对照比较可做出鉴定。如果需进一步鉴定和分析，可回收扩增产物，再用特异性探针杂交确定，也可对扩增产物进行核苷酸序列测定。

PCR可用于：①形态和生化反应不典型的病原微生物鉴定。②从混合样本中检测相应的细菌。③生长缓慢或难以培养的病原菌（如分枝杆菌、支原体）鉴定。

2. 核酸杂交技术

核酸杂交技术是根据DNA双螺旋分子的碱基互补原理而设计的。将病原菌特异的基因序列标记后作为探针，与待检样本中的细菌核酸进行杂交，如果待检样本中有与探针序列完全互补的核酸片段，探针和相应的核酸片段互相结合，标记有化学发光物质、辣根过氧化物酶、地高辛的探针可以经一定方法处理后检测到相应的信号，从而可实现对细菌的鉴定和检测。

第四章 消毒和灭菌

兽医临床上常用多种物理、化学或生物学方法来抑制或杀灭物体上或环境中的病原微生物或所有微生物，以切断病原菌的传播途径，从而控制和消灭传染病。

第一节 基本概念

一、消毒

消毒指杀灭物体上病原微生物的方法，但并不一定能杀死含芽孢的细菌。消毒只要求达到消除传染性的目的，而对非病原微生物及其芽孢和孢子并不严格要求全部杀死。用于消毒的化学药物称为消毒剂。一般消毒剂在常用浓度下只对细菌的繁殖体有效，对其芽孢则需要提高消毒剂的浓度和作用时间。

二、灭菌

灭菌指杀灭物体上所有病原微生物和非病原微生物及其芽孢的方法。

三、无菌

无菌指物体上、容器内或特定的操作空间内没有活微生物的状态。防止任何微生物进入动物机体、特定操作空间或相关物品的操作技术称为无菌操作。外科手术、微生物学试验过程等均需进行严格的无菌操作。以无菌技术剖腹产取出即将分娩的胎畜，并在无菌条件下饲喂的动物称为无菌动物。

四、防腐

防腐指阻止或抑制物品上微生物生长繁殖的方法。微生物不一定死亡，常用于食品、畜产品和生物制品等物品中微生物生长繁殖的抑制，防止其腐败。用于防腐的化学药物称为防腐剂。

第二节 物理消毒灭菌法

用于消毒灭菌的物理方法主要有热力灭菌法、辐射灭菌法、滤过除菌法等。

一、热力灭菌法

热力灭菌主要是利用高温使菌体蛋白变性或凝固、酶失去活性，而使细菌死亡。热力灭菌是最可靠且普遍应用的灭菌方法，分为干热和湿热灭菌两种方法。在同一温度下，湿热的灭菌效果比干热好，因为湿热的穿透力比干热强，可迅速提高灭菌物体的温度，加速菌体蛋白的变性或凝固。

1. 湿热灭菌法

（1）高压蒸汽灭菌法　高压蒸汽灭菌法是应用最广、灭菌效果最好的方法。使用密闭的高压蒸汽灭菌器，当加热产生蒸汽时，随着蒸汽压力的不断增加，温度也会随之上升。当压力为103.4kPa时，容器内温度可达121.3℃，在此温度下维持15~30min可杀死包括芽孢在内的所有微生物。此方法适用于耐高温和不怕潮湿物品的灭菌，如培养基、生理盐水、玻璃器皿、塑料移液枪头、手术器械、敷料、注射器、使用过的微生物培养物、小型实验动物（如小鼠）尸体等。灭菌时必须使锅内冷空气排尽，并注意放置的物品不宜过于紧密，否则会影响灭菌效果。

（2）煮沸法　100℃煮沸5min可杀死细菌的繁殖体，杀死芽孢则需1~3h。如果水中加入2%碳酸钠可提高沸点至105℃，既可加速芽孢的死亡，又能防止金属器械生锈。常用于消毒食具、剪刀、注射器等。

（3）流通蒸汽法　流通蒸汽法是利用蒸笼或蒸汽灭菌器产生100℃的蒸汽，30min可杀死细菌繁殖体，但不能杀死其芽孢。常用于不耐高温的营养物品，如含糖或含血清培养基的灭菌。

（4）巴氏消毒法　巴氏消毒法是以较低温度杀灭液态食品中的病原菌或特定微生物，而又不致严重损害其营养成分和风味的消毒方法。由巴斯德首创，用以消毒乳品与酒类，目前主要用于葡萄酒、啤酒、果酒及牛乳等食品的消毒。具体方法可分为三类：第一类为低温维持巴氏消毒法，在63~65℃保持30min；第二类为高温瞬时巴氏消毒法，在71~72℃保持15s；第三类为超高温巴氏消毒法，在132℃保持1~2s，加热消毒后应迅速冷却至10℃以下，也称为冷击法，这样可进一步促使细菌死亡，也有利于鲜乳等食品马上转入冷藏保存。

2. 干热灭菌法

（1）火焰灭菌法　火焰灭菌法指以火焰直接烧灼杀死物体中全部微生物的方法，分为灼烧和焚烧两种。灼烧主要用于耐烧物品，直接在火焰上烧灼，如接种针（环）、金属器具、试管口等的灭菌；焚烧常用于烧毁的物品，直接点燃或在焚烧炉内焚烧，如传染病畜禽及试验感染动物的尸体、病畜禽的垫料以及其他污染废弃物等的无害化处理。

（2）热空气灭菌法　热空气灭菌法指利用干烤箱灭菌，以干热空气进行灭菌的方法。该方法一般比湿热灭菌需要更高的温度与较长的时间，即需加热至160~170℃，维持2h才能杀死包括芽孢在内的一切微生物。适用于高温下不变质、不损坏、不蒸发的物品，如玻璃器皿、瓷器或需干燥的注射器等。

二、辐射灭菌法

1. 紫外线

紫外线是一种低能量的电磁辐射，波长在200~300nm的紫外线具有杀菌作用，其中以265~266nm波长的紫外线杀菌能力最强，因为在此波长范围内细菌染色体DNA吸收量最大。紫外线的杀菌原理是DNA吸收紫外线后，一条链上相邻的两个胸腺嘧啶通过共价键结合形成嘧啶二聚体，干扰DNA复制与转录时的正常碱基配对，导致细菌死亡或变异。此外，紫外线还可使空气中的分子氧变为臭氧，臭氧放出氧化能力强的原子氧，也具有杀菌作用。如果紫外线照射量不足以致死细菌，则可引起蛋白质或核酸的部分改变，使其发生突变。

紫外线穿透力弱，玻璃、纸张、尘埃、水蒸气等均能阻挡紫外线，所以只能用紫外线杀菌灯消毒物体表面，常用于微生物实验室、无菌室、养殖场入口的消毒室、手术室、传染病房、种蛋室等的空气消毒，或用于不能用高温或化学药品消毒物品的表面消毒，有效距离不超过3m。杀菌波长的紫外线对人体皮肤、眼睛有损伤作用，使用时应注意防护。

2. 电离辐射

X线、γ线等可将被照射物质原子核周围的电子击出，引起电离，故称为电离辐射。电离辐射有较高的能量与穿透力，因而可产生较强的致死效应，可在常温下对不耐热的物品灭菌，故又称为冷灭菌。其机制在于产生游离基，破坏DNA，使细菌死亡或发生突变。常用于大量一次性医用塑料制品的消毒，也可用于食品的消毒而不破坏其中的营养成分。

三、滤过除菌法

滤过除菌法是利用物理阻留的方法，通过含有微细小孔的滤器将液体或空气中的细菌除去，以达到无菌的目的。所用的器具为滤菌器，其除菌能力取决于滤膜的孔径大小。不耐热的血清、抗毒素、抗生素、药液等液体的除菌现在多用可更换滤膜的滤器或一次性滤器，其孔径为0.22~0.45μm，一般不能除去病毒、支原体等。空气过滤器可进行超净工作台、无菌隔离器、无菌操作室、实验动物室以及疫苗、药品、食品等生产中洁净厂房的空气过滤除菌，一般由不同孔径过滤效率（0.45~5μm）的滤芯构成，以便达到特定净化级别的要求。

第三节 化学消毒灭菌法

用于杀灭病原微生物的化学药物称为消毒剂，用于抑制微生物生长繁殖的化学药物称为防腐剂或抑菌剂。实际上，消毒剂在低浓度时只能抑菌，而防腐剂在高浓度时也能杀菌，它们之间并没有严格的界限，统称为防腐消毒剂。用于消除宿主体内病原微生物或其他寄生虫的化学药物称为化学治疗剂。消毒剂与化学治疗剂不同，消毒剂在杀灭病原微生物的同时对动物体的组织细胞也有损害作用，所以只能外用或用于环境的消毒。

一、常用消毒剂的种类及应用

消毒剂的种类很多，其杀菌作用也不相同，总体上可概括为三种作用机制：①使菌体蛋白质变性或凝固，如醇类、酚类、醛类、重金属盐类可使菌体蛋白质脱水凝固，或与菌体蛋白、酶蛋白等结合使之变性失活。②干扰或破坏细菌的酶系统和代谢，如酚类、表面活性剂、重金属盐类等能与细菌酶蛋白中的巯基（—SH）结合，使酶失去活性，引起细菌代谢障碍。③改变细菌细胞壁或细胞膜的通透性。使胞质内重要代谢物质（酶、辅酶、中间产物代谢等）逸出，胞外物质（消毒剂、药物等）直接进入细胞内，并能破坏细胞膜上的氧化酶和脱氢酶，最终导致细菌死亡，如新洁尔灭、酚类、表面活性剂等。一般可根据用途与消毒剂特点选择使用。最理想的消毒剂应是杀菌力强、价格低、无腐蚀性、能长期保存、对动物无毒性或毒性较小、无残留或对环境无污染的化学药物。常用的化学消毒剂有以下几种类型。

1. 含氯消毒剂

常用无机氯化合物消毒剂，如次氯酸钠（有效氯10%~12%）、漂白粉（有效氯25%）和有机氯制剂二氯异氰脲酸钠粉（有效氯30%）等。含氯消毒剂可杀灭各种微生物，包括细菌繁殖体及其芽孢、病毒、真菌等。无机氯化合物性质不稳定，易受光、热和潮湿的影响，丧失其有效成分。它们消灭微生物的效果受使用浓度、作用时间的影响。一般说来，有效氯浓度越高、作用时间越长，消毒效果越好；pH越低，消毒效果越好；温度越高，对微生物作用越强；有机物（如血液、唾液和排泄物）存在时消毒效果会明显下降。此类消毒剂常用于环境、物品表面、饮用水、污水、排泄物、垃圾等的消毒。

2. 过氧化物类

过氧化物类消毒剂具有强氧化能力，各种微生物对其十分敏感，可将所有微生物杀灭。这类消毒剂包括过氧乙酸（18%~20%）、二氧化氯等。它们的优点是消毒后在物品上不留残余毒性。但由于化学性质不稳定必须现用现配，使用不方便。其氧化能力强，高浓度时可刺激、损害皮肤黏膜和腐蚀物品。过氧乙酸常用于被病毒污染的物品或皮肤的消毒，在无畜禽饲养的环境中也可用于空气消毒。

3. 酚类

常用的酚类消毒剂有煤酚皂（又名来苏儿），其主要成分为甲基苯酚。卤化苯酚可增强杀菌作用，如三氯羟基二苯醚，可杀灭细菌、霉菌和病毒，主要用于畜舍、笼具、场地、车辆消毒。用 0.35%~1.0% 的水溶液喷洒消毒。酚类消毒药为有机酸，禁止与碱性药物及其他消毒药物混用。

4. 碱类

碱类消毒剂常用的有氢氧化钠（烧碱）和生石灰（氧化钙）。氢氧化钠能破坏病原体的酶系统和菌体结构，从而起到消毒作用。2% 的水溶液能杀灭细菌繁殖体和病毒，4% 的水溶液 45min 能杀灭芽孢。生石灰对大多数细菌繁殖体有较强杀灭作用，但对芽孢无效。一般配成 20% 的石灰乳涂刷厩舍墙壁、畜栏及地面等进行消毒。

5. 醛类

醛类消毒剂主要是甲醛，无论在气态或液态下均能凝固蛋白质、溶解类脂，还能与氨基结合而使蛋白质变性，因此具有较强大的广谱杀菌作用，对细菌繁殖体、芽孢、真菌和病毒均有效。常用于室内熏蒸消毒以及器具、地面的消毒，甲醛对人有一定的刺激性，使用时要注意防护。

6. 醇类

醇类消毒剂最常用的是乙醇，可凝固蛋白质，导致微生物死亡。属于中效消毒剂，可杀灭细菌繁殖体和多数亲脂性病毒，对芽孢无效。醇类杀灭微生物的效果也可受有机物影响，而且由于易挥发，应采用浸泡消毒或反复擦拭以保证其作用时间。醇类常作为某些消毒剂的溶剂，而且有增效作用，常用浓度为 75%。

7. 含碘消毒剂

含碘消毒剂包括碘酊和碘附，能使细菌蛋白氧化变性，破坏细菌胞膜的通透性屏障，使菌体蛋白漏出而失活。可杀灭细菌繁殖体、真菌和部分病毒。主要用于皮肤消毒。碘酊的一般使用浓度为 2%，碘附使用浓度为 0.3%~0.5%。

8. 季铵盐类

季铵盐类属于阳离子表面活性剂，能吸附带阴离子的细菌，破坏其细胞膜，导致菌体自溶死亡。具有杀菌和去污作用，使用浓度为 0.1%~0.2%。一般用于非关键物品的清洁消毒，也可用于手部消毒，将其溶于乙醇可增强杀菌效果用于皮肤消毒。

二、影响消毒剂作用的因素

1. 消毒剂的性质、浓度和作用时间

各种消毒剂的理化性质不同，对微生物的作用强弱也有差异。一般而言，消毒剂浓度越高、作用时间越长，杀菌效果就越好。但 95% 的乙醇消毒效果反而不如 75%，因为高浓度乙醇使菌体蛋白表面迅速凝固，影响乙醇继续进入菌体内发挥作用。

2. 温度和酸碱度

升高温度可提高消毒剂的杀菌效果，温度每升高10℃，苯酚（石炭酸）的杀菌作用增加5~8倍。

3. 细菌的种类、数量与状态

不同种类的细菌对消毒剂的敏感性不同。如一般消毒剂对结核分枝杆菌的作用要比对其他细菌繁殖体的作用差；70%的乙醇可杀死一般细菌繁殖体，但不能杀灭细菌的芽孢。有荚膜的细菌抵抗力强；老龄菌比幼龄菌抵抗力强；细菌数量越多，所需消毒剂浓度越高、作用时间越长。

4. 有机物

环境中有机物能够影响消毒剂的效果。病原菌常与排泄物、分泌物一起存在，这些物质可阻碍消毒剂与病原菌的接触，对细菌有保护作用，且可与消毒剂发生化学反应，从而降低消毒剂的作用效果。

第五章 主要的动物病原菌

细菌种类繁多，可引起动物疾病的病原菌也很多，而且有的是人兽共患。各类动物病原菌的分类、形态与染色特征、培养及生化特性、致病性及毒力因子，是动物细菌性传染病的微生物学诊断的基础。

第一节 球 菌

球菌是一大类常见的细菌，广泛分布于自然界，有些是动物的正常菌群，有些可引起各种化脓性炎症、乳腺炎、败血症等。兽医临床上重要的是革兰氏阳性球菌，其中链球菌属和葡萄球菌属的某些成员是人和动物的重要致病菌。

一、链球菌属

链球菌属为成双或长短不一链状排列的细菌。一般依据溶血现象和抗原结构对链球菌进行分类。根据链球菌在血平板上的溶血现象将其分为 α、β、γ 三大类。① α 溶血性链球菌：在菌落周围形成不透明的草绿色溶血环，红细胞未溶解，血红蛋白变成绿色。这类链球菌也称为草绿色链球菌，为条件致病菌。② β 溶血性链球菌：在菌落周围形成一个界线分明、完全透明的溶血环，红细胞完全溶解。这类细菌又称为溶血性链球菌，致病力强，可引起多种疾病。③ γ 溶血性链球菌：菌落周围无溶血现象，故又称为不溶血性链球菌，一般不致病。

猪链球菌

猪链球菌（*S.suis*）可致猪急性败血症，也可感染人，引起脑膜炎、败血症和心内膜炎。根据荚膜抗原的差异，猪链球菌分为35个血清型，其中1、2、7、9型是猪的致病菌。2型最为常见也最为重要，它可感染人并可致死。我国曾有猪链球菌2型大范围感染猪和人的报道。

【形态与染色】为圆形或卵圆形，呈链状或成对排列。革兰氏染色阳性（陈旧培养物革兰氏染色往往呈阴性、单个或双个卵圆形），在液体培养基中呈短链状。无芽孢，无鞭毛。

【培养及生化特性】对营养要求较高，普通培养基生长不良，需添加血液、血清、葡萄糖等。在血液琼脂平板上长成灰白色、表面光滑、边缘整齐的小菌落。

【致病性及毒力因子】可致猪脑膜炎、关节炎、肺炎、心内膜炎、多发性浆膜炎、流产和局部脓肿。在易感猪群可暴发败血症而引起猪突然死亡。猪链球菌2型是人的机会致病菌，从事屠宰或其他与生猪相关的从业人员易经伤口感染，引起人的脑膜炎、败血症、心内膜炎，并可致死。

链球菌的毒力因子较为复杂，主要包括各种毒素（链球菌溶血素、致热外毒素等）和侵袭性酶（透明质酸酶、链激酶、链道酶等）。其中链球菌溶血素包括溶血素O（SLO）和溶血素S（SLS）。SLO是一种具有巯基的穿孔毒素，有较强的免疫原性；SLS呈β溶血，细菌被吞噬后，SLS可损伤溶酶体，引起吞噬细胞的死亡。而致热外毒素可引起发热和皮疹。

【微生物学诊断】微生物学诊断可进行猪链球菌的分离培养。可用鉴定荚膜等毒力相关基因的多重PCR直接检测分离的菌落进行快速诊断。SPF猪（无特定病原体猪）、某些品系的小鼠或豚鼠可试用为接种本菌的动物模型，斑马鱼可作为猪链球菌感染及免疫研究的动物模型。

二、葡萄球菌属

葡萄球菌属的细菌因堆聚成葡萄串状而得名。葡萄球菌属的成员广泛分布于自然界中，以及人和畜禽的皮肤、黏膜和与外界相通的腔道中，多数为腐生或寄生菌，仅少数致病。常见的葡萄球菌属成员有金黄色葡萄球菌、表皮葡萄球菌和腐生葡萄球菌。其中金黄色葡萄球菌毒力最强，本菌易产生耐药性，在多年抗生素的选择下耐药菌株越来越多，最著名的耐药菌为耐甲氧西林金黄色葡萄球菌（MRSA），是一种耐药性极高、致病力极强的致病菌，已成为医院感染的重要传染源，具有重要的公共卫生学意义。

金黄色葡萄球菌

金黄色葡萄球菌可引起人和动物的创伤感染以及食物中毒。也是引发奶牛乳腺炎的重要病原菌，导致奶牛泌乳功能下降或丧失，并可释放毒素，导致奶牛急性死亡。

【形态与染色】为革兰氏阳性球菌，排列成葡萄串状，在脓汁、乳汁或液体培养基中可见双球或短链排列，易误认为链球菌。无鞭毛，不形成芽孢，某些幼龄菌能形成荚膜或黏液层。

【培养及生化特性】需氧或兼性厌氧，在普通培养基上生长良好，形成光滑湿润、隆起的圆形菌落，菌落的颜色依菌株而异，初呈灰白色，继而为金黄色、白色或柠檬色。引发牛乳腺炎的菌株以及耐药菌株常为深黄色。本菌耐盐性强，在含有100~150g/L氯化钠培养基中能生长，故可用高盐培养基分离菌种。在血液琼脂培养基中形成的菌落较大，致病菌株具有溶血作用，形成β溶血。生化反应因菌株而异，多数能分解葡萄糖、乳糖、麦芽糖、蔗糖，产酸不产气，致病菌株能分解甘露醇。

【致病性及毒力因子】金黄色葡萄球菌常引起两类疾病：①侵袭性疾病，主要引起化脓性炎症。通过各种途径侵入机体，导致局部皮肤和器官的多种感染，如创伤感染、脓肿、蜂窝织炎、关节炎；全身感染如败血症、脓毒血症。②毒素性疾病，由葡萄球菌产生的外毒素引起，如食物中毒、肠炎以及人的毒素休克综合征。

葡萄球菌的毒力因子包括细菌的表面结构、侵袭性酶和毒素。①细菌表面的葡萄球菌A蛋白可通过与IgG的Fc段结合，抑制抗体介导的吞噬；荚膜可抑制趋化和吞噬作用。②致病菌株可产生凝固酶和耐热核酸酶等。凝固酶可使纤维蛋白原变成纤维蛋白，导致血浆凝固，引起细菌凝集,有助于致病菌株抵抗吞噬细胞和杀菌物质。耐热核酸酶可分解核酸,有利于细菌扩散,在100℃条件下15min不失去活性,可鉴定致病菌株。③α毒素可损伤细胞膜的毒素,对多种哺乳动物红细胞有溶血作用,属于穿孔毒素,对白细胞、血小板、肝细胞、成纤维细胞、血管平滑肌细胞等均有损伤作用。肠毒素可刺激呕吐中枢,引起呕吐和腹泻,即食物中毒。其耐热抗酸,能经受100℃ 30min或胃蛋白酶的水解。

【微生物学诊断】
(1) 涂片染色　化脓性病灶采取脓汁、渗出液,败血症采取血液,脑膜炎采取脑脊液,食物中毒采集剩余的食物、呕吐物和粪便。将病料涂片、革兰氏染色和镜检,如果见有大量典型的葡萄球菌可初步诊断。

(2) 分离培养鉴定　常用血平板,或经过肉汤培养基增菌后接种血平板。如果菌落呈金黄色,周围有溶血现象多为致病菌株。进一步鉴定可以用凝固酶试验、耐热核酸酶试验、分解甘露醇试验,阳性者多为致病菌株。发生食物中毒的病料,作细菌分离鉴定的同时,接种至肉汤培养基,培养后取滤液注射至6~8周龄的幼猫,或直接用酶联免疫吸附试验(ELISA)方法检测肠毒素,做葡萄球菌肠毒素的检查。

三、蜜蜂球菌属

该属菌属于肠球菌科,仅包括1个种,即蜂房蜜蜂球菌,其可引起蜜蜂幼虫的欧洲幼虫腐臭病(EFB),本病是世界动物卫生组织(OIE)规定的检疫对象,在世界各地均有发生,我国也是主要疫区之一。各品种各日龄的蜜蜂均易感,东方蜜蜂比西方蜜蜂易感,幼龄蜂比成年蜂易感,1~2日龄蜂最易感,患病后虫体变色,失去肥胖状态,通常在4~5d死亡。虫体腐烂时有难闻的酸臭味。蜂房蜜蜂球菌革兰氏染色阳性,为披针形的球菌,多呈单个存在,有时成对或呈短链状,无芽孢、无荚膜和鞭毛。本菌在普通培养基中不能生长,需要在营养丰富的培养基中加入半胱氨酸或胱氨酸。

第二节　肠杆菌科

肠杆菌是一大群寄居于人和动物肠道中的革兰氏染色阴性、无芽孢的兼性厌氧菌。常随人与动物粪便排出,广泛分布于水、土壤或腐物中。其中部分成员对人和动物有广泛的致病性,在公共卫生和兽医临床上有重要意义。

一、埃希菌属

埃希菌属现在至少有8个种,其中最重要的是大肠埃希菌(*E.coli*),俗称大肠杆菌。

大肠埃希菌

大多数大肠埃希菌是人和动物肠道内的正常菌群成员之一,常随粪便排出,故被用作水、食品和饲料等卫生检测的指标。少数具有致病性,可以引起畜禽特别是幼畜禽的大肠杆菌病。

【形态与染色】为革兰氏阴性杆菌,两端钝圆,具有周生鞭毛可运动,多有菌毛,无芽孢。

【培养及生化特性】需氧或兼性厌氧,在普通培养基上生长良好。在琼脂平板上长成圆形、隆起、光滑、湿润、灰白色、中等大小的菌落。在肉汤中生长均匀混浊,可在管底形成黏性沉淀。大多可以发酵乳糖产酸产气,麦康凯培养基上形成红色菌落,根据此现象可与沙门菌作鉴别。在伊红美蓝琼脂上产生黑色带金属闪光的菌落。一些致病性菌株在绵羊血平板上呈β溶血。

【致病性及毒力因子】

（1）致病性　大肠杆菌为人和动物肠道中的常居菌，一般多不致病，在一定条件下可引起肠道外感染。肠道外感染多为内源性感染，以泌尿系统感染为主，如尿道炎、膀胱炎、肾炎。某些血清型菌株的致病性强，可侵入血流引起各种动物败血症、幼畜腹泻、家禽卵巢炎、腹膜炎、猪水肿病等。

与动物疾病有关的致病性大肠杆菌可分为5类：产肠毒素大肠杆菌（ETEC）、产类志贺毒素大肠杆菌（SLTEC）、肠致病性大肠杆菌（EPEC）、败血性大肠杆菌（SEPEC）及尿道致病性大肠杆菌（UPEC）。产肠毒素大肠杆菌是一类致人和幼畜（初生仔猪黄痢及犊牛、羔羊、断奶仔猪腹泻）腹泻的最常见的病原性大肠杆菌。

（2）毒力因子　与大肠杆菌致病有关的毒力因子包括：①定居因子，也称黏附素，即大肠杆菌的菌毛。致病性大肠杆菌须先黏附于宿主肠壁，以免被肠蠕动和肠分泌液清除。定居因子具有较强的免疫原性，能刺激机体产生特异性抗体。②肠毒素，是产肠毒素大肠杆菌在生长繁殖过程中释放的一种蛋白质毒素，分为耐热和不耐热两种。不耐热肠毒素（LT）对热不稳定，65℃经30min即失去活性。不耐热肠毒素为蛋白质，分子量大，有免疫原性。耐热肠毒素（ST）对热稳定，100℃经20min仍不被破坏，分子量小，免疫原性弱。产肠毒素大肠杆菌的有些菌株只产生一种肠毒素，有些则两种均可产生。③其他。胞壁脂多糖的类脂A具有毒性，O特异多糖有抵抗宿主防御屏障的作用。大肠杆菌的K抗原有吞噬作用。

【微生物学诊断】

（1）病料的分离培养　败血症病例采集内脏组织，幼畜腹泻及猪水肿病病例应取各段小肠内容物或黏膜刮取物以及相应肠段的肠系膜淋巴结，分别在麦康凯平板和血平板上划线分离培养。

（2）可疑菌落的生化鉴定　挑取麦康凯平板上的红色菌落或血平板上呈β溶血（仔猪黄痢与水肿病菌株）的典型菌落，分别转种三糖铁（TSI）培养基和普通琼脂斜面做初步生化鉴定和纯培养。

（3）纯培养物的抗原鉴定　将三糖铁琼脂反应模式符合埃希菌属的生长物或其相应的普通斜面纯培养物做O、K抗原鉴定。

（4）检测毒力因子　确定其属于哪类致病性大肠杆菌。

二、沙门菌属

沙门菌属是一大群寄生于人和动物肠道内的生化反应和抗原构造相似的革兰氏阴性杆菌。绝大多数沙门菌对人和动物有致病性，主要通过消化道传染，能引起人和动物不同临床表现的沙门菌病，且为人类食物中毒的主要病原之一，在医学、兽医和公共卫生上均十分重要。

沙门菌

沙门菌具有极其广泛的动物宿主。动物感染后常导致严重的疾病，并成为人类沙门菌病的传染源之一。因此，沙门菌病是一种重要的人兽共患病。

【形态与染色】为两端钝圆、中等大小的革兰氏阴性菌，除鸡白痢沙门菌和鸡伤寒沙门菌外，其余都有周身鞭毛、能运动，绝大多数具有1型菌毛。无芽孢，一般无荚膜。

【培养及生化特性】需氧或兼性厌氧，普通培养基上即能生长，在普通肉汤中生长呈均匀混浊，有些菌株可形成菌膜或沉淀。绝大多数菌株不分解乳糖，在麦康凯培养基或远藤琼脂培养基上生长成无色透明、圆形、光滑、扁平的小菌落，根据这个特征可与大肠杆区别。

【致病性及毒力因子】

(1) 致病性 沙门菌最常侵害幼、青年动物，使之发生败血症、胃肠炎及其他组织局部炎症。对成年动物则引起散发性或局限性沙门菌病。发生败血症的妊娠母畜可表现流产，在一定条件下也可引起急性流行性暴发。沙门菌常在动物与动物、动物与人、人与人之间通过直接或间接的途径传播，没有中间宿主。沙门菌主要传染途径是消化道，许多不良环境条件，如卫生状况不良、过度拥挤、气候恶劣等均可增加易感动物发病。

根据对宿主的嗜性不同，可将沙门菌分成三群。①第一群：具有高度专嗜性沙门菌，只对人或某种动物产生特定的疾病。例如，鸡白痢沙门菌和鸡伤寒沙门菌仅使鸡和火鸡发病；造成马流产、牛流产和羊流产等的沙门菌；猪伤寒沙门菌仅侵害猪。②第二群：指在一定程度适应于特定动物的偏嗜性沙门菌，如猪霍乱沙门菌和都柏林沙门菌，分别是猪和牛羊的致病菌。③第三群：指泛嗜性沙门菌，有广泛宿主谱，能引起人和各种动物的沙门菌病，具有重要的公共卫生意义。如鼠伤寒沙门菌能导致各种畜禽、宠物及实验动物的副伤寒，表现胃肠炎或败血症，也可引起人的食物中毒。

(2) 毒力因子 沙门菌毒力因子有多种，主要有菌毛、内毒素及肠毒素等。①菌毛：吸附于小肠黏膜上皮细胞表面，并穿过上皮细胞层到达上皮下组织。②内毒素：沙门菌内毒素毒性较强，可引起发热、白细胞减少、中毒性休克。内毒素可激活补体系统释放趋化因子，吸引白细胞，导致肠道局部炎症反应。③肠毒素：某些沙门菌如鼠伤寒沙门菌能产生肠毒素，其性质类似产肠毒素大肠杆菌的肠毒素。

【微生物学诊断】

(1) 分离培养 未污染病料直接接种普通琼脂、血琼脂或鉴别培养基平板分离细菌；污染材料如饮水、粪便、饲料、肠内容物和已败坏组织等，常需要增菌培养基增菌后再行分离。

(2) 生化鉴定 挑可疑菌落涂片、染色、镜检，并分别接种三糖铁琼脂和尿素琼脂等培养，疑为沙门菌时，进行生化反应，试验观察其生化特性。

(3) 血清型分型 鉴定分离菌株的血清型，可应用分群抗O血清（A~F群）做凝集试验，以鉴定其群别。也可用直接凝集、免疫荧光、ELISA、PCR等方法鉴定。

第三节 巴氏杆菌科及相关属

一、巴氏杆菌属

巴氏杆菌属的细菌已报道有20多种，其中，多杀性巴氏杆菌是最重要的畜禽致病菌。

多杀性巴氏杆菌

多杀性巴氏杆菌是引起多种畜禽巴氏杆菌病的病原体，主要使动物发生出血性败血症或传染性肺炎。在同种或不同动物间可相互传染，也可感染人，大多因被动物咬伤所致。分3个亚种，即多杀亚种、败血亚种和杀禽亚种。

【形态与染色】 为革兰氏阴性菌，呈球杆状或短杆状，两端钝圆，单个存在，有时成双排列。新分离的细菌有微荚膜，在动物血液和脏器中的细菌经瑞氏染色或亚甲蓝染色呈明显的两极着色。无鞭毛，不形成芽孢。

【培养及生化特性】 需氧或兼性厌氧，营养要求较高，在普通培养基中生长差。在麦康凯培养基上不生长。在血平板上长成露滴样小菌落，不溶血。在血清肉汤中培养开始轻微混浊，4~6d 后液体变清，液面形成菌环，管底出现黏稠沉淀。从病料中新分离的强毒菌株具有荚膜。菌落为黏液型，较大。

培养 48h 可分解葡萄糖、果糖、蔗糖、甘露糖和半乳糖，产酸不产气。大多数菌株可发酵甘露醇、山梨醇和木糖。一般对乳糖、鼠李糖、杨苷、肌醇、菊糖、侧金盏花醇不发酵。可形成靛基质。触酶和氧化酶均为阳性，甲基红试验和 VP 试验均为阴性，石蕊牛乳无变化，不液化明胶，产生硫化氢和氨。

【致病性及毒力因子】

（1）致病性　对鸡、鸭、鹅、野禽、猪、牛、羊、马、兔等都可致病，急性型呈出血性败血症，迅速死亡，如牛出血性败血症、猪肺疫、禽霍乱、兔巴氏杆菌病等；亚急性型呈出血性炎症，见于黏膜关节等部位；慢性型呈萎缩性鼻炎（猪、羊）、关节炎及局部化脓性炎症等。实验动物中小鼠极易感染，鸽对杀禽亚种的易感性强。

（2）毒力因子　具有荚膜的菌株有较强的抗性，荚膜成分为透明质酸，有抗吞噬作用。杀禽亚种的致病力与菌体的内毒素有关。该内毒素是一种含氮的磷酸酯多糖，与菌体结合不紧密，用福尔马林盐水可洗脱，少量注入鸡体即可引起禽霍乱，表现出血性败血症状。

【微生物学诊断】

（1）显微镜检查　采取渗出液、心血、肝脏、脾脏、淋巴结、骨髓等新鲜病料涂片或触片，以碱性亚甲蓝液或瑞氏染色液染色进行显微镜检查，如发现典型的两极着色的短杆菌，结合流行病学及剖检变化，可做出初步诊断。

（2）分离培养　慢性病例或腐败材料不易发现典型菌体，必须进行培养和动物试验。可用血琼脂分离培养，疑似菌落再接种三糖铁培养基，细菌生长使底部变黄。必要时可进一步做生化反应进行鉴定。

（3）动物试验　用病料悬液或分离培养菌，皮下注射小鼠、家兔或鸽，动物多在 24~48h 内死亡。参照患畜的生前临床症状和剖检变化，结合分离菌株的毒力试验做出诊断。

（4）血清型学鉴定　如果要鉴定荚膜抗原和菌体抗原型，则要用抗血清或单克隆抗体进行血清学试验。检测动物血清中的抗体，可用试管凝集试验、间接凝集试验、琼脂扩散试验或 ELISA。

二、里氏杆菌属

里氏杆菌属的代表种是鸭疫里氏杆菌，是雏鸭传染性浆膜炎的病原菌。

鸭疫里氏杆菌

【形态与染色】菌体呈杆状或椭圆形，偶见个别长丝状。多为单个，少数成双或短链排列。可形成荚膜，无芽孢，无鞭毛。瑞氏染色可见两极着色。革兰氏染色阴性。

【培养及生化特性】营养要求较高，普通培养基和麦康凯培养基上不生长。初次分离培养需要供给 5%~10%CO_2。在巧克力或胰蛋白胨大豆琼脂（TSA）平板上、CO_2 培养箱或蜡烛缸中，37℃培养 24~48h，生长的菌落无色素、圆形、表面光滑，直径 1~2mm。在含血清或胰蛋白胨酵母的肉汤中，37℃培养 48h，呈上下一致的轻微混浊，管底有少量沉淀。

【致病性及毒力因子】鸭疫里氏杆菌可引起 1~8 周龄，尤其是 2~3 周龄雏鸭发病和死亡，雏鸭生长发育严重受阻。兔和小鼠不易感染。豚鼠腹腔注射大量细菌可致死。*vapl* 基因的编码产物是可能的毒力因子，为 CAMP 协同溶血素，存在于 1、2、3、5、6 及 19 型菌株。

【微生物学诊断】取发病初期病鸭的脑及心血，用巧克力培养基容易分离到本菌。分离时应同时接种麦康凯培养基，以便及时与大肠杆菌相区别。分离的细菌应进行葡萄糖和蔗糖发酵试验，也可接种小鼠，与多杀性巴氏杆菌相区别。PCR方法可用于快速诊断。

三、嗜血杆菌属

嗜血杆菌属是一群酶系统不完全的革兰氏阴性杆菌，生长需要血液中的生长因子，尤其是X因子和V因子，人工培养时必须供给新鲜血液，故称为嗜血杆菌。嗜血杆菌存在于人和动物的呼吸道黏膜，常分离自人和动物的各种病灶和分泌物。

副猪嗜血杆菌

副猪嗜血杆菌可引起猪的格氏病（Glaesser's disease），或称猪多发性浆膜炎、副猪嗜血杆菌病，是目前养猪生产中重要的细菌性呼吸道疾病。根据荚膜抗原的差异，本菌至少可分为15个血清型，目前的优势菌型为4型及5型。不同血清型菌株的毒力存在差异，同一血清型的不同菌株毒力也有所不同。

【形态与染色】多为短杆状，也有的呈球状、杆状或长丝状等多形性。多为单个存在，也有短链排列。无鞭毛，无芽孢。新分离的致病菌株有荚膜，亚甲蓝染色呈两极浓染，革兰氏染色为阴性。

【培养及生化特性】需氧或兼性厌氧，最适生长温度37℃，最适pH为7.6~7.8。初次分离培养时供给5%~10% CO_2 可促进生长，生长需供给X因子和V因子。在巧克力琼脂上，37℃培养24~48h，生长的菌落呈圆形、表面光滑、边缘整齐、表面灰白色、半透明。菌落的大小可因菌种和培养基的营养程度不同而异，从针尖大小直至绿豆大小。

【致病性及毒力因子】副猪嗜血杆菌存在于猪的上呼吸道，猪繁殖与呼吸综合征病毒（PRRSV）、猪圆环病毒2型（PCV2）感染造成的免疫抑制可加剧其感染，成为常见的继发病。疾病的临床特征表现为高热、关节肿胀、呼吸道紊乱及中枢神经症状。严重者剖检可见多发性浆膜炎，包括心肌炎、腹膜炎、胸膜炎、脑膜炎以及关节炎。10日龄以下仔猪往往通过带菌母猪感染。断奶仔猪较易发病，应激因素常是发病的诱因。此外，副猪嗜血杆菌常与猪流感病毒共同感染。关于副猪嗜血杆菌的毒力因子还不完全清楚，可能为荚膜、菌毛和内毒素等。

【微生物学诊断】副猪嗜血杆菌对培养条件要求高，可用胰蛋白胨大豆琼脂平板进行分离培养。可采用PCR方法直接检测病料中的细菌。

四、放线杆菌属

放线杆菌属包括猪胸膜肺炎放线杆菌、林氏放线杆菌、驹放线杆菌等若干种。猪胸膜肺炎放线杆菌是猪的重要致病菌。

猪胸膜肺炎放线杆菌

猪胸膜肺炎放线杆菌引起猪传染性胸膜肺炎，是集约化猪场的常见猪病之一。

【形态与染色】为小球杆菌，具多形性。新鲜病料呈两极染色，有荚膜和鞭毛，具运动性。

【培养及生化特性】兼性厌氧，置10% CO_2 中可长出黏液性菌落。在普通营养基中不生长，需添加V因子，常用巧克力培养基培养。在绵羊血平板上，可产生稳定的β溶血，金黄色葡萄球菌可增强其溶血圈（CAMP试验阳性）。

【致病性及毒力因子】猪是本菌高度专一性的宿主，寄生在猪肺坏死灶内或扁桃体，较少在鼻腔。引起猪的高度接触传染性呼吸道疾病，以纤维素性胸膜炎和肺炎为特征。慢性感染猪或康复猪成为带菌者。小于 6 月龄的猪最易感染，经空气传染或猪与猪直接接触传染。应激可促使发病。

本菌的毒力因子较复杂，毒素是本菌最重要的毒力因子。不同血清型的菌株可产生 4 种细胞毒素 ApxⅠ~Ⅳ，具有细胞毒性或溶血性，是一种穿孔毒素，属于含重复子毒素家族。Ⅲ型毒素与大肠杆菌 α 溶血素有相同的操纵子编码基因。Ⅳ型毒素存在于所有血清型，但只在猪体内才产生。

【微生物学诊断】

（1）显微镜检查 取病死猪肺坏死组织、胸腔积液、鼻及气管渗出物做涂片，镜检是否有革兰氏阴性两极染色的球杆菌。

（2）分离培养与鉴定 取上述病料接种巧克力琼脂或绵羊血琼脂，置 5% CO_2 中 37℃ 过夜培养。如果有溶血小菌落生长，应进一步做 CAMP 试验，检测其脲酶活性及甘露醇发酵能力。用琼脂扩散试验或直接凝集试验鉴定分离菌株的血清型。

（3）基因检测 采用 PCR 方法检测荚膜基因，可用于快速诊断和定型。

第四节　革兰氏阴性需氧杆菌

革兰氏阴性需氧杆菌成员众多，在兽医学和公共卫生方面具有重要意义的主要有布鲁氏菌属、伯氏菌属、波氏菌属等。

一、布鲁氏菌属

布鲁氏菌又名布氏杆菌，是一类引起多种动物和人布鲁氏菌病的病原，不但危害畜牧业生产，而且严重影响人的健康。根据宿主特异性分为羊、牛、猪、鼠、绵羊及犬布鲁氏菌共 6 个种，20 个生物型。

【形态与染色】菌体多呈球杆状。无鞭毛，不形成芽孢，毒力菌株为微荚膜，经传代培养渐呈杆状。革兰氏染色阴性。

【培养及生化特性】专性需氧。牛布鲁氏菌在初次分离时，需在 5%~10% CO_2 环境中才能生长，最适温度 37℃，最适 pH 为 6.6~7.1。对营养要求较高，含 5%~10% 马血清胰蛋白胨大豆琼脂适宜所有菌株生长。

【致病性及毒力因子】

（1）致病性 引起人和多种动物的布鲁氏菌病，是一种重要的人兽共患病。可感染的动物种类较多，以牛、羊、猪最易感，主要侵害生殖系统，引起妊娠母畜流产、子宫炎、公畜睾丸炎。布鲁氏菌可引起豚鼠、小鼠和家兔等实验动物感染，豚鼠最易感。人主要通过接触病畜及其分泌物或接触被污染的畜类产品，经皮肤、眼结膜、消化道、呼吸道等不同途径感染，表现为不定期发热（称"波浪热"）、关节炎、睾丸炎等病症。

（2）毒力因子 与布鲁氏菌致病性相关的有内毒素、荚膜和透明质酸酶等。布鲁氏菌侵袭力强，通过完整的皮肤、黏膜进入宿主体内后，被吞噬细胞吞噬成为细胞内寄生菌，并有很强的繁殖与扩散能力，这与荚膜的抗吞噬作用和透明质酸酶的扩散作用有关。动物患病时，布鲁氏菌常局限于腺体组织和生殖器官，与这些组织的赤鲜醇含量较高有关。

在不同种别和生物型，甚至同型细菌的不同菌株之间，毒性差异较大。对豚鼠致病性顺序是马耳他布鲁氏菌 > 猪布鲁氏菌 > 流产布鲁氏菌 > 沙林鼠布鲁氏菌 > 犬布鲁氏菌 > 绵羊布鲁氏菌。

【微生物学诊断】布鲁氏菌感染常表现为慢性或隐性,其诊断和检疫主要依靠血清学检查及变态反应检查。

(1) 细菌学检查　病料最好用流产胎儿的胃内容物、肺、肝脏和脾脏,以及流产胎盘和羊水等。也可采用阴道分泌物、乳汁、血液、精液、尿液以及急宰病畜的子宫、乳房、精囊、睾丸、附睾、淋巴结、骨髓和其他局部病变的器官。病料直接涂片,革兰氏和柯兹洛夫斯基染色镜检。如果发现革兰氏阴性、鉴别染色为红色的球状杆菌或短小杆菌,即可做出初步的疑似诊断。

(2) 分离培养鉴定　无污染病料可直接划线接种于适宜的培养基,5%~10% CO_2 环境37℃培养。每3d观察一次,如果有细菌生长,挑选可疑菌落进行细菌鉴定。

(3) 血清学检查　有多种检查方法,分为病料中布鲁氏菌检查和血清中布鲁氏菌抗体检查两类方法。①检测细菌。用已知抗体可检查病料中是否存在布鲁氏菌,或分离培养物是否为布鲁氏菌,此方法比细菌学检查法简便快速,因而具有较好的实用价值。常用方法有荧光抗体技术、反向间接血凝试验、间接炭凝集试验以及免疫酶组化法染色等。②检测抗体。动物在感染布鲁氏菌7~15d可出现抗体,检测血清中的抗体是布鲁氏菌病诊断和检疫的主要手段。在实际工作中,最好用一种以上的方法相互配合。国内常用玻板凝集试验、虎红平板凝集试验、乳汁环状试验进行现场或牧区大群检疫,以试管凝集试验和补体结合试验进行实验室最后确诊。

(4) 变态反应检查　皮肤变态反应一般在感染后的20~25d出现,因此,不宜作为早期诊断依据。本方法适用于动物的大群检疫,主要用于绵羊和山羊,其次为猪。检测时,将布鲁氏菌水解素 0.2mL 注射于羊尾根皱襞部或猪耳根部皮内,24h 及 48h 后各观察反应一次。如果注射部位发生红肿,即判为阳性反应。此方法对慢性病例的检出率较高,且注射水解素后无抗体产生,不影响以后的血清学检查。

凝集反应、补体结合反应和变态反应出现的时间各有特点。即动物感染布鲁氏菌后,首先出现凝集反应,消失较早;其次出现补体结合反应,消失较晚;最后出现变态反应,保持时间较长。在确诊病畜是否感染时,一般使用三种方法进行综合诊断。

二、伯氏菌属

伯氏菌属成员现有30多种,对动物有致病性的仅两种,即鼻疽伯氏菌及伪鼻疽伯氏菌,均可经气溶胶传播,生物安全风险较大。

鼻疽伯氏菌

鼻疽伯氏菌,旧名为鼻疽假单胞菌,习惯称鼻疽杆菌。为马、骡、驴等单蹄兽鼻疽的病原,也能感染人、其他家畜和多种野生动物,是一种人兽共患病的病原。

【形态与染色】为中等大小杆菌,无芽孢,无鞭毛,有多糖荚膜。为革兰氏阴性杆菌,一般苯胺染料易于着色,但在组织中及老龄培养菌常着色不均。

【培养及生化特性】专性需氧,最适生长温度为37℃,最适 pH 为 6.4~6.8。普通培养基中生长缓慢,加 5% 绵羊血或 1% 甘油可促进生长。正常菌落为光滑(S)型,变异的菌落最常见的为粗糙(R)型。

【致病性及毒力因子】

(1) 致病性　主要感染马属动物。表现为鼻疽,可呈急性或慢性经过,病变特征为皮肤、鼻腔黏膜、肺及其他实质器官形成典型的鼻疽结节和溃疡。肉食兽可因采食感染动物的肉而致败血症,猫科动物较犬科动物更为易感,曾有动物园饲养的虎、豹发病的报道。绵羊、山羊及骆驼偶尔感染,猪及牛则不易感染。人也可经创伤或吸入含菌材料而感染,并引起致死性疾病。

实验动物以猫和仓鼠易感性最强，豚鼠次之。雄性豚鼠腹腔感染后，可引起典型的睾丸炎和睾丸周围炎症，睾丸肿胀、化脓而后破溃，称为施特劳斯反应，具有一定的诊断价值。

（2）毒力因子　鼻疽伯氏菌的毒力因子尚不明确。用马属动物作为动物模型的研究显示，无荚膜变异株不致病，证实荚膜多糖为重要的毒力因子。此外，毒素如绿脓素、卵磷脂酶、胶原酶和脂酶也有致病作用。

【微生物学诊断】诊断和检疫主要采用变态反应检查和血清学检查，而细菌学检查只用于特殊病例，仅允许在生物安全三级实验室进行。

（1）变态反应检查　鼻疽伯氏菌诊断和检疫最常用的方法，所用反应原为鼻疽菌素。马匹感染鼻疽伯氏菌后2~3周呈现阳性反应，以后随着病程发展，反应逐渐增强。鼻疽病马保持变态反应的时间较长，有的可达8~10年，甚至终身。

变态反应有点眼反应、眼睑试验、皮下试验（热反应）、皮肤试验和喷雾诊断5种方法。其中以点眼反应简便易行而且检出率高，为我国检疫规定的主要方法，可检出急性、慢性、潜伏性及初愈者，但不能区分鼻疽伯氏菌的类型。

（2）血清学检查　列入检疫规程者仅为补体结合试验。此方法特异性很高，有90%~95%呈阳性反应的马匹，剖检时有鼻疽病变。但是敏感性不高，凡呈现阳性的马匹多为活动性鼻疽，慢性病例只能检出10%~25%。因此，该方法只能作为对鼻疽菌素点眼试验阳性动物的附加诊断方法。

其他血清学诊断方法，如间接荧光抗体法，可用于检测临床病料。PCR方法可直接从全血白细胞层中检出细菌。

三、波氏菌属

波氏菌属大多成员专性寄生于哺乳动物或禽类，定殖在呼吸道上皮细胞的纤毛上，并致呼吸道疾病。

支气管败血波氏菌

支气管败血波氏菌曾称为犬支气管杆菌（因最初从患呼吸道病的病犬中发现），此后发现本菌有多种宿主。

【形态与染色】为革兰氏阴性菌，呈小杆状，不产生芽孢。

【培养及生化特性】需氧或兼性厌氧。触酶阳性，不分解碳水化合物，甲基红、VP试验或吲哚试验阴性。在牛血平板35℃培养48h，菌落呈圆形、光滑、边缘整齐。某些菌株呈β溶血，并可同时出现大小不等的溶血菌落及不溶血变异菌落。麦康凯平板培养菌落显蓝灰色，周边有狭窄的红色环，培养基着色染成琥珀色。

【致病性及毒力因子】

（1）致病性　可感染多种哺乳动物，引起呼吸道的不显性感染及急、慢性炎症，统称为波氏菌病。最有代表性的是犬传染性气管支气管炎（幼犬窝咳）和兔传染性鼻炎，并且是猪传染性萎缩性鼻炎的病原之一。在冬季可致3~4日龄仔猪感染原发性支气管肺炎，幼猫易感并可致支气管肺炎，豚鼠可发生流行性呼吸道病，死亡率高，并致流产和死胎。人偶有感染的报道，主要是免疫抑制患者。

（2）毒力因子　包括黏附素及毒素两大类。黏附素有菌毛血凝素、菌毛、百日咳毒素和支气管定殖因子。毒素有腺苷酸环化酶溶血素、皮肤坏死毒素、骨毒素、支气管细胞毒素以及脂多糖（LPS）。皮肤坏死毒素引致外周血管收缩、局部贫血和出血，不耐热，56℃条件下

30min完全失活，0.3%甲醛37℃处理20h完全失去毒性但保留免疫原性。支气管细胞毒素对支气管上皮细胞有特异亲和力，导致纤毛静滞。

【微生物学诊断】

（1）细菌学检查　可采集鼻腔后部分泌物、气管分泌物或病变组织，接种麦康凯琼脂或血平板等，挑选可疑菌落进行革兰氏染色镜检，并进一步做生化试验进行鉴定。PCR方法可用作快速诊断。

（2）血清学检查　常规应用试管凝集试验，主要用于猪传染性萎缩性鼻炎的诊断，也可用于兔、豚鼠、犬、猫、马、猴等动物波氏菌感染症的诊断。判定标准暂定为凝集价1：80以上为阳性，1：40为可疑，1：20以下为阴性。

第五节　革兰氏阳性无芽孢杆菌

一、李氏杆菌属

李氏杆菌属为革兰氏阳性杆菌，需氧或兼性厌氧，无芽孢，无荚膜。本属代表种是产单核细胞李氏杆菌，引起人和动物的李氏杆菌病。本菌在4℃环境中仍可生长繁殖，是冷藏食品威胁人体健康的主要病原菌之一。

产单核细胞李氏杆菌

【形态与染色】 为短杆菌，直或稍弯，两端钝圆，常呈V形排列或成对排列。一般无荚膜，但在营养丰富的环境中可形成荚膜。在陈旧培养中的菌体可呈丝状及革兰氏阴性。在20~25℃培养可产生周鞭毛，具有运动性。

【培养及生化特性】 需氧或兼性厌氧，生长温度为1~45℃，30~37℃最适宜，在4℃可缓慢增殖。普通培养基中也能生长，在葡萄糖血液或血清培养基上长成露滴状小菌落，呈狭窄的β溶血。在蜡样芽孢杆菌培养基（BCM）或单增李斯特氏菌显色培养基（ALOA）等鉴别培养基上，45°斜射光线下观察，菌落可见浅蓝绿色荧光，有助于与猪丹毒丝菌的菌落区别。在半固体培养基上穿刺培养，沿穿刺线呈云雾状生长。

【致病性及毒力因子】 可致人、绵羊、山羊、猪、兔、牛、禽等的李氏杆菌病，引起败血症、神经症状、母畜流产等。本菌的抗原结构与毒力无关，是寄生物介导的细胞内增生，使它附着及进入肠细胞与巨噬细胞。

【微生物学诊断】

（1）分离培养　样品应在4℃下处理、存放和运送，如果是冷冻样品，则在检验前要保持冷冻状态。样品放入无选择性试剂增菌肉汤（EB）37℃增菌培养24h后，移植到血琼脂培养基培养，观察是否有β溶血或蓝绿色光泽菌落。

（2）动物试验　将分离菌株的菌悬液腹腔注射小鼠，观察7d内小鼠的死亡情况。

（3）血清学鉴定　玻片凝集试验等。

二、丹毒丝菌属

猪丹毒丝菌是本属的代表种，通常称为猪丹毒杆菌，是猪丹毒病的病原体，可导致猪的皮肤表面出现红疹斑块。猪丹毒偶尔可使人、鸟类和羔羊等发病，禽类也可感染，人类感染称"类丹毒"，为皮肤自限性感染。

猪丹毒丝菌

【形态与染色】 本菌为平直或稍弯曲的细杆菌，病料内的细菌单在或呈V形、成对或成丛排列，易形成长丝状。在陈旧的肉汤培养物和慢性病猪心内膜疣状物中多呈长丝状。革兰氏染色阳性，有荚膜，无鞭毛，不产生芽孢。

【培养及生化特性】本菌为微需氧菌，实验室培养时兼性厌氧。在普通琼脂培养基和普通肉汤中生长不良，麦康凯培养基中不生长，如果加入葡萄糖、血液或血清则生长旺盛。在血平板上经37℃培养24h，可形成光滑湿润、透明灰白色、露珠样的圆形针尖大小的菌落，形成 α 溶血环。菌落形态有光滑（S）型和粗糙（R）型两种，前者有致病性，后者无致病性。H_2S 试验阳性，过氧化氢酶阴性，尿素酶阴性，吲哚试验阴性，明胶穿刺生长特殊，沿穿刺线横向四周生长如试管刷状，但不液化明胶，是区别于李氏杆菌的特征。

【致病性及毒力因子】本菌在自然界分布十分广泛，可寄生于哺乳动物、禽和鱼类。带菌率和发病率与饲养条件、气候以及月龄有关，是一种"自源性传染病"。猪分离率最高，可致3~18月龄猪菌血症，高热，死亡率较高，转为慢性后病猪的皮肤表面出现红疹斑块，因此名为丹毒，慢性型还常表现为关节炎以及赘生性心内膜炎。人感染后发生皮肤病变，称为"类丹毒"。致病菌株可产生透明质酸和唾液酸酶，有助于细菌入侵。目前未发现外毒素。

【微生物学诊断】
（1）采样镜检　高热期经耳静脉采血，死后采心血或新鲜肝脏、脾脏、肾脏、淋巴结等制成涂片，慢性心内膜炎病例用心脏瓣膜增生物涂片，羔羊关节炎采关节滑膜囊液，革兰氏染色镜检，如果发现少量革兰氏阳性典型杆菌，可初步确诊。

（2）分离培养和鉴定　血平板菌落形态，呈 α 溶血环。通过明胶穿刺试验与李氏杆菌区别。

（3）血清学诊断　可采用培养凝集试验（ESCA），又称生长凝集试验。

第六节　革兰氏阳性产芽孢杆菌

产芽孢的细菌是一群差异很大的细菌，大多数为革兰氏阳性并能运动的杆菌，在兽医学和医学上重要的是芽孢杆菌属和梭菌属。

一、芽孢杆菌属

芽孢杆菌属是一大群形态较大、在有氧环境中能形成芽孢的革兰氏阳性杆菌，有数十个种，其中炭疽芽孢杆菌是人兽共患传染病炭疽的病原，蜡样芽孢杆菌可引起食物中毒。其他与炭疽芽孢杆菌相似的需氧芽孢杆菌，一般无致病性。

炭疽芽孢杆菌

炭疽芽孢杆菌又称炭疽杆菌，是引起人、各种家畜和野生动物炭疽的病原，在兽医学和医学上均具有相当重要的地位。

【形态与染色】炭疽杆菌是菌体最大的细菌。菌体两端平切，在人工培养基中常呈竹节状长链排列。革兰氏染色阳性。无鞭毛，不运动。在机体内或含有血清的培养基中形成荚膜。在人工培养基或外界环境中易形成芽孢，在生活机体或未经剖检的尸体内不易形成芽孢。芽孢呈椭圆形，位于菌体中央。

【培养及生化特性】炭疽杆菌对营养要求不高，普通琼脂平板上培养24h，长出灰白色、干燥、表面无光泽、不透明、边缘不整齐呈卷发状的粗糙型菌落。在含青霉素的培养基中菌体呈串珠状生长。在血平板上，早期无溶血环，24h 后有轻微溶血。在肉汤中生长后呈絮状卷绕成团的沉淀生长，表面稍混浊，无菌膜。有的菌株在碳酸氢钠琼脂平板上，置于5%

CO_2 环境中培育 48h，由于产生荚膜而形成黏液型菌落。

【致病性及毒力因子】

（1）致病性　可引致各种家畜、野兽和人的炭疽，牛、绵羊、鹿等易感性最强，马、骆驼、猪、山羊等次之，犬、猫、食肉兽等则有相当强的抵抗力，禽类一般不感染。人对炭疽杆菌的易感性介于食草动物与猪之间，经消化道、呼吸道或皮肤创伤感染而发生肠炭疽、肺炭疽或皮肤炭疽。

（2）毒力因子　炭疽杆菌的毒力主要与荚膜和炭疽毒素有关。荚膜具有抗吞噬作用，有利于细菌在机体内定居。炭疽毒素的毒性作用主要是直接损伤微血管的内皮细胞，使血管通透性增加，有效循环血量不足，血液呈高凝状态，极易导致弥散性血管内凝血。

【微生物学诊断】疑似炭疽的病畜尸体严禁剖检，只能从耳根部采取血液，必要时可切开肋间采取脾脏。皮肤炭疽可采取病灶水肿液或渗出物，肠炭疽可采取粪便。

（1）细菌学检查　病料涂片染色镜检，如果发现有荚膜、竹节状大杆菌，即可做出初步诊断。涂片也可用特异性荧光抗体染色法或荚膜肿胀试验进行检查。细菌分离可用普通琼脂或血平板培养，培养后根据菌落特点，并进行青霉素串珠试验及动物试验等进行鉴定。

（2）血清学检查　急性病例诊断中意义不大，多用于流行病学调查。以已知抗体来检查被检的抗原，最常用的是 Ascoli 沉淀反应，用加热抽提待检炭疽杆菌多糖抗原与已知抗体进行的沉淀试验，适用于各种病料、皮张、严重腐败污染尸体材料。

（3）基因检查　用 PCR 方法检测靶标荚膜或毒素基因，无须分类培养，可快速诊断。

二、梭菌属

梭菌属是一大群厌氧的革兰氏阳性大杆菌，在自然界分布广泛，主要存在于土壤、污水和人畜肠道中。通常在厌氧条件下形成芽孢，芽孢大于菌体，常使菌体膨大，位于中央、近端或顶端，使菌体呈梭形、匙形或鼓槌状。当芽孢位于菌体中央时，菌体形如梭状。有运动或不运动者，前者具有周鞭毛。

致病性梭菌主要包括气肿疽梭菌、腐败梭菌、破伤风梭菌、肉毒梭菌、诺维梭菌、产气荚膜梭菌等，它们在适宜环境中均可产生毒性强的外毒素。

产气荚膜梭菌

产气荚膜梭菌曾称为魏氏梭菌或产气荚膜杆菌，广泛分布于自然界及人和动物肠道中。在一定条件下可引起多种严重疾病。

【形态与染色】菌体呈直杆状，两端钝圆，单在，革兰氏染色阳性。芽孢大而钝圆，位于菌体中央或近端，使菌体膨胀，但在一般条件下罕见形成芽孢。在动物创伤组织中可形成荚膜，无鞭毛，不运动。

【培养及生化特性】对厌氧的要求不严，对营养条件需求不苛刻。在牛乳培养基培养 8~10h，因发酵牛乳中的乳糖使牛乳酸凝块，同时产生大量气体使乳酸凝块破裂，甚至喷出管外，呈"暴烈发酵"现象，可作为鉴定本菌的依据。血平板上形成双层溶血环，内环完全溶血，外环不完全溶血。

【致病性及毒力因子】主要引起人和动物的气性坏疽、食物中毒和坏死性肠炎等。①气性坏疽：一种严重创伤感染性疾病，细菌侵入肌肉组织，迅速繁殖，释放侵袭性酶，溶解组织造成坏死；并形成大量气体导致组织气肿，压迫软组织，阻碍血液供应，加重肌肉坏死。局部浆液渗出，形成扩散性水肿。病变迅速蔓延，造成大块组织坏死。②食物中毒：食入细菌肠毒素污染的食物后可引起食物中毒，出现剧烈腹痛、腹泻等中毒症状。③坏死性肠炎：发病急，剧烈腹痛、腹泻、肠黏膜出血性坏死，粪便带血，可并发周围组织循环衰竭。死亡率高达40%。本菌的毒力因子包括多种外毒素和侵袭性酶。

【微生物学诊断】除A型菌其余各型所致的各种疾病，均是细菌在肠道内产生毒素所致，因此可靠的微生物学诊断方法是肠内容物毒素检查，可接种家兔或小鼠观察死亡情况，也可直接用PCR方法检测肠毒素基因，方便快捷。

三、拟幼虫芽孢杆菌

拟幼虫芽孢杆菌是美洲幼虫腐臭病的病原，是目前危害蜜蜂幼虫生长的主要病原菌，广泛发生于温带和亚热带多个国家，给养蜂业带来严重的经济损失。

【形态与染色】菌体呈细长的杆状，单生或链状，在条件不利时能产生椭圆形的芽孢，革兰氏染色阳性，具有周鞭毛，且鞭毛巨大呈螺旋线，有"巨鞭"之称。

【培养及生化特性】在普通培养基上不生长，也不能形成芽孢，需在含有硫胺素（维生素B_1）和一些氨基酸的培养基上才能生长。本菌生长缓慢，在37℃培养数天后芽孢在培养基表面下5~10mm处萌发，逐渐扩展到表面，长出圆形、表面突起、边缘不光滑的菌落。

【致病性及毒力因子】本菌主要侵害蜜蜂幼虫，其致病性是由芽孢引起而不是营养体。1日龄幼虫最易感，蜜蜂成虫对本菌具有抵抗性。被感染的幼虫孵化12.5d后出现症状，体色发生明显变化，由珍珠白变成黄色、黄褐色直至黑褐色，同时虫体不断失水干瘪，最后紧贴蜂房成为难以清除的鳞片状物。

【微生物学诊断】由于本菌生长的特殊性，可用加了萘啶酸和吡哌酸的培养基上分离本菌，也可通过特异性PCR技术鉴定本菌的基因型。

第七节　分　枝　杆　菌

分枝杆菌属的细菌分布广泛，许多是人和多种动物的病原菌。对动物有致病性的主要是结核分枝杆菌、牛分枝杆菌、禽分枝杆菌和副结核分枝杆菌。结核分枝杆菌主要侵害人，尤其是儿童，对家畜的毒力较低；牛分枝杆菌主要使牛致病，也可感染人、猪、绵羊和山羊等；禽分枝杆菌主要侵害家禽，其次可感染猪和牛，人很少感染。

本属菌均为平直或微弯的杆菌，有时分枝，呈丝状，不产生鞭毛、芽孢或荚膜。革兰氏染色阳性，能抵抗3%盐酸酒精的脱色作用，故称为抗酸菌。常用齐尼二氏（Ziehl-Neelson）染色法染色，本属菌染成红色，非抗酸菌呈蓝色。菌体细胞壁含有大量类脂，占干重的20%~40%。需要特殊营养条件才能生长。

一、牛分枝杆菌

【形态与染色】牛分枝杆菌菌体较短而粗。在陈旧的培养基或干酪性病灶内的菌体可见分枝现象。与一般革兰氏阳性菌不同，牛分枝杆菌的细胞壁不仅有肽聚糖，还有特殊的糖脂。因为糖脂的影响，致使革兰氏染色不易着染，而抗酸染色为红色。

【培养及生化特性】专性需氧，对营养要求严格，在添加特殊营养物质的培养基上才能生长，但生长缓慢，特别是初代培养，一般需10~30d才能看到菌落。菌落呈乳白色或米黄色、粗糙不透明、边缘不整齐，呈颗粒、结节或花菜状。在液体培养基中，因菌体含类脂而具有疏水性，形成浮于液面有皱褶的菌膜。常用的培养基是罗氏（Lowenstein-Jensen）培养基（内含蛋黄、甘油、马铃薯、无机盐及孔雀绿等）、改良罗氏培养基、丙酮酸培养基和小川培养基。

【致病性及毒力因子】

（1）致病性　主要引起牛结核病。其他家畜、野生反刍动物、人、灵长目动物以及犬、猫等食肉动物均可感染。实验动物中豚鼠、兔有高度敏感性，对仓鼠、小鼠有中等致病力，对家禽无致病性。

致病过程以细胞内寄生和形成局部病灶为特点。细菌主要通过呼吸道侵入机体肺泡，被巨噬细胞吞噬，但不被消化降解，相反在其内繁殖，形成病灶，产生干酪样坏死。坏死灶被吞噬细胞、T细胞和B细胞等包围，形成结核结节。免疫低下者此种局限性病灶可能破溃，菌体排出支气管，随痰咳出体外；或者病灶液化，扩散进入血流及其他器官，引起机体死亡。对于免疫正常者而言，局限性病灶在活化的巨噬细胞作用下，其内细菌停止生长，病灶钙化而痊愈。

（2）毒力因子　本菌没有内毒素和外毒素，主要致病物质是细胞壁中的脂质以及菌体蛋白，如索状因子、LAM、分枝菌酸等。LAM可抑制巨噬细胞产生IFN-γ并释放肿瘤坏死因子和清除氧自由基。分枝菌酸及其类似物对于细菌的体内繁殖、持续感染具有重要作用。

【微生物学诊断】

（1）显微镜检查　取病变器官的结核结节及病变与非病变交界处组织直接涂片，抗酸染色后镜检，如发现红色成丛杆菌，可做出初步诊断。

（2）分离培养　将样本处理后接种于罗氏培养基，置37℃培养8周，每周观察一次。培养阳性时，需进行培养特性和生化特性鉴定。

（3）动物接种　将上述经处理的供分离培养用的病料接种于动物，牛分枝杆菌对兔有致病性，接种后3周至3个月死亡。

（4）变态反应　临床上最广泛应用的是迟发型变态反应试验，即结核菌素试验。采用结核菌素（PPD）皮内注射法，按照我国GB/T 18645—2020《动物结核病诊断技术》规定，牛颈部皮内注射0.1mL（10万IU/mL）72h后局部炎症反应明显，皮肤肿胀厚度差≥4mm为阳性；如局部炎症不明显，皮肤肿胀厚度差在2~4mm之间为疑似。如无炎症反应，皮肤肿胀厚度差在2mm以下为阴性。凡判为疑似反应牛，30d后需复检一次；如果仍为疑似，经30~45d再次复检，如果仍为疑似可判为阳性。

但结核菌素试验阳性仅表示在过去某一时间曾经发生过结核分枝杆菌感染或接种过卡介苗（BCG），无法证明目前是否为活动性感染。且结核菌素与非结核分枝杆菌、某些寄生虫的蛋白组分有一定的抗原交叉，因而降低了结核菌素试验的特异性。

（5）血清学检查　鉴于结核病细胞免疫与体液免疫的分离现象，抗体阳性意味着病情恶化；正处于感染活动期，检测特异性抗体可诊断结核病。ELISA是目前检测抗体的较好方法，决定ELISA特异性的关键是选择分枝杆菌特异性诊断抗原。

此外，PCR广泛应用于分离菌株及临床样本的检测，特异性强而且快速。但本菌DNA提取较困难，含菌量少的样本检测结果的可靠性较差。

二、副结核分枝杆菌

副结核分枝杆菌可引致反刍动物慢性消耗性传染病，牛的主要临床症状为持续性腹泻和进行性消瘦。

【形态与染色】为短杆菌，无鞭毛，不形成荚膜和芽孢。在病料和培养基上成丛排列，革兰氏染色阳性，抗酸染色阳性。

【培养及生化特性】需氧。属于慢生长型，初代分离极为困难，需在培养基中添加枯草分枝杆菌素抽提物，一般需培养6~8周，长者可达6个月，才能发现小菌落。常用培养基有Herrald卵黄培养基、小川培养基、Dubos培养基或Waston-Reid培养基。

【致病性】反刍动物如牛、绵羊、山羊、骆驼和鹿对本菌易感，其中奶牛和黄牛最易感染。感染牛呈间歇性腹泻，回肠和空肠呈明显的增生性肠炎，黏膜呈脑回状。实验动物中家兔、豚鼠、小鼠、大鼠、鸡、犬不感染。本菌是细胞内生长菌，在机体内首先产生细胞免疫，然后出现体液免疫。细胞免疫随病情发展而降低，体液免疫随病情发展而升高。

【微生物学诊断】

（1）显微镜检查 患持续性腹泻和进行性消瘦的病牛可多次采其粪便或直肠刮取物，涂片、抗酸染色，如发现红色成丛、两端钝圆的中小杆菌，即可确诊。但如果结果为阴性，需进行分离培养。

（2）分离培养 生前可采取粪便或直肠刮取物，死后可采取病变肠段或肠淋巴结，用酸或碱处理并中和，接种固体培养基37℃培养5~7周，发现有菌落生长时进行抗酸染色、镜检。必要时可用PCR法确诊。

（3）变态反应 采取提纯的副结核菌素或禽结核菌素（PPD）进行皮内注射，观察注射部位炎症反应并测定皮肤肿胀厚度差，此方法能检测出大部分隐性病畜。

（4）抗体检测 可采用补体结合反应或ELISA。前者采用冷感作法，抗原采用禽结核菌提取的糖脂，各国判定标准不同，我国在被检血1∶10稀释时"++"以上判为阳性。ELISA抗体比补体结合反应抗体出现早，较为敏感。同时采用两种方法检测可提高检出率。

第八节　螺　旋　体

螺旋体是一类细长、柔软、弯曲呈螺旋状、能活泼运动的原核单细胞微生物。它的基本结构与细菌类似，细胞壁中有脂多糖和壁酸，胞浆内含核质，以二分裂繁殖。依靠位于胞壁和胞膜间的轴丝的屈曲和旋转使其运动，与原虫类似。所以螺旋体是介于细菌和原虫之间的一类微生物。

螺旋体广泛存在于水生环境，也有许多分布在人和动物体内。大部分营自由的腐生生活或共生，无致病性，只有一小部分可引起人和动物的疾病。

猪痢短螺旋体

【形态与染色】猪痢短螺旋体的形态结构与其属的描述一致，菌体多为2~4个弯曲，两端尖锐。革兰氏染色阴性，吉姆萨染色法和镀银染色法均能使其较好着色。可通过0.45μm的滤膜。有两束7~13根周鞭毛。

【培养及生化特性】严格厌氧，一般厌氧环境不易培养成功，必须使用预先还原的培养基，并置于含H_2（或N_2）和CO_2（二者比例为80∶20）混合气体以及以冷钯为触媒的环境中才能生长。对培养基要求苛刻，通常使用含10%胎牛（犊牛或兔）血清或血液的酪蛋白胰酶消化物大豆陈汤（TSB）或脑心浸液汤（BHIB）培养基。在TSB血液琼脂上，38℃条件下48~96min可形成扁平、半透明、针尖状、强β溶血性菌落。

【致病性】猪痢短螺旋体所致疾病称为猪痢疾，又名血痢、黑痢、出血性痢疾、黏膜出血性痢疾等，最常发生于8~14周龄幼猪。主要症状是病猪严重的黏膜出血性腹泻和迅速减重。特征病变为大肠黏膜发生液体渗出性、出血性和坏死性炎症。经口传染，传播迅速，发病率较高而病死率较低。

【微生物学诊断】

（1）直接镜检　有以下3种方法。①染色镜检：以病猪的新鲜粪便黏液，或病变结肠黏膜刮取物制成薄涂片，染色镜检。多用吉姆萨染色法，也可用印度墨汁做负染或镀银染色法染色镜检。②相差或暗视野显微镜活体检查：待检样品与适量生理盐水混合后制成压滴标本片，用相差或暗视野显微镜镜检。如果每个高倍视野中见有2~3个或更多个蛇样运动的较大螺旋体即可确诊。③染色组织切片检查：将采集的病变肠组织处理后用维多利亚蓝染色法染色。镜检时可见螺旋体大量存在于组织表面及黏液囊腔内，有时数量多到堆积成网状。

（2）分离培养　将样品用滤膜过滤后接种于鲜血平板上，37~38℃厌氧培养3~6d，当观察到平板上出现β溶血现象时，即可挑取可疑菌落，做成悬滴或压滴标本，用暗视野显微镜检查。

第九节　支　原　体

支原体又称霉形体，是一类无细胞壁的原核单细胞微生物。呈高度多形性，能通过细菌滤器，能在人工培养基中生长繁殖。以二分裂或芽生繁殖。在固体培养基形成特征性的"煎荷包蛋"状菌落。支原体广泛分布于环境和动植物体中，常污染实验室的细胞培养及生物制品，有的种对人或畜禽有致病性。兽医上重要的有禽的支原体和猪的支原体。禽的支原体主要有鸡毒支原体（禽败血霉形体）、滑液支原体、火鸡支原体等。对猪具有致病性的主要有猪肺炎支原体、猪鼻支原体、猪滑液支原体等。此外，还有牛支原体、丝状支原体山羊亚种、嗜血支原体等。

一、鸡毒支原体

鸡毒支原体又名禽败血支原体，是引起鸡和火鸡等多种禽类慢性呼吸道病（CRD）或火鸡传染性窦炎的病原，从鸡、火鸡、雉鸡、珍珠鸡、鹌鹑、鹧鸪、鸭、鸽、孔雀、麻雀等多种禽类均可分离到。

【形态与染色】呈球形或卵圆形，细胞的一端或两端具有"小泡"极体，该结构与菌体的吸附性有关。吉姆萨或瑞氏染料着色良好，革兰氏染色为弱阴性。

【培养及生化特性】需氧和兼性厌氧。在含马血清或灭活鸡、猪血清的培养基中生长良好，一般常用牛心浸出液培养基，用前加入10%~20%马血清。在固体培养基上经3~10d，可形成圆形露滴样小菌落。生长于固体培养基上的菌落，在37℃可吸附鸡的红细胞、气管上皮细胞、Hela细胞等。此吸附作用可被相应的抗血清所抑制，吸附的受体可被神经氨酸酶所破坏。在5~7d鸡胚卵黄囊内繁殖良好，可使鸡胚死亡，死胚的卵黄及绒毛尿囊膜中含本菌量最高。

【致病性】主要感染鸡和火鸡，引起鸡和火鸡等多种禽类慢性呼吸道病或火鸡传染性窦炎。病原体存在于病鸡和带菌鸡的呼吸道、卵巢、输卵管和公鸡精液中，带菌鸡胚可垂直传递给后代。鸡群一旦染病即难以彻底根除。火鸡较鸡易感，雏鸡比成年鸡易感。成年鸡常无明显临床症状，应激因子及其他呼吸道病原微生物以及鸡新城疫弱毒株的协同作用，使病情恶化，症状明显。大肠杆菌特别是O_{78}、O_2、O_1株继发感染时，可引起特征性的肝周炎、心包炎以及气囊炎。

【微生物学诊断】无细胞的特殊培养基分离不易成功，鸡胚的分离率也不高，且非致病性支原体繁殖快，故很少采用病原分离和鉴定进行诊断，血清学试验可准确、快速诊断。

血清学诊断一般常用的方法有平板凝集试验、试管凝集试验、血细胞凝集抑制试验等。多采用抽样检查法，一旦检出血液中支原体抗体阳性鸡，即可作为整个鸡群污染的定性指标，判为阳性鸡群。

二、猪肺炎支原体

猪肺炎支原体仅感染猪，引起猪地方流行性肺炎，又称猪喘气病。幼猪最易感，不良的环境因素和继发感染将加剧病情。本菌形态多样，大小不等。可通过 0.3μm 孔径滤膜，革兰氏染色阴性，吉姆萨染色或瑞氏染色良好。兼性厌氧，对营养要求更高，但在固定培养基中不呈"煎荷包蛋"状。一般根据临床症状、病理剖检变化，结合流行病学即可确诊。X 线检查具有重要诊断价值。必要时可进行微生物学诊断。

三、牛支原体

在牛支原体中，丝状支原体丝状亚种是最早确认与动物致病有关的支原体，引起牛传染性胸膜肺炎（又称牛肺疫）。菌体可形成有分枝的丝状体，在固体培养基上生长的菌落呈"荷包蛋"状。按菌落大小，丝状支原体丝状亚种分为两个型，即小菌落型（SC）和大菌落型（LC）。前者分离自牛，是牛肺疫、关节炎、乳腺炎的病原体，对羊无致病性；后者分离自山羊，可引起山羊关节炎、乳腺炎、肺炎和败血症等，对牛无致病性。

四、丝状支原体山羊亚种

丝状支原体山羊亚种在自然条件下只感染山羊，可引起山羊呼吸系统广泛的病变。原丝状支原体丝状亚种的 LC 型已归属于该亚种，分离自羊，可引起山羊关节炎、乳腺炎、肺炎和败血症等。细胞呈多形性，可形成丝状，在固体培养基上成长的菌落呈"煎荷包蛋"状。本菌属于专性需氧菌，营养要求不严，供给少量甾醇即能生长。

五、嗜血支原体

附红细胞体和嗜血巴通体之前被归类为立克次体。近年根据 16S rRNA 基因序列和电镜观察结果，二者应作为支原体的成员，因此其成员名称如猪附红细胞体、猫血巴通体、犬血巴通体等更名为猪嗜血支原体、猫血支原体和犬血支原体。嗜血支原体通常黏附并生长于红细胞表面，为红细胞专性寄生。本菌无细胞壁，无明显的细胞器和细胞核。嗜血支原体感染后主要特点是引发贫血，本质是自身免疫病，如猪嗜血支原体改变了红细胞表面抗原，引起自身免疫溶血性贫血和血红蛋白代谢障碍，从而导致贫血和黄疸。通常仔猪发病率和病死率较高，育肥猪表现为生猪生长缓慢，母猪常出现流产、死胎等。诊断时可直接涂片镜检，也可使用 ELISA 和 PCR 等进行流行病学调查和群体监测。

第十节　真　菌

一、白僵菌

白僵菌寄生在蚕体可导致病蚕干涸硬化，蚕体表面被白色的分生孢子覆盖，故称为白僵病。本病死亡率较高，是危害养蚕业的重要疫病。

【发育周期】本菌的发育周期有分生孢子、营养菌丝和气生菌丝 3 个主要阶段。分生孢子为单细胞，附着于蚕体的体壁，随后形成芽管侵入蚕体。芽管进一步生长伸长分裂成营养菌丝，其顶端和两侧可分化成芽生孢子或节孢子，吸收蚕体的营养生长。在蚕体内主要以营养菌丝-芽生孢子或节孢子-营养菌丝的形式增殖。病蚕死后，营养菌丝穿出体壁外形成气生菌丝，条件适宜时可很快形成分生孢子。

【培养特性】本菌分生孢子发芽及菌丝生长需适宜的温度和湿度。可在20~30℃下生长，最适温度为24~28℃。相对湿度需要在75%以上才能发芽，湿度越高发芽率越高。

【致病性】一般经接触传播，一旦本菌的分生孢子附着在蚕的体壁上，在适宜温、湿度下即可膨大发芽。蚕体感染初期无明显症状，随着病程的发展，蚕体出现油渍状病斑或褐色病斑，随之伴有腹泻和吐液现象，很快死亡。病蚕尸体随着寄生菌的发育逐渐僵化，全身被菌丝和白色分生孢子覆盖。

【微生物学诊断】挑取病蚕的血液直接在真菌培养基上划线培养可分离到本菌，如果要鉴定菌种需进行分类鉴定试验。

二、蜜蜂球囊菌变种

本菌是蜜蜂球囊菌的变种之一，可引起蜜蜂白垩病。

【形态与染色】本菌为单性菌丝体，有隔膜，多呈分枝状。雄性菌丝形成受精突，雌性菌丝形成产囊体，里面包括产囊丝、受精丝、营养细胞和茎状基部。两性菌丝交配后产生具有子囊的产囊丝。子囊含8个左右的孢子，临近成熟时子囊壁消失，多个孢子被共同的外膜包围，集合成紧密的孢子球。

【培养特性】可在大多数培养基上生长，在含有酵母膏的马铃薯葡萄糖琼脂和麦芽糖琼脂培养基上生长良好。维生素对本菌产孢量具有显著影响，但对菌丝体影响不大。

【致病性】本菌主要侵害蜜蜂幼虫，发病后的幼虫变成白色或灰白色，虫体膨胀充满整个巢房。随着病情的加重，患病幼虫整个躯体呈白色，并逐渐皱缩、僵化，病虫尸体干枯后质地疏松，似白垩状物，表面覆盖白色的菌丝。本菌主要依靠孢子传播，产孢量影响致病性。

【微生物学诊断】取患病的蜜蜂幼虫体表细菌，接种到马铃薯葡萄糖琼脂或麦芽糖琼脂培养基容易分离到本菌。置于显微镜下可见菌丝体，也可利用PCR方法扩增本菌的核糖体亚基进行鉴定。

第十一节 类菌质体

蜜蜂螺旋菌质体

蜜蜂螺旋菌质体又名蜜蜂螺原体，本菌引起蜜蜂螺原体病，表现为蜜蜂的成蜂腹胀、行动迟缓、失去飞翔能力。

【形态与染色】本菌为螺旋状的丝状体。菌体无细胞壁，只有细胞膜包裹，长度因不同生长时期有很大变化，生长初期短，呈单条丝状；后期较长，有时分枝聚团。革兰氏染色阴性，但不易着色。

【培养特性】最适温度为32℃，最适pH为7.5。在液体培养基中做螺旋式运动，在R-2培养基上可形成"煎鸡蛋"状或圆形菌落。

【致病性】本菌主要感染意大利蜜蜂。患病蜂多为青壮年采集蜂，由于病蜂行动迟缓不能飞翔，只能在蜂箱周围爬行，或三五成群聚集在土洼或草丛中。

【微生物学诊断】本菌可从患爬蜂病的蜂体或蜂箱附近生长的花朵中分离到，也可进行血清学诊断和PCR方法鉴定。

第六章 病毒基本特性

病毒是最小的微生物，其结构简单，无完整细胞结构，必须寄生在活细胞内。病毒仅有一种核酸（DNA或RNA）作为遗传物质，在活细胞内根据核酸的指令复制出子代病毒，并导致细胞发生多种改变。

病毒分布广泛，人、动物、植物、藻类、真菌和细菌都有病毒感染。动物病毒种类繁多，多数对宿主有致病作用，可引发疫病流行，造成养殖业的重大经济损失。

第一节 病毒的结构

病毒一般以病毒颗粒或病毒粒子的形式存在。病毒颗粒测量单位为纳米（nm，1/1000μm），用电子显微镜才能观察到。最大的动物病毒为痘病毒，约300nm；最小的圆环病毒仅17nm。病毒颗粒的形态有多种，多数为球状，少数为杆状、丝状或子弹状。有的表现为多形性，如副黏病毒和冠状病毒等。痘病毒为砖状，某些噬菌体为蝌蚪状。

一、病毒的基本结构

1. 核衣壳

完整的病毒颗粒主要由核酸和蛋白质组成。核酸构成病毒的基因组，为病毒的复制、遗传和变异等功能提供遗传信息。由核酸组成的芯髓被衣壳包裹，衣壳与芯髓一起组成核衣壳。衣壳的成分是蛋白质，能保护病毒的核酸免受环境中核酸酶或其他影响因素的破坏，并介导病毒核酸进入宿主细胞。衣壳蛋白具有抗原性，是病毒颗粒的主要抗原成分。衣壳由一定数量的壳粒组成，壳粒的排列方式呈对称性，壳粒数目和对称方式是病毒鉴别和分类的依据之一。病毒衣壳可分为螺旋对称型、二十面体对称型和复合对称型。

2. 囊膜

有些病毒在核衣壳外面尚有囊膜。囊膜是病毒在成熟过程中从宿主细胞获得的，含有宿主细胞膜或核膜的化学成分。有的囊膜表面有突起，称为纤突或膜粒。囊膜与纤突构成病毒颗粒的表面抗原，与宿主细胞嗜性、致病性和免疫原性有密切关系。囊膜具有病毒种、型特异性，是病毒鉴定、分型的依据之一。有囊膜的病毒称为囊膜病毒，无囊膜的病毒称为裸露病毒。

二、病毒的化学组成

病毒的化学组成包括核酸、蛋白质、脂质与糖类，前两种是最主要的成分。

1. 核酸

病毒的核酸分为两大类，DNA和RNA，二者不同时存在。病毒的核酸可分单股或双股、线状或环状、分节段或不分节段。对于RNA病毒，以mRNA的碱基序列为标准，凡与此相同的核酸称为正链，与其互补的则为负链。病毒核酸携带病毒全部的遗传信息，是病毒的基因组。动物病毒基因组的大小有差异，最小的圆环病毒基因组长1.7kb，最大的痘病毒长375kb。

病毒的核酸是决定病毒感染性、复制特性、遗传特性的物质基础。病毒核酸作为模板可在细胞内复制合成子代病毒基因组，并最终形成完整的子代病毒。部分动物病毒去除其囊膜和衣壳，裸露的 DNA 或 RNA 也能感染细胞，这样的核酸称为感染性核酸。

2. 蛋白质

蛋白质是病毒的主要组成成分，约占病毒总重量的 70%，由病毒基因组编码，具有特异性。病毒蛋白可分为结构蛋白和非结构蛋白。

（1）结构蛋白　为组成病毒结构的蛋白质。病毒结构蛋白主要构成全部衣壳成分和囊膜的主要成分，具有保护病毒核酸的功能。衣壳蛋白、囊膜蛋白或纤突蛋白可特异地吸附易感细胞受体并促使病毒穿入细胞，决定病毒的宿主细胞嗜性。结构蛋白是良好的抗原，可激发机体产生免疫应答。

（2）非结构蛋白　由病毒基因组编码的、病毒组分之外的蛋白质，是病毒复制过程中的某些中间产物，具有酶的活性或其他功能。通过检测动物血清中的非结构蛋白抗体，可以区分野毒感染与灭活疫苗接种的动物。

3. 脂质与糖类

脂质与糖类均来自宿主细胞。脂质主要存在于囊膜，主要包括磷脂和胆固醇。用脂溶剂可去除囊膜中的脂质，使病毒失活。

糖类一般以糖蛋白的形式存在，是某些病毒纤突的成分，与病毒吸附细胞受体有关。

三、病毒的分类

国际病毒分类委员会（ICTV）是国际公认的病毒分类与命名的权威机构。属和种是病毒分类的最基本单位。病毒的名称由 ICTV 认定。其命名与细菌不同，不采用拉丁文双名法，而是采用英文或英语化的拉丁文，只用单名。

第二节　病毒的增殖

病毒是专性寄生物，自身无完整的酶系统，不能独立进行物质代谢，必须在活的宿主细胞内才能复制和增殖。

一、病毒的培养方法及其特点

实验动物、鸡胚、细胞可用于病毒培养。

1. 实验动物培养法

实验动物培养法是一种最古老的方法。试验时选用敏感、适龄、体重合格的实验动物，而且尽量采用无特定病原（SPF）动物或无菌动物。实验动物难于管理、成本高、个体差异大，因此，许多病毒的培养已由细胞培养法或鸡胚培养法代替。

2. 鸡胚培养法

鸡胚培养病毒是简单、方便而经济的方法。培养时选用健康、不含有接种病毒的特异抗体的鸡胚，最好使用 SPF 鸡胚。不同种类病毒接种鸡胚的部位不同，卵黄囊接种常用 5d 鸡胚，羊膜腔和尿囊腔接种用 10d 鸡胚，绒毛尿囊膜接种用 9~11d 鸡胚。

3. 细胞培养法

细胞培养法比鸡胚培养法更经济、效果更好、用途更广。细胞培养法重复性好，无个体差异，不受数量限制，不涉及动物保护问题，且可在无菌条件下进行标准化的试验。

二、病毒的细胞培养

1. 细胞培养的类型

培养病毒所用的细胞有原代细胞、二倍体细胞株及传代细胞系。

（1）原代细胞　动物组织（最好来自 SPF 动物）经胰蛋白酶等消化、分散，获得单个细胞，再生长于培养器皿中。原代细胞一般对病毒较易感。

（2）二倍体细胞株　将长成的原代细胞消化分散成单个细胞，继续培养传代，其细胞染色体数与原代细胞一样，仍为二倍体。从样本中分离培养病毒，一般多采用此种细胞。

（3）传代细胞系　为在体外可无限制分裂的细胞。传代及培养方便，但是有的对分离野毒不敏感。

2. 细胞培养的方法

最常用的方法为静置培养及旋转培养。为满足某些特定的需要，还可采用悬浮培养或微载体培养技术等。

三、病毒感染后产生的细胞病变、包涵体及空斑

病毒在细胞内增殖过程中常伴有一定的形态学与生化变化，最早观察病毒的复制是从细胞发生形态变化入手。

1. 细胞病变

病毒感染导致的细胞损伤称为细胞病变（CPE），其表现因病毒与细胞种类而异。不少病毒产生 CPE 的能力与其对动物的致病力呈正相关。通常用 CPE 作为指标，计算病毒的半数细胞感染量（$TCID_{50}$）来判定病毒的毒力。

2. 包涵体

包涵体是指某些病毒感染细胞产生的特征性的形态变化，可在细胞核内或细胞质内，可为单个或多个，有的较大有的较小，有的呈圆形或无规律形态，可嗜酸或嗜碱，因病毒的种类而异。包涵体的性质并不相同，有的是病毒成分的蓄积，有的则是病毒合成的场所，有的由大量晶格样排列的病毒颗粒组成，有一些则是细胞退行性变化的产物。检测包涵体可作为组织学上诊断某些病毒性传染病的依据。

3. 空斑

空斑是细胞病变的一种特殊表现形式。一个空斑可能由一个以上病毒颗粒感染所致，因此可将获得的单个空斑制作悬液，梯度稀释后再做空斑，最终可获得只含一个病毒颗粒及其子代的空斑，即病毒克隆。借助空斑技术不仅可纯化病毒，还可对病毒定量，定量单位称为空斑形成单位（PFU）。

第三节　病毒的感染

根据病毒在体内的感染过程与滞留时间，病毒感染分为急性感染和持续性感染。持续性感染又分为潜伏感染、慢性感染、长程感染和迟发性临床症状的急性感染。

一、急性感染

急性感染的特点为潜伏期短、发病急，病程数天至数周，病后常获得特异性免疫。因此，特异性抗体可作为受过感染的证据。

二、持续性感染

持续性感染是指病毒在机体持续存在，可出现症状，也可不出现症状而长期带毒，成为重要的传染源。持续性感染可以再次激活。病毒持续性感染可分为 4 种类型。

1. 潜伏感染

某些病毒在显性或隐性感染后，病毒基因存在于细胞内，有的病毒潜伏于某些组织器官

内而不复制。但在一定条件下，病毒被激活又开始复制，引起疾病复发。在显性感染时，可检测到病毒，而在潜伏期则检测不到。

2. 慢性感染

病毒在显性或隐性感染后未完全清除，血中可持续检测出病毒，患病动物可表现轻微或无临床症状，但常反复发作而不愈。

3. 长程感染

长程感染是慢性发展的进行性加重的病毒感染，较为少见，但后果严重。病毒感染后有很长的潜伏期，在症状出现后呈进行性加重，最终死亡。

4. 迟发性临床症状的急性感染

此类病毒的持续性复制与疾病的进程无关。

第七章 病毒的检测

病毒检测对于病毒研究和病毒病的诊断十分重要。除对病毒进行分离鉴定外，检测病毒的方法可分为3类。一是病毒感染性的检测，即感染单位的测定。二是病毒的血清学检测，可用已知特异性抗体检测感染细胞或组织中的病毒蛋白，也可检测宿主体内对病毒感染所产生的特异性抗体。三是病毒的分子检测与诊断，可以检测感染细胞或组织中的具有特定序列的病毒核酸片段，或者测得病毒基因组全序列，进而直接鉴定所检测的病毒。

第一节 病料的采集与准备

一般可采集发病或死亡动物的组织病料、分泌物或粪便等，采样因动物及病毒的种类而异。采集样本在接种细胞、鸡胚或动物之前，需要做适当的处理，以保证病毒分离成功的概率。

第二节 病毒的分离和鉴定

病毒的分离与鉴定可为病毒感染提供最为直接的病原学证据，同时可为进一步的病毒学研究提供材料。但方法复杂、要求严格且需较长时间，故不适合临床诊断，只适用于病毒的实验室研究或流行病学调查。

一、病毒的分离与培养

细胞、鸡胚和实验动物可用于病毒的分离与培养，其中细胞培养是用于病毒分离与培养最常用的方法。采用细胞培养进行病毒分离时，应盲传3代，观察细胞病变。

二、病毒的鉴定

1. 病毒形态学鉴定

可通过电子显微镜观察病毒的形态和大小。

2. 病毒的血清学鉴定

常用的血清学试验有血清中和试验、血凝抑制试验、免疫荧光抗体技术等。此外，可采用一些血清学技术，如免疫沉淀技术和免疫转印技术分析病毒的结构蛋白成分。

3. 分子生物学鉴定

可采用 PCR 技术扩增病毒的特定基因，进一步分析扩增产物或病毒全基因组序列，绘制遗传进化树，确定分离毒株的基因型。也可采用核酸杂交技术鉴定分离的病毒。

4. 病毒特性的测定

病毒特性是病毒鉴定的重要依据，包括病毒核酸型鉴定、耐酸性试验、脂溶剂敏感性试验、耐热性试验、胰蛋白酶敏感试验、血凝试验等。

第三节 病毒感染单位的测定

病毒滴度可以通过用系列稀释的病毒接种细胞、鸡胚或实验动物，检测病毒增殖的情况而确定。常用于病毒滴度测定的技术有空斑试验、终点稀释法、荧光-斑点试验、转化试验等，最常用的是空斑试验和终点稀释法。

一、空斑试验

根据样本的稀释度和空斑数，计算每毫升含有的空斑形成单位（PFU），即可确定病毒的滴度。空斑试验是纯化和滴定病毒的一个重要手段，但并非所有病毒或毒株都能形成空斑。

二、终点稀释法

终点稀释法用于测定几乎所有种类的病毒滴度，包括某些不能形成空斑的病毒，用以确定病毒对动物的毒力或毒价，表示方法有半数细胞感染量（$TCID_{50}$）、半数感染量（ID_{50}）、半数反应量（RD_{50}）、鸡胚半数致死量（ELD_{50}）或鸡胚半数感染量（EID_{50}）等。

第四节 病毒感染的血清学诊断方法

许多基于抗原与抗体反应特异性的血清学技术可用于病毒及其相应抗体的检测。

一、病毒中和试验

病毒中和试验具有很强的特异性，是检测病毒和新分离病毒毒株鉴定的最经典方法，反之，也可用于检测病毒感染动物血清中的抗体。

二、血凝抑制试验

血凝抑制试验原理是具有血凝活性病毒的抗体可阻断病毒与红细胞的结合。利用血凝抑制试验可以检测和鉴定具有血凝特性的病毒，也可用于检测动物血清中的血凝抑制抗体。

三、免疫组化技术

免疫组化技术可采用免疫荧光抗体技术和免疫酶染色技术。

四、免疫转印技术

免疫转印技术是基于抗体与固定在滤膜上的病毒蛋白的相互作用。该方法适用于组织、器官或培养细胞中病毒蛋白的检测。

五、酶联免疫吸附试验（ELISA）

ELISA 可用于样本中病毒的检测和动物血清中病毒特异性抗体的检测。

第五节 病毒感染的分子诊断

一、聚合酶链式反应（PCR）及序列分析

PCR 是一种广泛用于检测病毒核酸和病毒感染诊断的分子生物学技术。PCR 可直接用于 DNA 病毒的检测，如果为 RNA 病毒，则需在扩增之前进行反转录，这个过程称为 RT-PCR。为确保 PCR 反应的特异性扩增，可采用套式 PCR 或套式 RT-PCR。为提高检测的敏感性，可采用荧光定量 PCR 技术。

二、核酸杂交

核酸杂交包括 DNA 杂交和 RNA 杂交。DNA 杂交即 Southern 杂交，用于检测病毒 DNA。RNA 杂交即 Northern 杂交，用于检测病毒 RNA。核酸杂交技术可用于细胞、组织中病毒基因组或转录产物的定位检测，称为原位杂交。

三、DNA 芯片

DNA 芯片技术是一类新型的分子生物学技术。该技术可用于大批量样本的检测和不同病毒病的鉴别诊断。

第八章 主要的动物病毒

重要的动物病毒如新城疫病毒、口蹄疫病毒、非洲猪瘟病毒、猪繁殖与呼吸综合征病毒等危害畜牧养殖生产，具有重要的经济意义。有些病毒还是人类的重要病原或潜在病原，如高致病性禽流感病毒、狂犬病病毒等对人类的健康构成了极大的威胁，因而具有重要的公共卫生意义。

第一节 痘病毒科

痘病毒科的若干成员在病毒学上有重要意义。痘苗病毒及其他痘病毒作为基因工程疫苗的载体被广泛应用，鸡痘、羊痘及羊口疮在畜牧业上危害较严重。禽痘病毒与哺乳动物痘病毒之间不能交叉感染和交叉免疫，但各属哺乳动物痘病毒之间、各种禽痘病毒之间，在抗原性方面相似，免疫学上也存在或多或少的交叉反应。

一、绵羊痘病毒与山羊痘病毒

绵羊痘病毒与山羊痘病毒同属痘病毒科脊椎动物痘病毒亚科羊痘病毒属的成员，分别引起绵羊和山羊皮肤及黏膜形成疱疹，逐渐发展为化脓、结痂并引起全身痘疹，死亡率很高。

【形态】绵羊痘病毒与山羊痘病毒形态相似，呈卵圆形。病毒粒子结构复杂，衣壳复合对称，外面有蛋白质和脂类形成的囊状层，囊状层外还有一层可溶性蛋白，最外层是囊膜。

【分子特征】核酸由双股 DNA 组成。两种病毒基因组彼此十分相似，约有 96% 的核苷酸完全相同。

【抗原特性】绵羊痘病毒与山羊痘病毒存在共同抗原，呈交叉反应，但在自然条件下不会发生交叉感染。

【致病特性】在自然条件下绵羊痘病毒仅感染绵羊，山羊痘病毒仅感染山羊。绵羊痘病毒可致全身性疱疹，肺常出现特征性干酪样结节，各种绵羊对绵羊痘病毒的易感性不同。山羊和小羚羊实验室感染时出现局部病灶。传播途径为皮肤伤口，流行时，可能通过呼吸道传染，也可因蚊蝇等吸血昆虫叮咬而感染。

【诊断】根据临床症状一般不难诊断，必要时可检查感染细胞中的胞浆包涵体，或用电镜观察病毒颗粒，也可利用琼脂扩散试验检测。

二、黏液瘤病毒

黏液瘤病毒为兔痘病毒属成员，野兔、家兔均易感。病毒可通过呼吸道传播，但蚊、蚤、蜱、螨等的机械传递更为重要。兔感染后首先出现眼结膜炎，接着头部广泛肿胀，呈特征性的"狮子头"。诊断可取病料处理后接种鸡胚绒毛尿囊膜用中和试验等方法进行鉴定。常用兔肾、心和皮肤等细胞分离病毒。

三、口疮病毒

口疮病毒为副痘病毒属的代表种，引起羊的口疮。口疮病毒广泛分布于包括我国在内的世界养羊地区。

【形态】病毒粒子呈椭圆形的毛线团样。

【分子特征】基因组由单分子线状双股DNA组成。在痘病毒成员中基因组长度最短，且GC含量较高。

【抗原特性】副痘病毒属的各成员之间存在交叉反应，口疮病毒与正痘病毒属的某些成员（如痘苗病毒等）也有轻度的血清学交叉反应。

【致病特性】病毒感染绵羊及山羊，主要是羔羊，黄羔羊也可感染，羚羊感染后发生乳头状瘤，人类与羊接触也可感染。病毒可在绵羊胚的多种器官细胞中培养，睾丸细胞最为合适。

【诊断】根据临床症状及流行情况进行诊断，必要时可做电镜染色检查确诊，或接种绵羊睾丸细胞分离病毒。

第二节 非洲猪瘟病毒科

非洲猪瘟病毒

非洲猪瘟病毒是非洲猪瘟病毒科非洲猪瘟病毒属的唯一成员。病毒在非洲、南欧、巴西、古巴等地流行，非洲猪瘟与猪瘟症状相似，以高热、急性和高死亡率的出血症和淋巴组织坏死症为特征。因毒株毒力不同，疾病可表现为急性、慢性或无症状感染。

【形态】病毒颗粒有囊膜，衣壳为二十面体对称。

【分子特征】基因组由单分子线状双股DNA组成。

【抗原特性】在交叉免疫试验中与猪瘟病毒完全不同。病毒感染猪能对非致死病毒株产生保护性免疫反应，但产生的抗体仅能降低病毒感染性，并不能中和病毒。

【致病特性】非洲猪瘟病毒是唯一已知的基因组为DNA的虫媒病毒，软蜱是传播媒介。可感染家猪、欧洲野猪、非洲疣猪及非洲野猪，但只在家猪和欧洲野猪中出现明显临床症状。病毒主要侵染髓样的单核吞噬细胞。

【诊断】只能由少数官方认可的机构进行实验室诊断。OIE推荐方法为基于p72蛋白基因建立的PCR方法和免疫荧光法。可采集组织样品接种猪肺泡巨噬细胞分离病毒，多数毒株会产生红细胞吸附反应。

第三节 疱疹病毒科

除绵羊外，家畜、家禽的疱疹病毒均可引起重要的传染病，在集约化养殖的牛、猪、鸡场中最易发生。疱疹病毒一般需密切接触才能传染，尤其是通过交配、舔等导致的黏膜感染，还可通过持续感染代代相传，此种感染动物周期性排毒。在某些情况下也可垂直感染。多数疱疹病毒都有专一的宿主。

一、伪狂犬病病毒

伪狂犬病病毒属甲型疱疹病毒亚科，学名为猪疱疹病毒 1 型。猪为病毒的原始宿主，并作为储存宿主，可感染其他动物如马、牛、绵羊、山羊、犬、猫及多种野生动物，人类具有抗性。

【形态】病毒粒子呈球形，有囊膜，囊膜表面有呈放射状排列的纤突。

【分子特征】基因组为线状双股 DNA。缺失 gE、胸苷激酶（TK）基因不影响病毒复制，目前 TK^-/gE^- 双基因缺失疫苗是国际通用的较理想的疫苗。

【抗原特性】伪狂犬病病毒只有 1 个血清型，但不同的分离株毒力有一定差异。我国近年来出现和流行的变异毒株在抗原性和致病性上均有所变异。

【致病特性】成年猪多为隐性感染，50% 的妊娠母猪可发生流产、产出死胎或木乃伊胎。仔猪表现为发热及神经症状，无母源抗体的新生仔猪死亡率可达 100%，育肥猪死亡率一般不超过 2%。用核酸探针或 PCR 可从康复猪的神经节中检出病毒。

【诊断】可用标准化的 ELISA 试剂盒检测抗体，用于区分基因缺失疫苗免疫猪和野毒感染猪，组织病料可用于荧光抗体检查和 PCR 检测等。

二、牛传染性鼻气管炎病毒

牛传染性鼻气管炎病毒学名为牛疱疹病毒 1 型，属甲型疱疹病毒亚科，可引起牛的多系统感染。该病毒的潜伏感染给防治带来很大困难。

【形态】病毒颗粒呈球状，衣壳为二十面体对称，有囊膜和纤突。

【分子特征】基因组为线状双股 DNA。

【抗原特性】只有 1 个血清型。

【致病特性】牛传染性鼻气管炎主要有呼吸道及生殖道两种表现型。呼吸道型极少发生于舍饲牛，常见于围栏养殖牛。引起多种症状，包括鼻气管炎、脓疱性阴道炎、龟头包皮炎、结膜炎、流产及肠炎；新生犊牛可为全身性疾病，并伴有脑炎。

【诊断】可取病变组织做涂片或切片，进行荧光抗体染色或 PCR 检测。必要时可接种牛胚肺细胞等分离病毒。ELISA 可检测血清及乳中的抗体。

三、马立克病病毒

马立克病病毒学名禽疱疹病毒 2 型，是鸡的重要传染病病原，具有致肿瘤特性。其主要特征是外周神经发生淋巴样细胞浸润和肿大，引起一肢或两肢麻痹，各种脏器、性腺、虹膜、肌肉和皮肤也发生同样病变并形成淋巴细胞性肿瘤病灶。

【形态】病毒感染的细胞培养物中为六角形裸露的病毒颗粒或核衣壳，衣壳为二十面体对称，也存在有囊膜的病毒颗粒。羽毛囊上皮中为有囊膜的病毒粒子，表现为不定型结构。

【分子特征】基因组为线状双股 DNA。

【抗原特性】分为3个血清型：一般所说马立克病病毒指致肿瘤性的血清1型；2型为非致瘤毒株，3型为火鸡疱疹病毒（HVT），可致火鸡产蛋量下降，对鸡无致病性。由于HVT与本病毒DNA 95%同源，常用作疫苗进行预防接种。

【致病特性】对鸡及鹌鹑有致病性，对其他禽类无致病性。按病鸡形成肿瘤的部位和临床症状可分为4种病型：内脏型、神经型、皮肤型和眼型。隐性感染鸡可终生带毒并排毒，其羽囊角化层的上皮细胞含有病毒，是污染源，易感鸡通过吸入此种毛屑感染。病毒不经卵传递。该病毒是细胞结合性疱疹病毒，靶细胞为T淋巴细胞。

【诊断】免疫荧光试验等血清学方法可检测病毒。病毒分离可用全血白细胞层接种细胞，或接种4d鸡胚卵黄囊或绒毛尿囊膜，再进行荧光抗体染色或电镜检查做出诊断。

四、禽传染性喉气管炎病毒

禽传染性喉气管炎病毒学名禽疱疹病毒1型，引起鸡传染性喉气管炎，遍及世界各地。

【形态】病毒颗粒呈球形，有囊膜。囊膜和核衣壳之间有一层球状蛋白形成的皮层。

【分子特征】基因组为线状双股DNA。

【抗原特性】世界各地分离的毒株具有广泛的抗原相似性，但也存在微小的抗原差异。不同毒株，尤其是野毒与疫苗毒株不易区分。

【致病特性】所有日龄的鸡均易感，表现为咳嗽和气喘、流涕等，严重的呼吸困难，并咳出血样黏液以及白喉样病变。发病率可达100%，死亡率为50%~70%，因毒株的毒力而异。弱毒株死亡率只有20%，表现为结膜炎及产蛋量下降等。

【诊断】可取病变组织做涂片或冰冻切片，用荧光抗体染色检出病毒。或接种9~12d鸡胚绒毛尿囊膜或气管培养分离病毒。用PCR法可检出潜伏感染的病毒。检测中和抗体可用空斑减数法，病毒在鸡胚绒毛尿囊膜上可形成痘疱，也可通过计数痘疱测定抗体效价。

五、鸭瘟病毒

鸭瘟病毒学名鸭疱疹病毒1型，引起鸭瘟（鸭病毒性肠炎），主要危害家鸭等水禽。病毒只有1个血清型。鸭感染引起肠炎、脉管炎以及广泛的局灶性坏死，产蛋率可下降25%~40%，发病率为5%~100%，出现临床症状的鸭大多数死亡。可采取病死鸭组织进行荧光抗体染色或检测包涵体进行诊断，必要时分离病毒。

第四节　腺病毒科

人类、哺乳动物及禽类的许多腺病毒具有高度的宿主特异性。本科多数成员产生亚临床感染，偶致上呼吸道疾病，但是犬传染性肝炎病毒及产蛋下降综合征病毒有重要致病性。

许多腺病毒凝集红细胞，是由于其五邻体纤丝顶端与红细胞受体形成间桥。血凝与血凝抑制（HA-HI）试验多年来用于腺病毒感染的血清学诊断。由于腺病毒具有高度的宿主特异性，除少数例外，一般只能用天然宿主的细胞培养。

一、犬传染性肝炎病毒

犬传染性肝炎病毒学名犬腺病毒甲型，是重要的动物致病腺病毒，遍及世界各地。病毒分1型和2型，1型引起犬的传染性肝炎，2型引起幼犬传染性气管支气管炎。

【形态】1型具有腺病毒典型的形态结构特征。无囊膜，衣壳呈二十面体对称。

【分子特征】为哺乳动物腺病毒属成员，基因组为单分子线状双股DNA。

【抗原特性】1型与2型抗原性高度交叉，可用2型弱毒疫苗接种，既可对传染性肝炎免疫，又不会发生角膜水肿。犬传染性肝炎的免疫预防是目前兽医实践中最见效的。

【致病特性】病毒经鼻、咽部、口及黏膜途径进入体内，最初感染扁桃体及肠系膜集合淋巴结，而后产生病毒血症，感染内皮及实质细胞，导致出血及坏死，肝脏、肾脏、脾脏、肺尤为严重。在自然感染的康复期或接种病毒弱毒疫苗后8~12d，因产生抗原-抗体复合物而致角膜水肿，从而产生"蓝眼"及肾小球肾炎。感染犬通过尿、粪及唾液排毒，康复6个月以后仍可从尿中检出病毒。

【诊断】可用ELISA、HA-HI、中和试验以及PCR检测病毒。必要时可用MDCK（犬肾细胞）或其他犬源细胞进行病毒分离，再用荧光抗体鉴定。

二、产蛋下降综合征病毒

产蛋下降综合征病毒除感染鸡以外，家鸭、野鸭及鹅也可感染和发病。

【形态】病毒粒子无囊膜，呈典型的二十面体对称。

【分子特征】为富腺胸腺病毒属成员，基因组由线状双股DNA组成。

【抗原特性】只有1个血清型。

【致病特性】感染禽产褪色蛋、软壳蛋或无壳蛋，其蛋壳分泌腺及输卵管上皮细胞坏死，往往有炎性渗出，并可见核内包涵体。感染禽所产的蛋是主要的传染源，粪便也带毒，造成污染。种禽场因孵化带毒种蛋全群感染，散发病例则因鸡接触鸭、鹅或带毒的水禽粪所致。

【诊断】根据症状诊断并不困难，确诊可进行病毒分离，也可用HA-HI或中和试验检测抗体。

第五节　细小病毒科

细小病毒科成员中，最早报道的是猫泛白细胞减少症病毒，此后发现的貂肠炎细小病毒与犬细小病毒推测均来自猫的细小病毒。猪细小病毒、鹅细小病毒及番鸭细小病毒对猪的胎儿、雏鹅或雏番鸭有致病性。不论什么年龄的动物，病毒都感染持续分裂的淋巴组织及肠上皮细胞，导致泛白细胞减少及肠炎。

一、猪细小病毒

猪细小病毒所致的繁殖障碍是世界养猪业面临的问题，一旦病毒侵入易感猪群，发病率非常高。

【形态】病毒外观呈六角形或圆形，无囊膜，衣壳呈二十面体对称。

【分子特征】基因组为单分子线状单股DNA。

【抗原特性】只发现1个血清型。

【致病特性】初产母猪感染后发生流产、死产、胚胎死亡、胎儿木乃伊化和病毒血症，而母猪本身并不表现临床症状，其他猪感染后也无明显临床症状。30d内胎儿感染病毒后死亡并被吸收，70d以上的感染后患病较轻，并产生免疫应答。与其他细小病毒相比，猪细小病毒更易引起慢性排毒的持续性感染。

【诊断】快速诊断可用标准化的荧光抗体检测胎儿冰冻切片，也可用豚鼠红细胞做HA-HI，检测胎儿组织悬液中的病毒。PCR法适用于持续感染的诊断。检测血清抗体诊断价值不大。

二、犬细小病毒

犬细小病毒病的病原为犬细小病毒2型（CPV-2）。由于病毒高度稳定，经粪-口途径有效地传播，同时存在着大量易感的犬群，所以犬细小病毒病在全世界大流行。

【形态】病毒粒子较小，呈二十面体对称，无囊膜。

【分子特征】基因组为单分子线状单股 DNA。

【抗原特性】犬细小病毒与猫细小病毒、貂细小病毒密切相关，能够产生交叉免疫和血清学的交叉反应；与猪和牛细小病毒关系较远。根据抗原性差异，CPV-2 分为 CPV-2a、CPV-2b 和 CPV-2c。

【致病特性】所有犬科动物均易感，并有很高的发病率与死亡率。临床上以呕吐、腹泻、血液白细胞显著减少、出血性肠炎和严重脱水为特征。

【诊断】最简便的方法是用犬粪悬液做 HA-HI 试验，还可用 ELISA、PCR 等方法检出病毒。检测 IgM 抗体可做出早期感染的诊断。

三、鹅细小病毒

鹅细小病毒又名小鹅瘟病毒，主要侵害 3~20 日龄小鹅，以传染快、高发病率、高死亡率、严重腹泻以及渗出性肠炎为特征。

【形态】病毒粒子呈球形或六角形，无囊膜，呈二十面体对称。

【分子特征】基因组为线状单股 DNA。

【抗原特性】只有 1 个血清型，与鸡新城疫病毒、鸡传染性法氏囊病病毒、鸭瘟病毒、鸭病毒性肝炎病毒等无抗原关系，但与番鸭细小病毒存在部分共同抗原。病毒无血凝活性。

【致病特性】小鹅瘟发病及死亡率的高低与母鹅免疫状况有关。病愈的雏鹅、隐性感染的成年鹅均可获得坚强的免疫力。成年鹅的免疫力可通过卵黄将抗体传给后代，使雏鹅获得被动免疫。鹅细小病毒对雏番鸭有致病性。

【诊断】快速诊断可用标准化的荧光抗体检测病变的实质脏器。还可用病毒中和试验、ELISA、PCR 检测病毒。如做病毒分离，可采用鹅胚或番鸭胚接种。

四、猫泛白细胞减少症病毒

猫泛白细胞减少症病毒又名猫瘟热病毒，为细小病毒属成员。猫感染后可迅速产生免疫应答，3~5d 即可检测到中和抗体，高滴度的抗体与免疫保护成正比。母源抗体可提供被动免疫保护。诊断可用 HA-HI 试验、分离病毒、ELISA 或免疫荧光技术、PCR 等。

五、貂肠炎病毒

貂肠炎病毒又名貂细小病毒，为细小病毒属成员，其形态、理化特征和生物学特点与猫泛白细胞减少症病毒相似。病毒感染可引起貂的急性传染病，主要特征为急性肠炎和白细胞减少。常用的诊断方法是 HA-HI 试验。

六、貂阿留申病病毒

貂阿留申病病毒为细小病毒属成员。病毒呈二十面体对称，无囊膜，基因组为单股 DNA。该病毒可引起水貂慢性消耗性、超敏感性和自身免疫性疾病，表现为浆细胞增多、高 γ 球蛋白血症、持续性病毒血症等。虽然产生高滴度的抗体，但不能中和病毒。病毒与抗体复合物在血管壁沉积，引起肝炎、关节炎、肾小球肾炎、贫血乃至死亡。病毒可通过胎盘感染胎儿，慢性感染貂可常年排毒。目前的检测方法主要有碘凝集试验、荧光抗体技术、补体结合试验、对流免疫电泳、ELISA 等。

第六节　圆环病毒科

圆环病毒科成员包括猪、禽及植物的圆环病毒，是已知最小的动植物病毒。本科成员的病毒颗粒形态及基因组均类似，但生态学、生物学及抗原性相差甚远，无共同抗原决定簇及序列同源性。

猪圆环病毒

在猪肾细胞系PK15中发现的第一个与动物有关的圆环病毒命名为PCV1。1997年在法国首次分离到PCV2，与PCV1抗原性有差异，引起断奶仔猪多系统衰竭综合征（PMWS）。PCV2感染还可致繁殖障碍、皮炎与肾病综合征、呼吸道疾病等。2016年从皮炎与肾病综合征和繁殖障碍猪的样本中鉴定出一种新型的猪圆环病毒PCV3。PCV3在猪群中阳性检出率很高，目前无法培养，致病性尚待证实。

【形态】病毒颗粒呈球形，无囊膜，是目前发现的最小的动物病毒。

【分子特征】为圆环病毒属成员，基因组为共价闭合环状的单股DNA。

【抗原特性】具有PCV1和PCV2两个血清型，两血清型之间Rep蛋白有一定的抗原交叉性。

【致病特性】PCV1无致病性，而PCV2感染可引起PMWS等圆环病毒病。一些病原体如猪细小病毒、猪繁殖与呼吸综合征病毒、猪多杀巴氏杆菌、猪肺炎支原体等与PCV2有协同致病作用。免疫刺激、环境因素以及其他应激因素也是发病诱因。PCV2感染还可使猪的免疫功能受到抑制。

【诊断】依据流行特点、临床表现，结合剖检病变，可对PCV2所致的PMWS做出初步诊断。确诊需分离病毒，可取组织或血清，用PK15细胞培养，结合免疫荧光、PCR、免疫酶染色等方法进行鉴定。也可直接从组织中检测PCV2，或用ELISA检测抗体。

第七节　逆转录病毒科

逆转录病毒科的成员均具有逆转录酶，许多成员对动物有致病性。

一、禽白血病病毒

禽白血病病毒（ALV）可引起各种传染性肿瘤，如淋巴细胞增多症、成红细胞增多症、成髓细胞增多症、髓样细胞瘤、内皮瘤、肾胚细胞瘤等，以淋巴细胞增多症最为常见。

【形态】病毒粒子近似球形，有囊膜，囊膜上有放射状突起。

【分子特征】为甲型逆转录病毒属成员，病毒基因组为二倍体，由两个线状的正链单股RNA组成。

【抗原特性】根据病毒中和试验、宿主范围及分子特性，ALV已分类至10个亚群，分别命名为A~J，其中A~D亚群为外源性，E亚群为内源性。同一亚群的病毒之间通常存在一些交叉中和作用，而不同亚群的病毒之间没有共同的中和抗原，但B、D亚群除外。

【致病特性】雏鸡先天性感染外源性非缺陷型ALV时，可发生肿瘤，并产生病毒血症。缺陷型的ALV在与外源性非缺陷型的ALV共同感染鸡时，可复制并致病，引起成红细胞增多症、成髓细胞增多症以及髓样细胞瘤，所致肿瘤的不同是由于病毒的v-onc基因不同。病毒可经水平或垂直传播。水平传播需要长时期密切接触，垂直传播更为重要。

【诊断】根据病史、症状及剖检发现肿瘤通常可做出诊断，但应与马立克病相鉴别。可用

ELISA 等检测病毒抗原或抗体，RT-PCR 技术可用于核酸检测。必要时可送专业实验室进行病毒分离鉴定。

二、山羊关节炎/脑脊髓炎病毒

山羊关节炎/脑脊髓炎病毒属于慢病毒属成员，是山羊最重要的病毒，某些羊群的感染率高达 80%。病毒粒子呈球形，有囊膜，基因组为单股 RNA。与梅迪/维斯纳病毒抗原存在强烈的交叉反应。所致疾病有两种表现形式，2~4 月龄的羔羊发生脑脊髓炎，1 岁左右的山羊发生多发性关节炎，后者更为常见。病毒可人工感染绵羊，但自然感染仅限于山羊。初生羔羊通过初乳感染。可采用琼脂凝胶免疫扩散试验检测抗体，此方法也可用于羊群的免疫监测。

三、马传染性贫血病毒

马传染性贫血病毒感染马属动物，马最易感，骡、驴次之，在世界各地的马均有发现。该病毒为慢病毒属成员，病毒粒子呈球形，有囊膜，基因组为单股 RNA。马传染性贫血病毒至少有 8 个血清型，在持续感染期间，随着病马连续发热，体内的病毒不断发生抗原性漂移。感染表现为急性型、亚急性型、慢性型及亚临床型 4 种类型。急性型症状最为典型，出现发热、严重贫血、黄疸等，80% 病马死亡。急性或亚急性耐过的马可终身持续感染。病毒首先感染巨噬细胞，然后是淋巴细胞，所有感染马终身出现细胞结合的病毒血症。采用补体结合反应和琼脂扩散试验进行诊断。

第八节 呼肠孤病毒科

呼肠孤病毒科是病毒学上最复杂的一个科，宿主包括哺乳动物、禽类、爬行类、两栖类、鱼类、无脊椎动物以及植物。该科包括光滑呼肠孤病毒亚科和刺突呼肠孤病毒亚科。刺突呼肠孤病毒亚科有 9 个属，其中 6 个对动物有致病性。

一、禽正呼肠孤病毒

禽正呼肠孤病毒为正呼肠孤病毒属成员，具有典型的呼肠孤病毒形态，但无血凝活性，抗原性不与哺乳动物毒株交叉，核酸电泳图谱也不相同。不同分离株的致病性差异很大，血清型超过 10 个。病毒的感染在鸡群中普遍存在，由无症状感染到致死性病患，因毒株及宿主日龄而异。可表现为禽病毒性关节炎综合征以及暂时性消化系统紊乱。禽正呼肠孤病毒常见于鸡马立克病病毒、传染性法氏囊病病毒等感染的病例，一般认为由于它的混合感染，加剧了病情。诊断上，通常对出现临床症状的病例进行病毒检测或分离。接种 5~7d 鸡胚进行病毒分离，某些毒株可用 Vero（异倍体）细胞培养，检测可做病毒核酸电泳。抗体检测可做琼脂扩散试验或空斑减数中和试验。

二、蓝舌病毒

蓝舌病毒引起的蓝舌病，是绵羊的主要传染病之一，是 OIE 规定的通报疫病。

【形态】病毒颗粒无囊膜，近似球形。具有外、中、内三层衣壳，每层均呈二十面体对称。

【分子特征】为环状病毒属成员，基因组为双股 RNA，分 10 个节段。

【抗原特性】可凝集绵羊及人 O 型红细胞。用中和试验将其分为 27 个血清型。不同地区存在不同的血清型，我国已鉴定有 1~5、7、12、15、16 和 24 型共 10 个型，以 1 型和 16 型为主要致病血清型。病毒感染可产生体液免疫应答，对某型病毒产生的型特异抗体虽不能完全抵抗其他血清型毒株的感染，但可使暴发性流行减弱为温和性流行。

【致病特性】病毒通过吸血昆虫（主要是库蠓）传播。感染特征表现为高热，口鼻黏膜高度充血，唇部水肿继而发生坏疽性鼻炎、口腔黏膜溃疡、蹄部炎症及骨骼肌变形。病羊舌部可能发绀，因此称之为蓝舌病。病羊还可腹泻，病死率高者可达95%。牛和山羊易感性较低。

【诊断】必须结合临床症状与病毒分离才能确诊，抗体阳性只表明发生感染。国际通用的方法为补体结合、荧光抗体或琼脂扩散等试验，用以检测群特异抗体。其中以琼脂扩散试验最为方便实用，但与茨城病毒及鹿流行性出血症病毒存在交叉反应，因此，有必要应用群特异的单克隆抗体检测。分离病毒可用11d鸡胚或2d以内的新培养的Vero细胞，分离的毒株做中和试验定型。

三、轮状病毒

轮状病毒可感染多种动物，主要引起腹泻，各种动物的轮状病毒所致的腹泻症状、流行病学及诊断方法均类似，一般仅发生于1~8周龄的动物。

【形态】病毒颗粒无囊膜，外缘光滑似车轮状，呈二十面体对称。

【分子特征】为轮状病毒属成员，基因组为双股RNA，分11个节段。

【抗原特性】基于群特异抗原VP6的血清学交叉反应、感染的宿主范围以及保守片段1和6的序列分析，病毒可分为9个种，A~J，缺少E。A、B、C和H感染人与动物，其中A最常见；D、F和G与禽类有关，I与犬、猫有关。

【致病特性】潜伏期为16~24h，动物感染后发生水样腹泻，往往带有黏液。少数由于失水或大肠杆菌等继发感染导致病畜死亡，一般能在3~4d内康复。

【诊断】电镜检测是最理想的方法，但要求每克粪中病毒颗粒的含量不少于1×10^6个，用免疫电镜可提高其灵敏度。可用RT-PCR检测粪样中的病毒RNA。细胞培养分离病毒比较困难，一般选用MA-104细胞。

四、质型多角体病毒（蚕）

质型多角体病毒是一种常见的昆虫病毒，宿主广泛，包含鳞翅目、膜翅目、双翅目和鞘翅目昆虫等。家蚕质型多角体病毒是其代表种，可引起家蚕质型多角体病，又叫中肠型脓病。

【形态】病毒粒子为球状正二十面体，无囊膜，仅具有单层衣壳，但其外部具有多角体结构保护衣壳。多角体一般呈现四边形或六边形，其内部可以包含几个到几万个的病毒粒子。

【分子特征】为质型多角体病毒属，基因组为分节段的双股RNA，分10个节段。

【致病特性】主要感染家蚕中肠上皮细胞，呈现较强的组织专一性。患病家蚕通常表现为食欲减退、生长缓慢、发育延迟，还伴有呕吐、腹泻的症状，呕吐物和排泄物中含有大量多角体。患病家蚕通常会慢性死亡，即使有些幼虫勉强发育到成虫阶段，体型较正常成虫偏小且常出现畸形状态，患病雌性的产卵能力也会下降。

【诊断】根据临床症状及解剖后中肠浅黄色或乳白色病变可做出初步诊断。可取家蚕中肠后半部组织，显微镜观察是否存在多角体，或采用ELISA、RT-PCR等实验室检测方法确诊。

第九节　双RNA病毒科

双RNA病毒科有两个重要成员：禽的传染性法氏囊病病毒和鱼的传染性胰坏死病毒。

传染性法氏囊病病毒

传染性法氏囊病病毒是引起鸡传染性法氏囊病的病原体。全世界均有发现，很少有鸡群能保持无病毒状态。

【形态】病毒粒子为球形，无囊膜，单层核衣壳，呈二十面体对称。

【分子特征】基因组为双股双节段 RNA。

【抗原特性】病毒有 2 个血清型，二者有较低的交叉保护。仅 1 型对鸡有致病性，火鸡和鸭为亚临床感染；2 型未发现有致病性。

【致病特性】传染性法氏囊病是幼龄鸡的一种急性、高度接触性传染病，发病率高，病程短，主要侵害鸡的中枢免疫器官法氏囊，导致免疫抑制，从而增强机体对其他疫病的易感性和降低对其他疫苗的反应性。3~6 周龄鸡的法氏囊发育最完全，因此最易感。1~14 日龄的鸡易感性较小，通常可得到母源抗体的保护。6 周龄以上的鸡很少表现疾病症状。

【诊断】可取法氏囊组织的触片用免疫荧光抗体检测，或用法氏囊组织的悬液做琼脂扩散试验，检出病毒抗原。用鸡胚分离病毒较为敏感，可取 9~11d 鸡胚，接种绒毛尿囊膜。有些毒株也能在鸡胚源的细胞上生长。检测抗体可用中和试验或 ELISA。

第十节 副黏病毒科

副黏病毒科的病毒主要发现于哺乳动物及禽类。

一、新城疫病毒

新城疫病毒旧名为禽副黏病毒 1 型，引起禽新城疫。自从高密度的、封闭式养殖系统出现以来，新城疫已成为世界养禽业最重要的疾病之一，是 OIE 规定的通报疫病。

【形态】病毒粒子具有多形性，一般近似球形，有时也可呈长丝状。病毒粒子的外部是双层脂质囊膜，表面带有两种类型的纤突。

【分子特征】基因组为单分子负链单股 RNA。

【抗原特性】只有 1 个血清型，抗体产生迅速。HI 抗体在感染后 4~6d 即可检出，可持续至少 2 年。HI 抗体水平是衡量免疫力的指标。雏鸡的母源抗体保护可有 3~4 周。血液中 IgG 抗体不能预防呼吸道感染，但可阻断病毒血症。分泌型 IgA 抗体在呼吸道及肠道的保护方面作用重大。

【致病特性】病毒首先在呼吸道及肠道黏膜上皮复制，借助血流扩散到脾脏及骨髓，产生二次病毒血症，从而感染肺、肠及中枢神经系统。因肺充血及脑内呼吸中枢的损伤导致呼吸困难。病毒通过气雾、污染的食物及饮水传播。根据毒力的差异分成 3 个类型：强毒型、中毒型和弱毒型。病毒的毒力主要取决于其表面两种纤突糖蛋白——血凝素神经氨酸酶及融合蛋白的裂解及活化。

【诊断】必须做病毒分离及血清学试验或 RT-PCR。可取组织处理后接种 10d 鸡胚尿囊腔分离病毒，病毒能凝集鸡、人及小鼠等红细胞，再做 HI 试验进行鉴别。当存在循环抗体时，可从肠道分离病毒。用气管切片或抹片做免疫荧光染色诊断快速，但不太敏感。抗体检测只适用于对未进行免疫接种鸡群的诊断，可用 HI 试验。在慢性新城疫流行的地区，可用 HI 试验作为监测手段。分离株有必要进一步测定其毒力。

二、小反刍兽疫病毒

小反刍兽疫病毒对山羊及绵羊致病，类似于牛瘟，主要发生于非洲西部、中部和亚洲的部分地区。山羊的死亡率可高达 95%，绵羊略低。小反刍兽疫是 OIE 规定的通报疫病。

【形态】病毒粒子多为圆形或椭圆形，外被囊膜，衣壳呈螺旋对称。

【分子特征】为麻疹病毒属成员，基因组为单股负链不分节段 RNA，是麻疹病毒属中最长的病毒。

【抗原特性】目前仅发现 1 个血清型，与牛瘟病毒在抗原性上存在高度的交叉保护反应。根据与牛瘟病毒抗原相关原理，在发生小反刍兽疫的地区，可用牛瘟组织培养苗进行免疫接种。

【致病特性】主要感染山羊、绵羊、长角羚等小反刍兽，症状与牛瘟相似。骆驼、猪和牛也可感染，但通常无临床症状。病毒能抑制淋巴细胞的增殖，从而引起免疫抑制，造成继发感染，可能是导致小反刍兽疫死亡的主要原因。

【诊断】采集眼结膜、鼻腔分泌物或口腔、回肠、直肠黏膜、血液等，接种合适的细胞，再进一步通过病毒中和试验或电镜观察鉴定。血清学试验采用病毒中和试验、竞争 ELISA 或间接 ELISA 检测抗体，采用琼脂扩散试验、夹心 ELISA 或间接免疫荧光试验检测抗原。也可采用 RT-PCR 技术检测病毒 RNA。

三、犬瘟热病毒

犬瘟热病毒引起的犬瘟热是犬的最重要的病毒病，遍及世界各地。

【形态】病毒粒子具有多形性，一般呈近似球形，大小差异较大。

【分子特征】为麻疹病毒属成员，基因组为单负股 RNA，不分节段。

【抗原特性】只有 1 个血清型，与麻疹病毒和牛瘟病毒具有共同抗原，能够产生交叉免疫。犬和雪貂接种麻疹病毒后对犬瘟热有一定的免疫力。病毒感染可引起细胞免疫和体液免疫，抗体水平不能完全反映机体的免疫状态。

【致病特性】具有高度传染性。最常见的急性型有两个阶段的体温升高（双相热），在第二阶段体温升高时伴有严重的白细胞减少症，并有呼吸道症状或胃肠道症状。亚急性型出现神经症状，有永久的中枢系统后遗症。病畜感染后 5d 在临床症状出现之前，所有的分泌物及排泄物均排毒，有时持续数周。凡是产生中和抗体的动物即具有免疫力，细胞免疫对抗感染也非常重要。免疫力可持续终生。

【诊断】病毒分离可以取病畜的淋巴细胞与经丝裂原刺激的健康犬淋巴细胞共同培养。经传代后，可在 MDCK、Vero 或犬原代肺细胞生长。也可取临死前的动物外周血淋巴细胞或剖检动物的组织做压片或提取 RNA，用免疫组化技术检测抗原或 RT-PCR 检测病毒 RNA。

第十一节　弹状病毒科

弹状病毒科成员的宿主包括脊椎动物、无脊椎动物及植物，其中狂犬病病毒是重要的致病病毒。

一、狂犬病病毒

狂犬病病毒可感染所有温血动物，引起人与动物的狂犬病。感染的动物和人一旦发病，难免死亡。狂犬病表现神经症状，有兴奋型及麻痹型两种。犬、猫、马比反刍动物及实验动物更多出现兴奋型。本病是 OIE 规定的通报疫病。

【形态】病毒颗粒呈子弹状，有囊膜及纤突，圆柱状的衣壳呈螺旋形对称。

【分子特征】为狂犬病毒属成员，基因组为单分子负链单股 RNA。

【抗原特性】根据不同毒株的免疫血清反应和抗狂犬病病毒单克隆抗体的分析，将狂犬病病毒分成 4 个血清型和 3 个尚待定型的病毒株，但其抗原差异对免疫保护力的影响不明显。

【致病特性】主要传播途径为被带毒动物咬伤，是否发病取决于咬伤的部位与程度以及带毒动物的种类。在出现兴奋狂暴症状乱咬时，唾液具有高度感染性。在病毒从咬伤部位向中枢系统扩散的过程中，如果用抗体处理，可推迟感染进程。

【诊断】大多数国家仅限于获得认可的实验室及人员才能进行狂犬病的实验室诊断。通常要确定咬人的动物是否患狂犬病，需做脑组织切片，检测 Negri 氏包涵体；或取其脑组织或唾液腺做荧光抗体染色检测，观察胞浆内是否有着染颗粒。可采用 RT-PCR 技术检测组织中的病毒 RNA。活体诊断可取皮肤或唾液样本，或做角膜压片进行检测，但敏感性较差。

二、牛暂时热病毒

牛暂时热病毒又名牛流行热病毒或三日热病毒，为暂时热病毒属成员。病毒粒子呈子弹形或圆锥形，有囊膜，囊膜表面有纤突。国内外分离的毒株形态上有差异，但抗原性上基本一致。病毒以库蠓、疟蚊等节肢动物为传播媒介，可引起奶牛、黄牛和水牛急性热性传染病。在亚洲、非洲及澳大利亚的热带及亚热带地区流行，多呈地方流行性，有时突然发作，有周期性。发病率可高达100%，死亡率一般只有1%~2%，但肉牛及高产奶牛死亡率可达10%~20%。根据流行病学及临床表现并不难诊断。分离病毒可接种伊蚊的细胞或脑内接种吮乳小鼠。也可用 RT-PCR 检测病毒或用 ELISA 检测抗体。

第十二节　正黏病毒科

正黏病毒科的流感病毒是对人与动物健康影响最大、研究最为深入的病毒之一。流感病毒的血凝素（HA）及神经氨酸酶（NA）是两个最为重要的分类指标，目前，甲型流感病毒从禽类中鉴定出16个HA亚型及9个NA亚型，在果蝠中发现H17N10和H18N11亚型。

禽流感病毒

禽流感病毒毒力有很大差异，其高致病性毒株感染引起高致病性禽流感，旧称"真性鸡瘟"，是OIE规定的通报疫病。高致病性毒株主要有H5N1和H7N7亚型的某些毒株。

【形态】病毒颗粒呈多形性，多为球形，但有的呈杆状，有的呈丝状，且丝状体长短不一。有囊膜和纤突，衣壳呈螺旋形对称。

【分子特征】为甲型流感病毒属，基因组为单负股RNA，分8个节段。

【抗原特性】禽流感病毒有两类重要的抗原，分别为表面抗原和型特异性抗原。表面抗原主要指HA和NA，它们是病毒亚型的基本因素。型特异性抗原主要由核蛋白和基质蛋白构成，它们为所有亚型的禽流感病毒共有。禽流感病毒的基因组有8个节段，在病毒的增殖过程中很容易发生基因的重排，因此，其抗原性发生变异的概率比一般RNA病毒大。依变异的程度不同，抗原变异分为抗原性漂移和抗原性转变。

【致病特性】大量病毒可通过粪排出，在环境中长期存活，尤其是在低温的水中。病毒通过野禽传播，特别是野鸭。未裂解的HA无感染性，在靶器官呼吸道及肠道组织相应的蛋白酶作用下，HA裂解为HA_1和HA_2，暴露融合肽段，通过融合进入宿主细胞。高致病性毒株与低致病性毒株的HA裂解位点的氨基酸序列有差异。毒力因子除HA和NA外，还包括NP基因及聚合酶基因等表达产物的综合作用。非结构蛋白NS1具有抗干扰素活性，有助于病毒感染。

【诊断】分离病毒对鉴定病原及其毒力均不可少，但鉴于高致病性毒株的潜在危险，一般实验室只做血清学或RT-PCR检测。高致病性毒株的分离鉴定需送国家级的参考实验室完成。

一般从泄殖腔采样，接种 8~10d 鸡胚尿囊腔，取尿囊液用鸡红细胞做 HA-HI、ELISA 或 RT-PCR。也可从病料直接检测病毒，但检出率一般低于经鸡胚传代者。

第十三节　冠状病毒科

冠状病毒科成员是已知 RNA 病毒中基因组最大的病毒。

一、禽传染性支气管炎病毒

禽传染性支气管炎病毒是最早发现的冠状病毒，呈世界性分布，严重影响养鸡业的发展。

【形态】病毒颗粒为多形性，多数为圆形或球形。有囊膜及纤突，衣壳呈螺旋对称。

【分子特征】为冠状病毒属成员，基因组为单分子线状正链单股 RNA。

【抗原特性】基因组核酸在复制过程中易发生突变和高频重组，因此血清型众多，各型之间仅有部分或完全没有交叉保护性。

【致病特性】病毒主要感染鸡，此外还对雉、鸽、珍珠鸡有致病性。临床表现取决于鸡的日龄、感染途径、鸡体免疫状况以及病毒的毒株。可急性暴发，1~4 周龄雏鸡最易感，表现为气喘、咳嗽及呼吸抑制，并可突然死亡。弱毒株感染几乎无临床症状，但导致生长迟缓成为侏儒。产蛋鸡影响显著，产蛋量下降或者停止，或产异常蛋。近年来还出现以肾脏、肠或腺胃病变为主的致病型。

【诊断】早期诊断可取器官组织切片做直接免疫荧光染色。分离病毒可取病料匀浆上清液接种鸡胚尿囊腔。病毒的进一步鉴定通常可用免疫荧光、琼脂扩散或免疫电镜，也可用 RT-PCR 或 cDNA 探针。

二、猪传染性胃肠炎病毒

有 4 种冠状病毒可感染猪，包括猪血凝性脑脊髓炎病毒、猪流行性腹泻病毒、猪传染性胃肠炎病毒（TGEV）及猪呼吸道冠状病毒（PRCV）。PRCV 于 1986 年在丹麦等国的无 TGEV 猪场发现，引起温和的呼吸道疾病或为无症状感染。已证明 PRCV 是由 TGEV 缺失突变而来，因突变丧失了肠道嗜性而获得了呼吸道嗜性，是冠状病毒变异与进化的一个例证。PRCV 被归并为 TGEV 的一个毒株。

【形态】病毒粒子呈圆形，有囊膜，囊膜上有花瓣状纤突，纤突末端呈球状。

【分子特征】为冠状病毒属成员，基因组为单分子线状正链单股 RNA。

【抗原特性】只有 1 个血清型，与 PRCV、猫传染性腹膜炎病毒和犬冠状病毒有一定的抗原相关性。

【致病特性】在世界各地均有发现，引起仔猪腹泻，伴有呕吐，3 周龄以下的仔猪有较高死亡率。集约化的养猪场常年产仔，导致其在断奶仔猪中常年流行。病变仅限于胃肠道，包括胃肿胀及小肠肿胀，内含未吸收的乳，肠道绒毛损坏，肠壁变薄。可通过初乳及乳液获得母源 IgA 抗体，让仔猪产生被动免疫。但血清中的 IgG 抗体不能提供保护。非经肠道免疫不能产生母源免疫，唯有通过黏膜免疫才有效。

【诊断】取疾病早期阶段的仔猪肠黏膜做涂片或冰冻切片，通过荧光抗体或 ELISA 可快速检出病毒。病毒分离可用猪甲状腺原代细胞、猪甲状腺细胞系 PD5 或睾丸细胞，分离物进一步用免疫学方法或 RT-PCR 鉴定。采集发病期及康复期双份血清样品做中和试验或 ELISA 检测抗体，具有流行病学价值。

三、猪流行性腹泻病毒

猪流行性腹泻病毒（PEDV）是引起猪流行性腹泻的病原。PEDV形态与TGEV无区别，但抗原性与其他冠状病毒无交叉。引起的临床症状类似TGEV感染，但传播速度较慢。我国及亚洲其他国家和欧洲均有报道。PEDV最早出现于20世纪70年代，最初仅是猪群发病率高但死亡率相对较低。2010年以来，我国流行的PEDV变异型毒株，对哺乳仔猪呈现高致病性、高发病率和高死亡率的特点。诊断可用免疫荧光染色或免疫电镜以及RT-PCR等方法，或检测康复猪的抗体。分离病毒比较困难，可用Vero细胞或猪的原代细胞培养。

四、猫冠状病毒

猫冠状病毒（FCoV）有两种：猫传染性腹膜炎病毒（FIPV）及猫肠道冠状病毒（FECV），后者在前者的致病过程中具有决定性作用，前者是后者在体内突变获得巨噬细胞嗜性的结果。

【形态】病毒粒子呈圆形，有囊膜，囊膜上有花瓣状纤突，电镜下呈皇冠状。

【分子特征】为甲型冠状病毒属成员，基因组为单股正链RNA。

【抗原特性】根据病毒细胞适应性等特性的差异将FCoV（包括FIPV及FECV）分为Ⅰ和Ⅱ型，某些FCoV Ⅱ型毒株来源于FCoV Ⅰ型与犬冠状病毒的基因重组，从而易于细胞培养。

【致病特性】FECV可致幼猫温和性腹泻，死亡率低。FIPV引起家养及野生猫科动物渐进的致死性疾病，临床上有"渗出性"及"非渗出性"两种形式。前者发热，有黏稠的黄色腹水蓄积，导致渐进性腹胀；后者为非发热型，只有少量或无分泌物，主要临床特征为不同器官出现肉芽肿样病变。

【诊断】抗体水平无诊断意义。可采集病猫的粪便、血液、渗出液、组织等样品利用RT-PCR方法检测病毒RNA。

五、犬冠状病毒

犬冠状病毒（CCoV）感染犬通常引起温和性腹泻，常与犬细小病毒感染同时发生，往往导致致死性腹泻。CCoV与FCoV、TGEV有共同的祖先，TGEV可感染犬，CCoV的某些强毒株也可感染猪和猫。根据S基因的差异，CCoV可分为猫源和犬源两个亚型，还可能存在第3种亚型。CCoV的诊断依赖于实验室检测，感染犬在粪中排毒一般持续6~9d，可采粪样通过电镜观察病毒，或用RT-PCR检测。也可用犬原代细胞系、A72细胞分离病毒。

第十四节　动脉炎病毒科

动脉炎病毒科成员对其天然宿主往往为无症状的持续感染，但一定的条件下可致严重疾病。

猪繁殖与呼吸综合征病毒

猪繁殖与呼吸综合征病毒（PRRSV）是猪繁殖与呼吸综合征（俗称"蓝耳病"）的病原，可引起母猪繁殖障碍和不同生长阶段猪的呼吸道疾病。1987年在美国、1990年在欧洲相继发现，目前几乎遍及世界各养猪国家，导致巨大的经济损失。

【形态】病毒颗粒呈球形，衣壳呈二十面体对称，有囊膜。

【分子特征】基因组为单分子线状正链单股RNA。病毒有1、2两个基因型，1型为欧洲型，2型为美洲型，二者的核苷酸序列相似性约为60%。新的分类将二者命名为猪β动脉炎病毒1型和2型，作为两个种。同种的PRRSV毒株之间存在较广泛的变异，有基因突变、缺失和插入以及毒株间的基因重组现象。

【抗原特性】北美洲型和欧洲型毒株之间的差异很大，只有很少的交叉反应性。早期针对 PRRSV 的抗体，特别是亚中和水平的 PRRSV 特异性抗体对病毒的复制具有增强效应，这种抗体依赖性增强作用是 PRRSV 的一个重要生物学特性。

【致病特性】感染猪在几周内抗体存在的同时出现病毒血症。病毒可穿过胎盘感染仔猪，导致脐带出血性病变，组织学检查可见坏死性脐带动脉炎。病毒感染单核细胞及巨噬细胞，造成免疫抑制。感染猪表现为厌食、发热、耳发绀、流涕等。母猪则可见流产、早产、死产、产木乃伊胎和弱仔；仔猪呼吸困难，在出生 1 周内半数死亡。不同生长阶段的猪可出现呼吸道症状，如果有继发感染，则死亡率升高。高致病性毒株感染可造成不同阶段猪的高发病率和高死亡率。

【诊断】在流产胎儿中的病毒很快失活，应尽可能迅速采样。分离病毒可采肺、脾脏、淋巴结等，病毒培养较困难，仅在猪肺泡巨噬细胞、MA-104、MARC-145 细胞中生长。可用免疫荧光抗体技术、ELISA 等检测抗体，RT-PCR、Real-time PCR 可用于检测病毒核酸。

第十五节　微 RNA 病毒科

微 RNA 病毒科有许多重要的病毒。1898 年报道的口蹄疫病毒是人类历史上第一个被发现的动物病毒，也是目前研究最为深入的动物病毒之一。

一、口蹄疫病毒

口蹄疫病毒所致的口蹄疫是 OIE 规定的通报疫病。

【形态】病毒颗粒呈球形，无囊膜，呈二十面体对称，外表光滑。

【分子特征】为口蹄疫病毒属成员，基因组为单分子线状正链单股 RNA。

【抗原特性】有 7 个血清型，分别命名为 O、A、C、SAT1、SAT2、SAT3 及亚洲 1 型，每个型又可进一步划分亚型。由于不断发生抗原性漂移，因此并不能严格区分亚型。各血清型之间无交叉免疫，同一血清型的亚型之间交叉免疫力也较弱。

【致病特性】口蹄疫传播迅速，常在牛群及猪群大范围流行。除马以外，羊及多种偶蹄动物都易感。病畜口、鼻、蹄等部位出现水疱为主要症状，且可能跛行。不同动物的症状稍有不同，妊娠母牛可能流产，而后导致繁殖力降低；猪则以跛蹄为最主要的症状；山羊和绵羊的症状通常比牛温和。反刍类动物主要通过吸入感染，但也可通过采食或接触污染物感染。

【诊断】口蹄疫的诊断需在指定的实验室进行。OIE 推荐使用商品化及标准化的 ELISA 试剂盒，也可采用 RT-PCR 检测样本中的病毒。如果样品中病毒的滴度较低，可先分离病毒再通过 ELISA 或中和试验鉴定。通过检测 3ABC 抗体可区分野毒感染与疫苗接种。

二、猪水疱病病毒

猪水疱病病毒引起猪急性接触性传染病，临床症状与口蹄疫相似。

【形态】病毒粒子呈球形，无囊膜。

【分子特征】为肠病毒属成员，基因组为单股正链 RNA。

【抗原特性】只有 1 个血清型，与口蹄疫、水疱性口炎病毒无抗原关系，但与人肠道病毒 C 和 E 型有共同抗原，与人的柯萨奇病毒 B5 相同。

【致病特性】病毒通过皮肤伤口感染，也可经消化道感染。表现为发热、蹄冠部水疱，10% 病猪的口、唇、舌出现水疱，偶有脑脊髓炎。家畜中仅猪感染发病。人偶有感染，发生类流感。

【诊断】要注意与口蹄疫等鉴别诊断。水疱液或水疱皮中的病毒抗原可用ELISA检测，也可用PCR做快速鉴别诊断。分离病毒可用猪肾细胞，也可用乳鼠脑内接种分离。

三、鸭肝炎病毒

引起鸭肝炎的病毒有3种：鸭肝炎病毒1型、2型和3型，其中1型为微RNA病毒科禽肝炎病毒属成员，2型和3型为星状病毒。1型抗血清不能中和2型及3型病毒。鸭肝炎病毒1型又称鸭甲型肝炎病毒（DHAV），分为3个基因型：DHAV-1、DHAV-2、DHAV-3。DHAV-1呈世界范围分布，DHAV-2仅出现在我国台湾，DHAV-3则流行于我国大陆、韩国和越南。近年来，DHAV-1和DHAV-3在我国呈共流行状态。DHAV引起28日龄以下雏鸭发生急性肝炎，有的可能腹泻，死亡率可高达100%。组织学检查可见严重的肝坏死、炎性细胞渗出以及胆管上皮细胞增生，还有脑炎的病变。鸭肝炎病毒主要通过接触传播，不由鸭胚垂直传递。雏鹅、雏火鸡及鹌鹑等对人工接种易感，但不感染鸡。取病鸭组织冰冻切片做荧光抗体染色，可快速诊断。分离病毒可接种10d鸡胚尿囊腔，也可用鸭胚细胞。应注意与鸭瘟病毒等相鉴别。

四、囊状幼虫病病毒

囊状幼虫病病毒可导致蜜蜂囊状幼虫病，主要侵染蜜蜂的幼虫并在体内大量繁殖，使其不能正常化蛹。危害严重时，引起蜂群大量幼虫死亡，最终导致蜂群灭亡。

【形态】病毒粒子呈球形，无囊膜，衣壳呈二十面体对称。

【分子特征】为肠病毒属成员，基因组为单股正链RNA。

【致病特性】主要侵染2日龄蜜蜂幼虫，在幼虫体内大量繁殖使其不能正常化蛹，只剩下外皮包裹下的充满病毒粒子的囊状幼虫，因此得名。幼虫通常在5~8d发病，感病后虫体由珍珠白逐渐变为乳黄色，虫体死亡后逐渐失水干枯，最终呈深褐色鳞片状。成年蜜蜂因清理染病死亡幼虫感染，无明显病发症状，但寿命会缩短。

【诊断】患病蜂群的巢脾常出现明显的"插花子脾"现象，幼虫出现囊状水样外观，可用琼脂扩散、ELISA或RT-PCR进行实验室检测。

五、蜜蜂慢性麻痹病毒

蜜蜂慢性麻痹病毒主要侵袭成年蜜蜂神经系统引起蜜蜂麻痹病，病蜂神经麻痹痉挛，身体颤抖，丧失飞行能力，出现爬行现象，后期出现腹部发黑，又叫"瘫痪病"或"黑蜂病"。

【形态】病毒粒子无囊膜，具有3种大小不同的形态：近似圆形、卵圆形和棒状。

【分子特征】基因组为单股正链RNA，包含两段主要单链RNA。

【致病特性】病蜂表现出两种类型的症状：一种为"大肚型"，病蜂腹部膨大，蜜囊内充满液体，内含大量病毒颗粒，身体和翅颤抖，不能飞翔，在地面缓慢爬行或集中在巢脾框梁上、巢脾边缘和蜂箱底部，病蜂反应迟钝，行动缓慢。另一种为"黑蜂型"，病蜂身体瘦小，头部和腹部末端油光发亮，身体绒毛几乎脱落，翅常出现缺刻，身体和翅颤抖，失去飞翔能力，不久衰竭死亡。

【诊断】蜂群内有腹部膨大或头部和腹部末端体色暗黑、身体和翅颤抖的病蜂，可用ELISA或RT-PCR进行实验室检测。

六、家蚕软化病病毒

家蚕软化病病毒引起家蚕传染性软化病，病蚕常表现为食桑减少、发育不良、眠起不齐、空头、蜷缩、腹泻和吐液等症状。桑螟是该病毒的中间宿主和主要传染源。目前，只有中国和日本确切分离到该病毒。

【形态】病毒粒子呈球形，无囊膜，衣壳呈二十面体对称。

【分子特征】基因组为单股正链RNA。

【致病特性】病毒主要通过摄食进入蚕体，在蚕的中肠杯形细胞质中增殖，导致被感染细胞退化形成球状体而致病。病蚕中肠呈浅黄色、略透明，染肠壁细胞内无多角体形成，无乳白横纹，有别于质型多角体病。病变一般是从中肠前部开始，逐渐向中后部延展，家蚕质型多角体病毒感染则是后部首先发生病变。

【诊断】与家蚕浓核病病毒及细菌感染引起的病症相似，因此无法通过临床症状确诊。确诊通常需要依赖实验室检测方法，包括琼脂扩散、荧光抗体、ELISA和套氏RT-PCR等。

第十六节　嵌杯病毒科

嵌杯病毒科病毒表面有32个杯状凹陷，形成特征性嵌杯结构，诺瓦克病毒除外。不少嵌杯病毒难于培养，因而使相关研究受到限制。

兔出血症病毒

兔出血症病毒引起兔出血性败血症，俗称"兔瘟"，严重威胁养兔业。病死兔全身出现严重出血，肺及肝病变最为严重。

【形态】病毒粒子呈球形，无囊膜。

【分子特征】基因组为单股正链RNA。

【抗原特性】只有1个血清型。免疫原性很强，无论是自然感染耐过兔，还是接种疫苗的免疫兔，均可产生坚强的免疫力。新生仔兔可从胎盘和母乳中获得母源抗体，抗体水平与母体几乎相同。病毒能凝集人红细胞。

【致病特性】病毒经粪-口途径传播，2月龄以上兔易感。最急性者常在6~24h内死亡；急性或亚急性病例可见流鼻液，并可表现各种神经症状。发病率为100%，死亡率为90%。剖检可见血凝块充满全身组织的血管，血管内凝血可能引发了肝坏死。

【诊断】用人红细胞做血凝试验，再以抗体做血凝抑制试验即可确诊。也可用其他方法如电镜观察或ELISA等进行诊断。

第十七节　黄病毒科

黄病毒科有若干重要的动物病毒如猪瘟病毒、牛病毒性腹泻病毒等，以及重要的人兽共患病病毒如日本脑炎病毒等。

一、猪瘟病毒

猪瘟病毒是世界范围内最重要的猪病病毒。亚洲、非洲、中南美洲仍然不断发生猪瘟。美国、加拿大、澳大利亚及欧洲许多国家已消灭，但在欧洲一些国家仍有再次发病的报道。猪瘟是OIE规定的通报疫病。

【形态】病毒粒子略呈圆形，有囊膜，衣壳呈二十面体对称。

【分子特征】为黄病毒科瘟病毒属成员，基因组为正链单股RNA。

【抗原特性】只有1个血清型，但存在血清学变种。

【致病特性】典型的猪瘟为急性感染，伴有高热、厌食、委顿及结膜炎。亚急性型及慢性型的潜伏期及病程均延长，感染妊娠母猪导致死胎、流产、木乃伊胎或死产，所产仔猪不死者产生免疫耐性，表现为颤抖、矮小并终身排毒，多在数月内死亡。病毒最主要的入侵途径是通过采食，扁桃体是最先定居的器官。组织器官的出血病灶和脾梗死是特征性病变。肠黏膜的坏死性溃疡可见于亚急性或慢性病例。病死的慢性病猪最显著的病变是胸腺、脾脏及淋巴结生发中心完全萎缩。

【诊断】应在国家认可的实验室进行。用荧光抗体法、免疫组化法或抗原捕捉 ELISA 可快速检出组织中的病毒抗原，也可用 RT-PCR 检测样本中的猪瘟病毒核酸。分离病毒可用细胞培养，并需用免疫学方法进一步鉴定。

二、牛病毒性腹泻病毒

牛病毒性腹泻病毒（BVDV）引起的急性疾病称为牛病毒性腹泻，慢性持续性感染称为黏膜病，遍及世界各地。主要以发热、黏膜糜烂溃疡、白细胞减少、腹泻、咳嗽及妊娠母牛流产或产出畸形胎儿为主要特征。

【形态】病毒粒子呈球状，有囊膜，衣壳呈二十面体对称。

【分子特征】基因组为单股正链 RNA。

【抗原特性】根据致病性、抗原性及基因序列的差异，分为两个种：BVDV1 和 BVDV2。二者均可引起牛病毒性腹泻和黏膜病，但 BVDV2 毒力更强。BVDV2 与猪瘟病毒抗原性无交叉，BVDV1 则有之。后者还可自然感染猪。

【致病特性】各种年龄的奶牛、肉牛都易感，但是 8~24 月龄最常见。黏膜病可突然发病，也可延续数周或数月反复发生，表现为发热、厌食、腹泻、流鼻涕、糜烂性或溃疡性胃炎、脱水等，数周或数月内死亡。从口部直至肠道整个消化道出现糜烂性或溃疡性病灶，是急性病毒性腹泻病牛的特征性表现。肠系膜淋巴集结出血坏死。

【诊断】在根据临床症状初步诊断的基础上可用细胞分离病毒，或用免疫学方法及 RT-PCR 检测病毒。

三、日本脑炎病毒

日本脑炎病毒又名乙型脑炎病毒，引起流行性乙型脑炎（日本脑炎），是 OIE 规定的通报疫病。人和多种动物均可感染该病毒，在公共卫生上具有重要意义。

【形态】病毒颗粒呈球形，有囊膜及纤突。

【分子特征】为黄病毒属成员，基因组为单股正链 RNA。

【抗原特性】能凝集鸽、鹅、雏鸡和绵羊红细胞，经过长期传代的毒株会丧失其血凝活性。自然界分离毒株血凝滴度不同，但无抗原性差异。目前分为 5 个基因型，我国主要为 1 型和 3 型。

【致病特性】主要通过蚊虫叮咬传播。多种动物包括猪、马、犬、鸡、鸭及爬行类均可自然感染，通常无症状，猪是日本脑炎主要的储存宿主和扩散宿主，可造成妊娠母猪流产或死产。

【诊断】血清学诊断技术包括补体结合试验、血凝抑制试验、乳胶凝集试验、中和试验及 ELISA。分离病毒可采用乳鼠或仓鼠肾原代细胞。

四、鸭坦布苏病毒

鸭坦布苏病毒（DTMUV）为黄病毒科黄病毒属成员，基因组为单股正链 RNA。DTMUV 感染引起蛋鸭、种鸭及鹅的突发性产蛋量急剧下降，主要表现卵泡变性、变形、卵泡膜充血、出血，发病率超过 90%，死亡率为 5%~30%。根据临床症状、病理变化和流行病学做出初步诊断，再通过病毒分离鉴定、血清学检测和分子生物学检测等实验室方法进行确诊。病毒无血凝性，可用 SPF 鸡胚或鸭胚分离培养，能适应 DF-1、BHK-21 及蚊细胞系 C6/36。

第十八节 朊病毒

朊病毒是动物和人类传染性海绵状脑病的病原体，并非传统意义上的病毒，它没有核酸，是有传染性的蛋白质颗粒。15世纪发现的绵羊痒病由朊病毒引起，1986年在英国发现的"疯牛病"的病原体也是朊病毒。目前，由朊病毒引起的疾病在世界多国已有发生，危害严重，经济损失巨大，并对人的健康构成很大威胁。

朊病毒的特性及其所致疾病

朊病毒的致病性在于正常的朊病毒蛋白（PrP^c）转变为致病性朊蛋白（PrP^{sc}），PrP^{sc}是发病的直接原因。PrP^{c}在大多数哺乳动物的基因组中均有编码，并在许多组织尤其是神经元及淋巴内皮细胞中表达。PrP^{sc}是PrP^{c}的同源异构体，在同一宿主二者的氨基酸序列相同，但是PrP^{sc}的构象发生改变，由以α螺旋为主变成以β折叠为主。PrP^{sc}在脑组织内聚集形成神经元空斑，导致海绵状损害，丧失神经元功能。朊病毒感染后，脑组织出现空泡变性、淀粉样蛋白斑块、神经胶质细胞增生等，但不引起炎性反应，无包涵体产生，不诱导干扰素，不破坏宿主B细胞和T细胞的免疫功能，不引起宿主的免疫反应。

按照感染宿主不同，朊病毒引起的疾病分为动物的朊病毒病和人的朊病毒病。前者主要包括羊痒病、牛海绵状脑病、猫海绵状脑病、传染性貂脑病等；后者主要有克雅氏病、新型克雅氏病、库鲁病等。

第九章 抗原与抗体

第一节 抗 原

对动物机体而言，凡是非自身的物质都可成为抗原。一些自身的成分在特定情况下，也可成为抗原。抗原物质的抗原性包括免疫原性与反应原性两个方面。决定抗原分子活性与特异性的是抗原表位（抗原决定簇）。

一、抗原与抗原性的概念

1. 抗原

凡是能刺激机体产生抗体和效应性淋巴细胞，并能与之结合引起特异性免疫反应的物质称为抗原，又可称为免疫原。

2. 抗原性

抗原性包括免疫原性与反应原性。免疫原性是指抗原能刺激机体产生抗体和效应淋巴细胞的特性；反应原性又称为免疫反应性，是指抗原与相应的抗体或效应淋巴细胞发生特异性结合的特性。

二、影响抗原免疫原性的因素

1. 抗原分子的特性

抗原分子本身的特性是影响免疫原性的关键因素，主要包括以下特性。

（1）异源性　又称异质性或异物性。异种动物间的亲缘关系相距越远、生物种系差异越大，其组织成分的化学结构差异就越大，免疫原性越好。同种异体之间因某些组织成分的化学结构差异，如血型抗原、组织移植抗原，也具有一定的抗原性。动物自身组织成分通常情况下不具有免疫原性，但在一些异常情况下（如在烧伤、感染及电离辐射等因素的作用下，自身成分的结构可发生改变，机体的免疫识别功能紊乱，某些隐蔽的自身组织成分如眼球晶状体蛋白、精子蛋白、甲状腺蛋白等进入血液循环系统）可成为自身抗原。

（2）分子大小　抗原的免疫原性与其分子大小直接相关。通常情况下，分子质量越大、免疫原性越强。免疫原性良好的物质分子质量一般都在10ku以上，分子质量小于5ku的物质其免疫原性较弱。分子质量在1ku以下的物质缺乏免疫原性，为半抗原，与大分子蛋白质载体结合后方可获得免疫原性。

（3）化学组成与分子结构　抗原的化学组成与结构越复杂，免疫原性越强。大分子物质并不一定都具有抗原性。例如，明胶是蛋白质，分子质量达到100ku以上，但其免疫原性很弱，这与明胶所含成分为直链氨基酸和分子不稳定、易水解有关。若在明胶分子中加入少量酪氨酸，则能增强其抗原性。相同大小的分子如果化学组成和分子结构不同，其免疫原性也有一定的差异。分子结构越复杂的物质免疫原性越强，例如，含芳香族氨基酸的蛋白质比含非芳香族氨基酸的蛋白质免疫原性强。

（4）分子构象　分子构象是指抗原分子中一些特殊化学基团的三维结构，其对抗原的免疫原性有很大的影响。抗原分子构象表位的变化，可能导致其失去诱导抗体产生的能力。

（5）易接近性　易接近性是指抗原表位与淋巴细胞表面受体相互接触的难易程度。抗原分子氨基酸残基所处的位置不同可影响抗原与淋巴细胞表面受体的空间结合，从而影响其抗原性。

（6）物理状态　不同物理状态的抗原物质其免疫原性也有差异。一般颗粒性抗原的免疫原性通常比可溶性抗原强。可溶性抗原分子聚合后或吸附在颗粒表面可增强其免疫原性。某些抗原性弱的物质，如使其聚合或附着在某些大分子颗粒（如氢氧化铝胶、脂质体等）的表面，可使其抗原性得到增强。

2. 宿主特性

不同种属动物对同一种抗原的应答有很大差别，同一种动物不同品系，甚至不同个体对相同抗原的应答也有所不同。这主要与遗传基因特别是主要组织相容性复合体（MHC）基因有关。此外，动物的年龄、性别与健康状态也是影响抗原免疫原性的因素。

3. 免疫剂量与免疫途径

抗原的免疫剂量、免疫途径、接种次数及免疫佐剂的选择等都显著影响机体对抗原的应答。在一定范围内，动物机体免疫应答的强弱与免疫剂量呈正相关。免疫剂量过大、过小均可引起动物机体的免疫耐受，而不发生免疫应答。颗粒性抗原如细菌、细胞等免疫原性较强，免疫剂量可适当减少；可溶性蛋白或多糖抗原，免疫剂量应适当增大。免疫途径以皮内免疫最佳，皮下免疫次之，肌内注射、腹腔注射和静脉注射效果稍差，口服免疫容易引起免疫耐受。不同免疫佐剂可改变抗原引起免疫应答的强度和类型，例如，弗氏佐剂主要诱导IgG类抗体的产生，明矾佐剂则易诱导IgE类抗体的产生。

三、抗原表位

1. 概念

抗原表位又称为抗原决定簇，是指抗原分子中与淋巴细胞特异性受体和抗体结合的最小结构与功能单位，决定了免疫应答反应的特异性。一个抗原中抗原表位的数量称为抗原价，含有多个抗原表位的抗原称为多价抗原，大部分蛋白质抗原都属于这类；只有一个抗原表位的抗原称为单价抗原，如简单半抗原。

2. 种类

（1）构象表位与顺序表位　抗原分子中由分子基团间特定的空间构象形成的表位称为构象表位，又称不连续表位，一般是由位于伸展肽链上相距很远的几个残基或位于不同肽链上的几个残基由于抗原分子内肽链盘绕折叠而在空间上彼此靠近而构成。顺序表位是由氨基酸的一级结构序列决定的，由连续线性排列的氨基酸构成，又称为连续表位或线性表位。

（2）B细胞表位和T细胞表位　抗原分子中，被B细胞抗原受体（BCR）和抗体分子所识别或结合的表位为B细胞表位，而被MHC分子提呈并被T细胞受体（TCR）识别的表位为T细胞表位。

四、抗原的交叉性

自然界中不同抗原物质之间、不同种属的微生物间、微生物与其他抗原物质间，存在有相同或相似的抗原组成或结构，或有共同的抗原表位，这种现象称为抗原的交叉性或类属性。这些共有的抗原组成或表位称为共同抗原或交叉反应抗原。种属相关的生物之间的共同抗原又称为类属抗原。抗原的交叉性有3种情况：①不同物种间存在共同的抗原组成。②不同抗原分子存在共同的抗原表位。③不同表位之间存在相似的构象。

五、抗原的分类

自然界抗原物质种类繁多，根据不同的分类原则可以将抗原分成许多种类型。

1. 根据抗原的性质分类

根据抗原的性质可将其分为完全抗原和不完全抗原（即半抗原）。既具有免疫原性又有反应原性的物质为完全抗原；只具有反应原性而缺乏免疫原性的物质为半抗原，大多数多糖、类脂、药物分子等属于半抗原。

2. 根据抗原加工和提呈的方式分类

根据抗原加工和提呈的方式可将其分为外源性抗原与内源性抗原。前者是指存在于细胞间，自细胞外被巨噬细胞、树突状细胞等抗原提呈细胞摄取后而进入细胞内的抗原，包括所有自体外进入的微生物、疫苗、异种蛋白等，以及自身合成而又释放于细胞外的非自身物质；后者是指自身细胞内合成的抗原，如细胞内细菌和病毒感染细胞所合成的细菌抗原和病毒抗原，肿瘤细胞合成的肿瘤抗原等。

3. 根据抗原来源分类

根据抗原的来源不同，可将其分为异种抗原、同种异型抗原、自身抗原、异嗜性抗原。

（1）异种抗原　来自与免疫动物不同种属的抗原物质称为异种抗原，如各种微生物及其代谢产物对动物来说都是异种抗原，猪的血清对兔而言是异种抗原。

（2）同种异型抗原　与免疫动物同种而基因型不同的个体的抗原物质称为同种异型抗原，如血型抗原、同种移植物抗原。

（3）自身抗原　能引起自身免疫应答的自身组织成分称为自身抗原。

（4）异嗜性抗原　与种属特异性无关，存在于人、动物、植物及微生物之间的共同抗原称为异嗜性抗原。

4. 根据其对胸腺（T细胞）的依赖性分类

根据抗原在诱导免疫应答过程中是否有T细胞参与，将抗原分为胸腺依赖性抗原和非胸腺依赖性抗原。前者在刺激 B 细胞分化和产生抗体的过程中需要抗原提呈细胞及辅助性 T 细胞（T_H 细胞）的协助，绝大多数抗原属于这一类；后者可直接刺激 B 细胞产生抗体，不需要 T 细胞的协助，仅少数抗原属于这一类，如脂多糖、荚膜多糖、聚合鞭毛素等。

5. 根据化学性质分类

根据抗原的化学性质可分为蛋白质、脂蛋白、糖蛋白、脂质、多糖、脂多糖和核酸抗原等。

六、重要的抗原

1. 微生物抗原

各类细菌、真菌、病毒等都具有较强的抗原性，一般都能刺激机体产生抗体。细菌抗原结构复杂，是多种抗原的复合体，有菌体抗原、鞭毛抗原、荚膜抗原和菌毛抗原；病毒抗原有囊膜抗原、衣壳抗原、核蛋白抗原等；很多细菌（如破伤风杆菌、白喉杆菌、肉毒梭菌）能产生外毒素，其成分为糖蛋白或蛋白质，具有很强的抗原性，外毒素经灭活后可制成类毒素疫苗；真菌、寄生虫的抗原成分比较复杂，包括蛋白质、多糖、脂类和核酸等，抗原性差异较大，特异性不强，交叉反应较多。在微生物的抗原成分中，可刺激机体产生具有抗感染作用抗体（如中和抗体）的抗原称为保护性抗原。某些细菌或病毒的产物具有强大的刺激 T 细胞活化的能力，只需极低浓度即可诱发最大的免疫效应，这类抗原称为超抗原，如金黄色葡萄球菌分泌的肠毒素。

2. 非微生物抗原

这类抗原物质主要有 ABO 血型抗原、动物血清与组织浸液、酶类物质和激素等。

3. 人工抗原

人工抗原是指经过人工改造或人工构建/表达的抗原，包括合成抗原与结合抗原。前者是依据蛋白质的氨基酸序列，用人工方法合成蛋白质肽链或短肽，并与大分子蛋白质载体连接，使其具有免疫原性。后者是将天然的半抗原与大分子蛋白质载体连接而成，用于免疫动物制备针对半抗原的特异性抗体。

七、佐剂与免疫调节剂

1. 佐剂

（1）概念　先于抗原或与抗原混合后同时注入动物体内，能非特异性地增强机体对抗原的免疫应答或改变免疫应答类型的一类物质称为佐剂或免疫佐剂。

（2）种类

1）铝盐类佐剂：在疫苗制备上应用很广，对疫苗免疫后体液免疫应答的辅佐作用十分明显。通常使用的主要有氢氧化铝胶、明矾（钾明矾、铵明矾）和磷酸三钙。

2）油乳佐剂：这类佐剂是用矿物油、乳化剂（如 Span-80，Tween-80）及稳定剂（硬脂酸铝）按一定比例混合制成，抗原液与之混合可制成各种类型的油水乳剂（如油包水型、水包油型、水包油包水型等）。实验室免疫常用的弗氏佐剂是用矿物油（液体石蜡）、乳化剂（羊毛脂）和杀死的结核分枝杆菌或卡介苗组成的油包水乳化佐剂，含分枝杆菌者为弗氏完全佐剂，不含分枝杆菌者为弗氏不完全佐剂。

3）微生物及其代谢产物佐剂：某些杀死的菌体及其成分、代谢产物等均可起到佐剂作用，如革兰氏阴性菌脂多糖（LPS）、分枝杆菌其组成成分、革兰氏阳性菌的脂磷壁酸（LTA）、短小棒状杆菌和酵母菌的细胞壁成分、白念珠菌提取物、细菌的蛋白毒素（如霍乱毒素、百日咳杆菌毒素及破伤风毒素）等。

4）核酸及其类似物佐剂：一些微生物中的核酸成分（如非甲基化的CpG序列）可起到佐剂作用。此外，一种合成的双链RNA［聚肌胞苷酸Poly（I∶C）］也可以作为免疫佐剂。

5）细胞因子佐剂：多种细胞因子，如白细胞介素-1、白细胞介素-2、干扰素-γ等都具有佐剂作用，可提高和增强疫苗的免疫效果。

6）免疫刺激复合物（ISCOM）：一种较高免疫活性的脂质小体，由两歧性抗原、植物皂苷和胆固醇按1∶1∶1的分子比例混匀共价结合而成。

7）蜂胶佐剂：蜂胶是一种天然物质，由蜜蜂采自植物幼芽分泌的树脂、蜜蜂上颚腺分泌物、蜂蜡、花粉及其他一些有机物和无机物混合而成。

8）脂质体：由磷脂和其他极性两性分子以双层脂膜构型形成的密闭的向心性囊泡，它对与其结合或偶联的蛋白或多肽抗原具有免疫佐剂作用。

9）人工合成佐剂：这类佐剂包括胞壁酰二肽（MDP）及其衍生物、海藻糖合成衍生物等。

（3）佐剂的作用及机制　佐剂的生物学作用主要包括增强抗原的免疫原性，增强机体对抗原刺激的反应性，改变产生抗体的类型以及诱导迟发型变态反应等。不同类型的佐剂增强免疫应答的机制也不尽相同，主要通过刺激先天性免疫应答，增加抗原表面积，延长抗原在局部组织停留的时间以及促进局部炎症反应等。

2. 免疫调节剂

广义的免疫调节剂包括具有正调节功能的免疫增强剂和具有负调节功能的免疫抑制剂。

（1）免疫增强剂　免疫增强剂是指一些单独使用即能引起机体出现短暂的免疫功能增强作用的物质，有的可与抗原同时使用，有的佐剂本身也是免疫增强剂。免疫增强剂的种类繁多，主要有以下几类。

1）生物性免疫增强剂：包括转移因子、免疫核糖核酸（iRNA）、胸腺激素、干扰素等。

2）细菌性免疫增强剂：包括短小棒状杆菌、卡介苗、细菌脂多糖等。

3）化学性免疫增强剂：包括左旋咪唑、吡喃、梯洛龙、多聚核苷酸、西咪替丁等。

4）营养性免疫增强剂：包括维生素、微量元素等。

5）中药类免疫增强剂：包括香菇和灵芝等的真菌多糖成分、药用植物（如黄芪人参、刺五加等）及其有效成分、中药方剂（如"十全大补汤"等）。

（2）免疫抑制剂　免疫抑制剂是指在治疗剂量下，可产生明显免疫抑制效应的物质。近年来，免疫抑制剂的药理作用正日益受到重视，并已广泛用于抗移植排斥反应、自身免疫病以及超敏反应等的治疗。具有免疫抑制作用的物质种类较多，根据其来源可分为以下几类。

1）合成性免疫抑制剂：包括糖皮脂激素类固醇、烷化剂（如环磷酰胺）和抗代谢药物（如嘌呤类、嘧啶类及叶酸对抗剂等）。

2）微生物性免疫抑制剂：主要来源于微生物的代谢产物，多为抗生素或抗真菌药物。

3）生物性免疫抑制剂：某些生物制剂如抗淋巴细胞血清及单克隆抗体、抗黏附分子单克隆抗体及某些细胞因子等，具有免疫抑制作用。

4）中药类免疫抑制剂：目前已发现多种中草药具有免疫抑制作用，如雷公藤、冬虫夏草等。

第二节 抗　　体

一、免疫球蛋白与抗体的概念

1. 免疫球蛋白（Ig）

免疫球蛋白是指存在于动物血液（血清）、组织液及其他外分泌液中的一类具有相似结构的球蛋白。依据化学结构和抗原性差异，免疫球蛋白可分为IgG，IgM，IgA，IgE和IgD。

2. 抗体（Ab）

抗体是机体受到抗原物质刺激后，由B淋巴细胞转化为浆细胞产生的，能与相应抗原发生特异性结合反应的免疫球蛋白。抗体是机体对抗原物质产生免疫应答的重要产物，主要存在于动物的血液（血清）、淋巴液、组织液及其他外分泌液中，因此抗体介导的免疫被称为体液免疫。

二、免疫球蛋白的基本结构

所有种类抗体（免疫球蛋白）的单体分子结构都是相似的，即是由两条相同的重链和两条相同的轻链构成的Y形分子。IgG、IgE、血清型IgA、IgD均以单体分子形式存在，IgM是以5个单体分子构成的五聚体，分泌型的IgA（sIgA）是以2个单体构成的二聚体。

1. 重链（H链）

由420~440个氨基酸组成，分子质量为50~70ku。两条重链之间由一对或一对以上的二硫键（—S—S—）连接。重链从氨基端（N端）开始最初的110个氨基酸的排列顺序以及结构随抗体分子的特异性不同而有所变化，这一区域称为重链的可变区（V_H）；其余的氨基酸比较稳定，称为稳（恒）定区（C_H）。重链有五种类型——γ、μ、α、ε、δ，由此决定了免疫球蛋白的类型，即IgG、IgM、IgA、IgE和IgD的重链分别为γ、μ、α、ε和δ。

2. 轻链（L链）

由213~214个氨基酸组成，分子质量约为22ku。二硫键将两条轻链的羧基端（C端）分别与两条重链连接。从氨基端开始最初的109个氨基酸（约占轻链的1/2）的排列顺序及结构随抗体分子的特异性变化而有差异，称为轻链的可变区（V_L），与重链的可变区相对应，构成抗体分子的抗原结合部位；其余的氨基酸比较稳定，称为稳（恒）定区（C_L）。免疫球蛋白的轻链可分为κ型和λ型，各类免疫球蛋白都有κ型和λ型两型轻链分子，在同一免疫球蛋白分子中的两条轻链是相同类型的。

此外，个别免疫球蛋白还具有一些特殊分子结构，包括：①连接链（J链），为IgM和sIgA所特有的，其以二硫键的形式与免疫球蛋白的Fc片段共价结合，从而形成IgM和sIgA。②分泌成分（SC），曾被称为分泌片，是sIgA所特有的，由局部黏膜的上皮细胞合成。SC能够促进上皮细胞从组织中吸收sIgA，并将其释放于胃肠道和呼吸道，防止其在消化道内被蛋白酶所降解，从而有利于sIgA充分发挥免疫作用。③糖类，免疫球蛋白是含糖量相当高的蛋白质，糖类是以共价键结合在H链的氨基酸上，糖类在免疫球蛋白分泌的过程中起着重要作用，可使免疫球蛋白分子易溶并防止其被分解。

3. 抗体的功能区

抗体分子的多肽链分子可折叠形成几个由链内二硫键连接成的环状球形结构，这些球形结构称为功能区。免疫球蛋白的每一个功能区都是由约110个氨基酸组成。IgG、IgA和IgD的重链有4个功能区，其中有一个功能区在可变区，其余的在恒定区，分别称为V_H、C_H1、

C_H2 和 C_H3；IgM 和 IgE 有 5 个功能区，即多了一个 C_H4。轻链有 2 个功能区，即 V_H 和 C_L，分别位于可变区和稳（恒）定区。

(1) V_H-V_L 抗体分子结合抗原的部位　由重链和轻链可变区内的高变区构成抗体分子的抗原结合点，又称为抗体分子的互补决定区（CDR），决定抗体分子的特异性。

(2) C_H1-C_L 同种异型差异区域　该区域为遗传标志所在。

(3) C_H2 为抗体分子的补体结合位点　该区域与补体的活化有关。

(4) C_H3/C_H4　该区域与抗体的亲细胞性有关，C_H3 是 IgG 与一些免疫细胞的 Fc 受体的结合部位，C_H4 是 IgE 与肥大细胞和嗜碱性粒细胞的 Fc 受体的结合部位。

(5) 铰链区　铰链区位于 C_H1 与 C_H2 之间大约 30 个氨基酸残基的区域，由 2~5 个链间二硫键、C_H1 尾部和 C_H2 头部的小段肽链构成。此部位与抗体分子的构型变化有关，一方面可转动，起弹性和调节作用，有利于抗原结合点与抗原结合；另一方面可使抗体分子变构，使其补体结合位点暴露出来。

三、免疫球蛋白的种类与抗原决定簇

1. 免疫球蛋白的种类

免疫球蛋白可分为类、亚类、型、亚型等。免疫球蛋白可分为 IgG、IgM、IgA、IgE 和 IgD 五大类，重链分别为 γ、μ、α、ε、δ。同一类免疫球蛋白又可分为不同的亚类，如小鼠的 IgG 可分为 IgG1、IgG2a、IgG2b、IgG3，猪的 IgG 可分为 IgG1、IgG2a、IgG2b、IgG3、IgG4。各类免疫球蛋白的轻链分为 κ 和 λ 两个型。任何种类的免疫球蛋白均有两型轻链分子，如 IgG 的分子式为（γκ）2 或（γλ）2。

2. 免疫球蛋白的抗原决定簇

免疫球蛋白是蛋白质，可作为免疫原诱导机体产生抗体。一种动物的免疫球蛋白对另一种动物而言是良好的抗原。免疫球蛋白不仅在异种动物之间具有抗原性，而且在同一种属动物不同个体之间，以及自身体内同样是一种抗原物质。免疫球蛋白分子的抗原决定簇分为同种型决定簇、同种异型决定簇和独特型决定簇 3 种类型。

(1) 同种型决定簇　同一种属动物所有个体共同具有的抗原决定簇，在同一种动物不同个体之间不表现抗原性，只是在异种动物之间才具有抗原性。因此，将一种动物的抗体（免疫球蛋白）注射到另一种动物体内，可诱导产生对同种型决定簇的抗体，称为抗抗体或二抗。

(2) 同种异型决定簇　虽然一种动物的所有个体的免疫球蛋白具有相同的同种型决定簇，但一些基因存在多等位基因，这些等位基因编码微小的氨基酸差异，称为同种异型决定簇。因此，免疫球蛋白在同一种动物不同个体之间会呈现出抗原性。

(3) 独特型决定簇　又称为个体基因型。抗体分子的特异性是由免疫球蛋白的重链和轻链可变区所决定的，因此在一个个体内针对不同抗原分子的抗体之间的差别表现在免疫球蛋白分子的可变区。这种差别就决定了抗体分子在机体内具有抗原性，所以抗体分子重链和轻链可变区的构型可产生独特型决定簇。可变区内单个的抗原决定簇称为独特位。每种抗体都有多个独特位，独特位的总和称为抗体的独特型。独特型在异种、同种异体乃至同一个体内均可刺激产生相应的抗体，这种抗体称为抗独特型抗体。

四、各类抗体的特点及生物学功能

(1) IgG　IgG 为动物血清中含量最高的免疫球蛋白，是动物自然感染和人工主动免疫后

所产生的主要抗体。IgG 是动物机体抗感染免疫的主力，同时也是血清学诊断和疫苗免疫后监测的主要抗体。在动物体内 IgG 不仅含量高，而且持续时间长，可发挥抗菌、中和病毒和毒素等免疫活性。

（2）IgM　IgM 是动物机体初次体液免疫反应最早产生的免疫球蛋白，但持续时间短，不是机体抗感染免疫的主力，但在抗感染免疫的早期起十分重要的作用。可通过检测 IgM 抗体进行疫病的血清学早期诊断。IgM 具有抗菌、中和病毒和毒素等免疫活性。

（3）IgA　分泌型 IgA 对机体呼吸道、消化道等局部黏膜免疫起着相当重要的作用，特别是对于一些经黏膜途径感染的病原微生物。因此，分泌型 IgA 是机体黏膜免疫的一道屏障。在传染病的预防接种中，经滴鼻、点眼、饮水及喷雾途径接种疫苗，均可通过产生分泌型 IgA 而建立相应的黏膜免疫力。

（4）IgE　IgE 在血清中的含量甚微，是一种亲细胞性抗体，易于与皮肤组织、肥大细胞、血液中的嗜碱性粒细胞和血管内皮细胞结合，而介导 I 型过敏反应。IgE 在抗寄生虫感染中具有重要的作用。

（5）IgD　IgD 在血清中含量极低且极不稳定，主要作为成熟 B 细胞膜上的抗原受体，是 B 细胞的重要表面标志，与免疫记忆有一定的关系。

五、主要畜禽免疫球蛋白的特点

IgG、IgM、IgA 和 IgE 是所有哺乳动物都具有的主要免疫球蛋白，大多数动物具有 IgD。不同种类的动物所具有的每一类免疫球蛋白的基本特性没有明显的差别，但在亚类和同种异型上存在一定的差异（表 1-9-1）。

表 1-9-1　不同种类的动物具有的免疫球蛋白

动物	IgG	IgM	IgA	IgE	IgD
马	IgG1、IgG2、IgG3、IgG4、IgG5、IgG6、IgG7	IgM	IgA	IgE	IgD
牛	IgG1、IgG2（IgG2a、IgG2b?）、IgG3	IgM1、IgM2	IgA	IgE	IgD
绵羊	IgG1（IgG1a?）、IgG2、IgG3	IgM	IgA1、IgA2	IgE	IgD
猪	IgG1、IgG2a、IgG2b、IgG3、IgG4	IgM	IgA1、IgA2	IgE	IgD
犬	IgG1、IgG2、IgG3、IgG4	IgM	IgA	IgE1、IgE2	IgD
猫	IgG1、IgG2、IgG3、IgG4?	IgM	IgA1、IgA2	IgE1、IgE2?	IgD?
小鼠	IgG1、IgG2a、IgG2b、IgG3	IgM	IgA	IgE	IgD
兔	IgG	IgM	IgA	IgE	—
鸡	IgG1、IgG2、IgG3	7S IgM	IgA	IgE?	—
鸭	IgG1（7.8S）、IgG2（5.7S）	IgM	IgA	IgE	—

六、多克隆抗体

采用传统的免疫方法，将抗原物质经不同途径注入动物体内，经数次免疫后采集动物血液，分离血清，由此获得的抗血清即为多克隆抗体。无论细菌抗原还是病毒抗原，均是由多种抗原成分所组成，而即使纯蛋白质抗原也含有多种抗原表位，因此进入机体后即可激活许多淋巴细胞克隆，机体可产生针对各种抗原成分或抗原决定簇（表位）的抗体，由此获得的抗血清是一种多克隆的混合抗体，具有高度的异质性。

七、单克隆抗体

单克隆抗体是指由一个 B 细胞分化增殖的子代细胞（浆细胞）产生的针对单一抗原决定簇的抗体。这种抗体的重链、轻链及其可变区独特型的特异性、亲和力、生物学性状及分子结构均完全相同。单克隆抗体的制备是采用体外淋巴细胞杂交瘤技术，用人工的方法将产生特异性抗体的 B 细胞与骨髓瘤细胞融合，形成 B 细胞杂交瘤，这种杂交瘤细胞既具有骨髓瘤细胞无限繁殖的特性，又具有 B 细胞分泌特异性抗体的能力，由克隆化的 B 细胞杂交瘤所产生的抗体即为单克隆抗体。

八、基因工程抗体

利用 DNA 重组技术及蛋白质工程技术对编码抗体的基因进行加工改造和重新组装，利用相应的表达系统制备的抗体分子称为基因工程抗体。基因工程抗体是按人类设计所重新组装的新型抗体分子，可保留或增加天然抗体的特异性和主要生物学活性，去除或减少无关结构（如 Fc 片段），从而可克服单克隆抗体在临床应用方面的缺陷，因此基因工程抗体更具有广阔的应用前景。

基因工程抗体的制备过程首先是获得抗体基因片段，可从 B 细胞 DNA 库中筛选，也可用探针从杂交瘤细胞、免疫脾细胞的 DNA 库或 cDNA 库中筛选，或以 PCR 法直接扩增等。然后将抗体基因片段导入真核细胞（如杂交瘤细胞）或原核细胞（如大肠杆菌），使之表达具有免疫活性的抗体片段。目前基因工程抗体有嵌合抗体、重构抗体、单链抗体、Ig 相关分子以及噬菌体抗体等类型。

1. 嵌合抗体

嵌合抗体是指在同一抗体分子中含有不同种属来源抗体片段的抗体，又称杂种抗体。迄今构建的嵌合抗体多为"鼠-人"类型，也就是抗体的 Fab 或 $F(ab')_2$ 来源于鼠类，而 Fc 片段来源于人类，减少了抗体中的鼠源性成分。

2. 重构抗体

尽管嵌合抗体具有一些优点，但该抗体中仍然有近 50% 的成分来自小鼠。因此为进一步减少鼠源蛋白在嵌合抗体内的含量，将鼠抗体的高变区基因嵌入人抗体 V 区骨架区的编码基因中，再将此 DNA 片段与人 Ig 恒定区基因相连，然后转染杂交瘤细胞，使之表达嵌合的 V 区抗体，即为重构抗体。

3. 单链抗体

由于抗体的相对分子质量较大，体内应用时受到一定的限制。因此，可用基因工程手段构建更小的具有结合抗原能力的抗体片段，这类抗体称为单链抗体，又称 Fv 分子或单链抗体蛋白。这种单链抗体是由 V_L 区氨基酸序列与 V_H 区氨基酸序列经肽连接物连接而成。此外，肽连接物还可将药物、毒素或同位素与单链抗体蛋白相融合。这类抗体具有相对分子质量小，作为外源性蛋白的免疫原性较低；在血清中比完整的单克隆抗体或 $F(ab')_2$ 片段能更快地被清除；无 Fc 片段，体内应用时可避免非特异性杀伤；能进入实体瘤周围的微循环等优点。

4. Ig 相关分子

将抗体分子的部分片段（如 V 区或 C 区）连接到与抗体无关的序列上（如毒素），就可创造出一些 Ig 相关分子，例如，可将有治疗作用的毒素或化疗药物取代抗体的 Fc 片段，通过高变区结合特异性抗原，连接上的毒素可直接运送到靶细胞表面，起到"生物导弹"的作用。

5. 噬菌体抗体

噬菌体抗体是将已知特异性的抗体分子的基因片段插入噬菌体载体，转染工程细菌后，用噬菌体感染工程菌，利用抗原进行多轮的筛选，最终获得抗原特异的抗体克隆。这种技术称为噬菌体表面展示技术。

第十章 免疫系统

免疫系统是动物机体产生免疫应答的物质基础，主要由免疫器官、免疫细胞和免疫分子组成。免疫器官可分为中枢免疫器官和外周免疫器官，它们在体内分布广泛，如外周淋巴器官分布于机体各个部位；免疫细胞主要是淋巴细胞、单核吞噬细胞和其他免疫细胞，它们不仅定居在淋巴器官中，也分布在黏膜和皮肤等组织中；免疫分子则由抗体、细胞因子和补体三部分组成。

第一节 免疫器官

机体执行免疫功能的组织结构称为免疫器官，它们是淋巴细胞和其他免疫细胞发生、分化成熟、定居和增殖以及产生免疫应答的场所。根据其功能不同可分为中枢免疫器官和外周免疫器官。

一、中枢免疫器官

中枢免疫器官又称初级免疫器官，是淋巴细胞等免疫细胞发生、分化和成熟的场所，包括骨髓、胸腺、法氏囊。中枢免疫器官所具有的共同特点是在胚胎发育的早期出现，出生之后它们中有的（如胸腺和法氏囊）在青春期后就逐步退化为淋巴上皮组织，具有诱导淋巴细胞增殖分化为免疫活性细胞的功能。如果在新生期切除动物的这类器官，可造成因淋巴细胞不能正常发育分化而缺乏具有功能的淋巴细胞，出现免疫缺陷或免疫功能低下甚至丧失。

1. 骨髓

骨髓是动物体最重要的造血器官。出生后所有血细胞均来源于骨髓，同时骨髓也是各种免疫细胞发生和分化的场所。骨髓中存在的多能干细胞可分化成髓样干细胞和淋巴干细胞，前者进一步分化成红细胞系、单核细胞系、粒细胞系和巨核细胞系等；后者则发育成各种淋巴细胞的前体细胞。抗原再次刺激动物后，外周免疫器官对该抗原快速应答，但产生抗体的时间持续短；在骨髓内可缓慢、持久地产生抗体，所以它们是血清抗体的主要来源。骨髓产生抗体的免疫球蛋白类别主要是 IgG，其次为 IgA，由此可见，骨髓也是再次免疫应答发生的主要场所。

2. 胸腺

胸腺是 T 细胞分化成熟的中枢免疫器官。胸腺还有内分泌腺的功能，胸腺上皮细胞可产生多种小分子，它们对诱导 T 细胞成熟有重要作用。其中胸腺素是一种小分子多肽混合物，它使来自动物骨髓的前体 T 细胞成熟，成为具有某些 T 细胞特征的细胞；胸腺生成素能诱导前体 T 细胞的分化，降低 cAMP 水平和增强 T 细胞的功能；胸腺血清因子是由胸腺上皮细胞分泌的肽类，它能部分地恢复胸腺切除动物的 T 细胞功能；胸腺激素对外周成熟的 T 细胞也有一定作用，具有调节功能。

3. 法氏囊

法氏囊又称腔上囊，为禽类所特有的淋巴器官，位于泄殖腔背侧，并有短管与之相连。法氏囊是诱导B细胞分化和成熟的场所。来自骨髓的淋巴干细胞在法氏囊诱导分化为成熟的B细胞，然后经淋巴和血液循环迁移到外周淋巴器官，参与体液免疫。胚胎后期和初孵出壳的雏禽如果被切除法氏囊，则体液免疫应答受到抑制，表现出浆细胞减少或消失，在抗原刺激后不能产生特异性抗体；但是法氏囊对细胞免疫影响很小，被切除的雏禽仍能排斥皮肤移植。法氏囊的另一功能是可作为外周淋巴器官，即能捕捉抗原和合成某些抗体。

二、外周免疫器官

外周免疫器官又称次级或二级免疫器官，是成熟的T细胞和B细胞栖居、增殖和对抗原刺激产生免疫应答的场所，它们主要是淋巴结、脾脏和存在于消化道、呼吸道及泌尿生殖道的淋巴小结等。这类器官或组织富含捕捉和处理抗原的巨噬细胞、树突状细胞和朗罕氏细胞，它们能迅速捕获和处理抗原，并将处理后的抗原提呈给免疫活性细胞。外周免疫器官的共同特点是都起源于胚胎晚期的中胚层，并持续地存在于动物的一生。切除部分外周免疫器官对动物免疫功能的影响一般不明显。

1. 淋巴结

淋巴结呈圆形或豆状，遍布于淋巴循环系统的各个部位，具有捕获体外进入血液-淋巴液的抗原的功能。淋巴结的免疫功能表现在：①过滤和清除异物。侵入机体的致病菌、毒素或其他有害异物，通常随组织淋巴液进入局部淋巴结内，淋巴窦中的巨噬细胞能有效地吞噬和清除这些细菌等异物，但对病毒和癌细胞的清除能力较低。②免疫应答的场所。淋巴结实质部分中的巨噬细胞和树突状细胞能捕获和处理外来的异物性抗原，并将抗原提呈给T细胞和B细胞，使其活化增殖，形成致敏T细胞和浆细胞。在此过程中，因淋巴细胞大量增殖而生发中心增大。因此，细菌等异物侵入机体后，局部淋巴结肿大，与淋巴细胞受抗原刺激后大量增殖有关，是产生免疫应答的表现。

2. 脾脏

脾脏外部包有被膜，内部的实质分为两部分：一部分称为红髓，主要功能是生成红细胞和贮存红细胞，还有捕获抗原；另一部分称为白髓，是产生免疫应答的部位。脾脏的免疫功能主要表现在：①滤过血液作用。循环血液通过脾脏时，脾脏中的巨噬细胞可吞噬和清除侵入血液的细菌等异物和自身衰老与凋亡的血细胞等物质。②滞留淋巴细胞的作用。在正常情况下淋巴细胞经血液循环进入并自由通过脾脏或淋巴结，但是当抗原进入脾脏或淋巴结以后，就会引起淋巴细胞在这些器官中滞留，使抗原敏感细胞集中到抗原集聚的部位附近，增进免疫应答的效应。③免疫应答的重要场所。脾脏中栖居大量淋巴细胞和其他免疫细胞，抗原一旦进入脾脏即可诱导T细胞和B细胞的活化和增殖，产生致敏T细胞和浆细胞，所以脾脏是体内产生抗体的主要器官。④产生吞噬细胞增强激素。在脾脏有一种四肽激素称为特夫素，能增强巨噬细胞和中性粒细胞的吞噬作用。

3. 哈德氏腺

哈德氏腺是存在于禽类眼窝内的腺体之一，又称瞬膜腺。它除了可以分泌泪液润滑瞬膜、对眼睛产生机械性保护作用外，还能在抗原刺激下，产生免疫应答，分泌特异性抗体。这些抗体通过泪液进入呼吸道黏膜，成为口腔、上呼吸道的抗体来源之一，在上呼吸道免疫方面起着非常重要的作用。哈德氏腺不仅在局部形成坚实的屏障，还影响全身免疫系统，调节体液免疫。在雏鸡免疫时，由于它对疫苗能产生免疫应答反应，且不受母源抗体的干扰，所以对提高免疫效果起非常重要的作用。

4. 其他淋巴组织

抗体主要是由外周淋巴器官和相关组织产生的，它们不仅包括脾脏和淋巴结，也包括骨髓、扁桃体和散布于全身的淋巴组织，特别是黏膜部位的淋巴组织（又称淋巴小结）。虽然这些淋巴组织在形态学方面不具备完整的淋巴结结构，但它们却构成了机体重要的黏膜免疫系统。

第二节　免 疫 细 胞

所有直接或间接参与免疫应答的细胞统称为免疫细胞，它们种类繁多、功能相异，但是互相作用、互相依存。根据它们在免疫应答中的功能及其作用机理，可分为淋巴细胞、辅助细胞两大类。此外，还有一些其他细胞，如各种粒细胞和肥大细胞等，都参与了免疫应答中的某一特定环节。

一、T 细胞和 B 细胞

T 细胞和 B 细胞均来源于骨髓的多能造血干细胞，多能造血干细胞中的淋巴干细胞分化为前体 T 细胞和前体 B 细胞。T 细胞和 B 细胞在光学显微镜下均为小淋巴细胞，形态上难于区分。淋巴细胞表面存在着大量不同种类的蛋白质分子，这些表面分子又称为表面标志（包括表面受体和表面抗原），它们不仅可用于鉴别 T 细胞和 B 细胞及其亚群，还在研究淋巴细胞的分化过程、功能及临床诊断方面具有重要的意义。为避免混淆，经国际会议商定以分化群（CD）统一命名淋巴细胞表面抗原或分子。

1. T 细胞

前体 T 细胞进入胸腺发育为成熟的 T 细胞，称为胸腺依赖性淋巴细胞，又称 T 淋巴细胞，简称 T 细胞。成熟的 T 细胞经血液循环分布到外周免疫器官的胸腺依赖区定居和增殖，或再经血液或淋巴循环，进入组织，经血液和淋巴再循环，巡游机体全身各部位，参与细胞免疫反应。在扫描电镜下观察，多数 T 细胞表面光滑，有较小绒毛突起。T 细胞的重要表面标志包括 T 细胞抗原受体（TCR）、CD2 分子（也称红细胞受体）、CD3 分子、CD4 分子、CD8 分子、有丝分裂原受体等。

2. B 细胞

前体 B 细胞在哺乳类动物的骨髓或鸟类的法氏囊分化发育为成熟的 B 淋巴细胞，故又称骨髓依赖性淋巴细胞或囊依赖性淋巴细胞，简称 B 细胞，参与体液免疫反应。在扫描电镜下观察，多数 B 细胞表面较为粗糙，有较多绒毛突起。B 细胞的重要表面标志包括 B 细胞抗原受体（BCR）、Fc 受体、补体受体、有丝分裂原受体等。

二、K 细胞和 NK 细胞

1. K 细胞

杀伤细胞（K cell），简称 K 细胞，其主要特点细胞表面具有 IgG 的 Fc 受体（FcγR）。当靶细胞与相应的 IgG 抗体结合，K 细胞可与结合在靶细胞上的 IgG 的 Fc 片段结合，从而被活化，释放溶细胞因子，裂解靶细胞，这种作用称为抗体依赖性介导的细胞毒作用（ADCC）。在 ADCC 反应中，IgG 抗体与靶细胞的结合是特异性的，而 K 细胞的杀伤作用是非特异性的，不需要识别抗原和 MHC 分子，任何被 IgG 结合的靶细胞均可被 K 细胞非特异性地杀伤。

2. NK细胞

自然杀伤性细胞（NK cell）简称NK细胞，是一群既不依赖抗体也不需要抗原刺激和致敏就能杀伤靶细胞的淋巴细胞，因而称为自然杀伤性细胞。NK细胞主要存在于外周血和脾脏中，主要生物功能为非特异性地杀伤肿瘤细胞、抵抗多种微生物感染及排斥骨髓细胞的移植，也有免疫调节作用。NK细胞表面存在着识别靶细胞表面分子的受体结构，通过此受体直接与靶细胞结合而发挥杀伤作用。NK细胞表面也有IgG的Fc受体，凡被IgG结合的靶细胞均可被NK细胞通过其Fc受体结合而导致靶细胞溶解，即NK细胞也具有ADCC作用。

三、抗原提呈细胞

T细胞和B细胞是免疫应答的主要承担者，但这一反应的完成，必须有树突状细胞和单核吞噬细胞的协助参与，对抗原进行捕捉、加工和处理，这些细胞称为抗原提呈细胞（APC），又称辅佐细胞。抗原提呈细胞在免疫应答中将抗原提呈给抗原特异性淋巴细胞。

1. 树突状细胞

树突状细胞简称D细胞或DC，来源于骨髓和脾脏的红髓，成熟后主要分布在脾脏、淋巴结和淋巴组织中，结缔组织中也广泛存在。树突状细胞表面伸出许多树突状突起，细胞内线粒体丰富，高尔基体发达，但无溶酶体及吞噬体，故无吞噬能力，抗原加工和提呈功能强大。大多数D细胞表达丰富的MHC Ⅰ和MHC Ⅱ类分子，少数表达Fc受体和补体（C3b）受体，可通过结合抗原-抗体复合物将抗原提呈给淋巴细胞。

2. 单核-巨噬细胞

单核-巨噬细胞包括血液中的单核细胞和组织中的巨噬细胞，单核细胞在骨髓分化成熟进入血液，在血液中停留数小时至数月后，经血液循环分布到全身多种组织器官中，分化成熟为巨噬细胞。巨噬细胞寿命较长（数月以上），具有较强的吞噬功能。单核-巨噬细胞的免疫功能主要表现在：①吞噬和杀伤作用。组织中的巨噬细胞可吞噬和杀灭多种病原微生物和处理凋亡损伤的细胞，是机体非特异性免疫的重要因素。特别是结合有抗体（IgG）和补体（C3b）的抗原性物质更易被巨噬细胞吞噬。巨噬细胞可在抗体存在下发挥ADCC作用。巨噬细胞也是细胞免疫的效应细胞，经细胞因子如IFN-γ激活的巨噬细胞更能有效地杀伤细胞内寄生菌和肿瘤细胞。②抗原加工和提呈。外源性抗原物质经巨噬细胞通过吞噬、胞饮等方式摄取，经过细胞内酶的降解处理，形成许多具有抗原决定簇的抗原肽；随后这些抗原肽与MHC Ⅱ类分子结合形成抗原肽-MHC Ⅱ类分子复合物，并呈送到细胞表面，供免疫活性细胞识别。因此，巨噬细胞是免疫应答中不可缺少的免疫细胞。③合成和分泌各种活性因子。活化的巨噬细胞能合成和分泌50余种生物活性物质，如许多酶类、细胞因子、血浆蛋白和各种补体成分等。

3. B细胞

活化的B细胞具有较强的抗原提呈能力，B细胞活化后MHC Ⅱ类分子的表达量上调，同时表达B7分子，可将抗原提呈给T_H细胞。

四、其他免疫细胞

1. 中性粒细胞

中性粒细胞是血液中的主要吞噬细胞，具有高度的移动性和吞噬功能。细胞表面有Fc及C3b受体。它在防御感染中起重要作用，并可分泌炎症介质，促进炎症反应，可处理颗粒性抗原并提供给巨噬细胞，也可发挥ADCC效应杀伤靶细胞。

2. 嗜酸性粒细胞

嗜酸性粒细胞胞浆内有许多嗜酸性颗粒。此颗粒在电镜下呈晶体样结构，内含有多种酶，尤其富含过氧化物酶。在寄生虫感染及Ⅰ型超敏反应性疾病中常见嗜酸性粒细胞数目增多。嗜酸性粒细胞能结合至被抗体覆盖的血吸虫体上，杀伤虫体，且能吞噬抗原-抗体复合物，同时释放出一些酶类，如组胺酶、磷脂酶D等，可分别作用于组胺、血小板活化因子，在超敏反应中发挥负反馈调节作用。

3. 嗜碱性粒细胞

嗜碱性粒细胞内含有大小不等的嗜碱性颗粒，颗粒内含有组胺、白三烯、肝素等参与Ⅰ型超敏反应的介质，细胞表面有IgE的Fc受体，能与IgE抗体结合，带IgE的嗜碱性粒细胞与特异性抗原结合后，立即引起细胞脱粒，释放组胺等介质，引起超敏反应。

4. 肥大细胞

肥大细胞存在于周围淋巴组织、皮肤的结缔组织，特别是在小血管周围、脂肪组织和小肠黏膜下组织等。肥大细胞表面有IgE的Fc受体、胞浆内的嗜碱性颗粒、脱粒机制及其在超敏反应中的作用与嗜碱性粒细胞十分相似。肥大细胞可分泌多种细胞因子，参与免疫调节，也可表达MHC分子和B7分子，具有APC功能。

5. 红细胞

红细胞表面存在一些受体和活性分子，通过吸附并运输抗原-抗体复合物，参与抗原物质的清除。

第三节 细 胞 因 子

一、细胞因子的概念

细胞因子（CK）是指由免疫细胞（如单核/巨噬细胞、T细胞、B细胞、NK细胞等）和某些非免疫细胞（如血管内皮细胞、表皮细胞、成纤维细胞等）合成和分泌的一类具有广泛生物学活性的多肽和小分子蛋白。

二、细胞因子的种类和来源

已鉴定的细胞因子种类多样，功能又十分复杂，目前尚无统一的分类方法。根据细胞因子的结构和生物学功能，多数学者认为可将细胞因子分为6类，即白细胞介素、干扰素、肿瘤坏死因子、集落刺激因子、生长因子和趋化因子。

1. 细胞因子的种类

（1）白细胞介素 白细胞介素（IL）是指主要由白细胞产生、能介导白细胞间或白细胞与其他细胞间相互作用的一类细胞因子，根据发现的先后顺序命名为IL-1、IL-2、IL-3等。白细胞介素的主要作用是调节机体免疫应答、介导炎症反应和刺激造血功能。

（2）干扰素 干扰素（IFN）是最早发现的细胞因子，因其能干扰病毒感染而得名。根据来源和理化性质，干扰素可分为Ⅰ型、Ⅱ型和Ⅲ型干扰素。Ⅰ型干扰素包括IFN-α、IFN-β、IFN-ω、IFN-ε、IFN-κ、IFN-δ、IFN-τ和IFN-ζ，IFN-α来自病毒感染的白细胞，IFN-β由病毒感染的成纤维细胞产生，IFN-ω来自胚胎滋养层，IFN-τ来自反刍动物滋养层，IFN-α和IFN-β具有抗病毒作用，IFN-ω和IFN-τ与胎儿保护有关。Ⅱ型干扰素即IFN-γ，由抗原刺激的T细胞产生，主要发挥免疫调节功能。Ⅲ型干扰素即IFN-λ，是一种新发现的细胞因子，与Ⅰ型干扰素关系密切，可能具有特殊的生理学功能。

(3) 肿瘤坏死因子　肿瘤坏死因子（TNF）是从免疫动物血清中发现的分子，因能引起肿瘤坏死而得名。TNF 分为 TNF-α 和 TNF-β。TNF-α 主要由活化的单核-巨噬细胞产生，抗原刺激的 T 细胞、活化的 NK 细胞和肥大细胞也可分泌 TNF-α。TNF-β 主要由活化的 T 细胞产生，又称淋巴毒素（LT）。抗肿瘤作用仅是 TNF 功能的一部分，其最主要功能是参与机体防御反应，是重要的促炎症因子和免疫调节分子，与败血症休克、发热、多器官功能衰竭、恶病质等严重病理过程有关。

(4) 集落刺激因子　集落刺激因子（CSF）是一组促进造血细胞，尤其是造血干细胞增殖、分化和成熟的因子。主要有单核-巨噬细胞集落刺激因子（M-CSF）、粒细胞集落刺激因子（G-CSF）、粒细胞巨噬细胞集落刺激因子（GM-CSF）、红细胞生成素（EPO）等。近年来发现干细胞生成因子（Stem cell factor, SCF）、血小板生成素（TPO）以及多能集落刺激因子（Multi-CSF）。

(5) 生长因子　生长因子（GF）是一类具有刺激细胞生长、分化作用的细胞因子，包括转化生长因子（TGF-β）、表皮生长因子（EGF）、血管内皮细胞生长因子（VEGF）、血小板衍生的生长因子（PDGP）、成纤维细胞生长因子（FGF）、胰岛素样生长因子（IGF）、肝细胞生长因子（HGF）、神经生长因子（NGF）等。

一些未以生长因子命名的细胞因子也具有刺激细胞生长的作用，如 IL-2 是 T 细胞的生长因子、TNF 是成纤维细胞生长因子。有些细胞因子在一定的条件下也可表现对免疫应答的抑制活性，如 TGF-β 可抑制细胞毒性 T 淋巴细胞（CTL）的成熟和巨噬细胞的活化。

(6) 趋化因子　趋化因子是一类对白细胞具有趋化和激活作用的细胞因子，其结构高度同源，分子质量为 8~10ku。目前已发现的趋化因子多达数十种，如 IL-8 和单核细胞趋化蛋白（MCP）。根据趋化因子多肽链近氨基端两个半胱氨酸残基的排列方式，可将其分为 CXC、CC、C 和 CX3C 4 个亚家族，其中 C 代表半胱氨酸，X 代表其他任意一个氨基酸。

2. 细胞因子的来源

动物机体产生细胞因子的细胞种类很多，但可以分为 3 类：①免疫细胞，包括 T 细胞、B 细胞、NK 细胞、单核-巨噬细胞、粒细胞和肥大细胞等。②非免疫细胞，如血管内皮细胞、成纤维细胞、上皮细胞。③某些肿瘤细胞，如骨髓瘤细胞等。

三、细胞因子的特性

1. 局部性

多数细胞因子以自分泌、旁分泌形式发挥效应，即主要作用于产生细胞本身和（或）邻近细胞，即在局部发挥效应。在一定条件下，少数细胞因子（如 IL-1、IL-6、TNF-α、TNF-β、EPO 和 M-CSF 等）也可以内分泌形式作用于远端靶细胞，介导全身性反应。

2. 高效性

细胞因子与相应受体具有很高的亲和力，只需极少量（pmol/L）就能产生明显的生物学效应。

3. 多效性

细胞因子对靶细胞的作用是抗原非特异性的，且不受 MHC 限制。一种细胞因子可作用于多种靶细胞，产生多种生物学效应。

4. 冗余性

冗余性又称重叠性，即几种不同的细胞因子可对同一种靶细胞作用，产生相同或相似的生物学效应，如 IL-2、IL-4 和 IL-5 等均可以促进 B 细胞的增殖、分化。

5. 网络性

细胞因子间可通过合成分泌的相互控制、生物学效应的相互影响而组成细胞因子网络。主要有如下几种表现：①一种细胞因子可以诱导或抑制另外一些细胞因子的产生，由此形成级联反应，表现正向或负向的调节。②某些细胞可调节自身或其他细胞因子受体在细胞表面的表达，多数细胞因子对自身受体的表达呈负调节，对其他细胞因子受体表达呈正调节。③某些细胞因子之间的作用可表现为协同效应、相加效应或拮抗作用。

6. 双重性

某些细胞因子在生理条件下可发挥免疫调节、促进造血功能、抗感染以及抗肿瘤等对机体有利的作用；但在某些特定条件下，具有介导强烈炎症反应和诱导自身免疫病、肿瘤和血液系统疾病等对机体有害的病理学效应。

四、细胞因子的主要生物学作用

细胞因子的生物学作用极其广泛而复杂，不同细胞因子其功能既有特殊性，又有重叠性、协同性与拮抗性。本节仅简述细胞因子的免疫学作用。

1. 参与和调节天然免疫应答

细胞因子通过作用于单核-巨噬细胞、树突状细胞、粒细胞、NK细胞、B-1细胞、γδT细胞和NKT细胞等来完成对机体天然免疫应答的调节，主要包括以下几个方面：①趋化单核-巨噬细胞并调节其活性。②促进DC成熟、迁移、归巢和抗原提呈。③趋化和活化中性粒细胞。④促进NK细胞分化与细胞毒活性。⑤激活γδT细胞和NKT细胞。

2. 参与和调节特异性免疫应答

细胞因子对特异性免疫应答反应的调剂主要包括以下两个方面：①促进B细胞活化、增殖和分化。②促进T细胞活化、增殖、分化以及发挥效应。

3. 刺激造血功能

骨髓和胸腺微环境中产生的细胞因子，尤其是集落刺激因子对调控造血细胞的增殖和分化起到了关键的作用，如IL-3和CSF等可刺激造血多能干细胞和多种祖细胞的增殖与分化；GM-CSF可作用于髓样前体细胞以及多种髓样谱系细胞；G-CSF可促进中性粒细胞生成，促进其吞噬功能以及ADCC活性；M-CSF可促进单核-巨噬细胞的增殖与分化；而EPO则可促进红细胞的生成。上述细胞因子通过促进造血功能，参与调节机体的生理或病理过程。

4. 细胞因子与神经-内分泌-免疫网络

神经-内分泌-免疫网络是体内重要的调节机制。在该网络中，细胞因子作为免疫细胞的递质，与激素、神经肽、神经递质共同构成细胞间信号分子系统。

细胞因子对神经和内分泌可产生影响。IL-1、IL-6和TNF等可促进星形细胞有丝分裂；有的细胞因子可参与神经元的分化、存活和再生，刺激神经胶质细胞的移行；共同参与中枢神经系统的正常发育和损伤修复；IL-1、TNF、IFN-γ等可诱导下丘脑合成和释放促皮质释放因子，诱导机体释放促肾上腺皮质激素（ACTH），进而促进皮质激素的释放等。反之，神经-内分泌系统对细胞因子的产生也有影响作用。应激时交感神经兴奋，使儿茶酚胺和糖皮质类固醇分泌增多，进而抑制IL-1、TNF等的合成和分泌。

5. 促进组织损伤修复

多种细胞因子在组织损伤修复的过程中发挥重要作用。例如，TGF-β可通过刺激成纤维细胞和成骨细胞促进损伤组织的修复；VEGF可促进血管和淋巴管的生成；EGF可促进上皮细胞、成纤维细胞和内皮细胞的增殖，从而促进皮肤溃疡和创口的愈合。

五、细胞因子的应用

大多数细胞因子是免疫应答的产物,在动物和人体内可发挥免疫学效应,最终通过上调免疫细胞对抗原物质的免疫应答,介导炎症反应而清除抗原物质。一方面,抗原刺激和病原微生物感染均可诱导体内产生细胞因子,因此细胞因子与疾病的发生、发展有着密切的关系,它们可参与疾病的发生、发展。另一方面,体内细胞因子生成过多,可引起一些病理性反应。因此,细胞因子在疾病的诊断、治疗、预防等方面有着广泛的应用。20 世纪 80 年代以来,细胞因子临床应用成为医学研究和产品开发的重要领域。其在临床治疗中的应用逐年增多,特别是在对自身免疫病、免疫缺陷病、病毒性疾病及恶性肿瘤等疾病的治疗方面,发挥了独特的作用,取得较明显的效果。

1. 用于疾病诊断

细胞因子可以导致和／或促进某些疾病的发生,它们可参与某些自身免疫性疾病,参与移植排斥反应的发生,病原微生物感染可诱导某些细胞因子过量产生,高浓度细胞因子可加剧感染症状,因此临床上通过检测一些细胞因子可以对疾病进行诊断。

2. 用于疾病的治疗

用细胞因子抗御和治疗中的作用,阻断细胞因子导致和／或促进疾病发生、发展的病理作用。在临床上,可采用细胞因子疗法,即通过细胞因子补充或添加使体内细胞因子水平增加,充分发挥细胞因子的生物学作用,达到治疗疾病的目的。可应用细胞因子阻断／拮抗疗法,即通过抑制细胞因子的产生,阻断细胞因子与其相应受体的识别结合及信号传导过程,适用于自身免疫病、移植排斥反应、感染性休克等疾病的治疗。利用一些细胞因子的免疫增强作用,应用于临床上免疫功能低下、免疫缺陷病和肿瘤患者以及病毒性感染疾病的治疗。

3. 在兽医学中的应用

近年来,动物细胞因子的研究也越来越受到重视,采用基因工程技术已开发出一些重组细胞因子产品(如干扰素)。其主要应用表现在:①通过检测细胞因子水平来评价动物机体的免疫功能状态。②研究细胞因子在病原微生物感染,特别是一些持续性感染疾病、免疫抑制性疾病中的作用和地位。③开发动物源性细胞因子作为免疫增强剂。④开发动物源性细胞因子作为疫苗免疫佐剂,如 IFN-γ、IL-2、IL-4、IL-6、TNF-α 和 CSF。

六、主要动物的细胞因子

在对人和小鼠细胞因子广泛深入研究的基础上,国内外学者对动物的细胞因子,特别是禽畜的主要细胞因子也进行了较为深入的研究。本节主要对猪、鸡的细胞因子进行简要介绍。

1. 猪的主要细胞因子

(1)干扰素 根据人及其他哺乳动物 IFN 的划分,将猪干扰素也分为两类:即 I 型干扰素和 II 型干扰素。前者有 IFN-α、IFN-β、IFN-δ、IFN-ω,后者为 IFN-γ。

(2)白细胞介素 目前已被发现的猪的白细胞介素主要包括 IL-1、IL-2、IL-3、IL-4、IL-8、IL-10 和 IL-12。

(3)转化生长因子-β(TGF-β) 猪的 TGF-β1、TGF-β2 和 TGF-β3 的基因已被克隆。TGF-β 在伤口愈合、免疫调节和各种生理活动中起着极为重要的作用。

2. 鸡的主要细胞因子

(1)干扰素 干扰素是在 1935 年 Isaccs 和 Lindenmann 研究禽流感病毒的干扰现象时在

鸡胚绒毛尿囊膜中发现的一种具有干扰病毒繁殖作用的因子。尽管干扰素最早发现于禽类，但禽类干扰素的研究，尤其是分子生物学水平的研究一直比较滞后。鸡体内至少存在两种不同类型的感染素，即Ⅰ型干扰素和Ⅱ型干扰素。

（2）白细胞介素　目前为止，只有少数鸡的白细胞介素得到纯化，少数基因被克隆成功。主要包括 IL-1、IL-2 和 IL-8。

（3）转化生长因子-β（TGF-β）　鸡 TGF-β 有 5 个不同的亚型，彼此间的同源性达 64%~82%。许多证据表明，鸡可表达 4 个 TGF-β 亚型，其中 TGF-β4 是鸡所特有的亚型。

（4）肿瘤坏死因子-α（TNF-α）　1990 年，Qureshi 等用马立克病病毒感染鸡转化的脾细胞建立了一单核细胞系，可分泌一种对肿瘤靶细胞具有杀伤活性的因子，这种活性可在 LPS 处理后得到增强，提示该因子可能是鸡类似于哺乳动物的 TNF-α。1993 年，Byrne 等发现感染艾美尔球虫的鸡脾巨噬细胞也可分泌 TNF-α。

第四节　补体系统

一、补体系统的概念、组成和性质

1. 补体系统的概念

补体是存在于动物和人血清中的一组不耐热、具有酶活性的球蛋白。参与补体激活的各种成分以及调控补体成分的各种灭活或抑制因子及补体受体，称为补体系统。补体系统含量相对稳定，与抗原刺激无关，不随机体的免疫应答而增加，但在某些病理情况下可引起改变。补体系统激活过程中，可产生多种具有生物活性的物质，引起一系列重要的生物学效应，参与机体的防御功能和维持机体自身稳定；同时也作为一种介质，引起炎症反应，导致组织损伤。此外，补体系统还与凝血系统、纤维蛋白溶解系统等存在互相促进与制约的关系。

2. 补体系统的组成

补体系统由 50 多种血清蛋白和细胞膜结合蛋白组成，均属于糖蛋白。一般按功能可分为启动补体成分、具有酶原活性的成分、吞噬增强成分或调理素、炎症介质、膜攻击蛋白、补体受体蛋白以及调节性补体成分等。经典的补体成分包括 C1、C2、C3、C4、C5、C6、C7、C8 和 C9，其中 C1 由 C1q、C1r 和 C1s 3 个亚单位组成。启动补体成分有 C1q 和 MBL 等；具有酶原活性以及转化酶与酶介质活性的成分包括 C1r、C1s、MASP、C4b、C2a、C3 转化酶和 C5 转化酶等；C3b 具有增强吞噬或调剂的作用；C5a、C3a 具有炎症介质活性；C5b、C6、C7、C8 和 C9 构成的复合体具有膜攻击活性；补体受体包括补体 1 型受体（CR1）、2 型受体（CR2）、3 型受体（CR3）和 4 型受体（CR4）；补体调节蛋白包括 C1 抑制因子、H 因子、I 因子、C4b 结合蛋白、S 蛋白和衰变加速因子等；参与补体激活替代途径的成分还有 B 因子、D 因子和备解素（P 因子）。

3. 补体系统的性质

补体各成分有不同的肽链结构，分子量变动范围较大，各成分在血清中的含量也有差异。某些补体成分对热不稳定，经 56℃ 30min 即可灭活，在室温下很快失活，在 0~10℃ 中活性仅能保持 3~4d。然而在 -20℃ 以下可保存较长时间。许多理化因素，如紫外线、机械振荡、酸、碱等都能破坏补体。补体成分在动物体内的含量稳定，不受免疫的影响，豚鼠血清中的补体含量最丰富，因而在试验中常以豚鼠血清作为补体来源。补体的作用没有特异性。

二、补体细胞的激活途径

补体系统的激活指补体各成分在受到激活物质的作用后,在转化酶的作用下从无活性酶原转化为具有酶活性状态的过程。通常情况下,补体多以非活性状态的酶原形式存在于血清和体液中,经激活后,补体成分按一定顺序发生连锁的酶促反应,并在激活过程中不断组成具有不同酶活性的新的中间复合物,将相应的补体成分裂解为大小不等的片段,呈现不同的生物学活性,直至靶细胞溶解。补体的激活途径主要有3种,包括经典途径、凝集素途径和替代途径。每种途径的激活物与参与成分有所不同,但均需要C3转化酶和C5转化酶的形成,最终形成攻膜复合体,且终末阶段的攻膜复合体是相同的。在经典途径和凝集素途径中形成的C3转化酶和C5转化酶是相同的,替代途径不同。C3是补体系统的核心成分。

1. 经典途径

补体激活的经典途径,又称C1激活途径,补体的活化从C1开始。它是抗体介导免疫反应的主要效应机制之一,被认为是适应性免疫的组成部分。免疫复合物依次活化C1q、C1r、C1s、C4、C2、C3,形成C3与C5转化酶,这一激活途径是补体系统中最早发现的级联反应,因而称之为经典途径,又称为第1途径。整个激活过程可分为3个阶段,即识别阶段、活化阶段和攻膜阶段。抗体与抗原结合后,铰链区发生构型变化,暴露出F_c片段上的补体结合部位,补体C1的C1q分子与该部位结合并被激活,这一过程称为补体激活的启动或识别;活化的C1s依次酶解C4、C2形成C3转化酶,C3转化酶进一步酶解C3形成C5转化酶,即完成活化阶段;C5转化酶裂解C5后,C6、C7、C8和C9按顺序活化并酶解,导致攻膜复合体的形成,通过攻膜复合体形成的微孔允许可溶性小分子、离子和水进行被动交换,水和离子进入细胞引起渗透性溶解,最终造成细胞溶解和破坏。

2. 凝集素途径

凝集素途径又称甘露糖结合凝集素途径,是由甘露糖结合凝集素或纤维胶凝蛋白识别病原微生物的多糖等病原相关分子模式而启动的补体激活途径。该途径与替代途径均是一种由血液中细菌细胞壁所引发的天然防御反应,是补体系统天然免疫功能的体现。

3. 替代途径

补体激活的替代途径又称为C3激活途径、C3旁路或C3支路。该途径是在抗体缺乏的情况下,补体系统不经C1、C4、C2途径而被激活的过程。革兰氏阴性菌及脂多糖、革兰氏阳性菌及磷壁酸、真菌和酵母细胞壁成分、一些病毒和病毒感染细胞、寄生虫原虫、眼镜蛇毒素等均可激活此途径。参与替代途径的成分有C3、B因子、D因子和备解素(P)。

三、补体激活后的生物学效应

1. 细胞溶解

补体活化后形成的攻膜复合体可以溶解一些微生物、病毒、红细胞和有核细胞,这种作用称为细胞溶解。因为,补体激活的凝集途径和替代途径一般是在没有抗原抗体反应的情况下发生,因此上述途径在动物机体抵抗微生物感染的非特异性防御中起十分重要的作用。通过抗原抗体反应启动补体激活的经典途径可以极大地补充上述途径的非特异性先天性防御能力,从而产生特异性的防御机制。

2. 细胞黏附

细胞黏附是由细胞表面的补体受体介导的,许多细胞都具有补体成分受体,这些受体称为CR1、CR2等。CR1是其中最重要的受体,中性粒细胞、巨噬细胞、血小板(非灵长类动物)

及 B 细胞都有 CR1，该受体结合 C3b 的能力强，结合 C4b 的能力弱。覆盖有 C3b 的颗粒通过补体受体结合到上述细胞表面，引起细胞黏附的过程称为免疫黏附。B 细胞与中性粒细胞具有 CR2 受体，该受体与 C3 裂解产物结合。单核细胞、B 细胞、中性粒细胞和某些无标志细胞都具有 C1q 受体。此外，B 细胞还有 H 因子受体。细胞黏附在抗感染免疫和免疫病理过程中具有重要作用。

3. 调理作用

补体活化后的一些产物可以增强吞噬细胞对病原微生物和抗原物质的吞噬能力，称为调理作用，具有调节作用的补体成分被称为调理素。C3b 是补体系统中的主要调理素，C4b 和 C3bi 也有调理活性。吞噬细胞可表达补体受体（CR1、CR3、CR4），可与 C3b、C4b 或 C3bi 结合，在补体活化过程中，如果抗原被 C3b 覆盖，具有 CR1 受体的细胞即可与之结合，如果是吞噬细胞（如中性粒细胞、单核细胞和巨噬细胞），则吞噬作用就被加强。

4. 免疫调节

B 细胞具有 CR1 受体，而 T 细胞却没有此受体。补体缺失会使抗体应答延迟，抑制抗体的产生，严重影响生发中心的发育和免疫记忆功能，由此推测 CR1 受体可能与免疫应答的调节有关。C3a 具有免疫抑制作用，抑制 T_H 细胞与 Tc 细胞的活性，C5a 可刺激 IL-1 的分泌。因此，补体对 T、B 淋巴细胞的增殖有促进作用，也能提高 Tc 细胞的活性。

此外，补体还可介导细胞凝聚。补体系统也与凝血系统密切相关，如被补停溶解的细胞可通过 Hageman 因子激活凝血级联反应，C3b 可引起血小板的聚集，直接促使血栓的形成，因此血流中细胞的溶解与免疫复合的形成都可引起血管内凝结。在急性移植排斥病例中，常常观察到补体引起移植物血管内皮的破坏，进而引起血管内血栓的形成和移植物破坏。在新生犊牛溶血性疾病中，补体介导破坏大量的红细胞，以致引起广泛性的血管内凝结和死亡。

5. 炎症反应

补体系统在炎症反应中的主要作用是吸引白细胞到补体激活位点，是由活化后的产物介导。中性粒细胞与巨噬细胞在吞噬颗粒物质时释放的蛋白水解酶能激活补体 C1 或 C3，从而显著增强炎症发展过程。过敏毒素 C3a、C4a 与 C5a 能与肥大细胞和血液中的嗜碱性细胞结合，诱导脱颗粒，释放组胺和其他活性介质，以加强炎症反应。C3b 引起的血小板聚集可提供炎症介质，C3a、C5a 和 C5b67 可共同作用，诱导单核细胞和中性粒细胞黏附到血管内皮细胞，并向补体激活部位的组织迁移，从而促进炎症反应。

6. 病毒中和

补体系统对病毒的感染性具有中和作用。一些病毒如逆转录病毒、新城疫病毒等在没有抗体存在时，可活化补体替代途径。补体系统介导的病毒中和作用有不同的机制。有的可通过使病毒形成大的凝聚物，而降低病毒的感染性。在少量抗体存在下，C3b 可促进病毒凝聚物的形成。抗体和/或补体结合到病毒表面，可形成一层很薄的"外衣"，从而阻断病毒对细胞的吸附过程，从而中和病毒的感染性。抗体和补体在病毒颗粒表面沉积可促进病毒与具有 Fc 受体或 CR1 的细胞结合，如果结合的为吞噬细胞，则可引起吞噬作用和细胞内破坏。此外，补体可介导大多数囊膜病毒的溶解，导致病毒囊膜的裂解和与核衣壳蛋白的解离，使病毒失去感染性。

7. 免疫复合物的溶解和清除

抗原和抗体在体内结合形成免疫复合物，一方面沉积于组织中激活补体，通过 C3a、C5a、C5b67 的作用，可造成组织损伤；另一方面，在免疫复合物形成的初期，C3b 与 C4b 共价结合到免疫复合物上，可阻止免疫复合物沉积。当免疫复合物形成后，补体也可促进其溶解，也可通过免疫黏附作用，促进免疫复合物的清除，防止免疫复合物疾病的发生。被 C3b 覆盖的可溶性免疫复合物可促其与红细胞上的 CR1 结合，然后被红细胞运送到肝脏和脾脏，在这些器官中，免疫复合物受到吞噬，因而可防止免疫复合物在组织中的沉积。

第五节　黏膜免疫系统

黏膜免疫系统（MIS）是指由消化道、呼吸道和泌尿生殖道黏膜相关的淋巴组织（MALT）所组成的免疫系统。MIS 是受经黏膜入侵的病原微生物和抗原物质刺激而形成的局部免疫应答，也是机体屏障免疫的重要组成部分。

一、黏膜免疫系统的组成和结构特点

1. 黏膜免疫系统的组成

黏膜免疫系统主要包括：①广泛存在于消化道、呼吸道和泌尿生殖道等组织黏膜固有层和上皮细胞下弥散性的淋巴组织。②带有生发中心的器官化的淋巴小结，如扁桃体、小肠派尔集合淋巴结（PP）等。③一些外分泌腺（如哈德氏腺、胰腺、乳腺、泪道、唾液腺分泌管等）。MALT 包括肠道相关淋巴组织（GALT）、支气管相关淋巴组织（BALT）、泌尿生殖道相关淋巴组织（UALT）和皮肤相关淋巴组织（SALT）。

2. 黏膜免疫系统的结构特点

黏膜免疫系统分成两大部分：即黏膜淋巴集合体和弥散淋巴组织，后者广泛分布于黏膜固有层中。抗原通过黏膜滤泡进入淋巴区，激发黏膜免疫系统产生免疫应答。在弥散淋巴组织中的抗原可刺激免疫细胞分化，导致分泌型抗体 sIgA 产生或生成特异性 T 细胞。

（1）黏膜淋巴集合体　黏膜淋巴集合体经上皮组织而非淋巴或血液循环途径捕获抗原，主要是经被称为 M 细胞的特殊上皮细胞进入集合体，这类 M 细胞在形态上是扁平上皮细胞，分布于覆盖在淋巴集合体的上皮细胞内。此外，黏膜淋巴集合体还包括其他一些细胞。

（2）弥散淋巴组织　弥散淋巴组织由上皮内淋巴细胞（IEL）和固有层淋巴细胞（LPL）组成。IEL 是位于基底膜和上皮细胞间的一群淋巴细胞，数量比 LPL 少，但在炎症时会增加很多。IEL 为异质性细胞群，主要是 $\gamma\delta$T 细胞。LPL 是位于上皮层下固有层内的一群淋巴细胞，与 IEL 群不同，LPL 中的 B 细胞数量和 T 细胞几乎相等。B 细胞中主要是分泌 sIgA 的 B 细胞，但也有 IgM、IgG 和 IgE 型 B 细胞（数量依次递减）。

1）固有层巨噬细胞。分散在整个黏膜免疫系统的黏膜部位，但较集中于黏膜上皮下的浅表区。它们可能同黏膜淋巴细胞一样源自黏膜淋巴集合体。大多数固有层巨噬细胞表达 MHC Ⅱ类分子和与吞噬细胞活性有关的其他表面标志。固有层巨噬细胞在非特异防御中是十分重要的。此外，它们还能产生 IL-1、IL-6 等细胞因子，这些对局部 B 细胞的分化和其他免疫应答过程也是必需的。

2）固有层 NK 细胞。在灵长类和啮齿类动物中，黏膜固有层 NK 细胞数比脾脏或外周血中要少得多，但仍能检测出其活性。人类固有层中有 CD16、CD56 标志的 NK 细胞更少。

3）固有层肥大细胞。黏膜区富含肥大细胞前体，受适当刺激能迅速分化为成熟的肥大细胞。肥大细胞通过释放介质，促进炎症细胞快速进入黏膜组织，并参与宿主的局部防御功能。肥大细胞前体随微环境不同可分化成不同类型的肥大细胞。在 T 细胞产生 IL-3 等细胞因子时分化成黏膜肥大细胞，如同时有成纤维细胞产生的有关因子，则分化成结缔组织肥大细胞。

例如，在线虫感染时，黏膜 T 细胞受刺激分泌细胞因子，迅速导致肥大细胞前体分化成黏膜肥大细胞。

二、黏膜免疫系统的功能

1. 天然免疫功能

黏膜免疫系统的天然免疫功能主要包括：①正常栖居的菌群可产生对侵入的病原菌的抑制作用。②黏膜的蠕动和纤毛活动以及分泌，可减少潜在病原菌与上皮细胞的作用。③胃酸、肠胆盐的微环境不利于病原菌生长。④乳铁蛋白、乳过氧化物酶、溶菌酶等对某些病原菌有抑制和杀灭作用。

2. 特异性免疫功能

黏膜免疫具有捕获抗原物质的功能，并通过局部的免疫应答（包括特异性细胞免疫和体液免疫），清除外来异物（特别是病原微生物），使这些物质难以进入体内引起全身性的免疫反应。此外，黏膜免疫系统含有调节性 T 细胞，下调由突破黏膜进入体内的抗原诱导的全身性免疫应答反应。

第十一章 免疫应答

免疫应答是动物机体对抗原刺激所产生的复杂的生物学过程，最终清除外来抗原，并建立对病原微生物的特异性抵抗力。免疫应答包括先天性免疫应答和获得性免疫应答。参与先天性免疫应答的因素有机体的解剖屏障、可溶性分子与膜结合受体、炎症反应、NK 细胞、吞噬细胞等。而获得性免疫应答分致敏、反应及效应 3 个阶段，涉及对抗原的加工和提呈、淋巴细胞识别和增殖与分化，最终产生特异性的细胞免疫和体液免疫。

第一节 概 述

一、免疫应答的概念

免疫应答是动物机体免疫系统在受到病原微生物感染或外来抗原物质的刺激后，调动体内的先天性免疫和获得性免疫因素，启动一系列复杂的免疫连锁反应和特定的生物学效应，并最终清除病原微生物和外来抗原物质的过程。

免疫应答分为先天性免疫应答和获得性免疫应答两个方面，但在动物体内是不可分割的，它们相互依赖、相互促进和协作。先天性免疫又称为固有免疫、天然免疫或非特异性免疫，参与先天性免疫应答的因素有多种，包括机体的解剖屏障、可溶性分子与膜结合受体、炎症反应、NK 细胞、吞噬细胞等。获得性免疫主要依靠特异性的细胞免疫和体液免疫。

二、免疫应答的特点

1. 先天性免疫应答的特点

先天性免疫应答是机体在种系发育和进化过程中逐渐建立起来的一系列天然防御功能，具有与生俱来、受遗传控制、反应迅速、作用广泛而无特异性和记忆性等特点。

2. 获得性免疫应答的特点

获得性免疫应答具有 3 个主要的特点：①特异性，即只针对某种病原微生物或抗原物质。

②耐受性，即对自身组织细胞成分不产生免疫应答。③记忆性，即对动物机体保留对初次刺激抗原的免疫记忆，相同抗原的再次进入机体会诱导产生更快、更强和持续时间更长的免疫应答。

三、免疫应答产生的部位

动物机体的外周免疫器官及淋巴组织是免疫应答产生的部位，其中淋巴结、脾脏和黏膜相关淋巴组织是获得性免疫应答，是免疫应答的主要场所。抗原进入机体后，一般先通过淋巴循环进入引流区的淋巴结，进入血液的抗原则在脾脏滞留，并被淋巴结髓窦和脾脏移行区中的抗原提呈细胞所摄取、加工，再表达于其细胞表面，进而刺激淋巴结和脾脏中的 T 细胞和 B 细胞而产生应答。与此同时，血液循环中的成熟 T 细胞和 B 细胞，经淋巴组织的毛细血管后静脉进入淋巴器官，与抗原提呈细胞上表达的抗原接触后，滞留于该淋巴器官内并被活化、增殖和分化为效应细胞。

随着淋巴细胞的增殖和分化，淋巴组织发生相应的形态学变化。T 细胞在次级淋巴器官的胸腺依赖区内分化、增殖，少量的 T 细胞也可进入淋巴滤泡，并保持相当长的时间。T 细胞最终分化成效应性 T 细胞和记忆性 T 细胞，并产生细胞因子；B 细胞最终分化成能分泌出抗体的浆细胞，一部分 B 细胞成为记忆性 B 细胞。效应性 T 细胞、记忆性 T 细胞和 B 细胞可游出淋巴组织，重新进入血液循环。

第二节　免疫应答的基本过程

免疫应答是一个十分复杂的生物学过程，除了由单核/巨噬细胞系统和淋巴细胞系统协同完成外，在这个过程中还有很多细胞因子发挥辅助效应。虽然免疫应答是一个连续的不可分割的过程，但可人为地划分为 3 个阶段：①致敏阶段。②反应阶段。③效应阶段。

一、致敏阶段

致敏阶段又称为感应阶段、识别活化阶段或抗原识别阶段，包括抗原提呈细胞对进入体内的抗原物质进行识别、捕获、加工处理和提呈，以及 T 细胞和 B 细胞对抗原的识别等。

二、反应阶段

反应阶段又称增殖与分化阶段，是 T 细胞和 B 细胞活化、增殖与分化，以及产生效应性淋巴细胞和效应分子的过程。活化的 T_H 细胞增殖分化成为效应性淋巴细胞，并产生多种细胞因子；T_C 细胞活化成为细胞毒性 T 细胞（CTL）。活化的 B 细胞增殖分化为浆细胞，合成并分泌抗体。一部分 T、B 淋巴细胞在分化的过程中变为记忆性细胞（T_M 和 B_M）。这个阶段有多种细胞间的协作和多种细胞因子的参加。

三、效应阶段

效应阶段是由效应细胞 [效应性 T_H 细胞和细胞毒性 T 细胞（CTL）] 与效应分子（抗体和细胞因子）发挥细胞免疫效应和体液免疫效应的过程。效应细胞和效应分子共同作用，并在一些天然免疫细胞和分子的参与下，共同清除抗原物质。

第三节　抗原的加工和提呈

抗原提呈细胞（APC）通过吞噬、吞饮或内吞作用摄取或捕获抗原物质，或对细胞内的抗原蛋白，进行消化降解成抗原肽的过程称为抗原加工。降解产生的抗原肽在 APC 内与 MHC 分子结合形成抗原肽-MHC 复合物，然后被运送到 APC 表面，以供免疫细胞识别，这个过程称为抗原提呈。

APC 对抗原的加工和提呈是免疫应答必需的过程，提呈的分子基础是 APC 表达 MHC Ⅰ类和Ⅱ类分子。MHC Ⅱ类分子是由 α 链与 β 链二条肽链组成的糖蛋白，二条肽链之间以非共价键结合，其分子中由 α1 与 β1 片段构成一个凹槽或裂隙的肽结合区，约可容纳 15 个氨基酸残基的肽段。由 APC 处理后的抗原肽段就是结合在这个区域与 MHC Ⅱ类分子形成抗原肽 -MHC Ⅱ类分子复合物，最后提呈给 $CD4^+$ 的 T_H 细胞。MHC Ⅰ类分子是由一条重链（α 链）和一条轻链（β2 微球蛋白）组成，由 α 链的 α1 和 α2 片段组成一个凹槽，即为 MHCⅠ类分子的肽结合槽，该区域的大小和形状适合于经处理后的抗原肽段，可容纳 8~20 个氨基酸残基。内源性抗原经处理后形成 8~10 个氨基酸的抗原肽，结合于 MHC Ⅰ类分子的肽结合槽，形成抗原肽 -MHC Ⅰ类分子的复合物，然后提呈给 $CD8^+$ 的细胞毒性 T 细胞。

一、抗原提呈细胞

按照细胞表面的 MHC 分子，APC 可分为表达 MHC Ⅱ类分子的 APC 和表达 MHC Ⅰ类分子的靶细胞。

1. 表达 MHC Ⅱ类分子的抗原提呈细胞

巨噬细胞、树突状细胞（DC）、B 细胞等专职抗原提呈细胞，主要负责对外源性抗原的加工和提呈。DC 是最有效的抗原提呈细胞，可持续地表达高水平的 MHC Ⅱ类分子和共刺激分子 B7（CD80/CD86），并可活化幼稚型 T_H 细胞。静止的巨噬细胞膜上仅能表达很少的 MHC Ⅱ类分子或 B7 分子，因此不能活化幼稚型的 T_H 细胞，对记忆细胞和效应细胞的活化能力也很弱，在受到吞噬的微生物、IFN-γ 和 T_H 细胞分泌的细胞因子的活化后，可上调表达 MHC Ⅱ类分子或共刺激 B7 分子。活化 B 细胞的抗原提呈能力与巨噬细胞相近，可上调并持续表达 MHC Ⅱ类分子，并表达 B7 分子，可活化幼稚型 T 细胞、记忆性细胞及效应性细胞。细胞因子可促进 B 细胞表达 MHC Ⅱ类分子，增强其提呈抗原的能力。

此外，还有皮肤中的成纤维细胞、脑组织的小胶质细胞、胸腺上皮细胞、甲状腺上皮细胞、血管内皮细胞、胰腺 β 细胞等非专职的抗原提呈细胞，它们可诱导表达 MHC Ⅱ类分子或共刺激分子，大多数细胞可在持续炎症反应中短暂地充当 APC，发挥抗原的提呈功能。

2. 表达 MHC Ⅰ类分子的靶细胞

动物体内所有的有核细胞都可以表达 MHC Ⅰ类分子，但受到微生物感染时可将微生物内源性抗原加工处理并提呈给 $CD8^+$ 细胞毒性 T 细胞。此外，肿瘤细胞、衰老细胞、移植物的同种异体细胞等也是靶细胞，可将内源性抗原提呈给细胞毒性 T 细胞。

二、外源性抗原的加工和提呈

蛋白质、灭活的细菌、毒素和病毒、细胞外的细菌和病毒等均为外源性抗原，APC 可通过吞噬、吞饮和受体介导的内吞等方式摄取抗原。抗原物质经内化形成吞噬体，吞噬体与溶酶体融合形成吞噬溶酶体（或称内体）。外源性抗原在内体的酸性环境中被水解成抗原肽，同时，在粗面内质网中新合成的 MHC Ⅱ类分子转运到内体与产生的抗原肽结合，形成抗原肽 -MHC Ⅱ类分子复合物，然后被运送至抗 APC 的表面供 $CD4^+$ T_H 细胞所识别。这一过程称为外源性途径，或 MHC Ⅱ类分子途径、溶酶体途径、内吞途径。

三、内源性抗原的加工和提呈

内源性抗原主要包括病毒感染细胞表达的病毒抗原、细胞内细菌（寄生虫）表达抗原、肿瘤抗原、基因工程细胞内表达的抗原以及直接注射到细胞内的可溶性蛋白等。内源性抗原在靶细胞内被蛋白酶体酶解成肽段，然后被抗原加工转运体（TAP）从细胞质转运到粗面内质网，与粗面内质网中新合成的 MHC Ⅰ类分子结合，所形成的抗原肽-MHC Ⅰ类分子复合物随后被高尔基体运送至细胞表面，供 $CD8^+$ 细胞毒性 T 细胞识别。这一过程称为内源性途径，或 MHC Ⅰ类分子途径、胞质溶胶途径。

第四节 细胞免疫

特异性细胞免疫是由抗原特异性效应性 T 细胞分化成效应性 T 淋巴细胞（CTL、T_H 细胞、T_{DTH} 细胞）及其效应分子（如细胞因子）发挥的免疫效应。广义的细胞免疫还包括吞噬细胞的吞噬作用，NK 细胞、NKT 细胞等介导的细胞毒作用。

一、效应性 T 细胞的种类

T 细胞分化成效应性 T 淋巴细胞主要包括细胞毒性 T 细胞（CTL）和迟发型变态反应 T 细胞（T_{DTH} 细胞）。

二、细胞毒性 T 细胞与细胞毒作用

细胞毒性 T 细胞（CTL）是特异性细胞免疫的很重要的一类效应细胞，为 $CD8^+$ 的 T 细胞亚群，在动物机体内以非活化的前体形式（即 Tc 细胞或 CTL-P）存在。Tc 细胞的 TCR 识别由病毒感染细胞、细胞内细菌感染细胞、肿瘤细胞等靶细胞提呈的内源性抗原，并与抗原肽特异性结合。在活化的 T_H 细胞产生的 IL-2 的作用下，Tc 细胞活化、增殖并分化成具有杀伤能力的效应性 CTL。CTL 具有溶解活性，在病毒感染细胞、细胞内细菌感染细胞、肿瘤细胞的识别、清除和移植物排斥反应中起着关键的作用。CTL 与靶细胞的相互作用受到 MHC Ⅰ类分子的限制，即 CTL 在识别靶细胞抗原的同时，要识别靶细胞上的 MHC Ⅰ类分子，它只能杀伤携带有与自身相同的 MHC Ⅰ类分子的靶细胞。

CTL 介导的免疫反应分为两个阶段，第一阶段是 CTL 的活化，即幼稚型 T_C 细胞活化成有功能的效应性 CTL；第二阶段为效应性 CTL 识别靶细胞表面的抗原肽-MHC Ⅰ类分子复合物，启动一系列反应最终破坏靶细胞。

三、T_{DTH} 细胞与迟发型超敏反应

迟发型超敏反应（DTH）又称迟发型变态反应，是指一些亚群的 T_H 细胞接触到某些抗原后分泌细胞因子诱导产生的局部炎症反应。介导迟发型变态反应的 T_H 细胞称为迟发型变态反应 T 细胞，简称 T_{DTH} 细胞，大多属于 $CD4^+ T_H1$ 细胞亚型，少数为 $CD8^+$ T 细胞。在体内以非活化前体形式存在，其表面抗原受体与 APC 或靶细胞的抗原特异性结合，并在 IL-2 等细胞因子作用下活化、增殖、分化成具有免疫效应的 T_{DTH} 细胞。其免疫效应是通过释放多种可溶性的细胞因子而发挥作用的，主要引起以局部单核-巨噬细胞浸润为主的炎症反应，即迟发型变态反应。

第五节 体液免疫

由 B 细胞介导的免疫称为体液免疫。体液免疫效应是由 B 细胞通过对抗原的识别、活化、增殖，最后分化成浆细胞并分泌抗体来实现的，抗体是介导体液免疫效应的免疫分子。体液免疫在清除细胞外病原体方面是十分有效的免疫机制，其特征是机体大量产生针对外源性病原体和抗原物质的特异性抗体，最终通过由抗体介导的各种途径和相应机制清除外来病原体和抗原物质。

一、抗体产生的一般规律及特点

动物机体初次和再次接触抗原后，引起体内抗体产生的种类、抗体的水平等都有差异。

1. 初次应答

动物机体初次接触抗原，也就是某种抗原首次进入体内引起的抗体产生过程称为初次应答。抗原首次进入体内后，B细胞克隆被选择性活化，随之进行增殖与分化，经过10次分裂，形成一群浆细胞克隆，导致特异性抗体的产生。初次应答有以下几个特点。

（1）具有潜伏期　机体初次接触抗原后，在一定时期内体内查不到抗体或抗体产生很少，这一时期称为潜伏期，又称为诱导期。潜伏期的长短视抗原的种类而异，如细菌抗原一般经5~7d血液中才出现抗体，病毒抗原为3~4d，而毒素则需2~3周才出现抗体。潜伏期之后为抗体的对数上升期，抗体含量直线上升，抗体达到高峰需7~10d，然后为高峰持续期，抗体产生和代谢相对平衡，最后为下降期。

（2）IgM是最早产生的抗体　IgM可在几天内达到高峰，然后开始下降；接着才产生IgG，即IgG抗体产生的潜伏期比IgM长。如果抗原剂量少，可能仅产生IgM。血清中的IgA产生最迟，常在IgG产生后2周至1~2个月才能在血液中检出，而且含量少。

（3）抗体总量较低，维持时间较短　初次免疫应答产生的抗体总量较低，且不能维持足够的时间。IgM的维持时间最短，IgG可在较长时间内维持较高水平，其含量也比IgM高。

2. 再次应答

动物机体第二次接触相同抗原时体内产生抗体的过程称为再次应答。再次应答有以下几个特点。

（1）潜伏期显著缩短　机体再次接触相同的抗原时，起初原有抗体水平略有降低，接着抗体水平很快上升，3~5d抗体水平即可达到高峰。

（2）抗体含量高，维持时间长　再次应答可产生高水平的抗体，可比初次应答高100~1000倍，而且可以维持较长时间。

（3）抗体以IgG为主，IgM很少　再次应答间隔的时间越长，机体越倾向于只产生IgG。

3. 回忆应答

抗原刺激机体产生的抗体经一定时间后，在体内逐渐消失，此时如果机体再次接触相同的抗原物质，可使已消失的抗体快速回升，这称为抗体的回忆应答。再次免疫应答和回忆免疫应答取决于体内记忆性T细胞和B细胞的存在。

抗原物质经消化道和呼吸道等黏膜途径进入机体，可诱导产生分泌型IgA，在局部黏膜组织发挥免疫效应。

二、抗体的免疫学功能

抗体作为机体体液免疫的重要分子，在体内可发挥多种免疫功能。由抗体介导的免疫效应在大多数情况下对机体是有利的，但有时也会造成机体的免疫损伤。体液免疫效应体现在以下几个方面。

1. 中和效应

体内针对细菌外毒素的抗体和针对病毒的抗体，可对相应的毒素和病毒产生中和效应。针对毒素的抗体，一方面与相应的毒素结合可改变毒素分子的构型而使其失去毒性作用，另一方面毒素与相应的抗体形成的免疫复合物容易被单核-巨噬细胞吞噬。针对病毒的抗体可通过与病毒表面抗原结合，抑制病毒侵染细胞的能力或使其失去对细胞的感染性，从而发挥中和作用。

2. 免疫溶解作用

一些革兰氏阴性菌（如霍乱弧菌）和某些原虫（如锥虫），体内相应的抗体与之结合后，可通过经典途径活化补体，最终导致菌体或虫体溶解。

3. 免疫调理作用

对于一些毒力比较强的细菌，特别是有荚膜的细菌，相应的抗体（IgG 或 IgM）与之结合后，容易受到吞噬细胞（单核-巨噬细胞、中性粒细胞）的吞噬，若再活化补体形成细菌-抗体-补体复合物，则更容易被吞噬。这是由于吞噬细胞表面具有 Fc 受体和 C3b 的受体，可识别形成的抗原-抗体或抗原-抗体-补体复合物。抗体的这种增强吞噬细胞的吞噬活性和能力的作用称为免疫调理作用，又称为抗体依赖性细胞的吞噬作用（ADCP）。

4. 局部黏膜免疫作用

由黏膜固有层中浆细胞产生的分泌型 IgA 是机体抵抗从呼吸道、消化道及泌尿生殖道感染的病原微生物的主要防御力量，分泌型 IgA 可阻止病原微生物吸附于黏膜上皮细胞，具有抗病毒和胞外菌感染的免疫效应。

5. 抗体依赖性细胞介导的细胞毒作用（ADCC）

一些天然免疫细胞（如 NK 细胞）表面具有抗体分子（如 IgG）的 Fc 片段的受体，当抗体分子与相应的靶细胞（如病毒感染细胞、细胞内细菌感染细胞和肿瘤细胞）结合后，效应细胞可借助于 Fc 受体与抗体分子的 Fc 片段结合，从而发挥其细胞毒作用，将靶细胞杀伤。

6. 对病原微生物生长的抑制作用

一般而言，细菌的抗体与之结合后，不会影响其生长和代谢，仅表现为凝集和制动现象，但可以促进吞噬细胞的吞噬作用或活化补体造成细菌的损伤，进一步被清除。只有支原体和钩端螺旋体等少数病原微生物，其抗体与之结合后可表现出生长抑制作用。

此外，抗体具有免疫损伤作用。抗体在体内引起的免疫损伤主要是介导 I 型（IgE）、II 型和 III 型（IgG 和 IgM）变态反应，以及一些自身免疫疾病。

第十二章 变态反应

第一节 概述

变态反应即超敏反应，指免疫系统对再次进入机体的抗原做出不适当或过于强烈的一类反应，会导致组织器官损伤。除了伴有炎症反应和组织损伤外，变态反应与维持机体正常功能的免疫反应无实质区别。分为 I～IV 型，即过敏反应型（I 型）、细胞毒型（II 型）、免疫复合物型（III 型）和迟发型（IV 型）。I～III 型由抗体介导，反应发生快，故又称为速发型超敏反应；IV 型由细胞介导，称为迟发型超敏反应。

第二节 过敏反应型（I 型）变态反应

过敏反应是指机体再次接触抗原时引起的在数分钟至数小时内出现以急性炎症为特点的反应。引起过敏反应的抗原称为过敏原。

一、参与过敏反应的成分

1. 过敏原

引起过敏反应的过敏原有很多，包括异源血清、疫苗、植物花粉、药物、食物、昆虫产物、霉菌孢子、动物毛发和皮屑等。这些过敏原可以通过呼吸道、消化道、皮肤或黏膜等进入机体。

2. IgE

IgE 是介导 I 型变态反应的抗体，具有亲细胞性，其重链恒定区的 C_H4 可以与肥大细胞和嗜碱性粒细胞表面的 IgE Fc 受体（FcεR）结合。

3. 肥大细胞和嗜碱性粒细胞

肥大细胞和嗜碱性粒细胞是参与过敏反应的主要细胞。它们含有大量的膜性结合颗粒，分布于整个细胞质内，颗粒内含有可引起炎症反应的活性介质。此外，大多数肥大细胞还可分泌一些细胞因子，包括 IL-1、IL-3、IL-4、IL-5、IL-6、GM-CSF、TGF-β 和 TNF-α，这些细胞因子可发挥多种生物学效应。

4. 与 IgE 结合的 Fc 受体

IgE 抗体的反应活性取决于它与 FcεR 的结合能力。已鉴定出两类 FcεR，称为 FcεR I 和 FcεR II，它们表达于不同类型的细胞上，与 IgE 的亲和力可相差 1000 倍。肥大细胞和嗜碱性粒细胞可表达高亲和力的 FcεR I 。

二、过敏反应型（I 型）变态反应的机理

过敏原初次进入体内，在抗原递呈细胞 APC 和 T_H2 细胞作用下，刺激分布于黏膜固有层或局部淋巴结中的 B 细胞，B 细胞增殖分化，分泌 IgE 抗体。IgE 与肥大细胞或嗜碱性粒细胞表面的 Fc 受体（FcεR）结合，使之致敏，机体处于致敏状态。当过敏原再次进入机体，即与肥大细胞和嗜碱性粒细胞表面特异性的 IgE 抗体结合。只要相邻的两个 IgE 分子或者表面 IgE 受体分子被交联，肥大细胞和嗜碱性粒细胞就会被活化，进而脱颗粒，并释放出具有药理作用的活性介质，如组胺、缓慢反应物质 A、5-羟色胺、过敏毒素、白三烯和前列腺素等。这些介质作用于不同组织，引起毛细血管扩张、通透性增加、皮肤黏膜水肿、血压下降及呼吸道和消化道平滑肌痉挛等一系列临床反应，出现过敏反应症状。在临床上可表现为呼吸困难、腹泻和腹痛以及全身性休克。

三、临床常见的过敏反应型（I 型）变态反应

临床上常见的过敏反应有两类：一类是因大量过敏原（如静脉注射）进入体内而引起的急性全身性反应，如青霉素过敏反应；另一类是局部的过敏反应，这类反应尽管较广泛但往往因为表现较温和而易被临床兽医忽视。局部的过敏反应主要是由食物和饲料引起的消化道和皮肤症状，由霉菌、花粉等引起的呼吸系统（支气管和肺）和皮肤症状以及由药物、疫苗和蠕虫感染引起的反应。

一般实验室无法确定过敏原或者检测特异性 IgE 抗体或总 IgE 水平。使用非特异性的脱敏药和避免动物接触可能的过敏原（如更换新的不同来源的铺草或饲料等）是控制过敏反应较易实行的措施。

第三节 细胞毒型（II 型）变态反应

一、细胞毒型（II 型）变态反应的机理

细胞毒型（II 型）变态反应又称为抗体依赖性细胞毒型变态反应。在细胞毒型（II 型）变态反应中，与细胞或器官表面抗原结合的抗体和补体及吞噬细胞等互相作用，导致这些细胞或器官损伤。在此过程中，抗体的 Fc 端与补体系统的 C1q 或其他吞噬细胞的 Fc 受体结合，

另一端则与抗原结合，启动激活补体系统或抗体依赖性细胞毒作用。

补体系统在免疫反应中具有双重作用：一是通过经典和旁路途径溶解被抗体结合（致敏）的靶细胞；二是补体系统的某些成分能调理抗体抗原复合物，促进巨噬细胞吞噬病原微生物。大多数病原微生物被吞噬进细胞后，进一步在细胞内溶酶体的酶、离子等的作用下被杀死并消化；当靶细胞过大、吞噬细胞不能将其吞入细胞内时，则会释放细胞内活性颗粒和溶酶体，使周围的宿主组织细胞受损伤。

二、临床常见的细胞毒型（Ⅱ型）变态反应

1. 输血反应

输入血液的血型不同，就会造成输血反应，严重的可导致死亡。这是因为红细胞表面存在各种抗原，同时不同血型的个体血清中含有相应的抗体（称为天然抗体）；通常为 IgM。当输血者的红细胞进入不同血型的受血者血管，红细胞与抗体结合发生凝集，激活补体系统，产生血管内溶血；并在局部形成微循环障碍等。在输血过程中除了针对红细胞抗原，还有针对血小板和淋巴细胞抗原的抗体反应，但数量较少，反应不明显。

2. 新生畜溶血性贫血

新生畜溶血性贫血也是一种因血型不同而产生的溶血反应。以新生骡驹为例，有 8%~10% 的骡驹发生这种溶血反应。这是因为骡的亲代血型抗原差异较大，所以母马在妊娠期间或初次分娩时易被致敏而产生抗体。这种抗体通常会经初乳进入新生驹的体内，引起溶血反应。与人因 Rh（D）血型而导致的溶血反应类似。所以在临床上初产母马的幼驹发生溶血反应的可能性比经产母马少。

3. 自身免疫溶血性贫血

自身免疫溶血性贫血是由抗自身细胞抗体或在红细胞表面沉积的免疫复合物而导致的溶血性贫血。药物及其代谢产物可通过 3 种形式产生抗红细胞的（包括自身免疫病）反应：①抗体与吸附于红细胞表面的药物结合并激活补体系统。②药物和相应抗体形成的免疫复合物通过 C3b 或 Fc 受体吸附于红细胞，激活补体而损伤红细胞。③在药物的作用下，使原来被"封闭"的自身抗原产生自身抗体。

4. 其他

有些病原微生物（如沙门菌的脂多糖、马传染性贫血病毒和一些原虫）的抗原成分能吸附于宿主红细胞，这些表面有微生物抗原的红细胞受到自身免疫系统的攻击而产生溶血反应。在器官或组织的受体已有相应抗体时，被移植的器官在数分钟或 48h 后发生排斥反应。在移植中发生排斥的根本原因是受体与供体间 MHC Ⅰ类抗原不一致。

第四节　免疫复合物型（Ⅲ型）变态反应

抗原与抗体反应会产生免疫复合物，通常会被单核吞噬细胞系统及时清除，不影响机体的正常机能。但在某些状态下也可以引起变态反应，造成细胞或组织损伤。

一、免疫复合物型（Ⅲ型）变态反应的机理

免疫复合物可引起一系列炎症反应，刺激形成具有过敏毒性和促进细胞迁移的 C3a 和 C5a，使肥大细胞和嗜碱性粒细胞释放舒血管组胺，提高血管通透性和在局部聚集多种炎症细胞；还能通过 Fc 受体与血小板反应，形成微血凝，提高血管通透性。

免疫复合物一旦在局部组织沉积，吞噬细胞将迁移而至。吞噬细胞释放细胞内的溶解

酶等活性物质，溶解了复合物，但同时也损伤了周围组织。血清中存在酶抑制物，能很快将溶解酶失活。因此在血液或组织液中溶解酶类不会产生炎症刺激或组织损伤。当巨噬细胞聚集在狭小的局部并直接接触组织时，这些溶解酶类就能摆脱相应抑制物的作用而损伤自身组织。

免疫复合物的不断产生和持续存在是形成并加剧炎症反应的重要前提。免疫复合物在组织的沉积是导致组织损伤的关键原因。

二、临床常见的免疫复合物疾病

1. 血清病

因循环免疫复合物吸附并沉积于组织，导致血管通透性增高和形成炎症性病变，如肾炎和关节炎。如在使用异种抗血清治疗时，一方面抗血清具有中和毒素的作用，另一方面异源性蛋白质会诱导相应的免疫反应，当再次使用这种血清时就容易产生免疫复合物。

2. 自身免疫复合物病

全身性红斑狼疮属于这类疾病。一些自身免疫疾病常伴有免疫复合物型（Ⅲ型）变态反应。由于自身抗体和抗原以及相应的免疫复合物持续不断生成，超过了单核吞噬细胞系统的清除能力，这些复合物也同样吸附并沉积在周围的组织器官。

3. Arthus 反应

Arthus 反应又称为阿蒂斯反应。因皮下注射过多抗原，形成中等大小免疫复合物并沉积于注射局部的毛细血管壁上，激活补体系统，引起中性粒细胞积聚等，最后导致组织损伤，如局部出血和血栓，严重时可发生组织坏死。

4. 感染病原微生物引起的免疫复合物

在慢性感染过程中，如 α 溶血性链球菌或葡萄球菌性心内膜炎、病毒性肝炎、寄生虫感染等，这些病原持续刺激机体产生弱的抗体反应，并与相应抗原结合形成免疫复合物，吸附并沉积在周围的组织器官。

第五节 迟发型（Ⅳ型）变态反应

经典的迟发型（Ⅳ型）变态反应是指所有在 12h 或更长时间产生的变态反应。

一、迟发型（Ⅳ型）变态反应的机理

迟发型（Ⅳ型）变态反应属于典型的细胞免疫反应。由 T_H 细胞参与，T 细胞被活化后会产生多种可溶性淋巴因子。这些因子除了具有调节各类免疫反应的功能外，还能活化巨噬细胞，使之迁移并滞留于抗原聚集部位，加剧局部免疫应答，引起炎症反应。

二、临床常见的迟发型（Ⅳ型）变态反应

根据皮肤试验观察出现皮肤肿胀的时间和程度以及其他指标，可将迟发型（Ⅳ型）变态反应分为 4 种类型：Jones-mote 反应、接触性变态反应、结核菌素反应和肉芽肿。前 3 种反应在再次接触抗原后 72h 内出现，第 4 种在 14d 后出现。

1. Jones-mote 反应

Jones-mote 反应是以嗜碱性粒细胞在皮下直接浸润为特点的反应。在再次接触抗原大约 24h 后在皮肤出现最大的肿胀，持续时间为 7~10d。可溶性抗原也能引起这种反应。在该反应中有大量嗜碱性粒细胞浸润，而在结核菌素反应中这类细胞极少。

2. 接触性变态反应

接触性变态反应指人和动物接触部位的皮肤出现湿疹，一般发生在再次接触抗原物质 48h 后，镍、丙烯酸盐和含树胶的药物等可成为抗原或半抗原。正常情况下，这类物质并无抗原性，但它们进入皮肤以共价键或其他方式与机体蛋白质结合，即具有免疫原性，可致敏 T 细胞。被致敏的 T 细胞再次接触这些物质时，就会产生一系列反应：6~8h 出现单核细胞浸润，12~15h 反应最强烈，伴有皮肤水肿和形成水疱。此类变态反应与化脓性感染的区别是病变部位缺少中性粒细胞。

3. 结核菌素反应

在患结核病的动物皮下注射结核菌素 48h 后，可观察到该部位发生肿胀和硬变，是因为在接种抗原 24h 后，局部大量单核吞噬细胞浸润，其中一半是淋巴细胞和单核细胞；48h 后淋巴细胞从血管迁移并在皮肤胶原蛋白滞留。在其后的 48h 反应最为剧烈，同时巨噬细胞减少。随着病变发展，出现以肉芽肿为特点的反应，其过程取决于抗原存在的时间。

4. 肉芽肿

在迟发型（Ⅳ型）变态反应中肉芽肿具有重要的临床意义。在许多细胞介导的免疫反应中都产生肉芽肿，其原因是微生物持续存在并刺激巨噬细胞，而后者不能溶解消除这些异物。

第十三章 抗感染免疫

抗感染免疫是动物机体抵抗病原体感染的能力。根据病原体不同可分为抗细菌免疫、抗病毒免疫、抗真菌免疫、抗寄生虫免疫等。抗感染免疫包括先天性免疫和获得性免疫两大类。抗感染免疫能力的强弱受动物种属、年龄、营养状况及内分泌等因素的影响，最重要的是与机体的免疫功能有关。抗感染免疫能使机体抵御、清除病原体及其有害产物以维持机体内部环境的稳定和平衡。

第一节 先天性（非特异性）免疫

一、概念

先天性免疫又称非特异性免疫、固有免疫或天然免疫，是指由动物体内的非特异性免疫因素介导的对所有病原微生物和外来抗原物质的免疫反应。

二、组成与生物学作用

参与先天性免疫的因素主要包括机体的解剖学屏障、可溶性分子与膜结合受体、炎症反应、NK 细胞、吞噬细胞等。

1. 解剖学屏障

（1）皮肤和黏膜　健康完整的皮肤和黏膜是动物机体防御病原体和异物入侵的第一道防线，具有以下作用：①机械阻挡与排除作用。②局部分泌液的杀菌作用，如皮肤的皮脂腺分泌的不饱和脂肪酸、汗腺分泌的乳酸、胃液中的胃酸能杀灭侵入的各种细菌。③正常菌群的拮抗作用，动物体内、体表的正常菌群起到一定的屏障作用。新生幼畜皮肤和黏膜基本无菌，出生后很快从母体和周围环境中获得微生物，它们在动物体内某一特定的栖居所（主要是消化道）定居繁殖，种类与数量基本稳定，与宿主保持相对平衡而成为正常菌群，可阻止或限制外来微生物或毒力较强微生物的定居和繁殖，并可刺激机体产生天然抗体。

（2）血脑屏障　血脑屏障是防止中枢神经系统发生感染的重要防卫结构。主要由软脑膜、脑毛细血管壁和包在血管壁外的由星状胶质细胞形成的胶质膜构成，结构致密，能阻止病原体及其他大分子物质由血液进入脑组织和脑脊液。

（3）血胎屏障　血胎屏障是保护胎儿免受感染的一种防卫结构。另外，机体还存在血睾屏障和血胸腺屏障，都是保护机体正常生理活动的重要屏障结构。

2. 可溶性分子与膜结合受体

动物的血液、组织液及其他体液中存在多种抗微生物的可溶性分子，如补体、溶菌酶、乙型溶素、干扰素、抗菌肽、C-反应蛋白、膜结合受体等，构成了机体的固有免疫分子，这些物质对某些微生物有抑菌、杀菌或溶菌作用，如果配合抗体、细胞及其他免疫因子则可表现出较强的免疫作用。除此之外，还有大量的模式识别受体，如 Toll 样受体，可诱导固有免疫应答，发挥抗菌和抗病毒作用。

（1）补体　体液中正常存在的一组具有酶活性的蛋白质，由巨噬细胞、肠道上皮细胞以及肝、脾等细胞产生。当补体通过经典激活途径、替代途径和凝集素途径活化后，可产生多种免疫生物学效应，发挥杀菌、溶菌、灭活病毒、介导炎症反应和清除免疫复合物等防御功能。在抗体或吞噬细胞的参与下，补体可发挥更强大的抗感染作用。

（2）溶菌酶　一种低分子量不耐热的碱性蛋白质，主要来源于吞噬细胞，广泛分布于血清及泪液、唾液、乳汁、肠液和鼻液等分泌物中。可作用于革兰氏阳性菌，发挥杀菌作用。

（3）乙型溶素　血清中一种对热稳定的非特异性杀菌物质，是血小板释放出的一种碱性多肽，主要作用于革兰氏阳性菌细胞膜，发挥溶菌作用。

（4）干扰素（IFN）　宿主细胞受病毒感染后或受干扰素诱生剂作用后，由巨噬细胞、内皮细胞、淋巴细胞和体细胞等合成的一类有广泛生物学效应的糖蛋白。其本身对病毒无灭活作用，主要作用于正常细胞，使之产生抗病毒蛋白从而抑制病毒的生物合成，使细胞获得抗病毒能力。

（5）抗菌肽　一类小分子多肽，也称为防御素或肽抗生素，是机体非特异性防御系统的重要组成部分，在体内广泛分布。抗菌肽不仅对细菌、真菌有广谱抗菌活性，对病毒、原虫及肿瘤细胞也有杀伤作用。

（6）C-反应蛋白　由肝脏合成的急性期蛋白，存在于血液和组织液中，可以与许多微生物表面的配体结合，从而促进吞噬细胞对微生物的摄取和通过活化补体介导的对微生物的攻击。

（7）膜结合受体　动物体内有多种模式识别受体，如 Toll 样受体、脂多糖受体、清除剂受体等，这些膜结合受体可诱导动物机体的固有免疫应答，发挥抗菌和抗病毒作用。

3. 炎症反应

病原微生物突破机体固有免疫的皮肤和黏膜屏障，引起感染和组织损伤，从而诱发炎症反应。

4. 参与先天性免疫的细胞

参与先天性免疫的细胞称为固有免疫细胞，又称为天然免疫细胞，主要包括 NK 细胞和吞噬细胞（单核吞噬细胞、中性粒细胞）等。

(1) NK 细胞　能直接杀伤病毒感染细胞，在抗病毒感染的早期起着十分重要的作用。

(2) 吞噬细胞　动物体内的吞噬细胞主要分为两大类：一类是血液中的中性粒细胞；另一类为单核吞噬细胞系统，包括血液中的单核细胞和淋巴结、脾脏、肝脏、肺的巨噬细胞，神经系统内小胶质细胞等。吞噬细胞不仅吞噬病原微生物，还能消除炎症部位的中性粒细胞残骸，有助于细胞的修复。

三、特点

先天性免疫是机体在种系发育和进化过程中逐渐建立起来的一系列天然防御功能，是个体生下来就有的，具有遗传性，它只能识别自身和非自身，无特异性和记忆性，是防御病原微生物和一切外来抗原物质的第一道防线。

第二节　获得性（特异性）免疫

一、概念

获得性免疫应答又称为特异性免疫应答或适应性免疫应答，是指机体免疫系统受到病原微生物等抗原物质的刺激后，免疫细胞通过对抗原分子的处理、加工和提呈、识别，产生免疫效应分子（抗体）、细胞因子及免疫效应细胞（细胞毒性 T 细胞（CTL）和效应性 T_H 细胞），并将病原微生物等抗原物质和再次进入机体的抗原物质清除的过程。

二、组成与生物学作用

获得性免疫在抗微生物感染中起关键作用，其效应比先天性免疫强，分为体液免疫和细胞免疫。由于抗体难以进入细胞内对细胞内寄生的微生物发挥作用，因此体液免疫主要对胞外生长的细菌起作用，而细胞内寄生的病原微生物则靠细胞免疫发挥作用。

1. 体液免疫的抗感染作用

主要通过抗体实现。抗体在体内可发挥中和作用、对病原体生长的抑制作用、局部黏膜免疫作用、免疫溶解作用、免疫调理作用和抗体依赖性细胞介导的细胞毒作用（ADCC）。

2. 细胞免疫的抗感染作用

参与特异性细胞免疫的效应性 T 细胞主要是细胞毒性 T 细胞（CTL）和迟发型变态反应 T 细胞（T_{DTH} 细胞）。CTL 可直接杀伤被微生物（病毒、细胞内细菌）感染的靶细胞。T_{DTH} 细胞激活后，能释放多种细胞因子，吸引巨噬细胞聚集并活化，引起迟发型变态反应，最终导致细胞内寄生菌被清除。特异性细胞免疫对慢性细菌感染（如布鲁氏菌、结核分枝杆菌等）、病毒性感染及寄生虫病均有重要的防御作用。

三、特点

参与机体获得性免疫应答的核心细胞是 T 淋巴细胞和 B 淋巴细胞。巨噬细胞、树突状细胞等是免疫应答的辅佐细胞。获得性免疫应答具有三大特点：特异性，即只针对某种特异性抗原物质；耐受性，对自身组织细胞成分不产生免疫应答；记忆性。此外，获得性免疫应答还具有一定的免疫期。

第三节　抗细菌、真菌感染的免疫

一、抗细胞外细菌感染免疫

抗细胞外细菌感染免疫以体液免疫为主，包括以下作用。

1. 抗毒素免疫

对以外毒素为主要致病因素的细菌感染，机体主要依靠抗毒素中和外毒素发挥保护作用。

2. 溶菌杀菌作用

IgG 和 IgM 与病原菌表面抗原结合后，在补体系统参与下，可引起细菌的溶解和损伤。

3. 调理吞噬作用

逃过了补体系统破坏的细菌可被 IgG 抗体或补体片段调理，促进吞噬细胞吞噬。此类抗感染免疫主要针对化脓性细菌感染。

对于以产生内毒素为主要致病物质的革兰氏阴性细菌感染，其内毒素抗原性较弱，机体主要通过补体、吞噬细胞、抗体介导的免疫应答将其清除。在抗呼吸道和消化道病原菌感染的免疫中，分泌型 IgA 抗体在局部黏膜免疫中发挥了重要作用。

二、抗细胞内细菌感染免疫

抗细胞内细菌感染免疫以细胞免疫为主。细胞内细菌感染多为慢性感染，如结核分枝杆菌、布鲁氏菌、产单核细胞李氏杆菌等引起的感染。这类感染中，细胞免疫起决定性作用，体液免疫的作用不大。当这些病原菌侵入机体后，一般先被中性粒细胞吞噬，但不能被杀灭消化，并能够在其中繁殖。一旦中性粒细胞死亡破裂，病原菌会随之扩散。直至机体产生特异性免疫，巨噬细胞在其他因素协同作用下才逐步将病菌杀死消灭。

参与细胞免疫应答的细胞包括 T_H1 细胞和 CTL。当致敏的 T 细胞接触到含病原菌的巨噬细胞时，会释放出许多细胞因子，如 T_H1 细胞会释放出能够增强单核-巨噬细胞杀伤细胞内菌以及增强抗原递呈能力的 IFN-γ，使巨噬细胞聚集于炎区，激活其功能，促进和加速对细胞内细菌的杀灭和清除。

三、抗真菌感染免疫

真菌的致病作用包括在侵入部位形成局限性感染，如皮肤霉菌导致的皮肤、角质和被毛感染，或广泛侵袭引起的全身性感染。真菌在体内主要依靠顽强的增殖力及产生破坏性酶和毒素破坏易感染组织。如果机体的防御机能不健全或受抑制，真菌侵入会表现为慢性经过，在局部形成肉芽肿或溃疡性坏死，并产生迟发型变态反应。

1. 非特异性免疫作用

完整的皮肤及黏膜可防御真菌入侵，皮肤分泌的脂肪酸有抗真菌的作用，阴道分泌的酸性分泌物也有抑制真菌的作用。真菌一旦进入体内，可经旁路途径激活补体，吸引中性粒细胞迁移至感染部位，发挥吞噬作用。但入侵的真菌仍能够在中性粒细胞内增殖，刺激组织增生，引起细胞浸润，形成肉芽肿。小的真菌片段或孢子可被巨噬细胞或 NK 细胞吞噬并杀灭。

2. 特异性免疫作用

在深部感染中，真菌可以刺激机体产生特异性抗体和细胞免疫，其中细胞免疫较为重要。致敏淋巴细胞遇到真菌时可以释放细胞因子，吸引吞噬细胞并促进吞噬细胞消灭真菌，产生迟发型变态反应。

第四节 抗病毒感染的免疫

一、抗病毒的非特异性免疫

在病毒感染初期，机体主要通过细胞因子（如 TNF-α、IL-12、IFN）和 NK 细胞发挥抗病毒作用。其中，干扰素是动物机体抵抗病毒感染的主要非特异性防御因素，具有广谱的抗病毒作用。在病毒入侵部位的细胞产生的干扰素可以渗透到邻近细胞从而限制病毒向四周扩散。干扰素具有种属特异性，即某一种属细胞产生的干扰素只作用于相同种属的其他细胞，使其获得抵抗力，如猪干扰素只对猪具有保护作用，对其他动物则无保护性。

二、抗病毒的特异性免疫

抗病毒的特异性免疫包括以中和抗体为主的体液免疫和以巨噬细胞、T 细胞为中心的细胞免疫。对于预防再传染来说，主要靠体液免疫作用；而疾病的恢复主要依靠细胞免疫作用。

1. 体液免疫

抗体是病毒体液免疫的主要因素，在机体抗病毒感染免疫中起重要作用的是 IgG、IgM 和 IgA。分泌型 IgA 可防止病毒的局部入侵，IgG 和 IgM 可阻止已入侵病毒通过血液循环扩散。其抗病毒机制主要是中和和调理作用。

（1）三种免疫球蛋白　病毒感染后，体内最先产生的是 IgM，数天或十几天之后才被 IgG 代替。IgM 的升高是短暂的（2 周以内），当再感染时则通常只出现 IgG 而不出现 IgM。因此，测定特异性 IgM 可进行病毒早期诊断。IgM 对病毒的中和能力不强，有补体参与时可增强其中和作用。

IgG 是病毒感染后体内产生的主要免疫球蛋白，在病毒感染后 2~3 周达到高峰，之后可持续相当长的一段时期，具有免疫记忆性。IgG 是抗病毒的主要抗体，在病毒中和作用和 K 细胞参与的 ADCC 反应中占主要地位。它发挥中和作用不需要补体的参与，但补体参与可增强其效应。IgG 可通过调理作用使巨噬细胞发挥更大的作用。

分泌型 IgA 在病毒体液免疫中有相当重要的地位。它主要在局部组织细胞内合成而不是在脾脏。消化道和呼吸道黏膜的免疫作用与分泌型 IgA 有重要关系。IgA 与抗原的复合物不结合补体。

（2）中和作用　循环抗体（IgG、IgM）能有效中和进入血液的病毒，但其作用受抗体所能达到部位的限制。抗体很难对侵入细胞内的病毒发挥中和作用。例如，鸡新城疫母源抗体能够保护雏鸡抵抗病毒全身感染，但不能阻止呼吸道的局部感染，因为这种抗体达不到上呼吸道黏膜。中和抗体在初次感染的恢复中起的作用不大，但对防止再感染很重要。分泌型 IgA 在抗黏膜感染的免疫中起主要作用。

（3）促进病毒被吞噬　抗体通过和病毒结合导致游离的病毒颗粒聚集，从而容易被巨噬细胞吞噬，补体的参与可增强这种作用。

（4）抗体依赖性细胞介导的细胞毒作用和免疫溶解作用　抗体不仅能直接与游离的病毒颗粒表面抗原结合，还能与表达在受感染细胞表面的病毒抗原结合，进而介导 K 细胞的杀伤作用，或通过激活补体导致细胞裂解。

2. 细胞免疫

中和抗体不能进入受感染的细胞内，细胞内病毒的消灭主要依靠细胞免疫。参与抗病毒感染的细胞免疫主要有：①被抗原致敏的细胞毒性 T 细胞，能特异性识别病毒和感染细胞表面的病毒抗原，杀死病毒或裂解感染细胞。CTL 一般出现在病毒感染早期，其效应迟于 NK 细胞，早于 K 细胞。②致敏 T 细胞释放出细胞因子，或直接破坏病毒，或增强巨噬细胞吞噬和破坏病毒的活力，或分泌干扰素抑制病毒复制。③K 细胞的 ADCC 作用。④干扰素激活 NK 细胞识别和破坏异常细胞。

第五节 抗寄生虫感染的免疫

一、抗原虫感染的免疫

原虫是单细胞生物，其免疫原性的强弱取决于入侵宿主组织的程度。例如，肠道的痢疾阿米巴原虫，只有当它们侵入肠壁组织后才能刺激机体产生抗体。

1. 非特异性免疫防御机制

抵抗原虫的非特异性免疫防御机制尚不十分清楚，通常认为其性质与细菌性和病毒性疾病的相似。种属差异可能是最重要的影响因素。例如，布氏锥虫、刚果锥虫和活泼锥虫对东非野生蹄兽不致病，但对家牛毒力很大。这种种属差异可能与长期选择有关。

2. 特异性免疫防御机制

大多数寄生虫具有完全的抗原性。当它适应寄生生活时也逐渐形成了抵抗免疫反应的机制。原虫既能刺激机体产生体液免疫，又能刺激产生细胞免疫。抗体通常作用于血液和组织液中游离生活的原虫，而细胞免疫则主要针对细胞内寄生的原虫。

抗体对原虫的作用机制与其他颗粒性抗原类似。针对原虫表面抗原的血清抗体能调理、凝聚或使原虫不能移动，抗体和补体以及细胞毒性细胞一起杀死这些原虫。抑殖素能抑制原虫的酶，使其不能增殖。

刚地弓形虫和小泰勒焦虫的免疫应答主要为细胞免疫。因为它们为专性细胞内寄生，抗体与补体联合作用能消灭体液中的游离原虫，但对细胞内的寄生虫几乎没有影响。细胞内原虫主要由细胞介导的免疫应答加以破坏，其机理与结核分枝杆菌的免疫应答类似。感染肠道寄生的巨型艾美耳球虫的鸡可以产生免疫力，抑制侵袭早期的滋养体在肠上皮细胞内的生长。免疫鸡的血清中能检出针对巨型艾美耳球虫的抗体，其吞噬细胞对球虫孢子囊的吞噬能力增强。

二、抗蠕虫感染的免疫

蠕虫是多细胞动物，同一蠕虫在不同发育阶段既有共同的抗原，也有阶段性特异性抗原。高度适应的寄生蠕虫会逃避宿主的免疫应答，也很少会引起强烈的免疫反应。这类寄生虫引起的疾病一般很轻微或者没有明显的临床症状。只有当它们侵入不能充分适应的宿主体内或者寄生蠕虫数量异常巨大时，才会导致急性病症的发生。

1. 非特异性免疫防御机制

影响蠕虫感染的因素多且复杂，不仅包括宿主方面的因素，也包括宿主体内其他蠕虫产生的因素。不同蠕虫之间对寄生场所和营养的竞争可以调节动物体内蠕虫群体的数量和组成。

寄主的年龄、性别和品种会影响蠕虫的寄生。性别和年龄对蠕虫寄生的影响与激素有很大关系。寄生虫的繁殖周期往往与宿主的繁殖周期一致，母羊粪便中的线虫在春季明显增多，这与母羊产羔和开始泌乳相一致。

2. 特异性免疫防御机制

蠕虫在宿主体内以 2 种形式存在：以幼虫形式存在于组织中或以成虫形式寄生于胃肠道或呼吸道。虽然针对蠕虫抗原的免疫应答能产生常规的 IgM、IgG 和 IgA 类抗体，但参与抗蠕虫感染主要还是 IgE。中性粒细胞、巨噬细胞和 NK 细胞可能都参与了对蠕虫的免疫，主要的防护机制是由嗜酸性粒细胞和肥大细胞介导的（这两种细胞表面都有与 IgE 结合的 Fc 受体）。

在许多蠕虫感染中,血液中的 IgE 抗体显著增多,呈现 I 型变态反应,出现嗜酸性粒细胞增多、水肿、哮喘和荨麻疹性皮炎等。由 IgE 引起的局部过敏反应可能有利于驱虫。蠕虫感染时,嗜酸性粒细胞和肥大细胞向感染部位集聚。当虫体抗原与吸附在这些细胞表面的 IgE 抗体相遇时,细胞脱颗粒释放出的血管活性胺可导致肠管强烈收缩,从而驱出虫体。除 IgE 外,其他类型的抗体也起着重要的作用。如嗜酸性粒细胞也有 IgA 受体,当受体交联时会释放出颗粒内容物。嗜酸性粒细胞脱颗粒时可以释放出效力强大的拮抗性化学物质和蛋白质,包括阳离子蛋白、神经毒素和过氧化氢,可能会造成蠕虫栖息的有害环境。蠕虫感染通常使免疫系统倾向于 T_H2 细胞应答,产生 IgE、IgA 以及 T_H2 细胞因子和趋化因子。IL-3、IL-4、IL-5 和 IL-13 以及趋化因子对嗜酸性粒细胞和肥大细胞有趋化性。

细胞免疫通常不会对高度适应的寄生蠕虫产生强烈的排斥反应,但其作用也不可忽视。致敏 T 淋巴细胞以两种机制抑制蠕虫的活性:通过迟发型变态反应将单核细胞吸引到幼虫侵袭部位,诱发局部炎症反应;通过细胞毒性 T 淋巴细胞的作用杀伤幼虫。

总之,各种病原体进入动物机体后,机体将发动一切抗感染免疫机制,以抵抗病原的感染,并最大限度地保护自身组织器官不受外来病原的破坏。

第十四章 免疫防治

疫苗免疫接种是预防和控制动物疫病的重要手段之一。免疫预防是通过免疫疫苗使动物机体获得针对某种疫病的特异性抵抗力,以达到控制本病的目的。机体获得特异性免疫力有多种途径,主要分两大类型,即主动免疫和被动免疫,它们又分为天然和人工两种方式。其中,最重要的是人工主动免疫,即给动物接种疫苗,使其具有对某种病原微生物的特异性免疫力或抵抗力。

第一节 主动免疫

一、概念

主动免疫是指动物机体对自然感染的病原微生物或接种疫苗产生免疫应答,获得对某种病原微生物的特异性抵抗力,包括天然主动免疫和人工主动免疫。

二、天然主动免疫

自然环境中存在着多种致病性微生物,可通过呼吸道、消化道、皮肤或黏膜侵入机体,在体内增殖,同时刺激机体免疫系统产生免疫应答。如果病原体不能被动物机体的免疫系统识别和清除,就会繁殖得越来越多,达到一定数量后就会给机体造成严重的损害,甚至导致死亡。如果机体免疫系统能将其彻底清除,动物即可耐过发病过程而康复,耐过动物对该病原体的再次入侵具有坚强的特异性抵抗力。机体这种特异性免疫力是自身免疫系统对病原微生物刺激产生免疫应答(包括体液免疫与细胞免疫)的结果。

三、人工主动免疫

人工主动免疫是给动物接种疫苗,刺激机体免疫系统发生应答反应,产生特异性免疫力。与人工被动免疫不同,人工主动免疫接种的不是现成的免疫血清或卵黄抗体,而是各种疫苗制品，包括疫苗、类毒素等，因而有一定的诱导期或潜伏期，出现免疫力的时间与疫苗抗原的种类有关。病毒抗原需要 3~4d，细菌抗原需要 5~7d，毒素抗原需要 2~3 周。人工主动免疫产生的免疫力持续时间长，免疫期可达数月甚至数年，而且有回忆反应。动物机体对重复免疫接种可不断产生再次应答反应。某些疫苗免疫后可产生终生免疫。但人工主动免疫需要一定的诱导期方可产生免疫力，在免疫防治中应充分考虑到这一点。

第二节 被动免疫

一、概念

被动免疫是指动物机体从母体获得特异性抗体或人工给予免疫血清，从而获得对某种病原微生物的抵抗力，包括天然被动免疫和人工被动免疫。

二、天然被动免疫

天然被动免疫是新生动物通过母体胎盘、初乳或卵黄从母体获得某种特异性抗体，从而获得对某种病原体的免疫力。天然被动免疫是动物疫病免疫防治中重要的措施之一，在临床上应用广泛。动物在生长发育的早期（如胎儿和幼龄动物），免疫系统还不够健全，对病原体感染的抵抗力较弱，但可通过初乳或卵黄获取母源抗体增强免疫力，从而抵抗一些病原微生物的感染。实际生产中，可通过给母畜（或种禽）实施疫苗免疫接种，使其产生高水平的抗体。例如，用小鸭肝炎疫苗免疫母鸭来预防雏鸭患小鸭肝炎；母猪产前免疫伪狂犬病疫苗可保护仔猪免受伪狂犬病病毒的感染。天然被动免疫的意义在于不仅能够保护胎儿免受病原体的感染还能帮助幼龄动物抵御传染病。

初乳中的特异性 IgG 和 IgM 抗体可以抵抗一些病原微生物的败血性感染，IgA 可以抵抗肠道病原体的感染。但是母源抗体也可以干扰弱毒活疫苗对幼龄动物的免疫效果，导致免疫失败。

三、人工被动免疫

将免疫血清或自然发病后康复动物的血清人工输给未免疫动物，使其获得对某种病原的抵抗力，即为人工被动免疫。珍贵动物可利用抗血清防治病毒性疫病。注射免疫血清可使抗体立即发挥作用，无诱导期，免疫力出现快。但抗体在体内会逐渐减少，免疫力维持时间短，一般为 1~4 周。

家禽上常用卵黄抗体制剂进行某些疾病的防治。例如，鸡群暴发鸡传染性法氏囊病时，取免疫后含有高效价抗体的蛋的卵黄，处理后进行紧急注射，可起到良好的防治效果。

第三节 疫苗与免疫预防

一、疫苗的种类、特点及应用

疫苗总体可分为传统疫苗与基因工程疫苗两大类。传统疫苗包括活疫苗、灭活疫苗、代谢产物和亚单位疫苗，目前应用最广泛。基因工程疫苗包括基因工程重组亚单位疫苗、基因工程重组活载体疫苗、基因缺失疫苗，以及核酸疫苗、合成肽疫苗、抗独特型疫苗等，这类疫苗目前在实际生产中应用的数量和种类有限。

1. 活疫苗

活疫苗有弱毒疫苗和异源疫苗两种。

（1）弱毒疫苗　又称减毒活疫苗，是目前生产中使用最广泛的疫苗。虽然其毒力已经减弱，但仍然保持着原有的抗原性，并能在体内繁殖，用较少的免疫剂量即可诱导产生坚实的免疫力，而且不需要使用佐剂，免疫期长，不影响动物产品（如肉类）的品质。有些弱毒疫苗还可以刺激细胞产生干扰素，对抵抗其他病毒的强毒感染也有益。但弱毒疫苗的贮存与运输不便，保存期较短。可制成冻干制品延长其保存期。

大多数弱毒疫苗是将强毒株经人工致弱制成，也有的是自然分离到的弱毒株或低致病性毒株。将强毒株置于异常条件下生长繁殖，其毒力会减弱或丧失。炭疽芽孢疫苗就是通过高温（42℃）培养制成，禽霍乱疫苗最初是将多杀性巴氏杆菌在营养缺乏的条件下培养获得。病毒弱毒疫苗株通常是用鸡胚、细胞培养或实验动物接种传代制成。我国培育成功的猪瘟兔化弱毒疫苗，毒力极弱、免疫原性优良，被多个国家引进使用；牛瘟病毒山羊化或兔化疫苗、非洲马瘟病毒小鼠适应疫苗、犬瘟热病毒雪貂适应疫苗等都是使病毒在非本体动物中生长适应制备的。将哺乳动物的病毒接种于鸡胚或将病毒在不适应的细胞中培养都可致弱病毒毒力。致弱后的疫苗株应该毒力稳定且不返强。因此，多用高代次的疫苗株制苗。例如，牛瘟病毒兔化疫苗 400 代以后、猪瘟兔化弱毒疫苗 370 代以后仍可维持原有的免疫原性。除此之外，其他理化方法也可用于筛选和培育弱毒株。

（2）异源疫苗 异源疫苗是用具有共同保护性抗原的不同病毒制备成的疫苗，如接种火鸡疱疹病毒（HVT）疫苗预防鸡马立克病，用鸽痘病毒疫苗预防鸡痘等。

在疫苗使用中应注意，活疫苗会出现异种微生物或同种强毒污染，有通过接种途径人为传播疫病的危险。例如，马立克病疫苗常污染禽网状内皮组织增生病病毒。因此，在禽类活疫苗的生产过程中应使用 SPF 鸡胚或细胞以杜绝卵传性病原体对疫苗的污染。

2. 灭活疫苗

病原微生物经理化方法灭活后仍然保持免疫原性，接种后使动物产生特异性抵抗力，这种疫苗称为灭活疫苗或死疫苗。灭活疫苗接种后不能在动物体内繁殖，因此接种剂量较大、免疫期较短，需加入适当的佐剂以增强免疫效果。灭活疫苗研制周期短、使用安全、易于保存，但免疫效果次于活疫苗，注射次数多、接种量大，有的灭活疫苗接种后副反应较大。目前使用的灭活疫苗主要是油佐剂灭活疫苗和氢氧化铝胶灭活疫苗等。

油佐剂灭活疫苗是以矿物油为佐剂与经灭活的抗原液混合乳化制成。油佐剂灭活疫苗分为单相苗和双相苗。单相苗是油相与水相（抗原液）按一定比例制成油包水乳剂（W/O）。双相苗是在制成油包水乳剂的基础上，再与水相（加入吐温 -80）进一步乳化而成的外层是水相、内层是油相、中心为水相（W/O/W）的剂型。油相中除矿物油外还需加入乳化剂 span-80 和稳定剂（硬脂酸铝）。油佐剂灭活疫苗的免疫效果较好，免疫期较长，在生产中应用广泛。氢氧化铝胶灭活疫苗（铝胶苗）是将灭活后的抗原液加入氢氧化铝胶制成的。氢氧化铝胶灭活疫苗制备比较方便，价格较低，免疫效果良好。但难吸收，易在体内形成结节，影响肉产品的质量。氢氧化铝胶灭活疫苗在生产中应用也比较广泛。

3. 提纯的大分子疫苗

（1）多糖蛋白结合疫苗 将多糖与蛋白载体（如白喉、破伤风或霍乱类毒素等）结合制成的疫苗。

（2）类毒素疫苗 将细菌外毒素经甲醛脱毒，使其失去致病性而保留其免疫原性即为类毒素疫苗，如破伤风类毒素等。一些病原微生物的代谢产物也可制成代谢产物疫苗，如致病性大肠杆菌肠毒素。

（3）亚单位疫苗 从细菌或病毒抗原中分离出蛋白质成分、除去核酸等其他成分制成的疫苗。此类疫苗只含有病毒的抗原成分、无核酸，因而无不良反应，使用安全，效果较好。但成本较高。

4. 基因工程重组亚单位疫苗

应用 DNA 重组技术，将编码病原微生物保护性抗原的基因导入原核细胞（如大肠杆菌）或真核细胞，使其在受体细胞中高效表达，分泌保护性抗原蛋白，提取表达蛋白，加入佐剂即制成基因工程重组亚单位疫苗。

5. 基因工程重组活载体疫苗

用基因工程技术将编码保护性抗原的基因（目的基因）与病毒或细菌载体基因组重组，筛选可表达目的基因的重组病毒或细菌，制成活载体疫苗。目前有包括痘病毒、腺病毒、疱疹病毒、沙门菌等多种病毒或细菌在内的载体用于活载体疫苗的制备。

6. 基因缺失疫苗

基因缺失疫苗是用基因工程技术敲除强毒株的毒力相关基因后构建的活疫苗。该类疫苗安全性好，免疫接种与强毒感染相似，免疫效力高，免疫期长。伪狂犬病病毒基因缺失疫苗是目前最成功且应用最广的基因缺失疫苗。

7. 核酸疫苗

核酸疫苗包括 DNA 疫苗和 RNA 疫苗。核酸疫苗是将编码病原体保护性抗原的基因片段与质粒载体重组，制成重组质粒，经常规注射或基因枪免疫动物，可诱导特异性免疫反应。

8. 合成肽疫苗

用化学合成法人工合成病原微生物的保护性抗原多肽，并将其连接到大分子载体上，再加入佐剂制成疫苗。

9. 抗独特型疫苗

利用抗独特型抗体模拟抗原，刺激机体可以产生与抗原特异性抗体具有同等免疫效应的抗体，由此制成的疫苗称为抗独特型疫苗，又称为内影像疫苗。

10. 转基因植物疫苗

转基因植物疫苗又称为可食疫苗，是利用植物转基因技术实现编码病原微生物保护性抗原的基因在转基因植株中的表达。

传统疫苗和基因工程疫苗均可制成多价苗与联苗。多价苗是指将同一种细菌或病毒的不同血清型混合制成的疫苗。联苗是指由两种以上的细菌或病毒联合制成的疫苗。

二、疫苗的免疫接种

1. 免疫途径

疫苗的接种途径有多种，包括滴鼻、点眼、刺种、注射、饮水和气雾等。应根据疫苗的类型、疫病特点及免疫程序选择疫苗接种途径。灭活疫苗、类毒素和亚单位疫苗不能经消化道接种，一般经肌内或皮下注射。注射时应选择活动少、易于注射的部位，如颈部皮下、禽胸部肌肉等。对于禽类，滴鼻和点眼的免疫效果较好，但仅用于接种弱毒疫苗。弱毒疫苗可直接刺激眼底哈氏腺和结膜下弥散的淋巴组织，还可刺激鼻、咽、口腔黏膜等，这些部位是许多病原微生物的感染部位，因此局部免疫很重要。饮水是最方便的疫苗接种方法，适用于大型鸡群，但免疫效果较差，不适合初次免疫。刺种和注射也是常用的免疫方法，前者适用于某些弱毒疫苗如鸡痘疫苗，灭活疫苗和弱毒活疫苗也可注射接种。刺种与注射接种的免疫效果确实。气雾免疫不仅可诱导产生循环抗体，也可诱导产生黏膜局部免疫，但会造成一定程度的应激反应，容易引起呼吸道感染。

2. 免疫程序

在实际生产中没有固定的免疫程序，应根据当地的实际情况制订相应的免疫程序。制订免疫程序时应考虑本地区的疫病流行情况、畜禽种类、年龄、饲养管理水平、母源抗体水平及疫苗的性质、类型、免疫途径等各方面因素。免疫程序不能固定不变，应根据应用的实际效果随时进行合理的调整，血清学抗体监测是重要的参考依据。

三、影响疫苗免疫效果的因素

免疫应答受多种因素的影响。在接种疫苗的动物群体中，免疫应答的强弱或水平高低呈正态分布，绝大多数动物在接种疫苗后都能产生较强的免疫应答。但因个体差异，会有少数动物应答能力差，因而在有强毒感染时，不能抵抗攻击而发病。如果群体免疫力强则不会发生流行；如果群体免疫力弱则会发生较大的流行。影响疫苗免疫效果的因素主要有以下几种。

1. 遗传因素

机体对接种抗原的免疫应答在一定程度上受遗传控制。不同品种甚至同一品种不同个体的动物对同一种抗原的免疫反应有强弱差异。

2. 营养状况

动物的营养状况也是影响免疫应答的因素之一。维生素、微量元素及氨基酸缺乏都会使机体的免疫功能下降。例如，维生素A缺乏会导致淋巴器官萎缩，影响淋巴细胞的分化、增殖、受体表达与活化；导致体内T淋巴细胞、NK细胞数量减少，吞噬细胞的吞噬能力下降；B淋巴细胞的抗体产生能力下降。营养状况在免疫防治中不可忽视。

3. 环境因素

环境因素包括动物生长环境的温度、湿度、通风状况、卫生及消毒等。动物机体的免疫功能在一定程度上受神经、体液和内分泌的调节。环境过冷、过热、湿度过大、通风不良都会使动物出现不同程度的应激反应，导致动物对抗原的免疫应答能力下降，接种疫苗后不能取得相应的免疫效果，表现为抗体水平低、细胞免疫应答弱。环境卫生和消毒工作做得好可以减少或杜绝强毒感染的机会，使动物安全渡过接种疫苗后的诱导期。环境好可大大降低动物发病的机会，即使动物群体抗体水平不高也能得到保护。如果环境差，存在大量病原，抗体水平较高的动物群体也可能发病。

4. 疫苗质量

疫苗质量是免疫成败的关键因素。弱毒疫苗接种后会在体内繁殖。因此，疫苗中必须含有足够量的、有感染力的病原，否则会影响免疫效果。灭活疫苗接种后不会繁殖，因此必须保证有足够的抗原量，才能刺激机体产生坚强的免疫力。油佐剂灭活疫苗的性状必须稳定。

疫苗的保存与运输是免疫防治工作中十分重要的环节。保存与运输不当会使疫苗质量下降甚至失效，湿疫苗应低温、冷冻保存，弱毒冻干疫苗应保存在2~8℃，马立克病细胞结合毒疫苗应保存在液氮中。灭活疫苗应保存在2~8℃，严防冻结，否则会破乳或出现凝集块，影响免疫效果。在疫苗的使用过程中，疫苗稀释方法、水质、雾粒大小、接种途径、免疫程序等都是影响其免疫效果的重要因素，都应足够重视。疫苗的安全性问题也常会导致免疫失败，如弱毒疫苗的返强，灭活疫苗的灭活不彻底等。

5. 病原的血清型与变异

有些疫病病原有多个血清型，如传染性支气管炎病毒、大肠杆菌等，给免疫防治带来困难。如果疫苗毒株或菌株的血清型和引起疫病的病原的血清型不同，则不能取得良好的预防效果。针对有多个血清型病原的疫病应考虑使用多价苗。病原易变异，疫苗免疫常常无法取得很好的免疫效果。

6. 疾病对免疫的影响

有些疫病可引起免疫抑制，从而严重影响疫苗的免疫效果。如鸡群感染马立克病病毒（MDV）、传染性法氏囊病病毒（IBDV）、鸡传染性贫血因子（CAA）等都会影响其他疫苗的免疫效果，甚至导致免疫失败。另外，免疫缺陷病、中毒病等对动物的疫苗免疫效果都有不同程度的影响。

7. 母源抗体

母源抗体的被动免疫对新生动物十分重要，但对疫苗接种会有一定的影响，尤其是弱毒疫苗免疫时，如果母源抗体水平较高，会严重影响疫苗的免疫效果。鸡新城疫、马立克病、传染性法氏囊病的疫苗免疫都存在母源抗体的干扰，需测定雏鸡的母源抗体水平以确定首免日龄。

8. 病原微生物之间的干扰

同时免疫两种或多种弱毒疫苗往往会产生干扰现象。

第十五章 免疫学技术

第一节 概 述

一、免疫学技术的概念及分类

免疫学技术是指利用免疫反应的特异性原理，建立各种检测与分析技术以及建立这些技术的各种制备方法。包括：①用于抗原或抗体检测的体外免疫反应技术，或称免疫检测技术，这类技术一般都需要用血清进行试验，故又称为免疫血清学反应或免疫血清学技术。②用于检测机体细胞免疫功能与状态的细胞免疫技术。③用于建立免疫检测方法的免疫制备技术，如抗体或抗原的纯化技术、抗体标记技术。凡是与抗原、抗体、免疫细胞、细胞因子等有关的技术都可称为免疫学技术。免疫学技术已广泛应用于人、动物、植物和微生物等生物科学的各个领域，成为生物科学研究不可缺少的工具。

二、免疫血清学反应的特点及影响因素

1. 免疫血清学反应的一般特点

（1）特异性与交叉性 血清学反应具有高度特异性，如抗猪瘟病毒的抗体只能与猪瘟病毒结合，而不能与口蹄疫病毒结合。这是血清学试验用于分析各种抗原和进行疾病诊断的基础。但如果两种天然抗原之间含有部分共同抗原时，则会发生交叉反应。例如，鼠伤寒沙门菌的血清能凝集肠炎沙门菌，反之亦然。一般血缘越近，交叉反应程度也越高。除相互交叉反应外，也有表现为单向交叉的，单向交叉在选择疫苗用菌（毒）株时有重要意义。

（2）抗原与抗体结合力 抗原和抗体的结合是弱能量的非共价键结合，其结合力决定于抗体的抗原结合位点与抗原表位之间形成的非共价键的数量、性质和距离，由此可分为高亲和力、中亲和力和低亲和力抗体。抗原和抗体的结合是分子表面的结合，这一过程受物理、

化学、热力学法则制约，结合温度应在0~40℃范围内，pH在4~9范围内。温度超过60℃或pH降到3以下时，抗原-抗体复合物会重新解离。利用抗原抗体既能特异性结合又能在一定条件下重新分离的特性，可进行免疫亲和层析以制备免疫纯的抗原或抗体。

（3）最适比例性　抗原和抗体在适宜条件下能发生结合反应。但对于常规的血清学反应，如凝集反应、沉淀反应、补体结合反应等，只有在抗原抗体呈适当比例时，才会出现凝集、沉淀等可见的反应结果。最适比例时反应最明显。因抗原过多或抗体过多而出现抑制可见反应的现象，称为带现象。凝集反应的抗原为大的颗粒性抗原，容易因抗体过多而出现前带现象，需将抗体做递进稀释，同时固定抗原浓度。相反，沉淀反应的抗原为可溶性抗原，会因抗原过量而出现后带现象，可稀释抗原以避免抗原过剩。通常以格子学说解释带现象，即大多数抗体为二价，而大多数抗原为多价，只有两者比例适当时才能形成彼此连接的大的复合物。抗原过多或抗体过多时，形成的单个复合物不能连接成可见的复合物。为了克服带现象，在进行血清学反应时需将抗原或抗体做适当稀释，通常是固定一种成分稀释另一种成分。为了确定抗原和抗体的最适用量，也可同时递进稀释抗原和抗体，用综合变量法进行方阵测定。

一些免疫检测技术（如标记抗体技术）通常用于检测微量的抗原或抗体，反应中容易出现抗体或抗原过量，但因其检测灵敏度高，只要有小的单一复合物存在即可被检测出来，因此不受带现象的限制。在这些试验中，为了获得更好的特异性和敏感性，也需要用综合方阵变量法滴定抗原和抗体的最适用量。

（4）反应的阶段性　血清学反应存在二阶段性，但其间无严格的界限。第一阶段为抗原和抗体的特异性结合阶段，反应快，几秒钟至几分钟即可，但无可见反应。第二阶段为抗原和抗体反应的可见阶段，表现为凝集、沉淀、补体结合等反应，反应进行较慢，需几分钟、几十分钟或更长时间，实际上是单一复合物凝聚形成大复合物的过程。第二阶段反应受电解质、温度、pH等的影响，如果参加反应的抗原是简单半抗原，或抗原抗体比例不合适，则不出现反应。标记抗体技术中由于检测的不是抗原抗体的可见反应，而是标记分子，因此严格说不存在第二阶段反应，试验通常用时0.5~1h，主要是确保第一阶段反应更充分。

2. 免疫血清学反应的影响因素

影响免疫血清学反应的因素主要有电解质、温度、酸碱度等。

（1）电解质　特异性的抗原和抗体具有对应的极性基（羧基、氨基等），它们互相吸附后，其电荷和极性被中和失去亲水性，变为憎水系统。此时易受电解质的作用失去电荷而互相凝聚，发生凝集或沉淀反应。因此，需在适当浓度的电解质参与下才出现可见反应。故血清学反应一般用生理盐水作为稀释液，标记抗体技术中，用磷酸盐缓冲生理盐水（PBS）作为稀释液。但用禽类血清时，需用8%~10%高渗氯化钠溶液作为稀释液，否则不出现反应或反应微弱。

（2）温度　将抗原抗体保持在一定温度下一定时间可促使两个阶段的反应。较高温度可以增加抗原和抗体接触的机会，加速反应出现。抗原抗体反应通常在37℃培养箱或水浴，也可在室温下进行，用56℃水浴则反应更快。有的抗原或抗体在低温下长时间结合反应更充分。如有的补体结合反应在低温下结合效果更好。

（3）酸碱度　血清学反应常用pH为6~8。pH过高或过低可使抗原-抗体复合物重新解离。pH降至抗原或抗体的等电点时可引起非特异性酸凝集，出现假阳性。

三、细胞免疫技术的种类

细胞免疫技术是指与细胞免疫有关的各种检测技术，包括对免疫细胞、细胞因子的检测及功能分析。人们越来越认识到细胞免疫在肿瘤、细胞内细菌感染、病毒感染等疾病免疫中的重要性，近年来细胞免疫技术在医学和兽医学研究与临床中的应用越来越广泛。根据被检测物质的性质不同可将细胞免疫技术分为淋巴细胞计数及分类技术、淋巴细胞功能测定技术、细胞因子检测技术及体内细胞免疫试验4大类。

细胞免疫技术方法复杂，根据不同检测对象需要采用不同的方法，这也是细胞免疫技术发展较慢的原因。目前发展到用血清学方法检测细胞免疫，如用单克隆抗体检测CD抗原进行T细胞亚群分析，用血清学反应测定白细胞介素和干扰素等，即细胞免疫技术与血清学技术融为一体。此外，近年来也有各种先进的检测仪器应用于细胞免疫技术，如流式细胞仪、激光共聚焦显微镜等，使免疫细胞表面分子的检测、定位及其功能研究有了较大的发展。

四、免疫制备技术的种类

免疫制备技术是指制备与免疫检测有关制剂的各种技术，包括抗原制备、抗体制备、抗体纯化及抗体标记等技术。免疫制备技术是免疫检测技术的第一步，是免疫技术不可缺少的一部分。在免疫制备技术中，最为主要的是单克隆抗体制备技术，它大大提高了免疫检测技术的特异性和敏感性，推动了免疫检测试剂的标准化，使免疫检测技术进入了一个新的时代。

五、免疫学技术的应用

1. 动物疫病诊断

用免疫血清学方法对动物传染病、寄生虫病等进行诊断是免疫学技术最突出的应用。应用免疫血清学技术可以检测病原微生物的抗原或抗体。其中，酶标记抗体技术已成为多种动物传染病的常规诊断方法，简便、快速，具有高度的敏感性、特异性和可重复性等特点。

2. 动、植物生理活动研究

动物和植物体中存在一些活性物质，如激素、维生素等，它们在体内含量极少，但在调节机体生理活动中起着重要作用。可通过分析测定这些生物活性物质的含量及变化来研究机体的各种生理功能（如生长、生殖等）。这些物质的含量极低，用常规检测方法无法准确测出。放射免疫测定和酶免疫技术能精确测出纳克（ng，$1ng=10^{-9}g$）及皮克（pg，$1pg=10^{-12}g$）级水平的物质，已成为测定动物、植物以及昆虫体内微量激素及其他活性物质、植物生理和生物防治的重要技术手段。

3. 物种及微生物鉴定

各种生物之间的差异都可表现为抗原性的不同，物种种源越远，抗原性差异越大。可用区分抗原性的血清学反应进行物种鉴定和物种分类。血清学反应在细菌、病毒等微生物鉴定和血清型及亚型的分析方面已得到广泛应用。

4. 动、植物性状的免疫标记

分析动物和植物的一些优良性状（如高产、优质、抗逆性等）的特异性抗原，用血清学方法进行标记选择育种，是一个很有前途的方向，比分子遗传标记选择育种简便。

5. 生物制品研究

在生物制品（如疫苗、诊断制品、免疫增强剂等）的研究与开发中，免疫学技术是必不可少的支撑技术。疫苗研发中需要用血清学技术和细胞免疫技术作为免疫效力的评价手段。在研究一些免疫增强药物，尤其是抗肿瘤药物时，需要应用细胞免疫技术分析测定它们对机体细胞免疫功能的增强作用。

6. 动物疫病致病机理研究

动物传染病病原从机体特定部位感染，并在特定组织细胞内增殖，导致发病。采用免疫荧光抗体染色或免疫酶组化染色技术，可在细胞水平上确定病毒等病原微生物的感染细胞，还可利用免疫电镜技术等在亚细胞水平上进行抗原定位。免疫学技术还可用于研究自身免疫病和变态反应性疾病的发病机理。

7. 分子生物学研究

在基因工程研究中，目的基因的分离、表达产物的特异性检测与定量分析以及表达产物的纯化等均涉及免疫学技术。如可用抗体免疫沉淀分离目的基因的mRNA、酶标抗体核酸探针（地高辛核酸探针）检测筛选基因克隆、免疫转印技术分析表达产物的特异性和分子量、ELISA或RIA分析表达量、免疫亲和层析纯化表达产物、免疫方法分析表达产物的免疫原性。由此可见，免疫学技术是分子生物学研究必不可少的工具。

六、免疫学技术的发展趋向

免疫血清学技术的发展趋向是高度特异性、高度敏感性、精密的分辨能力、高水平定位、试验电脑化、反应微量化、方法标准化和试剂商品化以及操作简便快速。

用单克隆抗体替代多克隆血清抗体以提高特异性；用各种标记技术提高敏感性；结合各种电泳技术提高对抗原分析的分辨能力；结合激光共聚焦显微镜、电子显微镜进行亚细胞水平、染色体甚至分子水平上的定位；一些血清学技术，如放射免疫测定、免疫酶标抗体测定，在专门仪器上配备有电脑和分析软件，使试验操作和试验结果的处理和记录自动化；以免疫学技术为基础的蛋白质芯片技术，使血清学检测技术向更加微量化、自动化和规模化集成方向发展。无论是标记抗体技术还是常规的血清学反应目前都倾向于采用微量反应板进行，既节省材料，又提高工作效率。利用基因工程重组抗原和单克隆抗体研制各种诊断试剂盒和试纸条，其中备有各种标准抗原和参考血清，使其标准化和商品化，是血清学试验的一个重要发展趋向，这将大大促进血清学技术的普及和应用。

近年来，细胞免疫检测技术发展很快，各类淋巴细胞功能的测定方法进一步得到完善。如用血清学方法检测淋巴细胞表面标记；与流式细胞仪、激光共聚焦显微镜结合进行分型和免疫信号等研究；用血清学方法检测分析各种细胞因子等。细胞免疫技术与血清学技术融为一体是一个发展趋向。

第二节 凝集反应

一、概念

细菌、红细胞等颗粒性抗原或吸附在红细胞、乳胶颗粒性载体表面的可溶性抗原与相应抗体结合，在有适当电解质存在的条件下，经过一定时间形成肉眼可见的凝集团块，称为凝集反应。

二、原理

参与凝集试验的抗体主要为IgG和IgM。当颗粒性抗原直接与相应的特异性抗体结合，反应达到最适比，使颗粒性抗原相互聚集，形成肉眼可见的凝集团块，称为直接凝集试验。

可溶性抗原与颗粒性载体结合，再与相应的抗体结合，也能形成肉眼可见的凝集团块，称为间接凝集试验。

三、方法的分类及应用

凝集试验一般用于检测抗体，也可用已知的抗体检测和鉴定新分离的未知菌。将特异性抗体结合在颗粒性载体上，用来检测抗原的间接凝集试验，称为反向间接凝集试验。

1. 直接凝集试验

直接凝集试验分为玻片法和试管法。

（1）玻片法　一般用于新分离细菌的鉴定，可定性检测。将适当稀释的含有已知抗体的诊断血清与待检菌液滴在玻片上混合，数分钟后如出现颗粒状或絮状凝集，即为阳性反应。此方法简便快速，沙门菌鉴定、血型鉴定等多采用此方法。也可以用已知的诊断抗原悬液检测待检血清中是否含有相应的抗体，如布鲁氏菌的玻板凝集试验和鸡白痢全血平板凝集试验等。

（2）试管法　用来检测待测血清中是否存在相应抗体或测定血清的抗体效价（滴度），可用于临床诊断或流行病学调查，可定量检测。将待检血清用生理盐水做倍比稀释，然后加入等量抗原，置于37℃条件下水浴观察数小时。视不同凝集程度记录为++++（100%凝集）、+++（75%凝集）、++（50%凝集）、+（25%凝集）和-（不凝集）。以出现50%凝集以上的血清最大稀释度为该血清的凝集价。

2. 间接凝集试验

间接凝集试验常用的载体有红细胞（O型人红细胞、绵羊红细胞）、聚苯乙烯乳胶颗粒，其次为活性炭、白陶土、离子交换树脂、火棉胶等。抗原多为可溶性蛋白质如细菌裂解物或浸出液、病毒与寄生虫分泌物、裂解物或浸出液以及各种蛋白抗原。应用较多的是间接血凝试验和乳胶凝集试验，即以红细胞或乳胶颗粒为载体，将可溶性抗原或抗体致敏于红细胞或乳胶颗粒表面，用以检测相应抗体或抗原。

第三节　沉淀反应

一、概念

可溶性抗原（如细菌的外毒素、内毒素、菌体裂解液，病毒的可溶性抗原、血清、组织浸出液等）与相应抗体结合，在适量电解质存在的情况下形成肉眼可见的白色沉淀，称为沉淀反应。

二、原理

沉淀试验的抗原可以是多糖、蛋白质、类脂等。这些可溶性抗原与相应的抗体结合，达到最适比，即可形成肉眼可见的抗原-抗体复合物白色沉淀。参与沉淀反应的抗体主要是IgG和IgM。

三、方法的分类及应用

沉淀试验包括环状沉淀试验、琼脂凝胶扩散试验和免疫电泳技术，可用于检测抗体或抗原。

1. 环状沉淀试验

环状沉淀试验是最简单、最古老的一种沉淀试验，目前仍在应用。在小口径试管内先加入已知抗血清，然后小心沿管壁将待检抗原加到血清表面，使之成为界线清晰的两层。

数分钟后，两层液面交界处会出现白色环状沉淀，即为阳性反应。该方法主要用于抗原的定性检测，如诊断炭疽的 Ascoli 试验、链球菌血清型鉴定、血迹鉴定和沉淀素的效价滴定等。

2. 琼脂凝胶扩散试验

可溶性抗原和抗体在半固体琼脂凝胶中反应，当抗原和抗体相遇并达到适当比例时就会互相结合、凝聚，出现白色的沉淀线，从而判定相应的抗体和抗原。琼脂免疫扩散试验有多种类型，最常用的是双向双扩散和双向单扩散。

（1）双向双扩散　简称双扩散。此方法用 1% 琼脂浇成厚 2~3mm 的凝胶板，在其上按 1/2 图形打圆孔或长方形槽，于相邻孔（槽）内滴加抗原和抗体，在饱和湿度下，扩散 24h 或数天，观察沉淀带。双向双扩散主要用于抗原的比较和鉴定，也可用于抗体的检测。检测抗体时，加待检血清的相邻孔应加入标准阳性血清作为对照。测定抗体效价时可倍比稀释血清，以出现沉淀带的血清最大稀释度为抗体效价。

（2）双向单扩散　又称辐射扩散。试验在玻璃板或平皿上进行，用 1.6%~2.0% 琼脂加一定浓度的等量抗血清浇成凝胶板，厚度为 2~3mm，在其上打直径为 2mm 的小孔，孔内滴加抗原液。抗原在孔内向四周辐射扩散，与凝胶中的抗体接触形成白色沉淀环。沉淀环面积与抗原浓度成正比。可用已知浓度的抗原绘制成标准曲线，用以测定抗原的量。此方法在兽医临床上可用于鸡马立克病的诊断。将鸡马立克病病毒高免血清浇成血清琼脂平板，拔取病鸡新换的羽毛数根，将毛根剪下，插于此血清平板上，阳性者毛囊中的病毒抗原向四周扩散，会形成白色沉淀环。

3. 免疫电泳技术

免疫电泳技术是凝胶扩散试验与电泳技术相结合的一项免疫检测技术，在抗原抗体凝胶扩散的同时加入电泳的电场作用，使抗体或抗原在凝胶中的扩散移动速度加快，缩短了试验时间；同时限制了扩散移动的方向，使其集中朝电泳的方向扩散移动，增加了试验的敏感性。此方法比一般的凝胶扩散试验快速和灵敏。根据试验用途和操作不同可分为免疫电泳、对流免疫电泳、火箭免疫电泳等，下面只介绍前两种应用比较广泛的技术。

（1）免疫电泳　由琼脂双扩散与琼脂电泳技术结合而成。不同带电颗粒在同一电场中的泳动速度不同，通常用迁移率表示。如其他因素恒定，则迁移率主要取决于分子的大小和所带净电荷的多少。蛋白质为两性电解质，每种蛋白质都有它自己的等电点，在 pH 大于其等电点的溶液中，羧基离解多，此时蛋白质带负电，向正极泳动；反之，在 pH 小于其等电点的溶液中，氨基离解多，此时蛋白质带正电，向负极泳动。pH 离等电点越远，所带净电荷越多，泳动速度也越快。因此，可以通过电泳将复合的蛋白质分开。检测样品时先在琼脂凝胶板上电泳，将抗原的各个组分在板上初步分开；然后再在点样孔一侧或两侧打槽，加入抗血清，进行双向扩散。电泳迁移率相近而不能分开的抗原物质，又可按扩散系数不同形成不同的沉淀带，进一步加强了对复合抗原组成的分辨能力。

（2）对流免疫电泳　大部分抗原在 pH>8.2 的碱性溶液中带负电荷，在电场中向正极移动；而抗体蛋白带电荷弱，在琼脂电泳时，由于电渗作用，向相反的负极泳动，如将抗体置于正极端，抗原置于负极端，则电泳时抗原和抗体相向泳动，在两孔之间形成沉淀带。试验时，同免疫电泳法制备琼脂凝胶板，凝固后在其上打孔，挑去孔内琼脂后，将抗原置于负极一侧孔内，抗血清置于正极一侧孔内。加样后电泳 30~90min 观察结果。本方法较双向双扩散敏感 10~16 倍，并大幅缩短了沉淀带出现的时间，简易快速，适合用于快速诊断。

第四节　标记抗体技术

一、概念

抗原与抗体能特异性结合，但抗体、抗原分子小，在含量低时形成的抗原-抗体复合物是不可见的。有一些物质即使在超微量时也能利用特殊方法被检测到，如果将这些物质标记在抗体分子上，即可通过检测标记分子来示踪抗原-抗体复合物的存在，此种根据抗原抗体结合特异性和标记分子检测敏感性建立的技术称为标记抗体技术。高敏感性的标记分子主要有荧光素、酶、放射性同位素，由此建立了免疫荧光抗体技术、免疫酶标记技术和放射免疫分析技术。其特异性和敏感性远远超过常规血清学方法，已被广泛应用于病原微生物的鉴定、动物疫病的诊断以及血清流行病学监测与调查。

二、免疫荧光抗体技术

免疫荧光抗体技术是指用荧光素标记抗体或抗原，在荧光显微镜下观察荧光信号以分析和示踪抗原或抗体的方法。该检测方法将抗原抗体反应的特异性、荧光检测的高敏感性及显微镜技术的精确性三者相结合。

可用于标记的荧光素有异硫氰酸荧光素（FITC）、四乙基罗丹明（RB200）和四甲基异硫氰酸罗丹明（TMRITC），其中应用最广的是FITC，后两种常被用作对比染色标记，仅作为第一种的补充。抗体被荧光素标记后，并不影响其结合抗原的能力和特异性，因此当荧光抗体与相应的抗原结合时会形成带有荧光的抗原-抗体复合物，可在荧光显微镜下观察到抗原的存在。最常用的是以荧光素标记抗体或抗抗体来检测相应的抗原或抗体的方法。

1. 荧光抗体染色方法

（1）标本制备　保持抗原的完整性是制作标本的基本要求，除此之外还要尽可能减少抗原形态变化，且保持其位置不变。同时，抗原-标记抗体复合物还必须易于接受激发光源，以便更好地观察和记录。因此标本一定要薄，并要有适宜的固定方法。

细菌培养物、感染动物的组织或血液、脓汁、粪便、尿沉渣等均可用来制备涂片或压印片。感染组织或细胞主要制成冰冻切片或低温石蜡切片；生长在盖玻片上的单层细胞也可用作标本，将培养细胞经胰酶消化后可做成涂片。细胞或原虫悬液可直接用荧光抗体染色，再转移至玻片上直接观察。

标本固定有两个目的：防止被检材料从玻片上脱落；消除抑制抗原抗体反应的因素，如脂肪。细胞内抗原用有机溶剂固定可增加细胞膜的通透性，有利于荧光抗体的渗入。最常用的固定剂为丙酮和95%乙醇。标本固定后应立即用PBS反复冲洗，干燥后即可染色。

（2）染色方法　常用的荧光抗体染色法有直接法和间接法。

1）直接法。在标本区直接滴加2~4个单位的标记抗体，将标本放在湿盒中，37℃作用30min；用pH为7.0~7.2的PBS冲洗15min，干燥、封载即可镜检。直接法应设标本自发荧光对照、阳性标本对照和阴性标本对照。直接法可用来检测抗原，但每检测一种抗原均需制备相应的荧光抗体。

2）间接法。在标本区先滴加特异性抗血清，将标本放在湿盒中，37℃作用30min；PBS冲洗后再滴加标记的抗抗体，染色、漂洗、干燥、封载。除自发荧光、阳性和阴性对照外，首次试验时还应设置无中间层对照（标本＋标记的抗抗体）和阴性血清对照（中间层用阴性血清代替特异性抗血清）。间接法既可用于抗原检测又可用于抗体检测，而且制备一种荧光抗抗体可用于同种属动物的多种抗原抗体系统的检测。将 SPA 标记 FITC 制成的 FITC-SPA 性质稳定，可制成商品代替标记的抗抗体。FITC-SPA 可用在多种动物抗原抗体系统的检测中，应用范围更广。

（3）荧光显微镜观察　在标本上滴加缓冲甘油（分析纯甘油 9 份加 PBS 1 份）后用盖玻片封载，即可在荧光显微镜下观察。荧光显微镜不同于光学显微镜，它的光源是高压汞灯或溴钨灯，有一套位于集光器与光源之间的激发滤光片，只允许一定波长的紫外线及少量可见光（蓝紫光）通过。此外，还有一套位于目镜内的屏障滤光片，只允许激发的荧光通过，紫外线不能通过，用来保护眼睛并能增加反差。如果想要直接观察微量滴定板中的抗原抗体反应（如感染细胞中的荧光），可使用倒置荧光显微镜。

2. 免疫荧光抗体技术的应用

（1）细菌病诊断　利用免疫荧光抗体技术可以直接检测或鉴定新分离的细菌，具有较高的敏感性和特异性。链球菌、致病性大肠杆菌、沙门菌、痢疾杆菌、李氏杆菌、巴氏杆菌、布鲁氏菌、炭疽杆菌、马鼻疽杆菌、猪丹毒丝菌等均可采用免疫荧光抗体技术进行检测和鉴定。动物的粪便、黏膜拭子涂片、病变组织触片或切片以及尿沉渣等均可作为检测样本，应用直接法检出目的菌，具有很高的诊断价值。含菌量少的标本可先通过滤膜集菌，然后直接在滤膜上进行免疫荧光染色。

将较低浓度的荧光抗体加入培养基，进行微量短期的玻片培养，在荧光显微镜下直接观察荧光集落的"荧光菌球法"，可用于粪便中的病原体检测。尤其是针对已经采用药物治疗、不容易成功培养出病原体的患畜，在病因学诊断上有较大价值。

利用间接荧光抗体染色法检测抗体，可用于流行病学调查、早期诊断和现症诊断，如钩端螺旋体 IgM 抗体的检测可作为早期诊断或近期感染的指征。间接法检测结核分枝杆菌的抗体可以作为结核病活动性和化疗监控的重要手段。

（2）病毒病诊断　用免疫荧光抗体技术直接检测患畜病变组织中的病毒已成为病毒感染快速诊断的重要手段。例如，猪瘟病毒、鸡新城疫病毒等可取感染组织做成冰冻切片或触片，应用直接或间接免疫荧光染色法检测病毒抗原，一般可在 2h 内出诊断报告。猪流行性腹泻在临床上与猪传染性胃肠炎十分相似，可取患病猪小肠组织制成冰冻切片，用猪流行性腹泻病毒的特异性荧光抗体做直接免疫荧光检查，即可确诊。

病毒含量较低的病理组织需先在细胞上短期培养、增殖后再用荧光抗体检测病毒抗原，可提高检出率。某些病毒（如猪瘟病毒、猪圆环病毒）在培养细胞上不会出现细胞病变，可用免疫荧光作为病毒增殖的指征。应用间接免疫荧光染色法检测血清中的病毒抗体常用于诊断和流行病学调查，其中针对 IgM 抗体的检测可作为疫病早期诊断和近期感染的指征。

（3）其他方面的应用　免疫荧光抗体技术已广泛应用于淋巴细胞 CD 分子和膜表面免疫球蛋白（mIg）的检测，为淋巴细胞的分类和亚型鉴定提供了研究手段。

三、免疫酶标记技术

免疫酶标记技术是根据抗原抗体反应的特异性和酶催化反应的高敏感性建立起来的一种免疫检测技术。酶是一种有机催化剂，在催化反应过程中不会被消耗，能反复作用，微量的酶即可催化大量的反应过程。如果产物有色、可见，则极为敏感。常用的酶有辣根过氧化物酶（HRP）、碱性磷酸酶、葡萄糖氧化酶等。以辣根过氧化物酶应用最广，其次是碱性磷酸酶。辣根过氧化物酶是由无色的酶蛋白和深棕色的铁卟啉构成的一种糖蛋白（含糖量为 18%），分子质量约为 40ku。辣根过氧化物酶的作用底物为过氧化氢，催化时需要供氢体，并使之生成有色产物。免疫酶标记技术可用来示踪细胞或亚细胞水平上抗原或抗体的所在部位，或测定微克、纳克级别抗原或抗体的量，既特异又敏感，是目前应用最为广泛的免疫检测方法之一。常用的免疫酶标记技术有以下几种。

1. 免疫酶组化染色技术

组织切片（冷冻切片和低温石蜡切片）、组织压印片、涂片以及细胞培养的单层细胞盖片均可用于免疫酶染色。这些标本的制作和固定过程与荧光抗体技术基本相同，但需要进行一些特殊处理。包括直接法、间接法、抗抗体搭桥法、杂交抗体法、酶抗酶复合物法、增效抗体法等，其中直接法和间接法最常用。显色后的标本在普通显微镜下即可观察到抗原所在部位的颜色。也可用常规染料做反衬染色，使细胞结构更为清晰，有利于抗原的定位。与免疫荧光抗体技术相比，不需要荧光显微镜且标本可以长期保存。

2. 酶联免疫吸附试验（ELISA）

ELISA 是目前应用最广、发展最快的一项技术。其基本过程是将抗原或抗体吸附于固相载体，在载体上进行免疫酶反应，底物显色后用肉眼或分光光度计判定结果。其核心是利用抗原抗体的特异性吸附，在固相载体上一层层叠加，可以是两层、三层甚至多层，犹如搭积木一样。整个反应都必须在抗原抗体结合的最适条件下进行。每层试剂均用最适于抗原抗体反应的稀释液进行稀释，加入后置于 37℃ 条件下反应一定时间（一般 0.5~2h）。每加一层反应后均需充分洗涤。试验方法主要有间接法、夹心法（又称双抗体法）、双夹心法、酶标抗原竞争法、酶-抗酶抗体（PAP）法、PPA-ELISA、BA 系统 ELISA 等。ELISA 结果可用肉眼观察，也可用 ELISA 测定仪测定样本的光密度（OD）值。每次试验都需设置阴、阳性对照。肉眼观察时，如果样本的颜色反应超过阴性对照即可判为阳性。用 ELISA 测定仪来测定 OD 值时，所用波长随底物供氢体不同而异。

结果可按下列方法表示：①用阳性"+"与阴性"-"表示。如果样本 OD 值超过规定吸收值则判为阳性，否则为阴性。规定吸收值=一组阴性样本的吸收值的均值+2 或 3 个 SD（SD 为标准差）。②用 P/N 比值表示。样本 OD 值与一组阴性样本 OD 值的均值之比即为 P/N 比值，若样本的 P/N 比值 ≥ 1.5、2 或 3，即判为阳性。③用终点滴度（即 ELISA 效价，简称 ET）表示。将样本做倍比稀释，测定各稀释度的 OD 值，高于规定吸收值（或 P/N 比值 >1.5、2 或 3）的最大稀释度，也就是出现阳性反应的最大稀释度，即为样本的 ELISA 滴度或效价。可以绘制 OD 值与效价之间的关系图，这样只需测定某个稀释度样本的 OD 值即可算出其效价。目前商品化的 ELISA 试剂盒都配有相应的程序，用于测定抗体效价。④用于定量测定。如酶标抗原竞争法，用于抗原的定量测定。需要预先利用标准抗原绘制出一条吸收值与浓度的相关标准曲线，这样只要测出样本的吸收值即可换算出抗原浓度。

3. 斑点-酶联免疫吸附试验（dot-ELISA）

原理及步骤与 ELISA 基本相同，有两点不同：①固相载体以硝酸纤维素滤膜、硝酸醋酸混合纤维素滤膜、重氮苄氧甲基化纸等固相化基质膜代替，用来吸附抗原或抗体。②显色底物的供氢体为不溶性的，在基质膜上会出现有色斑点。可采用直接法、间接法、双抗体法、双夹心法等。

四、放射免疫分析

放射免疫分析（RIA）是将放射性同位素测量的高度敏感性和抗原抗体反应的高度特异性结合建立起来的一种免疫分析技术。RIA 特异性强、灵敏度高、准确性和精密性好，是目前其他分析方法无法比拟的。该方法操作简便，便于标准化，其灵敏度可达纳克（ng）至皮克

（pg）级，比一般的分析方法提高了 1000~1000000 倍。放射免疫分析是目前最敏感的分析技术，但需要制备高纯度的抗原、标记抗原和高亲和力的标准抗血清。该技术可以用于疫病的诊断，但目前主要用于各种生物活性物质以及药物残留的检测。

第五节 中和试验

一、概念

基于抗体能否中和病毒的感染性而建立的免疫学试验称为中和试验。中和试验的特异性强、敏感性高。

二、原理

能与病毒结合使其失去感染力的抗体称为中和抗体。病毒可刺激机体产生中和抗体，中和抗体与病毒结合后可阻止病毒吸附或进入细胞，从而失去感染细胞的能力。中和作用不仅具有严格的种、型特异性，还具有量的特性，即一定量的病毒须有相应数量的中和抗体才能完全被中和。

进行中和试验时，首先要根据病毒特性选择合适的细胞、鸡胚或实验动物测定病毒毒价，再比较病毒被待检血清和已知血清中和后的毒价，最后根据保护效果差异判定待检血清中抗体中和病毒的能力即抗体的中和效价。

三、方法的分类及应用

中和试验主要用于病毒感染的血清学诊断、血清学调查、病毒分离株的鉴定、不同病毒株间抗原关系分析以及疫苗免疫效力与免疫血清质量评价。中和试验主要有两种：①测定能使动物或细胞死亡数目减少至 50%（半数保护率，PD_{50}）的血清稀释度，即终点法中和试验。②测定使病毒在细胞上形成的空斑数量减少至 50% 的血清稀释度，即空斑减少法中和试验。

1. 毒价的滴定

中和试验涉及对病毒毒力或毒价的滴定，采用半数致死量（LD_{50}）作为毒价单位。以感染或发病作为指标时，可用半数感染量（ID_{50}）；以体温反应作为指标时，可用半数反应量（RD_{50}）；用鸡胚测定时，可用鸡胚半数致死量（ELD_{50}）或鸡胚半数感染量（EID_{50}）；在组织细胞上测定时，可用组织或细胞培养半数感染量（$TCID_{50}$ 或 $CCID_{50}$）；测定疫苗免疫性能时，可用半数免疫量（IMD_{50}）或半数保护量（PD_{50}）。

半数剂量测定时，通常将病毒原液进行 10 倍递进稀释，选择 4~6 个稀释倍数接种一定体重的试验动物（或细胞、鸡胚），每组 3~6 只（孔、个）。接种后，观察一定时间内的死亡（或出现细胞病变）数和存活数。然后按 Reed-Muench 法、内插法或 Karber 法计算半数剂量。

2. 终点法中和试验

终点法中和试验是滴定使病毒感染力减少至 50% 的血清中和效价或中和指数。有以下两种滴定方法。

（1）固定病毒稀释血清法 即固定已知病毒量而倍比稀释血清。常用来测定血清抗体的中和效价。

将病毒原液稀释成每一单位剂量含 $200LD_{50}$（或 EID_{50}、$TCID_{50}$），与等量的递进稀释的待检血清混合，置 37℃感作 1h。每一个稀释度接种 3~6 只实验动物（或鸡胚、培养细胞），记录每组动物的存活数和死亡数，按照 Reed-Muench 法或 Karber 法计算该血清抗体的中和效价。

（2）固定血清稀释病毒法 主要用于血清抗体的定性检测。将病毒原液做 10 倍递进稀释，分两组。第一组加等量的正常血清（对照组），第二组加待检血清（中和组），混合后置37℃感作1h，分别接种实验动物（或鸡胚、细胞），记录每组的死亡数、累积死亡数和累积存活数，按照Reed-Muench法或Karber法计算LD_{50}，然后计算中和指数：中和指数 = $\dfrac{\text{中和组 } LD_{50}}{\text{对照组 } LD_{50}}$。

3. 空斑减少法中和试验

空斑减少法中和试验指应用病毒空斑技术，以使空斑数减少50%的血清量作为中和滴度。试验时，将已知空斑单位的病毒稀释到每一接种剂量含100个空斑形成单位（PFU），加等量递进稀释的血清，置37℃感作1h。每一个稀释度接种3个已长成单层细胞的容器，每个容器接种0.2~0.5mL。置37℃感作1h，使病毒充分吸附，再在其上覆盖低熔点的营养琼脂，待琼脂凝固后置37℃二氧化碳温箱中培养。以同一稀释度的病毒加等量Hanks液同样处理作为对照。数天后分别计算空斑数，用Reed-Muench法或Karber法计算血清抗体的中和滴度。

第六节　补体参与的检测技术

一、概念

补体是存在于正常动物血清中具有类似酶活性的一组蛋白质。利用补体能够被抗原-抗体复合物激活的特性，建立的检测抗原或抗体的免疫血清学技术，即补体参与的检测技术。

二、原理

抗体（IgG、IgM）的Fc片段含有补体受体。当抗体没有结合抗原时，其Fab片段向后卷曲，掩盖了Fc片段上的补体受体，因此不能结合补体。但当抗体与抗原结合时，两个Fab片段向前伸展，暴露出Fc片段上的补体受体，补体的各种成分相继与之结合使补体活化，从而导致一系列免疫学反应。因此可以通过补体是否激活来证明抗原与抗体是否相对应，进而对抗原或抗体做出检测。

三、方法的分类及应用

补体参与的检测技术可大致分为两类。其中以补体结合试验最常用。一类是补体与细胞表面的免疫复合物结合后直接引起溶细胞的可见反应，如溶血反应、溶菌反应、杀菌反应、免疫黏附反应、团集反应等；另一类是补体与可溶性抗原与抗体复合物结合后不引起可见反应，但可以利用指示系统（如溶血反应）来测定补体是否已被结合，从而间接检测反应系统中是否存在抗原-抗体复合物，如补体结合试验等。

补体结合试验中，可溶性抗原（蛋白质、多糖、类脂、病毒等）与相应抗体结合形成的抗原-抗体复合物可以结合补体，再加入致敏红细胞（溶血系统或称指示系统）后，根据是否出现溶血反应来判定反应系统中是否存在相应的抗原和抗体。参与补体结合反应的抗体称为补体结合抗体。补体结合抗体主要为IgG和IgM，IgE和IgA通常不能结合补体。补体结合试验具有高度特异性和一定的敏感性，可用于诊断传染病，如结核病、副结核病、马鼻疽、牛肺疫、马传染性贫血、日本脑炎、布鲁氏菌病、钩端螺旋体病、锥虫病等；也可用于病原体鉴定，如日本脑炎病毒和口蹄疫病毒的鉴定和定型等。

第七节　免疫检测新技术

免疫学技术与现代物理、化学技术相结合，一些天然分子与标记物的应用使标记抗体技术层出不穷。

一、SPA 免疫检测技术

葡萄球菌蛋白 A（SPA）是金黄色葡萄球菌细胞壁的表面蛋白质，具有能与多种动物 IgG 的 Fc 片段结合的特性，因而成为免疫检测技术中一种极为有用的试剂。由此建立了许多敏感、特异、快速和简便的免疫学检测方法，如 SPA 放射免疫分析、SPA 免疫酶标记技术、SPA 荧光检测技术、SPA 免疫胶体金检测技术等。

二、生物素-亲和素免疫检测技术

生物素-亲和素免疫检测技术是指利用生物素与亲和素结合的专一性，以及生物素、亲和素既可标记抗原或抗体又可被标记物所标记的特性，建立生物素-亲和素系统来显示抗原抗体特异性反应的各种免疫检测技术，如亲和素-生物素复合物（ABC）、桥连亲和素-生物素技术（BRAB）、标记生物素-亲和素技术（LAB）、生物素-亲和素或链霉亲和素 ELISA 等。

三、免疫胶体金检测技术

免疫胶体金检测技术是以胶体金颗粒为示踪标记物或显色剂，应用于抗原抗体反应的一种新型免疫标记技术，包括免疫胶体金光镜染色法、免疫胶体金电镜染色法、斑点免疫金渗滤法、胶体金免疫层析法、免疫胶体金试纸条等。免疫胶体金试纸条可用于快速诊断。

四、免疫电镜技术

免疫电镜技术（IEM）是将抗原抗体反应的特异性与电镜的高分辨率相结合的检测技术。利用标记抗体，在电镜下可直接对抗原进行分子水平定位；也可利用特异性抗体捕获、浓缩相应的病毒，经负染后在电镜下观察病毒粒子。IEM 可用于病毒病的直接诊断。

五、免疫转印技术

免疫转印技术又称蛋白质印迹或免疫印迹，是一种将蛋白质凝胶电泳、膜转移电泳与抗原抗体反应相结合的免疫分析技术，也是蛋白质组分分析和蛋白多肽分子量分析的主要方法，已广泛用于病毒蛋白和基因表达重组蛋白多肽的分析，是基因工程及相关研究中不可或缺的方法之一。

六、免疫沉淀技术

免疫沉淀技术是将放射性同位素标记、免疫沉淀、SDS-聚丙烯酰胺凝胶电泳（SDS-PAGE）和放射自显影技术相结合建立起来的一种免疫学技术。在病毒培养基中加入放射性同位素标记的前体（如 5S-蛋氨酸）标记病毒蛋白；培养后收获细胞；裂解后加入病毒特异性抗血清；然后加入金黄色葡萄球菌，利用其蛋白 A 与病毒-抗体复合物结合，离心取沉淀，收集病毒-抗体-葡萄球菌复合物；经加热处理后收集病毒；然后进行 SDS-PAGE，病毒蛋白在聚丙烯酰胺凝胶上按照分子量大小形成区带；最后将凝胶晾干；在 X 线胶片上进行自显影，即可观察到清晰的蛋白带。免疫沉淀技术已广泛应用于病毒蛋白质的分析，也可用于细胞膜蛋白组分的分析。

七、PCR-ELISA 技术

PCR-ELISA 是将 PCR 技术与 ELISA 相结合的一种抗原检测技术，又称为免疫 PCR。其本质是一种以 PCR 代替酶反应来放大显示抗原抗体结合率的改进型 ELISA。特点是利用 PCR 的指数级扩增效率带来极高的敏感度，同时又具有高特异性的抗原检测系统。PCR-ELISA 灵敏度高、检测结果可靠，主要用于体内激素、肿瘤、病毒、细菌等微量抗原的检测。可进行半定量检测。

八、化学发光免疫测定

化学发光免疫测定（CLIA）是将化学发光与免疫测定法相结合的免疫检测技术，克服了放射免疫分析及免疫酶标记技术的缺点，无放射性污染，又具有高灵敏度和高特异性。①敏感度高，甚至超过 RIA。②精密度和准确性可与 RIA 相比。③试剂稳定，无毒害。④测定耗时短。⑤测定项目多。⑥可发展成自动化测定系统。因其明显的优势，化学发光免疫测定已成功地应用于大分子印迹、核酸杂交检测、酶底物辅助因子标记、肿瘤标记、毒效检测、基因探查等。

九、免疫传感器

将高灵敏度的传感技术与特异性免疫反应相结合，用来检测抗原抗体反应的生物传感器称为免疫传感器。可分为电化学免疫传感器、质量检测免疫传感器和热量检测免疫传感器等。

十、免疫核酸探针技术

为避免同位素探针半衰期短、操作不安全和废物难以处理的弊端，将抗原抗体反应特性引入核酸杂交技术，形成了免疫核酸探针技术。

十一、生物芯片

生物芯片技术是伴随着人类基因组计划实施产生的一门新技术，已成为高效、大规模获取相关信息的重要手段。它主要是通过微加工技术和微电子技术将成千上万与生命相关的信息集成在一块硅、玻璃、塑料等材料制成的芯片上，对基因、细胞、蛋白质、抗原以及其他生物组分进行准确、快速、大信息量的分析和检测。依据固定物不同可分为 DNA 芯片、RNA 芯片、蛋白质芯片等。生物芯片技术已被广泛应用于基因测序、疾病诊断、药物筛选、新药开发、食品检测、环境保护和检测等领域。

第二篇

兽医传染病学

第一章 总论

第一节 动物传染病与感染

一、感染和传染病的概念

病原微生物侵入动物机体，并在一定部位定居、生长、繁殖，从而引起机体一系列病理反应的过程称为感染或传染。

凡是由病原微生物引起，具有一定潜伏期和临床表现，并具有传染性和流行性的疾病称为传染病。根据传染病的特性可将其与非传染病相区别。

1）传染病是在一定环境条件下由病原微生物与机体相互作用所引起的。
2）传染病具有传染性和流行性。从被感染动物体内排出的病原体侵入另一有易感性的动物体内，能引起同样性质的疾病，这种特性称为传染性。当环境条件适宜时，在一定时间内，某一地区易感动物群中可能有许多动物被同一病原体同时或相继感染，使传染病蔓延开来，形成流行，这种特性称为流行性。
3）被感染的机体发生特异性反应。
4）耐过动物能获得特异性免疫，使机体在一定时期内或终生不再患该种传染病。
5）具有特征性的临床表现。
6）具有明显的流行规律，呈季节性、周期性和一定的区域分布。

二、感染的类型

（1）外源性感染和内源性感染　是根据病原体的来源进行分类的。如果病原体从外界侵入机体引起的感染称为外源性感染。在不良因素影响下，动物机体的抵抗力减弱，寄生于动物体内的条件性病原活化，增强毒力，大量繁殖，引起机体发病称为内源性感染。巴氏杆菌、支原体等引起的感染往往是内源性感染。

（2）单纯感染、混合感染、原发感染和继发感染　是根据感染病原体的种类及感染顺序来分类的。一种病原体所引起的感染，称为单纯感染或单一感染。由两种以上的病原体同时参与的感染，称为混合感染。动物感染了一种病原体之后，在机体抵抗力降低的情况下，导致另一种病原体引发感染，这时前一种感染称为原发感染，后一种称为继发感染。

（3）显性感染和隐性感染，一过型感染和顿挫型感染　依据感染后是否出现临床症状，可将感染分为显性感染和隐性感染。能引起明显临床症状的感染称为显性感染，其中包括症状严重的典型感染和下述不同的轻症感染。一开始症状就较轻，特征症状尚未出现即行恢复者称为一过型（或消散型）感染。初始症状较重，与急性病例相似，但特征症状尚未出现即迅速康复者，称为顿挫型感染。还有一种临床表现比较轻缓、病程稍长的类型，称为温和型感染。在感染后无任何临床症状而呈隐蔽经过的称为隐性感染。隐性感染也称为亚临床型感染，有些隐性感染动物既不表现症状，又无肉眼可见的病理变化，但它们能排出病原体散播传染，一般只有用微生物学和免疫学方法才能检查出来。

（4）局部感染和全身感染　按照感染部位，把动物机体的抵抗力较强、病原微生物毒力较弱或数量较少，被局限在一定部位生长繁殖并引起一定病变的感染称为局部感染，如葡萄球菌、链球菌等所引起的各种化脓灶。如果动物机体抵抗力较弱，病原微生物冲破了机体的各种防御屏障侵入血液向全身扩散，则称为全身感染。这种感染的全身化主要表现形式有菌血症、病毒血症、毒血症、败血症和脓毒败血症等。

（5）典型感染和非典型感染　均属显性感染。在感染过程中表现出该病的特征性（有代表性）临床症状者，称为典型感染。而非典型感染则表现或轻或重，缺乏典型症状。如典型马腺疫具有下颌淋巴结脓肿等特征症状，而非典型马腺疫轻者仅有鼻黏膜卡他性炎症，严重者可在胸、腹腔内器官出现转移性脓肿。

（6）良性感染和恶性感染　常以患病动物的病死率作为判定的主要指标。不引起患病动物大批死亡的称为良性感染；相反，如引起患病动物大批死亡的则称为恶性感染。

（7）最急性、急性、亚急性和慢性感染　按照感染后病程的长短分类。最急性感染病程最短，常在数小时或1d内突然死亡，症状和病变不显著，如炭疽、巴氏杆菌病等流行初期。急性感染病程较短，从几天至3周不等，伴有明显的典型症状。亚急性感染的病程稍长，临床表现不如急性那么显著，是一种比较缓和的类型，如疹块型猪丹毒。慢性感染的病程发展缓慢，常在1个月以上。

（8）病毒的持续性感染和慢病毒感染

1）持续性感染是指动物长期持续的感染状态。由于入侵的病毒不能杀死宿主细胞而使两者之间形成共生平衡，感染动物可长期或终生带毒，并经常或不定期地向体外排出病毒，但常缺乏与免疫病理反应有关的临床症状。

2）慢病毒（或称慢发病毒）感染又称长程感染，是指潜伏期长、发病呈进行性且最后常以死亡为转归的病毒感染。其与持续性感染的不同点在于疾病过程缓慢，但不断发展且最终引起死亡。

第二节　动物传染病流行过程的基本环节

动物传染病的一个基本特征是能在动物之间直接接触传染或通过媒介间接传染，构成流行。传染病在动物群体中蔓延流行，必须具备三个相互连接的条件，即传染源、传播途径及易感动物，这三个条件常统称为传染病流行过程的三个基本环节或要素，当这三个条件同时存在并相互联系时就会引起传染病的发生或流行。

一、传染源

传染源（也称传染来源）是指有某种病原体在其中寄居、生长、繁殖，并能排出体外的活的动物机体。动物受感染后，可以表现为患病和携带病原两种状态，因此传染源一般可分为两种类型。

1. 患病动物

患病动物是重要的传染源。不同病期的患病动物，其作为传染源的意义也不相同。前驱期和症状明显期的患病动物因能排出病原体且具有症状，因此作为传染源的作用也最大。潜伏期和恢复期的患病动物是否具有传染源的作用，则随病种不同而异。患病动物能排出病原体的整个时期称为传染期。不同传染病传染期长短不同。各种传染病的患病动物隔离期就是根据传染期的长短来制订的。为了控制传染源，对患病动物原则上应隔离至传染期终末为止。

2. 病原携带者

病原携带者是指外表无症状但携带并排出病原体的动物。病原携带者排出病原体的数量一般不及患病动物，但因缺乏症状不易被发现，有时可成为十分重要和危险的传染源。如果检疫不严格，还可以随动物的运输散播到其他地区，造成新的暴发或流行。病原携带者一般分为潜伏期病原携带者、恢复期病原携带者和健康病原携带者三类。

（1）潜伏期病原携带者　指能在潜伏期排出病原体的动物。少数传染病如狂犬病、口蹄疫和猪瘟等在潜伏期后期能够排出病原体，此时就具有传染性。

（2）恢复期病原携带者　指在临床症状消失后仍能排出病原体的动物。一般此时的传染性已逐渐降低或消失。但有些传染病如猪支原体肺炎、布鲁氏菌病等在恢复期仍能排出病原体。

（3）健康病原携带者　指从未出现过某种传染病的症状但却能排出该种病原体的动物。一般认为这是隐性感染的结果，只能靠实验室方法检出。如巴氏杆菌病、沙门菌病、猪丹毒和马腺疫等疾病的健康病原携带者为数众多，可成为重要的传染源。

二、传播途径与传播方式

1. 传播途径

病原体由传染源排出后，经一定的方式再侵入其他易感动物所经历的路径称为传播途径。

研究传染病传播途径的目的在于掌握其特点、病原体的传播方式及各传播途径所表现出来的流行特征，有助于在实际工作中对可能的传播途径进行分析和判断，以切断传播途径，从而控制疫病的发生和流行，是防控动物传染病的重要环节之一。

2. 传播方式

病原体由传染源排出后，经一定的传播途径再侵入其他易感动物所表现的形式称为传播方式，其可分为两大类：一是垂直传播，即从亲代动物到其子代动物之间的纵向传播形式；二是水平传播，即传染病在同世代动物群体之间或个体之间以水平形式横向平行传播。

（1）垂直传播　主要包括下列几种途径。

1）经胎盘传播：病原体经妊娠动物的胎盘血流感染胎儿，称为胎盘传播。可经胎盘传播的疾病有很多，如猪瘟、牛病毒性腹泻、伪狂犬病、布鲁氏菌病、流行性乙型脑炎等。

2）经卵传播：由携带病原体的卵细胞发育而使胚胎受感染，称为经卵传播，多见于禽类。可经卵传播的疾病有禽白血病、禽腺病毒、鸡传染性贫血、禽脑脊髓炎、鸡沙门菌病等。

3）经产道传播：指胎儿从污染的产道娩出时，经皮肤、黏膜感染了存在于母体产道的病原。可经产道传播的病原有大肠杆菌、葡萄球菌、链球菌、沙门菌和疱疹病毒等。

（2）水平传播　包括直接接触传播和间接接触传播两种方式。

1）直接接触传播：指病原体通过被感染的动物（传染源）与易感动物直接接触（交配、舔咬等）、不需要任何外界条件因素的参与而引起的传播方式。

2）间接接触传播：病原体通过传播媒介使易感动物发生传染的方式，称为间接接触传播。从传染源将病原体传播给易感动物的各种外界环境因素称为传播媒介。传播媒介包括生物（称为媒介者或病媒生物，如蚊、蝇、蚤类等）和非生物（称为媒介物或污染物）。

间接接触传播一般通过以下几种途径。

① 经空气传播：空气散播主要是以飞沫、尘埃为载体。

经飞散于空气中带有病原体的微细泡沫而进行的传播称为飞沫传播。所有呼吸道传染病主要是经飞沫传播。由于传染源和易感动物不断转移和集散，因此使不少经飞沫传播的呼吸道疾病大规模流行。尘埃传播的时间和空间范围比飞沫要大，可以随空气流动转移到别的地区。能借尘埃传播的传染病有结核病、炭疽、痘病等。

经空气传播的多为呼吸道及可经黏膜感染的传染病。此类传染病多有周期性和季节性，一般以冬、春季多见，并与圈舍条件及饲养管理有关。

② 经污染的饲料和水传播：可经消化道传播的传染病如口蹄疫、猪瘟、鸡新城疫、沙门菌病、结核病等，其传播媒介主要是污染的饲料和饮水。

③ 经污染的土壤传播：它们所引起的传染病有炭疽、气肿疽、破伤风、恶性水肿、猪丹毒等。

④ 经媒介者传播：媒介者主要包括以下几种。

a. 节肢动物：此类媒介主要是虻、蠓、蚊、蝇、蜱、虱、螨和蚤等。其传播主要是机械性的，它们通过在患病、健康动物间的刺螫吸血而散播病原体。也有少数是生物性传播，即某些病原体（如立克次体）在感染动物前，必须先在一定种类的节肢动物（如某种蜱）体内通过一定的发育阶段，才能致病。

b. 野生动物：野生动物的传播可以分为两大类。一类是本身对病原体有易感性，受感染后作为传染源再传染给家养动物。另一类是本身对该病原体无易感性，但可机械地传播疾病。

c. 人类：饲养人员、兽医、其他工作人员以及外来人员等如不注意遵守防疫卫生制度，消毒不严格，可将头部、手、衣服、鞋底及携带的物品或工具上污染的病原体传播给健康动物。

人工授精用的精液、胚胎移植用的卵胚及注射用的各类血液制品等引起的传染病传播也属于水平传播的范畴。

传播途径和传播方式是两个不同的概念，应注意区分。传播途径是指病原体进入机体必须通过的场所、路径，它包括了传播媒介，是具体的、客观的、特指的和物化的；传播方式是指病原体通过各种传播路径进入动物机体时所采取的形式，如直接和间接、横向和纵向、水平和垂直、机械性和生物性等，它是抽象化的、人们主观归纳的。

三、动物群体的易感性

1. 易感性和易感动物

动物对某种病原体缺乏免疫力而容易感染的特性称为易感性。有易感性的动物称为易感动物。

2. 影响动物易感性的因素

（1）动物群体的内在因素　不同种类的动物对同一种病原体表现的临床反应有很大的差异，例如，鸡不感染猪瘟，这是由遗传因素决定的。某一种病原体也可能使多种动物感染，却引起不同的表现，如流感病毒。不同品系的动物对传染病抵抗力有遗传性差别。

（2）外界因素　各种饲养管理因素包括饲料质量、圈舍卫生、粪便处理、拥挤、饥饿以及隔离检疫等都是影响动物易感性的重要因素。

（3）特异性免疫状态　传染病发生后，能否造成流行、流行强度和持续时间如何，除与病原特性和外部因素有关以外，还与动物群体中易感动物所占的比例有关。一般当动物群体中有80%及以上的动物有特异性免疫力时，就不会发生大规模的暴发流行，可能只出现少数散发的病例。这就解释了为什么规模化养殖场免疫预防时尽管并非100%的易感动物都接种了疫苗，或群体免疫后也并非所有动物都产生了坚强的免疫力，但整个动物群体仍能受到免疫保护。

四、影响流行过程的因素

1. 自然因素

对流行过程有影响的自然因素，也称之为环境决定因素，主要包括地理位置、地形地貌、植被、地质水文、季节、气候、局部环境等。无论哪种因素，都是分别或同时影响3个基本环节而起作用的。

（1）作用于传染源　一定的地理条件（海、河、高山等）对传染源的转移产生一定的限制。季节变换、气候变化引起机体抵抗力的变动。

（2）作用于传播媒介　不同的纬度和地域，其植物种类、植被状态、媒介昆虫种类及数量、水质、地表土质、大气流动状况等都会有所不同，从而使这些传播媒介的性能和特点也不同。

（3）作用于易感动物　温度和气候的影响，在低温、高湿的条件下，可使易感动物易于受凉、降低呼吸道黏膜的屏障作用，有利于呼吸道传染病的流行；在高温的影响下，肠道的杀菌作用降低，使肠道传染病增加。

2. 社会因素

（1）社会发展程度　人类社会的发展程度会显著影响动物疫病的流行过程。社会发展程度主要包括政治经济体制和制度，生产力、经济、文化、科学技术等方面的发展水平，以及社会意识形态、价值观念、宗教信仰、法律法规建设及其贯彻执行情况等。

（2）从业者综合素质　从业人员的素质在很大程度上会影响动物传染病的流行过程，这些人员包括政府官员，教育、科研及科普工作者，畜牧兽医技术人员、饲养和管理人员，以及饲料、兽药和技术服务等相关行业的从业人员。

第三节　动物流行病学调查

一、流行病学调查的方法

流行病学调查的主要目的是摸清传染病发生的原因和传播的条件，以便采取合理的防疫措施，预防和控制传染病的发生和流行。对疫区进行流行病学调查有以下方法。

（1）询问调查　询问畜主、管理人员、当地居民等，力求查明与疫病发生有关的各种因素。

（2）现场察看　进一步了解流行发生的经过和关键问题，可根据不同疾病进行重点项目的调查，如肠道传染病的饲料、水源、粪便和尸体处理情况。对疫区的一般兽医卫生情况，地理分布、地形特点和气候条件也应注意调查。

（3）实验室检查　目的是确定诊断，发现隐性传染源，证实传播途径，摸清畜群免疫水平和有关病因因素等。一般以初步诊断为前提，对可疑病畜进行微生物学、血清学、变态反应、尸体剖检等检查。

（4）统计学方法　对所有发病动物数、死亡动物数、屠宰头数及预防接种头数等加以统计、登记和分析整理。调查完毕时应讨论、评定收集的全部资料，给出结论，并提出预防和消灭传染病的建议。

二、流行病学调查的内容

流行病学调查的内容或提纲按不同的疫病和要求来制订，一般应弄清下列有关问题。

1）本次流行的情况：最初发病的时间、地点，随后蔓延的情况，当前疫情的时间、空间和群间分布。发病前有无饲养管理、饲料、用药、气候等变化或其他应激因素存在。查明其感染率、发病率和病死率。

2）疫情来源的调查：本地过去曾否发生过类似的疫病，何时何地发生；曾否由其他地方引进动物、动物产品或饲料，输出地有无类似的疫病存在；是否有外来人员进入参观、访问或购销等活动。

3）传播途径和方式的调查：本地各类有关动物的饲养管理制度和方法；动物流动、收购以及防疫卫生情况等。

4）该地区的政治、经济基本情况，群众生产和生活活动的基本情况和特点，畜牧兽医机构和工作的基本情况等。

三、流行病学分析中常用的频率指标

（1）发病率　畜群在一定时期内某病的新病例发生的频率。它能够较完全地反映传染病的流行情况，不包括隐性病畜。对病死率低或不致死的疾病很重要。

（2）感染率　用临床诊断法和各种检验法（微生物学、血清学、变态反应等）检查出的所有感染家畜头数（包括隐性病畜）占被检查家畜头数之比。对慢性病例（猪支原体肺炎、结核病、布鲁氏菌病）有重要意义。

（3）死亡率　因某病死亡数占动物总数（或平均数）之比。

（4）病死率　因某种病死亡的家畜头数占该病患畜数之比。反映某病临床上的严重程度，能更精确地反映传染病的流行过程。

第四节　动物传染病诊断方法

动物传染病发生后，及时而正确的诊断是防控工作的关键和首要环节，它关系到能否正确制定有效的控制措施。诊断动物传染病的方法很多，大体可分为两类，即现场诊断和实验室诊断。现场诊断又称为临床综合诊断，包括流行病学诊断、临床诊断和病理解剖学诊断；实验室诊断包括组织病理学诊断、微生物学诊断、免疫学诊断和分子生物学诊断等。

一、临床综合诊断

（1）流行病学诊断　流行病学诊断是针对患病动物群体，根据宿主的发病特点、发病时间、规模与区域范围特征等流行病学规律并结合临床诊断而进行的一种诊断方法。

（2）临床诊断　临床诊断是最基本的诊断方法。它是利用人的感官或借助如体温计、听诊器等直接对患病动物进行检查。一般来说，都是简便易行的方法，有时也包括血、粪、尿的常规检验。检查内容主要包括患病动物的精神、食欲、体温、脉搏、体表及被毛变化、分泌物和排泄物特性、呼吸系统、消化系统、泌尿生殖系统、神经系统、运动系统及五官变化等。在很多情况下，临床诊断只能提出可疑疫病的大致范围，必须结合其他诊断方法才能确诊。

（3）病理解剖学诊断　患传染病而死亡的动物，尸体多有特定的病理变化。因此，病理解剖学检查是诊断传染病的重要方法之一。如果怀疑炭疽时则严禁剖检。

二、实验室诊断

1. 组织病理学诊断

有些疫病引起的大体病变不明显或缺乏，或不同疫病具有相同的解剖变化，仅靠肉眼很难做出判断，还需作组织病理学检查才有诊断价值。

2. 微生物学诊断

微生物学诊断属于病原学诊断的范畴，是诊断动物传染病的最重要方法，常用诊断方法和步骤如下：

（1）病料采集　正确采集病料是微生物学诊断的重要环节。病料力求新鲜，最好能在濒死时或死后数小时内采取；应从症状明显、濒死期或自然死亡而且未经治疗的病例取材；要求尽量减少杂菌污染，用具、器皿应尽可能严格消毒。

（2）病料涂片、镜检　通常把有显著病变的组织器官涂片数张，进行染色、镜检。此方法对于一些具有特征性形态的病原菌如炭疽杆菌、链球菌、巴氏杆菌等可以迅速做出诊断。

（3）分离培养和鉴定　用人工培养方法将病原体从病料中分离出来。分离培养病毒可选用禽胚、动物或细胞组织等。

（4）动物接种试验　有时人工培养分离到的微生物不一定是引起发病的病原体，因此需要选择对病原体最敏感的动物进行人工感染试验。

3. 免疫学诊断

免疫学诊断是传染病诊断和检疫中最常用、最重要的诊断方法之一，它包括血清学试验和变态反应两大类。

（1）血清学试验　可以用已知抗原来测定被检动物血清中的特异性抗体，也可以用已知的抗体（免疫血清）来测定被检材料中的抗原。

（2）变态反应　动物患某些传染病（主要是慢性传染病）后，可对该病病原体或其产物（某种抗原物质）的再次进入产生强烈反应，即变态反应。能引起变态反应的物质（病原体或其产物或抽提物）称为变应原，如结核菌素、鼻疽菌素等，将其注入患病动物时，可引起局部或全身反应，故可用于传染病的诊断。

4. 分子生物学诊断

分子生物学诊断又称为基因诊断，主要是针对不同病原微生物所具有的特异性核酸序列和结构进行测定。

（1）PCR 技术　又称为体外基因扩增技术。PCR 技术是检测病原核酸，不仅可以检测活的病原体，而且还可检出已灭活的病原体。检测出特异性核酸就能确定致病的微生物，从而确诊是哪种传染病。PCR 技术与其他技术相结合又衍生出一系列相关技术，如反转录 PCR（RT-PCR）、套式 PCR（Nested PCR）、多重 PCR、荧光定量 PCR、数字 PCR 等。

（2）核酸探针技术　核酸探针又称为基因探针或核酸分子杂交技术。该技术可用于所有病原体的特异诊断及分类鉴定。

（3）DNA 芯片技术　DNA 芯片又称为基因芯片、微阵列，属于生物芯片的一种。

第五节　动物传染病的免疫防控措施

免疫接种是指用人工方法将有效疫苗引入动物体内使其产生特异性免疫力，由易感状态变为不易感状态的一种疫病预防措施。有组织、有计划地免疫接种，是预防和控制动物传染病的重要措施之一。根据免疫接种的时机不同，可将其分为预防接种和紧急接种两大类。

一、预防接种

在经常发生某些传染病的地区，或有某些传染病潜在的地区，或经常受到邻近地区传染病威胁的地区，为了防患未然，在平时有计划地给易感动物进行的免疫接种，称为预防接种。

预防接种通常使用疫苗、菌苗、类毒素等生物制剂作为抗原激发免疫。根据所用生物制剂的性质和工作需要，可采用注射、点眼、滴鼻、喷雾和饮水等不同的接种方法。不同的疫苗免疫保护期相差很大，接种后经一定时间（数天至3周），可获得数月至1年及以上的免疫力。

1. 预防接种应有周密的计划

为了做到预防接种有的放矢，应拟订每年的预防接种计划，有时也进行计划外的预防接种。例如，引进或运出动物时，为了避免在运输途中或到达目的地后暴发某些传染病而进行的预防接种。

如果在某一地区过去从未发生过某种传染病，也没有从别处传进来的可能时，则不必进行该传染病的预防接种。

预防接种前，应对被接种的动物进行详细的检查和调查了解，特别注意其健康情况、年龄大小、是否正在妊娠期或泌乳期以及饲养条件的好坏等。妊娠动物，特别是临产前的动物，在接种时由于驱赶、捕捉等影响或由于疫苗所引起的反应，有时会发生流产、早产或影响胎儿的发育。泌乳期或产卵期的动物预防接种后，有时会暂时减少泌乳量或产卵量。所以，对那些年幼的、体质弱的、有慢性病的和妊娠后期的动物，如果不是已经受到传染的威胁，最好暂时不接种。

接种前，应注意了解当地有没有流行，如果发现疫情，则首先安排对该病的紧急防疫。

2. 应注意预防接种的反应

免疫接种后，要注意观察动物接种疫苗后的反应，反应可分为下列3种类型。

（1）正常反应　指由于制品本身的特性而引起的反应，其性质与反应强度随制品而异。例如，某些制品有一定毒性，接种后可以引起一定的局部或全身反应。有些制品是活菌苗或活疫苗，接种后实际是一次轻度感染，也会发生某种局部反应或全身反应。

（2）严重反应　此类反应和正常反应在本质上没有区别，但程度较重或发生反应的动物数超过正常比例。引起严重反应的原因：生物制品质量较差；使用方法不当，如接种剂量过大、接种技术不正确、接种途径错误等；个别动物对某种生物制品过敏。这类反应通过严格控制产品质量和遵照使用说明书可以减少到最低限度，只有在个别特殊敏感的动物中才会发生。

（3）并发症　指与正常反应性质不同的反应。主要包括超敏感（血清病、过敏休克、变态反应等）、扩散为全身感染和诱发潜伏感染。

接种弱毒疫苗前后各5d，动物应停止使用对疫苗活菌有杀灭力的药物，以免影响免疫效果。

3. 几种疫苗的联合使用

一般认为，当同时给动物接种两种以上疫苗时，这些疫苗可分别刺激机体产生多种抗体。它们可能彼此无关，也可能彼此发生影响。因此，必须考虑各种疫苗的互相配合，以减少相互之间的干扰作用，保证免疫的效果。

4. 合理的免疫程序

免疫程序是指根据一定地区、养殖场或特定动物群体内传染病的流行状况、动物健康状况和不同疫苗特性，为特定动物群制订的接种计划，包括接种疫苗的类型、顺序、时间、次数、方法、时间间隔等规程和次序。不同的传染病其免疫程序一般也不相同，有的简单，有的复杂。例如，鸡马立克病和鸡痘一般只用弱毒疫苗免疫一次，而鸡新城疫和传染性支气管炎则要用弱毒疫苗和灭活疫苗免疫多次。每种传染病的免疫程序组合在一起就构成了一个地区、一个养殖场或特定动物群体的综合免疫程序。

免疫程序的制订，至少应考虑以下八个方面的因素：①当地疾病的流行情况及严重程度。②母源抗体的水平。③上一次免疫接种引起的残余抗体水平。④动物的免疫应答能力。⑤疫苗的种类和性质。⑥免疫接种方法和途径。⑦各种疫苗的配合。⑧对动物健康及生产能力的影响。这八个因素是互相联系、互相制约的，必须统筹考虑。

免疫种用动物所产幼龄动物在一定时间内其体内有母源抗体存在，对建立自主免疫有一定影响，因此对幼龄动物免疫接种往往不能获得满意结果。

5. 免疫接种失败的原因

动物免疫接种后，在免疫有效期内不能抵抗相应病原体的侵袭，仍发生了该种传染病，或者效力检查不合格均可认为是免疫接种失败。出现免疫接种失败的原因很多，可归纳为三大方面，即疫苗的因素、动物的因素和人为因素。

1）疫苗本身的免疫保护性能差（如猪支原体肺炎疫苗、禽霍乱疫苗、猪流行性腹泻疫苗等）或具有一定毒力的活疫苗（如猪副伤寒疫苗、鸡喉气管炎疫苗和某些鸡传染性法氏囊病疫苗等）。

2）疫苗毒（菌）株与田间流行毒（菌）株血清型或亚型不一致，或流行株的血清型发生了变化，如口蹄疫、禽流感、传染性支气管炎等都有这种情况。

3）疫苗运输、保管不当；或疫苗稀释后未及时使用；使用过期、变质的疫苗；疫苗选择不当甚至用错疫苗。

4）不同种类疫苗之间的干扰作用。

5）接种活苗时动物有较高的母源抗体或前次免疫残留的抗体，对疫苗产生了免疫干扰。

6）接种时动物已处于潜伏感染，或在接种时由接种人员及工具带入病原体。

7）动物群中有免疫抑制性疾病存在，如猪圆环病毒病、猪繁殖与呼吸综合征、鸡传染性法氏囊病、牛慢病毒感染等。

8）免疫接种工作不认真，例如，饮水免疫时饮水器不足，疫苗稀释错误或稀释不均匀，接种剂量不足，接种有遗漏等。

9）免疫接种途径或方法错误，例如，只能注射的灭活疫苗却采用饮水法接种。

10）免疫接种前后使用了免疫抑制性药物，或在接种活疫苗时使用了抗菌药物。

二、紧急接种

紧急接种是指在发生传染病时，为了迅速控制和扑灭疫情而对疫区和受威胁区尚未发病的动物进行的应急性计划外免疫接种。

在疫区应用疫苗做紧急接种时，必须对所有受到传染威胁的动物逐头进行详细观察和检查，仅能对外观健康的动物以疫苗进行紧急接种。

紧急接种是在疫区及周围的受威胁区进行，受威胁区的大小视疫病的性质而定。紧急接种的目的是建立"免疫带"以包围疫区，就地扑灭疫情，防止其扩散蔓延。

第六节　动物传染病的综合防控措施

一、防疫工作的基本原则和内容

1. 防疫工作的基本原则

1）建立、健全各级特别是基层兽医防疫机构，以保证兽医防疫措施的贯彻落实。

2）建立、健全并严格执行兽医法规。兽医法规是做好动物传染病防控工作的法律依据。

《中华人民共和国进出境动植物检疫法》将我国动物检疫的主要原则和办法做了详尽的规定。《中华人民共和国动物防疫法》对我国动物防疫工作的方针政策和基本原则做了明确而具体的叙述。这两部法规是我国目前执行的主要兽医法规。

3) 贯彻"预防为主"的方针。随着集约化畜牧业的发展，"预防为主"方针的重要性更加突出。在规模化饲养中，兽医工作的重点如果不是放在群体预防方面，而是忙于治疗个别患病动物，势必造成越治患病动物越多、工作完全陷入被动的局面，这是一种本末倒置的危险做法。

2. 防疫工作的基本内容

动物传染病的流行是由三个基本环节相互联系、相互作用而产生的复杂过程。因此，采取适当的防疫措施来消除或切断造成流行的三个基本环节及其相互联系，就可以阻止疫病发生和传播。目前，我国防控猪瘟、鸡新城疫等应以普遍预防接种为重点措施，而防控猪支原体肺炎则以改善饲养条件配合药物控制病猪和带菌猪为重点措施。在制定防控工作的总体策略时，必须采取预防为主、防治结合的综合性措施。

（1）平时的预防措施　①加强饲养管理，提供优质饲料和饮水，增强动物机体的抗病能力。搞好卫生消毒，粪便要做无害化处理，坚持全进全出、自养的原则，减少疫病传播机会。②拟订和执行定期预防接种和补种计划。③定期杀虫、灭鼠、防鸟。④认真贯彻执行国境检疫、交通检疫、市场检疫和屠宰检验等各项工作的相关法律法规，及时发现并消灭传染源。⑤各级兽医机构应调查研究当地疫情分布，组织相邻地区对动物传染病的联防协作，有计划地进行消灭和控制，并防止外来疫病的侵入。

（2）发生疫病时的扑灭措施　①及时发现、诊断和上报疫情并通知邻近单位做好预防工作。②迅速隔离患病动物，污染的地方进行紧急消毒。如果发生危害性大的疫病如口蹄疫、高致病性禽流感、炭疽等应采取封锁等综合性措施。③实行紧急免疫接种，并对患病动物进行及时、合理的必要治疗。④严格处理死亡动物和淘汰的患病动物。

疫病预防就是采取各种措施将疫病排除于一个未受感染的动物群体之外。这通常包括采取隔离、检疫等措施不让传染源进入尚未发生该病的地区；采取群体免疫、群体药物预防以及改善饲养管理和加强环境保护等措施。

疫病的控制就是采取各种措施，减少或消除疫病的病源，以降低动物群体中已出现的疫病的发病数和死亡数，并把疾病限制在局部范围内。

疫病的消灭则意味着一定种类病原体的消失。我国已成功消灭牛瘟和牛肺疫。

二、疫情报告

当可疑为口蹄疫、高致病性禽流感、炭疽、狂犬病、牛瘟、猪瘟、鸡新城疫、牛流行热、小反刍兽疫等重要法定传染病时，一定要迅速向上级有关部门报告，并通知邻近单位及有关部门注意预防和协作工作。上级机关接到报告后，除及时派人到现场协助诊断和紧急处理外，应根据具体情况逐级上报。

当动物突然死亡或怀疑发生传染病时，应立即通知兽医人员。在兽医人员尚未到位或尚未做出诊断之前，应采取下列措施：将疑似传染病患病动物进行隔离，派专人管理；对患病动物停留过的地方和污染的环境、用具进行消毒；完整保留患病动物尸体；不得随便急宰，不许食用患病动物的皮、肉、内脏。

三、检疫、隔离、封锁的概念

1. 检疫

检疫是指法定人员利用各种诊断和检测方法对动物及其相关产品和物品进行强制性疫病

检查，并出具法律性证明的过程。检疫的目的是查出传染源、切断传播途径，防止疫病传播，是依法运用强制性手段和科学方法预防和阻断动物疫病的发生或传播的日常性工作。

2 隔离

隔离是指为防止疫病的传播、蔓延，将不同健康状态的动物严格分离、隔开，完全、彻底切断相互接触的措施，是控制传染源、保护易感动物的重要措施。隔离有两种情况：一种是正常情况下对新引进动物的隔离，其目的是在规定时间内观察这些动物是否健康，以防把感染动物引入新的地区或动物群体，造成疫病传播和流行；另一种是在发生传染病时实施的隔离，其目的是防止假定健康动物被发病动物或可疑感染动物感染，以便在最小范围内控制和扑灭疫情。尤其是在发生重大疫情时，在疫区解除封锁前，禁止疫区内未被扑杀的易感动物移动，严禁无关人员、动物出入隔离场所等都属于隔离措施的范畴。为此，在发生传染病时，应首先查明疫病的性质及其在动物群体中蔓延的程度，逐一检查临床症状，必要时进行血清学和变态反应试验。根据诊断结果，将全部受检动物分为患病动物、可疑感染动物和假定健康动物三类群体，分别进行隔离管理。

（1）患病动物　包括有典型症状或类似症状，或经特异性检查结果为阳性的动物。它们是最危险的传染源，应选择不易散播病原体、消毒处理方便的场所或房舍进行隔离。如患病动物数目较多，可集中隔离在原来的圈舍。特别注意严格消毒，加强卫生和护理工作，须有专人看管和及时进行治疗。隔离时间的长短，应根据该种传染病患病动物带/排菌(毒)的时间长短而定。

（2）可疑感染动物　未发现任何症状，但与患病动物及其污染的环境有过明显接触的动物，如同群、同场、同舍、同栏(笼)、同圈、同槽、同牧、同一饲养员负责及使用共同水源、用具等的动物。其他与感染动物有密切流行病学关联的动物也可视为可疑感染动物，应根据实际情况加以区分。可疑感染动物有可能处于潜伏期，有排菌(毒)的风险，一般应在消毒后另选地点将其隔离、看管，限制其活动，详加观察，出现症状的则按患病动物处理。隔离观察时间的长短，根据该种传染病的潜伏期长短而定。

（3）假定健康动物　除上述两类动物外，疫区内其他易感动物都属于假定健康动物。此类动物应与上述两类严格隔离饲养，加强防疫消毒和相应的保护措施，立即进行紧急免疫接种。

3. 封锁

封锁就是切断或限制疫区与周围地区的一切日常交通、交流或来往，是为了防止疫病扩散及安全区健康动物的误入而对区域内动物群采取划区隔离、扑杀、销毁、消毒和紧急免疫接种等强制性措施。根据《中华人民共和国动物防疫法》的规定，当确诊为牛瘟、口蹄疫、炭疽、猪瘟等一类传染病或当地新发现的动物传染病时，兽医人员应立即报请当地政府机关，划定疫区范围，由县级及其以上人民政府发布封锁令进行封锁。

封锁区的划分，必须充分考虑该病的流行规律，疫情流行情况和当地的具体条件，确定疫区和受威胁区。执行封锁时应掌握"早、快、严、小"的原则，即执行封锁应在流行早期，行动果断、快速，封锁严密，范围尽可能小。根据《中华人民共和国动物防疫法》规定的原则，可采取以下具体措施。

（1）封锁疫点应采取的措施

① 严禁人、动物、车辆出入和动物产品及可能污染的物品运出。在特殊情况下人员必须出入时，需经有关兽医人员许可，经严格消毒后出入。

② 对病死动物及其同群动物，县级及其以上人民政府有权采取扑杀、销毁或无害化处理等措施。特别是有新发传染病或从国外传入我国从未发生过的传染病时，果断采取扑杀措施是最有效的防控手段。

③ 疫点出入口必须有消毒设施，疫点内用具、圈舍、场地必须进行严格消毒，疫点内的动物粪便、垫草、受污染的草料必须在兽医人员监督指导下进行无害化处理。

（2）封锁疫区应采取的措施

① 交通要道必须建立临时性检疫消毒关卡，备有专人和消毒设备，监视动物及其产品移动，对出入人员、车辆进行消毒。

② 停止集市贸易和疫区内动物及其产品的采购。

③ 未污染的动物产品必须运出疫区时，需经县级以上人民政府批准，在兽医防疫人员监督指导下，经外包装消毒后运出。

④ 非疫点的易感动物，必须进行检疫或预防注射。

（3）受威胁区应采取的措施

① 对受威胁区内的易感动物应及时进行预防接种，以建立免疫带。

② 管好本区易感动物，禁止出入疫区，并避免利用疫区水源。

③ 禁止从封锁区购买动物、草料和动物产品。

④ 对设在本区的屠宰场、加工厂、动物产品仓库进行兽医卫生监督，拒绝接受来自疫区的动物及其产品。

（4）解除封锁　疫区内最后一头患病动物扑杀或痊愈后，经过该病一个潜伏期以上的检测、观察未再出现新病例时，经彻底清扫和终末消毒，经县级以上人民政府检查合格后，由原发布封锁令的人民政府发布解除封锁令，并通报毗邻地区和有关部门。

四、消毒、杀虫、灭鼠

1. 消毒

利用物理、化学或生物学方法杀灭或清除外界环境中的病原体，从而切断其传播途径、防止疫病的流行称为消毒，它一般不包含对非病原微生物及芽孢、孢子的杀灭。灭菌则是杀灭一切微生物及其孢子、芽孢。防腐则是指防止病原微生物发育、繁殖，不一定杀灭。消毒是贯彻"预防为主"方针的一项重要措施。消毒的目的就是消灭被传染源散播于外界环境中的病原体，以切断传播途径，阻止疫病继续蔓延。

（1）消毒分类　根据消毒的目的，可分以下3种情况。

① 预防性消毒：结合平时的饲养管理对圈舍、场地、用具和饮水等进行定期消毒，以达到预防可能污染传染病的目的。此类消毒一般1~3d进行一次，每1~2周还要进行一次全面大消毒。

② 临时消毒：在发生传染病时，为及时消灭刚从传染源排出的病原体而采取的消毒措施。

③ 终末消毒：在患病动物解除隔离、痊愈或死亡后，或者在疫区解除封锁之前，为了消灭疫区内可能残留的病原体所进行的全面彻底的大消毒。

（2）消毒方法　防疫工作中比较常用的一些消毒方法有以下几种。

1）机械性清除：用机械的方法如清扫、洗刷、通风等清除病原体，是最普通、常用的方法，如圈舍地面的清扫和洗刷、动物体被毛的刷洗等，可以使垫草、饲料残渣及动物体表的污物去掉，同时大量病原体也被清除。通风也具有消毒的意义。通风时间视温差大小可适当掌握，一般不少于30min。

2）物理消毒法：

① 阳光、紫外线和干燥。

② 高温：包括火焰烧灼和烘烤、煮沸消毒和蒸汽消毒。

a. 火焰烧灼和烘烤：适用于严重传染病（如炭疽、气肿疽等）患病动物的粪便、饲料残渣、垫草、污染的垃圾和病尸处理。

b. 煮沸消毒：大部分非芽孢病原微生物在100℃的沸水中迅速死亡。

c. 蒸汽消毒：指相对湿度在80%~100%的热空气能携带许多热量，遇到消毒物品凝结成水，放出大量热能，因而能达到消毒的目的。高压蒸汽消毒在实验室和死尸化制站应用较多。

3）化学消毒法：兽医防疫实践中最常用的消毒方法之一。

4）生物热消毒：主要用于污染的粪便、垃圾等的无害化处理。在粪便堆沤过程中，利用粪便中的微生物发酵产热，可使温度高达70℃以上。经过一段时间，可以杀死病原体（芽孢除外）、寄生虫卵等而达到消毒目的。

2. 杀虫

虻、蝇、蚊、蜱等节肢动物都是动物疫病的重要传播媒介。因此，杀灭这些媒介昆虫，在预防和扑灭动物疫病方面有重要的意义。常用的杀虫方法有物理杀虫法、生物杀虫法和药物杀虫法。

3. 灭鼠

鼠类是多种人兽共患传染病的传播媒介和传染源，如炭疽、布鲁氏菌病、结核病、沙门菌病、伪狂犬病、口蹄疫和猪瘟等。因此，灭鼠对防控动物传染病具有重要的意义。

五、药物防治

对传染病患病动物的治疗，一方面是为了挽救患病动物，减少损失；另一方面也是为了消除传染源。传染病的治疗还应考虑经济问题，应以最少的花费取得最佳治疗效果。当认为动物无法治愈或治疗需要很长时间，所有医疗费用超过动物痊愈后的价值，或当动物对周围的人和动物有严重威胁时，可以淘汰宰杀。尤其是当传入危害性较大的新病时，为了防止疫病蔓延扩散，造成难以控制的局面，应在严密消毒的情况下将动物淘汰处理。

传染病患病动物的治疗必须在严密封锁或隔离的条件下进行，务必防止患病动物散播病原、造成疫情蔓延。治疗原则是：早期治疗，标本兼治，特异性和非特异性结合，药物治疗与综合措施相配合。

1. 针对病原体的疗法

动物传染病治疗的主要目的是杀灭或抑制病原体，消除其致病作用。一般可分为特异性疗法、抗生素疗法、化学疗法和抗病毒药物等。

（1）特异性疗法　某些传染病可应用针对该种传染病的高度免疫血清、痊愈血清（或全血）、卵黄抗体等进行治疗，因为这些制品只对该种传染病有疗效，故称为特异性疗法。例如，破伤风抗毒素血清只能治疗破伤风，对其他病无效。疾病早期注射足够剂量的高度免疫血清，常能取得良好的疗效。

（2）抗生素疗法　抗生素为细菌性传染病的主要治疗药物。使用抗生素治疗患病动物时应注意：①最好对分离的病原菌进行药物敏感性试验，选择敏感药物用于治疗。②要考虑给药途径、不良反应；首次用药剂量宜大，以后再酌减用量。③抗生素对大多数病毒无作用，虽然在发生病毒性传染病时常用作预防或控制细菌的继发感染，但在病毒性感染继续加剧的情况下，对病畜也是无益而有害的。

(3) 化学疗法　使用有效的化学药物消灭或抑制病原体的治疗方法，称为化学疗法。治疗动物传染病最常用的化学药物有磺胺类药物、抗菌增效剂、硝基呋喃类和喹诺酮类等。

(4) 抗病毒药物　目前已有下列几种药物用于人及动物病毒感染的预防和治疗。

① 金刚烷胺盐酸盐：金刚烷胺对预防和治疗人类甲型流感有较好效果，但我国规定不得用于动物。

② 利巴韦林：又称病毒唑，具有广谱抗病毒作用。对流感病毒、副流感病毒、白血病病毒、口蹄疫病毒等都有抗病毒活性，我国规定不得用于动物。

③ 黄芪多糖：黄芪多糖是药用植物黄芪的提取物，为一种抗病毒植物多糖。

④ 板蓝根和大青叶：有很好的抗菌、抗病毒、抗内毒素、抗炎和增强免疫功能等作用。

⑤ 干扰素：目前医学临床上广泛应用的是 α 干扰素，但兽医领域尚无合法产品。

2. 针对动物机体的疗法

(1) 加强护理　对患病动物护理工作的好坏，直接关系到医疗效果的好坏，是治疗工作的基础。应根据具体情况、病的性质和患病动物的临床特点进行适当的护理工作。

(2) 对症疗法　在传染病治疗中，为了减缓或消除某些严重的症状，调节和恢复机体的生理机能而进行的内外科疗法，均称为对症疗法。例如，使用退热、止痛、止血、镇静、解痉、兴奋、强心、利尿、轻泻、止泻、输氧、防止酸中毒和碱中毒、调节电解质平衡的药物以及某些急救手术和局部治疗等。

(3) 针对群体的治疗　除对患病动物进行护理和对症疗法之外，主要是针对整个群体的紧急预防性治疗。除使用药物外，还需紧急注射疫（菌）苗、血清等。

3. 药物预防

(1) 药物预防的现实意义　防控一些疫病除了加强饲养管理，搞好检疫淘汰、环境卫生和消毒工作外，应用群体药物预防也是一项重要措施和一条有效途径。

(2) 药物预防的弊端及误区　药物预防的弊端：第一，与疫苗相比，药物发挥作用的时间短暂，停止使用后其作用很快消失，因此必须准备随时使用，而不像疫苗那样免疫一次可维持效力很长时间。第二，长期使用药物特别是抗生素类药物预防，容易产生耐药菌株，影响预防效果。第三，药物预防有可能造成药物中毒和药物在动物性产品中的残留，尤其是在长期或过量使用的情况下此类问题更为突出。此外，药物预防有时还会和免疫接种有矛盾，例如，药物会干扰活疫苗的免疫，某些药物具有免疫抑制作用等。最后，药物预防还具有费时、费力、费工、成本高、一般对病毒和细胞内寄生菌无效等不足。

药物预防的误区：第一，添加药物种类过多。第二，用药时间过长。第三，用药剂量过大。第四，过早使用二线药物。预防用药应该使用一线药物即常规药物，如青霉素、链霉素等；只有在治疗时遇到耐药菌株的情况下才使用二线药物即新一代药物，如头孢类。第五，有些小型养殖场药物拌料或饮水不均匀，达不到预期效果，甚至引起个别动物中毒。第六，过分依赖药物预防。

(3) 科学实施药物预防的原则和方法　第一，选择合适的药物。第二，严格掌握药物的种类、剂量和用法。第三，掌握好用药时间和时机，做到定期、间断和灵活用药。第四，穿梭用药，定期更换。第五，注意经料给药应将药物搅拌均匀，经水给药则应注意让药物充分溶解。

（4）重视药物残留和禁用药物问题　药物残留又称兽药残留，是指给动物使用药物后蓄积和储存在细胞、组织和器官内的药物原形、代谢产物和药物杂质，包括兽药在生态环境中的残留和在动物性食品中任何可食部分的残留。目前造成严重威胁的残留兽药主要有抗生素类、磺胺类、呋喃类、抗球虫药、激素类和驱虫药类，由于对人有毒害作用，因此是各国兽药残留监控的重要内容。

第二章　人兽共患传染病

第一节　牛海绵状脑病

牛海绵状脑病（BSE）是由朊病毒引起的渐进性、致死性中枢神经系统变性疾病，又称"疯牛病"。临床上主要以潜伏期长、病情逐渐加重、行为反常、运动失调、体重减轻、脑灰质海绵状水肿和神经元空泡形成为特征。病牛终归死亡。

【流行病学】牛海绵状脑病可感染牛、羊、猫和多种野生动物，也可传染给人；患病的绵羊、种牛及带毒牛是本病的传染源；动物主要是由于摄入混有病畜尸体加工的骨肉粉而经消化道感染。平均潜伏期约为5年，发病牛龄为3~11岁，病程一般为14~180d，但多集中为4~6岁青壮年牛，2岁以下和10岁以上的牛很少发病。

【症状】多数病例表现中枢神经系统的症状；烦躁不安、行为反常，对声音和触摸过分敏感，表现攻击性，共济失调，步态不稳，常乱踢乱蹬以致摔倒，磨牙、低头伸颈成痴呆状。少数病牛可见头部和肩部肌肉颤抖和抽搐，后期出现强直性痉挛；病牛食欲正常，体温偏高，呼吸频率增加，极度消瘦而死亡。

【病理变化】肉眼变化不明显。组织学检查主要的病理变化是脑组织呈海绵样外观（脑组织的空泡化），无任何炎症反应，脑干灰质发生双侧对称性海绵状变性，在神经纤维网和神经细胞中含有数量不等的空泡。胶质细胞肿大、神经元消失。

【诊断】根据临床症状和流行病学特征可做出初步诊断。确诊可进行实验室检查或试验，包括动物感染试验、异常型朊病毒蛋白（PrPSc）的免疫学检测、痒病相关纤维（SAF）的检查等。

【防控】目前无治疗方法，也无疫苗。控制本病主要采取：捕杀、销毁病牛和可疑病牛；禁止在饲料中添加反刍动物蛋白（肉骨粉等）；严禁病牛屠宰后供食用，禁止销售病牛肉；禁止从发病国进口活牛、牛精液、牛肉及其制品。

第二节　高致病性禽流感

高致病性禽流感是由A型流感病毒H5和H7血清亚型中的少数病毒引起的一种禽类急性、高度致死性传染病，世界动物卫生组织将其列为必须报告的动物疫病，我国列为一类传染病。

【流行病学】家禽和野禽均可感染，但野禽和家鸭易感性较低；病禽和带毒禽是主要的传染源，鸭、鹅和野生水禽在本病传播中起重要作用；传播途径为呼吸道传播和排泄物或分泌物污染经口传播；常突然发生，传播迅速，呈流行性或大流行，发病率和病死率均高；无明显的季节性，但常以冬、春季多发。

【症状】鸡：潜伏期很短，通常为3~5d。最急性型：突然大批死亡。急性型：精神极度沉郁、闭目嗜睡、废食、排黄绿或黄白色稀粪、头部肿胀、头颈震颤、流泪、呼吸困难，病程为2~7d。发病率和病死率极高，甚至可达100%。野禽和家鸭通常不产生明显临床症状。

【病理变化】内脏器官和皮肤有不同程度水肿、出血和坏死，但最急性型无明显病变；典型病例可见全身组织器官严重出血、头面部、颈部和脚趾肿胀，有出血斑点，肉髯坏死、出血和发绀；内脏器官浆膜和黏膜严重出血和坏死，十二指肠、小肠、心外膜、胸肌、胃黏膜出血严重；肺充血、水肿，法氏囊和胸腺萎缩。组织病理学变化基本由坏死或炎症构成，出现淋巴细胞性脑膜炎，心肌细胞呈多灶性、弥漫性凝固性坏死；法氏囊、胸腺、脾脏淋巴细胞坏死、凋亡和减少。

【诊断】根据流行病学、临床表现和病理变化可做出初步诊断。确诊可进行实验室检查，包括血凝/血凝抑制试验、ELISA、荧光抗体技术、RT-PCR法。

【防控】做好生物安全措施；加强检疫，早期发现并淘汰阳性检出个体；定期对鸡场进行消毒，切断传播途径；严格管制进出养鸡场的车辆、人员和物品，做好消毒工作；定期免疫接种，提高家禽的特异性抵抗力；如发现疫情果断采取隔离封锁、扑杀销毁、环境消毒等措施，防止疫情扩散。

第三节 狂 犬 病

狂犬病是由狂犬病病毒引起的一种人兽共患的自然疫源性疾病，又称恐水症、疯狗病。临床特征是神经兴奋和意识障碍，继之局部或全身麻痹而死亡；临床表现为恐水、怕风、流涎、狂躁、咽肌痉挛和进行性麻痹，特点是潜伏期长，病死率几乎为100%。

【流行病学】几乎所有的温血动物都对本病易感，野生动物是狂犬病病毒主要的自然贮存宿主。患病动物是主要传染源，健康携带者也可起传染源的作用。患病动物唾液中带有病毒，主要通过咬伤感染和传播。发病以散发为主，病死率几乎为100%。

【症状】潜伏期变动大，为6~150d，平均20多天，因个体差异、咬伤部位、感染的病毒量、毒株和接种疫苗情况而不同。临床上有两种形式，即兴奋型（或狂暴型）和麻痹型，80%的发病动物表现为兴奋型。

（1）犬　潜伏期变动大，为几天到数月，平均为1个月。一般可分为狂暴型和麻痹型两种临床类型。其狂暴型可有前驱期、兴奋期和麻痹期。前驱期1~2d，病犬情绪不安，常躲在暗处，性情、食欲反常，喜吃异物；喉头轻度麻痹，吞咽时颈部伸展；瞳孔散大，唾液分泌增多，反射机能亢进，易兴奋，有时望空扑咬。兴奋期2~4d，病犬高度兴奋，攻击人和动物，自咬四肢、尾及阴部等；表现斜视和恐慌的表情；野外游荡、反射紊乱，显著消瘦，夹尾。麻痹期1~2d，下颌下垂，舌脱出口外，流涎显著，四肢麻痹，卧地不起，最后因呼吸中枢麻痹或衰竭而死。整个病程为7~10d。

麻痹型病犬以麻痹症状为主，吞咽困难，四肢麻痹，进而全身麻痹以致死亡。一般病程为5~6d。

（2）牛　以麻痹型多见，一般病程为5~7d。精神沉郁，反刍、食欲降低，大量流涎，吞咽障碍；不久表现起卧不安，前肢搔地，有阵发性兴奋和冲击动作，磨牙，性欲亢进。兴奋症状往往有短暂停歇，逐渐出现麻痹症状，吞咽麻痹、伸颈、流涎、食欲废绝、瘤胃臌气、里急后重等。最后倒地不起，衰竭而死。

【病理变化】常无特征性的眼观病变，一般表现尸体消瘦；胃空虚或有异物，脑水肿，有点状出血。组织病理学变化主要为弥漫性非化脓性脑脊髓膜炎，神经细胞质内出现嗜酸性病毒包涵体。

【诊断】根据临床症状、典型的病程结合病史可做出初步判断。实验室诊断可采用触片染色镜检（组织病理学检查）、病毒的分离鉴定、直接荧光抗体技术、RT-PCR和快速荧光抑制试验等。

【防控】加强宣传教育和疫情监控，普及防控狂犬病的知识；加强动物检疫，控制和消灭传染源；患病动物或可疑动物不宜治疗，必须宰杀处理；病死动物不剖检，扑杀，病死动物尸体焚化或深埋或做无害化处理，对污染场所和物品进行严格消毒；家犬和家猫采取强制性疫苗接种并登记挂牌措施，对无主犬、流浪犬应采取严格措施，降低或消除狂犬病发生和流行的风险；犬群加强免疫接种工作，提高特异性抵抗能力。

第四节　日　本　脑　炎

日本脑炎是由流行性乙型脑炎病毒引起的一种自然疫源性疾病，又称日本乙型脑炎、猪乙型脑炎、流行性乙型脑炎，简称乙脑。商品猪大多不表现临床症状，妊娠母猪可表现为高热、流产、死胎和木乃伊胎，公猪则出现睾丸炎。

【流行病学】猪不分品种和性别均易感，发病年龄多与性成熟期相吻合；多种动物和人感染后都可成为本病的传染源，猪是最主要增殖宿主和传染源，人是终末宿主，但很少发生人传染人的情况；在猪群中感染率高，发病率低，病愈后多数不再复发，成为带毒猪；带毒蚊虫在疾病的传播过程中起到关键作用，库蚊、伊蚊、按蚊属中的很多蚊种均能传播本病，主要通过"猪-蚊-猪"的循环传播疾病；在热带地区，本病全年均可发生，在亚热带和温带地区具有明显的季节性，主要在7~9月流行。

【症状】潜伏期一般为3~4d，病猪体温升高（40~41℃），呈稽留热，精神沉郁、嗜睡，食欲减退，饮欲增加；粪便干燥呈球状，尿呈深黄色；有的后肢麻痹，步态不稳，跛行；个别表现为神经症状，视力障碍，摆头，乱冲乱撞，最后倒地死亡。除此之外，妊娠母猪流产，多在妊娠后期发生，多为死胎或木乃伊胎，或弱仔；弱仔一般不能站立或吮乳，有的全身痉挛，倒地不起，1~3d死亡；流产后母猪临床症状减轻，体温、食欲恢复正常。公猪发生睾丸炎，一侧或两侧睾丸肿大。

【病理变化】脑脊髓液增多，脑膜和脑实质充血、出血、水肿；睾丸实质充血、出血和坏死灶；流产胎儿常见脑水肿，严重的发生液化，有胸腔积液，腹水增多，皮下有血样浸润；流产胎儿大小不等，小脑发育不全，全身肌肉褪色。

【诊断】根据流行病学特征、症状和病理变化初步诊断。确诊可进行实验室检查，包括病毒的分离与鉴定（中和试验、间接荧光抗体技术、RT-PCR和基因序列鉴定）和血清学诊断（ELISA、血凝抑制试验、中和试验和间接荧光抗体技术）。

【防控】预防猪乙型脑炎，应从猪免疫接种、消灭传播媒介和饲养管理三个方面采取措施。进行免疫接种，提高猪的免疫力；对猪舍应定期进行喷药灭蚊，杜绝传播媒介，以灭蚊、防蚊为主，尤其是三带喙库蚊；加强宿主动物的管理，应重点管理好没有经过夏、秋季节的仔猪和从非疫区引进的猪。本病无特效疗法，应积极采取对症疗法和支持疗法。

第五节 炭 疽

炭疽是由炭疽杆菌引起的一种人兽共患的急性、热性、败血性传染病。世界动物卫生组织将其列为必须报告的动物疫病，我国将其列为二类动物疫病。

【流行病学】草食动物最易感，猪的易感性较低，家禽几乎不感染；病畜是主要的传染源，可通过粪、尿、唾液及天然孔出血等方式排菌，如果不及时处理，则形成芽孢，可能成为长久疫源地；主要通过采食炭疽杆菌芽孢污染的饲料、饲草和饮水经消化道感染，也可经呼吸道和吸血昆虫叮咬而感染；本病常呈散发性或地方流行性，干旱或多雨、洪水涝积、吸血昆虫等是促进炭疽暴发的因素。此外，从疫区输入病畜产品，如骨粉、皮革、羊毛等也常引起本病暴发。

【症状】潜伏期一般为1~5d，最长的可达14d。按其表现不同，可分为以下4种类型。

（1）最急性型 常见于羊，突然发病、倒地、全身战栗，摇摆、昏迷、磨牙、呼吸困难，可视黏膜发绀，天然孔流出带泡沫的暗色血液，常于数分钟内死亡。

（2）急性型 多见于牛、马，病牛体温升高，发病初期兴奋，顶撞人、动物、物体，随后变为虚弱，食欲、反刍、泌乳减少或停止；呼吸困难，颈、胸、腹部水肿；腹泻带血，尿呈暗红色，常有臌气，一般1~2d死亡。马发病与牛相似，常伴有剧烈的腹痛。

（3）亚急性型 多见于牛、马，症状与急性型相似，除急性、热性病征外，常在颈部、咽部、胸部、腹下、肩胛或乳房等部皮肤、直肠或口腔黏膜等处发生炭疽痈，初期硬固有热痛，后期热痛消失，可发生坏死或溃疡，病程可长达1周。

（4）慢性型 主要发生于猪，多不表现临床症状，在屠宰时才发现下颌淋巴结、肠系膜及肺有病变。常见咽型和肠型两种临床型，咽型炭疽呈现发热性咽炎，咽喉部和附近淋巴结肿胀，导致病猪吞咽、呼吸困难；肠型炭疽表现呕吐、腹泻等症状。

【病理变化】急性炭疽死亡的动物，尸僵不全，易腐败，血凝不良，全身多发性出血，脾脏变性、瘀血、出血、水肿，肿大2~5倍。局部炭疽死亡的猪，咽部、肠系膜及其他淋巴结出血、肿胀、坏死，扁桃体肿胀、出血、坏死。

【诊断】可根据流行病学和临床症状做出初步诊断。确诊可进行实验室检查，包括微生物学检测（血液涂片镜检、病原菌的分离培养及鉴定）、炭沉试验（Ascoli试验）、PCR等。

【防控】在疫区或常发地区，每年对易感动物进行免疫接种，提高免疫力；一旦发病，应尽快上报疫情，划定疫点、疫区，采取隔离封锁等措施；疫区和受威胁地区的易感动物进行紧急免疫接种；取病死畜躺过的地面表层15~20cm厚的土，与20%漂白粉混合后深埋；畜舍及用具均应彻底消毒；病畜一般不予治疗，严格进行无害化处理；天然孔及切开处，用浸泡过消毒液的棉花或纱布堵塞，连同粪便、垫草一起焚烧，尸体可就地深埋；禁止疫区内牲畜交易和输出畜产品及草料。

第六节 布鲁氏菌病

布鲁氏菌病是由布鲁氏菌引起的人兽共患的一种慢性传染病，又称布氏杆菌病，简称布病。在家畜中，牛、羊、猪最常发生，且传染给人和其他家畜。其特征是生殖器官和胎膜发炎，引起流产、不育和各种组织的局部病灶。

【流行病学】本病的易感动物范围很广，包括家畜、家禽和野生动物，家畜中主要是羊、牛和猪；雌性动物较雄性动物易感，易感性随性成熟年龄的接近而升高，幼龄动物有一定的抵抗力。传染源为病畜及带菌者，感染的妊娠母畜是最危险的传染源，流产时随流产胎儿、胎衣、胎水和阴道分泌物排出大量细菌；病畜可通过乳汁、精液、粪便、尿液排出病原菌。人的传染源主要是患病动物，一般不由人传染于人；主要传播途径为消化道，其次为皮肤、黏膜及生殖道，吸血昆虫也可传播本病。

老疫区发生流产的少，新疫区暴发流行，不同胎次妊娠动物均发生流产；饲养管理不良，拥挤、寒冷潮湿，饲料不足，营养不良等可促进本病的发生和流行。

【症状】

（1）牛　潜伏期为2周至6个月。母牛的主要症状为流产，常发生在妊娠后的第6~8个月，一般流产1~2次，第二次流产一般比第一次流产时间要迟；胎衣滞留，排出污灰色或棕红色分泌液，分泌液迟至1~2周后消失；公牛出现睾丸炎及附睾炎。此外，病畜可出现关节炎和乳腺炎。

（2）羊　主要症状为流产，主要发生在妊娠后第3~4个月；公羊出现睾丸炎（彩图2-2-1）。患病羊可出现关节炎或乳腺炎。

（3）猪　出现流产，多发生在妊娠第4~12周。公猪常见睾丸炎和附睾炎。

【病理变化】

（1）牛　胎衣呈黄色胶冻样浸润，绒毛叶部分或全部贫血呈苍黄色。胎儿皱胃中有浅黄色或白色黏液絮状物，肠胃和膀胱的浆膜有点状或线状出血；皮下呈出血性浆液性浸润。公牛生殖器官精囊内可能有出血点和坏死灶，睾丸和附睾可能有炎性坏死灶和化脓灶。

（2）羊、猪　病理变化与牛大致相同。

【诊断】根据流行病学资料、流产、胎儿胎衣的病理变化可做出初步诊断，确诊可进行实验室检查，包括血清凝集试验、补体结合试验、全乳环状试验、变态反应、ELISA等。

【防控】

（1）无病地区　坚持自繁自养，如需引进动物进行严格检疫，两次检疫阴性者可引入；对动物群体进行定期检疫和疾病监测，如果发现阳性动物按污染动物群处理；发生不明原因流产时进行诊断，并对污染环境进行消毒处理。

（2）感染地区　定期检疫：所有动物每年进行2次检疫，血检阳性动物要严格隔离饲养，分批淘汰；种畜必须严格检疫，健康才能作为种用。检疫净化：对感染动物群反复多次检疫，检出的患病动物，应立即淘汰；全群动物均为阴性后经1年以上或连续3次检疫未出现阳性动物，方可认定为净化动物群；培育健康动物群：乳用动物，如感染数量多，则采用培育健康动物群方法培育健康动物群，幼龄动物出生后立即隔离，喂健康乳；在1年内进行3次检疫，如果均为阴性，可作为健康动物饲养，如果检查为阳性，淘汰处理；严格执行兽医卫生措施：对圈舍要定期进行消毒，一旦发现流产，对流产物进行无害化处理，对污染环境进行严格消毒；加强免疫接种，提高动物群的特异性免疫力；发生布鲁氏菌病时及时诊断，隔离、扑杀患病动物并做无害化处理。

第七节　沙门菌病

沙门菌病是由沙门菌属细菌引起的各种动物疾病总称。临床上多表现为败血症和肠炎，也可使妊娠动物发生流产。猪和鸡的沙门菌病最常见、危害最大。沙门菌可使人感染，发生食物中毒和败血症。

【流行病学】沙门菌属中的许多类型细菌对人、家畜以及其他动物均有致病性。各种年龄的动物均可感染，幼年较成年者易感。患病者和带菌者是主要传染源。病原随粪便、尿、乳汁以及流产的胎儿、胎衣和羊水排出，污染水源和饲料等，经消化道感染健康动物。一年四季均可发生，一般呈散发性或地方流行性。

【症状】

（1）猪沙门菌病　又称猪副伤寒，潜伏期一般由 2d 到数周不等。

① 急性型（败血型）：体温突然升高（41~42℃），精神不振，不食，腹泻，呼吸困难，耳根、胸前和腹下皮肤有紫红色斑点，病程为 2~4d，病死率高。

② 亚急性型和慢性型：体温升高（40.5~41.5℃），精神沉郁，食欲不振，寒战，喜钻垫草，堆叠一起，眼有分泌物。少数发生角膜混浊，严重者发展为溃疡。病初便秘后腹泻，粪便呈浅黄色或灰绿色，恶臭。部分病猪，皮肤出现弥漫性湿疹。病程为 2~3 周或更长，极度消瘦，衰竭而死。

（2）牛沙门菌病　成年牛，高热（40~41℃）、昏迷、食欲废绝、呼吸困难。多数腹泻，粪便带血，恶臭，含有纤维素絮片，间杂有黏膜。病程为 1~5d，常于 3~5d 内死亡。病期延长者快速脱水，黏膜充血和发黄。病牛腹痛剧烈，妊娠母牛发生流产。

犊牛，体温升高（40~41℃），拒食、精神沉郁，排出灰黄色液状粪便，混有黏液和血丝，常于 3~5d 内死亡，病死率可达 50%。病期延长时，可出现关节炎、支气管炎和肺炎症状。

（3）羊沙门菌病

① 腹泻型：体温升高（40~41℃），食欲减退，腹泻、粪便带血、恶臭。精神委顿、弓背，病程为 1~5d。发病率约为 30%，病死率可达 20% 以上。

② 流产型：体温升高（40~41℃），部分羊腹泻。母羊妊娠的最后 1/3 时间发生流产。病羊产下的活羔表现衰弱，腹泻，不吮乳，往往于 1~7d 内死亡。羊群暴发一次，一般持续 10~15d。绵羊流产率和所产羔羊病死率可达 60%，流产母羊死亡率为 5%~7%。

（4）马沙门菌病　妊娠母马发生流产；幼驹表现关节肿大，腹泻，或肺炎；公马表现为睾丸炎。

（5）禽沙门菌病

① 鸡白痢：潜伏期为 4~5d，主要侵害雏鸡，最急性型表现为无症状突然死亡。典型病例表现为精神委顿，绒毛松乱，两翅下垂，缩颈闭眼昏睡，不愿走动，拥挤在一起。食欲减退，腹泻，肛门周围绒毛被粪便污染。由于肛门周围炎症引起疼痛，故常发生尖锐的叫声，最后因呼吸困难及心力衰竭而死。有的病雏出现眼盲，或肢关节肿胀，呈跛行症状。病程一般为 4~7d，20d 以上的极少死亡。成年鸡常无症状，母鸡可出现腹膜炎。

② 禽伤寒：潜伏期一般为 4~5d。成年鸡，多为急性经过，突然停食，排黄绿色稀粪，体温上升 1~3℃，病程为 5~10d，病死率 10%~50% 或更高。雏鸡和雏鸭发病时，其症状与鸡白痢相似。

③ 禽副伤寒：经带菌卵感染或在孵化器感染病菌，常呈败血症经过，往往不显任何症状迅速死亡。2 周龄以内的幼禽，主要表现水泄样腹泻，病程为 1~4d，病死率可达 80%。雏鸭常见颤抖、喘息及眼睑浮肿，常猝然倒地而死，故有"猝倒病"之称。

【病理变化】

（1）猪　急性者主要为败血症变化。脾脏肿大，切面呈蓝红色。肠系膜淋巴结索状肿大，其他淋巴结也有不同程度的增大，软而红，呈大理石状。肝脏、肾脏肿大、充血和出血。全身各黏膜、浆膜均有出血斑点，肠胃黏膜可见卡他性炎症。死于腹泻的猪，出现局灶性或弥漫性坏死性小肠炎、结肠炎或盲肠炎。患慢性溃疡性结肠炎的猪肠黏膜有弥漫性或融合性溃疡灶，溃疡中心为干酪样坏死物，形成局灶性或弥漫性的固膜性肠炎（彩图 2-2-2），淋巴结肿大。患支气管肺炎的猪，肺可见干酪样脓肿。

（2）牛　成年牛出现急性出血性肠炎。肠黏膜潮红、出血，大肠黏膜脱落，局限性坏死，肠系膜淋巴结水肿、出血。肝脂肪变性或灶性坏死。脾脏肿大。犊牛，急性病例在心壁、腹膜以及腺胃、小肠和膀胱黏膜有小出血点。脾脏充血、肿胀。病程较长的病例，肝脏色泽变浅，肺常有肺实区。关节损害时，腱鞘和关节腔含有胶样液体。

（3）羊　腹泻型病羊皱胃和肠黏膜充血、水肿。肠系膜淋巴结肿大、充血。心内膜、心外膜下有出血点。死胎儿或生后1周内死亡的羔羊，表现败血症病理变化。母羊有子宫炎。

（4）禽　鸡白痢，死雏多呈败血症变化，血液凝固不良，心肌出血，肺呈深红色或黑紫色。肝脏肿大，呈土黄色或深紫色，上有针尖至小米粒大灰白色或白色坏死病灶，胆囊高度充盈、肿大。盲肠、大肠及肌胃肌肉中有坏死灶或结节，肾脏肿大、出血，输尿管充满尿酸盐而扩张。母鸡，卵巢上卵细胞变形、变色、坏死、硬化。公鸡，睾丸极度萎缩，有小脓肿。

死于禽伤寒的雏鸡（鸭）病变与鸡白痢时所见相似。

死于鸡副伤寒的雏鸡，最急性者无可见病变。病期稍长的，肝脏、脾脏充血，有条纹状或针尖状出血和坏死灶，肺及肾脏出血，心包炎，常有出血性肠炎。成年鸡，肝脏、脾脏、肾脏充血、肿胀，有出血性或坏死性肠炎、心包炎及腹膜炎，产卵鸡的输卵管坏死、增生，卵巢坏死、化脓。

【诊断】根据流行病学、临床症状和病理变化，做出初步诊断。确诊可进行实验室检查，即病原菌的分离鉴定，主要有 PCR 技术、单克隆抗体技术和 ELISA。

【防控】加强饲养管理，消除发病诱因，保持饲料和饮水的清洁、卫生。严格贯彻消毒、隔离、检疫、药物预防等综合性措施。对有病鸡群，应定期反复检疫，淘汰阳性及可疑鸡，净化鸡群。国内已研制出猪、牛和马的副伤寒疫苗，必要时可选择使用。可用当地分离的菌株，制成单价灭活疫苗，常能收到良好的预防效果。

第八节　结核病（牛结核病、禽结核病）

结核病是由分枝杆菌引起的一种人兽共患的慢性传染病，其特征为在多种组织器官形成结核结节和干酪样坏死或钙化结节，OIE 和我国政府都将本病作为重点防控的疾病。

【流行病学】本病可侵害人和多种动物，易感性因动物种类和个体不同而异，家畜中牛最易感，其次为猪和家禽，羊极少患病；病畜是主要传染源，其痰液、粪尿、乳汁和生殖道分泌物中带菌；通过污染饲料、食物、饮水、空气和环境而散播传染，主要经呼吸道、消化道感染；饲养管理不当与本病的传播有密切关系，畜舍通风不良、拥挤、潮湿、阳光不足，畜禽缺乏运动，最易患病。本病的病原是分枝杆菌属的三个种，即结核分枝杆菌、牛分枝杆菌和禽分枝杆菌；牛分枝杆菌可感染猪、人及其他一些家畜，禽分枝杆菌主要感染禽，但也可感染牛、猪和人。

【症状】潜伏期为十几天到数月，甚至数年。

（1）牛　临床症状有以下几种。

① 肺结核：易疲劳，初期短而干咳，随后加重，频繁且表现痛苦；日渐消瘦、贫血。
② 乳房结核：乳房淋巴结肿大、无热无痛，泌乳量减少，乳汁变稀薄。
③ 淋巴结结核：体表淋巴结肿大，常见于肩前、股前、腹股沟、下颌（彩图2-2-3）、咽部及颈淋巴结。
④ 肠道结核：多见于犊牛，表现消化不良，食欲不振，顽固性腹泻，迅速消瘦。
⑤ 生殖器官结核：发情频繁，性欲亢进；妊娠畜流产，公畜附睾肿大，阴茎前部发生结节、糜烂。
⑥ 脑结核：引起神经症状，如癫痫样发作、运动障碍等。

（2）猪　很少出现临床症状，当肠道有病灶则发生腹泻。

（3）禽　成年禽多发，鸡表现贫血、消瘦、鸡冠萎缩、跛行以及产蛋量减少或停产；病程持续2~3个月，有时可达1年。

【病理变化】病变特点是在器官组织发生增生性或渗出性炎症，或两者混合存在。当机体抵抗力强时，机体反应以增生性炎为主，形成特异性肉芽肿；在机体抵抗力降低时，机体反应则以渗出性炎症为主，发生干酪样坏死、化脓或钙化。

（1）牛　在肺或其他器官常见有很多突起的白色结节，切面为干酪样坏死或钙化；坏死组织溶解和软化，形成空洞；胸膜（彩图2-2-4）和腹膜发生密集结核结节，形似珍珠状，也称为"珍珠病"。

胃肠黏膜有大小不等的结核结节或溃疡；乳房有大小不等的病灶，含有干酪样物质；子宫病变多为弥漫性干酪样物质，卵巢肿大，输卵管变硬。

在肝脏（彩图2-2-5）、肺、肾脏等表面有弥漫性的粟粒大小的结核性肉芽肿；有的肠道有溃疡状肉芽肿病灶；在下颌、咽部、肠系膜淋巴结及扁桃体等部位发生结核病灶。

（2）禽　肠道发生溃疡；肝脏、脾脏肿大，切面可见干酪样病灶；关节肿大，内含干酪样物质。

【诊断】根据流行病学、临床症状和病理变化可做出初步诊断，确诊可进行实验室检查，包括血清学诊断（补体结合试验、血细胞凝集试验、沉淀试验）、细菌学诊断、结核菌素试验和分子生物学诊断（如PCR）等。

【防控】畜禽结核病一般不予治疗。加强防控：采取综合性防疫措施，加强检疫、隔离、消毒，防止疾病传入，净化污染群，培育健康畜群。检疫净化：污染畜群，反复进行多次检疫，淘汰开放性病畜及利用价值不高的结核菌素反应阳性畜；结核菌素阳性牛最好及时处理，根绝传染源；结核菌素反应阳性牛群进行定期检查，发现开放性病牛应立即淘汰。培育健康牛群：病牛所产犊牛出生后只吃3~5d初乳，以后则由健康母牛供养或喂消毒乳。在出生后1月龄、3~4月龄、6月龄进行3次检疫，凡呈阳性者必须淘汰处理。如果3次检疫都呈阴性，且无可疑症状，可按假定健康牛培育。假定健康牛群，在第1年每隔3个月进行1次检疫，直到没有1头阳性牛出现为止。然后再在1年至1年半的时间内连续进行3次检疫。如果3次均为阴性反应即可称为健康牛群。

第九节　猪链球菌病

猪链球菌病是由多种不同血清群（C、D、E、L群）的链球菌引起的传染性疾病。临床上主要以淋巴结脓肿、脑脊膜炎、关节炎以及败血症为主要特征。

【流行病学】链球菌的易感动物较多，猪不分年龄、品种和性别均易感；患病和病死动物是主要传染源，带菌动物也是传染源；仔猪多由母猪传染而引起；本菌主要经呼吸道和受损的皮肤及黏膜感染；猪链球菌病的流行无明显的季节性，但以 7~10 月易出现流行。

【症状】最急性病例不表现任何症状即突然死亡。典型病例表现发热、抑郁、厌食、共济失调、震颤发抖、角弓反张、失明、麻痹、呼吸困难、惊厥、关节炎、跛行等症状；出现心内膜炎，母猪流产、阴道发炎。

【病理变化】猪链球菌感染普遍引起肺实质性病变，包括纤维素出血性和间质纤维素性肺炎、纤维素性或化脓性支气管肺炎。部分表现为脑膜炎，脑脊膜、淋巴结及肺充血。脑脊膜炎最典型的病理学特征是中性粒细胞的弥漫性浸润，脑室内可见纤维蛋白和炎性细胞；关节炎的病例滑膜血管扩张和充血，关节表面出现纤维蛋白性多发性浆膜炎；关节囊壁增厚，滑膜形成红斑，滑液量增加，并含有炎性细胞；心脏出现化脓性心包炎、机械性心瓣膜心内膜炎、出血性心肌炎。

镜检见心肌发生点状或片状弥漫性出血或坏死、纤维蛋白化脓性液化。心包液中常含有嗜酸性粒细胞，少量中性粒细胞及单核细胞，具有大量纤维蛋白。

【诊断】可根据流行病学、临床症状和病理变化做出初步诊断。确诊可进行实验室检查，包括细菌学检查（分离培养、染色镜检及生化鉴定）、动物实验或 PCR 等。

【防控】应用疫苗进行免疫接种，对预防和控制本病传播效果显著；在养殖场，平时应建立和健全消毒、隔离制度；保持圈舍清洁、干燥及通风，经常清除粪便，保持地面清洁。加强管理，做好防风、防冻工作，增强猪的自身抗病力。

发现疫情时应立即采取紧急防控措施：①尽快确诊，划定疫点、疫区，隔离病猪，封锁疫区。②通知邻近地区，禁止调动物，关闭市场。③对污染的圈舍、用具进行消毒。④对猪群进行检疫，发现体温升高和有临床表现的应进行隔离治疗或淘汰。⑤对假定健康猪可应用抗菌药物进行预防性治疗或用疫苗进行紧急接种。⑥患病或病死动物是本病的主要传染源，严格禁止擅自宰杀和自行处理，必须在兽医监督下，一律送到指定屠宰场，按屠宰条例有关规定处理。

第十节 马 鼻 疽

马鼻疽是由鼻疽伯氏菌（俗称鼻疽杆菌）引起的马属动物的一种传染病，以在鼻腔和皮肤形成特异性鼻疽结节为特征。

【流行病学】马、骡、驴对本病均易感；感染和发病马是传染源，主要由病马与健康马同槽饲喂而经消化道传染，也可经损伤的皮肤、黏膜或呼吸道传染，个别可经胎盘和交配传播。

【症状】自然感染的潜伏期约为 4 周或数月，根据机体抵抗力的强弱，可分为急性型和慢性型两种。

（1）急性型 多见于骡和驴。表现为体温升高，精神沉郁，食欲减退，下颌淋巴结肿胀，有痛感。重症病马在胸腹下、四肢下部和阴部呈现皮下水肿。

急性鼻疽又分为肺鼻疽、鼻腔鼻疽和皮肤鼻疽。

① 肺鼻疽：除了具有上述全身症状之外，主要以肺部患病为特点。时而干咳，时而咳出带血黏液，呼吸困难，有干性或湿性啰音。

② 鼻腔鼻疽：鼻黏膜潮红，一侧或两侧鼻孔流出浆液性或黏液性鼻液，不久鼻黏膜出现小米粒至高粱米粒大的小结节，呈黄白色，其周围绕以红晕；结节坏死，形成溃疡，溃疡面呈灰白色或黄白色；溃疡愈合后可形成放射状或冰花状疤痕。下颌淋巴结肿胀。

③ 皮肤鼻疽：四肢、胸侧及腹下皮肤肿胀，中心部出现结节。结节破溃后，形成深陷的溃疡，不易愈合，结节常沿淋巴管向附近蔓延，形成念珠状肿。病肢常在发生结节的同时出现皮下水肿，使患肢变粗形成所谓"象皮腿"。

（2）慢性型　可持续数月至数年，常在鼻腔遗留鼻疽性瘢痕或慢性溃疡，不断流出少量黏脓性鼻液。

【病理变化】在鼻腔、喉头、气管等黏膜及皮肤上也可见到鼻疽结节、溃疡及瘢痕，有时见到鼻中隔穿孔。

【诊断】可根据流行病学和临床症状做出初步诊断。确诊可进行实验室检查，包括补体结合试验、ELISA、间接血凝试验、对流免疫电泳及荧光抗体技术等。

【防控】目前对鼻疽尚无有效疫苗，为了迅速消灭本病，必须抓好检疫、控制和消灭传染源这一主要环节，定期并及早检出病马，严格处理病马，切断传播途径，加强饲养管理，采取检疫、隔离、消毒等综合性防控措施。

对开放性和急性鼻疽病马一般不予治疗，如必须治疗时应加强隔离和消毒措施，防止病原菌的散播。

第十一节　大肠杆菌病

大肠杆菌病是由大肠埃希菌（俗称大肠杆菌）某些致病性菌株引起的多种动物和人不同病型疾病的总称，包括局部或全身感染，常发生败血症和肠炎，特别是对幼畜（禽）危害很大。

【流行病学】病原性大肠杆菌的许多血清型可引起各种动物发病，不同地区的优势血清型往往有差别，即使在同一个地区，不同疫场（群）的优势血清型也不尽相同。幼龄畜（禽）对本病最易感，通常1~2周以内的幼龄畜（禽）多发；仔猪自出生至断奶均可发病；牛出生后10d以内的多发；羔羊出生后6d至6周多发；马出生后2~3d多发；病畜（禽）和带菌者是本病的主要传染源，通过粪便排出病菌，散布于外界，污染水源、饲料，以及母畜的乳头等，仔畜主要通过消化道感染，家禽可通过消化道、呼吸道感染；本病一年四季均可发生，犊牛和羔羊多发于冬、春舍饲时期，呈地方流行性或散发性；仔畜未及时吸吮初乳，饥饿或过饱，饲料不良、配比不当或突然改变，天气剧变，饲养密度过大，环境污染等因素易于诱发本病。

【症状与病理变化】

（1）仔猪

① 黄痢型：常发于1周龄以内的仔猪；排出黄色浆状稀粪，内含凝乳小片；病猪消瘦、昏迷而死。尸体脱水，皮下常有水肿，肠道膨胀，有黄色液状内容物和气体，肠黏膜出现卡他性炎症，肠系膜淋巴结有弥漫性出血点，肝脏、肾脏有凝固性小坏死灶。发病率（可达90%）和病死率均高（可达100%）。

② 白痢型：多发于10~30日龄的仔猪，排出乳白色或灰白色的浆状、糊状粪便，腥臭；病程为1周左右，发病率高（可达30%~80%），病死率低。尸体苍白、消瘦，肠黏膜有卡他性炎症变化，肠系膜淋巴结肿胀。

③ 水肿型：主要发生于断奶后仔猪，病猪精神沉郁，食欲减少或口流白沫，心跳疾速，呼吸困难；出现发抖、弓背、肌肉震颤，抽搐，四肢划动作游泳状，共济失调，步态不稳，盲目前进或作圆圈运动等神经症状，发呻吟声或嘶哑地叫鸣。病程一般数小时至几天，发病率低（30%~40%），病死率高（可达90%）。

常见脸部水肿，有时波及颈部和腹部的皮下组织；胃壁发生水肿。

(2) 犊牛　潜伏期仅几个小时，根据症状和病理变化可分为3种类型。

① 败血型：发热，精神不振，间有腹泻，有的没有腹泻，常于数小时至1d内死亡。

② 肠毒血型：常突然死亡。有的可见到典型的中毒性神经症状，先是不安、兴奋，后来沉郁、昏迷，以至死亡。死前多有腹泻症状。

③ 肠型：发热，腹泻。粪便初如粥样、黄色，后呈水样、灰白色，混有未消化的凝乳块、凝血及泡沫，有酸败气味；常有腹痛，用蹄踢腹壁。

败血症或肠毒血症死亡的病犊，常无明显的病理变化。腹泻的病犊，皱胃有大量的凝乳块，黏膜水肿，充血、出血；肠内容物常混有血液和气泡，恶臭；小肠黏膜充血、出血，黏膜脱落；肠系膜淋巴结肿大。肝脏和肾脏苍白，有时有出血点，心内膜有出血点。

(3) 羔羊　潜伏期为数小时至1~2d，分为败血型和肠型。

① 败血型：主要发生于2~6周龄的羔羊，病初发热；精神委顿，四肢僵硬，运步失调，头常弯向一侧，视力障碍，卧地，磨牙，头向后仰，一肢或数肢作划水动作；病羔口吐泡沫，鼻流黏液；呼吸加快，昏迷，多于发病后4~12h死亡。很少或无腹泻。有些关节肿胀、疼痛。

剖检病变可见胸、腹腔和心包大量积液；关节肿大，滑液混浊；脑膜充血，有小出血点，大脑沟常含有大量脓性渗出物。

② 肠型：主发于7日龄以内的幼羔，病初体温升高，腹泻，粪便先呈半液状，由黄色变为灰色，以后粪呈液状，含气泡，有时混有血液和黏液；病羊腹痛、弓背、委顿、卧地，一般24~36h死亡。尸体脱水，皱胃、小肠和大肠内容物呈黄灰色半液状，黏膜充血，肠系膜淋巴结肿胀发红。

【诊断】根据流行病学、临床症状和病理变化可做出初步诊断。确诊需进行细菌学检查并检测肠毒素，如大肠埃希菌不耐热肠毒素（LT）的检测、大肠埃希菌耐热肠毒素（ST）的检测；也可用PCR技术，该方法特异性强、敏感性高。

【防控】本病可使用抗生素和磺胺类药物进行治疗；控制本病重在预防；妊娠母畜应加强产前产后的饲养和护理，仔畜应及时吮吸初乳，勿使其饥饿或过饱，断奶期饲料不要突然改变；防止各种应激因素的不良影响；用针对本地流行的大肠杆菌制备灭活苗接种妊娠母畜，可使仔畜获得被动免疫。

第十二节　李氏杆菌病

李氏杆菌病也称为李斯特菌病，是由李斯特菌（俗称李氏杆菌）引起人和动物的一种重要的人兽共患病，家畜主要表现脑膜脑炎、败血症和妊娠动物流产。

【流行病学】自然发病多见于绵羊、猪，牛、山羊次之，马很少，幼龄和妊娠动物最易感，且发病较急；患病动物和带菌动物是传染源；污染的饲料和饮水可能是主要的传播媒介，可通过消化道、呼吸道、眼结膜以及损伤的皮肤感染；散发性或食源性暴发，发病率较低，一般只有少数发病，但病死率较高。

【症状】

（1）羊　病初体温升高 1~2℃，不久降至正常体温。①原发性败血症主要见于幼龄羊，表现精神沉郁、低头垂耳、轻热，流涎、流鼻液、流泪、不听驱使。②脑膜脑炎多发于较大的羊，主要表现头颈一侧性麻痹，弯向对侧，该侧耳下垂，眼半闭，以至视力丧失。沿头的方向旋转（回旋病）或做圆圈运动，不能强使其改变，遇障碍物，则以头抵靠而不动。颈项强硬，有的呈角弓反张。后期卧地，昏迷，死亡。病程短的为 2~3d，长的为 1~3 周或更长。成年羊临床症状不明显，妊娠羊常发生流产。

（2）猪　病初有的发低热，至后期下降。病初意识障碍，做圆圈运动，或无目的地行走，或不自主地后退。肌肉震颤、强硬、痉挛，口吐白沫，侧卧地上，四肢泳动。病程为 1 周左右，一般经 1~4d 死亡。较大的猪有的身体摇摆，不能起立，拖地而行，病程可达 1 个月以上。仔猪多发生败血症，有的表现咳嗽、腹泻，病程为 1~3d，病死率高。妊娠母猪常发生流产。

【病理变化】

（1）羊　脑膜充血，脑实质水肿、软化、充血、点状出血，脑积水混浊；心外膜出血，心包积液；甲状腺肿大、出血；肝脏存在灰白色的坏死灶；病理组织学变化以延脑、脑桥、小脑、大脑角病变最明显，在脑实质内有数量不等的化脓性坏死灶。

（2）猪　皮肤苍白，腹下和股内侧弥漫性出血；淋巴结出血、肿胀；肝脏和脾脏肿大，肺和肾脏水肿；有神经症状的病猪，脑膜和脑可能有充血、炎症或水肿的变化。发生败血症的患病猪，有败血症变化，肝脏有坏死。

【诊断】可根据流行病学和临床症状做出初步诊断。确诊可进行实验室检查，包括微生物学检测、PCR 检测或血清学试验，如凝集试验和补体结合试验。

【防控】本病尚无疫苗，不要从有病地区引入动物，发病时应实施隔离、消毒、治疗等措施。病畜常用链霉素治疗，也可用广谱抗生素。

第三章 多种动物共患传染病

第一节　口　蹄　疫

口蹄疫（FMD）是由口蹄疫病毒引起偶蹄兽的一种急性、热性、高度接触性传染病。OIE 将其列为必须报告的动物传染病，我国将其列为一类动物疫病。

【流行病学】口蹄疫病毒可感染的动物主要以偶蹄动物的易感性较高。人对本病也具有易感性。马对口蹄疫具有极强的抵抗力。患病动物是本病最主要的传染源。通过各种传播媒介的间接接触传播是最主要的传播方式。最常见的感染门户是消化道和呼吸道，也可以经损伤的皮肤和黏膜而感染。本病没有明显的季节性，但低温季节发病较多。

【症状】

（1）牛　体温 40~41℃，口腔有明显牵缕状流涎并带有泡沫，开口时有吸吮声。口腔、舌及蹄部出现水疱、糜烂和溃疡。经过 1~2d 后水疱破裂，表皮剥脱，形成浅表的边缘整齐的红色糜烂。病牛体重减轻和泌乳量显著减少。本病多取良性经过，经 1 周即可痊愈，但有蹄部病变时病程可延长至 2~3 周及以上。病死率为 1%~3%。

（2）猪　病初体温高达 40~41℃，口腔黏膜（舌、唇、齿龈、咽、腭）及鼻周围形成小的水疱，不久该部位便形成米粒大至蚕豆大的水疱，水疱破裂后表面出血，形成糜烂。如果无细菌感染，则 1 周左右痊愈。哺乳仔猪多呈急性胃肠炎和心肌炎（虎斑心）而突然死亡，其中心肌炎是导致死亡率升高的主要原因，病死率高达 60%~80%。有的甚至整窝死亡。

（3）绵羊和山羊　感染率较牛低，症状也不如牛明显，往往在齿龈、硬腭和舌面形成小的水疱。最明显的症状是跛行。羔羊感染后多因出血性胃肠炎和心肌炎而死亡。

（4）马　马对口蹄疫具有极强的抵抗力。

【病理变化】在患病动物的口腔、蹄部、乳房、咽喉、气管、支气管和前胃黏膜发生水疱、圆形烂斑和溃疡，上面覆有黑棕色的痂块。皱胃和大小肠黏膜可见出血性炎症。具有重要诊断意义的是心脏病变，心包膜有弥漫性及点状出血，心肌切面有灰白色或浅黄色的斑点或条纹，似老虎身上的斑纹，因此称为"虎斑心"（彩图 2-3-1）。心脏松软似煮过样。

【诊断】根据本病的流行病学、临床症状和病理剖检的特点，一般不难做出疑似诊断，但为了与其他疫病进行鉴别，有必要按下列程序进行实验室诊断，口蹄疫被检材料送检时，除血清外，可将其他病料浸入 50% 的甘油磷酸盐缓冲溶液中，进一步进行病毒分离、动物试验、补体结合试验或微量补体结合试验等。

【防控】当发生口蹄疫时，必须立即上报疫情，确切诊断，划定疫点、疫区和受威胁区，扑杀患病动物及其同群动物，并对其进行无害化处理；对剩余的饲料、饮水、场地、患病动物污染的道路、圈舍、动物产品及其他物品进行全面严格的消毒。当疫点内最后一头患病动物被扑杀后，3 个月内不出现新病例时，报上级机关批准，经终末彻底大消毒后，可以解除封锁。也可为易感动物接种疫苗，其疫苗多为口蹄疫灭活疫苗。

第二节　伪 狂 犬 病

伪狂犬病（PR）是由疱疹病毒科伪狂犬病病毒引起猪、马、牛、羊等家养动物，犬、猫等伴侣动物，家兔和小鼠等实验动物，以及浣熊、狐狸等野生动物共患的一种传染病。其特征为发热、奇痒（猪除外）、脑脊髓炎。

【流行病学】各种日龄的动物均可感染，感染日龄越小，死亡率越高。传染源为患病动物、流产的胎儿和死胎、隐性感染动物以及带毒鼠类。易感动物与发病动物或带毒动物之间通过直接或间接接触而感染。病毒主要经呼吸道和消化道传播，通过吸入带毒的飞沫或污染的饲料而感染。公猪精液可传播病毒。母猪乳汁可带毒，仔猪可因吃乳而感染。

【症状】

（1）新生仔猪　体温升高，达 40℃以上，精神委顿、咳嗽、采食停止、呕吐、呼吸困难，继而出现神经症状，转圈运动，死亡前四肢呈划水状运动或倒地抽搐，衰竭而死亡。

（2）3~4 周龄猪　主要症状同新生仔猪，病程略长，多便秘，有时出现顽固性腹泻。病死率可达 40%~60%，部分耐过猪常有后遗症，如偏瘫和发育受阻等。

（3）2 月龄以上猪　症状轻微或隐性感染，表现为一过性发热、咳嗽、便秘，有的猪呕吐，多在 3~4d 恢复。

（4）妊娠母猪　常发生咳嗽、发热、精神不振，继而出现流产、产死胎和木乃伊胎等繁殖障碍，以产死胎为主。后备母猪和空怀母猪表现为不发情，即使配种，返情率较高；公猪有些为睾丸肿胀、萎缩,丧失种用价值。

(5) 其他动物　除猪外,所有动物发病后,均出现奇痒和神经症状,以死亡为结局。牛伪狂犬病病例,瘙痒处皮下组织呈现弥散性肿胀,脑的病理变化与猪的相似。

【病理变化】

(1) 肉眼病变　肾脏有针尖大小的出血点,脑膜明显充血,颅腔出血和水肿,脑脊液有卡他性炎症、胃底黏膜出血。流产母猪有子宫内膜炎、子宫壁增厚和水肿。流产胎儿的脑部及臀部皮肤有出血点,肾脏和心肌有出血点。

(2) 组织病理学变化　可见中枢神经系统呈弥漫性、化脓性脑炎和神经炎,同时伴有明显的以单核细胞为主的血管套和胶质细胞坏死。在神经细胞核内可见嗜酸性病毒包涵体。

【诊断】根据临床症状以及流行病学,可初步诊断为本病。确诊可进行实验室检查,包括血清学方法(血清中和试验、琼脂扩散试验、补体结合试验、荧光抗体试验及ELISA等)等。

【防控】加强检疫,不引入野毒感染的种猪;免疫接种是预防和控制本病的主要措施,常用疫苗为伪狂犬病基因缺失苗;控制传染源,鼠类可携带病毒,消灭鼠类对猪场预防本病有重要意义;猪为重要带毒者,因此牛、猪要严格分开饲养。

第三节　梭菌性疾病

梭菌性疾病是由产气荚膜梭菌(旧称魏氏梭菌)、腐败梭菌或诺维梭菌引起的多种动物发生的一类传染病的总称。主要包括仔猪梭菌性肠炎、羊梭菌性疾病(羊快疫、羊猝狙、羊肠毒血症、羊黑疫、羔羊痢疾)、兔魏氏梭菌病等疫病。

1. 仔猪梭菌性肠炎(仔猪红痢)

仔猪梭菌性肠炎又称仔猪传染性坏死性肠炎,俗称仔猪红痢,是由C型和/或A型产气荚膜梭菌主要引起1周龄内仔猪发生高度致死性肠毒血症的一种传染病,其特征为出血性腹泻、病程短、病死率高、小肠后段的弥漫性出血或坏死性变化。

【流行病学】本病主要侵害1~3日龄仔猪,1周龄以上仔猪很少发病。在同一猪群各窝仔猪的发病率不同,病死率一般为20%~70%,最高可达100%。本菌常随母猪粪便排出,污染哺乳母猪的乳头及垫料,初生仔猪因吮乳或吞入污染物而感染。

【症状】

(1) 最急性型　仔猪出生后,1d内就可发病,临床症状多不明显,只见仔猪后躯沾满血样稀粪,病猪虚弱,很快进入濒死状态。少数病猪尚无血痢便昏倒和死亡。

(2) 急性型　最常见。病猪排出含有灰色组织碎片的红褐色液状稀粪。病猪日见消瘦和虚弱,病程常维持2d,一般在第3天死亡。

(3) 亚急性型　持续性腹泻,病初排出黄色软粪,以后变成液状,内含坏死组织碎片。病猪极度消瘦和脱水,一般5~7d死亡。

(4) 慢性型　病程在1周以上,间歇性或持续性腹泻,粪便呈黄灰色的糊状。病猪逐渐消瘦、生长停滞,于数周后死亡或淘汰。

【病理变化】

(1) 肉眼病变　常见于空肠,有的可扩展到回肠。浆膜下和肠系膜中有数量不等的小气泡,空肠呈暗红色,肠腔充满含血液体,空肠部绒毛坏死,肠系膜淋巴结呈鲜红色。病程长的以坏死性炎症为主，黏膜呈黄色或灰色坏死性膜，容易剥离，肠腔内有坏死组织碎片。脾脏边缘有小点出血，肾脏呈灰白色，肾皮质部小点出血。腹腔积液增多呈血性，有的病例出现胸腔积液。

（2）组织病理学变化　可见肠黏膜下层和肌层有炎性细胞浸润。

【诊断】根据流行病学、临床症状和病理变化特点可做出初步诊断，确诊必须进行实验室检查，包括涂片镜检、分离培养和细菌毒素试验等。检测细菌毒素基因类型可用 PCR、多重 PCR 及毒素表型的 Western blot 等方法。

【防控】本病关键在于预防，一旦发病，发病迅速，病程短，来不及治疗和药物治疗疗效不佳。预防重在加强防疫卫生和消毒工作，特别是产前母猪体表和产床的卫生消毒。经常发生本病的猪场可进行药物预防和疫苗接种。

2. 羊梭菌性疾病

羊梭菌性疾病是由梭菌属病原菌引起的一类羊急性传染病的总称，包括羊快疫、羊猝狙、羊肠毒血症、羊黑疫及羔羊痢疾等多种疾病。这类疾病均表现为发病急、病死率高，羊常无明显症状突然死亡。

【流行病学】

（1）羊快疫　由腐败梭菌引起，绵羊对快疫最敏感，山羊和鹿也可感染发病。发病羊多在 6~18 月龄。肥胖绵羊多发。主要经消化道感染。多发于秋、冬、早春天气剧变的寒冷霜降时。

（2）羊猝狙　由 C 型产气荚膜梭菌的毒素引起，本病发生于成年绵羊，以 1~2 岁绵羊发病较多。常见于低洼、沼泽地区，多发生于冬、春季节。主要经消化道感染。常呈地方流行性。

（3）羊肠毒血症　绵羊、山羊均可感染本病。其病原 D 型产气荚膜梭菌为土壤常见菌，也存在于污水中。羊采食被病原菌芽孢污染的饲料或饮水，芽孢便进入消化道而感染。在牧区，多发于春末夏初青草萌发和秋季牧草结籽后的一段时期；在农区，常常是在收菜季节，羊食入过量菜根、菜叶，或收了庄稼后羊群抢茬吃了大量谷类的时候发生。本病多呈散发性，绵羊发生较多，山羊较少，2~12 月龄的羊最易发病，发病羊多为膘情较好的羊。

（4）羊黑疫　由 B 型诺维梭菌引起，特点为急性死亡和肝实质出现坏死灶。绵羊、山羊均可发病，以 2~4 岁绵羊最多发。主要发生于春、夏季肝片吸虫流行的低洼牧场。发病羊多为营养良好的肥胖羊，主要是食入被本菌污染的牧草、饲料及饮水等，经消化道感染。

（5）羔羊痢疾　由 B 型产气荚膜梭菌引起，本病主要危害 7 日龄以内的羔羊。主要是通过消化道感染，也可通过脐带或创伤感染。纯种细毛羊的适应性差，发病率和病死率最高；杂种羊则介于纯种与土种羊之间，杂交代数越高者，发病率和病死率也越高。

【症状】

（1）羊快疫　突然发病，往往还没出现症状羊就死亡。常见病羊放牧时死在牧场上或清晨发现死于圈内，多是较为肥胖的羊。病羊死亡后尸体迅速腐败，腹部膨胀，皮下组织呈胶冻样。

（2）羊猝狙　病程短促，常未见到临床症状羊即突然死亡，以腹膜炎和溃疡性肠炎为特征。有时发现病羊掉群、卧地，表现不安、衰弱、痉挛，眼球突出，在数小时内死亡。本病常与羊快疫（腐败梭菌引起）混合感染，表现为突然发病、病程短，几乎看不到临床症状即死亡。

（3）羊肠毒血症　本病潜伏期很短，多突然发病，很少见到临床症状，往往在出现临床症状后羊便很快死亡。症状可分为两种类型：一类以搐搦为特征，另一类以昏迷和静静死去为特征。

（4）羊黑疫　病羊精神沉郁，食欲废绝，反刍停止，离群或呆立不动，呼吸急促，体温可升至41~42℃；之后，症状加重，病羊磨牙，呼吸困难，呈俯卧姿势昏迷死亡。死羊尸体迅速腐败，皮下静脉充血、发黑，使羊皮呈现暗黑色，故名"黑疫"。

（5）羔羊痢疾　自然感染的潜伏期为1~2d。病初羊精神委顿，低头弓背，不想吃奶。不久就发生剧烈腹泻，粪便恶臭，呈糊状或稀薄如水。后期粪便有的还含有血液。病羔逐渐虚弱，卧地不起，不及时治疗，常在1~2d内发生羔羊的大批死亡，只有少数较轻的可能自愈。

【病理变化】
（1）羊快疫　剖检变化特征是皱胃出血性坏死性炎症，黏膜肿胀、充血，黏膜下层水肿，幽门及胃底部见点状、斑状或弥漫性出血，并可见溃疡和坏死灶。肠内充满气体（气泡），黏膜也见充血、出血。腹腔、胸腔、心包腔有积液，接触空气即凝固。心内膜、心外膜可见点状出血。胆囊多肿胀。如病尸未及时剖检，则尸体迅速腐败。

（2）羊猝狙　病理变化主要见于消化道和循环系统。十二指肠和空肠黏膜严重充血、糜烂，有的区段可见大小不等的溃疡。胸腔、腹腔和心包大量积液，后者暴露于空气可形成纤维素絮块。浆膜上有小点状出血。病羊刚死时骨骼肌表现正常，但在死后8h内，细菌在骨骼肌里增殖，使肌间隔积聚血样液体，肌肉出血，有气性裂孔。本病与羊快疫混合感染时，胃肠道呈出血性、溃疡性炎症变化，肠内容物混有气泡，肝脏肿大、质脆、色多变淡，常伴有腹膜炎。

（3）羊肠毒血症　病理变化常限于消化道、呼吸道和心血管系统。皱胃含有未消化的饲料；回肠的某些区段呈急性出血性炎症变化，重症病例整个肠段变为红色（彩图2-3-2）；心包常扩大，内含灰黄色液体和纤维素絮块，左心室的心内膜、心外膜下有大量小点出血；肺出血和水肿；胸腺常发生出血。死后肾脏组织迅速软化，似脑髓状，这是一种死后变化，但不能在死后立刻见到。组织学检查可见肾皮质坏死，脑和脑膜血管周围水肿，脑膜出血，脑组织液化性坏死。

（4）羊黑疫　剖检见胸腔、腹腔、心包积液。肝脏肿大、坏死，在其表面和深层有数目不等的灰黄色坏死灶。病灶界线清晰，呈圆形，直径多为2~3cm，常被一充血带所包绕，其中偶见肝片吸虫的幼虫，或发现黄绿色弯曲似虫的带状病痕，具有诊断意义。皱胃幽门部和小肠黏膜充血、出血。

（5）羔羊痢疾　病理变化见尸体脱水现象严重，最显著的病理变化在消化道。皱胃内存在未消化的凝乳块；小肠（特别是回肠）黏膜充血，可见多数直径1~2mm的溃疡，溃疡周围有血带环绕；有的肠内容物呈血色，肠系膜淋巴结肿胀、充血、出血。心包积液。肺常有充血或瘀血区域。

【诊断】根据临床症状和病理变化可初步诊断，确诊需依靠实验室细菌学检测。实验室诊断包括涂片染色镜检、细菌分离培养、动物接种试验、毒素检测、血液常规检查等。

【防控】由于羊梭菌性疾病发病急、病死率高，常来不及治疗，因此重在预防和管理。病羊的治疗越早越好，主要采用抗菌治疗结合对症处理，也可用抗血清或抗毒素配合治疗。

3. 兔魏氏梭菌病

兔魏氏梭菌病又叫兔魏氏梭菌性肠炎，是由魏氏梭菌毒素引起的一种中毒性传染病。

【流行病学】各品种的兔均可感染，但长毛兔高于皮、肉用兔，进口毛用兔及獭兔易感性高于杂交毛兔；以1~3月龄仔兔发病率最高；冬、春季发病较多。本病主要经消化道传播。

【症状】潜伏期短的为2~3d，长的可达10d，最急性型常见不到临床症状而突然死亡。多数临床症状为腹泻，病兔精神沉郁、拒食，粪便初期呈灰褐色、稀软，很快变成带血的水样或胶冻状稀粪，或者黑褐色水样粪便，并有腥臭气味，粪便污染臀部及后腿；抓起病兔摇晃躯体有泼水音；体温一般不高甚至偏低，多于出现水泻的当天或2~3d后死亡；发病率可达90%，病死率几乎达100%。

【病理变化】外观眼球下陷，明显脱水，后躯被粪便污染，腹腔可嗅到特殊腥臭味。急性死亡兔胃内积有食物和气体。胃底黏膜部分脱落，常见有出血和黑色溃疡，部分兔的胃破裂。空肠和回肠充满胶冻样液体和少量气体，肠壁薄而透明。盲肠浆膜有鲜红色出血点，肠内容物稀薄呈黑色或褐色水样，有腐败气味，肠黏膜弥漫性充血或出血，肠系膜淋巴结水肿。肝脏略微肿大、质脆，呈土黄色。脾脏肿大，呈深褐色。胆囊肿胀，充盈胆汁。膀胱积有茶色尿液。心外膜血管怒张，呈树枝状。肺充血、瘀血。

【诊断】根据流行病学和临床特征等可以做出初步诊断，确诊可进行实验室检查，包括微生物学诊断（病原检查、毒素鉴定等方法）、血清学诊断（对流免疫电泳、间接微量凝集试验、中和试验和SPA-ELISA等方法）。

【防控】搞好兔场的饲养管理和兽医防疫卫生工作，减少疫病诱发应激因素。有病史的兔场可用A型魏氏梭菌氢氧化铝灭活疫苗免疫接种。发病后迅速做好隔离和消毒。由于本病发病急，病程短，出现腹泻时可尽早用抗血清治疗。

第四节 副结核病

副结核病（PT）也叫副结核性肠炎，是由副结核分枝杆菌引起的牛的一种慢性传染病，感染后病菌主要存在于肠绒毛，偶见于羊、骆驼和鹿。

【流行病学】副结核分枝杆菌主要引起牛（尤其是奶牛）发病，幼年牛最易感。绵羊、山羊、骆驼、猪、马、驴、鹿等动物也可感染。病牛和隐性感染的牛是传染源。病原菌经消化道侵入健康畜体内。病原菌随乳汁和尿排出体外。本病可通过子宫传染给犊牛。皮下或静脉接种也可使犊牛感染。

【症状】牛患本病的潜伏期可达6~12个月，甚至更长。早期临床症状不明显，以后逐渐明显，表现为间断性腹泻或顽固腹泻，排泄物稀薄、恶臭带有气泡、黏液和血凝块；食欲逐渐减退，精神不好，泌乳量逐渐减少，最后完全停止；皮肤粗糙，下颌及垂皮可见水肿；体温常无变化。有时腹泻停止，恢复常态，但再度复发。腹泻不止的牛一般经过3~4个月因衰竭而死亡。染疫牛群的死亡率每年高达10%。绵羊和山羊症状与牛相似。染疫羊群的发病率为1%~10%，多数归于死亡。

【病理变化】牛尸体消瘦，主要病理变化在消化道和肠系膜淋巴结。消化道局限于空肠、回肠和结肠前段，肠黏膜增厚，并发生硬而弯曲的皱襞（彩图2-3-3），黏膜呈黄色或灰黄色；皱襞突起处常充血，黏膜紧附黏稠混浊的黏液，但无结节、无坏死和无溃疡；有时肠外表无大变化，但肠黏膜增厚。浆膜下淋巴管和肠系膜淋巴管常肿大呈索状，淋巴结肿大变软、切面湿润，有黄白色病灶，一般无干酪样变。肠腔内容物甚少。羊的病理变化与牛基本相似。

【诊断】根据流行病学、临床症状和病理变化，一般可做出初步诊断，确诊可进行实验室检查，包括细菌学诊断、变态反应诊断、血清学诊断（补体结合反应、ELISA、琼脂扩散试验、免疫斑点试验等）以及核酸检测（核酸探针技术、PCR技术等）。

【防控】预防本病重在加强饲养管理、搞好环境卫生和消毒。不要从疫区引进牛，必须引进时，则进行严格检疫，并隔离、观察确保健康时，方可混群。加强检疫，检测出的病牛根据不同情况采取适当方法处理。在检疫的基础上，加强环境的消毒，切断本病的传播途径。本病的疫苗免疫预防效果尚不理想。

第五节　多杀性巴氏杆菌病

多杀性巴氏杆菌病是由多杀性巴氏杆菌引起多种畜禽、野生动物发生的一类传染病的总称。可以引起猪肺疫、禽霍乱、牛（羊、兔）出血性败血症等疾病。

【流行病学】本病可感染多种动物，家畜中以牛、猪发病较多，禽、兔也易感，马、鹿感染较少见。病畜禽和健康带菌动物是本病的传染源，病原体可随分泌物及排泄物排出体外，经呼吸道、消化道及损伤的皮肤感染。饲养管理不良、天气突变、受寒、饥饿、拥挤、圈舍通风不良、长途运输、过度疲劳、饲料突变、营养缺乏、寄生虫等可诱发本病。

【症状】

（1）猪　猪发生本病常称为猪肺疫。

① 最急性型：猪常无明显症状而突然死亡，病程稍长者则表现体温升高（41~42℃），呈犬坐姿势，伸长头颈呼吸，可视黏膜发绀，腹侧、耳根和四肢内侧皮肤出现红斑，最后窒息而死亡。病死率为100%。

② 急性型：较常见，多呈纤维素性胸膜肺炎症状，体温升高（40~41℃），咳嗽，呼吸困难，张口吐舌，呈犬坐姿势，可视黏膜发绀；鼻流黏稠液体；常有黏脓性结膜炎；皮肤有紫斑或小出血点。病猪多因窒息而死。

③ 慢性型：多见于流行后期，主要表现慢性肺炎或慢性胃肠炎症状。

（2）牛　牛发生本病常称为牛出血性败血症，简称牛出败。

① 急性败血型：临床表现为体温突然升高到41~42℃，精神沉郁，食欲废绝，呼吸困难，黏膜发绀，鼻流带血泡沫，腹泻，粪便带血，一般于24h内因虚脱而死亡。

② 肺炎型：此型最常见。病牛呼吸困难，有痛性干咳，鼻流无色或带血泡沫。叩诊胸部，一侧或两侧有浊音区；听诊有支气管呼吸音和啰音，或胸膜摩擦音。严重时，呼吸高度困难，头颈前伸，张口伸舌，病牛迅速窒息死亡。

③ 水肿型：多见于牛、牦牛，病牛胸前和头颈部水肿，严重者波及腹下，肿胀、硬固、热痛。舌咽高度肿胀，呼吸困难，皮肤和黏膜发绀，眼红肿、流泪。病牛常因窒息而死亡。

（3）禽　禽发生本病常称为禽霍乱。

① 最急性型：多见于流行初期。个别禽，尤其是高产禽和营养状况良好的禽常无明显症状，突然倒地，双翅扑动几下就死亡。

② 急性型：大多数病例为急性经过，主要表现呼吸困难，鼻和口中流出混有泡沫的黏液，冠、髯发绀呈黑紫色，肉髯水肿。常有剧烈腹泻。

③ 慢性型：多发于流行后期或由急性病例转来。病鸡冠和肉髯肿胀、苍白，随后干酪样坏死，病程长者，生长发育受阻和产蛋性能长期不能恢复。

【病理变化】

（1）猪

① 最急性型：病理剖检可见皮肤、皮下组织、浆膜和黏膜有大量出血点，咽喉部及其周

围组织发生出血性浆液浸润，全身淋巴结肿大、出血、切面呈红色，肺急性水肿，胸、腹腔和心包腔内液体增多。

② 急性型：病理剖检变化除全身浆膜、黏膜、实质器官、淋巴结出血性病变外，其特征性病变为纤维素性肺炎，肺切面呈大理石样；胸膜常有纤维素性附着物，严重时胸膜与肺粘连；胸腔和心包积液；支气管、气管内含有大量泡沫黏液。

③ 慢性型：剖检变化表现为尸体极度消瘦、贫血；肺有多处坏死灶，内含干酪样物质；胸膜及心包有纤维素性絮状物附着，胸膜变厚，常与病肺粘连；支气管周围淋巴结、肠系膜淋巴结以及扁桃体、关节和皮下组织有坏死灶。

（2）牛

① 急性败血型：剖检时往往没有特征性病变，只见黏膜和内脏表面有广泛性的点状出血。

② 肺炎型：主要病变为纤维素性胸膜肺炎，胸腔内有大量蛋花样液体，肺与胸膜、心包粘连，肺组织肝样变，切面呈红色或灰黄色、灰白色，散在有小坏死灶，小叶间质稍增宽。

③ 水肿型：死后可见肿胀部呈出血性胶样浸润。

（3）禽

① 最急性型：该型常看不到明显病理变化，有时只能看见心外膜有少量出血点，肝脏表面有数个针尖大小的灰黄色或灰白色坏死点。

② 急性型：剖检可见皮下组织、腹部脂肪和肠系膜有大小不等出血点。心包变厚，心包积有浅黄色液体，并混有纤维素；心外膜、心冠脂肪广泛分布针尖大小、灰白色或灰黄色、边缘整齐、大小一致的坏死点。肠道尤其是十二指肠黏膜出血。

③ 慢性型：病理变化常因侵害的器官不同而有差异，一般可见鼻大、变形，有炎性渗出物和干酪样坏死；产蛋母鸡还可见到卵巢出血、卵黄破裂，腹腔内脏表面上附有卵黄样物质。

【诊断】根据流行病学、临床症状和病理剖检变化做出初步诊断，确诊需通过实验室检测。本病的实验室诊断方法主要是通过采取急性病例的心脏、肝脏、脾脏或体腔渗出物，以及其他病型的病变部位、渗出物、脓汁等作为病料，进行涂片镜检、细菌培养等检查。

【防控】平时的预防措施主要包括：加强饲养管理；坚持全进全出饲养制度；新引进的动物一般隔离观察1个月以上，证明无病时方可混群饲养。发生本病时，应立即隔离患病畜禽并严格消毒其污染的场所，在严格隔离的条件下对患病动物进行治疗。常用的治疗药物有青霉素、磺胺类等多种抗菌药物。发生本病时，可以应用弱毒菌苗接种，同时应注意动物于接种前后至少1周内不得使用抗菌药物。

 第四章
猪的传染病

第一节　猪　　瘟

猪瘟（CSF）是由猪瘟病毒引起猪的急性、热性、全身败血性疾病，具有高度传染性，流行范围广，世界各地都有暴发。OIE将其列为必须报告的疫病。猪瘟的特征是高热稽留、

全身广泛性出血，呈现败血症状或者母猪发生繁殖障碍。

【流行病学】猪为猪瘟病毒最主要的易感动物，野猪也可感染。病猪是最主要的传染源。猪瘟病毒分布于病猪全身器官，经口、鼻、眼分泌物和粪、尿等向体外排毒，不断污染周围环境，感染其他健康猪。水平传播的途径包括与感染猪的直接接触、使用污染的精液进行人工授精，与带有病毒的器具或人等进行接触。在自然条件下猪瘟病毒的感染途径是口、鼻腔，间或通过结膜、生殖道黏膜或皮肤擦伤进入机体。垂直传播造成仔猪带毒持续感染，是猪瘟免疫失败的主要原因。

【症状】

（1）急性型　由猪瘟病毒强毒株引起，常表现为剧烈、急性、全部死亡。疾病初期仅几头猪表现临床症状，表现呆滞，行动缓慢，站立一旁或不愿意站立，弓背怕冷，低头垂尾，挪动时摇晃或蹒跚。急性猪瘟引起的败血症典型病理变化是血液凝固不良。

（2）亚急性型　由中、低毒力的猪瘟病毒引起的，病情较为温和，其潜伏期更长（6~7d），发病症状和病变不典型，通常呈现低热和较低的致病性，病死率低，死亡的多是仔猪，成年猪一般可以耐过。猪喜欢扎堆但是仍可以站起、进食和喝水，食欲下降，行走时猪会呈现轻微的蹒跚，但是不会出现抽搐的症状。如果阳性母猪或母猪于妊娠期感染猪瘟，可导致死胎、滞留胎、弱仔或木乃伊胎。

（3）慢性型　也称迟发型，是由一些较低毒力的毒株引起，除了会导致猪1~2星期的发热外，没有其他的明显症状。这些猪通常康复并成为病原携带者。慢性型猪瘟的病理变化是在回盲口、盲肠及结肠黏膜上形成同心轮状的纽扣状溃疡。

（4）持续感染型　该型猪瘟近年来在我国普遍存在，感染猪持续带毒。一旦病毒携带者的抵抗力下降，就会引起新一轮的感染和流行。其症状较轻，且不典型，多为慢性，无发热或仅出现轻微发热，体温一般不超过40℃。

【病理变化】

（1）急性型　病猪内皮组织的感染导致在肾皮质、肠道、喉、肺、膀胱和皮肤的黏膜出现出血斑（彩图2-4-1a）。小肠和大肠的病理变化包括黏液性渗出物、出血、溃疡。淋巴结的病变最为典型，下颌淋巴结、肠系膜淋巴结以及胃、肝脏、肾脏会出现肿大、坏死、出血。脾脏梗死（彩图2-4-1b）可以作为判定猪瘟的依据之一。

（2）亚急性型　病猪发病时有可能在胃、肝脏、下颌淋巴结出现出血点。少量的猪可能因为肠炎而死亡，病理变化表现为盲肠扁桃体或结肠溃疡（纽扣状溃疡）。

（3）慢性型　该型猪瘟通常不会在仔猪中产生较大的病理变化，而母猪通常会出现流产、死胎、木乃伊胎等一系列繁殖功能障碍。

【诊断】病毒的分离培养是目前检测猪瘟病毒最确切的方法。猪瘟病毒对其他动物无致病性，能一过性地在小鼠、豚鼠、绵羊、山羊、黄牛体内增殖，病毒在血液中可存活2~4周，有传染性，但无临床症状，被接种动物能产生中和抗体。扁桃体是分离猪瘟病毒的首选样品。常用PK-15细胞来分离猪瘟病毒，接种后24~72h用荧光抗体法检测病原。通过免疫组化方法可快速检测扁桃体病毒抗原，也可通过荧光抗体技术直接检测组织切片。商品化的抗原捕获ELISA可用来分析血液、器官或者血清样品中的猪瘟病毒。也可通过实时定量PCR技术检测猪瘟病毒核酸来诊断。病毒中和试验（VNT）通常被认为是金标准，但是它需要细胞培养技术的支持，工作强度和时间消耗较大，不适于进行大量样品的分析。最具有猪瘟诊断意义的是脾脏表面及边缘可见出血性梗死。

【防控】原则上以防为主。防控猪瘟病毒的常见疫苗是猪瘟兔化弱毒疫苗。在猪瘟疫情暴发后，常见的做法是立即将感染猪、与感染猪有接触的猪同正常猪群隔离。绝大多数存在猪瘟的国家的防控策略还是基于疫苗接种的方法。

第二节 非洲猪瘟

非洲猪瘟（ASF）是由非洲猪瘟病毒所引起的猪的一种烈性传染病。本病能够迅速传播并引发高病死率，其特征为皮肤变红、坏死性皮炎及内脏器官严重出血。非洲猪瘟病毒仅感染猪，包括野猪与家猪，软蜱是该病毒的保毒宿主和传播媒介。2018年，非洲猪瘟传入中国，并迅速在亚洲-太平洋地区的多个国家蔓延，发病率和病死率达到100%，是危害养猪业乃至畜牧业最严重的动物疫病之一。

【流行病学】非洲猪瘟病毒是目前发现的唯一的DNA虫媒病毒，非洲钝缘蜱和游走性钝缘蜱是其保毒宿主和传播媒介。非洲的野生疣猪感染非洲猪瘟病毒后通常不表现临床症状或只表现轻微的临床症状，病毒在其体内可以建立持续感染。这促使寄生在其体表的蜱虫被感染。非洲猪瘟病毒可以在这些蜱虫之间横向传播，说明蜱虫在疣猪间非洲猪瘟病毒传播中发挥重要作用。非洲猪瘟病毒很容易通过受感染的猪直接接触传播，传播途径主要为口、鼻。非洲猪瘟病毒感染动物后可在血液中检测到非常高的病毒载量，另外也可以在受感染动物的粪便、尿液等排泄物和分泌物中检测到病毒，这些成为易感动物的直接或间接感染的病毒传染源。研究发现，非洲猪瘟病毒经气溶胶传播的能力非常有限，通常被认为只能进行短距离传播，但接触到受污染的工具、饲料或水等均可导致猪感染非洲猪瘟病毒。

【症状】
（1）最急性型 病死率高达100%，病猪仅表现突发高热后即死亡，无明显的临床症状。
（2）急性型 可见病猪持续高热、厌食、精神委顿、呼吸困难，体表皮肤出血发绀，尤其在耳部和腹肋部常见不规则出血斑和坏死。急性型病猪通常在症状出现后的7d内死亡，病死率高。
（3）亚急性型 临床症状与急性型非洲猪瘟相似，只是病程更长，症状严重程度及病死率较急性型低。

【病理变化】急性型和亚急性型非洲猪瘟主要表现为严重出血及淋巴结损伤，慢性型非洲猪瘟的病变则不典型。非洲猪瘟特征性病理变化是心脏、肺、肾脏等实质器官严重出血，淋巴结肿大、出血、横切面多汁、呈大理石样（彩图2-4-2），脾脏显著肿大，严重者充血，脾髓呈紫黑色（彩图2-4-3）。肾脏可见大量的点状出血；心肌柔软，心内膜及外膜可见出血点甚至出血斑。严重病例还可观察到胃肠黏膜出血，膀胱黏膜出血，肝脏及胆囊充血、肿大，肺部水肿、充血。淋巴组织最明显的组织学病变是皮质和髓质内细胞坏死，见核浓缩，淋巴结触片见单核细胞的核破碎。

【诊断】目前，非洲猪瘟的实验室诊断方法包括红细胞吸附试验（HA）、直接荧光抗体技术及PCR。体外培养的感染非洲猪瘟病毒的巨噬细胞能够吸附红细胞，形成"玫瑰花环"或"桑葚状"结构，红细胞吸附试验是确诊非洲猪瘟一个非常便捷的方法，其特异性和敏感性均较高。对非洲猪瘟的血清学调查，ELISA是最为简便和有效的方法。

【防控】目前还没有疫苗用来预防本病。一旦发生本病，应及时扑杀感染猪群并采取卫生防疫措施，谨防疫情扩散。

第三节 猪水疱病

猪水疱病（SVD）是由猪水疱病病毒引起的猪的一种急性、热性、接触性传染病。本病传染性强，发病率高，临床特征是猪的蹄部、鼻端、口腔黏膜、乳房皮肤发生水疱，类似于口蹄疫，但本病只引起猪发病，对其他家畜无致病性。

【流行病学】猪不分年龄、性别、品种均可感染。在猪高度集中或调运频繁的单位和地区，容易造成本病的流行，尤其是在猪舍，猪的数量和密度越大，发病率越高。病猪、带毒猪是本病的主要传染源，通过粪便、尿液、水疱液、乳汁排出病毒。被病毒污染的饲料、垫草、运动场、用具以及饲养员等往往造成本病的间接传播。受伤的蹄部、鼻端皮肤、消化道黏膜等是主要侵入途径。

【症状】

（1）典型水疱病　猪水疱病主要临床特征是在猪的蹄部、鼻端、口腔黏膜、乳房皮肤发生水疱。早期临床症状为水疱明显突出，里面充满水疱液，很快破裂，但有的水疱持续数天不破。水疱破溃后形成溃疡，真皮暴露，颜色鲜红，因蹄冠皮肤坏死和溃疡而使蹄壳与蹄冠裂开，病变严重时蹄壳脱落。部分猪的病变部位因继发细菌感染而形成化脓性溃疡，由于蹄部受到损害而出现跛行。水疱也可见于鼻盘、舌、唇和母猪乳头上。仔猪多数病例在鼻盘发生水疱，体温升高，水疱破裂后体温下降至正常。病猪精神沉郁、食欲减退或废绝，育肥猪显著掉膘。

（2）温和型　只见少数猪出现水疱，疾病传播缓慢，症状轻微，往往不容易被察觉。

（3）亚临床型　猪感染后没有出现临床症状，但可产生高滴度的中和抗体。

【病理变化】特征性病理变化为蹄部、鼻盘、唇、舌面、乳房出现水疱，水疱破裂，水疱皮脱落后，暴露出创面且有出血和溃疡。个别病例心内膜上有条状出血斑。其他内脏器官无可见病理变化。组织学病理变化为非化脓性脑膜炎和脑脊髓炎。

【诊断】

（1）生物学诊断　将病料分别接种 1~2 日龄和 7~9 日龄乳鼠，如两组乳鼠均死亡者为口蹄疫；1~2 日龄乳鼠死亡，而 7~9 日龄乳鼠不死者，为猪水疱病。

（2）反向间接血凝试验　用口蹄疫 A、O、C 型的豚鼠高免血清与猪水疱病高免血清（IgG）致敏的绵羊红细胞，以及不同稀释的待检抗原，进行反向间接血凝试验，可在 2~7h 内快速鉴别猪水疱病和口蹄疫。

常用补体结合试验、ELISA、直接和间接荧光抗体技术以及 RT-PCR 来检测猪水疱病病毒。

【防控】用猪水疱病高免血清和康复血清进行被动免疫有良好效果，免疫期达 1 个月以上，对控制疫情扩散、减少发病率会起到良好作用。或者用猪水疱病灭活疫苗免疫预防。加强检疫，防止病原由疫区向非疫区扩散是控制猪水疱病的重要措施，尤其是应注意监督动物交易和转运的动物产品。

第四节 猪繁殖与呼吸综合征

猪繁殖与呼吸综合征（PRRS）是由病毒引起的猪的一种繁殖障碍和呼吸系统症状的传染病。猪繁殖与呼吸综合征又称猪蓝耳病，是由猪繁殖与呼吸综合征病毒引起，以母猪发生流产、产死胎、弱胎、木乃伊胎，以及仔猪呼吸困难、高死亡率等为主要特征。高致病性毒株可以引起成年猪发热、皮肤发红和发紫、呼吸困难和急性死亡，由于部分病猪耳部发紫，故俗称"猪蓝耳病"。

【流行病学】本病只感染猪，各种年龄和品种的猪均易感，但主要侵害繁殖母猪和仔猪，而育肥猪发病温和。病猪和带毒猪是本病的主要传染源。本病传播迅速，主要经呼吸道感染，也可垂直传播。持续感染是本病最为重要的流行病学特征，猪体感染病毒后，病毒能在敏感细胞内复制几个月而并不表现出临床症状。因此，猪群一旦感染，很难彻底清除，且本病毒可以引起猪体免疫抑制，从而容易继发其他病原感染，包括猪圆环病毒2型、多杀性巴氏杆菌、链球菌和副猪嗜血杆菌等。

【症状】妊娠中后期母猪繁殖障碍和仔猪呼吸道症状为主要特征，而成年猪发病较少。高致病性猪繁殖与呼吸综合征可以引起成年猪发病和死亡。母猪通常出现一过性精神委顿、厌食、发热。后期发生早产、流产、产死胎、木乃伊胎及弱仔。仔猪以2~28日龄感染后临床症状明显，首次发病的仔猪，其病死率高达90%以上。

高致病性猪繁殖与呼吸综合征常见于免疫猪群，除引起上述临床症状外，可以引起仔猪、经产母猪、公猪和育肥猪发病和死亡，病猪出现高热，体温达41℃以上，结膜炎，耳朵和皮肤发红、发紫，喘气、呼吸困难，部分病猪出现四肢呈游泳状的脑神经症状。

【病理变化】猪繁殖与呼吸综合征的特征性病理变化是弥漫性间质性肺炎。高致病性猪繁殖与呼吸综合征肺病变呈多样化，大多数病例表现肉样实变，或出现间质性肺炎，间质增宽，切面为鲜红色；淋巴结水肿，有时出血病变明显；部分猪内脏器官有出血病变，肾脏可见少量出血点，所以很容易与猪瘟混淆。继发细菌性感染后常有纤维素性胸膜肺炎、胸腔积液以及与胸壁粘连等病变。

【诊断】根据母猪妊娠后期发生流产，产死胎和弱仔，新生仔猪病死率高，仔猪呼吸道症状和弥漫性间质性肺炎等可初步做出诊断。可用血清学方法或RT-PCR检查肺泡巨噬细胞中是否存在猪繁殖与呼吸综合征病毒。猪繁殖与呼吸综合征病毒的分离常用Marc-145细胞培养。

【防控】本病防控主要采取综合性预防和控制措施。最根本的办法是消除病猪、带毒猪和彻底消毒，切断传播途径。此外，应加强进口猪的检疫和本病监测，以防本病扩散。

第五节　猪细小病毒感染

猪细小病毒感染（PPI）是由猪细小病毒（PPV）引发的猪繁殖障碍性疾病。猪细小病毒感染主要发生于初产母猪，以流产、产死胎、木乃伊胎及病弱仔猪为特征，但母猪通常不表现其他临床症状。

【流行病学】不同品种、年龄、性别的猪均对其易感，感染后可终生带毒。因此，细小病毒在世界各地的猪场中普遍存在，是造成母猪繁殖障碍、影响养猪业发展的重要疫病之一。猪在出生后主要经呼吸道及消化道感染细小病毒。由于带毒猪会经粪便不间断地排出病毒，粪便污染环境后，健康猪接触了污染的饲料或饮水即受到感染。另外，如果公猪精液带有病毒，在交配时则可以通过生殖道传染给母猪。感染细小病毒的母猪是本病的主要传染源，其产出的子宫分泌物、死胎、木乃伊胎、仔猪均含有大量的病毒。

【症状】猪细小病毒感染一般均表现为亚临床症状，母猪在妊娠初期感染，将导致胚胎的死亡和重吸收，母猪可能不育或无规律发情；在妊娠中期感染，将导致胎儿的死亡或木乃伊化，母猪在分娩时产程延长，发生流产、死胎；在妊娠后期感染，此时胎儿已经得到较好的发育，能够对病毒产生保护性免疫应答，因此胎儿并不死亡，且能产生抗体，但仔猪一出生即带毒并排毒。

【病理变化】

（1）母猪　母猪感染细小病毒后，本身一般无肉眼可见的病变，组织学上则可出现黄体萎缩、子宫内膜临近区域和固有层的单核细胞聚集、浸润。

（2）胎儿　胎儿感染细小病毒则表现一系列特征性的病变。胎儿可变成弱仔、畸胎、死胎、木乃伊胎，胎儿也可表现骨质溶解、腐败、黑化等病变。剖检可见这些胎儿皮下充血、水肿，体腔有浆液性渗出，肝脏、脾脏、肾脏等脏器时有肿大质脆或萎缩变黑。

【诊断】猪细小病毒感染可以依照其流行病学特点和临床症状进行初步的诊断。如果猪场只是初产母猪或者青年母猪发生流产、产死胎、产弱仔等情况，且母体在妊娠期间没有表现其他的临床症状，并且有迹象表明本病是一种传染病，可初步判定为细小病毒的感染。进一步的确诊则需要进行实验室检测。血凝和血凝抑制试验是目前广泛应用于临床的细小病毒检测方法。也可以用 PCR 检测病原。

【防控】细小病毒所引发的母猪繁殖障碍目前尚无有效药物治疗。免疫接种已成为预防本病的最有效措施。对于无细小病毒的猪场，应在引进种猪时进行严格检测。除了采用有效的免疫预防方法外，猪场的清洁净化同样重要。

第六节　猪传染性胃肠炎

猪传染性胃肠炎（TGE）是由猪传染性胃肠炎病毒引起的猪的一种急性胃肠道传染病，临床上以突然发病、传播迅速、呕吐、水样腹泻、脱水和 10 日龄以内仔猪高病死率为特征。本病可发生于各种年龄的猪，但对仔猪的影响最为严重。10 日龄以内的仔猪病死率高达 100%，5 周龄以上的猪感染后病死率较低，成年猪感染后几乎没有死亡，但严重影响增重和降低饲料转化率。

【流行病学】本病只感染猪，各种年龄的猪均有易感性，10 日龄以内的仔猪最为敏感，发病率和病死率有时高达 100%。随着年龄的增长，临床症状减轻，多数能自然康复，但可长期带毒。本病主要以暴发性和地方流行性两种形式发生。无免疫力的哺乳仔猪和断奶仔猪可以发生感染。病猪和带毒猪是主要传染源。本病的发生具有明显的季节性，以冬、春寒冷季节较为严重。

【症状】本病传播迅速，数天内可蔓延全群。仔猪突然发病，首先呕吐，继而发生频繁水样腹泻，粪便呈黄色、绿色或白色，常含有未消化的凝乳块，其特征是含有大量电解质、水分和脂肪，呈碱性。病猪极度口渴，明显脱水，体重迅速减轻。日龄越小，病程越短，病死率越高。断奶仔猪、育肥猪和母猪的症状轻重不一，通常只有 1d 或数天出现食欲不振或废绝。个别猪有呕吐，出现灰色、褐色水样腹泻，呈喷射状，极少死亡。

【病理变化】尸体脱水明显，主要病理变化在小肠和胃。哺乳仔猪的胃常胀满，滞留有未消化的凝乳块。3 日龄仔猪常在胃横膈膜憩室部黏膜下有出血斑，胃底部黏膜有充血或不同程度的出血。小肠内充满黄绿色液体，含有污秽、絮状未消化的凝乳块，肠壁变薄而无弹性，肠管扩张呈半透明状。肾盂常有尿酸盐结晶。另外，可见肠系膜充血，肠系膜淋巴结轻度或严重充血、肿大。

【诊断】根据流行病学、临床症状和病理变化可做出初步诊断，确诊需进行实验室诊断，如病毒分离和鉴定、直接荧光抗体技术检查病毒抗原、血清学诊断以及 RT-PCR 诊断。

【防控】加强猪场的生物安全措施，如搞好卫生、定期消毒、严格控制外来人员和车辆进入场区等，有助于减少本病发生。疫苗接种有一定的预防作用。

第七节　猪流行性腹泻

猪流行性腹泻（PED）是由猪流行性腹泻病毒引起的猪的一种高度接触性肠道传染病，以呕吐和腹泻为基本特征，各日龄猪均易感，新生仔猪发病最严重。本病的流行病学、临床症状和病理变化都与猪传染性胃肠炎十分相似，临床上很难区分。

【流行病学】本病对各种年龄的猪都易感，发病率可达100%。但哺乳仔猪发病后损失最为严重。根据感染发病年龄不同，本病可分为两种临床型，Ⅰ型猪流行性腹泻只见于生长猪，Ⅱ型猪流行性腹泻则见于所有年龄的猪，包括哺乳仔猪和成年母猪。病猪和带毒猪是主要传染源。病毒通过粪-口途径传播。本病一年四季均可发生，但冬季多发。一般来说本病发病率高、病死率低，但断奶前易感仔猪感染后的发病率和病死率都极高。

【症状】猪流行性腹泻的特征是呕吐、腹泻、食欲下降、脱水。本病潜伏期一般为2~4d，最短的仅12h；经口人工感染新生仔猪的潜伏期为15~30h，育肥猪为2d。存活猪腹泻一般持续 4~14d，从发病开始排毒期仅为7~10d。

猪流行性腹泻常以暴发性腹泻的形式出现。流行初期常有个别猪突然发病，同圈或邻圈的猪在1周内相继发病，很快波及全群。哺乳仔猪粪稀如水，呈灰黄色或灰色，有时带血或带有脱落肠黏膜；进食或吮乳后发生呕吐；脱水严重。非吮乳病猪主要表现为水样腹泻，但不含血液和肠黏膜，呕吐，食欲减退，体重减轻。母猪的粪便有的松软如牛粪状，有的粪便稀如水。少数病猪体温升高1~2℃，精神沉郁，食欲减退或废绝。症状轻重随年龄不同而有差异，年龄越小，症状越重。1周龄内仔猪常于腹泻发生后2~4d内脱水而死亡，病死率可达50%。断奶仔猪和成年猪则可持续腹泻4~14d，如果没有继发其他疾病和护理得当，则会逐渐自行康复，很少发生死亡。

【病理变化】病死猪极度脱水，后躯粪便污染严重，小肠膨胀，充满浅黄色液体，肠壁变薄，个别小肠黏膜有出血点，小肠绒毛变短，重症者绒毛萎缩，甚至消失，肠系膜淋巴结水肿。胃内空虚或充满胆汁样黄色液体。其他实质性器官无明显病理变化。

【诊断】本病在临床症状、流行病学和病理变化等方面均与猪传染性胃肠炎无明显差异，确诊需进行实验室诊断，可采用免疫电镜技术、荧光抗体技术、免疫组化技术、ELISA、RT-PCR、中和试验等方法。猪流行性腹泻特征是呕吐、腹泻、食欲下降、脱水，然而轮状病毒感染主要特征是呕吐、腹泻和脱水；猪流行性腹泻的眼观变化仅限于小肠，组织学变化可见绒毛长度与肠腺隐窝深度的比值由正常的7:1降到3:1。这可以作为三种疫病的鉴别诊断。

【防控】预防本病平时应加强饲养管理，控制人员和车辆流动，严格执行卫生消毒和隔离制度，采用全进全出等一系列生物安全措施。免疫接种是目前预防本病的主要手段。由于本病对新生仔猪危害最大，而仔猪依靠自身的主动免疫往往来不及产生保护，因此主要通过免疫母猪，依靠母源抗体保护仔猪。目前我国使用的预防猪传染性胃肠炎、猪流行性腹泻、轮状病毒感染的疫苗是猪轮状病毒感染-猪流行性腹泻-猪传染性胃肠炎三联弱毒疫苗。当商品疫苗在某个区域或猪群失去免疫保护力，一旦疫情暴发并难以控制和平息时，应尽快隔离、保护所有14d内将分娩的母猪；同时可考虑使用自家活疫苗或灭活疫苗。自家活疫苗是强毒活疫苗，既包括用本场发病猪的肠内容物和粪便混入饲料内口服感染（返饲）母猪尤其是妊娠母猪，也包括注射提取、纯化的活病毒免疫，都是通过母源抗体保护仔猪。

第八节 猪 丹 毒

猪丹毒是由红斑丹毒丝菌引起的一种急性、热性传染病。猪丹毒俗称"打火印"或"红热病"，特征为败血症、皮肤疹块、慢性疣状心内膜炎、皮肤坏死及多发性非化脓性关节炎等。临床表现为急性型（败血症）、亚急性型（疹块）和慢性型（心内膜炎）。人主要通过创伤感染，称为类丹毒。

【流行病学】 本病主要发生于猪，不同年龄的猪均易感，特别是架子猪（3~6月龄）多发，随着年龄的增长而易感性降低。由于猪群健康带菌现象比较普遍，当其受多种因素影响而致抵抗力降低或细菌的毒力突然增强时，可引起内源性感染发病，导致本病暴发流行。母猪在妊娠期间感染极易造成流产。病猪和带菌猪是主要传染源。富含腐殖质、沙质和石灰质的土壤适宜本菌生存。因此，土壤污染在本病的流行病学上有极其重要的意义。本病主要经消化道传播，也可经破损的皮肤和黏膜感染宿主（如人的职业感染），此外还可借助吸血昆虫、鼠类和鸟类传播。猪丹毒常呈地方流行性，一年四季都有发生。

【症状】

（1）急性型　见于流行初期，有少量猪不表现任何症状而突然死亡。病猪体温突然升至42℃以上并稽留，常卧地不动。部分猪患病不久，在耳后、颈、胸、腹侧等部位皮肤上出现各种形状的红斑，逐渐变为暗紫色，手压褪色，松开时则又恢复，当治愈后这些部位的皮肤坏死、脱落。哺乳仔猪和刚断奶仔猪一般突然发病，表现神经症状，抽搐，倒地而死。

（2）亚急性型　俗称"打火印"或"鬼打印"，通常为良性经过。其特征是皮肤表面出现疹块，通常于发病后1~3d，在胸、腹、背、肩及四肢外侧等部位的皮肤出现大小不等的疹块，先呈浅红色，后变为紫红色，以至黑紫色，形状为方形、菱形或圆形，坚实，稍突出于皮肤表面。

（3）慢性型　多由急性或亚急性转化而来，也有原发性的，常见有3种症状：浆液性纤维素性关节炎、疣状心内膜炎和皮肤坏死。

【病理变化】

（1）急性型　病猪呈全身败血症变化，以肾脏、脾脏肿大及体表皮肤出现红斑为特征。全身淋巴结发红、肿大，切面多汁，或有出血，呈浆液性出血性炎症。急性型猪丹毒的特征病理变化是大紫肾（大红肾）、败血脾。脾脏充血呈樱红色，质地松软，显著肿大，切面有"白髓周围红晕"现象，呈典型的败血脾。心内膜、心外膜有小点状出血。

（2）亚急性型　以皮肤（颈、背、腹侧部）疹块为特征。

（3）慢性型　典型病变是疣状或溃疡性心内膜炎，常见一个或数个瓣膜上有灰白色增生物，呈菜花状；还可见多发性增生性关节炎，关节肿胀，有大量浆液性纤维素性渗出液。

【诊断】 根据流行病学、临床症状及病理变化等，特别是当病猪皮肤呈典型病理变化时可做出现场诊断，必要时需进行病原学和血清学检查。

【防控】 病初可皮下或耳静脉注射抗猪丹毒高免血清，效果良好。在发病后24~36h内用抗生素治疗也有显著疗效。疫苗接种是预防本病最有效的办法。每年春秋或冬夏两季定期进行预防注射，仔猪应于断奶后进行，以后每隔6个月免疫1次。常用的疫苗有：猪丹毒灭活疫苗、猪丹毒弱毒活疫苗、猪丹毒-猪肺疫氢氧化铝二联灭活疫苗以及猪瘟-猪丹毒-猪肺疫三联活疫苗。

人皮肤损伤时接触红斑丹毒丝菌易被感染而发生类丹毒。常伴有腋窝淋巴结肿胀，还可能发生败血症、关节炎和心内膜炎，甚至肢端坏死。类丹毒是一种职业病，多发生于兽医、屠宰加工人员及渔民等。因此，在处理和加工操作中，必须注意防护和消毒，以防感染。

第九节　猪接触传染性胸膜肺炎

猪接触传染性胸膜肺炎（PCP）又称坏死性胸膜肺炎，是由胸膜肺炎放线杆菌（APP）引起的一种急性呼吸道传染病，以急性、出血性纤维素性肺炎和慢性纤维素性坏死性胸膜炎为主要特征。急性者病死率高，慢性者常能耐过。其典型病理变化为两侧性肺炎，胸膜粘连，肺炎区色暗质脆。

【流行病学】各年龄段猪对本病均易感，其发病率为5%~80%，病死率为6%~20%。胸膜肺炎放线杆菌是对猪有高度宿主特异性的呼吸道寄生物，急性感染不仅可在肺部病理变化和血液中见到，而且在鼻液中也有大量细菌存在。本病有明显的季节性，多在4~5月和9~11月发生。病猪和带菌猪是本病的主要传染源。传播途径主要是气源感染，通过直接接触传播或短距离的飞沫间接传播。

【症状】

（1）最急性型　发病突然，病程短、死亡快。病死猪的腹部、双耳、四肢皮肤发绀，口、鼻流出带血的红色泡沫。初生猪则为败血症致死。

（2）急性型　常有很多猪感染，发病急，体温升高至40~41.5℃，精神沉郁，食欲减退或废绝，呼吸极度困难，咳嗽。鼻盘、耳尖和四肢皮肤发绀。

（3）亚急性型和慢性型　发生在急性症状消失之后，临床症状较轻，一般表现为体温升高，食欲减少，精神沉郁，不愿走动，喜卧地，呈间歇性咳嗽，消瘦，生长缓慢。

【病理变化】

（1）急性死亡病例　仅见肺炎变化，表现为两侧肺呈紫红色。病程稍长者，见胸腔内有纤维素性渗出物。

（2）慢性病例　可见肺组织充满黄色结节或脓肿结节，外裹结缔组织。肺表面有一层黄色纤维素性渗出物与胸膜粘连。

【诊断】通过流行病学和特征性的临床症状，可以做出初步诊断，确诊需通过细菌学检查和血清学试验，主要包括细菌的分离鉴定、涂片镜检、溶血试验、卫星试验、生化试验、动物接种、血清抗体检测等。并注意与猪肺疫、猪支原体肺炎、副猪嗜血杆菌病、猪圆环病毒病的鉴别诊断。

【防控】胸膜肺炎放线杆菌为条件性致病菌，因此饲养过程中应加强管理，减少应激。坚持免疫接种是预防本病的有效方法，目前使用的有灭活疫苗、亚单位苗等。胸膜肺炎放线杆菌的血清型较多，互相之间的交叉免疫能力差，故疫苗所含血清型的选择一定要有针对性。猪胸膜肺炎放线杆菌对四环素、链霉素、卡那霉素、氟苯尼考、替米考星和环丙沙星等敏感。

第十节　猪传染性萎缩性鼻炎

猪传染性萎缩性鼻炎（AR）又称慢性萎缩性鼻炎或萎缩性鼻炎，是由支气管败血波氏杆菌和产毒素多杀性巴氏杆菌引起猪的一种慢性接触性呼吸道传染病。猪传染性萎缩性鼻炎的特征是鼻炎、鼻中隔弯曲、鼻甲骨萎缩、病猪生长缓慢。临床表现为打喷嚏、鼻塞、流鼻涕、鼻出血、形成"泪斑"，严重者出现颜面部变形或歪斜，常见于2~5月龄猪。目前已将本病归类为两种表现形式：非进行性萎缩性鼻炎（NPAR）和进行性萎缩性鼻炎（PAR）。

【流行病学】任何年龄的猪都可感染本病，但以仔猪的易感性最高。1周龄的猪感染后可引起原发性肺炎，并可导致全窝仔猪死亡，发病率一般随年龄增长而下降。病猪和带菌猪是主要传染源。本病在猪群内传播比较缓慢，多为散发性或地方流行性。各种应激因素可使发病率增加。

【症状】本病的早期临床症状，多见于6~8周龄仔猪，表现为鼻炎、打喷嚏、流鼻涕和呼吸困难。发病严重猪群可见病猪两鼻孔出血不止，形成两条血线。由于鼻炎导致鼻泪管阻塞，泪液外流，在眼内眦下皮肤上形成弯月形的湿润区，附着尘土后黏结成黑色痕迹，称为"泪斑"。继鼻炎后常出现鼻甲骨萎缩，致使鼻梁和面部变形，此为本病的特征性临床症状。

【病理变化】病理变化一般局限于鼻腔和邻近组织，特征性病理变化是鼻腔软骨和鼻甲骨软化和萎缩，特别是下鼻甲骨下卷曲最为常见。有的鼻甲骨萎缩严重，甚至消失，而只留下小块黏膜皱褶附在鼻腔的外侧壁上。鼻腔常有大量的黏液脓性甚至干酪性渗出物，随病程长短和继发性感染的性质而异。

【诊断】猪传染性萎缩性鼻炎的早期诊断可使用X线检查。鼻腔镜检查也是一种辅助性诊断方法。病理解剖学诊断是目前最实用的方法。其次也可进行微生物学诊断和血清学诊断，这些结果最为可靠。

【防控】免疫接种是预防本病最有效的方法，通过免疫接种母猪使仔猪获得被动保护，从而有效预防仔猪的早期感染；仔猪在哺乳期免疫接种可预防母源抗体消失后的感染。为了控制母仔间传染，应在母猪妊娠最后1个月内给予预防性药物。快速检出病原，淘汰阳性带菌猪，建立健康猪群是根除净化进行性萎缩性鼻炎的关键。

第十一节 猪支原体肺炎

猪支原体肺炎是由猪肺炎支原体引起猪的一种慢性呼吸道传染病。主要临床症状为咳嗽和气喘，病理变化特征是肺呈现双侧对称性实变。又称为猪地方流行性肺炎，俗称猪气喘病或喘气病。

【流行病学】自然病例仅见于猪，不同年龄、性别和品种的猪均能感染，但哺乳仔猪和断奶仔猪易感性最高，发病率和病死率较高。传染源为病猪和带菌猪。本病一旦传入后，如果不采取严密措施，很难彻底扑灭。病猪与健康猪直接接触，或通过飞沫经呼吸道感染。本病一年四季均可发生，但在寒冷、多雨、潮湿或天气骤变时较为多见。

【症状】

（1）急性型　精神不振，呼吸次数剧增，达60~120次/min。呼吸困难，严重者张口喘气，发出哮鸣声，似拉风箱，有明显腹式呼吸。咳嗽次数少而低沉，有时也会发生痉挛性阵咳。体温一般正常，如果有继发感染则可升到40℃以上。病程一般为1~2周，病死率较高。

（2）慢性型　多由急性转来，老疫区的架子猪、育肥猪和后备母猪多呈慢性经过。主要临床症状为咳嗽。常出现不同程度的呼吸困难，呼吸次数增加和腹式呼吸（喘气）。病程较长的小猪，身体消瘦而衰弱，生长发育停滞。病程可拖延2~3个月，甚至长达半年以上。

（3）隐性型　在较好的饲养管理条件下，猪感染后不表现临床症状，但用X线检查或剖检时可发现肺炎病理变化，隐性型在老疫区中占相当大比例。

【病理变化】

（1）肉眼病变　肺门淋巴结和纵隔淋巴结肿大，有时边缘轻度充血。在心叶、尖叶、副叶及部分病例的膈叶前缘出现融合性支气管肺炎，以心叶最为显著。早期心叶出现粟粒大至绿豆大，逐渐扩展而融合成多叶的病理变化，成为融合性支气管肺炎。两侧病理变化大致对称，病变部位的颜色多为浅红色或灰红色，半透明状，界线明显，如鲜嫩肌肉，俗称"肉变"。随着病程延长或病情加重，病变部位颜色转为浅红色、灰白色或灰红色，半透明状态的程度减轻，俗称"胰变"或"虾肉样变"。

（2）组织病理学变化　早期以间质性肺炎为主，以后则演变为支气管性肺炎，支气管和细支气管上皮细胞纤毛数量减少，小支气管周围的肺泡扩大，泡腔充满大量炎性渗出物，肺泡间组织有淋巴样细胞增生。

【诊断】根据流行病学、临床症状和病理变化可做出初步诊断，确诊可进行以下实验室检查：抗原诊断方法（ELISA、荧光抗体技术和PCR）、病原分离培养、血清学和分子生物学诊断、X线透视检查。

【防控】加强饲养管理，坚持综合防控措施，受威胁地区可通过接种弱毒疫苗和灭活疫苗建立免疫带。利用各种检疫方法及早清除病猪和可疑病猪，逐步扩大健康猪群。同时注意生物安全和药物控制。未发病地区和猪场的主要措施有：坚持自繁自养，尽量不从外地引进猪，必须引进时，要严格隔离和检疫。对发病地区，严格消毒，彻底清洁污染区域。

第十二节　猪圆环病毒病

猪圆环病毒病（又称猪圆环病毒相关病）是由猪圆环病毒2型（PCV2）引起猪的多种疾病的总称，包括断奶仔猪多系统衰竭综合征（PMWS）、猪皮炎与肾病综合征、繁殖障碍性疾病、增生性坏死性间质性肺炎、新生仔猪先天震颤等，其中断奶仔猪多系统衰竭综合征最为常见。本病可导致猪群产生严重的免疫抑制，从而容易继发或并发其他传染病。

【流行病学】家猪和野猪是自然宿主。传染源为患病动物和隐性感染者。感染猪可以通过鼻液和粪便排毒，经口腔、呼吸道途径传播，也可经胎盘垂直传播感染仔猪。病死率一般为10%~20%。本病无明显的季节性。

【症状】

（1）断奶仔猪多系统衰竭综合征　仔猪感染后发病严重，一般集中在5~18周龄，尤其在6~12周龄发病，表现淋巴系统疾病、渐进性消瘦、皮肤苍白、淋巴结肿大、呼吸道症状、腹泻及黄疸，病猪免疫机能下降、生产性能降低。

（2）猪皮炎与肾病综合征　皮肤发生圆形或不规则的隆起，呈红色或紫色，中央形成黑色病灶，在会阴部和四肢最明显。这些斑块有时会相互融合，在极少情况下皮肤病变会消失。病猪表现皮下水肿，食欲丧失，有时体温上升。通常在3d内死亡。

（3）猪呼吸道病综合征　生长缓慢、厌食、精神沉郁、发热、咳嗽和呼吸困难。

（4）猪圆环病毒2型相关性繁殖障碍　母猪返情率增加、产木乃伊胎、流产、死产和产弱仔等。

（5）猪圆环病毒2型相关性肉芽肿性肠炎　腹泻，开始排黄色粪便，后来为黑色，生长迟缓。

（6）猪圆环病毒2型相关性先天性震颤　猪脑和脊髓的神经发生脱髓鞘，以不同程度的阵缩为特征。

【病理变化】

（1）断奶仔猪多系统衰竭综合征　①肉眼病变：淋巴结和肾脏有特征性病变。全身淋巴结，尤其是腹股沟、纵隔、肺门、肠系膜以及下颌淋巴结显著肿大。肾脏肿胀，呈灰白色，皮质与髓质交界处出血。②组织病理学变化：主要表现在淋巴结、扁桃体、集合淋巴小结、胸腺和脾脏等淋巴组织器官，淋巴细胞缺失，单核巨噬细胞浸润，出现合胞体性多核巨细胞和细胞质内包涵体，淋巴结的皮质和深皮质区显著扩大。淋巴滤泡中心部有蜂窝状坏死和炎性肉芽肿；嗜碱性或两性染色包涵体主要分布在组织细胞、巨噬细胞及多形核巨细胞中。③其他组织病变：肺有明显多灶性闭塞性支气管肺炎；肝脏最常见到门静脉周围淋巴细胞浸润，有窦状隙内单核细胞聚集和肝细胞坏死为特征的肝炎，慢性死亡病例通常肝细胞坏死、消失及单核细胞弥漫性浸润；肾脏有轻度乃至严重的多灶性间质性肾炎，少数病例有肾盂肾炎、急性渗出性肾小球肾炎；心脏有多种炎性细胞浸润为特征的多灶性心肌炎。

（2）猪皮炎与肾病综合征　出血性坏死性皮炎、动脉炎、渗出性肾小球性肾炎和间质性肾炎，胸腔积液和心包积液。

（3）猪呼吸道病综合征　弥漫性间质性肺炎。

（4）猪圆环病毒2型相关性繁殖障碍　后期流产的胎儿和死产小猪肺出现了轻度到中度病变。肺炎以肺泡中出现单核细胞浸润为特征。心肌大面积变性坏死，伴有水肿和轻度的纤维化，淋巴细胞和巨噬细胞浸润。

（5）猪圆环病毒2型相关性肉芽肿性肠炎　组织学病变为大肠和小肠的淋巴集结中出现肉芽肿性炎症和淋巴细胞缺失。肉芽肿性炎症的特点是上皮细胞和多核巨细胞浸润，并在组织细胞和多核巨细胞的细胞质中出现大的、嗜酸性或嗜碱性的梭状包涵体。

【诊断】本病的诊断必须依靠临床症状、病理变化和病毒检测三个方面。病毒检测主要方法有病毒分离鉴定、电镜检查、原位杂交、免疫组化技术和PCR等；抗体检测主要有间接荧光抗体技术和ELISA等。

病毒的分离鉴定：病毒分离与鉴定通常采用病猪的淋巴结、病变肺和脾脏作为样本。接种PK-15细胞，24h后，用浓度为300mmol/L的D-氨基葡萄糖处理细胞30min，再加入DMEM维持液，置37℃培养箱中，72h后，用ORF2多抗或猪圆环病毒2型单克隆抗体和荧光素标记的二抗染色，进行免疫荧光试验。在荧光显微镜下，在细胞核中出现荧光，判定为猪圆环病毒2型阳性。也可以将细胞收获后，用PCR进行扩增，测序确认。

【防控】本病的预防和控制主要依靠免疫接种和综合性措施。疫苗接种是防控本病的关键措施之一。我国批准使用的疫苗主要有猪圆环病毒2型灭活疫苗和猪圆环病毒2型Cap蛋白重组杆状病毒灭活疫苗。综合性措施包括加强饲养管理、保障环境卫生、控制其他病原体共同感染或继发感染等。

第十三节　副猪嗜血杆菌病

副猪嗜血杆菌病又称猪多发性浆膜炎与关节炎或格拉瑟病（Glasser's disease），是由副猪嗜血杆菌（副猪格拉瑟菌）引起猪的一种传染病。主要表现为猪的浆液性或纤维素性多发性浆膜炎、关节炎和脑膜炎，也可表现为肺炎、败血症和猝死。

【流行病学】副猪嗜血杆菌只感染猪，从2周龄到4月龄的猪均易感，通常见于5~8周龄的猪。病死率一般为30%~40%。副猪嗜血杆菌是猪上呼吸道的一种共栖菌，在猪体抵抗力较低或失去母源抗体保护的情况下侵入体内致病。

【症状】临床症状取决于炎性损伤的部位。通常表现为发热、厌食、反应迟钝、呼吸困难、咳嗽、疼痛（尖叫）、关节肿胀、跛行、颤抖、共济失调、可视黏膜发绀、侧卧、消瘦和被毛凌乱，随之可能死亡。急性感染后可能留下后遗症，即母猪流产，公猪慢性跛行。在常规饲养的猪群中哺乳母猪的慢性感染可能引起母性行为极端弱化。

【病理变化】

（1）肉眼病变 损伤主要是在单个或多个浆膜面，可见浆液性和化脓性纤维蛋白渗出物，包括腹膜、心包膜、胸膜、肝脏和肠浆膜，损伤也可能涉及脑和关节表面，尤其是腕关节和跗关节。

（2）组织病理学变化 渗出物中可见纤维蛋白、中性粒细胞和较少量的巨噬细胞。

副猪嗜血杆菌也可能引起急性败血症，在不出现典型的浆膜炎时就呈现发绀、皮下水肿和肺水肿，乃至死亡。此外，副猪嗜血杆菌还可能引起筋膜炎、心肌炎以及化脓性鼻炎等。

【诊断】根据流行病学、临床症状和病理变化可做出初步诊断。确诊必须进行细菌分离鉴定。也可通过实验室检查确诊，如PCR方法和血清学方法（间接血凝试验和ELISA）等。

【防控】应该加强饲养管理。

（1）药物防治 早期用抗生素治疗有效，可减少死亡；临床症状出现后，需立即采用口服之外的方式应用大剂量的抗生素对整个猪群进行投药治疗，而不仅仅只针对出现临床症状的猪。多数副猪嗜血杆菌分离株对氟苯尼考、替米考星、阿莫西林、头孢类、四环素和庆大霉素等药物敏感，但对红霉素、氨基糖苷类、林可霉素等有抗药性。近年来，副猪嗜血杆菌对氟喹诺酮类和磺胺类药物的抗药性有增加的趋势。

（2）免疫预防 目前国内有不同的副猪嗜血杆菌病灭活疫苗供应，受威胁地区可通过接种副猪嗜血杆菌灭活疫苗建立免疫带。

第十四节 猪 痢 疾

猪痢疾是由致病性猪痢疾短螺旋体引起猪的一种肠道传染病，俗称猪血痢。其特征为黏液性或黏液出血性腹泻，大肠黏膜发生卡他性出血性炎症，有的发展为纤维素性坏死性炎症。

【流行病学】猪痢疾仅引起猪发病，各种年龄和不同品种猪均易感，病猪或带菌猪是主要传染源。致病性猪痢疾短螺旋体经感染动物粪便污染周围环境、饲料、饮水，或经饲养员、用具等媒介传播。本病无明显的季节性。

【症状】

（1）最急性型 表现为剧烈腹泻，排便失禁，迅速脱水、消瘦而死亡。

（2）急性型 精神沉郁，食欲减少，表面附有条状黏液，腹泻，粪便呈黄色柔软或水样，在1~2d内粪便充满血液和黏液。在出现腹泻的同时，腹痛，体温稍高，维持数天，以后体温下降至正常，死前体温降至正常温度以下。随着病程的发展，病猪精神沉郁，体重减轻，渴欲增加，粪便恶臭带有血液、黏液和坏死上皮组织碎片。病猪迅速消瘦，弓腰缩腹，起立无力，极度衰弱，最后死亡。病程约为 1 周。

（3）慢性型 腹泻，黏液及坏死组织碎片较多，血液较少。进行性消瘦，生长迟滞。病程为 1 个月以上。

【病理变化】

（1）肉眼病变 病理变化局限于大肠、回盲结合处。大肠黏膜肿胀，并覆盖黏液和带血块的纤维素。大肠内容物软至稀薄，并混有黏液、血液和坏死组织碎片。当病情进一步发展时，黏膜表面坏死，形成假膜；有时黏膜上只有散在成片的薄而密集的纤维素。剥去假膜露出浅表糜烂面。

（2）组织病理学变化 肠黏膜表层细胞坏死，黏膜完整性受到不同程度的破坏，并形成假膜。在固有层内有大量炎性细胞浸润，肠腺上皮细胞不同程度变性、萎缩和坏死。

【诊断】根据流行病学、临床症状和病理变化可做出初步诊断，一般取急性病例的猪粪便和肠黏膜制成涂片染色，用暗视野显微镜检查，每视野见有 3~5 条短螺旋体，可以作为定性诊断依据。但确诊还需从结肠黏膜和粪便中分离和鉴定致病性猪痢疾短螺旋体。也可用 PCR 快速鉴定病原体。血清学诊断方法有凝集试验、间接荧光抗体技术、被动溶血试验、琼脂扩散试验和 BLISA 等，比较常用的是凝集试验和 ELISA，主要用于猪群检疫。

【防控】至今尚无疫苗可用，控制本病应加强饲养管理，采取综合防控措施。严禁从疫区引进生猪，做好隔离检疫；发病猪场最好全群淘汰病猪，严格消毒，彻底清洁污染区域。

第五章 牛、羊的传染病

第一节 牛传染性胸膜肺炎

牛传染性胸膜肺炎（CBPP）又称为牛肺疫，是由丝状支原体丝状亚种引起牛的一种高度接触性传染性肺炎。我国于 1996 年宣布在全国范围内消灭了本病。

【流行病学】奶牛、黄牛、牦牛、水牛、野牛、驯鹿及羚羊是本病的主要易感动物。纯种牛的易感性高于土种牛。病牛及带菌牛是本病主要的传染源，病原体主要存在于病牛的肺组织、胸腔渗出液、胸部淋巴结及气管分泌物中，主要通过呼吸道随飞沫排出，也可由尿及乳汁排出，在产犊时还可随子宫渗出物排出。自然感染途径主要为呼吸道，也可经污染饲料和饮水，通过消化道感染。饲养管理条件差、牛舍拥挤、卫生不良、营养缺乏等因素可促进本病的发生并加重病情。活牛的贸易、运输、迁徙对本病的散播有重要的作用。

【症状】按病程可分为急性和慢性两种类型。

（1）急性型 多发生于流行初期，体温升高达 40~42℃，呈稽留热，精神沉郁，食欲减退，呻吟，鼻孔扩张，前肢外展，呼吸极度困难。由于胸部疼痛不愿行动或下卧，腹式呼吸，咳嗽逐渐频繁，常有疼痛短咳，低沉湿咳。鼻腔有时流出浆液性（发病初期）或脓性鼻液，可视黏膜发绀。叩诊胸部有浊音或实音区，如果有胸腔积液，可能有水平浊音，叩诊可引起疼痛。听诊有湿啰音，肺泡音减弱乃至消失，代之以支气管呼吸音，有胸膜炎发生时，可听到摩擦音。

病的后期，心跳加速，心脏衰弱，胸前、腹下和下颌部皮下水肿而下垂。反刍迟缓或停止，腹泻和便秘交替出现。病牛迅速消瘦、衰弱，卧地，多因窒息死亡，病程为5~8d。部分病牛病势趋于静止，体温下降，逐渐痊愈；有些病牛则转为慢性。犊牛常伴发关节炎。

（2）慢性型　多数由急性转来，也有开始即为慢性经过者。病牛逐渐消瘦，被毛粗乱，肋骨显露。食欲反复无常。行动缓慢，泌乳量减少，体温时高时低。偶发干性短咳，叩诊胸部可能有实音区且敏感，有的病牛胸、腹、颈部皮下水肿。此种病牛如果经过良好护理及治疗可以逐渐恢复，但常成为带菌者，长期排菌。若病变区域广泛，则病牛日益衰弱，预后不良。

【病理变化】发病初期以小叶性支气管肺炎为特征，肺充血、水肿，病灶大小不一，呈红色或暗红色，质地稍硬。中期呈典型的浆液性纤维素性胸膜肺炎（彩图2-5-1），实变区多为一侧性，以右肺多发，多发生于整个心叶、尖叶和部分膈叶前下缘。肺肿大、质地硬实，间质增宽，可见典型红色肝变；肺切面呈红白交替的大理石样纹理，可见坏死灶。后期，肺部病灶坏死，周围有结缔组织包围，有的坏死组织发生液化，液化物被吸收或通过气管排出后，局部形成空洞或结缔组织增生形成疤痕，有时病灶钙化，形成包囊。肺实变区胸膜表面有纤维素性渗出物附着，多数病例的胸腔内积有大量浅黄色透明或混浊液体，内混有絮状或片状的纤维素性渗出物。慢性病变胸壁胸膜常与肺实变部粘连。肺门淋巴结和纵隔淋巴结肿大、出血，有时可见到坏死灶。此外，有的病例可见腹膜炎、浆液性纤维性关节炎等。

【诊断】根据流行病学、临床症状及病理变化可做出初步诊断，确诊需进行实验室检查。

病原分离鉴定：取活牛鼻腔拭子、胸腔积液、肺组织和关节液等病料，接种于支原体培养基上，如果生长出露滴状圆形菌落，中央有乳头状突起（油煎蛋样），即可判定。菌落涂片和染色镜检，丝状支原体为革兰氏阴性，吉姆萨或瑞氏染色呈蓝色的细小的多形态病原。最后可分别通过PCR、补体结合试验、竞争ELISA、琼脂扩散试验、血清凝集试验、间接血凝试验、补体结合试验确诊本病。

本病与牛巴氏杆菌病、牛肺结核、牛支原体肺炎等有相似之处，要注意鉴别诊断。

【防控】

（1）预防　未发生本病的地区，应坚持自繁自养，不从疫区引进牛，必须购入牛时，要进行检疫。应用补体结合试验检疫2次，阴性者，注射牛肺疫疫苗3周后，才能运回本地，运回后隔离观察1个月，确认无病时，才能与当地牛混群饲养。常发本病的地区或牛场，可用弱毒疫苗或灭活疫苗进行免疫预防。我国已消灭了牛传染性胸膜肺炎，但目前仍应警惕从有本病的国家或地区再次传入。因此，应加强国境检疫，禁止从本病疫区输入任何牛。

发生本病时，应及时进行诊断，病牛隔离治疗，彻底消毒污染的牛舍、场地、用具等，无症状及血检阴性牛要进行紧急免疫接种。如果病牛数量少或本地为新发病地区，应扑杀病牛，防止疫情扩散。

（2）治疗　可用新胂凡纳明（914）进行治疗，同时配合强心、利尿、调节呼吸及消化功能等对症治疗措施。也可使用土霉素、链霉素等抗生素进行治疗，有较好的疗效。临床治愈牛仍可长期带菌并向外排菌，污染环境，为彻底消灭和控制本病，对病牛最好采用扑杀措施。

第二节　蓝　舌　病

蓝舌病是由蓝舌病病毒引起的、以昆虫为传播媒介的反刍动物的一种非接触性传染病。

其临床特征为发热、消瘦，口、鼻和胃黏膜溃疡，口腔黏膜及舌发绀，因此命名为蓝舌病。由于病羊（特别是羔羊）长期发育不良、死亡、胎儿畸形，造成了很大的经济损失。本病是OIE规定必须报告的疫病之一，我国将其列为二类动物疫病。

【流行病学】绵羊最易感，不分品种、性别和年龄。牛和山羊的易感性较低。野生动物中鹿和羚羊易感。患病和带毒动物是传染源，病愈绵羊的血液能带病毒达4个月。库蠓是本病的主要传播媒介，其他节肢类动物（蜱和蚊）也可起到媒介作用。库蠓吸吮带病毒血液后，病毒在其体内增殖，当再叮咬绵羊和牛时，即可发生传染。绵羊虱也能机械传播本病病毒。公牛感染后，如果出现病毒血症，其精液内带有病毒，可通过交配和人工授精传染给母牛。病毒也可通过胎盘感染胎儿。本病病毒也可以通过初乳感染新生牛。此外，食肉动物之间可以经口传播。通过弱毒疫苗散毒也是一种重要传播方式。

【症状】潜伏期为3~10d。病初发热，体温升高达40.5~41.5℃，稽留5~6d。表现厌食、精神沉郁，流涎；口唇水肿，可蔓延到面部和耳部，甚至颈部、腹部。口腔黏膜初期潮红，后期发绀，呈青紫色。在发热几天后，口腔连同唇、齿龈、颊、舌黏膜糜烂，致使吞咽困难；随着病情发展，在溃疡部位渗出血液，唾液呈红色，口腔有臭味。鼻腔流出黏性分泌物，鼻孔周围结痂，引起呼吸困难和鼾声。有时发生蹄叶炎，触之敏感，呈不同程度的跛行，甚至膝行或卧地不动。病羊消瘦、衰弱，有的便秘或腹泻，有的腹泻带血，外周血白细胞减少。病程一般为6~14d，3~4周后羊毛变粗变脆。发病率为30%~40%，病死率为2%~3%，有时可高达90%。耐过者经10~15d痊愈，6~8周后蹄部也恢复。妊娠4~8周的母羊感染时，其分娩的羔羊中约20%发育有缺陷，如脑积水、小脑发育不足、沟回过多等。

山羊的病状与绵羊相似，但一般比较轻微。牛多呈隐性感染，约有5%的病例可表现与绵羊相同症状，主要是运动不灵活，跛行。

【病理变化】发病羊口腔黏膜糜烂和有深红色区，舌、齿龈、硬腭、颊黏膜和唇水肿，有的绵羊舌发绀。瘤胃有暗红色区，表面有空泡变性和坏死。皮肤真皮充血、出血和水肿。肌肉出血，肌纤维呈弥漫性混浊，甚至呈灰色。呼吸道、消化道和泌尿道黏膜及心肌、心内膜、心外膜均有小出血点。严重病例，消化道黏膜有坏死和溃疡。肾脏和淋巴结轻度炎性水肿，有时有蹄叶炎病变。肺动脉基部有时可见出血斑，一般认为此病变有一定的证病意义。死胎小脑发育不全。

【诊断】根据典型临床症状和病理变化可做出初步诊断，确诊需进行实验室诊断。采用病毒分离鉴定，采取病料分别接种鸡胚、乳鼠和乳仓鼠分离病毒，或KC、C6/36细胞系分离，BHK-21或Vero细胞分离，细胞分离病毒前常先使用鸡胚分离，因为鸡胚对病毒的敏感程度要大于细胞系。也可进行血清学诊断，如琼脂扩散试验、补体结合试验、荧光抗体技术、抗原捕获ELISA具有群特异性，可用于定性试验；中和试验（常用微量血清中和试验）具有型特异性，可用来区别蓝舌病病毒的血清型。DNA探针技术可用来鉴定病毒的血清型和血清型基因差异，RT-PCR可作为分群鉴定。

蓝舌病与口蹄疫、牛病毒性腹泻/黏膜病、恶性卡他热、牛传染性鼻气管炎、水疱性口炎、茨城病、牛瘟等有相似之处，应注意鉴别。

【防控】为了防止本病的传入，严禁从有本病的国家和地区引进动物和精液。夏季宜选择高地放牧以减少感染的机会。夜间不在野外低湿地过夜。定期进行药浴、驱虫，控制和消灭媒介昆虫（库蠓），做好牧场的排水工作。无蓝舌病的国家和地区一旦有本病传入，应该立即采取紧急、强制性的控制和扑灭措施，扑杀所有易感动物，对疫区以及受威胁区的动物进行紧急预防接种。在流行地区可在每年发病季节前1个月接种疫苗；在新发病地区可用疫苗进行紧急免疫接种。应当注意的是，在免疫接种时应选用相应血清型的疫苗；如果在一个地区存在两个以上血清型时，则需选用二价或多价疫苗。

第三节　牛传染性鼻气管炎

牛传染性鼻气管炎（IBR）是由牛传染性鼻气管炎病毒（IBRV）引起牛发生的一种急性、接触性传染病，又称坏死性鼻炎、红鼻病。牛传染性鼻气管炎病毒学名为牛疱疹病毒1型（BHV 1）、坏死性鼻炎病毒或传染性脓疱外阴阴道炎病毒。牛疱疹病毒1型又分为1.1型（BHV 1.1）和1.2型（BHV 1.2），BHV 1.1为呼吸道型病毒，牛感染后表现为典型的鼻气管炎；BHV1.2为生殖道型病毒，牛感染后表现传染性脓疱外阴阴道炎和传染性龟头包皮炎。本病毒的危害性在于病毒侵入牛体后，可潜伏于一定部位，导致持续性感染，病牛长期乃至终生带毒，给控制和消灭本病带来极大困难。我国将其列为二类动物疫病。

【流行病学】各种年龄及不同品种的牛均能感染牛传染性鼻气管炎病毒而发病，以肉牛多发，其次为奶牛；犊牛较成年牛易感性强。其中又以20~60日龄的犊牛最易感，病死率较高。据报道，本病毒也能使山羊、猪和鹿感染发病。病牛和带毒牛为本病主要的传染源，可随鼻、眼、阴道分泌物排出病毒。牛传染性鼻气管炎病毒可以潜伏在三叉神经节、腰、荐神经节内，造成持续性感染。当应激时，潜伏的病毒活化并出现于鼻液和阴道分泌物中，隐性带毒牛是最危险的传染源。本病主要通过空气、飞沫、精液和接触传播，病毒也可通过胎盘侵入胎儿引起流产。本病多发于寒冷季节，牛群过分拥挤、大群舍饲、密切接触等因素可促进本病的发生，本病发病率一般为20%~30%，有时高达80%~100%，病死率一般为1%~5%，犊牛病死率较高。

【症状】潜伏期一般为4~6d，有时可达20d以上。本病可表现多种类型，主要有以下几类。

（1）呼吸道型　最为常见，病初体温升高（40~42℃），精神沉郁，食欲废绝，鼻腔流出大量黏脓性鼻液，鼻黏膜高度充血、潮红，并有浅表腐烂和溃疡。由于鼻镜和鼻甲骨充血而变红，因而称为"红鼻病"。有结膜炎、流泪。呼吸困难，张口呼吸，呼出气体常有臭味，呼吸加快，频繁咳嗽。有时见出血性腹泻。泌乳量大减或停止。病程一般在10d左右。发病率较高，可达75%，但病死率不高，一般10%以下。

（2）生殖道型　母牛感染又称为传染性脓疱外阴阴道炎、交合疹或媾疹。病初轻度发热，精神沉郁，食欲减退，尿频，排尿有痛感，阴门、阴道充血、红肿，有黏液性分泌物流出。阴道黏膜红肿及有灰白色粟粒大的脓疱，使阴门前庭及阴道壁呈现颗粒状外观，形成广泛的灰色膜状坏死，当其脱落后可逐渐愈合。病程为2周左右。

公牛生殖器官感染又称为传染性龟头包皮炎，表现为精神沉郁，食欲废绝，包皮肿胀、充血、糜烂，包皮、阴茎上出现脓疱，呈颗粒状外观，严重时阴囊肿胀，而睾丸一般不发炎。病程为10~14d，以后逐渐恢复。公牛可不表现临床症状而带毒，从精液中可分离出病毒。

（3）脑膜脑炎型　常发于犊牛，病初体温升高（40℃以上），精神沉郁，食欲废绝，流泪，鼻黏膜潮红，有浆液性鼻液，后出现神经症状，表现共济失调，肌肉震颤，兴奋，惊厥，口吐白沫，倒地，呈角弓反张，磨牙，四肢划动。病程为5~7d，发病率低（1%~2%），但病死率高（可达50%以上）。

（4）眼炎型　一般无明显全身反应，主要表现为结膜角膜炎，可见结膜充血、水肿，并可形成颗粒状灰色的坏死膜，角膜轻度混浊，但无溃疡；眼、鼻流浆液性脓性分泌物，有时并发呼吸道症状，很少死亡。

（5）流产型　流产常见于头胎牛，也可发于经产牛，多发于妊娠的第5~8个月，流产率2%~20%。

【病理变化】

（1）呼吸道型　呼吸道黏膜高度充血而发红，有浅表溃疡，其上被覆灰色黏脓性渗出物，咽喉、气管、支气管出血而发红，附有纤维素性假膜。有的病例可引起肺炎或胸膜肺炎。镜检可见呼吸道黏膜上皮细胞中有核内包涵体。皱胃黏膜常有溃疡和卡他性肠炎。

（2）脑膜脑炎型　非化脓性感觉神经节炎和非化脓性脑脊髓炎是本病的特征性病理变化。脑组织神经胶质细胞增生和淋巴细胞性"管套"。

（3）流产型　胎儿皮肤水肿、出血，肝脏、脾脏、肾脏和淋巴结有局灶性坏死灶。

【诊断】根据本病的流行病学、临床症状和病理变化可怀疑本病，确诊要进行实验室检查。在上呼吸道、眼结膜、角膜等组织上皮细胞内观察到嗜酸性核内包涵体，有助于诊断本病。也可采用病料样品的PCR检测、病毒的分离鉴定（中和试验、荧光抗体技术或PCR技术鉴定病毒）。血清学试验主要有中和试验、间接血凝试验、琼脂扩散试验、ELISA等。

本病与牛流行热、牛衣原体病、牛病毒性腹泻/黏膜病、牛蓝舌病和茨城病有相似之处，应注意鉴别。

【防控】非疫区要坚持自繁自养，不从疫区引进牛、胚胎及精液。从非疫区引进时也必须进行严格检疫，防止本病传入。加强种畜管理，种公牛必须检疫，结果阴性才能作为种牛使用。

存在本病的地区或牛群，有条件的地区，应采取检疫净化措施，在牛群血清阳性率较低时，淘汰血清阳性牛，逐步净化牛群。在阳性率较高的牛群或地区，可采用血清学试验（ELISA）配合病原学检测（PCR）检测牛群，扑杀血清学、病原学均为阳性的牛，待血清学阳性率下降后，再扑杀血清学阳性牛，逐步净化牛群。

发生本病后，应立即隔离病牛（首次发病地区，扑杀全部病牛），彻底消毒被污染的环境。禁止从疫区输出牛及其产品。

对病牛无特效治疗方法，可以进行对症治疗，应用抗生素防止继发感染。最好予以扑杀或根据具体情况淘汰。

第四节　牛流行热

牛流行热（BEF）又称暂时热或三日热，是由牛流行热病毒引起牛的一种急性、热性传染病。我国将其列为三类动物疫病。

【流行病学】本病主要侵害奶牛和黄牛，水牛较少感染。以3~5岁青壮年牛多发，犊牛及9岁以上牛少发。6月龄以下的犊牛不表现临床症状，肥胖牛和高产奶牛发病率高，病情最严重。在自然条件下，绵羊、山羊、骆驼、鹿等均不感染。病牛是本病的主要传染源。吸血昆虫（蚊、蠓）叮咬是主要的传播途径，牛与牛之间不能直接传播。本病具有季节性，高温、多雨、潮湿、蚊蝇滋生的8~10月多发，其他季节少见，常表现为顺盛行风向传播和流行。本病传染力强，传播迅速，短期内可使很多牛发病，呈流行性或大流行。发病率高，病死率低。

【症状】潜伏期为 2~5d。按临床表现可分为呼吸型、胃肠型、瘫痪型 3 种类型。

(1) 呼吸型　分为最急性型和急性型两种。

① 最急性型：病初高热，体温达 41℃以上，眼结膜潮红、流泪。突然不食，伏卧，反射消失。大量流涎，口角出现大量泡沫状黏液，脱水。头颈伸直，张口伸舌，呼吸极度困难，喘气声如拉风箱。病牛常于发病后 2~5h 内死亡，少数于发病后 12~36h 内死亡。

② 急性型：病牛食欲、泌乳突然锐减或停止，体温升至 40~41℃，流泪、畏光、结膜充血，眼睑水肿，呼吸急促，张口呼吸，流线状鼻液和口涎。精神沉郁，发出呻吟声。四肢关节肿胀，不愿负重。妊娠 7~8 个月的母牛可流产。病程为 3~4d，如果及时治疗可以治愈。

(2) 胃肠型　病牛眼结膜潮红，流泪，流涎，有浆液性鼻液，腹式呼吸，肌肉颤抖，不食，精神萎靡，体温 40℃左右。粪便干硬，呈黄褐色，有时混有黏液。胃肠蠕动减弱，瘤胃停滞，反刍停止。还有少数病牛表现腹泻、腹痛等症状。病程为 3~4d，如及时治疗则预后良好。

(3) 瘫痪型　多数体温不高，四肢关节肿胀、疼痛，卧地不起，食欲减退，肌肉颤抖，精神萎靡，站立时则四肢僵硬，特别是后躯僵硬明显，不愿移动，强行牵拉或转向易摔倒。

【病理变化】急性死亡的自然病例，咽、喉黏膜呈点状或弥漫性出血，间质性肺气肿，肺高度膨隆，间质增宽，内有气体。有些病例可见肺充血与肺水肿，肺水肿病例胸腔积有大量暗紫红色液，两侧肺肿胀，间质增宽，内有胶冻样浸润，肺切面流出大量暗紫红色液体，气管内积有大量的泡沫状黏液。心内膜、乳头肌呈条状或点状出血。脾髓呈粥样。肩、肘、腘、附关节肿大，关节液增多，呈浆液性，混有浅黄色纤维素性渗出物。全身淋巴结充血、肿胀和出血，特别是肩前淋巴结、腘淋巴结、肝淋巴结等肿大，切面多汁，呈急性淋巴结炎变化，有的淋巴结呈点状或边缘出血，皮质部有小灶状坏死，髓质区小动脉内皮细胞肿大、增生。实质器官混浊、肿胀。皱胃、小肠和盲肠呈卡他性炎症及出血斑点。

【诊断】本病的特点是大群发生，传播快速，有明显的季节性，发病率高，病死率低，结合病牛临床特点，不难做出初步诊断。确诊需做实验室检验，可进行病毒分离与鉴定，取病牛发热期的血液白细胞悬液，接种于乳仓鼠肾、肺或猴肾细胞，37℃培养，2~3d 可见细胞病变。分离的病毒可用荧光抗体技术、病毒中和试验和 PCR 方法进行鉴定。血清学诊断可用中和试验、琼脂扩散试验、荧光抗体技术及 ELISA 等。

本病要注意与茨城病、牛病毒性腹泻/黏膜病、牛传染性鼻气管炎、牛副流感等相区别。

【防控】尚无特效药物用于本病治疗。多采取对症治疗，减轻病情，提高机体抗病力。早发现、早隔离、早治疗，合理用药，大量输液，护理得当，是治疗本病的重要原则。自然病例恢复后可获得 2 年以上的坚强免疫力。由于本病发生有明显的季节性，因此在流行季节到来之前及时进行疫苗免疫接种，可取得一定预防效果。在本病的常发区，除做好疫苗免疫接种外，还必须注意环境卫生，清理牛舍周围的杂草污物，加强消毒，扑灭蚊、蠓等吸血昆虫，每周用杀虫剂喷洒 1 次，切断本病的传播途径。注意牛舍的通风，对牛群要防晒、防暑。发生本病时，要对病牛及时隔离、治疗，对假定健康牛及受威胁牛群可采用高免血清进行紧急预防接种。

第五节　牛病毒性腹泻/黏膜病

牛病毒性腹泻/黏膜病（BVD/MD）是由牛病毒性腹泻病毒（BVDV）1 型和 2 型引起的

一种急性、热性传染病。目前，本病毒广泛分布于世界大多数养牛国家，OIE将其列为必须报告的动物疫病，我国将其列为三类动物疫病。

【流行病学】本病易感动物有黄牛、水牛、牦牛、绵羊、山羊、猪、鹿、羊驼、家兔及小袋鼠等动物。各种年龄的牛对本病毒均易感，以6~18月龄最易感。患病牛、隐性感染牛及康复后带毒牛（可带毒6个月）是主要的传染源。绵羊、山羊、猪、鹿、水牛、牦牛等多为隐性感染，也可成为传染源。直接或间接接触均可传染本病。牛病毒性腹泻病毒可以通过宿主的唾液、鼻液、粪便、尿、乳汁和精液等分泌物排出体外，主要经消化道和呼吸道而感染，也可通过胎盘感染。本病呈地方流行性，常年均可发生。新疫区急性病例多，无论是放牧牛还是舍饲牛，任何年龄均可感染发病，发病率通常不高，约为5%，病死率为90%~100%；老疫区则急性病例很少，发病率和病死率很低，而隐性感染率在50%以上。

【症状】

（1）急性型　突然发病，体温升至40~42℃，持续4~7d。随体温升高，白细胞减少，持续1~6d。继而又有白细胞微量增多，有的可发生第二次白细胞减少。病牛精神沉郁，厌食，鼻、眼有浆液性分泌物，2~3d内鼻镜及口腔黏膜表面可见糜烂、溃疡和结痂（彩图2-5-2），舌黏膜坏死，流涎增多，呼气恶臭。随后发生严重水样至带有黏液或血液的腹泻。有些病牛常有蹄叶炎及趾间皮肤坏死和糜烂，从而导致跛行。急性病例恢复的少见，通常死于发病后1~2周，少数病程可拖延1个月。

（2）慢性型　体温升高不明显，常出现鼻镜糜烂，可连成一片。眼角有浆液性分泌物。门齿齿龈通常发红。由于蹄叶炎及趾间皮肤坏死糜烂而导致的跛行是最明显的临床症状。通常皮肤呈皮屑状，在鬐甲、颈部及耳后最明显。大多数病牛2~6个月内死亡。

母牛在妊娠期感染本病时常发生流产，或产下先天性缺陷犊牛，最常见的缺陷是小脑发育不全。病犊可只出现轻度共济失调或完全缺乏协调和站立的能力，有的可能失明。

妊娠12~18d内的绵羊感染本病毒，可能导致胎儿死亡、流产或早产。

【病理变化】鼻镜、鼻孔黏膜、齿龈、上颚、舌面两侧及颊部黏膜有糜烂、溃疡和结痂。严重病例在喉头黏膜有溃疡及弥散性坏死。特征性病变是食道黏膜糜烂呈直线排列。瘤胃黏膜偶见出血和糜烂，皱胃水肿和糜烂。肠壁水肿增厚，小肠卡他性炎，大肠卡他性、出血性、溃疡性炎。在流产胎儿的口腔、食道、皱胃及气管黏膜可见出血斑及溃疡。运动失调的新生犊牛可见严重的小脑发育不全及两侧脑室积水。趾间皮肤及全蹄冠糜烂、溃疡和坏死结痂。镜检见鳞状上皮细胞呈空泡变性和坏死。皱胃黏膜和小肠黏膜的上皮细胞坏死，固有层黏膜下水肿，有白细胞浸润和出血。淋巴组织中淋巴小节生发中心坏死。

【诊断】本病暴发流行时，可根据其发病史、临床症状及病理变化做出初步诊断，确诊需通过实验室检查。实验室检查方法包括病毒分离鉴定和血清学方法（主要采用ELISA和病毒中和试验），也可通过免疫组化方法检测组织中牛病毒性腹泻病毒抗原来确诊。

【防控】国外对于本病的净化主要采取三项措施：①通过牛群筛查检测出持续感染牛后进行淘汰。②使用疫苗增强牛群免疫力。③采取生物安全措施防止病原传入牛群。本病尚无有效的疗法。

第六节　小反刍兽疫

小反刍兽疫是由小反刍兽疫病毒（PDRV）引起小反刍动物的一种急性、病毒性传染病。

世界动物卫生组织（WOAH）将本病规定为必须报告的疫病，我国将其列为一类动物疫病。本病临床症状与牛瘟类似，故也称为伪牛瘟。

【流行病学】山羊、绵羊、羚羊、印度水牛、单峰骆驼、中国岩羊和美国白尾鹿等易感，山羊发病比较严重。传染源为患病动物和隐性感染者。本病毒经感染动物的唾液、咳嗽飞沫、尿液、粪便和乳汁等污染水源、料槽和垫料等感染健康动物。本病全年均可发生。

【症状】
（1）最急性型 常见于山羊，潜伏期为2d。体温升高达40~41℃，精神沉郁，拒食，流浆液性或黏性鼻液。口腔黏膜溃疡。严重腹泻，最后衰竭死亡，病程为5~6d。

（2）急性型 潜伏期为3~4d。病初高热（体温达41℃以上），稽留3~5d，厌食，眼流泪，鼻孔流黏脓性鼻液，堵塞鼻孔。口腔黏膜糜烂、坏死结痂和溃疡。严重腹泻，脱水，消瘦，咳嗽，胸部啰音和腹式呼吸。幼年动物发病严重，发病率和病死率都很高。母羊可发生外阴-阴道炎，妊娠羊流产。病程为8~10d，部分发病羊痊愈或转为慢性。

（3）亚急性或慢性型 常见于急性型后期，发病羊口腔、鼻孔周围以及下颌部发生结节和脓疱。

【病理变化】
（1）肉眼病变 结膜炎、坏死性口炎等。皱胃黏膜常出现规则的、轮廓清晰的糜烂；结肠和直肠结合处可见特征性的线状出血或红白相间的斑马皮样条纹（彩图2-5-3）。

（2）镜检病变 口腔黏膜上皮细胞由空泡化到凝固坏死。肺细支气管周围出现细胞浸润，肺泡腔内见多核巨细胞（合胞体），其核内及胞浆内有嗜酸性包涵体。

【诊断】根据病原及流行病学、临床症状和病理变化可做出初步诊断，确诊可进行实验室检查，包括RT-PCR方法、病毒分离鉴定（免疫标记技术、电镜技术或PCR鉴定）和血清学方法（病毒中和试验、ELISA、琼脂免疫扩散试验、荧光抗体技术）。

【防控】本病无特效治疗方法。应该加强饲养管理。受威胁地区可接种小反刍兽疫疫苗，有良好效果。一旦发现疫情，立即上报动物防疫监督机构，按照"早、快、严、小"的方针；如果确诊，立即采取严格封锁、扑杀、隔离、检疫等应急措施。对动物的尸体进行无害化处理，严格消毒，彻底清洁污染区域。

第七节 绵羊痘和山羊痘

绵羊痘和山羊痘是由痘病毒（绵羊痘病毒和山羊痘病毒）引起的一种急性、热性、高度接触性传染病。绵羊痘危害最严重。临床特征是在病羊的皮肤和可视黏膜上形成痘疹。山羊痘病毒引起的绵羊痘和山羊痘是OIE规定的A类疫病，我国将其列为二类动物疫病。

【流行病学】在自然情况下，绵羊痘病毒主要感染绵羊，山羊痘病毒可感染绵羊和山羊。细毛羊、羔羊最易感，病死率高。妊娠母羊感染时常引起流产。本土羊发病率和病死率较低，从外地引进的绵羊和山羊新品种发病率高，对养羊业的发展影响极大。本病主要通过呼吸道感染，也可通过损伤的皮肤或黏膜侵入机体。

【症状】典型性病羊可表现体温升高，达41~42℃，结膜潮红，鼻孔流出浆液、黏液或脓性分泌物。1~4d后在眼周围、唇、鼻、颊、四肢、尾根、阴唇、乳房、阴囊、包皮、肛门、阴门周围形成痘疹（彩图2-5-4）。最初局部皮肤出现红斑，1~2d后形成丘疹并突出于表面，随后丘疹逐渐扩大，变成灰白色或浅红色的隆起结节；结节在几天之内转变成水疱，水疱内容物起初为透明液体，后变成脓疱。如果无继发感染则局部病变在几天内干燥成棕色结痂，脱落后形成瘢痕。

【病理变化】除皮肤和可视黏膜出现痘疹处，在病羊的舌黏膜、咽部黏膜、支气管黏膜、前胃或第四胃黏膜、肺（彩图 2-5-5）、肾脏、肌肉、脂肪等部位也常出现大小不等的灰白色痘疹，痘疹呈结节、糜烂或溃疡。

【诊断】典型病例根据其临床症状、病理变化和流行病学可做出初步诊断。确诊可通过病料样品 PCR 检测、病毒分离鉴定、琼脂扩散试验、血凝抑制试验、中和试验和 ELISA 方法。

【防控】平时加强饲养管理，饲草料充足、注意冬季防寒。在本病常发地区，每年定期接种疫苗。发病地区立即进行病羊隔离、疫区封锁和圈舍消毒，病死羊尸体深埋，并对邻近羊群进行羊痘鸡胚化弱毒疫苗紧急接种。本病尚无有效治疗药物和方法。

第八节 山羊关节炎-脑炎

山羊关节炎-脑炎（CAE）是由山羊关节炎-脑炎病毒（CAEV）引起的以成年羊呈慢性多发性关节炎或伴发间质性肺炎或间质性乳腺炎、羔羊呈脑脊髓炎为临床特征的传染病。我国将其列为三类动物疫病。

【流行病学】病羊和隐性感染羊是本病的主要传染源。感染途径以消化道为主，也可能通过生殖道垂直传播。羔羊吮吸含有病毒的乳汁而感染，但也可由粪便、唾液、鼻液、产仔时的尿液、生殖道分泌物传播。山羊是本病的主要易感动物。在自然条件下，本病在山羊间互相传染发病，无年龄、性别、品系间的差异，但以成年羊感染居多，感染率为 15%~81%，感染母羊所产的羔羊当年发病率为 16%~19%，病死率高达 100%。

【症状】根据临床症状分为脑脊髓炎型、关节炎型和间质性肺炎型。多数发病羊表现单独的临床症状，少数有交叉。

（1）脑脊髓炎型　2~4 月龄羔羊易发病。有明显的季节性，80% 以上的病例发生于 3~8 月，说明晚冬和春季产羔易感染。病初病羊精神沉郁，跛行，进而四肢强直或共济失调。一肢或数肢麻痹、横卧不起、四肢划动，有的病例眼球震颤、惊恐、角弓反张。头颈歪斜或做圆圈运动。有时面神经麻痹，吞咽困难或双目失明。病程为 15d 至 1 年。个别耐过病例留有后遗症。少数病例兼有肺炎或关节炎症状。

（2）关节炎型　发生于 1 岁以上的成年山羊，病程为 1~3 年。典型临床症状是腕关节肿大和跛行，也可累及膝关节和跗关节。病初，关节周围软组织水肿、湿热、波动、疼痛，有轻重不一的跛行，进而关节肿大如拳，活动不便，常见前膝跪地行走。有时病羊肩前淋巴结肿大。轻型病例关节周围软组织水肿；重症病例软组织坏死、纤维化或钙化，关节液呈黄色或粉红色。

（3）间质性肺炎型　较少见。无年龄限制，病程为 3~6 个月。病羊进行性消瘦、咳嗽、呼吸困难，胸部叩诊有浊音，听诊有湿啰音。

【病理变化】主要病变在中枢神经系统、四肢关节及肺，其次是乳腺。

小脑和脊髓的灰质发病最明显，在前庭核部位将小脑与延脑横断，可见一侧脑白质有一棕色区。镜检可见血管周围有淋巴细胞、单核细胞浸润，形成管套，神经纤维有不同程度的脱髓鞘变化。

肺轻度肿大，质地硬，呈灰色，表面散在灰白色小点状病灶，切面有大叶性或斑块状实变区。支气管淋巴结和纵隔淋巴结肿大，支气管空虚或充满浆液及黏液。镜检可见细支气管和血管周围淋巴细胞、单核细胞或巨噬细胞浸润，甚至形成淋巴小结。肺泡上皮增生，肺泡隔增厚，小叶间结缔组织增生，邻近细胞萎缩或纤维化。

关节周围软组织肿胀，皮下浆液渗出。关节囊肥厚，滑膜常与关节软骨有粘连。关节腔扩张，充满黄色、粉红色液体，其中悬浮纤维蛋白条索或血凝块。滑膜表面光滑，或有结节状增生物。透过滑膜可见组织中有钙化斑。镜检可见滑膜绒毛增生折叠，淋巴细胞、浆细胞及单核细胞灶状聚集，严重者发生纤维素性坏死。少数病例肾表面有1~2mm的灰白色小点。镜检可见广泛性的肾小球肾炎。

哺乳母羊有时发生间质性乳腺炎。发生乳腺炎的病例，镜检见血管、乳导管周围及腺叶间有大量淋巴细胞、单核细胞和巨细胞浸润，间质常见坏死灶。

【诊断】依据病史、临床症状和病理变化可做出初步诊断，确诊需进行病毒分离鉴定、血清学试验（琼脂扩散试验、ELISA和免疫印迹试验）和PCR方法。

【防控】本病目前尚无疫苗和有效治疗方法，主要以加强饲养管理和采取综合性防控措施为主。加强进口检疫，禁止从疫区（疫场）引进种羊；引进种羊前，应先做血清学检查，运回后隔离观察1年，其间再做两次血清学检查（间隔半年），均为阴性才可混群。羊群定期检疫，及时淘汰血清学反应阳性羊。对感染羊群应采取检疫、扑杀、隔离、消毒和培育健康羔羊群的方法进行净化。

第九节　山羊传染性胸膜肺炎

山羊传染性胸膜肺炎（CCPP）是由山羊支原体山羊肺炎亚种引起山羊的一种高度接触性传染病。我国将其列为二类动物疫病。

【流行病学】自然条件下，山羊支原体山羊肺炎亚种只感染山羊，3岁以下的山羊最易感染。病羊和带菌羊是本病主要的传染源，病原主要存在于病羊的肺组织和胸腔渗出液中，主要经呼吸道分泌物向外排菌。耐过病羊肺组织内的病原可存活较长时间，这种羊也是较为危险的传染源。本病主要通过飞沫经呼吸道传染，也可通过哺乳传播。本病常呈地方流行性，新疫区的暴发，几乎都是由于引进或迁入病羊或带菌羊而引起的。

【症状】根据病程和临床症状，可分为最急性型、急性型和慢性型三种类型。

（1）最急性型　病初体温升高，达41~42℃，极度委顿，食欲废绝，呼吸急促并有痛苦的哞叫，呼吸困难，咳嗽，流带血鼻液，肺部叩诊呈浊音或实音。12~36h内，渗出液充满病肺并进入胸腔，病羊卧地不起。四肢直伸，呻吟哀鸣，不久窒息而亡。病程一般不超过5d，有的仅为12~24h。

（2）急性型　最常见。病初体温升高，继之出现短而湿的咳嗽，伴有浆液性鼻液。4~5d后，变为干咳，咳时有痛感，鼻液转为脓性黏液并呈铁锈色，黏附于鼻孔和上唇，结成干涸的棕色痂垢。口半开张，流泡沫状液体。高热稽留，食欲锐减，呼吸困难和痛苦呻吟，头颈伸直，腰背拱起，腹肋紧缩，眼睑肿胀，流泪，眼有脓性分泌物。多在一侧出现胸膜肺炎变化，按压胸壁表现敏感、疼痛。妊娠母羊大批（70%~80%）流产。病羊倒卧，极度衰弱，有的腹泻，濒死前体温降至正常体温以下。病程多为7~15d，有的可达1个月。没死亡的转为慢性。

（3）慢性型　多见于老疫区或由急性型转来。全身症状轻微，体温升高到40℃左右。病羊间有咳嗽和腹泻，鼻液时有时无，食欲减退。消瘦，身体衰弱，被毛粗乱无光。如饲养管理不良，与急性病例接触或机体抵抗力降低时，很容易复发或出现并发症而迅速死亡。

【病理变化】病变多局限于胸部，呈纤维素性胸膜肺炎变化。胸腔积液，呈浅黄色，有时多至500~2000mL，暴露于空气后易凝固。

急性病例的损害多为一侧或两侧肺，出现典型纤维素性胸膜肺炎（彩图2-5-6）；渗出液的充盈使得肺小叶间质变宽，小叶界线明显，支气管扩张；血管内血栓形成。肝变区突出于肺表面，颜色由红至灰色不等，切面呈大理石样。胸膜变厚而粗糙，上有黄白色纤维素层附着，直至胸膜与肋膜、心包发生粘连。支气管淋巴结和纵隔淋巴结肿大，切面多汁并有出血点。心包积液、心肌松弛、变软。急性病例还可见肝脏和脾脏肿大，胆囊扩张。病程延长者肺肝变区结缔组织增生，有时可见边缘有包囊的坏死灶。

【诊断】根据本病的流行病学、临床症状和病理变化，可做出初步诊断，确诊需进行实验室检查，如病原分离鉴定、PCR检测和血清学试验（补体结合试验、间接血凝试验、乳胶凝集试验和竞争ELISA）。

【防控】

（1）疫苗免疫 免疫接种是预防本病的有效措施。应根据当地发病情况及病原流行情况，选择使用疫苗。在非疫区，应坚持自繁自养，不从有病地区引种，必须引进时加强检疫。新引进的羊必须隔离检疫1个月以上，确认健康时方可混入大群。加强饲养管理，在饲料缺乏的季节，做好补饲。育肥羊饲养密度要适当，做好通风换气。

（2）治疗 发病羊群早诊断、早治疗，效果较好；晚期治疗则效果较差。用新胂凡纳明（914）静脉注射配合对症疗法有较好疗效，也可用土霉素、四环素或氟苯尼考等进行治疗，同时加强护理，配合对症疗法。隔离病羊，对污染的环境、饲养管理用具进行消毒，病羊的尸体应进行无害化处理。

第十节　羊传染性脓疱皮炎

羊传染性脓疱皮炎（CPD）又叫羊传染性脓疱，俗称"羊口疮"，是由传染性脓疱病毒（羊口疮病毒）引起绵羊和山羊的一种急性、接触传染性人兽共患病。

【流行病学】本病只危害绵羊和山羊，3~6月龄羔羊发病最多，成年羊也有易感性，但发病较少。一年四季均可发生，但初春或春末夏初、天气炎热、干旱及牧草枯黄的季节较多见。无性别和品种的差异，并常为群发性。人、骆驼和猫可感染，也有麝牛、猴子、驯鹿、加拿大盘羊、野山羊、岩羚羊、海豹、犬等自然感染的报道。病羊和带毒羊是传染源。自然感染主要因购入病羊或带毒羊而传入健康羊群，或者是通过将健康羊置于曾有病羊用过的厩舍或污染的牧场而引起。感染途径主要是皮肤或黏膜的擦伤。在未免疫和新引进的易感羊群中，本病在短期内可使大多数羊感染，发病率达20%~60%，在育肥羔羊中可达90%以上。由于病毒的抵抗力较强，本病在羊群中可连续存在多年。

【症状与病理变化】本病在临床上一般分为唇型、蹄型和外阴型3种病型，也见混合型感染病例。

（1）唇型 首先在口角、上唇或鼻镜上出现散在的小红斑，逐渐变为疣状和小结节，继而成为水疱或脓疱，破溃后结成黄色或棕色的疣状硬痂（彩图2-5-7）。如果为良性经过，则经1~2周，痂皮干燥、脱落而康复。严重病例，患部继续发生丘疹、水疱、脓疱、痂垢，并互相融合，波及整个口唇周围、眼睑和耳郭等部位，形成大面积具有龟裂、易出血的污秽痂垢。痂垢下伴以肉芽组织增生，痂垢不断增厚，整个嘴唇肿大外翻呈桑葚状隆起，影响采食，病羊日趋衰弱而死。部分病例常伴有坏死杆菌、化脓菌的继发感染，引起深部组织化脓和坏死致使病情恶化。有些病例，口腔黏膜也发生水疱、脓疱和糜烂，使病羊采食、咀嚼和吞咽困难。个别病羊可因继发肺炎而死亡。继发感染的病变可能蔓延至喉、肺以及皱胃。

(2) 蹄型　病羊多见一肢患病，但也可能同时或相继侵害多数甚至全部蹄端。通常于蹄叉、蹄冠或系部皮肤上形成水疱、脓疱，破裂后则成为由脓液覆盖的溃疡。如继发感染则发生化脓性坏死，常波及基部、蹄骨，甚至肌腱或关节。病羊跛行，长期卧地。有的病例在肺、肝脏以及乳房中发生转移性病灶，严重者衰竭而死或因败血症死亡。

(3) 外阴型　较少见。临床表现黏性或脓性阴道分泌物，在肿胀的阴唇及附近皮肤上发生溃疡；乳房和乳头皮肤（多系病羔吮乳时传染）上发生脓疱、烂斑和痂垢；公羊则表现为阴鞘肿胀，出现脓疱和溃疡。

【诊断】根据临床症状、病变及流行病学，可做出初步诊断。确诊需进行实验室诊断，具体方法包括病毒分离鉴定（电镜鉴定或 PCR 鉴定）、血清学方法（补体结合试验、琼脂扩散试验、荧光抗体技术、反向间接血凝试验、ELISA）。

【防控】

(1) 加强饲养管理　不从疫区引进羊或购入饲料、动物产品。引进羊必须隔离检疫 2~3 周，同时应将蹄部多次清洗、消毒，证明无病变后方可混入大群饲养。加喂适量食盐，以减少羊啃土或啃墙，防止发生损伤。

(2) 坚持免疫接种　本病流行区用羊传染性脓疱弱毒疫苗进行免疫接种，使用疫苗株毒型应与当地流行毒株相同。

(3) 隔离消毒与对症治疗　发病时，应对全部羊进行检查，发现病羊立即隔离和治疗，并做好污染环境的消毒，用 2% 氢氧化钠溶液、10% 石灰乳或 20% 草木灰水彻底消毒用具和羊舍。对严重病例应给予支持疗法。为防止继发感染，必要时可应用抗生素。

第十一节　坏死杆菌病

坏死杆菌病是由坏死梭杆菌引起牛、羊等反刍动物的一种慢性传染病。本病一般散发，有时表现地方流行性。

【流行病学】牛、羊、猪、马和野生动物易感，禽易感性较小。患病和带菌动物为本病的主要传染源，患病动物的肢、蹄、皮肤、黏膜出现坏死性病变，病菌随渗出分泌物或坏死组织污染周围环境。健康动物（草食动物）胃肠道常见有本菌，患病动物粪便中约有半数以上能分离出本菌。本病主要经损伤的皮肤和口腔黏膜而感染，初生动物有时经脐带感染，人多经外伤感染。本病多发生于低洼潮湿地区，常发于炎热多雨季节，一般呈散发性或地方流行性。其他因素，如生齿、吸血昆虫叮咬、饲喂硬草等也可促进本病的发生。

【症状与病理变化】根据病变发生部位分腐蹄病和坏死性口炎两种病型。

(1) 腐蹄病　多见于成年牛、羊和鹿。病初跛行，蹄部肿胀或溃疡，流出恶臭的脓汁。严重者可出现蹄壳脱落，重症者有全身症状，如发热、厌食，进而发生脓毒败血症而死亡。

(2) 坏死性口炎　犊牛坏死性口炎又称"犊牛白喉"，多见于犊牛、羔羊或仔猪。病初厌食、发热、流涎、有鼻液、气喘。在舌、齿龈、硬腭、颊、喉头等处黏膜上附有假膜，呈粗糙、污秽的灰褐色或灰白色。剥脱假膜，可见其下露出不规则的化脓性坏死灶或溃疡灶（彩图2-5-8），炎症可播散到肺、胃和肝脏等其他组织器官引起炎症。发生在咽喉者，有下颌水肿，呼吸困难，不能吞咽，多引起死亡。病程为数天至3周。

【诊断】根据典型临床症状和病理变化，可做出初步诊断，确诊需进行实验室诊断。在病变与健康组织交界处取材制备涂片革兰氏染色，观察到长短不一的革兰氏阴性的长丝状杆菌即可确诊；也可进行细菌分离鉴定。

【防控】本病尚无疫苗，预防本病需综合性防控措施。加强饲养管理，搞好环境卫生和消除发病诱因，避免蹄部和口腔黏膜损伤。平时要保持圈舍环境及用具的清洁与干燥；及时清除粪尿；不到低洼、潮湿、不平的泥泞地区放牧；正确护蹄，定期用5%福尔马林或10%硫酸铜蹄浴。

隔离发病动物，并及时治疗。对发病圈舍、粪便和清除的坏死组织要严格消毒和销毁。在采用局部清创和治疗的同时，要根据病型不同配合全身对症治疗。

腐蹄病的治疗：应用清水洗净患部并清创，再用1%高锰酸钾、5%福尔马林、10%硫酸铜或3%来苏儿冲洗消毒，然后在蹄底的孔内或洞内填塞硫酸铜、水杨酸粉或高锰酸钾粉、磺胺粉，创面可涂敷木焦油福尔马林合剂或5%高锰酸钾，打上绷带，防止继发感染。

第六章 马的传染病

第一节 马传染性贫血

马传染性贫血（EIA）是由马传染性贫血病毒引起马、驴、骡的一种慢性传染病。

【流行病学】马属动物对马传染性贫血病毒有易感性，其中马的易感性最强，骡、驴次之。其他畜禽和野生动物等均无易感性。病马和带毒马是本病的传染源，特别是发热期的病马，病毒随其分泌物和排泄物排出体外而散播传染。通过吸血昆虫（虻、蚊、蠓等）的叮咬而机械性传染。此外，也可经消化道、交配、污染的器械、直接接触和胎盘等途径感染。本病有明显的季节性，在吸血昆虫滋生活跃的季节（7~9月）发生较多，通常呈地方流行性或散发性。

【症状】

（1）急性型 体温突然升高到39~41℃甚至更高，一般稽留8~15d，有的有短时间的降温，然后骤升到40~41℃及以上，一直稽留至死亡。病程短者为3~5d，最长的不超过1个月。

（2）亚急性型 病程较长，1~2个月。主要呈现反复发作的间歇热和温差倒转现象，常反复发作4~5次，发热期体温升到39.5~40.5℃，一般持续4~6d，然后转入无热期。若病马趋向死亡时，热发作次数则较频繁，无热期缩短，发热期延长；反之，发热次数减少，无热期越来越长，发热期越来越短，病马转为慢性型。病马的临床症状和血液学呈现随体温变化而变化的规律。

（3）慢性型 病程很长，可达数月或数年。其特点与亚急性型基本相似，呈现反复发作的间歇热或不规则热，但发热期短，通常为2~3d。

（4）隐性型 无明显临床症状，但能长期带毒，只有实验室检验才能查出。

【病理变化】本病的组织学病理变化具有一定的诊断价值，主要是脾脏、肝脏、肾脏、心脏及淋巴结等的网状内皮细胞增生反应及铁代谢障碍，尤其是肝脏具有特征性病理变化，呈肝细胞变性，星状细胞肿大、增生及脱落，肝细胞索紊乱，在中央静脉周围的窦状隙内和汇管区见有大量吞铁细胞，同时肝细胞索间、汇管区的血管和胆管周围，有淋巴样细胞呈弥漫性浸润和灶状积聚。

【诊断】根据流行病学、临床症状、病理变化和血液学检查可以做出初步诊断，确诊需进行病毒分离鉴定、PCR 技术、血清学试验和鉴别诊断。

【防控】为了预防及消灭本病，必须坚决贯彻执行《马传染性贫血防治技术规范》，切实做好养、放、检、隔、封、消、处等综合性防控措施。预防本病的疫苗是马传染性贫血驴白细胞活疫苗。

第二节 马 腺 疫

马腺疫是由马链球菌马亚种（C 群链球菌）引起马属动物的一种急性、热性、高度接触性传染病。以发热、上呼吸道黏膜发炎、下颌淋巴结肿胀化脓为特征。

【流行病学】易感动物为马属动物，以马最易感，骡和驴次之。尤其 1~2 岁马发病最多。传染源为病畜和病愈后的带菌动物。主要经消化道和呼吸道感染。也可通过创伤和交配感染。本病多发生于春、秋季节，呈地方流行性。气候环境突变、饲养管理不当等因素可促进本病的发生。

【症状】本病潜伏期为 1~8d。

（1）一过型腺疫 鼻黏膜炎性卡他，流浆液性或黏液性鼻液，体温稍高，下颌淋巴结肿胀。多见于流行后期。

（2）典型腺疫 以发热、鼻黏膜急性卡他（呼吸道黏膜发炎）和下颌淋巴结急性炎性肿胀、化脓为特征。表现病畜体温突然升高（39~41℃），鼻黏膜潮红、干燥、发热，流水样浆液性鼻液，后变为黄白色脓性鼻液。下颌淋巴结急性炎性肿胀，起初较硬，触之有热痛感，之后化脓变软，破溃后流出大量黄白色黏稠脓汁。病程为 2~3 周，愈后一般良好。

（3）恶性腺疫 病原菌由下颌淋巴结的化脓性细菌经淋巴管或血液转移到其他淋巴结及内脏器官，造成全身性脓毒败血症，致使动物死亡。比较常见的有喉性卡他、额窦性卡他、咽部淋巴结化脓、颈部淋巴结化脓、纵隔淋巴结化脓、肠系膜淋巴结化脓。

【病理变化】鼻、咽黏膜有出血斑点和黏液脓性分泌物。下颌淋巴结显著肿大和炎性充血，后期形成核桃至拳头大的脓肿。有时可见到化脓性心包炎、胸膜炎、腹膜炎，以及在肝脏、肾脏、脾脏、脑、脊髓、乳房、睾丸、骨骼肌及心肌等处有大小不等的化脓灶和出血点。

【诊断】根据本病的流行规律、临床表现和病理变化可做出初步诊断。确诊需要进行实验室诊断，取病马的脓汁或鼻液做涂片染色镜检，如见弯曲的长链、革兰氏阳性球菌，细菌在鲜血平板上培养出典型的 β 溶血，可确诊。

【防控】一般可用马腺疫灭活疫苗或毒素注射预防。发生本病时，病马隔离治疗。污染的厩舍、运动场及用具等彻底消毒。

第三节 马流行性感冒

马流行性感冒简称马流感,是由正黏病毒科流感病毒属马 A 型流感病毒引起马属动物的一种急性暴发式流行的传染病。

【流行病学】只有马属动物易感,不分年龄、品种、性别的马均易感。病马是主要传染源,康复马和隐性感染马在一定时间内也能带毒排毒。本病主要经呼吸道和消化道感染。康复公马精液中长期存在病毒,因此可通过交配传染。以秋末至初春多发,流行猛烈,发病率可高达 60%~80%,但病死率低于 5%。

【症状】根据病毒型的不同,表现的症状不完全一样,主要症状为发热、结膜潮红、咳嗽、流浆液性或脓性鼻液、母马流产等。H7N7 亚型所致的疾病比较温和轻微,H3N8 亚型所致的疾病较重,并易继发细菌感染。潜伏期为 2~10d,多在感染后 3~4d 发病。马匹突然发病,体温升高,精神沉郁,食欲减少或废绝。最初 2~3d 内呈现经常的干咳,干咳逐渐转为湿咳。也常发生鼻炎,先流水样的尔后变为黏稠的鼻液。

【病理变化】病理变化以下呼吸道黏膜卡他性、充血性炎症变化为主。发病时白细胞减少,有细菌感染时白细胞增多。

【诊断】根据本病的流行规律、临床表现和病理变化可做出初步诊断。确诊需要进行实验室诊断,诊断通常包括病毒的分离鉴定和血清学试验。在动物发热初期采取新鲜鼻液,或用灭菌棉棒擦拭鼻咽部分泌物,立即接种于孵化 9~11d 的鸡胚尿囊腔或羊膜腔内,或接种于马肾、鸡胚细胞培养物上分离病毒。培养 5d 后,取羊水或细胞补体结合试验。阳性则证明有病毒繁殖,再以此材料做补体结合试验(决定型)和血凝抑制试验(决定亚型)。

【防控】加强饲养管理,接种 H7N7 及 H3N8 亚型灭活疫苗。发生本病时,应隔离病马,严格封锁,加强消毒,病死马匹无害化处理。

第四节 非 洲 马 瘟

非洲马瘟是由非洲马瘟病毒引起马属动物的一种以发热、肺和皮下水肿及脏器出血为特征的急性和亚急性传染病。

【流行病学】自然条件下只有马属动物有易感性,幼龄马对本病的易感性最高。病马及带毒马是本病的传染源。本病主要的传播媒介是库蠓,其中拟蚊库蠓是最重要的传播媒介。本病有明显的季节性,常呈流行性或地方流行性,在地势低洼的沼泽地区更易流行,传播迅速,幼龄马病死率可高达 95%。

【症状】本病潜伏期为 5~7d。在临床上分为肺型(最急性型)、心型(亚急性型或水肿型)、肺心型(混合型或急性型)及发热型(温和型)。主要症状是发热、肺和皮下组织水肿及部分脏器出血。

(1)肺型 呈急性经过,多见于流行初期或新发病的地区。病马体温迅速升高达 40~42℃,咳嗽、呼吸困难,不久鼻孔扩张,流出大量泡沫样的鼻液,头向下伸直,耳向下垂,前肢开张并大面积出汗。该类病马多于出现症状后不久因呼吸困难而死亡,仅有少数病例康复。

(2)心型 呈亚急性经过,多见于部分免疫马或弱毒株病毒感染的马,病程发展很慢,表现为头部、颈部和皮下水肿,发热,上眼睑、口唇和颌等部位肿胀,并向胸、肩及腹部扩张。有时呼吸频繁，呈腹式呼吸。濒死期病马出现呼吸次数迅速增加、倒地横卧、肌肉震颤、出汗等症状。

（3）肺心型　呈现肺型和心型两种病型的临床症状，呈亚急性经过。

（4）发热型　最轻型，病程短，很快恢复正常。发热初期表现食欲不振，结膜轻度发炎，脉搏和呼吸数增加等症状，病程为1~2周。

【病理变化】肺型的病变为胸膜下、肺间质和胸淋巴结水肿，心包膜点状出血，胸腔积液。心型的病变为皮下和肌肉组织胶冻样水肿（常见于眼上窝、眼睑、颈部、肩部）；心包积液，心肌发炎，心内膜、心外膜弥漫性出血；胃黏膜炎性出血。肺心型的病变为肺和皮下水肿，胸膜和心包有渗出液，心脏出血。发热型则表现为眼球肿胀。

【诊断】根据本病的特征性临床症状及病理变化，结合流行病学可做出初步诊断。确诊需要进行实验室诊断，诊断通常包括病毒的分离鉴定和血清学试验。

【防控】本病尚无特效疗法。非疫区严禁从疫区引进马匹，必须引进时，应隔离观察2个月，其间进行1~2次补体结合试验检查。发生可疑病例时，应及时确诊、隔离或扑杀。病死马应深埋或焚烧，并彻底消毒。为使受威胁马匹获得免疫保护，应采取紧急预防接种。

第七章 禽的传染病

第一节　新　城　疫

新城疫（ND）也称亚洲鸡瘟，俗称鸡瘟，是由新城疫病毒（NDV）强毒引起鸡和多种禽类的急性、高度接触性传染病，易感禽常呈败血症经过，主要特征是呼吸困难、腹泻、神经机能紊乱以及浆膜和黏膜显著出血。

【流行病学】鸡最易感，幼雏和中雏易感性最高，2岁以上易感性较低；也可从鸭、鹅和鸟类中分离到新城疫病毒。哺乳动物对本病有很强的抵抗力，但人可感染。主要传染源是病禽以及带毒禽。传播途径主要是呼吸道和消化道。一年四季均可发生，以春、秋季较多。

【症状】鸡自然感染的潜伏期一般为3~5d，人工感染的潜伏期为2~5d。

（1）最急性型　突然发病，常无特征临床症状而迅速死亡。

（2）急性型　咳嗽，呼吸困难，流黏液性鼻液，伸头、张口呼吸，发出"咯咯"喘鸣声或尖叫声。嗉囊内充满大量酸臭液体。排黄绿色、黄白色或蛋清样稀粪。出现神经症状。病程为2~5d。

（3）亚急性型或慢性型　翅、腿麻痹，跛行或站立不稳，头颈向后或向一侧扭转，常伏地旋转，动作失调，反复发作，最终瘫痪或半瘫痪，经10~20d死亡。部分耐过病鸡腿、翅麻痹或头颈歪斜。有的鸡看似健康，若受到惊扰或抢食时，突然出现神经症状，数分钟后又恢复正常。

（4）非典型新城疫　出现呼吸道和/或消化道症状，产蛋鸡群产蛋率下降。

【病理变化】主要病理变化是全身黏膜和浆膜出血，淋巴组织肿胀、出血和坏死，出血以消化道和呼吸道较为明显。腺胃黏膜水肿，乳头或乳头间出血或坏死，腺胃乳头出血是典型鸡新城疫的特征性病理变化。肌胃角质层下也常见出血点。肠黏膜有大小不等的出血点和纤维素性坏死性病理变化。盲肠扁桃体肿大、出血和坏死。泄殖腔弥漫性出血。喉头黏膜出血。气管出血或坏死。肺瘀血或水肿。心冠脂肪有针尖状出血点。产蛋母鸡可见卵黄性腹膜炎。非化脓性脑炎。进行过免疫的鸡群病变不典型，黏膜呈卡他性炎症，可见腺胃乳头、直肠黏膜和盲肠扁桃体出血。

【诊断】根据流行病学、临床症状和病理变化可做出初步诊断，实验室常用病毒分离和鉴定方法［鸡胚接种、血凝试验（HA）和血凝抑制试验（HI）、中和试验及荧光抗体技术］确诊，还可以应用 RT-PCR、免疫组化技术和 ELISA 诊断本病。新城疫病毒的分离鉴定是接种 9~11d SPF 鸡胚尿囊腔，取尿囊液进行 HA 和 HI。应注意，从鸡中分离到的新城疫病毒不一定是强毒，不能证明该鸡群流行新城疫。OIE 认为新城疫暴发必须符合下列标准之一：①该病毒在 1 日龄雏鸡脑内接种致病指数 ≥ 0.7。②该病毒 F1 蛋白的 N 端即 117 位残基为苯丙氨酸（F），而 F2 蛋白的 C 端有多个碱性氨基酸。另外，新城疫病毒强化试验可用于诊断猪瘟。

【防控】采取严格的生物安全措施，防止新城疫病毒强毒进入禽群；免疫接种，提高禽群特异免疫力。

第二节　鸡传染性喉气管炎

鸡传染性喉气管炎（ILT）是由传染性喉气管炎病毒（ILTV）引起鸡的一种急性呼吸道传染病，其特征为呼吸困难、咳嗽、咳出含有血液的渗出物，喉部和气管黏膜肿胀、出血并形成糜烂，疾病早期可见感染细胞核内包涵体。

【流行病学】不同年龄的鸡均易感，以成年鸡的临床症状最具特征。病鸡和带毒鸡是主要传染源。主要是由咳出的血液和黏液经上呼吸道传播。易感鸡群内传播很快，发病率可达 90%，病死率为 5%~70%，强毒株引起高产成年鸡高病死率。

【症状】自然感染潜伏期为 6~12d，人工气管内接种潜伏期为 2~4d。

急性病例特征性症状是鼻孔有分泌物，呼吸时发出湿性啰音，继而喘气、打喷嚏和咳嗽，严重病例呈明显呼吸困难，张口呼吸，鸡冠发紫，咳出带血黏液，窒息死亡。产蛋量迅速下降或停止，病程为 5~7d。地方流行性病例较缓和，表现为生长迟缓，产蛋减少，流泪、结膜炎，病程长短不一。

【病理变化】典型病变为喉和气管黏膜充血、出血，喉头黏膜肿胀，有黏液性分泌物，有时覆盖干酪样假膜，堵塞气管。严重病例喉头出血，气管上部环状出血，内有血凝块。缓和病例仅见结膜和窦内上皮水肿和充血。病毒感染后 12h，尤其是临床症状出现 48h 内，气管、喉头黏膜上皮细胞核内可见嗜酸性包涵体。

【诊断】根据流行病学、特征性症状和典型的病变可做出初步诊断，确诊常采用鸡胚接种、包涵体检查和中和试验的实验室诊断方法，也可利用荧光抗体技术、琼脂扩散试验和 PCR 诊断。

【防控】坚持严格隔离、消毒等措施是防止本病流行的有效方法；封锁疫点，禁止可能污染的人员、饲料、设备和鸡移动是成功控制本病的关键。避免康复鸡或接种疫苗鸡与易感集群混饲。接种重组活载体疫苗进行防控。

第三节 鸡传染性支气管炎

鸡传染性支气管炎（IB）是由传染性支气管炎病毒（IBV）引起鸡的一种常见急性、高度接触性呼吸道疾病。呼吸型以病鸡咳嗽、打喷嚏和气管发出啰音等为主要特征；肾型传染性支气管炎表现为肾炎综合征和尿酸盐沉积。雏鸡可出现流涕，产蛋鸡产蛋减少和产劣质蛋。

【流行病学】鸡是自然宿主，但不是唯一宿主。各日龄鸡均易感，但以雏鸡和产蛋鸡发病较多，尤其40日龄以内的雏鸡发病最为严重，病死率也高。传染源为病鸡和带毒鸡。通过呼吸道和泄殖腔排毒，经过空气或污染的饲料、饮水等传播。一年四季流行，应激会促进本病发生。

【症状】潜伏期为36h或更长，人工感染的潜伏期为18~36h。病鸡突然出现呼吸道症状，产蛋鸡产蛋量急剧下降，并迅速波及全群为本病特征。

（1）呼吸型　主要表现为喘气、张口呼吸、咳嗽、打喷嚏和呼吸发出啰音等。2周龄内雏鸡还可见眶下窦（鼻旁窦）肿胀、流鼻液及甩头等。6周龄以上的鸡和成年鸡因气管内滞留大量分泌物，夜间听到明显的异常呼吸音"咕噜"声。成年鸡产蛋性能变化更明显，表现为开产期推迟、产蛋量明显下降，产畸形蛋、软壳蛋和粗壳蛋，蛋清稀薄如水，蛋黄与蛋清分离。

（2）肾型　主要发生于2~4周龄鸡，最初表现短期轻微呼吸道症状，夜间明显；呼吸道症状消失不久，鸡群突然大量发病，出现厌食、口渴、精神不振和弓背扎堆等症状，同时排出水样白色稀粪，肛门周围羽毛污浊，皮肤发绀。产蛋鸡产蛋量下降和产异常蛋等。

【病理变化】

（1）呼吸型　主要病变为鼻道、眶下窦、喉头、气管、支气管内有浆液性、卡他性和干酪样分泌物。眶下窦、喉头、气管黏膜充血、水肿，支气管周围肺组织有小灶状炎症。急性病例见气囊混浊、增厚。产蛋鸡卵泡充血、出血、变形和破裂，甚至发生卵黄性腹膜炎。雏鸡感染过传染性支气管炎病毒后可导致输卵管永久性病变。镜检见气管、支气管黏膜水肿，纤毛脱落，上皮细胞脱落；固有层充血、水肿和炎性细胞浸润，早期为异嗜性白细胞，随后以淋巴细胞和浆细胞为主。

（2）肾型　肾脏苍白、肿大和小叶突出。肾小管和输尿管扩张，沉积大量尿酸盐，俗称"花斑肾"。严重病例为内脏型痛风。镜检见肾小管上皮细胞肿胀、变性和脱落，管腔内有尿酸盐结晶、间质水肿、炎性细胞浸润。

【诊断】根据流行病史、临床症状和病变可做出初步诊断，确诊需通过血清转阳或抗体滴度升高、病毒分离鉴定、检测传染性支气管炎病毒抗原或 RNA 等方法。传染性支气管炎病毒经尿囊腔接种于10~11d的鸡胚或气管组织培养物中分离。鸡胚中连续传几代，则可使鸡胚呈现规律性死亡，并能引起蜷曲胚、僵化胚、侏儒胚等一系列典型变化。

【防控】改善饲养管理和兽医卫生条件，减少对鸡群不利应激因素，加强免疫接种等。预防鸡传染性支气管炎的疫苗是雏鸡使用H120；20日龄以上的鸡使用H52；肾型病例使用Ma-5。

第四节 鸡传染性法氏囊病

鸡传染性法氏囊病（IBD）又称鸡传染性腔上囊炎，是由传染性法氏囊病病毒（IBDV）

引起幼鸡和青年鸡的一种急性、高度接触性传染病。发病率高，病程短。主要临床症状为腹泻、颤抖、极度虚弱并引起死亡。法氏囊和肾脏的病变，腿部和胸部肌肉出血、腺胃和肌胃交界处条状出血是其特征性病变。

【流行病学】仅鸡发病。各种年龄的鸡都能感染，主要发生于2~15周龄，3~6周龄最易感、病死率较高，成年鸡呈隐性经过。病鸡和带毒鸡是主要传染源，通过粪便长期大量排毒，通过粪-口途径传播。本病往往突然发生，传播迅速。感染后第3天开始死亡，随后病死率急剧上升，5~7d达到高峰，以后很快停息，表现为高峰死亡和迅速康复的曲线。不同鸡群的病死率差异大，低的为3%~5%，一般为15%~20%，严重者可达60%以上。

【症状】潜伏期为2~3d。羽毛蓬松，采食减少，畏寒，挤堆，精神委顿，随即出现腹泻，排出白色黏稠或水样稀粪，泄殖腔周围羽毛污染严重。病重者鸡头垂地，闭目嗜睡。后期严重脱水，极度虚弱，死亡。超强株感染临床症状更严重，有抗体的鸡也能发病。变异株感染为亚临床症状，主要引起免疫抑制。

【病理变化】法氏囊病变具有特征性，水肿、出血呈紫葡萄状；浆膜表面有胶冻样浅黄色渗出物，内有严重出血和黏液；5d后开始萎缩，黏膜点状或弥漫性出血，皱褶混浊不清；严重者法氏囊内有干酪样渗出物。肾脏不同程度肿胀，多呈红白相间的"花斑肾"外观。腿部和胸部肌肉出血。腺胃与肌胃交界处条状出血。组织病理学检查可见法氏囊髓质区的淋巴滤泡坏死和变性，滤泡结构发生改变。淋巴细胞被异染细胞、细胞残屑的团块和增生的网状内皮细胞所取代。滤泡的髓质区形成囊状空腔，出现异嗜细胞和浆细胞的坏死和吞噬现象。法氏囊上皮层增生，形成由柱状上皮细胞组成的腺体状结构，在这些细胞内有黏蛋白小体。肾组织可见异染细胞浸润。

【诊断】根据流行病学、临床症状和病变特征可做出初步诊断，由传染性法氏囊病病毒变异株感染的鸡，只有通过法氏囊的组织病理学检查和病毒分离才能做出诊断。病毒分离鉴定、血清学试验和易感鸡接种是确诊本病的主要方法。诊断常用方法是琼脂扩散试验。

【防控】传染性法氏囊病病毒抵抗力极强，严格执行防控大多数家禽传染病散布的各项措施都对控制本病十分必要。目前主要采取严格的兽医卫生措施、提高种鸡母源抗体水平和雏鸡免疫接种的综合防控措施。幼鸡感染传染性法氏囊病病毒后，可导致免疫抑制，并可诱发多种疫病或使多种疫苗免疫失败。本病尚无特殊治疗方法，必要时在发病早期注射无病原体污染的高免血清或卵黄抗体，同时配合使用抗生素防止继发感染并采取其他对症治疗措施。

第五节　鸡马立克病

鸡马立克病（MD）是由马立克病病毒（MDV）引起的传染性肿瘤性疾病，是最常见的一种鸡淋巴组织增生性传染病，以外周神经和包括虹膜、皮肤在内的各种器官和组织的单核细胞性浸润为特征。根据症状和病变的部位，分为神经型、内脏型、眼型和皮肤型四种类型。

【流行病学】鸡是最重要的自然宿主，除鹌鹑和火鸡外，其他动物的自然感染没有实际意义。雉鸡和相关种类的禽也可能易感。不同品种和品系的鸡对马立克病病毒的抵抗力差异很大。感染鸡的年龄对发病影响很大，特别是出雏和育雏室的早期感染可导致很高的发病率和病死率。年龄大的鸡发生感染，病毒可在体内复制，并随脱落的羽囊皮屑排出体外，但大多不发病。对感染的免疫应答能力是构成遗传抗病力和年龄抗病力的共同基础。母鸡比公鸡更易感。

病鸡和带毒鸡是主要的传染源，病毒通过直接或间接接触经气源传播，不发生垂直传播。鸡群所感染的马立克病病毒毒力对发病率和病死率影响很大。应激等环境因素也可能影响本病的发病率。

【症状】鸡马立克病是一种肿瘤性疾病，潜伏期较长。种鸡和产蛋鸡常在4~20周龄出现临床症状。

鸡马立克病急性暴发时病情严重，初期以大批鸡精神委顿为特征，几天后有些鸡出现共济失调，随后出现单侧或双侧肢体麻痹，有些鸡突然死亡，多数鸡脱水、消瘦和昏迷。

鸡马立克病特征性临床症状是肢体的非对称性不全麻痹，继而发展为完全麻痹。因侵害的神经部位不同而症状不同，最常见坐骨神经受侵，表现为步态不稳，后完全麻痹，不能行走，蹲伏或呈典型的"劈叉"姿势；臂神经受侵时则翅膀下垂；支配颈肌神经受侵时发生头下垂或头颈歪斜；迷走神经受侵时嗉囊扩张和喘息。有些鸡虹膜受侵，导致失明。

【病理变化】坐骨神经及臂、腹腔和肠系膜神经丛常见。受侵神经横纹消失，呈灰白色或黄白色，局部或弥漫性水煮样变粗。病变多发生于一侧。

内脏器官最常被侵的是卵巢，其次是肾脏、肾上腺、脾脏、肝脏、心脏、肺、胰、肠系膜、腺胃和肠道，肌肉和皮肤也可受侵。以上器官可见大小不等的肿块，呈灰白色，质地坚硬而致密，有时呈弥漫性，使整个器官变得很大，有时见肝脏和脾脏破裂。皮肤羽囊处可见清晰的白色结节。虹膜褪色，呈同心环状或斑点状以至弥漫的灰白色，俗称"鱼眼"病。鸡马立克病可见骨髓和内脏变性侵害及法氏囊和胸腺萎缩的非肿瘤性变化，导致肿瘤产生前的鸡早期死亡。病理组织学变化为炎症性变化（小淋巴细胞和浆细胞浸润水肿）和成淋巴细胞性瘤细胞增生，法氏囊肿瘤细胞在滤泡间浸润。有的瘤细胞嗜碱性、嗜哌咯宁、细胞质多空泡且内部结构模糊，称为鸡马立克病细胞。

【诊断】马立克病病毒是高度接触传染的，在鸡群普遍存在，但只有一小部分感染鸡发生鸡马立克病。接种疫苗的鸡可不发生鸡马立克病，但仍可感染马立克病病毒强毒。因此，是否感染马立克病病毒不能作为诊断鸡马立克病的标准，必须根据流行病学、临床症状、病理学和肿瘤标记做出诊断，而血清学方法和病毒学方法主要用于鸡群感染情况的监测。

【防控】疫苗接种是防控鸡马立克病的关键，以防止出雏室和育雏室早期感染为中心的综合性防控措施对提高免疫效果和减少损失起重要作用。

第六节　产蛋下降综合征

产蛋下降综合征（EDS-76）是禽腺病毒Ⅲ群引起的一种以产蛋量下降为特征的传染病，主要表现为鸡群产蛋量急剧下降，软壳蛋、畸形蛋增加，褐色蛋壳颜色变浅。

【流行病学】多种禽类易感，并能检出抗体，但仅产蛋鸡感染后出现临床症状。不同品种的鸡对本病病毒的易感性有差异，产褐色蛋母鸡最易感。主要侵害26~32周龄鸡，35周龄以上的鸡较少发病。幼龄鸡感染不表现临床症状，血清也查不出抗体，鸡性成熟开始产蛋后，血清转为阳性。传播方式主要是垂直传播，但水平传播也起重要作用。本病病毒在产蛋初期由于应激反应，致使病毒活化造成产蛋鸡发病。

【症状】主要表现为突然性群体性产蛋量下降，比正常下降20%~38%甚至达到50%。病初蛋壳色泽变浅，接着产畸形蛋，蛋壳粗糙，蛋壳变薄，软壳蛋、无壳蛋增多，占15%以上。

蛋清稀薄层呈水样，浓稠层混浊，界线清晰。病程为 4~10 周。

【病理变化】无明显病理变化，可发现卵巢变小、萎缩，输卵管黏膜出血和卡他性炎。输卵管腺体水肿，单核细胞浸润，黏膜上皮细胞变性坏死，输卵管尤其是壳腺部上皮细胞中可见到大量核内包涵体。

【诊断】根据流行病学特征和临床症状可做出初步诊断，确诊需进行病原分离鉴定和血清学试验的实验室诊断，最常用的诊断方法是 HA-HI。本病病毒能凝集鸡、鸭、火鸡、鹅、鸽的红细胞，但不能凝集家兔、绵羊、马、猪和牛的红细胞。

【防控】主要采取杜绝本病病毒传入、严格执行兽医卫生措施、免疫接种、在原种群和祖代群实施根除计划的综合防控措施。

第七节　禽白血病

禽白血病是由禽白血病/肉瘤病毒群（ALV/ASV）中的病毒引起禽类的多种肿瘤性疾病的统称，特征是禽类在性成熟前后发生肿瘤死亡，在自然条件下以淋巴白血病最为常见。本病在经济上的重要性主要表现在 3 个方面：①通常在鸡群中造成 1%~2% 的病死率，偶见高达 20% 或以上者。②引起生产性能下降，尤其是产蛋量和蛋质量下降。③造成感染鸡群的免疫抑制。下面主要介绍淋巴白血病（LL）。

【流行病学】鸡是本群所有病毒的自然宿主，不同品种或品系的鸡对病毒感染和肿瘤发生的抵抗力差异很大。ALV-J 主要引起肉鸡的肿瘤和其他病症。外源性禽白血病病毒有两种传播方式：垂直传播和水平传播，垂直传播是主要传播方式。

成年鸡的禽白血病病毒感染有 4 种情况：无病毒血症又无抗体（V-A-）；无病毒血症而有抗体（V-A+）；有病毒血症又有抗体（V+A+）；有病毒血症而无抗体（V+A-）。先天感染的胚胎对病毒产生免疫耐受，出壳后成为有病毒血症而无抗体（V+A-）鸡，血液和组织含毒很高，到成年时母鸡把病毒传给子代有相当高的比例。通常感染鸡有一小部分发生淋巴白血病（LL），但不发病的鸡可带毒并排毒。有病毒血症而无抗体（V+A-）鸡死于淋巴白血病的比无病毒血症而有抗体（V-A+）的鸡高好几倍。出生后最初几周感染病毒，淋巴白血病发病率高，感染的时间后移，则发病率明显下降。

内源性白血病病毒常通过公鸡和母鸡的生殖细胞遗传传递，多数不产生传染性病毒粒子，内源病毒无致瘤性或致瘤性很弱。

【症状】淋巴白血病潜伏期长，自然病例于 14 周龄后的任何时间发病，通常以性成熟时发病率最高。

淋巴白血病无特异临床症状，可见鸡冠苍白、皱缩，间或发绀。食欲不振、消瘦和衰弱。腹部增大，可触摸到肿大的肝脏、法氏囊和肾脏。一旦显现临床症状，通常病程发展很快。隐性感染可使蛋鸡和种鸡的产蛋性能受到严重影响。

【病理变化】肝脏、法氏囊和脾脏几乎恒有眼观肿瘤，肾脏、肺、性腺、心脏、骨髓和肠系膜也可受害。肿瘤大小不一，多为结节性、粟粒性或弥漫性。肿瘤组织的组织学变化呈灶性和多中心性，成淋巴细胞性瘤细胞增生时把正常组织细胞挤压到一边，而不是浸润其中。常见血管瘤。

淋巴白血病是依赖于法氏囊的淋巴系统恶性肿瘤，大多数肿瘤结节起源于少数法氏囊细胞的转化，具有克隆性。

ALV-J 感染发病可发生在4周龄或更大日龄的肉鸡，4~20周龄病鸡在肝脏、脾脏、肾脏和胸骨可见病理变化。组织病理学变化的特征是肿瘤由含酸性颗粒的未成熟的髓细胞组成。

【诊断】主要根据流行病学和病理学检查进行诊断。淋巴白血病需与马立克病进行鉴别诊断。病毒分离鉴定和血清学检查在日常诊断中很少使用，但它们是建立无白血病种鸡群所不可缺少的。病毒分离最好的材料是病鸡的血浆、血清、肿瘤、新下蛋的蛋清、10d的鸡胚以及病鸡的粪便。

【防控】由于本病可垂直传播，水平传播占次要地位，先天感染的免疫耐受鸡是最重要的传染源，所以疫苗免疫对防控的意义不大，目前也没有可用的疫苗。减少种鸡群的感染率和建立无白血病的种鸡群是防控本病最有效的措施。

第八节　鸡病毒性关节炎

鸡病毒性关节炎又称鸡病毒性腱鞘炎，是一种由禽呼肠孤病毒引起鸡和火鸡的病毒性传染病，以发生关节炎、腱鞘炎及腓肠肌腱断裂为主要特征。

【流行病学】鸡和火鸡是自然宿主，肉鸡比蛋鸡更易感。火鸡多呈不显性感染。粪-口途径是主要传播和感染方式。垂直感染的情况较少发生。

【症状】常侵害4~16周龄肉用鸡和肉种鸡。急性病例可见跛行，部分鸡发育不良。慢性病例跛行显著，少数病例踝关节不能活动。有时可能看不到关节炎症状，屠宰见趾屈肌腱区域肿大。鸡群增重慢，饲料转化率低，总死淘率和屠宰废弃率上升。

【病理变化】急性病变主要是关节囊及腱鞘水肿、充血或点状出血，关节腔内含有少量浅黄色或带血色的渗出物，少数病例有脓性分泌物存在，有时含纤维素絮片。趾屈肌和跖伸肌肌腱发炎、肿胀，爪垫和踝关节肿胀不常见。踝关节常见枯草色、血色或脓性渗出液。感染早期跗侧和跖侧腱鞘水肿，踝上滑膜出血。慢性病例，腱鞘组织纤维化，肌腱与滑膜粘连。一侧或两侧腓肠肌肌腱断裂。胫跗远端的关节软骨出现小的凹陷溃疡，可侵害下面骨组织。组织学变化为肌腱水肿，滑膜细胞肥大、增生，心肌纤维之间恒有异嗜细胞浸润。

【诊断】根据临床症状和病理变化可做出初步诊断，用荧光抗体技术检测特异性抗原或病毒分离鉴定确诊。

【防控】减少暴露感染机会和通过主动及被动免疫提供抵抗力是预防和控制本病的关键。

第九节　鸡传染性鼻炎

鸡传染性鼻炎（IC）是由副鸡嗜血杆菌所引起鸡的一种急性上呼吸道传染病，主要表现为鼻腔和鼻窦炎症、流涕、面部肿胀、打喷嚏和结膜炎等。

【流行病学】自然条件下4~13周龄鸡最易感，老年鸡感染较为严重。

病鸡及带菌鸡是传染源，传播途径主要是呼吸道和消化道。传播媒介主要是被污染的饲料、饮水、飞沫和尘埃，麻雀也能成为传播媒介。

本病的发生与诱因有关，多发生于秋、冬两季，而且传播较快，这可能与气候和饲养管理条件有关。

【症状】潜伏期短，自然接触感染常在1~3d内出现临床症状。

鼻腔和眶下窦发生炎症者，常仅表现流稀薄清液，后转为浆液黏性分泌物，有时打喷嚏；眼周及睑水肿，眼结膜炎、红眼和肿胀。采食及饮水量减少，或有腹泻，体重减轻。仔鸡生长不良，成年母鸡产卵减少甚至停止，公鸡肉髯常见肿大。如果炎症蔓延至下呼吸道，则呼吸困难并有啰音；如转为慢性和并发其他疾病，则鸡群中发出一种污浊的恶臭。病鸡常摇头欲将呼吸道内的黏液排出，最后常窒息而死。病程一般为4~8d。强毒菌株感染的病死率较高。

【病理变化】鼻腔和窦黏膜发生急性卡他性炎症，黏膜充血肿胀，表面覆有大量黏液，窦内有渗出物凝块，后成为干酪样坏死物。常见卡他性结膜炎，结膜充血肿胀。脸部及肉髯皮下水肿。严重时可见气管黏膜炎症，偶有肺炎及气囊炎。卵泡变性、坏死和萎缩。

【诊断】仅从临床上来诊断本病有一定困难。此外，传染性鼻炎常有并发感染，在诊断时必须考虑到其他细菌或病毒并发感染的可能性。如果群内死亡率高、病期延长时，则更需考虑有混合感染的因素，需做病原分离鉴定、血清学和PCR鉴别诊断。

【防控】环境净化对有效预防本病至关重要，在管理时应注意通风换气、避免密集饲养，经常带鸡消毒或饮水中加消毒剂。平时加强鸡群监测，免疫接种可用多价灭活油剂疫苗。发病鸡群选用敏感药物治疗，也可做紧急接种。副鸡嗜血杆菌对磺胺类药物敏感性较高。

第十节 鸡败血支原体感染

鸡败血支原体感染又称为鸡毒支原体感染或鸡慢性呼吸道病，是由鸡败血支原体引起鸡和火鸡的一种慢性呼吸道传染病，特征为气管炎和气囊炎，咳嗽、气喘、流鼻液和呼吸啰音。

【流行病学】4~8周龄鸡和火鸡最易感，纯种鸡比杂种鸡易感。病鸡和阴性感染鸡是传染源，有垂直（代代相传）和水平（呼吸道和眼结膜）两种传播方式。气雾免疫、环境因素等诱因影响本病流行。幼鸡群比成年鸡群发病多，成年鸡多呈散发性。本病一年四季都可发生，以寒冷季节较严重。

【症状】人工感染潜伏期为4~21d，自然感染难以确定。

慢性经过，多为隐性感染。幼龄鸡发病时，临床症状较典型，表现为浆液或浆液黏液性鼻液，鼻孔堵塞妨碍呼吸，频频摇头、打喷嚏、咳嗽，还有窦炎、眼结膜炎和气囊炎。炎症蔓延到下呼吸道时，喘气和咳嗽更为显著，并有呼吸啰音。后期鼻腔和眶下窦中蓄积渗出物引起眼睑肿胀，甚至蓄积物突出眼球外似"金鱼眼"，严重者失明。部分病鸡有关节炎。产蛋鸡输卵管炎，表现为产蛋量下降、孵化率和雏鸡成活率降低。

【病理变化】眼观病变主要在呼吸道，有时可出现在输卵管。早期鼻孔、眶下窦、气管和肺出现较多黏液性卡他性分泌物。随着感染的发展，气囊逐渐变混浊，见干酪样渗出物。眶下窦出现炎症。组织病理学检查可见呼吸道上皮组织肥厚增生，纤毛脱落。上皮下层组织出现淋巴细胞、网状细胞和浆细胞增生，逐渐变厚。淋巴滤泡中单核细胞聚集，黏液腺增生。肺组织有大量单核细胞和伪嗜酸性粒细胞浸润。滑液囊表面细胞增生，滑液囊和邻近组织单核细胞浸润，形成淋巴滤泡。关节液中可出现大量伪嗜酸性粒细胞。

【诊断】根据流行病学、临床症状及病理变化可做出初步诊断，但确诊本病需进行病原分离鉴定及血清学检查，PCR方法也常用于诊断。

【防控】目前国内还没有培育成无支原体感染的种鸡群，几乎所有鸡场都存在着鸡支原体感染，在正常情况下不出现明显症状。一旦有不利因素应激，就可能暴发疾病引起死亡。所以平时一定要做好饲养管理，提供平衡饲料，注意清洁卫生，舍内不堆积粪尿，笼内不拥挤，避免各种应激因素。疫苗接种是一种减少支原体感染的有效方法。链霉素等抗生素均有良好疗效，但停药后往往复发，因此应几种药轮换使用。

第十一节 鸭 瘟

鸭瘟（DP）又称鸭病毒性肠炎（DVE）和大头瘟等，是由鸭瘟病毒（DPV）引起鸭、鹅、天鹅及其他雁形目禽类的急性、热性、败血性、接触性传染病，临床特点为体温升高、流泪和部分病鸭头颈肿大，两腿麻痹和排出绿色稀粪；病变特征为食道和泄殖腔黏膜出血、水肿和坏死，并有黄褐色假膜覆盖或溃疡，肝脏有灰白色坏死点。本病传播迅速，发病率和病死率都很高。

【流行病学】不同年龄、性别和品种的鸭均可感染。成年鸭发病和死亡较为严重，1月龄以下的雏鸭发病较少。传染源主要是病鸭和带毒鸭，分泌物和排泄物污染的饲料、饮水、用具和运输工具等是传播的重要媒介。带毒野生水禽常成为传播本病的自然疫源和媒介。传播途径主要是消化道，还可以通过交配、眼结膜和呼吸道传染。一年四季都可发生，但以春夏之际和秋季流行最为严重。

当鸭瘟传入一个易感鸭群后，一般在3~7d开始出现零星病例，再经3~5d陆续出现大批病鸭，进入流行发展期和流行盛期，整个流行过程一般为2~6周。如果鸭群中有免疫鸭或耐过鸭，流行过程较为缓慢，流行期可达2~3个月或更长。

【症状】自然感染潜伏期一般为3~4d。病初体温升高（43℃以上），呈稽留热。这时病鸭表现精神委顿，头颈缩起，食欲减少或停食，渴欲增加，羽毛松乱无光泽，两翅下垂。两脚麻痹无力，走动困难，严重患病鸭常卧地不愿走动，驱赶时两翅扑地而走，走不了数步又蹲伏于地上。当病鸭两脚完全麻痹时，伏卧不起。

流泪和眼睑水肿是鸭瘟的特征性临床症状。病初流出浆性分泌物，眼周围的羽毛沾湿，以后变为黏性或脓性分泌物，眼睑粘连。严重者眼睑水肿或翻出于眼眶外。部分病鸭的头颈部肿胀，俗称"大头瘟"。此外，病鸭从鼻腔流出稀薄和黏稠的分泌物，呼吸困难，发出鼻塞音，叫声嘶哑，个别病鸭频频咳嗽。病鸭腹泻，排出绿色或灰白色稀粪，肛门周围的羽毛被污染并结块。泄殖腔黏膜外翻，有黄绿色的假膜不易剥离。病程一般为2~5d。

【病理变化】剖检见多组织器官出血，消化道黏膜见溃疡和假膜，实质器官坏死，镜下见血管损坏，周围组织退行性变化和坏死等。头颈肿胀病例，皮下组织有黄色胶样浸润。食道和泄殖腔黏膜的病变是特征性的，黏膜表面有灰黄色、粗糙的假膜，还可见小出血斑点和溃疡。2月龄以下鸭发生鸭瘟时，肠道浆膜面常见4条环状出血带。肝脏有大小不等的灰黄色或灰白色的坏死灶，少数坏死灶中间有小出血点。

【诊断】根据流行病学、临床症状和病理变化可做出初步诊断，通过病毒分离鉴定和中和试验可确诊，PCR、荧光抗体技术和ELISA可用作快速诊断。

【防控】不从疫区引进鸭，如果需要引进时，要严格检疫。要禁止到鸭瘟流行区域和野水禽出没的水域放牧。疫苗接种是预防鸭瘟最为经济有效的方法。一旦发生鸭瘟，立即采取隔离和消毒措施，对鸭群用疫苗进行紧急接种。要禁止病鸭外调和出售，停止放牧，防止扩散病毒。在受威胁区内，所有鸭和鹅应注射鸭瘟弱毒疫苗。

第十二节 鸭病毒性肝炎

鸭病毒性肝炎是由鸭肝炎病毒（DHV）引起雏鸭的一种以肝脏肿大和出血斑点为特征性病理变化的高度致死性传染病，本病传播迅速。1周龄以内的易感雏鸭病死率常在95%以上。

【流行病学】传染来源为被感染的雏鸭。易感动物为雏鸭。本病无明显的季节性，一年四季均可发生，雏鸭的发病率为100%，1周龄雏鸭的病死率可达95%以上，而1~3周龄的雏鸭病死率为50%或更低，4~5周龄雏鸭的发病率和病死率都很低。

【症状】成年种鸭即使在污染的环境中也无临床症状，并且不影响产蛋率，但能够产生中和抗体，并通过卵黄传递使下一代雏鸭获得一定程度母源抗体的保护。

本病潜伏期为1~4d，突然发病，病程短促，病初精神沉郁、厌食、眼半闭呈昏睡状，以头触地，不久即转为神经症状，运动失调，身体倒向一侧，两脚发生痉挛，数小时后死亡。死前头向后仰，角弓反张。

【病理变化】病变表现为肝脏肿大、质脆，表面有大小不等的出血点。胆囊肿胀并充满胆汁，胆汁呈褐色、浅茶色或浅绿色。脾脏充血，心肌质软。

急性病例的组织学病变为肝细胞大量坏死、出血，慢性病例则表现为肝的广泛胆管增生，也可见肝实质增生，部分肝细胞发生脂肪变性，并有不同程度的异嗜性白细胞和淋巴细胞浸润及出血，脾组织呈退行性变性或坏死，肾组织的毛细血管和静脉腔充满红细胞。电镜下，可见肝细胞的核变形、浓缩，突出的特点是普遍存在"核小体"的结构，胞浆线粒体扩张、空泡化，线粒体膜破裂，溶酶体数目增加，粗面内质网扩张，核糖体从内质网上脱落，糖原消失，脂滴增多，在感染后1h，可见到病毒样粒子类晶状格排列于肝细胞内。

【诊断】本病现场诊断的主要依据是流行病学（如自然条件下发生于雏鸭等）、典型临床症状（如神经症状、角弓反张等）和典型大体解剖病变（如肝脏肿大和出血斑点等）。1型鸭病毒性肝炎实验室诊断方法包括病毒分离鉴定、中和试验（VNT）、雏鸭血清保护试验、间接ELISA、琼脂扩散试验、荧光抗体技术、dot-ELISA、免疫组织化学法、RT-PCR等方法。

【防控】

（1）种鸭免疫　1型鸭肝炎病毒（DHV-1）主要发生于3周龄以内的雏鸭，特别是3~7日龄雏鸭发病死亡严重，所以通过免疫种鸭而使雏鸭获得抵抗1型鸭肝炎病毒的能力有重要意义：①种鸭在产蛋前2周用弱毒疫苗免疫一次，5个月内可使下一代雏鸭获得抗1型鸭肝炎病毒的免疫。②在1型鸭肝炎病毒流行严重地区，在种鸭产蛋前2~3周进行两次（间隔7d）弱毒疫苗免疫后4~5个月，在种鸭产蛋高峰期开始下降时，用1型鸭肝炎病毒弱毒疫苗免疫一次。如果发病严重的鸭场，无其他措施及疫苗时，可采用本场分离的1型鸭肝炎病毒强毒接种全部种鸭，第一次接种后间隔2周再注射一次，再经过2周即可获得具有高度免疫力。

（2）雏鸭免疫　①没有母源抗体的雏鸭在1日龄时用弱毒疫苗进行皮下注射或口服，经2d产生抗体，5d达到高峰，此后略有下降，一直维持到8周龄。②有母源抗体的1日龄雏鸭通过口服途径进行免疫。

（3）免疫治疗　鸭场暴发鸭肝炎病毒时，采取一些预防传播的紧急措施的同时还可注射用于治疗DVH的康复鸭血清、高免血清和卵黄等，可进行早期治疗和阻止未发病鸭感染。刚出孵的1~3日龄雏鸭使用高免卵黄抗体皮下注射1~3mL，可预防鸭肝炎病毒的发生。

第十三节　鸭浆膜炎

鸭浆膜炎（RA）也称鸭疫里默氏杆菌病，是由鸭疫里默氏杆菌引起的主要侵害雏鸭（鹅、火鸡）等多种禽类的一种急性、高度传染性的接触性传染病。本病多发于1~8周龄的雏鸭，呈急性或慢性败血症。雏鸭常出现眼和鼻分泌物增多、腹泻、共济失调、头颈震颤等症状。

剖检以纤维素性心包炎、肝周炎、气囊炎、脑膜炎,以及部分病例出现干酪性输卵管炎、结膜炎、关节炎为特征。

【流行病学】自然条件下鸭最易感,其次是火鸡和鹅,也可引起野鸭、雉鸡、天鹅、鸡感染发病。1~8周龄的鸭高度易感,本病感染率很高,可达90%,病死率通常为5%~70%或更高。本病可通过污染的饲料、饮水、飞沫、尘土经呼吸道、消化道、刺破皮肤的伤口、蚊子叮咬等多种途径传播,库蚊是鸭浆膜炎的重要传播媒介。本病一年四季均可发生,但以低温、阴雨、潮湿的季节及冬、春季较为多见。

【症状】本病潜伏期一般为1~3d或1周。

(1) 最急性型 病例出现于鸭群刚开始发病时,通常看不到任何明显症状即突然死亡。

(2) 急性型 多见于2~3周龄的雏鸭,病程一般为1~3d。主要表现为精神沉郁、厌食、离群、蹲伏、缩颈、垂翅、衰弱、昏睡、咳嗽、打喷嚏,眼鼻分泌物增多,濒死期神经症状明显,如头颈震颤、角弓反张、尾部摇摆,抽搐而死。也有部分病鸭临死前表现阵发性痉挛。

(3) 亚急性或慢性型 多见于4~7周龄雏鸭,病程可达7~10d甚至更长。除少动、少食、消瘦或呼吸困难等症状外,主要表现为神经症状,如头颈歪斜,转圈运动或倒退,有些病鸭跛行。病程稍长、发病后未死的鸭往往发育不良,生长迟缓,平均体重比正常鸭低1~1.5kg,甚至不到正常鸭的一半。

【病理变化】

(1) 最急性型 常见肝脏肿大、充血,脑膜充血,其他无明显肉眼病变。

(2) 急性、亚急性或慢性型 肉眼病变最为明显,形成纤维素性心包炎、肝周炎、气囊炎和脑膜炎,素有"雏鸭三炎"之称。纤维素性渗出性炎症可发生于全身的浆膜面,以心包膜、气囊、肝脏表面及脑膜最为常见。可见心包膜表面有大量灰白色或灰黄色的纤维素性渗出物。肝脏肿大,表面有大量纤维素膜覆盖,厚薄不均,易剥离,肝脏呈土黄色或棕红色。胆囊往往肿大,充盈浓厚的胆汁。有神经症状的病例,可见脑膜充血、水肿、增厚,也可见有纤维素性渗出物附着。慢性病例常出现单侧或两侧关节肿大,关节液增多。少数病鸭可见有干酪性输卵管炎,输卵管明显膨大增粗,其中充满大量的干酪样物质。脾脏肿大,脾脏表面可见有纤维素性渗出物附着,但数量往往比肝脏表面少。肠黏膜出血,主要见于十二指肠、空肠或直肠,也有不少病例肠黏膜未见异常。

【诊断】根据典型临床症状和病理变化,结合流行病学情况做出初步诊断,确诊需进行细菌分离鉴定、凝集试验、琼脂扩散试验、间接ELISA、荧光抗体技术、PCR等方法。

【防控】

(1) 预防 一是应充分认识和强调良好饲养管理的关键作用,切实落实兽医卫生安全措施,保持良好的育雏条件,如通风、干燥、防寒、适宜的饲养密度、良好的卫生环境和全进全出彻底消毒原则。二是疫苗的预防接种是预防鸭浆膜炎的有效的措施,分离鉴定菌株的血清型,选用同型菌株的疫苗,以确保免疫效果。目前我国有批准文号的疫苗是灭活疫苗,根据当地发病鸭的日龄,于1~7日龄进行一次免疫,在流行严重地区可以考虑1~2周后进行一次加强免疫。

(2) 治疗 药物治疗应该建立在药物敏感试验的基础上,不能滥用和乱用。

第十四节 鸭坦布苏病毒病

鸭坦布苏病毒病(DTMUVD)又称鸭黄病毒病、鸭出血性卵巢炎,是由鸭坦布苏病毒

（DTMUV）引起的一种以种鸭、蛋鸭产蛋量迅速下降为特征的新发急性传染病。发病鸭表现发热，食欲下降，产蛋量迅速下降，蛋品质下降，卵泡膜出血，卵泡变性等。

【流行病学】本病病原为蚊传虫媒病毒，带毒蚊虫可使病原在不同养殖场间传播。本病经带毒蚊虫将病原在不同养殖场间传播，使本病在夏、秋季大面积流行，冬季之后仍有发生，消化道和呼吸道均为本病感染途径，病毒可经污染场地、饲料、饮水、器具等媒介传播，病毒也可经卵垂直传播。鸟类在病毒的越冬机制和传播过程中有重要作用。除番鸭以外的所有品种产蛋鸭（如绍兴鸭、缙云麻鸭、山麻鸭、金定鸭、康贝尔鸭、台湾白改鸭等）、肉鸭（如樱桃谷鸭、北京鸭等）、野鸭，以及产蛋鸡和产蛋鹅也易感。本病有一定季节性，主要在夏、秋季流行；疫区内老鸭群发病率低或不发病，新鸭群发病率高；新疫区发病率高，多呈地方流行性，老疫区发病率相对较低，多呈散发性。

【症状】本病潜伏期为3~5d，病鸭表现为采食减少，体温升高，体重减轻，拉灰白色或草绿色稀粪。产蛋率在1周内减少90%以上，甚至停产，并出现砂壳蛋、畸形蛋、软皮蛋等。病程为20~30d，病禽发病10d后采食量缓慢增多，2~3周后逐步恢复正常采食，但产蛋量难达高峰期。少数病禽后期神经症状明显，表现头颈抽搐，共济失调，甚至瘫痪。公鸭若无并发继发感染，死亡率可达50%以上。将病料人工接种雏禽，表现食欲废绝、腹泻、站立不稳、跛行、抽搐等症状。患病期间，受精率和出雏率下降，死胎率、弱雏和雏禽死亡率上升。

【病理变化】病禽卵泡充血、出血，变形，坏死或液化，卵泡破裂于腹腔，溢出的卵黄液可引起卵黄性腹膜炎。输卵管浆膜严重充血，黏膜充血、出血，可见血凝块和凝固蛋白。心肌有白色条纹状坏死，内膜出血。有的肝脏肿大、瘀血，有针尖状白色坏死点。胰腺出血坏死。脾脏呈大理石样肿大，并破裂。肠道局部有灰白色坏死灶，部分病例肠黏膜有弥漫性出血。脑膜出血，脑组织水肿。腺胃乳头出血。病群孵化24~28d的种蛋中出现部分胚胎死亡，死亡胚胎头颈部肿胀，皮下有浅黄色胶样浸润，头壳有斑状出血。

【诊断】根据流行病学特点、临床症状和病变特征在现场做出初步诊断。确诊需进行病毒分离鉴定、PCR和ELISA抗体检测。病毒分离是最经典的诊断方法，可将组织病料接种于9~12日龄鸭胚成纤维细胞进行病毒分离。

【防控】接种疫苗是控制本病最有效的方法。本病流行区域的水禽群，尤其是种禽和产蛋群，在流行季节开始前15d左右（一般在5~6月），注射灭活油乳疫苗或基因工程疫苗。也可以在雏禽或仔禽期先免疫一次，到夏初进行第二次免疫。

第十五节 小 鹅 瘟

小鹅瘟（GP）是由小鹅瘟病毒（GPV）引起的雏鹅和雏番鸭的一种急性或亚急性败血性的传染病，主要侵害3~20日龄雏鹅，引起急性死亡。本病又称为鹅细小病毒感染、雏鹅病毒性肠炎，是危害养鹅业最严重的传染病。

【流行病学】本病的病原来源于发病雏鹅、康复带毒雏鹅，以及隐性感染的成年鹅。它们的排泄物、分泌物等可污染孵化器、水源、饲料、用具和草场等。本病主要经消化道传播，直接或间接接触污染环境或其他病鹅可引起发病。易感动物为雏鹅和雏番鸭。本病的发生及流行有周期性。一般在大流行以后，当年幸存的鹅群由于获得了主动免疫，第2年的雏鹅具有天然被动免疫力而不发病或少见发病，其周期一般为1~2年。本病一年四季均有流行发生，南方多在春、夏两季发病，北方地区多见于夏季和早秋发病。

【症状】小鹅瘟的潜伏期与感染雏鹅的日龄密切相关，通常日龄越小潜伏期越短，出壳即感染者的潜伏期为 2~3d，1 周龄以上雏鸭的潜伏期为 4~7d。

（1）最急性型　多见于 1 周龄内的雏鹅或雏番鸭，起病急，易感雏发病率可达 100%，病死率高达 95% 以上，且传播迅速。病雏鹅出现精神沉郁后数小时内即表现衰弱、倒地、两腿划动并迅速死亡，或在昏睡中衰竭死亡。死亡雏鹅的喙端、掌尖发绀。

（2）急性型　多见于 1~2 周龄内的雏鹅，病雏鹅症状明显，表现为精神委顿，食欲减退或废绝，饮欲增强，不愿活动，出现严重腹泻，排灰白色或青绿色稀粪，粪中带有纤维碎片或未消化的饲料等，临死前头多触地、两腿麻痹或抽搐。病程为 2~4d。

（3）亚急性型　多见于 2 周龄以上的雏鹅，常见于流行后期或低母源抗体的雏鹅。以精神沉郁、腹泻和消瘦为主要症状。少量幸存者则出现生长发育不良。病程一般为 5~7d 或更长。部分病鹅可以自然康复。

【病理变化】特征性病理变化为出血性、纤维素性、渗出性、坏死性肠炎。剖检可见病变主要集中在肠道，感染后，肠道发生充血肿胀，纤维素性渗出，并在中下肠段形成浅黄色的假膜或凝固物，有时形成凝固性栓子，肠道黏膜可见点状出血，小肠中下段的空肠和回肠部可见明显膨大，增粗为正常的 1~3 倍，外观呈香肠状。

凝固性栓子有两种：第一种是比较粗大的凝栓物，紧密充满肠腔，由两层构成，中心为干燥密实的肠内容物，外层为纤维素性渗出物和坏死组织混杂凝固的假膜，这种栓子表面干燥，呈灰白色或灰褐色，直径为 1cm 左右，长 2~15cm。第二种凝栓物完全是由纤维素性渗出物和坏死组质凝固而成，但形状不一。有的呈圆条状，表面光滑，两端尖细，直径为 0.4~0.7cm，长度可达 20cm 左右，如蛔虫样；有的呈扁平状，灰白色，如绦虫样。这些栓子均不与肠壁粘连，很易从肠腔中拽出，肠壁仍保持平整，但黏膜面明显充血、出血，有的肠段出血严重，黏膜面成片染成红色。

盲肠和直肠早期可见充血、发红、肿胀、出血，后期有较多的黏液附着，泄殖腔扩张、发红、肿胀，有黄褐色稀薄的内容物。

【诊断】根据本病的流行病学、临床症状和剖检病变可做出初步诊断。确诊需要进行病毒分离鉴定，可采用中和试验、琼脂扩散试验、免疫荧光技术、ELISA、免疫组化技术、核酸探针技术和 PCR 等方法。

【防控】预防小鹅瘟最有效和经济的办法是对种鹅进行免疫，并对环境实行严格兽医卫生措施。我国多采用鸭胚化弱毒疫苗在种鹅产蛋前 1 个月对母鹅进行免疫（流行严重地区免疫两次），对于雏鹅注射小鹅瘟高免血清或高免蛋黄免疫。一旦发生本病，应迅速将病雏鹅挑出来，隔离饲养，且对整群鹅尽早注射小鹅瘟高免血清或高免蛋黄。

第八章
犬、猫的传染病

第一节　犬　瘟　热

犬瘟热（CD）是由犬瘟热病毒（CDV）引起犬科、鼬科和部分浣熊科动物的急性、热性、高度接触性传染病。其主要特征为双相热，眼、鼻、消化道等处黏膜炎症，以及卡他性肺炎、皮肤湿疹和神经症状。

【流行病学】犬瘟热可感染犬科和鼬科的多种动物，猫科动物、海狮和猴也能自然感染。病犬是最主要的传染源，患病的毛皮动物也具有传染性。病毒集中存在于感染或患病动物的唾液和其他分泌物中。病犬的血液、淋巴结、肝脏、脾脏、腹水、脑脊液等也含有病毒。本病主要通过消化道和呼吸道进行传播，也可通过眼结膜和胎盘感染。本病多发生于寒冷季节（每年10月到第2年的2月），但其他季节也可发生。犬最易感，流行季节主要集中在8~11月，呈散发性、地方流行性或暴发性。

【症状】本病潜伏期为3~6d。犬瘟热病毒主要侵害易感犬的呼吸系统、消化系统及神经系统。如果病毒主要侵害呼吸系统，病犬初期表现为体温升高，并呈双相热，急性鼻（支气管、肺、胃、肠）卡他性炎和神经症状，鼻端干燥，鼻、眼流浆液性至脓性液体。病犬眼睑肿胀，呈化脓性结膜炎。病犬下腹部和股内侧皮肤上有米粒大红点、水肿和化脓性丘疹。如果病毒主要侵害消化系统，则表现不同程度的呕吐、便秘和腹泻。后期如果病毒侵入神经系统，10%~30%的病犬出现神经症状，表现好动和精神异常、癫痫等症状。本病死亡率较高，多数病犬终因麻痹衰竭而死亡。

【病理变化】本病呈泛嗜性感染，病变分布广泛。单纯感染的病犬，早期仅见胸腺萎缩与胶样浸润，脾脏、扁桃体等脏器中的淋巴细胞减少。继发细菌感染的病犬，可见化脓性鼻炎、结膜炎、支气管肺炎或化脓性肺炎。消化道可见卡他性乃至出血性肠炎。死于神经症状的病犬，眼观仅见脑膜充血、脑室扩张及脑脊液增多等非特异性脑炎变化。组织学检查可以发现，在很多组织细胞的细胞核和细胞质中有嗜酸性包涵体。

【诊断】根据流行病学特点和临床症状，可以做出初步诊断，确诊需要实验室检查。常用方法有包涵体检查、电镜及免疫电镜检查、病毒分离培养、动物回归试验、血清学诊断（琼脂扩散试验、协同凝集试验、ELISA）及RT-PCR等。诊断犬瘟热的实验动物是雪貂。

【防控】目前尚无特效药物治疗方法。平时应严格做好兽医卫生防疫措施，加强免疫接种，发现疫情应立即隔离病犬，深埋或焚毁病死犬尸，用3%福尔马林、3%氢氧化钠或5%石炭酸（苯酚）等对污染的环境、用具等进行彻底消毒。对未出现症状的同群犬和其他受威胁的易感犬进行紧急免疫接种。预防犬瘟热的有效方法是给犬接种疫苗。一般2月龄进行首次免疫。对病犬及早应用单克隆抗体或高免血清（皮下或肌内注射，每千克体重1~3mL），结合使用免疫增强剂、抗菌药物、皮质激素类药物、维生素和对症支持疗法（如输液、输血、脱敏、退热、镇静、止痛、收敛及使用循环兴奋剂等）进行治疗，并配合良好的护理。

第二节　犬细小病毒病

犬细小病毒病是由犬细小病毒（CPV）引起的犬高度接触性传染病。本病对幼犬危害较大，发病率和病死率较高。本病可分为肠炎型和心肌炎型，肠炎型以剧烈呕吐、小肠出血性坏死性炎和白细胞显著减少为特征，心肌炎型则表现为急性非化脓性心肌炎。

【流行病学】犬是主要的自然宿主，也有浣熊、貂、貉、狐、狼和鬣狗等感染发病的报道。犬细小病毒主要感染犬，不同年龄、性别、品种的犬均可以感染，但以6周龄至6月龄的幼犬较多发，病情也更为严重（引起犬全身性和肠道感染）。3~4周龄犬感染后多呈急性致死性心肌炎；8~10周龄犬的症状则以肠炎为主。病犬和带毒犬是传染源，病犬可通过粪便、尿、唾液和呕吐物排毒。

【症状】本病在临床上分为2种类型，即肠炎型和心肌炎型，多数为肠炎型，个别病例也兼有两型的临床症状。

（1）肠炎型　病程迅速，病初精神沉郁，食欲废绝，体温升到40℃以上。严重呕吐，初期呕吐物为食物，随后伴有黏液或血液。接着出现腹泻，并迅速出现脱水。粪便先为黄色或灰黄色，覆以大量黏液、假膜和血液，接着呈番茄汁样，具有难闻的腥臭味。血常规检查可见白细胞减少，尤其在病初的4~5d减少显著。

（2）心肌炎型　多见于8周龄以下、刚断乳的幼犬，常突然发病，数小时内死亡。通常同窝的幼犬都可感染。在肠炎型中可能突然发生心力衰竭而没有任何先兆，常因急性心力衰竭而死亡。

【病理变化】

（1）肠炎型　病理变化主要见于空肠、回肠，肠腔大多无食糜。肠壁增厚，黏膜水肿。肠黏膜呈黄白色或红黄色，弥漫性或局灶性充血。肠绒毛明显萎缩，黏膜上被覆稀薄或黏稠的黏液。集合淋巴小结肿胀、突出。小肠、盲肠、结肠、直肠黏膜、结肠及肠系膜淋巴结肿胀、充血、出血。

（2）心肌炎型　病变主要局限于心脏和肺。心脏扩张，心房和心室内有瘀血块。心肌和心内膜有非化脓性心肌炎。

【诊断】根据流行特点，结合临床症状和病理变化可以做出初步诊断，确诊需要进行实验室检查。电镜检查，在发病初期可见到大量大小均一的直径为20~24nm的圆形病毒粒子。病毒分离将病毒处理后即可采用荧光抗体技术或血凝抑制试验鉴定新分离的病毒。血凝抑制试验还可用于流行病学调查和抗体检测。间接法、竞争法和双夹心法ELISA等可用于快速诊断。还可通过PCR诊断试剂盒进行病原检测。

【防控】预防主要依靠疫苗免疫，一般2月龄进行首次免疫。可注射单价疫苗、二联苗（犬细小病毒病和传染性肝炎）、三联苗（犬瘟热、犬细小病毒病和犬传染性肝炎）和五联苗（犬瘟热、犬细小病毒病、犬传染性肝炎、狂犬病和犬副流感）。母犬接种犬细小病毒疫苗的时间应在产前3~4周。心肌炎型病例大多愈后不良。肠炎型病例应立即隔离饲养，加强护理，采用抗体疗法、对症疗法、支持疗法（如补液以防止酸中毒）和防止继发感染等治疗措施，可较快解除临床症状和缩短病程，降低病死率。在实行强心、补液、抗菌、消炎、抗休克等综合疗法的同时，应注意病初应禁食1~2d，恢复期应控制饮食，给予易消化的食物，并少量多餐。

第三节　犬传染性肝炎

犬传染性肝炎（ICH）又称为犬病毒性肝炎（CVH），是由犬腺病毒（CAV）引起的一种高度接触性传染病，其特征为肝小叶中心坏死，肝实质和内皮细胞出现核内包涵体。主要危害幼犬，感染发病率很高，给养犬业造成了巨大的损失。

【流行病学】犬腺病毒1型（CAV-Ⅰ）除能感染狐和犬外，还能感染狼、貉、黑熊、负鼠和臭鼬等。不同品种和年龄的犬均易感，自然发病仅见于1岁内未进行免疫的犬，且病死率高于其他年龄的犬。本病无明显的季节性。病犬和带毒犬是本病的主要传染源。病犬在发病初期，血液含毒较多，随后病毒见于所有分泌物和排泄物中，严重污染环境。本病主要通过消化道感染，也可经胎盘感染，造成新生幼犬死亡。呼吸型也可能经飞沫通过呼吸道传播。

【症状】根据临床症状可分为3种类型，即犬肝炎型、犬呼吸型和狐脑炎型，其中以犬肝炎型分布最广。

（1）犬肝炎型　由犬腺病毒1型引起，潜伏期为6~9d。病犬体温升高至40~41℃，呈双相热型。心跳加强，呼吸加快；行动不灵活，无力，弓背；腹部有压痛，眼睑、头、颈及腹部皮下发生水肿；扁桃体肿大，黏膜潮红；齿龈、口腔有点状出血。白细胞数量减少到健康时的1/2~2/3，血液凝固时间延长。多在感染后2~12d死亡或康复，恢复期病犬往往见角膜混浊，1~2d内可迅速发现白色乃至蓝白色的角膜翳（称为肝炎性蓝眼）。

（2）犬呼吸型　主要由犬腺病毒2型（CAV-Ⅱ）引起，潜伏期为5~6d，发热持续1~3d。发生粗厉干咳，持续1周左右，严重的发生致死性肺炎。病犬表现精神委顿、食欲减退，呼吸困难，肌肉震颤，流浆液性或黏脓性鼻液。有些病例发生呕吐，粪便变软、带黏液。

【病理变化】

（1）犬肝炎型　病理特征为血液循环障碍、肝小叶中心坏死，以及肝实质和内皮细胞出现核内包涵体。急性死亡病例可见腹腔内有血样腹水。肝脏肿大，包膜紧张，肝小叶清晰，实质呈黄褐色，并有大量暗红色斑点。胆囊壁由于高度水肿而显著肥厚，肠系膜有纤维蛋白渗出物，体表淋巴结、颈淋巴结和肠系膜淋巴结肿大、出血。脾脏肿大，胸腺点状出血。肝实质呈现不同程度的变性、坏死，窦状隙内皮细胞的细胞核内有富尔根（Feulgen）反应阳性小体，即核内包涵体。其他脏器细胞核内也有包涵体。

（2）犬呼吸型　剖检病变主要局限于呼吸道，肺充血和膨胀不全，并常有实变病灶。肺淋巴结和支气管淋巴结充血或出血。镜检病变为不同程度的肺炎变化，支气管黏膜上皮、肺泡上皮和鼻甲骨黏膜上皮见有Cowdry A型核内包涵体。

【诊断】根据流行病学、临床表现和病理变化特点，可做出初步诊断，但确诊有赖于病毒分离和血清学检查。病毒分离和鉴定可采取发热期的血液和尿液。病毒抗原的检查可采用补体结合试验，荧光抗体技术可以用于直接检测扁桃体涂片，提供早期诊断。还可用电镜直接检查病犬肝脏中的典型腺病毒粒子。血清学检查采取发病初期和其后14d的双份血清，进行人O型红细胞凝集抑制试验。PCR则通过选择基因序列的保守区，区分犬腺病毒1型、犬腺病毒2型及其他病毒。

【防控】本病无特异性抗体疗法，可注射多联高免血清或用免疫犬全血。一般采用补液、保肝、输血、输液、注射葡萄糖，以及投给蛋氨酸、胆碱、胆汁酸盐等对症疗法，以抗生素预防继发感染。对犬腺病毒2型引起的呼吸道感染的治疗同犬副流感，抗生素可选用林可霉素、先锋霉素、泰妙菌素或利高霉素（盐酸大观霉素、盐酸林可霉素）等。

人工接种疫苗是预防本病的根本方法。我国当前使用的是犬传染性肝炎与犬瘟热、狂犬病、犬细小病毒性肠炎、副流感的五联苗。一般2月龄进行首次免疫。

第四节　犬冠状病毒性腹泻

犬冠状病毒性腹泻又称为犬冠状病毒病，是由犬冠状病毒引起的一种临床上以呕吐、腹泻、脱水及易复发为特性的高度接触性传染病。本病对幼犬危害尤其严重，病死率很高。

【流行病学】可感染人和很多种类的动物，包括牛、猪、犬、猫、马、禽、鼠。犬科动物最易感，如犬、貂和狐等。本病在犬群中流行时，通常都是幼犬先发病，幼犬的发病率几乎为100%，病死率为50%。病犬和带毒犬是主要传染源。病毒经呼吸道和消化道传染给健康犬及其他易感动物，传染性粪便污染的环境是感染的主要原因。本病一年四季均可发生，但多发于寒冷的季节，传播迅速，常成窝暴发。

【症状】潜伏期很短，自然感染的潜伏期为1~4d。本病的临床表现差别很大，与种类、年龄和性别有关。通常是2岁以下的犬感染，主要表现为呕吐和腹泻，严重者精神不振，嗜睡，食欲减退或废绝，口渴、鼻镜干燥，多数无体温变化。感染犬通常突然开始腹泻，间有呕吐，严重病例会出现水样腹泻。粪便呈粥样或水样，红色或暗褐色。幼犬发病后1~2d内死亡，成年犬很少死亡。

【病理变化】轻度感染不明显，严重病例肠壁变薄，肠管膨胀，充满稀薄、黄绿色或紫红色血样液体。胃肠黏膜充血、出血和脱落。肠系膜淋巴结和胆囊肿大。小肠绒毛变短、融合，隐窝变深，绒毛长度与隐窝深度之比发生明显变化。肠黏膜上皮细胞变平或变性，细胞质出现空泡，杯状细胞破损。

【诊断】根据临床症状，结合流行病学、病理变化可做出初步诊断，确诊需要借助实验室手段。

电镜检查采集病犬新鲜的腹泻粪便，负染后电镜观察可发现典型的冠状病毒。可用已知阳性血清做中和试验鉴定病毒进行检测。血清学检查中，中和试验、荧光抗体技术、乳胶凝集试验、ELISA等方法也可用于检测血清抗体。PCR也可作为准确快速的诊断方法。

【防控】可通过多联疫苗进行防控，如犬八联苗。治疗时主要采取一般性综合措施。发现病犬应及时隔离，并采取对症治疗，如止吐、止泻、补液，用抗生素防止继发感染。早期应用犬高免血清或球蛋白，具有较好的治疗效果。止吐可选用枸橼酸马罗皮坦、爱茂尔（盐酸普鲁卡因、溴米那、苯酚混合注射剂）、氯丙嗪等；止血可选用安络血、酚磺乙胺；止痛可用布托啡诺等；补液可选用乳酸林格氏液。还可使用肠黏膜保护剂，如碱式硝酸铋、氢氧化铝。应用硫酸新霉素等抗生素防止继发感染。对疫点的粪便、场地进行消毒处理，可用甲醛或漂白粉等经济有效的消毒剂，防止病毒通过粪便在犬群中迅速传播。

第五节　猫泛白细胞减少症

猫泛白细胞减少症又称为猫瘟热、猫传染性肠炎、猫细小病毒感染，是由猫泛白细胞减少症病毒（FDV）引起的猫及猫科动物的一种急性高度接触性传染病。临床表现以突发高热、顽固性呕吐、腹泻、脱水及白细胞严重减少为特征。本病是猫科动物最重要的传染病之一。

【流行病学】除家猫外，猫泛白细胞减少症病毒还可感染其他猫科动物及鼬科、浣熊科动物。各种年龄的猫均可感染，主要发生1岁以下的幼猫。以3~5个月龄未接种疫苗的幼猫最易感，感染率可达70%，病死率为50%~60%，最高达80%~90%。本病通过直接接触及间接接触传播。病猫的呕吐物、尿液、唾液、鼻和眼分泌物尤其是粪便中含有大量病毒。除水平传播外，妊娠母猫还可通过胎盘垂直传播给胎儿。

【症状】本病潜伏期为2~9d。按病程长短和症状不同，可分为以下4种类型。

（1）最急性型　病猫只有轻微的症状或没有先兆性症状。突然倒地，通常在12h内死亡。

（2）急性型　病猫24h内死亡。伴随发热（40~41.6℃）、沉郁、厌食，通常要经过3~4d才出现症状。大多数猫常伴有呕吐。

(3) 亚急性型　多见于 6 月龄以上的猫，第一次发热体温达 40℃以上，24h 左右降至正常体温，2~3d 后体温再次升高至 40℃以上，呈双相热型。发热的同时，白细胞数量明显减少（2000~5000 个/mm³）。

(4) 隐性型　临床上通常缺乏明显的症状。当各种应激情况发生如突然换料、其他细菌或寄生虫共同感染时，导致肠上皮细胞损伤，从而发生致死性感染。

【病理变化】病理变化以出血性肠炎为特征。消化道有明显的扩张，肠壁变得坚硬而且浆膜表面有瘀血和出血斑。整个小肠肠壁及黏膜面均有程度不同的充血、出血、水肿及被纤维素性渗出物覆盖，导致肠壁增厚似乳胶管样，其中空肠和回肠的病变尤为突出。肠系膜淋巴结肿大、出血、坏死，色泽鲜红、暗红或呈红、灰、白等多色相间，表现为大理石样。肝脏肿大，呈红褐色，胆囊充盈，胆汁黏稠。脾脏肿大、出血。肺充血、出血和水肿。长骨骨髓变成液状或半液状，有一定诊断意义。出生前已感染的幼猫出现小脑积水和脑水肿。

【诊断】根据临床症状和病理变化特点可以做出初步诊断，确诊需借助实验室诊断方法。血液检查发现在第二次发热后白细胞数量迅速减少，由正常时的 15000~20000 个/mm³ 降至 5000 个/mm³ 以下，且淋巴细胞和中性粒细胞减少为主，严重者的血液涂片中很难找到白细胞。病毒分离鉴定可观察致细胞病变作用（CPE）和核内包涵体。用荧光抗体技术对接毒的细胞培养物进行检查，也可用已知标准毒株的免疫血清进行病毒中和试验进行病毒鉴定。应用免疫电镜技术对病猫粪便进行免疫电镜检查，可检出病毒抗原。血清学诊断技术以血清中和试验和血凝抑制试验最常用。还可以用 PCR 直接对样品中的病毒 DNA 进行检测。

【防控】平时应搞好猫舍卫生。对于新引进的猫，必须经免疫接种并隔离观察 30d。发生疫情时，隔离病猫，淘汰、扑杀和无害化处理病死猫。接种疫苗是预防本病发生的主要措施，1 月龄进行首次免疫。

在发病的早、中期，给病猫颈侧部皮下注射抗 FPV 高免血清，对轻症病例，尤其在发病初期，应在隔离条件下进行治疗。发病初期应禁食和饮水，肠外途径给予抗生素或磺胺类药物，防止继发感染。配合对症治疗，主要是消炎、止泻、止吐、止血、补液和补充能量，防止脱水和电解质的丢失。

第六节　猫传染性腹膜炎

猫传染性腹膜炎（FIP）是由猫传染性腹膜炎病毒（FIPV）引起的一种慢性、渐进性、致死性传染病，以发生腹膜炎和出现腹水为特征。本病广泛分布于世界各地，特别是美国和欧洲，发生于各种年龄和不同性别的猫，且健康猫血清阳性率较高（10%~90%）。

【流行病学】本病在全世界的家猫和大型野猫中广泛存在。3 月龄至 17 岁的猫均可感染发病，而且雄性发病率比雌性高得多，纯种猫发病率高于一般家猫。本病除可经媒介昆虫传播外，也可垂直感染。本病的发生无季节性，呈地方流行性，发病率一般较低，但一旦感染，病死率较高。妊娠、断奶、移入新环境等应激条件，以及感染猫的自身疾病和猫免疫缺陷病等都是促使本病发生的重要因素。

【症状】本病的潜伏期长短不一，从数月至数年不等。试验感染的潜伏期为 2~14d，自然感染的潜伏期可能为 4 个月或更长时间。本病临床上有两种表现类型，即渗出型和非渗出型。

(1) 渗出型　较多见，病猫初期食欲减退，体重减轻，体温升高并维持在 39.7~41℃之间，血液白细胞总数增加。持续 1~6 周后腹部膨大，母猫常被误认为是妊娠。触诊无痛感，有波动，呼吸困难，贫血或黄疸，病程可延续2周至3个月而最终死亡。

（2）非渗出型　主要表现为眼、中枢神经、肾脏和肝脏损伤。眼角膜水肿，虹膜睫状体发炎，房水变红，眼前房中有纤维蛋白凝块；神经症状为后躯运动障碍、背部感觉过敏、痉挛；肝脏受损时出现黄疸；肾功能衰竭，腹部触诊可及肿大的肾脏。

【病理变化】

（1）渗出型　渗出型的死亡猫可见腹腔大量积液，呈无色透明状或浅黄色，易凝固。腹膜混浊，腹膜和腹腔脏器有纤维蛋白渗出物覆盖，肝表面有直径为1~3mm的小坏死灶。

（2）非渗出型　主要见脑水肿、肾脏肉芽肿及肝脏表面有大小不等的坏死灶，这些病灶可在小血管周围积聚起来形成脉管炎。

实际上一些病例无法严格区分，有的以渗出型为主而有器官病变，有的以非渗出型为主而在腹腔中有少量渗出液，但以渗出型较为多见，常为非渗出型的2~3倍。

【诊断】根据临床症状、病理变化和流行病学可做出初步诊断，可采集腹水做浆膜黏蛋白定性试验（李凡他试验、Rivalta试验）。确诊应取腹腔渗出液或血液接种于猫胎肺细胞培养物进行病毒分离和鉴定，也可用中和试验、荧光抗体技术、ELISA、RT-PCR、组织病理学和免疫组化方法诊断本病。

【防控】目前对本病无疫苗可用。应避免病猫、健康猫相互接触。本病多预后不良。做好猫舍环境卫生，控制猫舍内吸血昆虫（如虱、蚊、蝇等）和啮齿类动物是防控本病的重要措施。加强猫泛白细胞减少症病毒监测，及时清除病猫，也有利于控制本病。

目前对本病尚无特效治疗方法。治疗时首先是采取抗病毒药物治疗，临床上常用GS-441（一种核苷类似物）、干扰素、转移因子等口服、肌内注射、静脉注射，使其获得被动免疫能力。同时合理使用阿莫西林克拉维酸钾和头孢菌素等抗生素类药物防止继发感染。对于腹水过多的猫，可进行腹腔穿刺放水。

第七节　猫艾滋病

猫艾滋病又称猫免疫缺陷病（FID），是由猫免疫缺陷病毒（FIV）引起的危害猫类的慢性病毒性传染病，以严重的口腔炎、牙龈炎、鼻炎、腹泻，以及神经系统紊乱和免疫机能障碍为特征。

【流行病学】本病主要发生于家猫，感染率上群养高于单养，流浪猫和野猫高于家养猫，公猫高于母猫，而做过绝育术的猫感染率较低。猫艾滋病主要通过唾液和血液传播，其次是通过啃咬和打斗的伤口传播，如螨虫叮咬和相互打架咬伤等。妊娠猫可通过子宫传染给胎儿，母子间还可通过初乳、唾液传染。本病有可能通过性交传播。一般接触、共用食盆等不会引起传染。平均感染年龄为3~5岁。人工通过静脉、皮下、肌肉和腹腔内注射等途径接种易于感染，还能通过口腔、直肠、阴道感染。

【症状】本病潜伏期较长，一般为3年。临床上出现症状的猫平均为10岁，发病后按主要症状不同，可分为急性期、无症状期和慢性期。急性期即发病初期，呈现不明原因的发热、精神不振、全身不适、淋巴结肿胀、腹泻、贫血和中性粒细胞减少等症状。无症状期在急性期症状消退之后，多数病猫进入无症状感染状态，但仍常见轻微的淋巴结肿胀。无症状期可转入慢性期。慢性期即发病后期，大多数病猫逐渐消瘦并转为衰竭，贫血加剧，消瘦，体重下降，全身淋巴结再度肿大，因免疫缺陷而呈现恶性肿瘤和细菌性感染。最常见的是口腔和牙龈炎，有些猫出现黏膜溃疡和坏死。有的病猫因免疫力下降，对病原微生物的抵抗力减弱。

【病理变化】主要病变有口腔黏膜红肿、溃疡，结肠多发性溃疡灶，盲肠、结肠肉芽肿，空肠轻度炎症，淋巴结肿大、鼻黏膜瘀血，鼻腔蓄积脓样分泌物。脑部出现神经胶质瘤和神经胶质结节。常见淋巴滤泡增生，其发育异常呈不对称状，并渗入周围皮质区，副皮质区明显萎缩。脾脏红髓、肝窦、肺泡、肾脏及脑组织有大量未成熟单核细胞浸润。

【诊断】根据本病的临床症状和病理变化特征可做出初步诊断，确诊需依靠实验室检查。病毒分离鉴定是确诊本病的最佳方法。血清学方法抗体检测方法有 ELISA、间接荧光抗体技术、免疫斑点试验和免疫印迹试验。用 PCR 检测血液中的猫免疫缺陷病毒 DNA，具有很好的特异性，但偶尔也会出现假阳性的结果。

【防控】防止猫间传染仍是控制本病的主要措施。引进猫应进行猫免疫缺陷病毒感染检测，并在条件允许时隔离饲养 6~8 周，然后检测是否存在猫免疫缺陷病毒抗体。加强消毒，保持猫舍和饮食器具清洁，病（死）猫要集中处理或焚烧，彻底消毒，以消灭传染源。目前，国外已经研制出多种猫免疫缺陷病毒疫苗，包括灭活疫苗、弱毒疫苗、DNA 载体疫苗、亚单位疫苗和合成肽疫苗等，可以对高危猫群接种。

第九章 兔、貂的传染病

第一节 兔出血症

兔出血症又称兔病毒性出血症，俗称兔瘟，是由兔出血症病毒引起的一种急性、败血性的高度接触性传染病。以呼吸系统出血、肝坏死、实质脏器水肿、瘀血、出血性变化为特征。

【流行病学】本病潜伏期短、发病急、病程短、传播快、发病率及病死率极高，对易感兔致病率可达 90%，病死率可达 100%。本病常呈暴发性流行，是兔的一种毁灭性传染病。

本病仅发生于兔，长毛兔尤为敏感，发病年龄差异很大，主要发生于 3 月龄以上的青年兔或成年兔，2 月龄以下仔兔易感性低，极少发病或不发病。

传染源为病兔和带毒兔。兔出血症病毒经感染动物的分泌物、排泄物等污染水源、料槽和垫料等感染健康动物，本病主要经消化道、呼吸道、皮肤等途径感染，蚊、蝇也可起到机械性传播的作用。本病全年均可发生，但以气温较低的秋、冬、春季更为多见，夏、秋温暖季节较少发生。

【症状】

（1）最急性型　常无任何前驱临床症状而突然发病死亡，死前病兔抽搐惨叫，四肢划水状，可视黏膜发绀，死后角弓反张，天然孔流出泡沫状血样液体。病程为 10h 以内。最急性型病例多发生于新疫区或兔群流行本病初期。

（2）急性型　体温升高至 41℃以上，稽留数小时至 24h。病兔精神沉郁，食欲减退至废绝，渴欲增加，呼吸困难，迅速消瘦，濒死时也常见有神经症状，少数兔死前肛门松弛，被毛有黄色黏液污染。病程为1~2d。死后角弓反张，鼻孔流出泡沫性液体。急性型病例多发生于兔群流行此病中期。

（3）慢性型（温和型） 病兔体温升高到41℃左右，精神沉郁、食欲不振，从鼻孔流出黏性或脓性分泌物，被毛杂乱无光，迅速消瘦、衰弱而死，多数有流涎。部分兔可耐过，但生长发育不良，仍带毒。慢性型病例多发生于老疫区、兔群流行本病后期或幼龄兔。

【病理变化】

（1）特征性病变 以实质器官充血、出血为主要特征。肝脏、脾脏、肾脏等器官瘀血、肿大。鼻腔、喉头、气管黏膜充血及出血。肺高度充血、水肿，有散在出血点或弥漫性出血斑。

（2）其他病变 胆囊肿大，充满胆汁；膀胱积尿，充满黄褐色尿液。心包出血、积液，心肌松弛，心内膜、心外膜有散在出血点。胃内充满食糜，胃肠黏膜脱落，并有散在出血点和瘀血块，肠系膜淋巴结肿大，部分肠腔内充满浅黄色胶样液体。胸腺水肿。母兔子宫多见出血。

【诊断】根据流行病学、临床症状和病理变化可做出初步诊断，确诊可进行以下实验室检查：血凝试验（HA）和血凝抑制试验（HI）、琼脂扩散试验（AGP）、酶标抗体技术、间接荧光抗体技术、坡片免疫酶染色试验、免疫印迹法、dot-ELISA、兔体血清中和保护试验，还有分子生物学技术如RT-PCR、实时荧光定量PCR等。

血凝试验和血凝抑制试验：取病死兔肝脏，制成1:10悬液，离心后取上清液，并用人O型红细胞做血凝试验和血凝抑制试验。如果血凝试验呈阳性且能够被抗兔出血症病毒阳性血清所抑制，即可确诊。

【防控】本病无特效治疗方法。应该加强饲养管理。兔群定期注射兔瘟疫苗、兔瘟和巴氏杆菌病二联苗或兔瘟、产气荚膜梭菌病和巴氏杆菌病三联苗（兔三联苗）。

一旦发生兔瘟，要停止兔及兔毛交易。及时隔离病兔，封锁疫点，重病兔淘汰，病死兔应焚烧或深埋，对动物的尸体进行无害化处理，严格消毒，彻底清洁污染区域。对未发病的兔可全群进行紧急预防接种，控制疫情。对病兔、可疑兔立即注射兔瘟高免血清。

第二节　兔黏液瘤病

兔黏液瘤病是由黏液瘤病毒引起兔的一种高度接触传染性疫病，病死率极高。典型特征为全身皮肤，尤其是面部和天然孔周围皮肤发生黏液瘤样肿胀。因切开黏液瘤会流出黏液蛋白样渗出物而得名。

【流行病学】本病只侵害家兔和野兔，家兔和欧洲野兔最为易感，传染源为患病动物和隐性感染者。在自然界中主要是通过吸血昆虫（蚊、跳蚤等）机械传播。每年8~10月，蚊虫大量滋生，本病高发。

【症状】潜伏期为4~11d，平均约为5d。由于毒株间毒力差异以及兔的不同品种、品系间对病毒的易感性不同，所以临床症状比较复杂。

近年来，本病常表现为呼吸型，本型潜伏期长达20~28d，可经接触性传染，无须媒介昆虫参与，一年四季都可发生。初期表现为卡他性继而脓性的鼻炎和结膜炎，皮肤损伤轻微，仅在耳部和外生殖器的皮肤上见有炎症斑点，少数病例的背部皮肤有散在性肿瘤结节。

【病理变化】

（1）肉眼病变 皮肤肿瘤结节（加州毒株所致的黏液瘤除外）、皮肤和皮下组织水肿，尤其是颜面和身体天然孔周围的皮下组织充血、水肿，皮下切开可见黄色胶冻状液体聚集；心内膜、心外膜和胃肠浆膜下可见瘀血和出血点，内脏器官广泛出血，有时淋巴结和肺水肿或出血，脾脏肿大。

(2) 组织病理学变化　皮肤肿瘤切片检查，可见许多大型的星状细胞（未分化的间质细胞）、上皮细胞肿胀和空泡化，同时有炎性细胞浸润。在上皮细胞胞质内有嗜酸性包涵体，其内有蓝染的球菌样小颗粒（原生小体）。

【诊断】根据流行病学、临床症状和病理变化可做出初步诊断。确诊可进行组织病理学诊断及以下实验室检查：RT-PCR、病毒分离鉴定、琼脂扩散试验和血清学方法（病毒中和试验、ELISA、琼脂免疫扩散试验、补体结合试验、荧光抗体技术）。

【防控】本病无特效治疗方法。我国尚无本病的流行，因此应严防传入。做好兔场清洁卫生工作，杀灭吸血昆虫，防止吸血昆虫叮咬。预防主要依靠疫苗接种，受威胁地区可通过接种 Shope 纤维瘤病毒疫苗，或美国及法国生产的弱毒疫苗，或者 MSD/S 株和 Mm16005 株疫苗，建立免疫带。一旦发生本病，应立即采取扑杀措施，并进行彻底消毒。

第三节　水貂阿留申病

水貂阿留申病是由阿留申病病毒（MAD）引起水貂的一种慢性消耗性、超敏感性和自身免疫性疾病。特征为终生持续性病毒血症、淋巴细胞增生、丙种球蛋白异常增加、肾小球肾炎、血管炎和肝炎。

【流行病学】发病仅见于水貂，成年貂的感染率高于幼貂，公貂高于母貂，阿留申水貂及与其有亲缘关系的蓝宝石貂的易感性高，发病率与病死率均较高。传染源为患病动物和隐性感染者。病貂全身各器官组织、体液（包括血液、血清）和唾液等分泌物，以及粪、尿中都含有病毒，可通过分泌物和排泄物排毒，主要经消化道和呼吸道传播，也可通过交配传播。本病有明显的季节性，多发于秋、冬季节，冬季的发病率和病死率较其他季节高。

【症状】潜伏期长，一般为60~90d，长的可达7~12个月。急性病例精神委顿，食欲减退或废绝，可于2~3d内死亡，死前常有痉挛。慢性病例病程为数周或数月不等，病貂食欲减退或时好时坏，渴欲增加。进行性消瘦，可视黏膜苍白。有时口腔、齿龈、软腭和肛门出血和溃疡。粪便稀软、发黑，呈煤焦油样。

【病理变化】剖检可见特征病变主要集中在肾脏，表现为肾脏比正常时肿大2~3倍，呈灰色或浅黄色，有出血斑点或灰黄色斑点。其他可见病变包括肝脏肿大，有散在的灰白色坏死灶；脾脏和淋巴结肿胀；口腔黏膜有出血性溃疡；胃肠黏膜有出血点。

特征性组织学变化为肾脏的浆细胞增多（正常情况下，肾脏内含或极少含浆细胞）。其他组织学变化包括脾脏、肝脏、淋巴结和骨髓的浆细胞增多，动脉炎，肾小球炎和肾小管上皮变性及透明管型。

【诊断】根据流行病学、临床症状和病理变化可做出初步诊断，确诊可进行以下实验室检查：碘凝集试验、病毒分离鉴定和血清学方法（ELISA、琼脂免疫扩散试验、荧光抗体技术，病毒凝集试验）。此外，对流免疫电泳（CIEP）是目前国内外普遍推广和采用的诊断方法。

【防控】本病无特效治疗方法。应该加强饲养管理和兽医卫生措施，严格检疫。受威胁地区可通过接种疫苗建立免疫带。一旦发现疫情，检出阳性貂，严格淘汰，并彻底消毒。

第四节 水貂病毒性肠炎

水貂病毒性肠炎又称貂泛白细胞减少症、貂传染性肠炎，是由貂肠炎病毒引起的一种以急性肠炎、白细胞高度减少为特征的急性高度接触性传染病。

【流行病学】本病多发生于貂，不同品种和年龄的貂都有易感性，但以当年生水貂更易感，其中以50~60日龄的幼貂最为易感。病貂、带毒貂和泛白细胞减少症病猫是主要传染源。发病率为50%~60%。病毒主要的传播途径是消化道和呼吸道。鸟类、鼠类和昆虫等也可成为传播媒介。本病全年都可发生。

【症状】
(1) 最急性型　病貂不出现腹泻，食欲废绝后12~24h内死亡。
(2) 急性型　体温升高至40~40.5℃，呕吐，腹泻，排出混合血液、黏膜的粪便。粪便的颜色与肠黏膜坏死程度有关。食欲废绝，渴欲增高。7d左右死亡。
(3) 慢性型　病貂耸肩弓背、呕吐，被毛蓬乱，精神沉郁，排便频繁但量少，粪便为黏稠状，常混有血液，呈灰白色、粉红色、灰绿色，有的排出灰白色条柱形粪便。食欲减退，病程较长，达7~14d。

【病理变化】
(1) 肉眼病变　小肠呈现急性卡他性纤维素性或出血性肠炎。肠管变粗，肠壁菲薄，肠内容物中含有脱落的黏膜上皮和纤维蛋白样物质及少量血液。肠系膜淋巴结充血、水肿；肝脏肿大、质脆，胆囊胀大，充满胆汁；脾脏肿大，呈暗紫色。
(2) 组织病理学变化　小肠黏膜上皮变性、坏死，有的上皮细胞有核内包涵体。

【诊断】根据流行病学、临床症状和病理变化可做出初步诊断，确诊可进行以下实验室检查：PCR方法、小肠上皮细胞的包涵体检查、琼脂扩散试验、核酸探针诊断、血凝抑制试验、病毒分离鉴定技术（电镜技术）、病毒中和试验、荧光抗体技术。

【防控】本病无特效治疗方法。免疫接种是预防本病最为有效的方法。受威胁地区可通过接种灭活苗和貂病毒性肠炎与犬瘟热二联组织灭活疫苗及二联弱毒疫苗建立免疫带。一旦发现疫情，立即采取综合性防控措施，包括隔离、消毒、封锁疫点，对受威胁的易感貂立即用弱毒苗紧急接种，对病貂采取对症、支持疗法，采用抗菌药物防止并发感染。

第十章
蚕、蜂的传染病

第一节 家蚕核型多角体病

家蚕核型多角体病是由病毒寄生在家蚕血细胞和体腔内各种组织细胞的细胞核中，并在其中形成多角体引起的，又称家蚕血液型脓病或脓病。本病是养蚕生产中最常见、危害又较为严重的一类疾病。

【流行病学】本病的病原来源于病蚕及其尸体，并扩散污染到使用过的一切养蚕场所、周围环境和有关用具等。此外，有些桑园害虫及野外昆虫病毒与家蚕可以交叉感染。核型多角体病具有食下传染和创伤传染两种传染途径，食下传染的机会较多，创伤传染的发病率较高。纯净的多角体经伤口进入蚕体腔不会引起蚕感染。蚕座传染是传染性蚕病传播的重要形式，对病毒病来说尤为明显。病蚕在发病过程中破皮流脓，这种脓汁中含有大量的家蚕核型多角体病毒（BmNPV），毒力强，通过污染桑叶被蚕食下或由体表伤口进入体内就会引起健康蚕的感染。垂直传播主要指上季蚕残留的病毒对下一季蚕的传染。垂直传播发生的程度主要取决于上一季蚕的发病程度、病原在自然环境中的生存能力、两季蚕的间隔时间、病毒对消毒剂的抵抗力及两个蚕期之间的气象条件。

【症状】家蚕核型多角体病属于亚急性传染病。当蚕感染后，小蚕一般经 3~4d，大蚕经 4~6d 发病死亡。病蚕由于发育阶段不同，症状也有差异，但都表现出本病所特有的典型病征。即体色乳白，体躯肿胀，狂躁爬行，体壁紧张、易破。大蚕常爬行到蚕匾边缘堕地流出乳白色脓汁而死。病蚕初死时，由于脓汁泄尽，体壁贴于消化管上，外观呈现暗绿色，以此可区别于其他病蚕。不久，尸体腐败变黑。本病因发病时期不同，在上述典型病征的基础上还出现不眠蚕、起节蚕、高节蚕、脓蚕和斑蚕等症状。5 龄后期感染，有部分能营茧化蛹。病蛹体色暗褐，体壁易破，一经振动，即流出脓汁而死，造成茧层污染。内部污染茧的发生往往与此病的发生有关。

【病理变化】家蚕核型多角体病毒可以在蚕的不同组织细胞内寄生、增殖，并形成多角体。虽然病毒入侵的迟早及多角体形成的难易程度有区别，但一般说来，最易形成多角体的组织为血细胞、气管上皮、脂肪组织及真皮细胞，生殖腺和神经细胞只能形成少量的多角体，而蜕皮腺、唾腺和马氏管等则很难形成。在丝腺中除前部丝腺不能形成多角体外，中后部丝腺的细胞核都能形成多角体。家蚕核型多角体病毒在中肠细胞内能增殖形成病毒粒子，但多角体却很难形成，即使偶尔形成多角体，也很小。

【诊断】

（1）肉眼诊断　本病开始出现的病蚕一般都是迟眠蚕，此后陆续发生时，则情况变化多样。病蚕鉴别的主要依据是体壁紧张，体色乳白，体躯肿胀，爬行不止。剪去尾角或腹足滴出的血液呈乳白色，均为本病的特征。

（2）显微镜检查　取病蚕的血液制成临时标本，用 400 倍以上的显微镜检查有无多角体存在。

（3）PCR 检测　从患病蚕血淋巴中抽提总 DNA 后，利用 PCR 方法扩增检测。

【防控】对于防治原则和方法可以从以下几个方面考虑：①合理布局，切断垂直传播。②严格消毒，消灭病原，切断传染途径。③消灭桑园害虫，防止交叉传染。④严格提青分批，防止蚕座传染。⑤加强管理，增强蚕的体质。⑥选用抗病力较强的品种。

第二节　白　僵　病

白僵病是白僵菌属中不同种类的白僵菌寄生蚕体引起的，病蚕尸体被覆白色或类白色分生孢子粉被，故称白僵病。

【流行病学】白僵菌寄主范围极广，患病昆虫的粪便、尸体将会形成大量的分生孢子，随污染的桑叶带入蚕室，成为蚕发生白僵病的传染来源。本病多发于晚秋蚕期。本病是病菌的分生孢子通过空气传播的。传染途径主要是接触传染，其次是创伤传染，一般不能食下传染。

各种真菌病原的分生孢子发芽、生长发育和繁殖都要求有一定的条件才能引起蚕发病。白僵病的发生一方面与蚕的发育阶段有关，但另一方面主要受环境条件温湿度的影响。白僵菌在适宜的湿度下（如饱和湿度），分生孢子在10℃才开始发芽，在10~28℃时，温度越高，发芽、生长越好，其最适温度为24~28℃，30℃以上生长即受到抑制，33℃以上不能发芽。另外，发病经过的快慢也与温度有关，在适温范围内温度高时发病快，病程短；反之，温度低时发病慢，病程长。

【症状】病蚕从感染到发病死亡的时间，在一般情况下，1~2龄为2~3d，3龄为3~4d，4龄为4~5d，5龄为5~6d。发病初期，病蚕体色稍暗，反应迟钝，行动稍见呆滞。发病后期，蚕体上常出现油渍状或细小针点病斑。濒死时排软粪，少量吐液。刚死的蚕，头胸部向前伸出，肌肉松弛，身体柔软，略有弹性，有的体色略带浅红色或桃红色，以后逐渐硬化。经1~2d，从硬化尸体的气门、口器及节间膜等处先长出白色气生菌丝，逐渐增多，布满全身，最后长出无数分生孢子，遍体如覆白粉。如果在眠期发病，则多呈半蜕皮蚕或不蜕皮蚕，尸体潮湿，呈污褐色，容易腐烂。

蚕蛹发生白僵病后形成僵蛹，蚕茧又干又轻，病蛹在死亡前弹性显著降低，环节失去蠕动能力；死后胸部缩皱，由于失水而全身干瘪，在皱褶及节间膜处逐渐长出气生菌丝及分生孢子，但数量远不及病蚕体多。蛹期感染白僵病者，有时虽能化蛾而成白僵病蛾，但不能产卵。死后尸体干瘪，翅、足容易折落。

【病理变化】白僵菌的主要侵入途径是对蚕的体皮接触感染。白僵菌分生孢子表面带有黏性物质，通过气流或其他机械方式传播，并附着在蚕体壁上，在适宜的温湿度条件下经6~8h开始膨大发芽，然后在孢子的端部或侧面伸出1~2根发芽管，同时能分泌几丁质分解酶、蛋白质分解酶和解酯酶，通过这些酶的共同作用溶化寄生部位的体壁，并借助发芽管伸长生长的机械压力，穿过体壁，进入体内寄生。菌丝穿过外表皮下进入真皮细胞及肌肉层时，菌丝直径开始增粗，并产生分支。当营养菌丝到达血液后，大量吸收营养，能迅速进行分支生长，并产生芽生孢子。芽生孢子随血液循环分布到全身。由于营养菌丝、芽生孢子及节孢子大量生长而不断消耗蚕体的养分及水分，同时又向体液中分泌各种酶类、毒素并形成结晶，以至体液变得混浊，黏度、比重、屈折率等显著上升，而血细胞数和体液中的多种氨基酸的含量则较正常值减少，血液循环受到妨碍，体液功能遭受破坏，最后蚕停止食桑，行动呆滞，麻痹而死。此外，感染末期的白僵病病蚕，由于消化液的抗菌性下降，消化道中细菌迅速繁殖，4~6环节往往有软化、腐烂的迹象，但最终因白僵菌的大量增殖，故尸体并不腐败而呈僵化。

【诊断】

（1）肉眼诊断　初死时蚕体伸展，头胸部突出，吐少量肠液。体色呈灰白或桃红色，手触柔软而略有弹性。体壁上往往出现油渍状病斑，或呈现散发性的褐色小病斑。血液混浊，尸体逐渐变硬，最后被覆白色粉末。若尸体呈浅黄或桃红色，气生菌丝较长，尸体被覆分生孢子后呈浅黄色，即为黄僵病。

（2）显微镜检查　病变特征不明显时，可取濒死前的病蚕血液制成临时标本进行显微镜检查，如果有圆筒形或长卵圆形的芽生孢子即为本病。

【防控】根据白僵病的发生规律，主要采取以下几方面的措施：①彻底消毒，严防污染。②加强桑园害虫防治。③使用防僵药剂进行蚕体、蚕座消毒。④熏烟防僵。⑤调节蚕室、蚕座湿度。⑥及时除去病蚕、控制蚕座再传染。

第三节　家蚕微粒子病

家蚕微粒子病是蚕业生产上的毁灭性病害。本病的病原为家蚕微粒子（微孢子虫、微粒子虫），可通过胚种传染和食下传染两种传播途径感染家蚕，是蚕业上唯一的法定检疫对象。

【流行病学】传播媒介为病蚕和患病昆虫的尸体、排泄物（蚕粪、熟蚕尿和蛾尿等）和脱出物（卵壳、蜕皮壳、鳞毛和蚕茧等），以及被病原污染的物品和环境。易感动物为家蚕、野蚕、桑尺蠖、桑螟、桑毛虫、桑卷叶蛾、桑红腹灯蛾、菜粉蝶、稻黄褐眼蝶和美国白蛾等野外昆虫。孢子是家蚕微粒子的休眠体，有较强抵抗性。传染途径有食下传染和经卵（胚种）传染两种。

（1）食下传染　食下传染有两种情况：一种是卵壳传染，蚁蚕和蚕儿食下被病原污染的卵壳、脱皮壳、蛹壳等传染源。另一种是桑叶传染，食下被病原污染的桑叶等食物而染病。

（2）经卵（胚种）传染　经卵传染是本病特有的传染途径。患病雌蚕体内的病原可侵入卵巢，并寄生于蚕卵胚胎中，引起下一代蚕体发病。

【症状】家蚕微粒子病是一种全身性感染的慢性蚕病，病程较长。蚕各变态期均有不同的病症。

（1）小蚕期　收蚁后两天不疏毛，体色深暗、体躯瘦小，发育迟缓，重者逐渐死亡。

（2）大蚕期　体色暗（或浅）呈锈色，行动呆滞，食欲减退，发育迟缓，群体大小不齐，蚕体背部或气门线上下出现密集病斑，呈黑褐色（或称胡椒蚕），重者成半蜕皮蚕而死亡。

（3）熟蚕期　多不结茧，吐丝慢，多数结成薄皮茧。

（4）蛹期　体色暗，体表无光泽，腹部松弛，反应迟钝，脂肪粗糙不饱满，有红褐色渣点，血液黏稠度低。

（5）蛾期　蛾翅薄而脆，鳞毛稀少，易脱落，翅展不好，易成卷翅蛾，蛾肚小卵少，腹部背翅管两侧有黄褐色渣点，血液混浊，尿呈红褐色。

（6）卵　卵形不整，大小不一，排列不整齐，有重叠卵，产附差，易脱落。未受精卵和死卵多，轻者与正常卵无差异。

【病理变化】除几丁质的外表皮、气管的螺旋丝及前后消化管壁内膜外，家蚕微粒子可侵入蚕体的全身各组织器官引起病变。典型的组织病变有：①消化管是最早出现病变的器官，家蚕微粒子在感染的中肠上皮细胞内繁殖，使细胞肿大呈乳白色，并突出于管腔；最后中肠上皮细胞破裂，孢子散落在消化管内，随粪排出。有时消化管还会出现黑色的斑点。②血细胞的病变：家蚕微粒子主要在颗粒细胞、原血细胞和浆细胞中寄生和繁殖，细胞膨大破裂，大量孢子和细胞碎片在血液中悬浮使血液混浊。③丝腺的病变：前、中和后部丝腺都可以被家蚕微粒子寄生，寄生后在丝腺出现肉眼可见的乳白色脓包状的斑块，这是本病的典型病变。

【诊断】

（1）肉眼诊断　肉眼诊断法主要是根据本病临床症状和特征性病理变化而诊断。家蚕微粒子病病蚕所表现的食欲减退、发育不良、眠起不齐、半蜕皮蚕、不结茧蚕和裸蛹等临床症状，一般因发病个体数少和发病较轻而较难发现，且其他蚕病也有类似的症状。当病蚕的丝腺出现肉眼可见的乳白色脓包状斑块时，即可确诊。

（2）显微镜检查　从病蚕的个体（卵、幼虫、蛹和蛾）中，用光学显微镜可检测到家蚕微粒子的孢子，这是确诊本病的有效方法。临时标本在400~640倍光学显微镜下，可观察到卵圆形并具有很强折光或呈浅绿色的孢子。

【防控】根据家蚕微粒子病具有经卵传染和经口传染两个传染途径的特点，以及病害发生和流行规律，制造无毒蚕种是防控本病的根本措施，综合防治是防控本病的有效途径，严格执行蚕种生产和经营规范是防控本病的重要保证。严格执行母蛾检验制度。加强补正检查和预知检查。严防养蚕环境被病原体污染，严格消毒消灭病原体，还应加强原蚕区的微粒子病防治。

第四节　美洲蜜蜂幼虫腐臭病

美洲蜜蜂幼虫腐臭病又称美洲幼虫腐臭病，是发生于蜜蜂幼虫的细菌性病害，病原为拟幼虫芽孢杆菌，主要是7日龄后的大幼虫或前蛹期发病。目前仅见于西方蜜蜂，本病是世界性的蜜蜂幼虫病害，广泛发生于全球西方蜜蜂饲养区。我国台湾省发病严重，大陆地区发病轻微，呈局部偶发状态。

【流行病学】本病的传染来源为被污染的饲料、巢脾和花粉等。传播途径为消化道。易感动物为西方蜜蜂。本病发生无明显的季节性。患病蜂群在主要蜜源大流蜜期到来时病情减轻，甚至"自愈"。

【症状与病理变化】被感染的蜜蜂幼虫在卵孵化后的12.5d发病。首先幼虫体色由正常的珍珠白色变为黄色、浅褐色、褐色直至黑褐色。同时，虫体失水干瘪，形成紧贴于巢房壁、难以清除的黑褐色鳞片状物。

病虫的死亡几乎都发生于蜜蜂幼虫封盖后的前蛹期，少数在幼虫期或蛹期死亡。死亡的幼虫伸直，头部伸向巢房口，它们的"吻"常从鳞片状物前部穿出，形如伸出的舌。病虫死亡后，腐烂过程能使蜡盖颜色变深、湿润、下陷、穿孔。在封盖下陷穿孔时期，用火柴杆插入封盖房，搅动后能拉出褐色、黏稠、具腥臭味的长丝。

【诊断】根据典型症状，特别是烂虫能"拉丝"进行诊断。

确诊可通过干虫尸检查、牛乳试验（注意区别花粉与干虫尸，巢内贮存的花粉也会有这种反应）、荧光抗体技术诊断和PCR技术。

【防控】

（1）预防　加强检疫，控制病群的流动。及时控制群内的螨害，因为蜂螨能携带、传播病原菌。培育抗病品种。

（2）治疗　①病害刚在部分蜂群发生时，及时烧毁少量病脾、病群，以免病害传播后损失更大。②用干净的蜂箱、蜂脾将病群的蜂箱、病脾、空脾换出消毒。消毒方法有：钴-60（^{60}Co）γ线照射，EO（乙烯氧化物）气体密闭熏蒸，高锰酸钾加福尔马林密闭熏蒸，硫黄燃烧后的烟雾密闭熏蒸。③给换过洁净蜂箱后的蜂群饲喂四环素，用药量为每10框蜂0.125g。药物的饲喂方法：配制含药花粉，将药物溶于少量糖浆后调入花粉中至花粉团不粘手后压成饼状，这样饲喂蜂群，不易造成蜂蜜污染；配制含药炼糖饲喂蜂群是国外常用的方法，将药物磨成极细粉末，加入炼糖中，揉匀即可（224g热蜜加544g糖粉，稍凉后加入7.8g四环素粉，搓至变硬，可喂100群中等群势的蜂群）。每7d喂1次，2次为一个疗程。视蜂群病情，酌情进行第二个疗程治疗。

（3）注意事项 在蜂群繁殖季节，可采用抗生素治疗，但在进入采集期前45~60d应停药，防止药物残留，且生产蜂王浆的蜂群不能采用抗生素治疗。

第五节 欧洲蜜蜂幼虫腐臭病

欧洲蜜蜂幼虫腐臭病又称欧洲幼虫腐臭病，是蜜蜂幼虫的细菌性病害，蜂房球菌是其病原，主要发生于2~4日龄的蜜蜂幼虫，东方蜜蜂发病较西方蜜蜂严重，为常见的东方蜜蜂病害。在我国主要发生于南方山区、半山区的中华蜜蜂饲养地区。

【流行病学】本病发生有明显的季节性。在我国南方，一年之中常有的两个发病高峰期为：一个是3月初~4月中旬，另一个是8月下旬~10月初（广东、福建可至12月）。两个发病高峰期都与蜂群的春繁、秋繁时期相重叠。北方则发生于降雨较多、湿度大的季节。在同样条件下，本病往往呈暴发状态，流行于弱群中。大流蜜期到来后，病害常常因少量的幼虫可获得充足的营养，健康发育，极少量病虫被及时发现、清除而"自愈"，当采蜜期过后，开始繁殖下一次适龄采集蜂时，病害又开始流行。

【症状与病理变化】欧洲蜜蜂幼虫腐臭病一般只感染2日龄以下的幼虫，病虫在4~5日龄死亡。患病后虫体变色，失去肥胖状态，从珍珠般的白色变为浅黄色、黄色、浅褐色直至黑褐色。变为褐色后，幼虫褐色的气管系统清晰可见。随着变色，幼虫身体塌陷，似乎被扭曲，最后在巢房底部腐烂、干枯，成为无黏性、易清除的鳞片状物。虫体腐烂时有难闻的酸臭味。如果病害发生严重，巢脾上"花子"现象严重。由于幼虫大量死亡，蜂群中长期只见卵、幼虫，不见封盖子。

【诊断】

1）根据典型症状可做出初步诊断，先观察脾面是否有"花子"现象，再仔细检查是否有移位、扭曲或腐烂于巢房底的小幼虫。

2）挑出已移位、扭曲但尚未腐烂的病虫，置于载玻片上，用两把镊子夹住躯体中部的表皮平稳地拉开，将中肠内容物留在载玻片上，里面有不透明、白垩色的凝块。挑出凝块，按细菌简单染色法染色，于1500倍显微镜下镜检，可见大量病原菌。健康幼虫的中肠不容易被剖检，而且中肠内容物是棕黄色的。

3）采用PCR方法诊断。

【防控】西方蜜蜂患本病一般不严重，通常无须治疗，多数蜂群可自愈。而中华蜜蜂患本病常十分严重，严重影响春繁及秋繁，而且病群几乎年年复发，难以根治。不过病原对抗生素敏感，病群的病情较易用药物控制，但要合理用药，防止抗生素污染蜂蜜。

（1）预防 选育对病害敏感性低的蜂种；在病害发生季节前换王，打破群内育虫周期，给内勤蜂足够的时间清除病虫和清扫巢房；将病群内的重病脾取出销毁或严格消毒后再使用。

（2）治疗 施药防治，常用土霉素（每10框蜂0.125g）或四环素（每10框蜂0.1g），配制含药花粉饼喂饲。含药花粉的配制方法：取上述药剂及药量粉碎，拌入适量花粉（10框蜂取食2~3d量），用饱和糖浆或蜂蜜揉成面粉团状，不粘手即可，置于巢脾的上框梁表面，供工蜂搬运饲喂。

重病群可连续喂3次，轻病群7d喂1次，注意采集前45~60d停药。在采集期内发病的蜂群，若采用抗生素治疗，应立即退出生产。

第六节 白垩病

白垩病为蜜蜂幼虫的真菌性病害，其病原为蜜蜂球囊菌，主要发生于7日龄后的幼虫或前蛹。西方蜜蜂发病较东方蜜蜂严重。在我国于1991年正式报道发现本病后，流行极快，目前为西方蜜蜂饲养中每年发生且发病严重的顽固性传染病。

【流行病学】本病在西方蜜蜂发病严重，中华蜜蜂发病轻微，目前仅在中华蜜蜂的雄蜂幼虫上发现病原真菌的侵染。本病在我国南方发生严重，发病有明显的季节性，一般为春末、初夏，气候多雨潮湿、温度不稳、变化频繁时发病。此时蜂群处于繁殖期，子圈大，边脾或脾边缘受凉机会多，因此发病率较高。蜂箱通气不良或贮蜜的含水量过高（22%以上），可促进病害的发展。

【症状与病理变化】患白垩病的幼虫在封盖后的头两天或在前蛹期死亡。幼虫被侵染后先肿胀、微软，后期失水，缩小成坚硬的块状物。当只有一个株系感染幼虫时，死亡的幼虫残体为白色粉笔样物；当两个株系共同在幼虫上生长时，死虫体表形成子实体，干尸呈深墨绿色至黑色。在蜂群中雄蜂幼虫比工蜂幼虫更易受到感染。

在重病群中，可能留下封盖房，但分布零散。封盖房中有结实的僵尸，当摇动巢脾时能发出撞击声响。

【诊断】通过在蜂箱前或蜂箱底板查找典型的虫尸进行初步诊断。确诊可取回干虫尸，刮取体表黑色物，置于载玻片上做水浸片，400倍显微镜下观察，根据真菌孢囊及孢子球、孢子的形态确定病原菌。还可通过PCR技术和LAMP技术进行确诊。

【防控】

（1）预防　预防白垩病发生的要点是降低蜂箱内的湿度：摆蜂场地应高燥、排水、通风良好；春季多雨季节，应使蜂箱底部离开地面；蜂群内的饲料蜜浓度宜高一些；晴天注意翻晒保温物。注意检查饲喂的花粉，带有病菌孢子的花粉应消毒后使用。

（2）治疗　①用干净的蜂箱、巢脾换出病群的蜂箱、重病脾，用福尔马林加高锰酸钾密闭熏蒸消毒；严重的病脾应烧毁。②进行成年蜂体表消毒，病群于晴天用0.5%高锰酸钾喷雾，喷至成蜂体表呈雾湿状，每天1次，连续3d。③随着食品安全要求的提高，国内外均将抗真菌药物列入了禁用药的范畴。国外研究从芸香科植物（如柠檬）中提取柠檬油，国内则从大蒜中提取大蒜油来控制白垩病的发生，均取得较为理想的效果。

第三篇

兽医寄生虫病学

第一章
寄生虫学基础知识

第一节 寄生虫与宿主的类型

一、寄生虫与寄生虫类型

1. 寄生虫

寄生虫是指暂时或永久地在宿主体内或体表营寄生生活的动物。

2. 寄生虫类型

（1）内寄生虫与外寄生虫　按寄生部位来分，寄生于宿主动物内脏器官及组织中的寄生虫称为内寄生虫，寄生在宿主动物体表的寄生虫称为外寄生虫。

（2）单宿主寄生虫与多宿主寄生虫　从寄生虫的发育过程来分，发育过程中仅需要1个宿主的寄生虫叫单宿主寄生虫（土源性寄生虫），如蛔虫、钩虫等；发育过程中需要多个宿主的寄生虫，称为多宿主寄生虫（生物源性寄生虫），如多种绦虫和吸虫等。

（3）长久性寄生虫与暂时性寄生虫　从寄生时间来分，长久性寄生虫指寄生虫的某一个生活阶段不能离开宿主，否则难以存活的寄生虫，如蛔虫、绦虫；暂时性寄生虫（间歇性寄生虫）指只在采食时才与宿主接触的寄生虫种类，如蚊等。

（4）专一宿主寄生虫与非专一宿主寄生虫　从寄生虫寄生的宿主范围来分，有些寄生虫只寄生于一种特定的宿主，对宿主有严格的选择性，这种寄生虫称为专一宿主寄生虫。例如，人的体虱只寄生于人，鸡球虫只感染鸡等。有些寄生虫能够寄生于多种宿主，这种寄生虫称为非专一宿主寄生虫，如肝片吸虫可以寄生于牛、羊等多种动物和人。一般来说，对宿主最缺乏选择性的寄生虫，是最具有流动性的，危害性也最为广泛，防治难度也大为增加。在非专一宿主寄生虫中包括一类既能寄生于动物，也能寄生于人的寄生虫——人兽共患寄生虫，如日本分体吸虫、弓形虫、旋毛虫。

二、宿主与宿主类型

1. 宿主

体内或体表有寄生虫暂时或长期寄生的动物都称为宿主。

2. 宿主类型

（1）终末宿主　指寄生虫成虫或有性生殖阶段虫体所寄生的动物，如猪带绦虫（成虫）寄生于人的小肠内，人是猪带绦虫的终末宿主；弓形虫的有性生殖阶段（配子生殖）寄生于猫的小肠内，猫是弓形虫的终末宿主。

（2）中间宿主　指寄生虫幼虫或无性生殖阶段所寄生的动物，如猪带绦虫的中绦期幼虫（猪囊尾蚴）寄生于猪体内，所以猪是猪带绦虫的中间宿主；弓形虫的无性生殖阶段（速殖子、缓殖子和包囊）寄生于猪、羊等动物体内，所以猪、羊等动物是弓形虫的中间宿主。

（3）补充宿主（第二中间宿主）　某些种类的寄生虫在发育过程中需要两个中间宿主，后一个中间宿主（第二中间宿主）有时就称为补充宿主，如双腔吸虫需要依次在蜗牛和蚂蚁体内发育，补充宿主是蚂蚁。

（4）贮藏宿主（转续宿主或转运宿主）　即宿主体内有寄生虫虫卵或幼虫，虽然不发育繁殖，但保持着对易感动物的感染力，这种宿主称为贮藏宿主或转续宿主、转运宿主。它在流行病学研究上有着重要意义，如鸡异刺线虫的虫卵被蚯蚓吞食后在蚯蚓体内不发育但保持感染性，鸡吞食含有鸡异刺线虫的蚯蚓可感染鸡异刺线虫，所以蚯蚓是鸡异刺线虫的贮藏宿主。

（5）保虫宿主　某些常寄生于某种宿主的寄生虫，有时也可寄生于其他一些宿主，但寄生不普遍，无明显危害，通常把这种不常被寄生的宿主称为保虫宿主，如耕牛是日本分体吸虫的保虫宿主。这种宿主在流行病学上起一定作用。

（6）带虫宿主（带虫者）　宿主被寄生虫感染后，随着机体抵抗力的增强或药物治疗，处于隐性感染状态，体内仍存留有一定数量的虫体，这种宿主即为带虫宿主。它在临床上不表现症状，对同种寄生虫再感染具有一定的免疫力，如牛巴贝斯虫。

（7）传播媒介　通常是指在脊椎动物宿主间传播寄生虫病的一类动物，多指吸血的节肢动物。例如，蚊在人之间传播疟原虫，蜱在牛之间传播巴贝斯虫等。

第二节　寄生虫病的流行病学与危害性

一、寄生虫病的感染来源与感染途径

1. 感染来源

感染来源通常指体内有寄生虫寄居、生长、繁殖，并能散布寄生虫病原的宿主动物。

2. 感染途径

感染途径是指病原从感染来源感染给易感动物所需要的方式，可以是某种单一途径，也可以是由一系列途径构成。寄生虫的感染途径随其种类的不同而异，主要有以下几种。

（1）经口感染　即寄生虫通过易感动物的采食、饮水，经口腔进入宿主体内的方式。多数寄生虫属于这种感染方式。

（2）经皮肤感染　寄生虫通过易感动物的皮肤，进入宿主体内的方式。例如，钩虫、分体吸虫的感染。

（3）接触感染　即寄生虫通过宿主之间直接接触或用具、人员等的间接接触，在易感动物之间传播流行。属于这种传播方式的主要是一些外寄生虫，如蜱、螨、虱等。

（4）经节肢动物感染　即寄生虫通过节肢动物的叮咬、吸血，传给易感动物的方式。这类寄生虫主要是一些血液原虫和丝虫。

（5）经胎盘感染　即寄生虫通过胎盘由母体感染给胎儿的方式，如弓形虫等寄生虫有这种感染途径。

（6）经乳汁感染　即寄生虫通过母乳感染哺乳期的幼龄动物，如弓形虫、牛弓首蛔虫、猫弓首蛔虫等均可通过乳汁感染。

（7）经生殖道感染　即寄生虫在易感动物交配时通过生殖道感染宿主，如牛胎儿毛滴虫、马媾疫锥虫的感染。

（8）自身感染　有时，某些寄生虫产生的虫卵或幼虫不需要排出宿主体外即可使原宿主再次遭受感染，这种感染方式就是自身感染。例如，带虫的患者呕吐时，可使孕卵节片或虫卵从宿主小肠逆行入胃，而再次使原患者遭受感染。

二、寄生虫病的流行特点

寄生虫病的流行是其内因（寄生虫和宿主因素）和外因（自然环境因素和社会因素）共同

作用的结果，这些因素在不同地区、不同时期的差异，造就了寄生虫病的流行特点呈多态性，可概括为以下 7 个特点。

1. 普遍性

很多寄生虫，特别是土源性寄生虫，分布极为广泛，呈现出世界性分布的特点。同群动物也表现出普遍感染。例如，鸡球虫病、弓形虫病、猪蛔虫病、牛和羊消化道线虫病、马圆线虫病，几乎各个国家均有发生；对放牧牛、羊而言，消化道线虫的感染率可达 100%。

2. 区域性

某些寄生虫病主要流行于某一区域，而在其他地方很少发生。营间接发育的蠕虫及部分节肢动物区域性流行比较明显。气候、地理环境、宿主种类和社会因素是决定寄生虫区域性流行的主要因素。例如，日本分体吸虫病主要流行于我国长江流域及其以南的部分地区，因为这些地方的气候（温度、湿度）、地理环境（水域）适合该吸虫唯一的中间宿主钉螺生长。

3. 季节性

大多数寄生虫病的流行有明显的季节差异。不同季节的温度、湿度、降水及光照等因素会影响寄生虫在外界的生长、发育、繁殖，或影响中间宿主、终末宿主的行为活动、生理状态，使得寄生虫病流行呈现出季节性。例如，莫尼茨绦虫病的流行和其中间宿主地螨的活动季节、幼畜（易感动物）开始放牧的时间一致。因此在我国南方，羔羊、犊牛的感染高峰一般为 4~6 月；北方气温回升晚，感染高峰一般为 5~8 月。

4. 群体差异性

由于宿主抵抗力、动物群体的饲养管理，以及寄生虫病防控措施等因素不同，不同动物群体的寄生虫病流行情况可能会呈现出明显的差异。幼龄动物、妊娠动物、年老动物抵抗力较弱，寄生虫感染率往往较高，感染强度较大。绵羊长期在有肝片吸虫病流行的区域放牧且不采取防治措施，病死率可达 100%，而全程圈养的绵羊如不饲喂新鲜水草，则不会发生肝片吸虫病。

5. 长期性

大部分寄生虫对外界不利环境因素的抵抗力比较强、在外界存活时间长，有的寄生虫在宿主体内（中间宿主、终末宿主或转续宿主）存活时间长，因此，如缺乏有效措施彻底切断寄生虫传播途径或彻底将寄生虫消灭，则这些寄生虫病会在流行区域内长期流行。例如，鸡皮刺螨一旦传入鸡场，很难彻底根除，会在鸡场长期流行。

6. 自然疫源性

有些寄生虫既可以感染野生动物也可以感染家畜，甚至感染人；在某些区域，由于地理隔绝，这些寄生虫常局限在这些区域的宿主中流行；当人或家畜进入这一生态环境时，可能遭到感染。例如，在通常情况下多房棘球绦虫循环于狐、犬和狼（终末宿主）及一些野生反刍动物、啮齿类和有袋类动物（中间宿主）之间，但家畜和人进入这些区域时也可能感染，造成流行。

7. 慢性和消耗性

大多数寄生虫病呈现慢性和消耗性特征：动物感染后发病过程较长，病程发展较缓慢，临床症状不太明显或不具有特征性，但会严重影响动物的营养代谢和生长发育，导致动物生长缓慢、渐进性消瘦、生产性能下降，造成巨大经济损失。例如，弓形虫缓殖子可在宿主体内长期存活，呈慢性感染；歧腔吸虫感染牛、羊后，一般表现为食欲不振、生长缓慢、渐进性消瘦等特征。

三、影响寄生虫病流行的主要因素

影响寄生虫病流行的内部因素是寄生虫因素和宿主因素，外部因素主要有自然因素和社会因素。自然因素和社会因素通过影响寄生虫和宿主，进而影响寄生虫病的流行。

1. 寄生虫因素

寄生虫因素是影响寄生虫病流行的主要因素，具体包括寄生虫的毒力、生物潜能、虫卵或幼虫在环境中所需的发育条件与时间、虫卵或幼虫感染宿主到它们成熟排卵所需的时间（即潜隐期或潜在期）等生物学特性。

2. 宿主因素

宿主因素包括宿主的种类、品种、性别、年龄、妊娠与否、营养状况、免疫水平、分布等因素。多种寄生虫需要中间宿主，中间宿主的分布、密度、习性、栖息场所、出没时间、越冬地点和有无自然天敌等因素也与寄生虫病的传播和流行直接相关。

3. 自然因素

自然因素包括气候、地理环境、生物种群等，对寄生虫病的流行有极大影响。地理环境和气候的不同必将影响植被和动物区系的不同，后者的不同又将更为直接地影响寄生虫的分布。

4. 社会因素

社会因素包括社会经济状况、文化教育和科学技术水平、法律法规的制定和执行、人们的生活方式、风俗习惯、饲养管理及防控措施等。

寄生虫和宿主的生物学因素、自然因素和社会因素常相互作用，共同影响寄生虫病的流行。

四、寄生虫对宿主的影响（致病机理）

寄生虫对宿主的具体影响主要有以下几个方面。

1. 掠夺宿主营养

消化道寄生虫（蛔虫、绦虫等）多数以宿主体内消化的或半消化的食物营养为食；有的寄生虫还可直接吸取宿主血液（蜱、吸血虱，以及某些线虫如捻转血矛线虫、钩虫）；也有的寄生虫（巴贝斯虫、球虫等）可破坏红细胞或其他组织细胞，以血红蛋白、组织液等作为食物。寄生虫对宿主营养的这种掠夺，使宿主长期处于贫血、消瘦和营养不良状态。

2. 机械性损伤

虫体以吸盘、小钩、口囊、吻突等器官附着在宿主的寄生部位，造成局部损伤；幼虫在移行过程中，形成虫道，导致出血和炎症；虫体在肠管或其他组织腔道（胆管、支气管、血管等）内寄生聚集，引起堵塞和其他后果（梗阻、破裂）。另外，某些寄生虫在生长过程中，还可刺激和压迫周围组织、脏器，导致一系列继发症。

3. 虫体毒素和免疫损伤作用

寄生虫在寄生期间排出的代谢产物、分泌的物质及虫体崩解后的物质对宿主是有害的，可引起宿主局部或全身性的中毒或免疫病理反应，导致宿主组织及机能的损害。例如，可产生用于防止宿主血液凝固的抗凝血物质；分体吸虫虫卵分泌的可溶性抗原与宿主抗体结合，可形成抗原 - 抗体复合物，引起肾小球基底膜损伤；寄生虫形成的虫卵肉芽肿则是分体吸虫病的病理基础。

4. 继发感染

某些寄生虫侵入宿主体内时，可以把一些其他病原（细菌、病毒等）一同携带入体内；另外，寄生虫感染宿主后，破坏了机体组织屏障，降低了抵抗力，也使得宿主易继发感染一些其他疾病。

寄生虫的种类、数量、寄生部位和致病作用不同，对宿主的危害和影响也各有差异，其表现是复杂的和多方面的。

第三节　寄生虫病的免疫

一、寄生虫的抗原特性

寄生虫结构复杂，抗原种类繁多，具有复杂的生活史，不同发育阶段既有共同抗原，又有阶段特异性抗原。按照来源可将寄生虫抗原分为结构抗原和排泄-分泌抗原。

（1）结构抗原　指虫体结构成分组成的抗原。结构抗原特异性不强，不同种属的寄生虫具有许多相似或共同的结构抗原。多数结构抗原虽然能激发机体明显的免疫反应，但是其免疫保护作用有限。

（2）排泄-分泌抗原　指寄生虫正常生理活动过程中分泌或排泄产生的具有生物活性的代谢产物，多数为酶类。一些抗原成分可以刺激宿主机体产生中和抗体，或刺激机体产生保护性免疫应答，因此这类抗原又称保护性抗原。排泄-分泌抗原特异性较强，某一类抗原在不同虫种和分离株间具有差异性，因此常作为诊断抗原。

二、寄生虫病获得性免疫的类型

1. 清除性免疫

少部分寄生虫感染宿主后，宿主产生免疫反应清除体内虫体并对再次感染产生完全的免疫保护力。例如，感染利什曼原虫的犬，当犬痊愈后虫体完全消失，但犬仍然具有对利什曼原虫持久的特异性免疫抵抗力。

2. 慢性感染

大多数寄生虫初次感染后，虽可诱导宿主对再次感染产生一定的免疫力，但是对体内已有的虫体不能完全清除，维持在低带虫水平，形成长期的慢性感染。

3. 带虫免疫或伴随免疫

针对慢性感染，如果用药物驱除体内寄生虫，则宿主对该寄生虫的免疫力也随之消失，这种免疫状态称为带虫免疫或伴随免疫。例如，因双芽巴贝斯虫寄生而患病的牛痊愈后，通常仍有少量红细胞内含有虫体，此时对再次感染有较强免疫力，如果虫体被完全清除，免疫力则随之消失。

4. 非清除性免疫

带虫免疫和寄生虫形成包囊造成宿主慢性感染等均属于非清除性免疫，如疟原虫、分体吸虫的带虫免疫，旋毛虫和弓形虫形成包囊造成宿主慢性感染。

三、寄生虫病的变态反应类型

寄生虫感染可诱导宿主产生变态反应，又称超敏反应。变态反应一般分为4种类型，Ⅰ型、Ⅱ型和Ⅲ型为抗体介导，Ⅳ型主要为T细胞和巨噬细胞介导。有的寄生虫病可存在多种类型的变态反应，如分体吸虫病可同时引起Ⅰ型、Ⅲ型和Ⅳ型变态反应。

1. Ⅰ型变态反应

Ⅰ型变态反应在接触抗原后数秒钟至数分钟即可迅速发生，所以也称为速发型变态反应。有些寄生虫抗原能刺激某些宿主个体产生IgE，IgE可与肥大细胞或嗜碱性粒细胞表面IgE的

Fc受体结合,对宿主产生致敏作用。当宿主再次接触同类抗原时,该抗原可与已结合在肥大细胞或嗜碱性粒细胞表面的IgE结合,发生桥联反应,导致上述细胞脱颗粒,释放炎性介质,作用于皮肤、黏膜、呼吸道等效应器官,引起毛细血管扩张和通透性增强、平滑肌收缩、腺体分泌增多等,分别产生荨麻疹、血管神经性水肿、支气管哮喘等临床症状,严重者出现过敏性休克,甚至死亡。例如,尘螨、棘球蚴囊液等可诱发动物或人产生Ⅰ型变态反应。

2. Ⅱ型变态反应

Ⅱ型变态反应又称细胞溶解型或细胞毒型变态反应,红细胞、白细胞和血小板等靶细胞表面抗原与IgG或IgM结合,导致补体活化或经抗体依赖性细胞介导的细胞毒作用(ADCC)损伤靶细胞。例如,巴贝斯虫感染,血清中的虫体抗原被吸附在红细胞表面引起Ⅱ型变态反应,红细胞大量损伤,出现溶血性贫血。

3. Ⅲ型变态反应

Ⅲ型变态反应又称免疫复合物型变态反应,指寄生虫抗原与抗体在血液循环中形成免疫复合物,沉积于肾小球基底膜、血管壁等组织,激活补体,产生充血、水肿、局部坏死和中性粒细胞浸润的炎症反应和组织损伤。Ⅲ型变态反应有全身性和局部性两类。急性分体吸虫感染时,有的宿主会出现全身性的Ⅲ型变态反应,表现为发热、荨麻疹、淋巴结肿大、关节肿痛等症状;疟疾和分体吸虫肾炎为局部性Ⅲ型变态反应。

4. Ⅳ型变态反应

Ⅳ型变态反应又称迟发型变态反应,是T细胞和巨噬细胞介导的免疫反应。当寄生虫抗原初次进入机体后,使Th1细胞致敏。当再次接触到同样的抗原时,致敏的Th1细胞出现分化、增殖并释放多种淋巴因子,引起以巨噬细胞、淋巴细胞浸润和组织细胞损伤为主要特征的炎症反应,如分体吸虫卵肉芽肿的形成。

四、寄生虫的免疫逃避

寄生虫侵入免疫功能正常的宿主体内,能够通过规避、阻挠和改变宿主的免疫应答而定植、存活、发育和繁殖,这种现象称为免疫逃避,其机制如下。

1. 组织学隔离

(1)免疫局限位点寄生虫 胎儿、眼组织、小脑组织、睾丸、胸腺等通过其特殊的生理结构与免疫系统相对隔离,不存在免疫反应,被称为免疫局限位点。有些寄生虫寄生于此。

(2)细胞内寄生虫 由于宿主的免疫系统不能直接作用于细胞内的寄生虫,如果寄生虫的抗原不被呈递到感染细胞的外表面,免疫系统就不能识别感染细胞,因而细胞内的寄生虫往往能有效逃避宿主的免疫反应。

(3)被宿主包囊膜包裹的寄生虫 尽管旋毛虫、囊尾蚴、棘球蚴等的囊液有很强的抗原性,但由于有厚的囊壁包裹,机体的免疫系统无法作用于包囊内,所以囊内的寄生虫可以保持存活。

2. 表面抗原的改变

(1)抗原变异 寄生虫在不同发育阶段,有不同的特异性抗原;即使在同一发育阶段,有些虫种抗原也可产生变化。例如,引起非洲锥虫病的原虫显示出"移动靶"的机制,即产生持续不断的抗原变异型,当宿主对一种抗原的抗体反应刚达到一定程度时,另一种新的抗原又出现了,总是与宿主特异性抗体合成形成时间差。

(2)分子模拟与抗原伪装 有些寄生虫体表能表达与宿主组织抗原相似的成分,称为分子模拟。有些寄生虫能将宿主的抗原分子镶嵌在体表,或用宿主抗原包被,称为抗原伪装,如分体吸虫可吸收许多宿主抗原，所以宿主免疫系统不能把虫体作为侵入者识别出来。

（3）表膜脱落与更新　蠕虫虫体表膜不断脱落与更新，结果与表膜结合的抗体随之脱落。

3. 抑制宿主的免疫应答

有些寄生虫抗原可直接诱导宿主的免疫抑制，表现为以下几点。

（1）特异性 B 细胞克隆的耗竭　锥虫等分泌的某种物质能明显抑制宿主抗体和细胞介导的免疫反应。在感染的早期，由于多克隆 B 细胞的激活，可能导致免疫反应的抑制。B 细胞的许多亚型受刺激而分裂，产生无特异性的 IgG 和自身抗体，白细胞介素（IL-2）分泌和受体表达遭到抑制，T 细胞对正常信号耐受，使免疫系统耗竭，不能产生针对侵入者的任何有用反应。因此，至感染晚期，虽有抗原刺激，B 细胞也不能分泌抗体，说明多克隆 B 细胞的激活导致了能与抗原反应的特异性 B 细胞耗竭，抑制了宿主的免疫应答，甚至出现继发性免疫缺陷。

（2）抑制性 T 细胞的激活　抑制性 T 细胞激活就可抑制免疫活性细胞的分化和增殖，动物试验证实，感染利什曼原虫、锥虫和分体吸虫的小鼠有特异性 T 细胞的激活，产生免疫抑制。

（3）虫源性淋巴细胞毒性因子　有些寄生虫的分泌物、排泄物中的某种成分具有直接的淋巴细胞毒性作用，或可抑制淋巴细胞激活；寄生虫释放这些淋巴细胞毒性因子也是产生免疫逃避的重要机制。

（4）封闭抗体的产生　有些寄生虫抗原诱导的抗体可结合在虫体表面，不仅对宿主不产生保护作用，而且阻断保护性抗体与之结合，这类抗体称为封闭抗体，已证实在曼氏血吸虫、丝虫和旋毛虫感染宿主中存在封闭抗体。

4. 可溶性抗原的产生

研究发现循环系统中或非寄生性组织中有寄生虫可溶性抗原的存在，有利于寄生虫数量的增加。寄生虫的可溶性抗原会阻碍宿主免疫系统对寄生虫的杀灭作用，使寄生虫逃避宿主的保护性免疫反应。

5. 代谢抑制

有些寄生虫在其生活史的潜隐期能保持静息状态，此时寄生虫代谢水平降低，能减少刺激宿主免疫系统的功能抗原产生，降低宿主对寄生虫的免疫反应，从而逃避宿主免疫系统对寄生虫的损伤。这些处于代谢抑制的寄生虫在适宜的条件下能大量繁殖，重新感染宿主。

第二章
寄生虫病的诊断与防控技术

第一节　寄生虫病的诊断技术

一、消化道、呼吸道与生殖道寄生虫病的诊断

寄生于消化系统、呼吸系统的大部分蠕虫和原虫可通过采集粪样检测虫卵、卵囊、包囊、滋养体来诊断；寄生于泌尿系统的寄生虫可采集尿液进行检测；寄生于生殖道的牛胎儿毛滴虫、马媾疫锥虫等可通过采集生殖道分泌物和黏膜刮取物染色镜检发现。

粪便检查方法有肉眼观察法、直接涂片法、虫卵漂浮法、水洗沉淀法、麦克马斯特氏法、幼虫培养法、贝尔曼法和毛蚴孵化法等。肉眼观察法主要用于检查粪样中肉眼可见的绦虫孕卵节片、其他蠕虫的幼虫或成虫；直接涂片法操作简单快捷，适合检测寄生虫虫卵、卵囊、包囊、滋养体或幼虫感染强度大的粪便样品；虫卵漂浮法具有富集和分离杂质的功能，检测灵敏度高，在检测感染强度小的粪便样品方面具有独特优势；水洗沉淀法适合检测吸虫和棘头虫虫卵、小袋虫包囊等比重大的虫卵和包囊，但是在显微镜视野下杂质较多，对观察虫卵是一种干扰；麦克马斯特氏法可以用虫卵计数板对粪便样品中的虫卵和卵囊进行定性和定量分析，在养殖生产上既可进行暴发病例诊断性分析，又可进行定期预防性监测分析；幼虫培养法和贝尔曼法主要用于线虫幼虫的培养和检测；毛蚴孵化法用于分体吸虫毛蚴的培养和检测。不同种类的寄生虫虫卵、卵囊、滋养体等具有不同的形态结构特征，可作为虫种鉴定的重要依据。

泌尿系统和生殖道寄生虫检查，可将采集到的尿液进行离心，对沉淀或生殖道黏膜刮取物进行直接压片镜检，或涂片固定后，用吉姆萨或苏木素-伊红染色法镜检。

二、血液与组织内寄生虫病的诊断

寄生于循环系统的原虫（如巴贝斯虫、泰勒虫、住白细胞原虫等）及某些丝虫（如犬恶丝虫）可采集血液进行检测，常用方法有鲜血压片法、血涂片染色法（包含吉姆萨染色、瑞氏染色和苏木素-伊红染色等方法）和集虫法；寄生于组织中的寄生虫（如旋毛虫、囊尾蚴等）可采集病变组织进行检查，常用方法有肌肉压片法和组织消化法；寄生于组织中的某些原虫（如弓形虫、新孢子虫），必要时可接种实验动物，然后从实验动物体内检查虫体或引起的特征性病变而确诊。

三、外寄生虫病的诊断

寄生于动物体表的蜱、虱和蚤等外寄生虫虫体较大，可采用肉眼观察和放大镜观察相结合的方法，通过仔细检查宿主体表，采集虫体，根据虫体形态结构特征，结合皮肤病变特征进行诊断。寄生于体表的螨虫（疥螨和痒螨）虫体较小，可取新鲜痂皮或皮肤刮取物进行压片显微镜检查。如果要进一步准确定种，可采用PCR扩增和测序的方法进行分子鉴定。

四、寄生虫病的免疫诊断

宿主感染寄生虫后，会产生特异性抗体。以寄生虫的特异性抗原及其诱导宿主产生的特异性抗体为检测靶标，先后建立了亚甲蓝染色试验（DT）、环卵沉淀试验（COPT）、凝集试验、ELISA、免疫荧光技术、免疫胶体金技术等免疫学检测方法。即使检测出动物体内存在寄生虫特异性抗体，尚不能作为确诊的依据，只能说明该动物曾感染过某种寄生虫。因此，免疫学诊断方法往往是寄生虫流行病学调查和病例确诊的辅助手段。

亚甲蓝染色试验是一种检测弓形虫特异性抗体的血清学技术。其原理是活的弓形虫速殖子与正常血清混合，在37℃环境下作用1h后，大部分速殖子由原来的新月形变为圆形或椭圆形，细胞质对碱性亚甲蓝具有较强的亲和力而被深染。但当弓形虫与含特异性抗体和补体（辅助因子）的血清混合时，虫体受到抗体和补体的协同作用而变性，对碱性亚甲蓝不着色。计算着色与不着色虫体的比例即可判断血清中是否存在弓形虫特异性抗体。

环卵沉淀试验用于检测血液中分体吸虫特异性抗体。分体吸虫虫卵内毛蚴或胚胎分泌排泄的抗原经卵壳微孔渗出，与检测血清内的特异性抗体结合，可在虫卵周围形成特殊的复合物沉淀，在光学显微镜下判读反应强度、计算反应卵数量并计算环沉率。环沉率=（全片阳性反应卵数/全片虫卵数)×100%，环沉率达5%及以上为阳性。

第二节 寄生虫病的防控技术

动物寄生虫病的控制依赖于综合性防控措施。以寄生虫的生活史和流行病学为基础，按照控制传染源、切断传播途径和保护易感动物的防控原则，采取科学合理的、有针对性的综合性防控措施，才能收到理想的防控效果。

一、常规防控措施

1. 搞好粪便管理和环境卫生

大多数寄生虫生活史的某一个或某几个阶段的虫体如虫卵、卵囊、包囊、幼虫、成虫等会随粪便排出体外，其中虫卵和卵囊会发育到感染性阶段而污染环境，并感染其他易感动物。因此，加强粪便管理是寄生虫病防控的关键环节。

由于寄生虫的虫卵和卵囊等对外界干燥环境和化学消毒剂抵抗力强，但对热敏感，在50~60℃下就能将其杀死。因此，及时清理圈舍中的动物粪便，在远离圈舍的地方堆积发酵产热，可有效杀灭粪便中的虫卵、卵囊、幼虫和成虫，而且粪便堆积发酵后提高了肥效，可以为种植业提供优质的有机肥。除了堆肥外，还可以修建储粪沼气池，密封发酵后，也能有效杀死粪便中的虫卵、卵囊、幼虫和成虫。及时清理圈舍粪便，可以降低环境中感染性虫卵和卵囊的数量，减少宿主被感染的风险。

由于蚊、蝇和鼠类可以作为一些寄生虫的生物性传播媒介或机械性传播媒介，因此，养殖场灭蚊、灭蝇和灭鼠可以有效降低动物和人感染寄生虫的概率。注意饲料和饮水的卫生，防止粪便中感染性虫卵和卵囊污染饲料和饮水；动物饮用水最好用自来水和井水，避免直接饮用池塘水等容易被污染的地表水；废弃的动物内脏器官不能随意丢弃，应该进行无害化处理或煮熟后喂给犬、猫等肉食动物；保持圈舍通风、干燥和清洁，定期进行火焰消毒，杀灭环境中的虫卵和卵囊，最大限度降低环境中虫卵和卵囊的数量。

2. 加强饲养管理

（1）控制圈舍动物的饲养密度，防止拥挤 饲养密度过大，会增加患病动物和健康动物接触概率而相互传染，而且易引起圈舍湿度增加，有利于虫卵和卵囊发育到感染性阶段，进一步加剧寄生虫在圈舍内的传播。

（2）合理放牧 在流行季节不到低洼潮湿地带或河边放牧，可以避免牛、羊感染吸虫；地螨类出现的季节，不在黄昏和早晨放牧，可避免牛、羊感染莫尼茨绦虫；为了避免牛、羊寄生虫感染或流行，在牧区有计划地实行轮牧制度，同时还能净化牧场。

（3）分群饲养 成年动物对寄生虫感染表现出比较强的抵抗力，症状轻或无症状，但往往是带虫者，成为幼龄动物的传染源。而幼龄动物抵抗力弱，感染后发病严重。因此，应将幼龄动物和成年动物分群饲养，减少幼龄动物发病率。引种动物应该隔离饲养一段时间，确认健康无虫后再混群饲养，以免引入寄生虫感染原群动物。

（4）改变饲养方式 牛、羊等家畜由放牧改为舍饲，可大大降低生物源性寄生虫的感染率。但是集约化养殖模式增大了动物饲养密度，使土源性寄生虫感染率显著增加。

（5）营养均衡 饲料营养均衡，尤其是日粮中蛋白质、矿物质和维生素满足动物需求，可以提高动物对寄生虫的抵抗力。

（6）培育抗病品种 通过遗传改良方法，培育对寄生虫有抵抗力的畜禽品种。

3. 加强检疫

防控人兽共患寄生虫病须确立"人病兽防"的安全健康理念。人兽共患寄生虫不仅危害动物健康，而且严重危害人类健康。因此，人兽共患寄生虫病的防控具有重要的兽医公共卫生意义。

针对重要的寄生虫病（包括人兽共患寄生虫病），应加强产地检疫、宰前检疫和宰后检疫，建立健全兽医卫生检疫制度，做到逢宰必检，检出阳性动物，必须按照相关规定进行无害化处理，严禁流通到餐桌上。染虫动物的尸体和脏器不能随意丢弃，防止被犬、猫等肉食动物食入；屠宰场和养殖场的粪尿污水要进行无害化处理，不得随意排放。

二、药物的选择与应用

使用化学药物驱虫依然是目前控制动物寄生虫病的主要手段。驱虫的意义：一是在宿主体内或体表杀灭或驱除寄生虫，从而使宿主康复；二是杀灭寄生虫就是降低了病原向自然界散布的概率，从而起到了预防其他畜禽感染的作用。

驱虫分为治疗性驱虫和预防性驱虫。治疗性驱虫是针对患病动物采取的紧急措施，可以在养殖过程的任何时间进行，目的是用抗寄生虫药物治愈患病动物。预防性驱虫是针对疫区的动物群体进行的一种定期性驱虫措施，不论动物发病与否，主要目的是防止寄生虫病的暴发。

选择合适的时间给药。在虫体成熟前驱虫，可防止成虫排出虫卵或幼虫污染外界环境；秋末冬初驱虫，有利于保护畜禽安全过冬；冬末春初驱虫，可以防止病患动物随粪便排出大量虫卵或幼虫污染草场，波及更多其他健康动物；转场前驱虫是牧区常用的防治措施，既可以降低新牧场被寄生虫污染的风险，又可以利用旧牧场的空歇期杀灭牧场上的虫卵或幼虫。由于大部分抗寄生虫药物对虫卵和卵囊没有杀灭效果，因此，应及时清扫、集中堆积发酵处理驱虫后动物排出的粪便，利用生物发酵产热杀灭粪便中的虫卵和卵囊。

合理选择和使用药物。驱虫药物的选择原则是高效、安全、低毒、广谱、价廉、使用方便。一种抗寄生虫药物首次应用于大群驱虫前，应选择少量动物进行驱虫试验，确认安全有效后，再全群用药。拌料和饮水用药时，应确保混合均匀，以防因为混合不均匀而导致药物中毒或剂量不够等。用药时，药物剂量要准确，疗程要足够，否则疗效不佳，且容易产生耐药性问题。对经济动物进行寄生虫驱虫时，必须考虑防控成本因素，当成本超过动物的本身价值时，进行防控往往没有意义。对宠物进行寄生虫病防治时，安全和有效是考虑的重点。药物剂型和给药方式是动物寄生虫病防控中必须考虑的实际因素，规模化养殖场常用拌料和饮水给药，比较方便，可大大降低工作量；牛、羊等大型家畜适合药浴、浇泼和灌服等给药方式；宠物适合注射和口服给药方式。另外，对于食品动物，驱虫时要严格执行抗寄生虫药物的休药期，否则会导致肉、蛋、奶等食品中兽药残留成分超标。

在驱虫药物的使用过程中，长期低剂量使用同一种抗寄生虫药物，容易产生耐药性；一般而言，寄生虫繁殖速度越快，出现靶基因突变的概率越高，就越容易产生耐药性；温暖潮湿地区，因寄生虫繁殖代次所需时间缩短，需要持续频繁用药防治，寄生虫更容易产生耐药性。通常采用轮换用药、联合用药和穿梭用药等策略来减缓寄生虫耐药性问题。

驱虫效果的评定主要是通过驱虫前后动物各方面情况对比来确定，包括对比驱虫前后的发病率与死亡率；对比驱虫前后动物的增重率和饲料转化率状况；观察驱虫前后临床症状减轻与消失的情况；计算动物的虫卵减少率和虫卵转阴率。综合以上情况，进行全面的效果评定工作。为了比较准确的评定驱虫效果，驱虫前后粪便检查时所用器具、粪样数量及操作中每一步骤所用时间要完全一致；驱虫后的粪便检查时间不宜过早（一般为10d左右）；应在驱虫前、后各进行3次粪便检查。驱虫效果的评定计算公式为：

虫卵转阴率 =（虫卵转阴动物数/试验动物数）× 100%

虫卵减少率 =［(驱虫前每克粪便中的虫卵数 − 驱虫后每克粪便中的虫卵数)/驱虫前每克粪便中的虫卵数］× 100%

三、免疫预防

寄生虫疫苗的类型有强毒疫苗、弱毒疫苗、基因工程重组亚单位疫苗、减毒活载体疫苗和核酸疫苗等。

生产临床上可应用的动物寄生虫疫苗虽然较少，但仍有一些成熟的、已商品化生产的产品可给动物提供有效的免疫保护，如鸡球虫弱毒活疫苗、羊棘球蚴（包虫）病基因工程亚单位疫苗、环形泰勒虫疫苗等。

第三章 人兽共患寄生虫病

第一节 弓形虫病

弓形虫病是由肉孢子虫科弓形虫属的刚地弓形虫寄生于多种动物和人体引起的人兽共患原虫病。

【病原】弓形虫完成全部发育过程需要2个宿主，在终末宿主的肠上皮细胞内进行球虫型发育，在中间宿主的有核细胞内进行无性繁殖。猫和其他猫科动物既是弓形虫的终末宿主又是中间宿主。弓形虫的中间宿主极其广泛，包括各种陆生哺乳动物、禽类、海洋哺乳动物等几乎所有温血动物，已知的中间宿主包括200多种哺乳动物和70种鸟类，另有5种变温动物和一些节肢动物。弓形虫在中间宿主体内可寄生于几乎所有的有核细胞内。

弓形虫在终末宿主体内最终形成卵囊随粪便排出体外；在中间宿主体内寄生于有核细胞内，以速殖子（也称滋养体）和包囊（内含缓殖子）两种形式存在。不同发育阶段的虫体形态不同，常见形态包括速殖子、包囊和卵囊3种（彩图3-3-1）。

（1）速殖子 呈香蕉形或半月形，平均大小为6μm×2μm，经吉姆萨或瑞氏染色后细胞质呈蓝色，细胞核呈紫红色。侵入细胞内的速殖子在带虫空泡内以内出芽方式进行无性繁殖，一般含数个至数十个甚至更多虫体，形成虫体集落，也称为假包囊。速殖子常在腹水、血液、脑脊液及各种病理渗出液中见到，主要出现于疾病的急性期。

（2）缓殖子和包囊 缓殖子是指包囊内的虫体，此包囊也称组织囊。缓殖子在带虫空泡内进行缓慢分裂增殖，外围由囊壁包裹。包囊呈卵圆形或椭圆形，大小变化很大，最小的包囊直径仅5μm，但成熟的包囊直径可达70~100μm，含数千个缓殖子。缓殖子形态与速殖子相似。包囊最常见于神经组织和肌肉组织，如脑、眼、骨骼肌和心肌等，也见于肺、肝脏、肾脏、心肌和视网膜等处。包囊可长期存在于慢性感染动物体内，若因某些原因导致包囊壁破裂，其中的缓殖子则被释放并入侵新的细胞。

（3）卵囊 在终末宿主猫科动物的肠上皮细胞内形成，随粪便排出，新鲜卵囊未孢子化，呈圆形或椭圆形，平均大小为 10μm×12μm。孢子化卵囊含有残体和 2 个孢子囊，每个孢子囊内含 4 个子孢子。

【流行特点】

（1）传染源　感染了弓形虫的动物是弓形虫传播的重要来源，孢子化卵囊、包囊和速殖子都具有感染性。猫科动物随粪便排出卵囊污染环境、饮水，是弓形虫感染的重要来源；慢性感染的动物是传播弓形虫病的另一重要来源。一旦它们的组织和器官（如肌肉和脑）被其他动物或人食用，其中所包含的包囊将在新的宿主体内建立感染，因此，弓形虫病也是食源性疾病。

速殖子、包囊及卵囊对外界环境的抵抗力不同。速殖子对化学药品抵抗力弱；对高温、干燥敏感，在阳光直射、紫外线、X 线或超声波作用下很快死亡；但在超低温下（液氮内）可长期保存。包囊见于多种自然感染动物的组织内，常见于猪、羊，可在组织中长期存活，保持对其他宿主的感染力，但包囊对 60℃以上高温敏感，温度达 66℃时包囊很快被杀死；盐腌、酸浸等处理方法也能杀死包囊，−12℃冰冻能破坏包囊；死亡数天的动物体内的包囊仍保持感染力，动物可通过摄入腐尸中的包囊而被感染。食用肉品中的包囊是人更为重要的感染来源。卵囊对外界的抵抗力很强，在自然条件下孢子化卵囊可存活 1~1.5 年，干燥和低温条件则不利于卵囊的生存和发育。

（2）传播途径　宿主感染弓形虫的途径多样，水平传播和垂直传播是弓形虫传播的主要形式。

1）水平传播：①终末宿主向中间宿主的传播，随猫科动物粪便排出的卵囊污染饲草、饲料、饮水或食具，发育为孢子化卵囊，人和动物经口感染。②中间宿主向终末宿主的传播，猫科动物经口食入各种动物组织内的包囊（或速殖子，但速殖子因易被胃肠消化液破坏，经口感染难以成功），虫体进入肠道上皮细胞进行球虫型发育。③中间宿主向中间宿主的传播，动物组织、体液内的包囊（或速殖子）被其他动物食入，虫体释放，经循环系统被带至机体各部位，侵入各种有核细胞进行分裂繁殖。

野生动物的感染方式可能是动物互相厮杀，食入弓形虫的包囊或速殖子而致感染，这使弓形虫在野生动物之间交互感染循环不绝，弓形虫病成为自然疫源性疾病。

2）垂直传播：人和动物妊娠时首次感染弓形虫，或存在慢性感染的动物和人妊娠过程中由于某些原因出现缓殖子活化成速殖子的情况，速殖子经胎盘感染胎儿，造成垂直传播。一般以妊娠早期初次感染弓形虫导致胎儿先天性感染较多见。

此外，蟑螂、苍蝇等昆虫可机械携带虫体，也起着传播作用。

【症状与病理变化】

（1）猪弓形虫病　猪是对弓形虫最为敏感的家畜，可见急性暴发性流行。猪弓形虫病表现为病猪突然食欲废绝，体温升高至 41℃以上，稽留 7~10d，呼吸急促，呈腹式呼吸或犬坐式呼吸，流清鼻液，眼内出现浆液性或脓性分泌物。病猪常出现便秘，外附黏液，有个别病猪后期腹泻，尿液呈橘黄色。发病后数天出现神经症状，后肢麻痹。随着病情发展，在耳翼、鼻端、下肢、股内侧、下腹部等处出现紫红色斑或间有小出血点。有的病猪在耳尖上形成痂皮，耳尖发生干性坏死。最后因极度呼吸困难和体温急剧下降而死亡。仔猪发病尤为严重，多呈急性发病经过。妊娠母猪常发生流产或死胎。有的病猪耐过急性期后转为慢性感染，表观症状消失，仅食欲和精神稍差，最后变为僵猪。

（2）绵羊弓形虫病　成年羊多呈隐性感染，临床主要表现为妊娠母羊流产，其他症状不明显，弓形虫感染被认为是绵羊流产的主要原因之一。流产常出现于预产期前 4~6 周，在流产组织内可检出速殖子。大约 50% 流产胎膜有病变，绒毛叶呈暗红色，在绒毛叶间可见直径为 1~2mm 的白色坏死灶。少数病羊可出现神经系统和呼吸系统的症状。病羊呼吸急促，呈明显腹式呼吸，流泪，流涎，走路摇摆，运动失调；体温达 41℃以上，呈稽留热。青年羊全身颤抖，腹泻，粪便恶臭。

(3) 猫弓形虫病 猫很少因感染而表现出临床症状，通常为隐性经过。

山羊、马、兔、犬、禽类等多种动物都可发生弓形虫病，多呈慢性或隐性经过。

(4) 病理变化 刚地弓形虫可分为强毒株和弱毒株。强毒株侵入机体后迅速繁殖，可引起急性感染和死亡；弱毒株侵入机体后不久即转变为缓慢增殖的缓殖子，在脑和其他组织内形成包囊。急性病例出现全身性病变，淋巴结、肝脏、肺和心脏等器官肿大，并有许多出血点和坏死灶。肠道黏膜重度充血，肠黏膜上常可见扁豆大小的坏死灶，肠腔和腹腔内有大量渗出液。多器官病理组织学变化为网状内皮细胞和血管结缔组织细胞坏死，有时出现肿胀和细胞浸润，细胞内和细胞外都可见速殖子。急性病变主要见于幼畜。

慢性感染的病理变化主要表现为肌肉和中枢神经系统（特别是脑组织）内有包囊，有不同程度的胶质细胞增生和肉芽肿脑炎。

【诊断】诊断方法可分为病原学检查、血清学检测和分子生物学检测，或综合各种方法进行诊断。

(1) 病原学检查 生前检查可取急性患病动物的血液、脑脊液、房水及淋巴结穿刺液作为检查材料，死后取心脏、肝脏、脾脏、肺、脑、淋巴结及心血、胸水（胸腔积液）、腹水等进行检查，猫还应该收集粪便检查卵囊。

1) 直接涂片或组织切片检查法：在体液涂片中发现弓形虫速殖子，一般可确认是急性期感染。因新孢子虫、住肉孢子虫等也可能存在于组织中，因此在苏木素-伊红染色组织切片内难以准确判断弓形虫速殖子，常需应用特异性标记识别（如免疫荧光法或免疫组织化学法）进行特异性鉴定。缓殖子对胃蛋白酶抵抗力较强，糖原含量较高，过碘酸希夫染色（PAS 染色）可用于区分速殖子与缓殖子。

2) 集虫检查法：如脏器涂片未发现虫体，可取肝脏、肺及肺门淋巴结等组织 3~5g，研碎后加 10 倍生理盐水混匀。过滤，离心 3min，取其沉渣做压滴片标本或涂片染色检查。吉姆萨染色、瑞氏染色后更易观察、识别。

3) 实验动物接种：将被检材料接种于幼龄小鼠然后观察其发病情况，并取腹水检查速殖子。选用的接种小鼠必须是无弓形虫感染的，若虫株毒力强，一般接种后 3~5d，小鼠腹围明显增大，可抽取腹水，离心，取沉渣涂片检查；若虫株毒力弱，小鼠往往不发病，可用该小鼠的肝脏、脾脏、淋巴结做成悬液再接种健康小鼠，如此盲传 3~4 代，可提高检出率。同时应检查脑内有无弓形虫包囊的存在，用 γ 干扰素基因缺失小鼠可提高检出率。

4) 细胞培养：取无菌处理的组织悬液，接种于单层细胞，接种后每天观察细胞病变及培养物种的虫体，如未发现虫体，可盲传 3 代，每天观察。

5) 卵囊检查：取猫粪便 5g，用饱和蔗糖漂浮法收集卵囊镜检。卵囊可感染人，检查过程须严格执行生物安全操作程序，做好个人防护。

(2) 血清学检测 血清学检测具有高敏感性与强特异性、操作简便且能同时检测多个样品的特点，是目前弓形虫病最常用的检测与诊断方法。收集被检个体的血清或脑脊液，检测其中弓形虫特异性抗体或抗原的存在情况。

1) 抗体检测：包括间接血凝试验（IHA）、间接免疫荧光抗体试验（IFAT）和酶联免疫吸附试验（ELISA）等。其中 ELISA 是较为方便快捷的方法，胶体金试纸诊断探针具有及时性检测的特点。

2) 抗原检测：包括循环抗原（CAg）的检测。

(3) 分子生物学检测　通过聚合酶链式反应（PCR）扩增病料中弓形虫的特异核酸片段诊断弓形虫感染。目前，已经有多个弓形虫多拷贝基因用于常规检测，如 B1 基因、内转录间隔区 1（ITS1）片段和 Tox-529 片段等作为分子标记。

【防治】

(1) 预防　具体预防措施如下：①禁止用未经检验的动物组织、器官及流产组织等喂食各种动物，禁止食用未经检疫的生肉或未煮熟的肉类，防止肉中包囊感染动物和人。②做好圈舍内及周边环境卫生，定期进行消毒灭鼠工作，严禁猫及各种小动物进入圈舍。③防止猫粪污染人和动物餐具、水源、食物和饲料。④患病家畜及其一切排泄物、流产组织必须严格执行无害化处理，防止污染环境，杜绝公共卫生隐患。⑤密切接触动物的人群、兽医工作者、免疫功能低下和免疫功能缺陷者，应注意个人防护，并定期做血清学监测与防护。⑥加强科普宣传，尤其需要提高宠物饲养人群对弓形虫病的认识和防控意识，孕妇、儿童等高危人群避免与猫等宠物有过分亲密接触。

(2) 治疗　治疗弓形虫病的药物非常有限，目前广泛应用的主要是磺胺类药物，可阻止叶酸的合成。磺胺类药物治疗急性弓形虫病有很好的治疗效果，与抗菌增效剂联合使用效果更佳，但需要在发病初期及时用药，如用药较晚，虽可使临床症状消失，但不能抑制虫体进入组织形成包囊，从而使病人或患病动物成为带虫者。因为磺胺类药物不能杀死包囊内的缓殖子，一般情况下，使用磺胺类药物首次用量应加倍。

常用于治疗动物弓形虫病的磺胺类药物有磺胺氯吡嗪、磺胺间甲氧嘧啶和磺胺嘧啶等，常与甲氧苄啶合用。

第二节　利什曼原虫病

利什曼原虫泛指锥虫科利什曼属的原虫。利什曼原虫病是由利什曼原虫感染所致的一类人兽共患寄生虫病，包括 3 种形式：内脏利什曼病、皮肤利什曼病及黏膜利什曼病。

【病原】利什曼原虫有无鞭毛体和前鞭毛体两种形态。

(1) 无鞭毛体　无鞭毛体又称利杜体，虫体呈卵圆形，大小为 $(2.9{\sim}5.7)\,\mu m \times (1.8{\sim}4.0)\,\mu m$，寄生于人和其他哺乳动物的巨噬细胞内。瑞氏染液染色后，细胞质呈浅蓝色，内有 1 个较大的圆形细胞核，呈红色或浅紫色。动基体位于细胞核旁，着色较深，呈细小杆状。在高倍镜下有时可见虫体从前端颗粒状的基体发出 1 条根丝体。基体靠近动基体，在普通光学显微镜下不易区分。

(2) 前鞭毛体　前鞭毛体寄生于白蛉消化道内。成熟的虫体呈梭形，大小为 $(14.3{\sim}20)\,\mu m \times (1.5{\sim}1.8)\,\mu m$，细胞核位于虫体中部，动基体在前部。瑞氏染色后，细胞质呈浅蓝色，细胞核和动基体呈红色。基体在动基体之前，由此发出 1 根鞭毛游离于虫体外，为虫体运动器官。前鞭毛体运动活泼，在培养基内常以虫体前端聚集成团，排列成菊花状。前鞭毛体的形态和发育程度有关，可见到粗短形前鞭毛体和梭形前鞭毛体。

【流行特点】利什曼原虫病最初流行于非洲和亚欧大陆，后来在欧洲殖民统治时期被带入美洲，现广泛分布于除大洋洲外的各大洲。

犬利什曼原虫病主要由婴儿利什曼原虫引起（彩图3-3-2和彩图3-3-3），其次还包括杜氏利什曼原虫、热带利什曼原虫、硕大利什曼原虫、秘鲁利什曼原虫、巴西利什曼原虫。疫区农村犬利什曼原虫感染率约为3%。发病年龄呈现"双峰"分布，80%的感染犬在3岁以下，另一个感染峰期为8~10岁。所有犬均对利什曼原虫易感，但依比沙猎犬对利什曼原虫感染具有一定的抵抗力。利什曼原虫的流行呈季节性、地域性分布，并与传播媒介白蛉活动的季节（5~9月）和区域密切相关。我国利什曼原虫的主要传播媒介有中华白蛉、长管白蛉、吴氏白蛉、亚历山大白蛉，其中中华白蛉分布最广。

近20年来，猫婴儿利什曼原虫病逐渐增多，成为猫的一种新发寄生原虫病，引起与病犬相似的皮肤病变。另外，疫区也有牛、马感染婴儿利什曼原虫的病例。

【症状与病理变化】利什曼原虫病是一种慢性疾病，临床症状可能在感染后数月或数年才变得明显。本病易复发，幼犬易受到侵害。犬的临床表现主要有皮肤型和内脏型。皮肤型利什曼原虫病的病变典型包括眼周围和身体其他部位的脱发，以及鼻、唇、耳尖、尾部和足垫部的溃疡；内脏型利什曼原虫病具有非特异性的临床症状，对不同身体系统的慢性损害差异很大，伴有全身淋巴结肿大和脾脏肿大。大多数感染犬为无症状的携带者，成为人及其他犬的传染源。

【诊断】

（1）穿刺检查 以骨髓穿刺涂片检查最为常见，也可进行脾脏或淋巴结穿刺，穿刺物涂片，吉姆萨染色后镜检，发现无鞭毛体即可确诊。脾脏、骨髓、淋巴结穿刺涂片法诊断敏感性分别达95%、55%~97%和60%。同时也可将穿刺物进行培养或接种易感动物后检测虫体。

（2）皮肤活组织检查 用消毒针头刺破病变处皮肤，取少量组织液，或用手术刀片刮取少许组织制作涂片，染色后镜检。

另外，替代虫体检查的方法如下：①免疫学诊断，血清中高滴度的抗利什曼原虫IgG是血清学诊断标准，基于rK39抗体的免疫层析试纸条法检测敏感性达90%~100%。②分子生物学诊断，可用于人和多种动物的现症感染、涂片标本及混合感染的检测，如PCR检测，常用的分子靶标有ITS1、动基体小环DNA、SSUrDNA、HSP70、β-微管蛋白、gp63和cytb等序列或基因。

【防治】葡萄糖酸锑钠是治疗人和犬利什曼原虫病的首选药物之一，实际治疗患病犬时，为减少用药引起的严重副反应，常与葡甲胺锑酸盐轮换使用。

目前，尚无有效的药物和疫苗用于预防利什曼原虫病。主要采取早发现、早治疗病人，并及时处理病犬，利用多种方法杀灭利什曼原虫的传播媒介白蛉，防止被白蛉叮咬及进行健康教育等措施。一旦发现病犬，以扑杀为要。

第三节 日本分体吸虫病（日本血吸虫病）

日本分体吸虫病（也称日本血吸虫病）是由分体科分体属的日本分体吸虫（日本血吸虫）寄生于人和牛、羊、猪、犬等40多种哺乳动物的肝门静脉和肠系膜静脉而引起的一种重要的人兽共患寄生虫病。

【病原】日本分体吸虫雌雄异体，通常雌虫、雄虫合抱。虫体呈圆柱状，体表具有细皮棘。口吸盘、腹吸盘位于虫体前端，腹吸盘较大。消化系统有口、食道和肠。口在口吸盘内，下接食道，无咽，在食道周围有食道腺。肠管在腹吸盘前背侧分成两支，向后延伸至虫体后端1/3处汇合成1单管，伸达体后端（彩图3-3-4）。

（1）雄虫　雄虫粗短，大小为（12~20）mm×（0.50~0.55）mm，乳白色，虫体向腹侧弯曲。口吸盘、腹吸盘均较发达。自腹吸盘后，体两侧向腹面卷折，形成抱雌沟。生殖系统由睾丸、输精管、贮精囊和生殖孔组成。睾丸呈椭圆形，7个成单行排列，每个睾丸有1根输出管，汇合于睾丸腹侧的输精管，再通入贮精囊，生殖孔开口于腹吸盘后，无雄茎，生殖系统末端是1个能向生殖孔伸出的乳头状交接器。

（2）雌虫　雌虫细长，前细后粗，大小为（20~25）mm×（0.1~0.3）mm。口吸盘、腹吸盘均较雄虫小。肠管内含有虫体消化红细胞后残留的黑褐色或棕褐色的色素，所以外观上呈黑褐色。生殖系统由卵巢、卵黄腺、卵模、梅氏腺、子宫等组成。雌性生殖孔开口于腹吸盘后方。无劳氏管。虫卵呈椭圆形或近圆形，浅黄色，大小为（70~100）μm×（50~65）μm。卵壳较薄，无卵盖。有一钩状侧棘。成熟卵内有毛蚴，在毛蚴与卵壳的间隙中常见有大小不等呈圆形或长圆形的油滴状毛蚴腺体分泌物。

【流行特点】日本分体吸虫病曾在我国长江流域及长江以南的上海、江苏、浙江、安徽、江西、福建、湖南、湖北、广东、广西、四川及云南12个省、自治区、直辖市的454个县（市、区）流行。

日本分体吸虫终末宿主广泛，除人以外，还有黄牛、水牛、马、驴、猪、绵羊、山羊、犬、猫和兔等家畜或家养动物，及猕猴、野猪、豪猪等野生动物，共40多种。各种动物对日本分体吸虫的适应性或易感程度不同，黄牛、绵羊、山羊、兔、犬、猕猴等均为日本分体吸虫的适宜宿主；马、驴等感染日本分体吸虫后虫体发育率明显低于黄牛等动物，为非适宜宿主。东方田鼠是至今发现的唯一一种感染日本分体吸虫后不发病的哺乳动物。在众多保虫宿主中，病牛是我国大部分流行区人日本分体吸虫病最重要的传染源。

根据日本分体吸虫病传播的相关因素，我国日本分体吸虫病流行有以下特点。

1）地方性：钉螺是日本分体吸虫唯一的中间宿主，由于钉螺的分布、活动范围及扩散能力受气候、地理环境等因素限制，日本分体吸虫病只在我国长江流域及以南有钉螺分布的地区流行。

2）季节性：日本分体吸虫尾蚴逸出的最适宜温度为20~25℃。当气温降至5℃以下时，钉螺就在草根下、泥土裂缝及落叶下隐藏越冬。因钉螺活动和尾蚴逸出都受气温等天气条件影响，所以日本分体吸虫感染有明显的季节性，春末夏初和秋季是日本分体吸虫感染高峰期。

3）人、动物、钉螺三者的感染具有相关性：在流行区动物感染率高的地方，人日本分体吸虫病往往也严重；人兽活动频繁地区，钉螺感染率也高；钉螺感染严重的地方，人兽感染率也高。

【症状与病理变化】

（1）症状　动物感染日本分体吸虫后出现的症状与动物的种类、年龄、营养状况和免疫力有关。黄牛较水牛和猪症状明显，犊牛较成年牛症状明显。犊牛大量感染时，往往出现急性病症，体温可达40~41℃，精神沉郁，食欲不振，腹泻，粪便带血液、黏液，被毛粗乱，个别牛偶见呼吸困难；肛门括约肌松弛，排粪失禁，严重者直肠外翻；牛严重消瘦，黏膜苍白，严重贫血；发育迟缓，往往成为侏儒牛，甚至衰竭死亡。感染较轻者症状不明显，食欲及精神尚好，但均表现消瘦，时有腹泻，使役能力降低。母牛不育或流产，奶牛产奶量下降。羊感染后出现的症状较犊牛轻，但比猪重。马、驴一般不表现出明显症状。

日本分体吸虫尾蚴钻入宿主皮肤后会引发尾蚴性皮炎，主要由Ⅰ型和Ⅳ型超敏反应引起。童虫在宿主体内移行时，因机械性损伤引起弥漫性出血性肺炎等病理变化。童虫和成虫的排泄分泌物和更新脱落的表膜，在宿主体内可形成免疫复合物，引起Ⅲ型超敏反应。

（2）病理变化　日本分体吸虫感染导致的主要病变是由虫卵引起的，受损最严重的器官是肝脏和肠。成熟虫卵内毛蚴释放的可溶性虫卵抗原经卵壳上的微孔渗到宿主组织中，引起淋巴细胞、巨噬细胞、嗜酸性粒细胞、中性粒细胞及浆细胞趋化，集聚于虫卵周围，形成炎性细胞浸润，并逐渐生成虫卵结节或肉芽肿（Ⅳ型超敏反应）。1个虫卵结节中有虫卵1个至数十个不等。在成熟虫卵周围常见呈放射状、由许多浆细胞伴以抗原-抗体复合物沉着的嗜酸性物质，称"何博礼现象"。虫卵肉芽肿反应严重时导致宿主肝硬化和肠壁纤维化、直肠黏膜肥厚和增生性溃疡、消化吸收功能下降等一系列损伤，引发腹水、腹泻等症状。日本分体吸虫极大的产卵量加剧了其虫卵引起的病理变化。与日本分体吸虫病病人相比，病牛、病羊腹水少，肝脏肿大和脾脏肿大不显著。同时，日本分体吸虫成虫持续大量地吞食宿主红细胞，其代谢产物、排泄物引起的免疫反应和毒性作用是造成宿主贫血、消瘦、发热、精神沉郁的原因。

【诊断】根据动物的临床表现和流行病学资料可做出初步诊断，但确诊要靠病原学检查，血清学检测、分子生物学检测可作为辅助诊断手段。

（1）病原学检查　检查方法有动物直肠黏膜检查、粪便虫卵检查、动物剖检后的虫体及虫卵检查和最常用的粪便毛蚴孵化检查。为提高粪便检查的检出率，通常采用一粪三检甚至三粪六检（每头牛采粪3次，每份粪样检查2次）。粪检可以用地下水，一般不用河水、池塘水，以防水中生物干扰；如果用自来水，需要在敞口容器中放置2h以上，除去氯气，以防其杀灭孵化出的毛蚴。

（2）血清学检测　目前常用的检测方法有间接血凝试验、ELISA、胶体染料试纸条法（DDIA）等。相对于病原学检查法，血清学检测方法提高了检测的敏感性，节省了检测时间和费用，但有些方法的特异性、重复性不够理想。

（3）分子生物学检测　采用PCR方法检测宿主粪便和血液中日本分体吸虫DNA。

【防治】根据不同地区日本分体吸虫病的流行规律和特点，因地制宜采取综合防治措施。

1）查治病人、患病动物，消灭传染源。病牛等患日本分体吸虫病的家畜是最重要的传染源，要做到人、兽同步查治。

2）消灭中间宿主钉螺。消灭钉螺是控制日本分体吸虫病的重要环节，常用的灭螺药物有氯硝柳胺等。由于灭螺药物对水生生物有一定毒性，危害生态环境，一般只在重流行区的钉螺滋生地带施用。在其他地区，可根据钉螺的生物学特性，如长期干燥或水淹不利于钉螺存活等，结合农业生产、农业产业结构调整等实施水田改旱田、水旱轮作、硬化沟渠、有螺低洼地区挖塘蓄水养殖等，改造钉螺滋生环境，消灭钉螺。在沟渠和水田（塘）边也可采用地膜覆盖法灭螺。

3）加强水、粪管理。

4）家畜圈养和安全放牧。在日本分体吸虫病流行季节，禁止到有螺草洲、草坡放牧动物，实施家畜圈养或舍饲、种草养畜。在有条件的地方，可以建安全牧场，实施安全放牧。

5）以机耕代畜耕。在钉螺面积大、密度高和日本分体吸虫病流行严重的地区提倡机耕代替畜耕，以降低人、畜接触疫水和病原扩散的概率。

6）加强宣传教育。

7）动物日本分体吸虫病治疗可使用的药物有吡喹酮等。蒿甲醚和青蒿琥酯具有杀灭日本分体吸虫童虫的作用，可用于日本分体吸虫病的早期治疗和预防。

第四节 片形吸虫病

片形吸虫病是牛、羊最主要的寄生虫病之一，呈世界性分布，也是一种重要的人兽共患寄生虫病。病原主要为片形科片形属的肝片吸虫和大片形吸虫。

【病原】成虫虫体较大，背腹扁平，呈叶片状，活体呈棕红色，固定后多呈灰白色。虫体前部有椎状突。口吸盘呈圆形，直径约1.0mm，位于椎状突的前端。腹吸盘较口吸盘稍大，位于其稍后方。生殖孔位于口吸盘和腹吸盘之间。消化系统从口吸盘底部的口孔开始，下接咽和食道，后为两条多分支的盲肠。

两种片形吸虫形态的区别如下：

（1）肝片吸虫 称肝片形吸虫，呈前宽后窄，大小为（21~41）mm×（9~14）mm，虫体前端有1个呈三角形的椎状突，在其底部有1对"肩"。"肩"部以后逐渐变窄。睾丸后缘接近虫体的后3/4~4/5，肠管内侧支少而短。虫卵大小为（133~157）μm×（74~91）μm。肝片吸虫生活史各阶段形态如彩图3-3-5所示。

（2）大片形吸虫 呈长叶状，大小为（25~75）mm×（5~12）mm，体长与宽之比约为5:1。虫体两侧缘比较平行，后端钝圆。"肩"部不明显。腹吸盘较口吸盘约大1.5倍。肠管和睾丸的分支更多且复杂，肠管内侧支多而略长，睾丸后缘接近虫体的后2/3处。虫卵大小为（150~190）μm×（75~90）μm。

【流行特点】片形吸虫病是我国分布最广泛、危害最严重的寄生虫病之一。其宿主范围广，除各种反刍动物外，猪、马、兔及一些野生动物也可感染，带虫者不断地向外界排出大量虫卵，1条雌虫可产卵50万枚，污染环境，成为本病的传染源。人被感染的报道也很多。

片形吸虫病呈地方流行性，多发生在低洼、潮湿和多沼泽的放牧地区。放牧牛、羊最易感染，对绵羊的危害尤为严重。舍饲的牛、羊也可因饲喂来自疫区带有囊蚴的饲草而受感染。多雨年份能促进本病的流行，往往暴雨之后可引起大面积暴发。特殊情况下，干旱季节也有暴发肝片吸虫病的可能。这是因为干旱造成水洼缩小，使囊蚴更加集中，且囊蚴抵抗干燥能力极强，放牧动物会因摄食富集的囊蚴引起重度感染。

虫卵对低温的抵抗力较强，低于12℃时虽然代谢活动停止，但仍有60%以上能存活约1.5年。结冰则很快死亡。虫卵对干燥和阳光直射敏感，在40~50℃时几分钟死亡，在干燥的环境中迅速死亡。本病的流行与中间宿主椎实螺的地理分布和外界自然条件关系密切。椎实螺在气候温和、雨量充足的季节进行繁殖，晚春、夏季、秋季繁殖旺盛，这时的条件对虫卵的孵化、毛蚴的发育和在螺体内的增殖及尾蚴在牧草上形成囊蚴也很有利。因此，本病主要流行于春末至秋季。南方的温暖季节较长，感染季节也长，有时冬季也可发生感染。片形吸虫在羊体内可存活数年之久，在牛体内寄生5~6个月后被排出体外；可反复感染。肝片吸虫在动物体内的荷虫量会大于大片形吸虫。

【症状与病理变化】

（1）症状 家畜中以绵羊对片形吸虫最敏感。另据报道，羊驼、原驼对片形吸虫也很敏感，山羊、牛和骆驼次之。片形吸虫对幼畜的危害特别严重，即使轻度感染，也可能表现出症状，重度感染可引起大批死亡。肝片吸虫流行区域长期放牧且不采取防治措施的羊群，感染可致羊100%死亡。

急性型主要发生在夏末和秋季，属于童虫期病症，多见于绵羊，可短期内大量感染，童虫损伤肝脏，引起肝脏出血和急性肝炎。患病羊食欲减退或废绝，精神沉郁，可视黏膜苍白，红细胞数和血红蛋白含量显著降低，体温升高，偶有腹泻，以腹痛、不爱运动和急性死亡为特征，通常在出现症状后3~5d内死亡。

慢性型多发于冬、春季，由成虫引起。患病羊表现渐进性消瘦、贫血、食欲不振、被毛粗乱、眼睑、颌下水肿，有时也发生胸腔、腹下水肿。叩诊肝脏的浊音区扩大。后期出现低蛋白血症，可能卧地不起，最终因恶病质而死亡。

牛的症状多为慢性经过。成年牛的症状一般不明显，犊牛的症状明显。除了上述羊的症状以外，往往表现前胃弛缓、腹泻、周期性瘤胃膨胀。严重感染者也可引起死亡。

（2）病理变化　急性病例可见肝脏肿大、质脆，肝包膜上有纤维素沉积，肝实质出血，有"虫道"，切面可见大量童虫。在肠壁、肝包膜和肝实质的"虫道"周围可见出血和炎症反应。"虫道"内有血凝块和幼小的虫体。当发生急性肝炎和内出血时，腹腔中有带血色的液体和腹膜炎变化。肝片吸虫病继发梭状芽孢杆菌感染导致死亡的病例，剖检可见局部肝坏死和广泛的皮下出血，即所谓的"黑病"。

在感染8~9周后及少量、重复感染的慢性病例中，可见肝萎缩、硬化，小叶间结缔组织增生。寄生虫体多时，可见胆管扩张、变粗，甚至堵塞。胆管似绳索状突出于肝脏表面。胆管壁增厚，内有钙盐沉着，使内膜粗糙，刀切时有沙砾感。胆囊肿大，内有充血、瘀血、溃疡及坏死斑块等病变。

虫体异位寄生在肺部，可见形成结节，内含褐色半液状物质和1~2条虫，一般不能发育至成虫产卵。

【诊断】根据临床症状、流行病学资料、粪便检查及死后剖检等进行综合判断。

粪便检查时多采用反复水洗沉淀法或尼龙筛兜集卵法来检查虫卵，片形吸虫的虫卵较大，易于识别。应注意与前后盘吸虫的虫卵区别，后者颜色较浅，卵黄细胞分布较疏松。急性病例查不到虫卵，尸体剖检时，发现肝脏病变，并在腹腔和肝实质等处发现童虫可确诊；慢性病例可在胆管及胆囊内检获成虫。

有检测抗体或检测粪便中抗原的商品化ELISA试剂盒，不仅能诊断动物急性、慢性片形吸虫病，而且还能诊断轻微感染的患病动物。免疫诊断通常比粪便检查更敏感，但是抗体检测不能区分现症和既往感染。ELISA检测抗体时牛乳样本和血清具有很好的一致性，成本相对较低，可以用于奶牛片形吸虫病的流行病学调查。PCR等基因检测技术也已用于诊断。

【防治】

（1）预防　根据本病的流行病学特点，制订出适合于本地区的综合性防控措施。

第一，预防性定期驱虫。驱虫的时间和次数可根据流行区的具体情况而定。针对急性病例，可在夏、秋季选用氯氰碘柳胺等对童虫效果好的药物。针对慢性病例，北方全年至少应进行2次驱虫，第一次在冬末初春，由舍饲转为放牧之前进行；第二次在秋末冬初，由放牧转为舍饲之前进行。大面积的预防驱虫，应统一时间和地点，对驱虫后的家畜粪便可应用堆积发酵法杀死其中的虫卵，以免污染环境，减少病原扩散。南方终年放牧，每年至少应进行3次驱虫。

第二，应采取措施消灭中间宿主椎实螺。利用兴修水利等时机，改造低洼地，使椎实螺无适宜的生存环境；大量养殖水禽，用以消灭螺类（但应注意防止禽吸虫病的流行，因为许多禽的吸虫也以同种螺类为中间宿主）；也可采用化学灭螺法，如从每年的 3 月，天气转暖，螺类开始活动起，利用硫酸铜、氨水或氯硝柳胺，或在草地上小范围的死水内用生石灰等杀灭椎实螺。使用化学药物灭螺时，需注意药物对生态环境和放牧动物安全的影响，如使用硫酸铜灭螺后的牧场，需要禁牧 6 个月，以防绵羊中毒。

第三，采取有效措施防止牛、羊、骆驼感染囊蚴。不要在低洼、潮湿、多囊蚴的地方放牧；在牧区有条件的地方，实行划地轮牧，可将牧地划分为 4 块，每月 1 块（3~11 月），这样间隔 3 个月方能轮牧 1 次（从片形吸虫虫卵发育到囊蚴一般需 55~75d），就可以大大降低牛、羊感染的概率；保持牛、羊的饮水和饲草卫生，不要饮用有椎实螺及囊蚴滋生、停滞不流的水滩、沟渠、水坑和池塘死水，最好饮用地下水或流速快而清澈的河水；低洼潮湿地的牧草刈割后应充分晒干再喂牛、羊等动物。

(2) 治疗　应在早期诊断的基础上及时治疗患病家畜，方能取得较好的效果。驱除片形吸虫的药物较多，可根据药物特性和病情（如急性肝片吸虫病和慢性肝片吸虫病）加以选用。

对成虫和童虫均有良好效果的药物有溴酚磷、三氯苯达唑、氯舒隆、硝碘酚腈，可用于治疗急性、慢性病例。

只对成虫有效的药物（对治疗急性病例无效）有硝氯酚、阿苯达唑。另据报道，氯氰碘柳胺、羟氯扎胺（五氯柳胺）对片形吸虫也有效。

第五节　猪囊尾蚴病

猪囊尾蚴病（又称猪囊虫病）是由带科带属的猪带绦虫的中绦期幼虫（猪囊尾蚴）寄生于猪、人及其他动物的横纹肌、脑、眼等器官中所引起的人兽共患寄生虫病，严重威胁人类健康，同时也是肉品卫生检验的必检病原之一。

【病原】

(1) 猪囊尾蚴　猪囊尾蚴为椭圆形、乳白色半透明的囊泡，大小为 (6~10) mm×(3~5) mm（约黄豆大），囊壁是一层薄膜，囊内充满透明液体，囊壁上有小高粱粒或米粒大的白色内陷头节（彩图 3-3-6）。

(2) 猪带绦虫　猪带绦虫又称链状带绦虫或有钩绦虫。虫体呈半透明乳白色，扁长如带，全长 2~5m。头节呈圆球形，头节的顶突上有 25~50 个小钩，呈两行排列，顶突后有 4 个圆形吸盘。颈节细而短，直径为头节的一半，长 5~10mm。体节由 700~1000 个节片组成，幼节宽大于长，成节近似方形，孕节呈长方形。每个成节内含一组生殖器官，睾丸呈泡状，有 150~300 个，分散分布于节片背侧；卵巢分左右两叶外加 1 个中央小叶。生殖孔在体节两侧不规则交互开口。孕节内其他器官退化，子宫充分扩张，向两侧分别分出 7~13 个侧支。

(3) 虫卵　虫卵呈圆形或椭圆形，浅褐色，直径为 31~43μm，卵壳 2 层，外层薄，易脱落，内层是较厚的有辐射纹理的胚膜，内含具有 3 对小钩的六钩蚴。

【流行特点】猪囊尾蚴病主要是在猪与人之间循环感染的一种人兽共患寄生虫病，呈世界性分布。

我国各地都有猪囊尾蚴病病例的报道，除东北、华北、西北地区及云南、广西与四川部分地区常发外，其余地区均为散发，长江以南地区感染率较低，而东北地区感染率较高。人感染猪囊尾蚴在我国各地均有发现。猪带绦虫寄生在人肠道内，不断地向外排出孕节和虫卵，可持续达20余年，造成环境的持续污染。猪带绦虫病患者是猪感染本病的唯一传染源。

本病的发生流行与人的粪便管理和猪的饲养管理密切相关。有些地区，养猪采用放牧式饲养方式，有的地方采取"连茅圈"，猪接触人粪便的概率增加，因而造成本病的流行。

猪是最常见的中间宿主，猪无圈放养或有些地区建"连茅圈"，使猪有机会食用含有虫卵或带节片的人粪便是猪感染囊尾蚴的主要原因。猪囊尾蚴主要寄生在猪的骨骼肌、心肌、舌肌和大脑等处，也可见于食道、肺、肝脏、胃大弯、淋巴结和皮下脂肪中。猪肉中的囊尾蚴在-5℃条件下可存活5d、20℃条件下可存活26d、50℃条件下可存活15min，若将含囊尾蚴的肉块在生理盐水中煮沸10min，囊尾蚴可全部被杀死。

人感染猪带绦虫主要与饮食卫生习惯、烹调及食肉的方法有关。生食猪肉、烹调时间过短、蒸煮时间不够易引起人感染与发病。此外，肉品检验制度不严或未建立肉检制度也是造成本病流行的一个重要因素。

人因食用未充分煮熟的含囊尾蚴猪肉或误食散落附着在生冷食品上的囊尾蚴而感染发生猪带绦虫病。人除作为终末宿主外，也可通过虫卵污染的食物和自身感染囊尾蚴，误食被虫卵污染的食物或饮水。猪带绦虫病患者可自体重复感染，即当患者恶心、呕吐时，肠道逆蠕动使孕卵节片逆入胃内，六钩蚴被激活而逸出，钻入肠黏膜经血液循环，到达人体的各组织和器官。

【症状与病理变化】猪感染囊尾蚴后，临床表现因寄生部位及感染程度不同而异。猪囊尾蚴寄生于肺和喉头，可见呼吸困难、声音嘶哑、吞咽困难，严重病猪会发出高强的呼噜声；寄生于舌部，表现采食困难；寄生于心肌，表现血液循环障碍；寄生于脑部，呈现一定的神经功能障碍。当囊尾蚴严重感染时，病猪体型可能改变（肩胛肌肉严重水肿、增宽，后臀部肌肉水肿隆起，外观呈哑铃状或狮子形），同时可出现腹泻、贫血和水肿。

人感染猪囊尾蚴后，虫体常寄生于肌肉、皮下组织、脑和眼，其次为心、舌、肝脏、肺、腹膜、上唇、乳房、子宫和神经鞘等部位。最近的研究表明，脑囊尾蚴占人感染囊尾蚴的80%以上，致残率、致死率相当高，损害神经系统引发癫痫、颅内压增高，造成严重后遗症，如失明、痴呆，甚至危及生命。

【诊断】我国已发布了国家标准GB/T 18644—2020《猪囊尾蚴病诊断技术》，规定了猪囊尾蚴病的病原分离与鉴定和ELISA诊断技术。猪患囊尾蚴病生前确诊较为困难，血清学方法可初步诊断。目前报道的血清学诊断方法主要有以下几种。

（1）间接血凝试验　国内报道定量血片间接血凝试验诊断猪囊尾蚴病，阳性检出率达91.6%。

（2）ELISA　目前已开发出的诊断试剂盒有猪囊尾蚴循环抗原酶联免疫检测试剂盒；以猪囊尾蚴阶段特异性TS-CC18重组蛋白为诊断抗原的间接ELISA抗体检测试剂盒，敏感性可达85%，特异性为95%。

（3）金标免疫检测法　目前已开发出的诊断试剂盒有猪囊尾蚴IgG金标层析诊断试剂盒，该法与ELISA相比，操作更简便、快速。

猪患囊尾蚴病屠宰检疫主要通过尸体剖检，在肌肉中特别是活动性较大的肌肉如咬肌、心肌、肩胛外侧肌、腰肌、股部内侧肌等处，查到虫体即可确诊。

【防治】

（1）预防　认真贯彻落实"驱、检、管、治"的综合防治原则。

1）在疫区大力宣传猪囊尾蚴病的危害，积极普查猪带绦虫病患者，对患者进行驱虫治疗，粪便进行无害化处理。

2）科学饲养管理，彻底改变原始的"放牧猪，养野猪"的养殖模式，实行圈养。

3）加强公共卫生管理，改善生猪饲养条件，防止猪食用患者粪便，控制人畜互相感染，做到人有厕所猪有圈。

4）做好产地检疫和严格生猪宰后检疫，对检出的猪囊尾蚴病肉，按照《病死及病害动物无害化处理技术规范》的规定进行无害化处理，杜绝病害猪肉流入市场。

5）改变饮食习惯，教育广大群众不食用生肉或未煮熟的猪肉，生、熟菜板分开使用。

（2）治疗 本病重点在于预防，发现感染病例应及时做无害化处理。对猪囊尾蚴病的治疗没有实际价值。

第六节 棘球蚴病

棘球蚴病（俗称包虫病）是带科棘球属绦虫的中绦期幼虫（棘球蚴）寄生于动物和人的肝脏、肺及其他器官内所引起的一类人兽共患绦虫病。

【病原】棘球属绦虫有9个种，其中4个种在我国流行，即细粒棘球绦虫、多房棘球绦虫、石渠棘球绦虫和骆驼棘球绦虫（也称加拿大棘球绦虫），不同种在形态、宿主范围、寄生部位和致病力等方面有明显差异。细粒棘球绦虫和多房棘球绦虫呈世界性分布。棘球蚴呈囊状，一般分为囊型和泡型（也称多房型）两种，而囊型又可分为单囊型和多囊型。

（1）细粒棘球绦虫 虫体很小，链体长1.5~9.2mm，通常有3~4个节片。头节上有4个吸盘，顶突上有排成两圈的小钩，吻钩的数量变化很大，有28~60个。生殖孔在节片的侧缘中点之后。成节内有一套雌性、雄性生殖器官，睾丸25~50个，均匀地分布在生殖孔的前后。链体的倒数第二节或第三节是成节。子宫有小的侧向囊状分支，一般有12~15对。虫卵大小为（32~36）μm×（25~30）μm。

细粒棘球蚴为中绦期幼虫，属单房棘球蚴。细粒棘球蚴为一个囊状构造，内含液体，形状与大小因寄生部位不同而有很大的差异。细粒棘球蚴的囊壁分为两层，外层为乳白色的角质层，无细胞结构，呈粉皮状，脆弱易破裂；内层为胚层，又称生发层，具有细胞核，向囊腔芽生出成群的细胞，这些细胞空泡化后形成仅有一层生发层的小囊，并长出小蒂与胚层相连；在小囊内壁上生成数量不等的原头蚴，此小囊称为育囊或生发囊，育囊可生长在胚层上或脱落下来漂浮在囊腔的囊液中。母囊内还可生成与母囊结构相同的子囊，甚至孙囊，与母囊一样也可生长出育囊和原头蚴。游离于囊液中的育囊、原头蚴和子囊统称为棘球砂。原头蚴上有小钩、吸盘及微细的石灰质颗粒，具有感染性。在一个发育良好的细粒棘球蚴内所产生的原头蚴可多达200万个以上。但有的胚层不能长出原头蚴，无原头蚴的囊称为不育囊。不育囊可长得很大，在四川牦牛体内发现的包囊重达14kg。不育囊的出现随中间宿主不同而异，一般认为绵羊是细粒棘球绦虫最适宜的中间宿主。细粒棘球绦虫生活史如彩图3-3-7所示。

（2）多房棘球绦虫 虫体的链体长1.2~4.5mm，通常有2~6个节片，平均为3~4个节片。头节上的吻钩分为两排，为14~34个。链体的倒数第二节、第三节是成节，生殖孔在节片的侧缘中点之前。睾丸有16~35个，主要分布在生殖孔之后。子宫为囊状分支。虫卵大小为（30~33）μm×（29~34）μm。

多房棘球蚴又称泡状棘球蚴，为中绦期幼虫，呈圆形或椭圆形的小囊泡，大小由豌豆大到核桃大，被膜薄，半透明，囊内有原头蚴。多房棘球蚴实际上是由无数个小的囊泡聚集而成，主要寄生于肝脏，但其增殖方式呈浸润性，酷似恶性肿瘤，又称"虫癌"，可以随淋巴或血液转移，引起肺、脑等器官继发性感染。

【流行特点】棘球蚴病呈世界性分布，尤以牧区最为多见。我国有20个省、自治区、直辖市报道有此病发生，其中以新疆、西藏、青海、宁夏、四川西北部牧区发病率最高。在牧区，牧羊犬和野犬是人和动物棘球蚴的主要传染源。犬粪中排出的虫卵及孕卵节片污染牧场及饮水而引起牛、羊等家畜的感染，而牧羊犬常食用带虫的动物内脏，从而造成本病在家畜与犬之间的循环感染。家犬、野犬、狐、狼等肉食动物因捕食啮齿目动物而感染多房棘球绦虫。棘球绦虫卵对外界环境的抵抗力很强，耐低温和高温，对化学物质也有相当强的抵抗力。人常因直接接触犬，致使虫卵粘在手上再经口感染。牧民因直接接触犬和狐狸的毛皮等，感染机会较多。此外，通过蔬菜、水果、饮水和生活用具等，误食虫卵也可引起人的感染。

【症状与病理变化】
（1）细粒棘球蚴　在家畜体内寄生时，由于虫体逐渐增大，对周围组织呈现剧烈压迫，引起组织萎缩和机能障碍。当肝脏、肺有大量虫体寄生时，由于肝、肺实质受到压迫而发生高度萎缩，能引起死亡。寄生的虫体小、数量不多时则出现消化障碍、呼吸困难、腹水等症状，病畜逐渐消瘦，终因恶病质或窒息死亡。绵羊患本病时死亡率较高，主要症状为消瘦，被毛逆立并常脱落，咳嗽，咳嗽发作后常卧于地面。各种动物都可因囊泡破裂而产生严重的过敏反应，甚至突然死亡。

（2）多房棘球蚴　主要是肝损伤伴随类似肝癌的泡状棘球蚴增生而引起动物组织和器官的功能障碍。由于虫体逐渐增大，对周围组织呈现剧烈压迫，引起组织萎缩和机能障碍。当肝脏、肺有大量虫体寄生时，肝、肺实质受到压迫而发生高度萎缩，可引起死亡。寄生的虫体小，数量不多时则呈现消化障碍、呼吸困难、腹水等症状，患病动物逐渐消瘦、终因恶病质或窒息死亡。

【诊断】
（1）中间宿主　根据流行病学特征和临床表现可进行初步诊断，牛、羊的生前诊断可采用间接血凝试验和ELISA等血清学诊断方法进行辅助诊断。在屠宰动物或死亡动物的脏器内查到棘球蚴即可确诊。

（2）终末宿主

1）生前诊断：终末宿主（犬、狐、狼）的生前诊断可采用粪便虫卵检查法、槟榔碱试验、间接血凝试验、双抗体夹心ELISA和PCR诊断技术。

① 虫卵检查法：粪便涂片或经漂浮集卵后，在显微镜下观察有无带科绦虫卵也是一个常见的检查方法。该法直观、简便、快速、成本低，但存在带科绦虫卵在形态上无法鉴别、成熟期前也无法检测到虫体存在等缺陷。在严格的安全防护下，现场收集粪便样品后送至实验室，应对粪样进行热处理灭活虫卵后才开展检测。

② 槟榔碱试验：曾用于犬群绦虫感染的监测。槟榔按每千克体重1mg投喂，投药前须禁食12~13h。槟榔碱为胆碱受体激动药，可增加肠紧张和平滑肌蠕动，促进排便，槟榔碱直接作用于虫体时可使虫体麻痹而脱离肠壁，但不致死。该试验既可定性，又能定量，一般用于细粒棘球绦虫摸底调查，是犬带科绦虫感染流行病学调查最有效的方法；被驱下的虫体还可用于形态学鉴定，但该药对15%~25%的犬无排便效果。服药犬排便至少有两个过程，即先排粪，后排黏液，一般收集黏液进行检查。使用本方法必须进行严格的安全防护。

③ 双抗体夹心ELISA：棘球绦虫抗原的双抗体夹心ELISA可对犬和狐的粪便中的粪抗

原进行检测，鉴别细粒棘球绦虫或多房棘球绦虫感染。粪抗原从感染后的第 2~3 周可检出，检测时不需要新鲜粪便样本，粪便在自然环境中 1 个月或 -20℃ 冻存半年，仍然可以用于检测，方便采样、送样和保存样本。目前国内已有商业化的棘球绦虫抗原 ELISA 和抗体 ELISA 试剂盒。

④ PCR 诊断技术：可用于检测细粒棘球绦虫的基因型和棘球属绦虫的成虫、幼虫和卵的虫种鉴别。

2）死后诊断：在死亡动物脏器内查到棘球蚴即可确诊。检查犬科动物棘球绦虫感染的经典方法是剖检，即宰杀动物后检查小肠，对小肠内容物和肠黏膜直接或淘洗后进行观察，检查有无虫体寄生。本法的优点是直观、准确，但操作复杂、耗时、危险性高，必须进行严格的安全防护并需要特定场所和专业人员操作。

【防治】

（1）预防

1）对犬进行定期驱虫，驱虫后对犬类进行无害化处理，以防止病原扩散，犬的驱虫可选用吡喹酮按每千克体重 5~10mg 口服。

2）妥善处理病畜脏器，只有在煮熟后才可以用作饲料喂动物。

3）保持家畜饲料、饮水及畜舍卫生，防止被犬粪污染。

4）加强健康教育，养成良好的卫生习惯，常与犬接触的人员应注意清洁卫生，防止从犬的被毛等处感染虫卵。

5）控制和扑杀畜群附近的野犬及其他野生肉食动物以根除传染源。对捕捉的野生犬科动物和猫科动物应该进行严格的检疫和治疗，以减小病原扩散的危险性。应该禁止将感染棘球绦虫的犬科动物从地方流行性区域转移到无病区饲养。

6）推广使用羊棘球蚴（包虫）病基因工程亚单位疫苗（我国第 1 个获得新兽药证书的寄生虫基因工程疫苗）进行羊的免疫预防，合理的免疫程序可以使保护力持续 3~4 年。

（2）治疗　对绵羊棘球蚴可用阿苯达唑和吡喹酮进行治疗。

对终末宿主（犬、狐、狼）的驱虫可选用吡喹酮、伊喹酮（又称依昔苯酮或依西太尔，本药物对成年动物的毒性低，但不适宜用于幼龄动物）。

第七节　旋毛虫病

旋毛虫病是由旋毛形线虫或其他旋毛虫属线虫感染所致的食源性人兽共患寄生虫病。旋毛虫成虫寄生在宿主小肠中，被称为肠旋毛虫。具有感染性的第一期幼虫，寄生在宿主的肌肉组织中，被称为肌旋毛虫。

【病原】旋毛虫是一种重要的食源性人兽共患寄生虫，几乎所有哺乳动物均可感染。旋毛虫的整个生命阶段只需要 1 个宿主即可完成全部生活史。一般食入感染性幼虫污染的生肉或未煮熟的肉即可导致感染的发生。旋毛虫根据生活史可以分为 4 个阶段。

（1）肠幼虫期　含有感染性幼虫的肌肉被宿主摄食后，在胃蛋白酶消化下，从包囊释放出幼虫，移行到小肠。

（2）成虫期　主要寄生在小肠，一般雌虫长 3~4mm，雄虫长 2mm 左右，粗 30~40μm，呈圆柱形（彩图 3-3-8）。

（3）新生幼虫期　体型极为细小，可穿过肠壁随血液运行至横纹肌。

（4）**肌幼虫期** 肌细胞逐渐变为保姆细胞，寄生在保姆细胞中的幼虫可形成包囊，可以在宿主体内存活数月、数年甚至终生，直至动物死亡。

【流行特点】旋毛虫病流行范围非常广泛，世界上除南极洲无旋毛虫调查与报道外，其余六大洲均发现有旋毛虫病的存在，全球66个国家或地区有本病分布。目前已知旋毛虫可感染的宿主为包括人、猪、犬、牛、羊、猫、鼠等在内的150余种动物，因此旋毛虫病的流行存在自然疫源性。我国除海南省和台湾省以外，其他地区均有动物感染旋毛虫的报道。不管是工业化国家还是非工业化国家，当地居民的食肉习惯与感染本病密切相关，如某些国家的旋毛虫病仅限于少数民族和旅游者。

犬感染旋毛虫主要是因为犬活动范围比较大，食入感染旋毛虫的动物尸体概率比猪大，对动物粪便的嗜食性比猪强，所以有些地区犬旋毛虫感染率大于猪的感染率。犬的肉也是人旋毛虫病暴发和流行的重要来源。

旋毛虫的抵抗力很强，在-12℃可以存活57d；腌渍和烟熏只能杀死肉类表层包囊里的幼虫，而深层的可存活1年以上；高温达70℃左右，才能杀死包囊中的幼虫；在腐败的残体中旋毛虫可存活100d以上，因此，腐肉也是重要的传染源。

【症状与病理变化】动物（如猪、马）食入或猎食（如熊、狐、野猪）横纹肌中含有成囊的感染性幼虫的动物（如啮齿动物）感染旋毛虫，人因食入感染动物（通常是家猪或野猪）生的或未煮熟的肉或肉制品而感染。幼虫在小肠内脱囊后钻入肠黏膜内，6~8d发育为成虫。雌虫体长2.2mm，雄虫体长1.2mm。

成熟的雌虫排出幼虫，排虫期长达4~6周，然后死亡或被排至体外。新生幼虫通过血液和淋巴管迁移，但最终在横纹肌细胞内存活。幼虫于1~2个月后完全形成包囊并作为细胞内寄生虫还可存活多年，死亡的幼虫最终会被吸收或钙化。只有被另一个肉食动物摄入包囊幼虫时，该周期才会继续。多数被旋毛虫感染的人无胃肠道症状或症状轻微。

一般而言，旋毛虫对猪和其他野生动物的致病力轻微，且症状与虫体的寄生部位有关。猪旋毛虫病症状不明显，严重感染时可出现肠炎、腹泻、呕吐、肌肉疼痛、眼睑和四肢水肿、长期卧地、迅速消瘦等症状，多呈慢性经过。

人感染旋毛虫有肠型期、肌型期和包囊期3个阶段。

【诊断】临床症状无特异性，单靠症状无法确诊。对于屠宰动物旋毛虫病的检验，世界动物卫生组织推荐的检验方法为镜检法及集样消化法，目前我国也在使用这两种方法。

（1）**镜检法** 用镊子夹住肉样顺着肌纤维方向将可疑部分剪下，制成压片，放在低倍显微镜下检查。

（2）**集样消化法** 采集一定的肉样（骨骼肌、舌肌、膈肌等，100g左右），去除脂肪和结缔组织，将肉剪碎或用绞肉机打碎，用含有1%胃蛋白酶和1%盐酸的人工消化液消化，肌旋毛虫很容易释放出来，继而通过选择性过滤和沉淀，最后用显微镜观察是否有虫体存在。

（3）**血清学和PCR检验** ELISA是常用的免疫学方法，具有很高的敏感性，其他方法还有多重PCR、荧光定量PCR、免疫层析试纸条及环介导等温扩增（LAMP）。

【防治】

（1）**预防** 食用猪肉或来自野生动物的肉时需经充分烹饪，可有效预防旋毛虫病。不建议通过冷冻野生动物肉来杀灭旋毛虫，烟熏或腌制同样不能有效杀灭肌肉中的幼虫。绞肉机和其他用于制备生肉的设备应彻底清洁。用肥皂水洗手也很重要。家养猪不能喂食生肉。在猪舍内灭鼠；加强肉品卫生检验，发现病肉严格按照检验规程处理；提倡熟肉食品，改变居民喜食半生不熟猪肉的饮食习惯。

（2）治疗　咪唑类药物对旋毛虫病有疗效，能驱杀成虫和肌肉中的幼虫，可用阿苯达唑或甲苯咪唑治疗。

第四章 多种动物共患寄生虫病

第一节　伊氏锥虫病

伊氏锥虫病是由锥体科锥虫属的伊氏锥虫寄生于马属动物、牛、骆驼、猪等引起的多种动物共患原虫病。

【病原】伊氏锥虫为单细胞、单形性虫体，虫体细长、呈柳叶形，大小为（18~24）μm×（1~2）μm，细胞核呈椭圆形，位于虫体中部；前端尖细，后端稍钝，在近虫体后端有1个点状深染的动基体，其附近有1个生毛体，1根鞭毛从生毛体生出，沿虫体一侧向前延伸并在前端游离而出，由波动膜与虫体相连。吉姆萨染色的血涂片中，虫体的细胞核和动基体呈深红色，鞭毛呈红色，波动膜呈粉红色，细胞质呈浅天蓝色（彩图3-4-1）。

伊氏锥虫寄生于动物的血液和造血器官中，以纵分裂的方式进行繁殖，由虻、厩螫蝇等吸血昆虫在吸血时传播。伊氏锥虫在吸血昆虫体内不发育，吸血昆虫起到机械性传播的作用。

【流行特点】

（1）宿主　伊氏锥虫宿主非常广泛，除了寄生于马属动物、牛、骆驼、猪等家畜，还能寄生于犬、猫等宠物及鹿、虎、狮等野生动物。伊氏锥虫对不同动物的致病性差异很大，马属动物、骆驼和犬易感性最强，发病多呈急性经过。黄牛、水牛、猪等有一定抵抗力，感染后不发病而长期带虫，成为传染源。

（2）传播途径　伊氏锥虫在外界环境中抵抗力很弱，高温、干燥等条件下很快死亡，必须经虻、厩螫蝇等吸血昆虫传播。吸血昆虫在吸食血液时吸入感染动物血液中的虫体，再次吸血时将虫体注入其他动物体内，完成机械性传播。此外，输血治疗、消毒不完全的手术器械也可造成感染，牛、羊、马、骆驼等可经胎盘传播。

（3）流行现状　主要流行于热带和亚热带地区，我国南方地区主要感染马属动物、黄牛、奶牛和水牛，在北方牧区主要感染骆驼。发病季节与吸血昆虫的活动季节密切相关，南方一年四季均可发病，7~9月为多发季节。

【症状与病理变化】临床症状包括发热、贫血、黄疸、淋巴结肿大、浮肿、消瘦和神经症状等。中枢神经系统受损，引起动物体温升高和运动障碍；损伤造血器官，导致红细胞溶解，引起贫血和黄疸；血管通透性升高，导致皮下水肿和肝损伤。不同动物感染后临床症状有所差异。

马属动物易感性强，临床症状明显，感染数天或数周内即以高热、进行性消瘦、贫血、躯体下部水肿为表现特征。

牛抵抗力较强，多呈慢性经过或带虫状态。

病理变化以皮下水肿和胶样浸润为主要特征，最多发部位是胸前、胯下、公畜阴茎部分。反刍动物的网胃、皱胃黏膜上有出血斑。有神经症状的病畜，脑积水、软脑膜下充血或出血，侧脑室扩大，室壁有出血点，脊髓出现脊髓灰质炎。

【诊断】伊氏锥虫病的诊断应根据流行病学特征和临床表现进行初步诊断，确诊应根据病原学检查和血清学反应进行综合判断，以病原学诊断最为可靠。

（1）病原学诊断

1）直接镜检：可采鲜血制备压滴标本检查。采1滴血于洁净载玻片上，加等量生理盐水，混合后加盖玻片，用高倍镜检查，如发现活动的虫体，可确诊；或采血制成常规血涂片，用吉姆萨染色法染色后高倍镜镜检，可观察到如柳叶状、细胞核深染的虫体。此法检出率较低。

2）毛细管集虫法：富集伊氏锥虫，提高检出率。采集血液样本，使用微量毛细管吸取血液样本。将装有血液样本的微量毛细管离心处理，离心可以将血液中的各成分分离，使伊氏锥虫集中于微量毛细管的某一特定区域。将离心后的微量毛细管置于显微镜下观察，检查是否有伊氏锥虫存在。

3）动物接种实验：诊断伊氏锥虫感染的可靠方法，尤其在其他诊断方法无法确诊时具有重要价值，但较为费时。采集疑似感染伊氏锥虫的家畜血液样本0.1~0.2mL，接种于小鼠腹腔。定期观察接种动物的临床症状，如精神状态、食欲和体重变化等。同时，可在接种后的1~2周内多次采集血液样本，进行显微镜检查。如果在接种后小鼠血液中检测到伊氏锥虫，则可以确认原宿主感染了伊氏锥虫。这种方法能够提高诊断的敏感性，特别适用于早期或低寄生水平的感染检测。

4）分子生物学诊断：PCR和环介导等温扩增是常用的病原学检查方法，具有较高的灵敏度和特异性，其中TBR引物特异PCR法（TBR-PCR法），是目前动物伊氏锥虫病分子诊断的金标准。

（2）血清学诊断 伊氏锥虫病的血清学诊断方法很多，包括补体结合试验（CFT）、ELISA、间接免疫荧光抗体试验、卡片凝集试验（CATT）、胶乳凝集试验（LAT）等。

【防治】

（1）预防 ①控制传播媒介吸血昆虫，减少吸血昆虫的栖息地，在昆虫活跃的季节和地区，使用杀虫剂减少吸血昆虫的数量。②加强检疫，淘汰带虫病畜；新引入的动物先隔离观察，经检测确认无感染后再合群。③流行季节对动物进行药物预防。④加强饲养管理，增强动物抵抗力。

（2）治疗 伊氏锥虫病治疗的原则是治疗早、药量足、防复发。常用治疗药物有萘磺苯酰脲（苏拉明、拜耳205）、喹嘧胺（安锥赛）、氯化氮胺菲啶盐酸盐（锥灭定、沙莫林）、三氮脒（虫血净）等。用药时宜2种药物配伍使用，少数动物在临床治愈后也可能复发，并对原使用药物产生一定抗性，应换用其他抗锥虫药进行治疗。

第二节　新孢子虫病

新孢子虫病是由肉孢子虫科新孢子虫属的新孢子虫引起的多种动物共患原虫病，寄生于几乎所有温血动物的有核细胞内。

【病原】新孢子虫病病原包括犬新孢子虫和洪氏新孢子虫，前者危害更为严重，主要引起妊娠母畜流产或死胎，以及新生儿运动神经障碍，对牛的危害尤为严重，是牛流产的主要原因；后者仅在马体内分离到，主要引起马流产及神经肌肉功能障碍。犬新孢子虫能够感染多种动物，是引起新孢子虫病的最重要病原，简称新孢子虫。

速殖子、包囊和卵囊是目前已知的新孢子虫发育过程中的3个重要阶段（彩图3-4-2）。

（1）速殖子　速殖子（滋养体）存在于中间宿主体内，能感染几乎所有有核细胞。速殖子呈新月形，大小为（4.8~5.3）μm×（1.8~2.3）μm，主要存在于急性病例的胎盘、流产胎儿的脑组织和脊髓组织中，也可寄生于胎儿的肝脏、肾脏等部位。

（2）包囊　包囊也称组织包囊，存在于中间宿主体内，主要见于中枢神经系统，也见于肌肉组织和其他脏器。包囊呈圆形或椭圆形，直径大小不一，随着寄生时间的延长包囊直径可达100μm，成熟包囊囊壁可厚达4μm。包囊内含大量缓殖子，缓殖子平均大小为7μm×2μm。缓殖子在形态上与速殖子相似，不同之处为缓殖子的细胞核位于近末端，而速殖子细胞核位于中部；缓殖子内棒状体较速殖子少，支链淀粉颗粒多。

（3）卵囊　卵囊在终末宿主犬科动物肠道中形成，随粪便排出体外。卵囊近圆形，直径为10~11μm。刚排出的卵囊未孢子化，在适宜温度和湿度下发育为孢子化卵囊。孢子化卵囊内含2个孢子囊，每个孢子囊内含有4个子孢子。

【流行特点】

（1）传染源　感染了新孢子虫的动物是其他动物的感染来源。其中，犬科动物随粪便排出的卵囊污染环境，孢子化卵囊是动物感染新孢子虫的重要来源。各种动物体内的新孢子虫包囊是肉食动物新孢子虫感染的另一个重要来源，如在流产胎牛体内、胎盘和羊水中均含有大量的虫体，被其他动物食入即可造成感染。

（2）传播方式

① 水平传播：摄入卵囊感染是中间宿主与终末宿主之间的主要水平传播途径，肉食动物摄入其他动物组织中的包囊是另一种水平传播。水平传播被认为是造成新一轮感染的主要原因。

② 垂直传播：发生在同种中间宿主群内，是速殖子经胎盘感染胎儿、妊娠期母牛感染胎牛的传播方式。垂直传播可以是母牛食入外源性卵囊导致的急性感染，也可能是由于妊娠期免疫状态的改变激活了隐性感染母牛体内的缓殖子，转换为速殖子再经胎盘传播。垂直传播被认为是牛群中新孢子虫传播的最主要和更有效的途径。

（3）流行情况　新孢子虫病在全世界广泛分布，多种动物如牛、羊、猪、兔、犬、猫、鸡、鼠，以及多种野生动物都是其中间宿主。我国多个省、自治区、直辖市均有流行，不同地区血清阳性率差异显著。

【症状与病理变化】新孢子虫病对牛和犬的危害最为严重，主要造成妊娠母牛流产、死胎及新生儿的运动神经系统疾病。

（1）牛　成年牛感染新孢子虫后没有任何临床症状，但当母牛持续感染至妊娠时包囊内的缓殖子转变为速殖子快速增殖导致组织受损，胎盘发生病理变化，可引起母体流产并直接危及胎儿生命。最严重的病理变化多发生在胎盘和胎儿脑部，胎牛表现为非化脓性脑脊髓炎的典型病变。流产多发生于妊娠3个月到妊娠后期，妊娠3~8个月的胎儿流产时常见不同程度的自溶；妊娠5个月内死亡的胎儿若未及时排出死胎，则在子宫中滞留数月形成木乃伊胎；妊娠早期发生死亡的胎儿则可能被母体吸收而被忽视。若没发生流产，产下的犊牛可能出现神经症状，严重者表现为四肢无力、后肢麻痹、运动失调、头部震颤明显，反射迟钝；或大部分新生犊牛临床表现健康，但存在隐性感染。这些隐性感染的犊牛在成年后妊娠时，组织包囊内的缓殖子可能活化，导致流产发生或者继续传给子代。以非化脓性脑脊髓炎为典型病理变化并形成灶性空洞；肝脏、肺、肾脏等处寄生时会发生坏死性肉芽肿、肾盂性及化脓性炎症，常伴有坏死；胎盘绒毛层处绒毛坏死并发生病变。

（2）犬　犬作为终末宿主时，新孢子虫在其肠道上皮细胞内发育，无明显临床症状。当犬为中间宿主时，可引起各年龄犬的严重神经肌肉损伤，出现后肢瘫痪和脊柱过伸、精神沉郁、肌肉萎缩、食欲减退、吞咽困难、四肢无力、共济失调、眼球震颤及心力衰竭等。多个器官和组织可出现病变，主要集中在中枢神经系统和骨骼肌中，常见非化脓性坏死性脑炎、心肌炎和心肌变性等病理变化。老年犬感染，偶见皮肤新孢子虫病。感染母犬妊娠后也可以出现死胎或弱胎等繁殖障碍表现。

【诊断】犬新孢子虫病临床症状不典型，诊断困难。鉴于新孢子虫对牛的危害最为严重，诊断常针对牛新孢子虫病。应对牛场流行病学情况、牛的临床症状、检测或分离病原的情况，结合分子生物学及免疫学方法进行综合诊断。

（1）病原学诊断　新孢子虫病病原的分离和鉴定是最有力的直接证据，但新孢子虫的分离成功率很低，直接的病料涂片检出率更低。病理组织学配合免疫组织化学的方法可以确认新孢子虫的存在。分子生物学诊断则利用PCR检测流产胎牛、动物组织内及犬粪中新孢子虫DNA的特异性基因，常用于扩增的目的基因有Nc-5、18S rDNA、28S rDNA、ITS1及14-3-3等，其中Nc-5是最常用的特异性片段。

（2）血清学诊断　适用于群体动物的筛查，检测动物新孢子虫血清抗体，包括直接凝集试验（DAT）、乳胶凝集试验、免疫印迹（WB）、免疫胶体金技术、ELISA等，其中ELISA操作简单规范，结果的判定不受主观因素的影响，更适用于大批量血清样本的血清流行病学调查。

【防治】尚未发现治疗新孢子虫病的特效药物，复方磺胺甲噁唑（复方新诺明）、四环素类及离子载体类抗球虫药等有一定的疗效。

牛新孢子虫病的防控应在流行病学调研的基础上进行，定期检测全群牛的感染状况，淘汰病牛和血清抗体阳性牛。对牛场内及周围的犬进行严格的管理，防止犬接触饲草、饲料和饮水，减少犬与牛接触的机会；严禁犬和其他动物食入流产胎牛、胎盘等组织。

第三节　隐孢子虫病

隐孢子虫病是由多种隐孢子虫寄生于多种哺乳动物、禽类等宿主引起的多种动物共患原虫病，主要引起哺乳动物的严重腹泻和禽类呼吸道症状，一些种类能引起人的腹泻，具有重要的公共卫生意义。

【病原】隐孢子虫已经鉴定40多个有效种。牛的常见感染种类有安氏隐孢子虫、微小隐孢子虫和牛隐孢子虫；猪、羊、犬、猫的常见感染种类分别有猪隐孢子虫、泛在隐孢子虫、犬隐孢子虫和猫隐孢子虫；禽类的常见感染种类有贝氏隐孢子虫和火鸡隐孢子虫；人的常见感染种类有人隐孢子虫、微小隐孢子虫和火鸡隐孢子虫。

（1）形态特征　隐孢子虫各发育阶段包括卵囊、子孢子、裂殖子、滋养体、配子体、配子等形态。卵囊是能够在粪便中观察到的形态。卵囊呈圆形或椭圆形，卵囊壁光滑，无微孔、极粒和孢子囊，大小为4~7μm，孢子化卵囊内含4个裸露的子孢子和一团颗粒状的残体。成熟卵囊有厚壁和薄壁两种类型，厚壁型卵囊分为内外两层，这种卵囊排出体外后可感染其他宿主动物；薄壁型卵囊仅有一层膜，可在体内脱囊后造成宿主自体循环感染。微小隐孢子虫卵囊形态见彩图 3-4-3。

（2）生活史　隐孢子虫生活史包括裂殖生殖、配子生殖和孢子生殖阶段，均在宿主体内进行。孢子化卵囊随宿主粪便排出体外，是隐孢子虫唯一的体外阶段。

【流行特点】

（1）传染源　传染源是患病动物和向外界排卵囊的隐性感染动物。卵囊通常是通过粪-口途径从感染宿主传播给易感宿主。人和动物的主要感染方式是粪便中的卵囊污染食物和饮水，经消化道而发生感染，家禽还可经呼吸道感染。

卵囊对外界环境具有较强的抵抗力，在潮湿的环境下能存活数月；厚壁卵囊对外界环境抵抗力较强，卵囊对绝大多数的消毒剂均有明显的抵抗力，只有 50% 以上的氨水和 30% 以上的福尔马林作用 30min 以上才能有效杀灭隐孢子虫卵囊。卵囊对紫外线和高温不耐受，加热到 55℃ 5min 即可失活。

（2）宿主类型　隐孢子虫的宿主范围广泛，可寄生于 150 多种哺乳动物，30 多种鸟类、淡水鱼和海鱼，以及 50 余种爬行动物，人也是其宿主。家畜中常见的宿主有奶牛、黄牛、水牛、猪、绵羊、山羊、马属动物，以及宠物犬、猫等。禽类常见的宿主有鸡、鸭、鹅、鸽、火鸡、鹌鹑、珍珠鸡等。隐孢子虫具有较低的宿主特异性，牛源隐孢子虫不仅能感染牛，也能感染绵羊、山羊、猪、豚鼠和小鼠；艾滋病病人体内分离的火鸡隐孢子虫可以感染仔猪、雏鸡、小鼠、火鸡、犊牛等动物。

（3）流行情况　隐孢子虫感染在全球范围内均有分布。我国大部分地区已报告人和畜禽的隐孢子虫感染，其中贝氏隐孢子虫在禽类中流行最广，安氏隐孢子虫在奶牛中常见，人隐孢子虫感染最为普遍，其次为微小隐孢子虫和火鸡隐孢子虫感染。隐孢子虫感染具有季节性，潮湿温暖的季节多发。水源污染是隐孢子虫病暴发的主要诱因。

【症状与病理变化】隐孢子虫感染均为自限性，幼龄动物和免疫力低下动物可出现明显临床症状。动物隐孢子虫感染的临床症状主要表现为肠道和呼吸系统的异常。

（1）牛隐孢子虫病　以腹泻为主要症状，犊牛主要表现为腹泻、精神沉郁、食欲减退。粪便呈黄油、乳油状，灰白色或黄褐色，含有大量纤维素、血液和黏液，后期可能变为透明水样粪便。牛隐孢子虫病的病程通常为 2~14d，潜伏期为 3~7d。初期，主要表现为肠道的局部炎症；随着病情的发展，炎症可能扩散到整个肠道系统，呈现典型的肠炎病变，出现严重的腹泻和脱水症状；后期，由于营养物质的流失和全身性感染，病牛可能出现体重下降、身体虚弱甚至死亡。成年牛感染隐孢子虫病，可导致奶牛产奶量下降。

（2）禽类隐孢子虫病　表现为呼吸道和消化道的双重症状。病禽精神沉郁，缩头呆立，眼半闭，翅下垂，食欲减退或废绝。张口呼吸，咳嗽，严重的呼吸困难和有啰音。眼睛有浆液性分泌物。出现腹泻和血便。泄殖腔、法氏囊及呼吸道黏膜上皮水肿，肺腹侧坏死，气囊增厚，混浊，呈云雾状外观。双侧眶下窦内含黄色液体。

【诊断】确诊需考虑流行病学、临床症状并结合病原学诊断进行综合判定。

（1）生前诊断　主要依赖于对患病动物粪便、呕吐物或痰液等样本的卵囊检测。常用的卵囊收集方法有饱和蔗糖漂浮法和甲醛-乙酸乙酯沉淀法。随后，通过显微镜观察卵囊的形态特征，隐孢子虫卵囊在饱和蔗糖溶液中常呈现出玫瑰红色，可进行初步鉴定。

（2）死后诊断　动物尸体剖检时，刮取消化道或呼吸道黏膜制成涂片，用显微镜进行形态学观察。可以使用改良抗酸染色法染色，以便更清晰地显示卵囊的形态。

(3) 免疫学和分子生物学诊断

1) 免疫荧光法：使用具有隐孢子虫特异性的荧光抗体与样品进行孵育，使抗体与虫体特异性结合，在激光的刺激下发出荧光信号。利用荧光显微镜对样本进行观察，可以显著提高检出率。

2) PCR技术：已成为隐孢子虫感染实验室诊断的常规技术。PCR技术通过特定的引物，在体外快速扩增隐孢子虫的DNA序列，使得微量的虫体DNA也能被有效检测。这些分子生物学诊断方法不仅为隐孢子虫病的流行病学调查提供了工具，而且还为隐孢子虫溯源的研究提供了依据。

【防治】尚无特效药物用于隐孢子虫病的治疗，硝唑尼特是经美国食品药品监督管理局（FDA）批准用于临床治疗人隐孢子虫病的唯一药物，在大多数免疫正常的群体中，治疗3~4d后即可治愈；但对幼儿或免疫功能低下的人群，效果甚微。

针对隐孢子虫感染，有效的控制措施主要集中于减少或预防卵囊的传播。由于隐孢子虫卵囊对环境因素和消毒剂具有显著的抵抗力，并能在恶劣环境中长时间存活，因此，需要采取一系列针对性的措施来控制其传播。对于动物群体，最有效的控制策略是将易感动物迁移到清洁、无污染的环境中，以减少它们接触感染性卵囊的机会。此外，加强饲料和饮用水的卫生管理，确保动物摄入的食物和水源安全，也是预防动物感染隐孢子虫的重要途径。同时，定期对动物进行检查，及时发现并隔离患病动物，并对粪便进行无害化处理。

第四节 贾第虫病

贾第虫病是由贾第鞭毛虫寄生于人和动物的小肠引起的以腹泻为主要症状的人兽共患原虫病。

【病原】贾第虫隶属于鞭毛虫纲双滴虫目贾第虫属。目前确定的贾第虫有7种，分别为寄生于人和多种哺乳动物的十二指肠贾第虫、寄生于两栖动物的敏捷贾第虫、寄生于鸟类的阿德贾第虫和鹦鹉贾第虫、寄生于麝鼠和田鼠的微小贾第虫、寄生于蜥蜴的瓦氏贾第虫和寄生于啮齿类动物的鼠贾第虫。

(1) 形态特征　发育过程中包括滋养体和包囊两个阶段（彩图3-4-4）。

① 滋养体前端钝圆，后端渐尖细，整体呈倒置梨形，大小为（12~15）μm×（5~9）μm。背面隆起，腹面前半部向内凹陷，形成腹吸盘。滋养体共有4对鞭毛，借鞭毛摆动运动。滋养体内部有1对椭圆形的泡状细胞核，后半部有1对锤形的中体。

② 包囊呈椭圆形，囊壁较厚，大小为（8~12）μm×（7~10）μm。包囊含2个细胞核（未成熟期）和4个细胞核或更多个细胞核（成熟期），成熟期的包囊具有感染力。

(2) 生活史　人或动物经口摄入被包囊污染的饮水或饲料后，包囊经胃进入十二指肠，在胃酸、胆汁和胰蛋白酶的刺激下脱囊，包囊中的四核虫体逸出并分裂成两个滋养体。滋养体利用腹吸盘附着到十二指肠或空肠前段的上皮细胞，以纵二分裂法增殖。部分滋养体从肠壁脱落，到达结肠形成对外界环境具有抵抗力的包囊，分裂形成四核包囊后随粪便排出，具有感染力。

【流行特点】

(1) 宿主　十二指肠贾第虫宿主范围广泛，可寄生于人、家畜和宠物。分子分类学方法已经将十二指肠贾第虫分为A~H 8个集聚体，其中集聚体A和集聚体B广泛感染人和动物，为人兽共患类群。集聚体C~H多具有宿主特异性，其中集聚体C和集聚体D主要感染犬，集聚体E主要感染有蹄类动物（牛、羊、猪、马等），集聚体F主要感染猫，集聚体G主要感染鼠，集聚体H主要感染海洋类哺乳动物。

（2）流行情况　贾第虫病呈世界性分布，其包囊对不良环境的抵抗力强，在湿冷的环境中经数月仍具有感染力。牛贾第虫病的病原主要是十二指肠贾第虫集聚体A和集聚体E，感染率为1.3%~57.8%；羊贾第虫病的病原主要为集聚体A和集聚体E，感染率为1.5%~42.0%；山羊感染率为2.9%~42.2%。猪贾第虫病的病原主要为集聚体A和集聚体E。水牛（感染率26.3%）和羊驼（感染率4.9%）也有贾第虫感染的病例报道。犬贾第虫病的病原主要为十二指肠贾第虫集聚体A、集聚体C和集聚体D，感染率为2.0%~64.3%。猫贾第虫病的病原主要为集聚体E和集聚体F，感染率为2.0%~44.4%。家畜和犬中鉴定出人兽共患集聚体A，可能是人贾第虫病的宿主来源。

【症状与病理变化】贾第虫病导致宿主肠道吸收不良、腹痛、体重减轻和腹部痉挛，也可导致慢性消耗性疾病和肠外并发症；主要表现为滋养体寄生的小肠黏膜呈现典型的卡他性炎症。导致黏膜固有层急性炎性细胞和慢性炎性细胞浸润，上皮细胞坏死脱落，绒毛变短、变粗。

【诊断】包括形态学诊断、免疫学诊断和分子生物学诊断等方法。

（1）形态学诊断　可用碘液涂片法直接检查。急性腹泻病人或动物可直接排出滋养体，检查水样粪便时可用生理盐水洗过后取沉淀物涂片镜检。

（2）免疫学诊断　主要应用对流免疫电泳、免疫印迹法、免疫荧光技术、ELISA和免疫层析法检测贾第虫抗原。

（3）分子生物学诊断　PCR方法广泛用于贾第虫病的诊断。诊断的靶基因有多种，其中以磷酸丙糖异构酶基因使用最为广泛。PCR方法结合核苷酸序列测定能实现虫种、基因型和基因亚型的确定，有助于对贾第虫人兽互传的可能性进行评估。

【防治】贾第虫感染通常是自限性的，可被宿主自身免疫系统清除，不需要药物治疗。如果宿主病情严重或持续腹泻，可使用甲硝唑、替硝唑、塞克硝唑或奥硝唑等硝基咪唑类药物进行治疗。

在动物贾第虫病的预防工作中，确保畜舍及其周边环境保持干燥、清洁和卫生是关键。应定期使用消毒剂对动物的笼具和饲养用具进行彻底冲洗，以防止疾病的传播。同时，还需将粪便与动物生活区域隔离，并采取堆积发酵的方式，利用生物热杀灭粪便中的包囊或滋养体，从而阻断病原的传播途径。

第五节　肉孢子虫病

肉孢子虫病是由多种肉孢子虫（住肉孢子虫）寄生于哺乳动物、鸟类、爬行动物及人等的肌肉组织和中央神经系统引起的原虫病，部分虫种是人兽共患病病原。肉孢子虫病在世界范围内广泛分布，我国多种动物都有感染。

【病原】肉孢子虫隶属于顶复亚门孢子虫纲球虫目住肉孢子虫科住肉孢子虫属，目前有150多个有效种，对人类健康和家畜危害较大的有猪肉孢子虫、羊肉孢子虫、马肉孢子虫、牛肉孢子虫、鼠肉孢子虫、人肉孢子虫等。

（1）形态特征　肉孢子虫寄生在宿主的肌肉，形成与肌纤维平行的包囊，包囊多呈纺锤形、圆柱形或卵圆形，灰白色至乳白色。大小差别很大，大的有几十毫米，肉眼明显可见，而小的只有几毫米，甚至不足 1mm。发育成熟的包囊，小室中包藏着许多肾形或香蕉形的缓殖子（慢殖子、囊孢子），长 10~12μm、宽 4~9μm，一端稍尖，一端钝圆（彩图 3-4-5）。

终末宿主随粪便排出的卵囊内含 2 个孢子囊，每个孢子囊内含 4 个子孢子。肉孢子虫的卵囊壁薄，在排出过程中卵囊壁破裂，释放出孢子囊。

（2）生活史　肉孢子虫需要两个宿主参与才能完成其生活史，发育过程中必须更换宿主。无性生殖阶段通常发生在中间宿主（草食或杂食动物）体内，有性生殖阶段发生在终末宿主（多为肉食动物）体内。

终末宿主通过食入中间宿主肌肉或神经组织中的包囊（内含成熟缓殖子）而感染。卵囊壁在排出时可能破裂，在粪便中可见孢子囊。

【流行特点】

（1）宿主　不同的肉孢子虫宿主不同，大多数的肉孢子虫以肉食动物犬、猫为终末宿主；有些种以人为终末宿主，并在终末宿主体内均寄生于小肠。中间宿主广泛，草食动物、猪、禽类和人都可以作为中间宿主，肉孢子虫寄生于中间宿主的心肌和骨骼肌内。

（2）传播途径　肉孢子虫主要经口传播。终末宿主（如犬、猫等）在吞食了中间宿主体内的包囊之后，囊壁被消化，缓殖子逸出，再钻入小肠黏膜的固有层进行发育。终末宿主排出的孢子囊或卵囊被中间宿主（如绵羊、牦牛、猪等）吞食后，子孢子经血液循环到达各脏器，进行裂殖生殖，并在心肌或骨骼肌细胞内发育为包囊。

（3）流行情况　肉孢子虫病在世界各地广泛流行，家畜的感染率很高。我国黄牛肉孢子虫的感染率约为 56%，水牛的感染率约为 24%，牦牛的感染率约为 64%，山羊的感染率约为 71%，绵羊的感染率约为 69%。

【症状与病理变化】通常情况下，肉孢子虫病无临床症状，只有严重感染时，病畜表现为全身淋巴结肿大、腹泻、跛行等。患病严重的牛、羊可引起流产、消瘦、瘫痪和死亡；猪的症状不明显。犬、猫作为终末宿主症状不明显。

在心肌和骨骼肌，特别是后肢、侧腹和腰部肌肉容易发现病变。严重感染时，肉眼可见大量与肌纤维平行的白色条纹。显微镜检查时可见到肌肉中有完整的包囊并不伴有炎性反应；也可见到包囊破裂，释放的缓殖子导致严重的心肌炎或肌炎，病变部肌纤维呈不同程度的变性、坏死等病理变化，出现淋巴细胞、嗜酸性粒细胞和吞噬细胞的浸润和钙化。

【诊断】终末宿主粪便镜检，查到孢子虫的卵囊或孢子囊可确诊。

中间宿主感染肉孢子虫后缺乏特异性的临床症状，生前诊断较为困难。多在动物死后采用肉眼观察、组织压片技术、胃蛋白酶消化法等发现病原进行确诊。肉眼可见肌肉中有黄白色或灰白色线状与肌纤维平行的包囊，压破包囊在显微镜下观察，可见大量香蕉形缓殖子。

多种免疫学和血清学方法，如 ELISA、胶体金试纸诊断探针等可用于肉孢子虫病的诊断。PCR 方法可用于肉孢子虫病的诊断。

【防治】目前尚无特效药用于治疗肉孢子虫病，常山酮、氨丙啉、莫能菌素及磺胺类药物等对动物肉孢子虫病有一定的效果，但不能完全控制本病。

切断传播途径是预防肉孢子虫病的关键措施，包括加强肉品检疫，人和动物不食入生肉和未煮熟的肉，加强终末宿主犬和猫及人的粪便管理，防止各种动物食入含有肉孢子虫卵囊的粪便。

第六节 华支睾吸虫病

华支睾吸虫病是由华支睾吸虫成虫寄生于人或动物的胆管内所引起一种重要的人兽共患寄生虫病。

【病原】华支睾吸虫属于复殖目后睾科支睾属。

(1) 形态特征 华支睾吸虫成虫背腹扁平，前端稍窄，后端钝圆，形状似葵花籽，体表平滑。长 15~20mm、宽 3~5mm。口吸盘略大于腹吸盘，两条盲肠直达虫体后端。两个分支的睾丸前后排列在虫体后 1/3。卵巢分叶，位于睾丸之前。受精囊呈椭圆形，位于睾丸与卵巢之间。排泄囊呈 S 形，弯曲在虫体后部（彩图 3-4-6）。

虫卵大小约为 29μm×17μm，形似芝麻，一端较窄有盖。卵盖周围的卵壳增厚形成肩峰，另一端有小疣状突起，内含毛蚴。

囊蚴呈圆形或椭圆形，大小约为 0.13mm×0.15mm，囊壁分两层。囊内幼虫运动活跃，口吸盘、腹吸盘、咽清晰可见。

(2) 生活史 华支睾吸虫生活史需要 2 个中间宿主。第一中间宿主是淡水螺，第二中间宿主是淡水鱼和虾。终末宿主为犬、猫、猪、人等多种动物。

华支睾吸虫为雌雄同体，成虫寄生于终末宿主胆管内，排出的虫卵随胆汁进入肠道后随粪便排出。虫卵进入水体中被第一中间宿主淡水螺吞食，在淡水螺消化道内孵化出毛蚴。毛蚴穿透肠壁在淡水螺体内发育成为胞蚴、雷蚴和尾蚴。尾蚴从螺体逸出后，可透过皮肤侵入第二中间宿主淡水鱼和虾体内，在淡水鱼、虾皮下组织或肌肉中形成囊蚴。当终末宿主生食或半生食寄生含有囊蚴的淡水鱼、虾后，囊蚴即在十二指肠内脱囊并经胆总管移行至胆管内，发育为成虫。

【流行特点】华支睾吸虫病主要分布于东亚和东南亚地区，我国华支睾吸虫病主要分布在东南地区的部分地区（如广东、广西）及东北地区（如吉林、黑龙江）。华支睾吸虫病的流行与第一、第二中间宿主的分布和养殖，以及当地居民的饮食习惯与猫、犬的饲养管理方式等诸多因素有密切关系。它的宿主动物多样，包括家养动物和野生哺乳动物，具有自然疫源性，是重要的人兽共患寄生虫病。

【症状与病理变化】多数动物为隐性感染，临床症状不明显，严重感染时主要表现为消化不良，食欲减退，腹泻、贫血、水肿、消瘦，甚至腹水。肝区叩诊有痛感，多为慢性经过，往往因并发其他疾病而死亡。

华支睾吸虫病主要以肝、胆部病变为主，成虫在胆管内寄生，可引起机械性损伤，虫体分泌物和排泄代谢产物的刺激，使胆管发生病变，进而肝功能受损，影响消化机能，并可引起全身症状。病变处胆管扩张，管壁增厚，周围有结缔组织增生，出现肝细胞混浊，肿胀，脂肪变性和萎缩。偶尔可见大量寄生时，虫体阻塞胆管，出现阻塞性黄疸。少数病例可在胆管上皮腺瘤样增生的基础上发生癌变。严重感染可导致胆管炎、胆结石等并发症；重度感染可并发肝出血或肝硬化，成虫阻塞胰管也可引起胰管炎及胰腺炎。

【诊断】综合流行病学、临床症状和病原学及免疫学方法进行诊断。在流行区，动物有生食或半生食淡水鱼史。临床上表现为消化障碍，肝脏肿大。叩诊时肝区敏感，严重病例有腹水。

(1) 病原学检查 在粪便中发现华支睾吸虫虫卵或在剖检时发现成虫均可确诊，华支睾吸虫感染伴随胆管堵塞或者轻度感染时粪便中不易检到虫卵。

（2）免疫学检查　应用间接血凝试验和ELISA检测血清中的抗体，可作为流行病学调查和辅助诊断的方法。

【防治】临床上吡喹酮、阿苯达唑等均有较好效果，但在犬、猫上的使用剂量不明确。

预防措施：对流行区的犬、猫、猪进行定期检查和驱虫；禁止用生的或未煮熟的淡水鱼、虾饲喂动物；管理好人和动物的粪便，防治粪便污染水源；开展科普宣传教育，使人们了解本病的感染方式和危害，自觉改变不良生活习惯。

第七节　细颈囊尾蚴病

细颈囊尾蚴病是由带科带属的泡状带绦虫的中绦期幼虫——细颈囊尾蚴寄生于绵羊、山羊、猪等动物的肝脏浆膜、大网膜和肠系膜等处引起的一种常见绦虫蚴病。

【病原】

（1）形态特征　泡状带绦虫成虫呈乳白色，体长可达5 m，头节上有顶突和26~46个小钩。子宫侧支5~16对。虫卵为卵圆形，大小为（36~39）μm×（31~35）μm，内含六钩蚴。细颈囊尾蚴呈泡囊状，内含透明液体，大小不等。囊壁薄，有1个白色头节，头节上有两圈小钩，囊体多悬垂于腹腔脏器上，俗称"水铃铛"。脏器中的囊体外有一层由宿主组织反应产生的厚膜包围，不透明，易与棘球蚴包囊相混淆（彩图3-4-7）。

（2）生活史　中间宿主为猪、绵羊、山羊等，终末宿主为犬、狼、狐等犬科动物。成虫寄生在终末宿主犬科动物的小肠内，虫卵随粪便排出体外，污染饲料、草场和饮水。中间宿主吞食虫卵后，六钩蚴在消化道内孵出，钻入肠壁血管，随血液流到肝脏，并移行到肝脏浆膜寄生；或进入腹腔，在大网膜和肠系膜等处寄生，形成直径为1~8cm、充满透明囊液的乳白色囊泡。幼虫生长发育3个月后具有感染能力。细颈囊尾蚴被终末宿主吞食后，在小肠内经过52~78d即可发育为成虫。

【流行特点】细颈囊尾蚴病流行广泛，呈世界性分布。细颈囊尾蚴病的流行没有明显的季节性，全年均可发生。

猪和羊感染最为普遍，尤其幼畜易感。细颈囊尾蚴主要通过粪-口传播。在屠宰家畜时，将寄生有细颈囊尾蚴的脏器喂给犬，是犬感染泡状带绦虫的重要原因。病犬粪便中排出的绦虫节片或虫卵，随着终末宿主的活动，污染了牧场、饲料和饮水，从而使猪、羊等中间宿主遭受感染。

【症状与病理变化】成年动物感染后症状一般不明显。幼畜发病时表现为发热、贫血、黄疸、黏膜苍白；伴有急性腹膜炎时，腹部增大，有腹水，并有压痛和体温升高的现象。

慢性病例可见肝包膜、肠系膜、大网膜上具有数量不等、大小不一的包囊，严重时还可在肺和胸腔处发现囊体。急性病例可见肝脏肿大、表面有出血点，肝实质中有虫体移行的孔道（彩图3-4-8），有时出现腹水并混有渗出的血液，病变部有尚在移行发育的幼虫。

【诊断】生前诊断可通过血清学方法，但较困难。死后病理剖检可确诊。

【防治】加强宣传，严格屠宰检疫，一旦发现病变内脏应及时销毁，勿用猪、羊的屠宰废弃物喂犬；做好家畜饲料、饮水及圈舍的清洁卫生工作，防止被犬粪污染；对病犬定期驱虫，粪便进行无害化处理。

第八节 类圆线虫病

类圆线虫病是由类圆属的线虫寄生于多种动物小肠引起的寄生虫病，主要危害幼龄动物，引起消瘦、生长迟缓，甚至死亡。类圆线虫病呈世界性分布，我国各地均有报道。

【病原】

（1）形态特征 类圆线虫隶属于杆形目小杆科类圆属。寄生于动物体内的为孤雌生殖的雌虫。常见种有兰氏类圆线虫、韦氏类圆线虫、乳突类圆线虫和粪类圆线虫。虫体细长，呈毛发状，乳白色，口腔小，食道长、呈柱状，阴门位于体中后1/3交界处，尾短、近似圆锥形。大小为（2.0~2.5）mm×（0.03~0.07）mm。虫卵呈椭圆形，壳薄，内含折刀样幼虫（彩图3-4-9）。

（2）生活史 虫体发育有寄生生活和自由生活世代的交替。在寄生阶段，虫体进行孤雌生殖。在此阶段，含第一期幼虫的虫卵随宿主的粪便排出，在外界环境中孵化出杆虫型幼虫（第一期幼虫）。若外界条件不利，这些杆虫型幼虫直接发育为丝虫型幼虫（第三期幼虫），丝虫型幼虫为感染期幼虫，能够经皮肤或口感染宿主。

【流行特点】兰氏类圆线虫寄生于猪的小肠黏膜内，韦氏类圆线虫寄生于马属动物的十二指肠黏膜内，乳突类圆线虫寄生于牛、羊和野生反刍动物的小肠黏膜内，粪类圆线虫寄生于人、其他灵长类、犬、狐和猫的小肠内。

类圆线虫病主要在幼畜中流行，出生后即可感染，主要通过两种途径：一是幼畜在接触圈舍的土壤时，经皮肤感染；二是通过母畜被污染的乳头，幼畜在吮吸时经口感染。除了上述途径外，仔猪和幼犬还可从母乳感染。在流行区的猪场，出生后5~8d的仔猪粪便中即可看到虫卵。感染的高峰期通常出现在幼畜1月龄左右，2~3月龄时感染情况逐渐减轻。春季出生的仔猪相较于秋季出生的仔猪，感染情况往往更为严重。

在夏季或雨季，圈舍的卫生状况不佳，加之环境潮湿，流行特别普遍。虫卵和感染性幼虫在适宜的环境中可生存较长时间。未孵化的虫卵能保持发育能力达6个月以上，感染性幼虫在潮湿的环境下可生存2个月。

【症状与病理变化】人轻度感染时致病作用较轻微。

动物症状与人体相似。幼虫移行时，常引起湿疹、支气管炎、肺炎和胸膜炎。成虫大量寄生时，小肠充血、出血、溃疡，病畜出现贫血、呕吐、腹泻等症状，可因极度衰弱而死亡；少量寄生时，症状不明显，但影响生长发育。

【诊断】根据流行病学特点和临床症状可做初步判断。实验室粪便检查发现大量虫卵即可确诊，也可使用粪便培养法检查幼虫。病理剖检时，小肠黏膜压片镜检观察到大量雌虫也可确诊。

ELISA等血清学方法可用于辅助诊断。

【防治】

（1）预防 保持圈舍和运动场清洁、干燥、通风，避免阴暗潮湿；病畜及时驱虫，妊娠母畜和哺乳母畜驱虫，以防感染幼畜；及时清扫粪便，对粪便进行无害化处理，防止虫卵污染环境。

（2）治疗 多种驱线虫药，如噻苯达唑、阿苯达唑等可用于类圆线虫病的治疗。重症病例还需对症治疗。

第九节 毛尾线虫病

毛尾线虫病是由毛尾目毛尾科毛尾属的线虫寄生于牛、羊、猪和犬等多种动物的大肠（主要是盲肠）引起的寄生虫病。虫体前部呈毛发状，尾部粗，整个外形前细后粗像鞭子，又称鞭虫。

【病原】毛尾线虫包括猪毛尾线虫、绵羊毛尾线虫、球鞘毛尾线虫、兰氏毛尾线虫和狐毛尾线虫。

（1）形态特征　虫体呈乳白色，长20~80mm。前部为食道；后部短粗，为体部，内有消化器官和生殖器官。雌虫尾部后端钝圆，阴门位于虫体粗细部交界处。雄虫尾部向腹面呈旋状卷曲，泄殖孔在近尾端。有1根包藏在鞘内的交合刺，交合刺鞘末端膨大成球形。虫卵呈棕黄色，腰鼓形，卵壳较厚，两端各有1个透明的卵塞（彩图3-4-10）。

（2）生活史　猪毛尾线虫雌虫属直接发育型。在盲肠产卵，虫卵随粪便排至体外。卵在适宜的温度和湿度下发育为内含第一期幼虫的感染性虫卵，经口感染宿主。第一期幼虫在小肠内孵出，钻入肠绒毛间发育，之后移行到盲肠和结肠内，固着于肠黏膜上；感染后30~40d发育为成虫。成虫寿命为4~5个月。

绵羊毛尾线虫在盲肠内发育为成虫需要40~80d。狐毛尾线虫需要3个月才能发育成熟。

【流行特点】猪毛尾线虫寄生于猪的盲肠，也寄生于人、野猪和猴。近年来，研究者认为猪毛尾线虫和人毛尾线虫为同一种，所以在公共卫生方面有重要意义。绵羊毛尾线虫、球鞘毛尾线虫和兰氏毛尾线虫寄生于绵羊、山羊、牛、长颈鹿和骆驼等反刍动物的盲肠。狐毛尾线虫寄生于犬和狐的盲肠。

仔猪易感，1.5月龄的猪即可检出虫卵；4月龄的猪的虫卵数和感染率均急剧增高，之后逐渐下降，14月龄的猪极少感染。

牛、羊发病无明显的季节性，但以夏季感染率最高。卵壳厚，虫卵的抵抗力强，感染性虫卵可在土壤中存活十多年。感染率与动物饲养环境和人的卫生习惯等有密切关系。

【症状与病理变化】动物轻度感染，表现为间歇性腹泻、食欲减退、轻度贫血，因而影响仔猪的生长发育。严重感染时，食欲减退、消瘦、贫血、顽固性腹泻，混有黏液或黏膜的水样血便，羔羊和犊牛可因衰竭而死亡。

病变局限于盲肠和结肠（彩图3-4-11）。虫体头部深入黏膜，机械性损伤和分泌的毒素可引起盲肠和结肠的慢性卡他性炎症，有时出现出血性肠炎，通常是瘀斑性出血。重度感染盲肠和结肠黏膜出血性坏死、水肿、溃疡和脱落。感染后形成的结节有两种：一种质软有脓，虫体前部埋入其中；另一种在黏膜下，呈圆形包囊状。组织学检查时，结节中可见虫体和虫卵，并伴有显著的淋巴细胞、浆细胞和嗜酸性粒细胞浸润。其他部分的黏膜有血管扩张，淋巴细胞浸润、水肿和过量的黏液。

【诊断】由于虫卵形态有特征性，易于识别。粪便检查发现虫卵或剖检时发现虫体和相应病变即可确诊。

【防治】应用左旋咪唑、芬苯达唑等药驱虫。

预防主要是加强环境卫生，保持圈舍清洁卫生，及时清扫粪便，保持饲料和饮水清洁，避免被粪便污染。在本病流行的猪场，应每年进行2次预防性驱虫，以减少仔猪体内的荷虫量和降低外界环境的虫卵污染。

第十节 疥 螨 病

疥螨病是由疥螨科疥螨属的疥螨寄生于动物表皮内引起的一种以剧痒、消瘦、脱毛和皮肤增厚为特征的寄生虫病。

【病原】病原为节肢动物门蛛形纲疥螨目疥螨科疥螨属的疥螨。

(1) 形态特征 虫体较小，呈乳白色，近圆形或龟形，头、胸、腹完全愈合在一起，虫体可分为假头和躯体两部分（彩图3-4-12）。假头位于虫体前端，短而宽，有1个咀嚼式口器。虫体背面前端有1个几丁质胸甲，呈长方形；腹面有4对粗短、呈圆锥形的足。雄螨大小为(200~300) μm×(150~200) μm。雌螨大小为(300~500) μm×(250~400) μm。幼螨、若螨与成螨相似，仅体型较小。虫卵呈长椭圆形，灰色，大小约为180 μm×80 μm。

(2) 生活史 不完全变态，发育过程包括虫卵、幼螨、若螨和成螨4个阶段，这4个阶段均在宿主体上进行。成螨在宿主皮肤中挖掘隧道，并在其中产卵和孵化幼螨，幼螨也潜入皮下寄生，并转变为若螨和成螨。整个发育过程为8~22d，平均为15d。

【流行特点】疥螨可感染马、牛、羊、猪、犬等多种家畜，以及狐、狼、虎等野生动物，寄生于宿主皮肤表皮下。野生动物是重要的传染源。

疥螨病呈世界性分布，是我国各地家畜和宠物的常见皮肤病。本病主要通过患病动物和健康动物的直接接触而感染和传播，也可通过被患病动物所污染的畜舍、畜栏、场地及各种饲养用具、耕具等间接接触感染，还可通过工作人员的衣服和手，把病原传播给健康动物引起感染。

本病发病率呈现出季节性特点，一般冬季和春季发病率明显高于夏、秋季节。幼龄动物比成年动物更易遭受疥螨侵害，病情往往更为严重。此外，饲养环境潮湿、阴暗、过度拥挤，以及饲养管理条件差，可促使本病的发生与蔓延。

【症状与病理变化】本病初期多在皮肤柔软、被毛稀疏的区域发生，随后逐渐蔓延至全身。病畜常表现出异常行为，如频繁在墙壁、柱栏等硬物上摩擦或啃咬发病区域。病程初期，皮肤表面出现丘疹，随后因组织液渗出而形成水疱。动物擦痒时水疱破溃，释放出的渗出液与脱落的上皮细胞、毛发混合，凝结成痂皮。随着病情的发展，宿主皮肤的毛囊和汗腺受到损害，引发病部脱皮。皮肤角质层过度角化，皮肤增厚，皮下组织增生，皮肤弹性降低。在皮肤张力较大的部位，形成龟裂；在相对松弛的区域，则产生皱褶（彩图3-4-13）。

病畜因终日啃咬、摩擦和烦躁不安，影响正常的采食和休息，导致胃肠消化吸收功能降低；皮肤脱毛导致体热大量散失，使得宿主体内的脂肪被大量消耗，病畜日渐消瘦，严重者出现死亡。

【诊断】根据临床症状可做出初步诊断，确诊需要进行病原学检查。

在病部和健康部皮肤交界处采集病料，用消毒的小刀垂直于皮肤面刮取交界处痂皮，直至皮肤微有出血痕迹，将刮取物收集到容器内，在显微镜下进行检查，发现虫体即可确诊。

【防治】可选用伊维菌素、多拉菌素、莫昔克丁和塞拉菌素等药物，通过口服、注射、局部喷洒、涂抹药物或药浴的方式治疗。由于大多数杀螨药物对螨卵的作用较差，因此需要间隔一定时间后重复用药，以杀死新孵出的虫体。

在治疗患病动物的同时，还应采用菊酯或有机磷类外用杀虫药物对动物圈舍与运动场进行喷雾杀螨处理。在本病流行地区，除定期有计划地进行药物预防外，还应保持动物圈舍清洁干燥,加强饲养管理,同时采取有效的隔离与消毒措施,以减少病原的传播。发现患病动物后应立即隔离并进行治疗,对新引进的动物,应隔离观察15~30d,确诊无螨后方能合群。

第十一节 痒螨病

痒螨病是由痒螨科痒螨属的痒螨寄生于多种动物的皮肤表面所引起的一种寄生虫病,以绵羊、牛、兔最为常见,对绵羊的危害特别严重。

【病原】痒螨属节肢动物门蛛形纲疥螨目痒螨科痒螨属,该属仅有1个种,但根据宿主不同可分为不同的亚种。

(1) 形态特征 成螨呈长圆形,大小为(500~900) μm × (200~520) μm。刺吸式口器较长,呈圆锥形,螯肢、须肢细长,肛门位于躯体末端。足较长,前两对足较后两对足粗大。雄螨的第1~3对足上有吸盘,吸盘位于分3节的柄上,第4对足特别短,无刚毛和吸盘。腹面后部有两个性吸盘;雄螨有尾突。雌螨的第1、第2、第4对足上有吸盘,第3对足上各有两根长刚毛;躯体腹面前部有1个宽阔的生殖孔,后端有纵裂的阴道;躯体末端为肛门,位于阴道背侧(彩图3-4-14)。

(2) 生活史 痒螨寄生于宿主皮肤表面,吸食病部渗出液和淋巴液。整个生活史包括虫卵、幼螨、若螨和成螨4个阶段。雌螨产卵于病部皮肤周围,虫卵在适宜的温度和湿度条件下孵出幼螨,幼螨采食后蜕皮成为若螨。若螨采食后,蜕皮为成螨。痒螨发育过程为10~12d。

【流行特点】本病呈世界性分布,宿主动物包括绵羊、山羊、马、黄牛、奶牛、水牛、牦牛和兔等。各种家畜体表寄生的痒螨形态相似,但具有宿主特异性,不相互传染。绵羊痒螨是危害绵羊的重要寄生虫,具有接触传染性强、群发性发病的特点;兔痒螨主要发生于成年种兔;水牛痒螨是引起水牛皮肤病的重要病原。

本病主要通过患病动物和健康动物的直接接触而感染,其次通过被患病动物污染的圈舍、围栏、场地及各种饲养用具等间接接触而传播。本病多发于寒冷的冬季和初春季节,夏季和秋季发病率较低。老年动物的发病率高于幼龄动物。

【症状与病理变化】家养动物中以绵羊、黄牛、奶牛、水牛、兔和山羊的痒螨病最为常见。痒螨感染可引起剧烈瘙痒,尤其是在夜间更为明显。绵羊对痒螨最易感,病羊表现为剧痒、皮炎、脱毛、烦躁不安等症状,导致羊毛和皮革质量下降(彩图3-4-15),机体损耗,严重时会引起死亡。动物感染痒螨后,因宿主不同可表现出不同的临床症状和皮肤损伤。

【诊断】根据临床症状可初步诊断,进一步确诊可在病部刮取皮屑在显微镜下进行观察,发现虫体即可确诊。

【防治】同疥螨病。

第十二节 蠕形螨病

蠕形螨病是蠕形螨科蠕形螨属的各种蠕形螨寄生于动物或人的皮脂腺或毛囊引起的一种常见而又顽固的皮肤病,又称毛囊虫病或脂螨病。

【病原】寄生于各种动物的蠕形螨种类不尽相同,常见的有犬蠕形螨、牛蠕形螨、猪蠕形螨、绵羊蠕形螨、马蠕形螨、人毛囊蠕形螨等。虫体细长,呈蠕虫样,半透明乳白色,体长0.17~0.44mm、宽0.045~0.065mm。虫体分为头、胸、腹3部分,口器由1对须肢、1对螯肢和1个口下板组成；胸部有4对短足；腹部长，有横纹。卵呈梭形。

蠕形螨寄生于宿主的毛囊或皮脂腺内，全部发育过程均在宿主体上完成，包括卵、幼螨、若螨和成螨4个阶段。在适宜的条件下，整个生活史约在24d内完成。

【流行特点】蠕形螨病在全球范围内均有分布，在我国也是极为常见的皮肤病之一。蠕形螨宿主特异性强，寄生于不同动物的蠕形螨不交叉感染。感染蠕形螨的动物是本病的传染源，动物之间通过直接或间接接触而传播。

【症状与病理变化】正常犬、猫的皮肤常带有少量的蠕形螨，但多不出现临床症状。蠕形螨可引起寄生部位出现结节或囊瘤，多发于面部，眼周围、鼻和耳基，重症时可全身感染。

犬蠕形螨病寄生部位常出现局灶性或多发性脱毛、红斑、鳞屑斑、灰蓝色皮肤色素沉着（彩图3-4-16）。红斑状病变与周围组织界线分明，痒感不强烈。如果继发细菌感染则出现毛囊炎、丘疹、脓疱。脓疱破溃后形成溃疡，多数有恶臭味，如果不及时治疗，病犬可因脓毒血症死亡。

【诊断】根据临床症状可做出初步诊断。确诊需刮取病部皮肤深部毛囊和皮脂腺处的皮屑置于甘油内，在显微镜下检查到螨虫或螨卵，即可确诊。

【防治】治疗主要用双甲脒在病部涂抹，或口服伊维菌素、多拉菌素、莫昔克丁等药物，治疗周期长，谨防药物副反应。

预防主要是加强饲养管理，饲喂全价饲料，增强机体的抵抗力，减少蠕形螨病的发生；发现病畜应及时隔离，直到完全康复为止。

第十三节　蜱病（硬蜱、软蜱）

蜱是寄生于多种动物体表的一类重要吸血性寄生虫，有硬蜱和软蜱两类。

【病原】硬蜱隶属于蛛形纲蜱螨亚纲寄螨目蜱亚目硬蜱科，其中硬蜱属、扇头蜱属、血蜱属、璃眼蜱属、革蜱属、花蜱属与兽医关系较密切。软蜱属软蜱科，与兽医相关的2个属为锐缘蜱属和钝缘蜱属。

（1）形态特征　硬蜱呈红褐色，背腹扁平呈长卵圆形。头、胸、腹愈合，分为假头与躯体两部分。假头平伸于躯体的前端，由1个假头基、1对须肢、1对螯肢和1个口下板组成。躯体背面有1块盾板，雄蜱的盾板几乎覆盖整个背面，雌蜱、若蜱和幼蜱的盾板仅覆盖背面的前部。躯体腹面前部正中有1个横裂的生殖孔。肛门位于后部正中，是由1对半月形肛瓣构成的纵裂口，通常有肛沟围绕。腹面有气门板1对，位于第4对足基节的后外侧，形状因种类而异。硬蜱的成蜱和若蜱有足4对，幼蜱有3对足。第1对足跗节末端背缘有哈氏器，为嗅觉器官（彩图3-4-17）。

软蜱虫体扁平，呈卵圆形或长卵圆形，体前端较窄（彩图3-4-18）。体背面无盾板，呈弹性的革状外皮；成蜱假头隐于虫体前端腹面（幼虫除外）。未吸血前为黄灰色，饱血后为灰黑色。饱血后体积增大不如硬蜱明显。雌蜱、雄蜱的形态极相似，雄蜱较雌蜱小，雄性生殖孔为半月形，雌性生殖孔为横沟状。幼蜱有3对足，假头突出。

（2）生活史　硬蜱的发育需要经过卵、幼蜱、若蜱及成蜱4个阶段，为不完全变态发育，完成整个生活史需几个月至数年。根据硬蜱各发育阶段吸血时是否更换宿主可分为：一宿主蜱，即蜱在1个宿主体上完成幼蜱至成蜱的发育，成蜱饱血后离开宿主落地产卵；二宿主蜱，即幼蜱和若蜱在1个宿主体上吸血，成蜱在另一个宿主体上吸血，饱血后落地产卵；三宿主蜱，即幼蜱、若蜱和成蜱分别在 3 个宿主体上吸血，饱血后都需要离开宿主落地蜕皮或产卵。

软蜱的发育也需要经过卵、幼蜱、若蜱及成蜱 4 个阶段。软蜱只在吸血时才到宿主身上，吸血后离开宿主在环境中蜕化。成蜱一生可多次吸血，每次吸血后产卵数次，一生产卵不超过 1000 个。从卵发育到成蜱需要 4~12 个月。

【流行特点】蜱类的活动有明显的季节性，大多数是在温暖季节活动。蜱的分布与气候、地势、土壤、植被和宿主等有关，各种蜱均有一定的地理分布区。

软蜱主要分布在干旱地区（如沙漠）或潮湿地区的干燥地带。与硬蜱不同，软蜱多生活在宿主居所附近，如鸡窝、猪圈、鸽笼、鸟巢、动物洞穴等附近。软蜱寿命长，可达 15~25 年。各发育期均能长期耐饥，对干燥有较强的适应能力。

蜱是许多种病毒、细菌、螺旋体、立克次体、无浆体和原虫的传播媒介。

【症状与病理变化】硬蜱可吸食宿主大量血液，寄生数量多时可引起宿主贫血、消瘦、发育不良、皮毛质量下降及产奶量下降等。蜱的叮咬损伤宿主皮肤，可继发细菌感染和伤口蛆；蜱唾液腺分泌的毒素使家畜厌食，出现肌肉萎缩性麻痹和代谢障碍（彩图 3-4-19）。

大量软蜱寄生时，可引起动物消瘦、贫血、产奶或产蛋能力下降、软蜱性麻痹，甚至死亡。

【诊断】在动物身体上发现硬蜱或软蜱即可确诊。

【防治】主要是消灭宿主体上的蜱和控制环境中的蜱。

（1）宿主体上的蜱　动物体表少量寄生时，可采用摘除杀灭。摘除时应使蜱体与皮肤垂直，然后往上拔，以免蜱假头断入皮内引起炎症。大多数情况下，应使用化学药物灭蜱，常用的有拟除虫菊酯类杀虫剂、甲脒类杀虫剂等，伊维菌素注射也有很好的治疗效果。可根据使用季节和应用对象，选用喷涂、药浴或粉剂涂洒等不同的用药方法。

（2）环境中的蜱　有些蜱类生活在圈舍的墙壁、地面、饲槽的裂缝内。为了消灭这些地方的蜱类，应堵塞圈舍内所有的缝隙和小孔，堵塞前先向裂缝内洒煤油或杀虫剂，然后以水泥、石灰、黄泥堵塞，并用新鲜石灰乳粉刷圈舍。

需要注意的是，各种药剂的长期使用，可使蜱产生耐药性，因此，杀虫剂应混合使用或轮换使用，以增强杀蜱效果和推迟抗药性发生。临床上，因地制宜地采取综合性防治措施才能取得较好的效果。

第五章
猪的寄生虫病

第一节　猪球虫病

猪球虫病是由一种或多种艾美耳球虫和囊等孢球虫寄生于猪的肠上皮细胞内引起的一种流行性原虫病。本病分布广泛，主要危害仔猪，临床以食欲减退、腹泻、消瘦等为特征。

【病原】猪球虫病的病原为艾美耳科艾美耳属的多种艾美耳球虫和肉孢子虫科囊等孢球虫属的猪囊等孢球虫（旧称艾美耳科等孢属猪等孢球虫）。文献报道的猪的艾美耳球虫有 17 种，公认的有 8 种，其中蒂氏艾美耳球虫和粗糙艾美耳球虫、新蒂氏艾美耳球虫比较常见。猪囊等孢球虫、新蒂氏艾美耳球虫和粗糙艾美耳球虫致病力最强。

（1）猪囊等孢球虫　卵囊呈亚球形或球形，无色，卵囊壁较薄，表面光滑，无卵膜孔。卵囊大小为（19.0~27.0）μm×（15.4~24.4）μm，平均为21.2μm×19.1μm，卵囊指数为1.00~1.24，平均为1.11。无极粒，无卵囊残体（外残体）。新排出的卵囊内含1团卵囊质（成孢子细胞、孢子母细胞）。孢子化卵囊内含2个孢子囊，呈椭圆形或圆形；每个孢子囊内含4个香蕉形子孢子，折光体位于子孢子的钝端，孢子囊残体（内残体）位于孢子囊的一端，呈颗粒状（彩图3-5-1）。

（2）猪的艾美耳球虫　艾美耳球虫卵囊呈椭圆形、卵圆形、球形、近球形等不同形状，无色或黄色、浅黄色等，直径为十几至三十多微米。卵囊壁薄，分两层，表面光滑或粗糙。新排出的卵囊内含一团深灰色卵囊质，呈球形或近球形，居卵囊中部或偏于一端。孢子化后形成4个孢子囊，呈卵圆形或近球形，均一端钝，另一端尖；有或无卵囊残体及孢子囊残体。每个孢子囊内含2个香蕉形子孢子；细胞核位于子孢子中部。

1）蒂氏艾美耳球虫：卵囊较大，常呈椭圆形，有的呈圆柱状或卵圆形。无卵膜孔和卵囊残体，有明显的极粒。孢子化卵囊大小为（23.4~31.2）μm×（18.2~22.9）μm。形状指数为1.25~1.64。孢子囊呈不对称的长卵圆形，一边较为平直，另一边呈弧形；这是本种的特点。斯氏体明显偏向一侧，团块状的孢子囊残体由较大的颗粒构成。

2）新蒂氏艾美耳球虫：卵囊的形状与蒂氏艾美耳球虫相似，但较小。卵囊壁光滑，无色。孢子化卵囊大小为（18.2~24.7）μm×（13.8~18.2）μm。形状指数为1.3~1.5。无卵膜孔和卵囊残体。孢子化后的4个孢子囊呈两侧对称的长卵圆形。斯氏体明显，孢子囊残体呈颗粒状，数量较多，成堆。

3）粗糙艾美耳球虫：卵囊呈卵圆形，偶有不对称者，椭圆形者少见。卵囊壁粗糙，有辐射状条纹，呈黄色或黄褐色；有显著的卵膜孔，无极帽。孢子化卵囊大小为（31.2~34.3）μm×（22.1~24.7）μm；形状指数为1.32~1.47。孢子化卵囊内有4个孢子囊；具有极粒，缺卵囊残体；孢子囊呈长卵圆形，有时不对称，斯氏体显著。孢子囊残体由粗大的颗粒构成条状或形状不规则的团块。

【流行特点】随猪粪排出的卵囊，在适宜的温度和湿度等外界环境中，经数天完成孢子生殖过程，形成具有感染能力的孢子化卵囊。其污染猪的饲料和饮水，被猪经口食入后子孢子逸出，侵入肠上皮细胞内进行裂体增殖，形成许多裂殖体和裂殖子。裂体增殖进行到一定时期后，部分裂殖子侵入新的上皮细胞内，形成雌、雄配子体，再分别发育成雌、雄配子，雌、雄配子结合形成合子，合子分泌物形成卵囊壁。最后，卵囊从猪肠上皮细胞内释出，落入肠腔，随猪粪排到外界。

球虫卵囊对化学消毒剂和低温的抵抗力很强，大多数卵囊可越冬。紫外线对各阶段的球虫均有很强的杀灭作用。干燥、高温和强光照射可杀灭卵囊。

猪囊等孢球虫的潜隐期为4~6d，显露期为3~13d；体外孢子化需要3~5d，28℃条件下卵囊最早孢子化时间为26h；低于0℃时卵囊不能孢子化，高于40℃卵囊死亡。新蒂氏艾美耳球虫的潜隐期为10d，显露期6~8d，最短孢子化时间为10d。

各种品种、性别和年龄的猪对猪球虫均有易感性。仔猪的感染率和发病率均较高，成年猪多为带虫者，是本病的重要传染源。饲养管理不善、温暖潮湿季节易发生本病。鼠类和鸟类可机械性传播球虫卵囊。

【症状与病理变化】猪球虫病的临床症状和病理变化与感染的球虫种类和感染强度相关。

常见多种艾美耳球虫与囊等孢球虫混合感染，且以囊等孢球虫的致病作用为主，少见艾美耳球虫单独致病的病猪。病猪主要表现为食欲减退，粪便松软或呈糊状，逐渐消瘦。一般病猪能自行耐过，逐渐恢复，但成为带虫者，可持续排出球虫卵囊而成为本病的传染源。腹泻严重的病猪，粪便呈灰白色至黄白色，含凝乳块，有的表现黄色水样腹泻，粪便恶臭，偶尔可见血便。患病仔猪被毛粗乱、无光泽，皮肤呈灰白色，缺乏弹性；精神沉郁、食欲减退甚至废绝，生长发育缓慢，严重消瘦，体重几乎不增加；喜卧，弓背站立，严重感染的哺乳仔猪最后因脱水、衰弱而死。

在裂殖增殖后期、配子生殖和卵囊排出期间组织病变比较明显，主要包括肠黏膜上皮坏死和脱落、肠壁水肿和炎性细胞浸润，以及肠绒毛萎缩、糜烂等，尤以回肠及其邻近部位最为严重。

【诊断】生前诊断采用饱和盐水漂浮法或粪便涂片法，于显微镜下检查，发现大量球虫卵囊，或死后取肠黏膜触片或刮取肠黏膜涂片，置于显微镜下检查到裂殖体、裂殖子、配子体、卵囊等，可确诊为球虫感染。但由于猪的带虫现象极为普遍，因此，是不是由球虫引起的发病和死亡，应结合临床症状、流行特点、剖检病变和病原检查结果进行综合判断。

【防治】预防本病应将仔猪与成年猪分群饲养，将运动场分开，以免带虫的成年猪散播病原导致仔猪暴发球虫病。母猪产前1周驱除球虫，保持产房良好卫生，防止母猪将球虫传染给仔猪。加强饲养管理，喂给全价饲料，提高机体抗病力。经常清扫圈舍、运动场，将猪粪集中发酵，利用生物热杀灭卵囊。保持饲料、饮水清洁；用具、饲槽、水槽等定期用沸水消毒。发现病猪应及时隔离治疗。预防和治疗可选用托曲珠利、地克珠利等药物。

第二节　猪小袋纤毛虫病

猪小袋纤毛虫病（结肠小袋纤毛虫病）是由小袋虫科小袋虫属的结肠小袋纤毛虫寄生于猪和人等宿主结肠和盲肠内所引起的一种人兽共患原虫病。其特征是腹泻和消瘦。本病呈世界性分布，多发于热带、亚热带和温带地区。

【病原】结肠小袋纤毛虫在发育过程中有滋养体和包囊两种形态（彩图3-5-2）。滋养体呈卵圆形或梨形，无色，一般长30~150μm、宽25~120μm，体表有许多纵向排列的纤毛，为运动器官，随纤毛摆动而活泼运动。窄端近顶端有1个胞口，下接盲管胞咽，胞口和胞咽处均有纤毛，帮助采食。宽端为后端，有1个胞肛，未消化完的食物残渣及废物经此排出。有1个肾形大细胞核位于体中部，质密色深，大核凹面附近有1个小核，质疏色浅。体内有大、小空泡（伸缩泡）和食物残渣。空泡大小可变，可能与虫体伸缩有关。包囊呈近圆形或椭圆形，直径为40~60μm，囊壁厚而透明，包囊内有一团颗粒状原生质，原生质中有细胞核、伸缩泡和食物泡。

【流行特点】外界环境中的包囊污染饲料和饮水，被猪等宿主食入后，囊壁在肠内被消化，虫体逸出变为滋养体，进入大肠寄生，以肠内淀粉、肠壁细胞及细菌等为食物，以横二分裂法或接合生殖法进行繁殖。部分滋养体变圆，由分泌物形成囊壁包围虫体形成包囊，随粪排到体外。随粪排出的滋养体，在外界环境中也可形成包囊。

包囊抵抗力较强，一般常用消毒剂不能将其杀死，在-6~28℃能存活100d，常温下可存活20d，尿液内可存活10d，高温和阳光对其有杀灭作用。

各品种、性别、年龄的猪均可感染结肠小袋纤毛虫，但主要引起仔猪发病，尤其是刚断奶不久的仔猪。除猪外，人等灵长类、牛、羊、鼠等哺乳动物和鸵鸟均可感染。虫体以包囊为主要传播形式，人、兽经口食入而感染。一年四季均可发生，但多发于冬、春季节。

【症状与病理变化】成年猪感染后一般不表现明显症状，但其是主要传染源。仔猪感染后，潜伏期为5~16d，主要症状为腹泻，粪呈粥样，混有黏液及血液，有恶臭气味。一般无体温反应。后期病猪精神沉郁，脱水，极度消瘦，严重者可引起死亡。

虫体主要寄生于结肠，也可寄生于盲肠和直肠。肠黏膜显著肥厚、充血、坏死，重者形成溃疡。溃疡呈圆形，绿豆到黄豆大小。

【诊断】临床症状和剖检变化可作为参考，确诊需取少量新鲜粪便涂布于载玻片上，加1滴生理盐水或常水，覆以盖玻片后在显微镜下检查，发现包囊或滋养体，或死后刮取结肠黏膜涂片，用显微镜检查发现滋养体或包囊即可确诊。由于滋养体在温度低的外界环境中易死亡，所以很快形成包囊以保护自身，夏季粪检时可看到滋养体和包囊，冬季环境温度低时只能看到包囊。

【防治】预防重点为保持猪场的环境清洁卫生和做好经常性消毒工作，及时清除猪粪，堆积发酵，杀灭虫体。饲养人员应注意清洁卫生，以免接触病原而感染。猪群发病后应及时隔离、治疗，治疗可选用甲硝唑、替硝唑、奥硝唑等药物，也可用土霉素、四环素、金霉素等。

第三节　猪姜片吸虫病

猪姜片吸虫病是由片形科姜片属的布氏姜片吸虫寄生于猪和人的小肠所引起的一种人兽共患吸虫病，临床以病猪消瘦、发育不良和肠炎等为特征，严重时引起死亡。

【病原】布氏姜片吸虫是吸虫中最大的一种，成虫长20~75mm、宽8~20mm，虫体呈长卵圆形，前窄后宽，比较肥厚，似斜切的姜片，所以称为姜片吸虫。新鲜虫体呈暗红色，前端有1个较小的口吸盘，稍后方腹面有1个发达的漏斗状腹吸盘，较口吸盘大4~5倍，肉眼可见。盲肠分为两支，呈波浪状弯曲，达虫体后端。两个分支睾丸，前后排列于虫体后部。卵巢呈树枝状，位于睾丸前方，偏于右侧。子宫盘曲于睾丸与腹吸盘之间，生殖孔位于腹吸盘前方腹面纵中线上。虫卵呈长椭圆形或卵圆形，浅黄色，长130~150μm、宽85~97μm；卵壳薄，分2层；卵盖明显；胚细胞清晰，较大而透明；卵黄细胞致密，互相重叠排列（彩图3-5-3）。

【流行特点】本病主要在亚洲的温带和亚热带呈地方流行性。其发生和流行，必须具备终末宿主、中间宿主和水生植物媒介3个条件。随终末宿主的粪排到体外的虫卵是主要传染源。终末宿主主要是猪和人，偶尔可感染犬和野兔；经口食入囊蚴而感染。各种品种、性别和年龄的猪均可感染，但纯种猪的感染率、发病率高于土种猪，仔猪的感染率高于成年猪，3~6月龄的猪发病率最高，9月龄以后逐渐下降。中间宿主扁卷螺和水生植物媒介只在气温较高的夏季才大量出现，因此，本病的发生以秋季最多，有的延续至冬季。在气候温热的地区，喂水生植物饲料的仔猪常严重发病。

【症状与病理变化】寄生虫体较少时，病猪仅表现精神沉郁、食欲减退、消化不良，仔猪发育缓慢。寄生虫体较多时，常见腹胀、腹痛或腹泻，或腹泻与便秘交替出现，严重消瘦，贫血，腹下甚至全身水肿。大量虫体寄生时可堵塞肠管，如果不及时治疗，甚至可能死亡。

病变主要是小肠炎症。虫体附着部位的肠黏膜及其附近组织发炎，点状出血，水肿，黏膜糜烂、脱落，形成溃疡或脓肿。

【诊断】根据流行特点、临床症状和病原检查结果综合分析诊断。生前诊断用水洗沉淀法查到粪便中虫卵或死后剖检在小肠内发现虫体时即可确诊。

【防治】预防主要应加强粪便管理、灭螺和驱虫。病猪与病人粪便是布氏姜片吸虫散播的主要来源，因此，应加强粪便管理，尽可能将粪便堆积发酵后再用作肥料。扁卷螺是布氏姜片吸虫的中间宿主，在习惯用水生植物喂猪的地方，灭螺具有十分重要的预防意义。在本病流行地区，要做好定期驱虫工作，每年至少 1 次。预防和治疗可选用吡喹酮、硫双二氯酚、阿苯达唑等药物。

第四节　猪消化道线虫病

一、猪蛔虫病

猪蛔虫病是由蛔科蛔属的猪蛔虫成虫寄生于猪小肠内引起的一种常见多发土源性线虫病，幼虫在体内移行过程中可引起肝、肺损伤。本病呈世界性分布。3~6 月龄的仔猪最易感染，病猪发育不良，严重者生长停滞，形成"僵猪"，甚至引起死亡。

【病原】猪蛔虫是寄生在猪小肠内的一种大型线虫。新鲜虫体呈黄白色或浅红色、中间稍粗、两端较尖的长圆柱形，体表光滑或有横纹。头端的口孔周围有品字形排列的 3 片大唇，1 片背唇较大，外缘两侧各有 1 个大乳突；2 片亚腹侧唇较小，外缘内侧各有 1 个大乳突，外侧各有 1 个小乳突；3 片唇的内缘各有一排小齿。食道呈圆柱形。雄虫长 15~20cm，宽约 3mm，尾端向腹面弯曲，形似鱼钩。雌虫长 20~40cm，宽约 5mm，尾部较钝直。受精卵呈短椭圆形或近圆形，黄褐色，长 50~75μm、宽 40~50μm，卵壳厚，最外层为凹凸不平的蛋白质膜，卵内含 1 个未分裂的圆形或近圆形胚细胞，其两端与卵壳之间各有 1 个新月形空隙。未受精卵呈长椭圆形，平均大小为 90μm×40μm，棕黄色，卵壳薄，卵内含很多不规则的油滴状颗粒和空泡（彩图 3-5-4）。

【流行特点】猪蛔虫属土源性线虫，发育过程中不需要中间宿主。成虫寄生于猪小肠内，成熟雌虫在寄生部位产卵，虫卵随粪排到体外，在适宜的温度、湿度、氧气和光照条件下经 15~30d 发育成含第二期幼虫的感染性虫卵。从感染性虫卵被食入到经移行并发育为成虫产卵，需要 60~75d，成虫在猪体内可存活 7~10 个月。因此，在一般情况下，2 月龄前的仔猪小肠内没有成虫寄生，粪中没有虫卵。初生仔猪也有患蛔虫病的，可能系胚胎感染。

各年龄阶段的猪均可感染猪蛔虫，但猪蛔虫病主要发生于 3~6 月龄的猪，成年猪多为带虫者，并有自动排虫现象。

带虫猪或病猪随粪排出的虫卵，是本病的主要传染源。猪蛔虫产卵量很大，1 条雌虫 1d 可产卵 10 万~20 万个，一生可产卵 3000 万个。猪在拱土、采食或饮水时经口食入而感染。母猪乳房也极易被虫卵污染，致使仔猪在吮乳时感染。

猪蛔虫卵对各种环境因素和化学消毒剂的抵抗力均很强。在疏松湿润的耕地或园土中可存活 2~5 年，但干燥和 40℃以上高温或夏季阳光直射能使虫卵迅速死亡，绝大部分未发育虫卵能越冬存活。虫卵在一般消毒剂内能存活 5 年或更长时间，只有用 5%~10% 苯酚、60℃的 2%~5% 热氢氧化钠溶液、新鲜石灰乳等才能杀死虫卵。

在饲养管理不良、卫生条件恶劣、猪过于拥挤，以及营养缺乏的猪场，尤其是饲料中缺乏维生素和矿物质的情况下，3~6 月龄的猪最易大批感染猪蛔虫并发病，且常发生死亡。

【症状与病理变化】猪蛔虫病的临床症状，随猪的年龄大小、体质强弱、感染强度和猪蛔虫所处的发育阶段而有所不同。成年猪感染后一般不表现临床症状而成为带虫者，仔猪发病率较高，病初有轻微的湿咳，体温可升高至 40℃ 左右；随后出现精神沉郁，呼吸及心跳加快，食欲减退或时好时坏，异嗜，营养不良，消瘦，贫血，被毛粗乱，磨牙，生长发育缓慢或停滞，形成"僵猪"；严重者呼吸困难，呕吐，流涎，腹泻，喜卧，不愿走动，多经 1~2 周好转或逐渐虚弱，甚至死亡。当成虫寄生数量多时，易发生肠阻塞，病猪剧烈腹痛，有时引起肠穿孔或肠破裂而导致死亡（彩图 3-5-5）。有时蛔虫可进入胆管，引起胆道蛔虫病，表现黄疸和腹痛等症状，多经 6~8d 死亡。虫体的分泌物和代谢物对猪的神经和血管有毒性作用，可引起过敏反应，表现皮疹、痉挛、兴奋或麻痹等。

幼虫移行常引起肝组织损伤、出血、变性和坏死，最终在肝脏上形成不定形的灰白色云雾状蛔虫斑块。移行经肺常引起蛔虫幼虫性肺炎、支气管炎等变化，肺表面和切面可见大量出血点或暗红色斑点，支气管内可见蛔虫幼虫。大量虫体寄生于小肠时，可见小肠黏膜有卡他性炎症、出血或溃疡。肠破裂的病猪，可见腹膜炎和腹腔内出血。

【诊断】根据流行特点、临床症状、剖检病变和病原检查等进行综合分析诊断。生前用饱和盐水漂浮法或水洗沉淀法查到每克粪中含 1000 个以上虫卵或查鼻液发现大量猪蛔虫幼虫时，或死后在小肠内发现大量成虫，或以贝尔曼法在肝脏、肺内查到大量幼虫时，可确诊为猪蛔虫病。

【防治】猪蛔虫病的预防，必须采取包括消除带虫猪、保护环境卫生和防止仔猪感染等综合性措施。保持圈舍和运动场清洁卫生，及时清除粪便，堆积发酵或沼气池发酵，杀灭虫卵，防止病原散播。临产母猪驱虫，清洗乳房，产房消毒；断奶仔猪及时分圈饲养，防止仔猪感染。每年应在春、秋季进行 2 次全场驱虫；3~6 月龄的猪应驱虫 2~3 次。发现病猪，及时用药物进行治疗性驱虫。治疗或预防性驱虫药物可用阿苯达唑、伊维菌素、左旋咪唑等。

二、猪食道口线虫病

猪食道口线虫病是由夏伯特科食道口属的线虫寄生于猪的肠腔与肠壁而引起的。由于猪食道口线虫的幼虫阶段可使猪肠壁发生结节性病变，所以食道口线虫又名结节虫。本病在我国各地普遍存在，对养猪业危害较大。

【病原】食道口线虫呈细小线状。口囊呈小而浅的圆筒形，外周为一显著的口领。口缘有内、外叶冠。有颈沟，其前部的表皮常膨大形成头泡。颈乳突位于颈沟后方的两侧。有或无侧翼。雄虫的交合伞发达，有 1 对等长的交合刺。雌虫阴门位于肛门前方附近，阴道短，排卵器发达，呈肾形。虫卵呈椭圆形，无色，卵内含深色卵细胞。寄生于猪的食道口线虫有以下 3 种：①有齿食道口线虫，虫体呈乳白色，寄生于结肠。②长尾食道口线虫，虫体呈暗灰色，寄生于盲肠和结肠。③短尾食道口线虫，虫体呈灰白色，寄生于结肠。

【流行特点】食道口线虫的发育史中不需要中间宿主，属直接发育型线虫。成虫在大肠内寄生并产卵，卵随粪排到体外，在适宜条件下经 24~48h 孵出幼虫，再经 3~6d，蜕皮 2 次，发育为感染性幼虫（披鞘第三期幼虫）。感染性幼虫 5~7 周发育为成虫。

干燥容易使虫卵和幼虫死亡。在 60℃ 高温下虫卵迅速死亡。感染性幼虫在适宜条件下可存活几个月；冰冻可使之死亡。感染性幼虫具有向湿性和向弱光性，在清晨、傍晚、雨后或多雾时爬到潮湿的草叶上或草梢部，此时放牧猪或割取牧草喂猪易导致猪感染。成年猪感染较多；卫生条件较差的潮湿猪舍中感染较多。

【症状与病理变化】临床症状表现的轻重，取决于感染强度和虫体发育阶段。幼虫阶段的致病力较强。轻度感染时不表现明显症状，但在严重感染时表现顽固性大肠炎，病猪腹部疼痛，食欲减退或废绝，腹泻，粪中带有脱落的肠黏膜，渐进性贫血、消瘦和衰弱，严重时可引起死亡。

幼虫寄生时，可见病部周围局部性炎症，形成包囊，最终在大肠壁上形成粟粒状结节，其与周围组织界线清楚，有小孔与肠腔相通，结节内含幼虫和黄白色或灰绿色泥状物，有的发生坏死或钙化（彩图3-5-6）。大量感染者，大肠壁普遍增厚，发生卡他性肠炎。结节感染细菌时，可见弥漫性大肠炎。成虫阶段的致病力轻微，有时可见肠溃疡。

【诊断】检查粪便发现虫卵或自然排出的虫体，结合临床症状和剖检病变可以确诊，必要时可进行诊断性驱虫。

【防治】预防应注意保持猪舍、运动场干燥和清洁卫生。及时清除猪粪并堆积发酵，无害化处理。保持猪的饲料和饮水清洁。定期进行预防性驱虫。预防和治疗可选用左旋咪唑、阿苯达唑、氟苯达唑、伊维菌素等驱虫药物。

三、猪胃线虫病

猪胃线虫病是由毛圆科猪圆属和尾旋科似蛔属、泡首属、西蒙属及颚口科颚口属的线虫寄生于猪胃内引起的线虫病。我国许多省市均有本病发生。

【病原】本病的病原有以下几种。

（1）红色猪圆线虫　寄生于猪胃黏膜内。虫体细小，呈纤丝状，红色。雄虫长4~7mm，交合伞发达，侧叶大，背叶小；2根交合刺等长；有引器和副引器。雌虫长5~10mm，阴门在肛门稍前方。虫卵呈长椭圆形，灰白色，卵壳薄，内含卵细胞8~16个，虫卵长65~83μm、宽32~42μm。生活史中不需要中间宿主。引发猪胃圆线虫病。

（2）圆形似蛔线虫　咽壁上有3~4叠螺旋形角质增厚。雄虫长10~15mm，2根交合刺不等长、不同形，左侧交合刺长，右侧交合刺短。雌虫长16~22mm，阴门位于虫体中部稍前方。虫卵长34~39μm、宽20μm，深黄色，卵壳厚，两端呈塞状，卵内含幼虫。虫卵随猪粪排到体外，被食粪甲虫所吞食，幼虫在甲虫体内约经20d发育到感染性阶段，猪由于吞食含感染性幼虫的甲虫而被感染。虫体在猪体内的寿命约10.5个月。

（3）有齿似蛔线虫　雄虫长约25mm，雌虫长约55mm。口囊前部有1对齿。其他结构及生活史与圆形似蛔线虫相似。

（4）六翼泡首线虫　虫体口囊小，无齿。咽壁很厚，两端呈单线状螺旋形增厚，中部为单圆环形增厚，咽部角皮稍膨大，其后每侧有3个颈翼膜。雄虫长6~13mm，1对交合刺不等长。雌虫长13~22.5mm，阴门位于虫体中部后方。虫卵长34~39μm、宽15~17μm，卵壳厚，内含幼虫。生活史与圆形似蛔线虫相似。多种食粪甲虫可为其中间宿主，幼虫在其体内约经36d发育为感染性幼虫。

（5）奇异西蒙线虫　雌虫、雄虫异形。雄虫长12~15mm，呈线状，尾部螺旋状卷曲，游离于胃腔或部分埋入胃黏膜中。雌虫长15mm，后部膨大呈球形，嵌入胃壁中的包囊内，前部纤细，突出于胃腔。虫卵呈圆形或椭圆形，长20~29μm。生活史中可能需食粪甲虫作为中间宿主。

（6）刚棘颚口线虫　寄生于猪的胃壁。新鲜虫体呈浅红色，表皮薄，可透见体内的白色生殖器官。头端膨大呈球形，头部及全身体表均密布有环状排列的小棘。雄虫长15~20mm，两根交合刺不等长、不同形。雌虫长30~40mm，阴门位于虫体后部。虫卵长72~74μm、宽39~42μm，呈椭圆形，黄褐色，一端有透明的帽状结构，卵内含数个卵细胞。第一中间宿主是剑水蚤，第二中间宿主是鱼类、蛙类，在第二中间宿主体内幼虫穿过胃壁和肠壁并移行进入肝脏和肌肉，约1个月发育为第三期幼虫，之后被纤维膜包围形成包囊；也可在贮藏宿主如两栖类、爬行类、鸟类和哺乳动物体内形成包囊。终末宿主猪因吞食了带有感染性幼虫的中间宿主或贮藏宿主而受感染，第三期幼虫在胃内脱囊，幼虫以头部钻入胃壁中逐渐发育为成虫。

（7）陶氏颚口线虫　寄生于猪胃内。虫体全身有小棘。虫卵两端带有透明的帽状结构。发育史与刚棘颚口线虫相似。

【流行特点】猪胃线虫虫卵和幼虫均不耐干燥和低温。感染性幼虫可爬上潮湿的草叶和在湿润的环境中移行。各种年龄的猪均可感染，但主要感染仔猪和架子猪（待育肥猪）。母猪哺乳期间受感染较多，停止哺乳后可自愈。感染主要发生在污染、潮湿的牧场、运动场、圈舍和饮水处。饲料中蛋白质不足时易发生感染。刚棘颚口线虫有时也可感染人，人通过生食或半生食含刚棘颚口线虫的第二中间宿主或贮藏宿主（主要是淡水鱼类）而被感染，引起食源性刚棘颚口线虫病，幼虫在人体内穿凿引起皮肤幼虫移行症和内脏幼虫移行症。

【症状与病理变化】感染少量虫体时不表现明显症状。当大量虫体寄生或因其他因素使猪的抵抗力降低时，病猪表现急性或慢性胃炎症状，精神沉郁，食欲减退或废绝，渴欲增加，排带血的黑粪；发生营养障碍，生长发育受阻，贫血，消瘦，甚至引起死亡。

剖检病变可见胃黏膜发炎、增厚，胃底部小点状或广泛性出血和糜烂，并发生溃疡，严重者可引起胃穿孔导致死亡。刚棘颚口线虫可在胃壁局部形成米粒到黄豆大小的灰白色肿瘤样结节，其中央有孔通胃腔和腹腔，结节内有小腔，内含浅红色或脓血样物和虫体。

【诊断】依据临床症状和流行病学资料可初步诊断本病，粪便检查发现虫卵或剖检发现虫体和相应病变可确诊。

【防治】防控本病应保持猪舍清洁和干燥，及时清除猪粪并堆积发酵，无害化处理。保持猪的饲料和饮水清洁，严防被猪粪污染。防止圈养猪食入食粪甲虫、剑水蚤和贮藏宿主。定期做好预防性驱虫。母猪应在产仔前进行驱虫，仔猪应在约8周龄时驱虫。预防和治疗可选用左旋咪唑、阿苯达唑和伊维菌素等药物。

第五节　猪肺线虫病

猪肺线虫病是由后圆科后圆属的线虫寄生在猪的支气管和细支气管内引起的线虫病。由于虫体呈丝线状，寄生于肺，所以本病称肺线虫病。本病分布遍及全国各地，常呈地方流行性，对仔猪危害性很大，是猪的重要疾病之一。

【病原】猪肺线虫呈乳白色或灰白色，丝线状。口囊小，口缘有1对三叶侧唇。食道呈棍棒状，末端稍膨大。雄虫较雌虫短小。雄虫的交合伞一定程度退化，背叶小，肋一定程度融合。1对细长的等长交合刺末端有小钩。雌虫阴门紧靠肛门前方，有一角质阴门盖覆盖，后端向腹面弯曲。卵胎生。虫卵呈椭圆形，无色或灰色，卵壳厚，表面光滑或不光滑，带有细小的乳状突起，卵内含1条盘曲2~2.5圈的幼虫。寄生于猪的肺线虫有3种：①野猪后圆线虫，又称长刺后圆形线虫。②复阴后圆线虫，又称短阴道后圆线虫。③萨氏后圆线虫。

【流行特点】终末宿主为猪和野猪。中间宿主为蚯蚓。成虫寄生于终末宿主猪的支气管和细支气管内，所产虫卵随气管中的分泌物到咽部而被咽下，进入消化道，再随粪排到体外。猪在采食或拱土时，食入带有第三期幼虫的蚯蚓，或蚯蚓被损伤或死亡后游离在外界环境中的第三期幼虫而感染，成虫寿命约为1年。

虫卵的抵抗力较强，在潮湿的土壤中可存活3个月；秋季产于牧场上的虫卵，可度过结冰的冬季，存活达 5 个月以上。温度在 60℃时 30min 死亡；45℃能存活 2h；-20~-8℃时能存活 108d。

本病一年四季均可发生，但在温暖、多雨季节和蚯蚓活动频繁的地方，猪最易食入幼虫或带虫蚯蚓而感染。

本病的发生与饲养管理方式有关，在易被虫卵污染和适合蚯蚓生存的猪舍、运动场、牧场等环境中，猪的感染率较高；舍饲猪感染概率小。

本病可发生于各种年龄的猪，但多发于 6~12 月龄的猪，羊、鹿、牛等反刍动物和人偶尔可感染。

【症状与病理变化】轻度感染时症状不明显，但影响生长发育。严重感染时，虫体的机械性和化学性刺激，引起支气管炎和支气管肺炎，病猪主要表现强烈的阵发性咳嗽，特别是在清晨、傍晚、天气骤然变冷、采食时或剧烈运动后，呼吸困难，肺部有啰音，鼻孔流出脓性分泌物，食欲不振甚至废绝，营养不良，消瘦，贫血，生长发育滞缓，形成"僵猪"，最后极度衰弱而死亡。病猪即使病愈，生长仍缓慢。幼虫移行时易带入病原，常并发流行性感冒和病毒性肺炎。

主要病变见于肺，表现肺气肿与实变相间的病理变化。肺膈叶后缘有楔状肺气肿，支气管扩张、管壁增厚，靠近气肿区有坚实的灰白色小结。支气管内含大量黏稠分泌物和虫体，严重者虫体堵塞支气管（彩图 3-5-7）。

【诊断】根据临床症状和流行病学资料，结合用硫酸镁或硫代硫酸钠饱和溶液漂浮法检查粪便，若发现大量虫卵，或死后剖检在支气管内发现大量虫体可确诊。

【防治】猪舍和运动场应保持干燥、清洁，最好铺设水泥地面，防止蚯蚓滋生或猪拱土时食入蚯蚓而感染。及时清除粪便并堆积发酵，防止虫卵散播。本病流行区，应对猪定期进行预防性驱虫。定期检查，发现病猪及时用药驱虫。预防和治疗可用下列药物：左旋咪唑（一次肌内注射，驱虫率近 100%，内服效果较差）、阿苯达唑、伊维菌素。

第六节　猪肾虫病

猪肾虫病是由冠尾科冠尾属的有齿冠尾线虫寄生于猪的肾盂、肾周围脂肪和输尿管管壁等处引起的线虫病，也称猪冠尾线虫病。幼虫阶段可见于全身各部肌肉及肝脏、肺等处。本病分布广泛，危害性大，常呈地方流行性，是热带和亚热带地区猪的主要寄生虫病。病猪生长发育缓慢，母猪不育或流产，甚至造成大批死亡，严重影响养猪业的发展。

【病原】有齿冠尾线虫虫体较粗壮，形似火柴杆，两端较细尖（彩图 3-5-8）。新鲜活虫呈浅灰褐色，体壁半透明，可透见内部器官。口囊呈杯状，壁厚，底部有 6~11 个角质小齿。口缘有 1 圈细小叶冠及 6 个角质隆起。雄虫长 20~30mm，交合伞小，腹肋短粗并行，基部合并；侧肋基部合并，前侧肋较小，中、后侧肋较大；外背肋细小，自背肋基部发出；背肋粗壮，远端分为 4 个小枝。2 根交合刺等长或不等长。有引器及副引器。雌虫长 30~45mm，阴门靠近肛门。虫卵呈长椭圆形，灰白色，两端钝圆，内含 32~64 个深灰色圆形卵细胞。虫卵较大，长 100~125μm，宽 59~70μm。

【流行特点】成虫在结缔组织形成的包囊中寄生，包囊有管道与泌尿系统相通。成熟雌虫在寄生部位产卵，虫卵随尿液排到体外，在适宜的温度（26~28℃）、湿度和氧气条件下，经 1~2d 孵出第一期幼虫；第一期幼虫经 3~4d、2 次蜕皮，形成披鞘第三期幼虫（感染性幼虫）。

感染性幼虫经口或皮肤侵入猪体内。幼虫在肝脏内停留3个月以上，经第4次蜕皮后变为第五期幼虫，然后穿过肝包膜进入腹腔，移行到肾脏、输尿管等组织中形成包囊并发育为成虫。从感染性幼虫侵入猪体到发育为成虫，需6~12个月。移行入脾脏、心脏、腰肌、脊髓等器官和组织的虫体，均不能发育为成虫而死亡。

有齿冠尾线虫成虫寄生于猪的肾盂、肾周围脂肪、输尿管壁、膀胱和腹腔等处的结缔组织包囊内，除猪以外，也能寄生于黄牛、马、驴和豚鼠等动物。感染性幼虫主要分布在猪舍的墙根、排尿处及运动场的潮湿处，猪在拱土时食入幼虫，或躺卧时感染性幼虫钻入其皮肤而感染。光照充足、干燥、清洁、铺设水泥地面的猪舍和运动场，可减少感染。

猪肾虫病是热带和亚热带地区猪的主要寄生虫病，但近年来，辽宁、吉林、河南等地也先后发现了本病。

本病在不同地区的感染季节和流行程度，随各地气候条件的不同而异。气候温暖的多雨季节，适宜幼虫发育，感染概率大，容易流行；炎热而干旱的季节，阳光强烈，不适宜幼虫发育，感染概率小，不容易流行。在我国南方，本病多发于每年的3~5月和9~11月。虫卵和幼虫对干燥和直射阳光的抵抗力弱，在21℃以下温度中干燥56h会全部死亡。虫卵对化学药物的抵抗力很强，1%氢氧化钠、硫酸铜等溶液不能杀死虫卵；1%漂白粉、苯酚溶液具有较高的杀灭率。

【症状与病理变化】幼虫和成虫的致病作用均强。虫体移行或寄生都能造成所经器官损伤、出血、发炎、脓肿。经皮肤感染者，病初皮肤发炎，形成丘疹和红色小结节，体表局部淋巴结肿大；随后病猪食欲不振，精神沉郁，逐渐消瘦，贫血，黄疸，被毛粗乱，后肢无力，行动迟缓，走路不稳，跛行，喜卧，甚至后躯麻痹或后肢僵硬，不能站立，拖地爬行。病猪排尿频繁、尿少而淋漓，尿液混浊，常带有白色黏稠絮状物或脓液。仔猪发育迟缓。母猪不育或流产。公猪性欲降低或失去交配能力。病情严重的猪，多因极度衰弱而死亡。

剖检可见尸体消瘦，皮肤上有丘疹和红色小结节，淋巴结肿大、瘀血。胸膜、肌肉和肺脏内有结节和脓肿，内含幼虫。门静脉内有血栓，内含幼虫。肝脏肿大变硬，结缔组织增生，肝脏内有虫道、结节、包囊和脓肿，内含幼虫。肾盂脓肿，结缔组织增生；输尿管管壁增厚；膀胱黏膜充血；肾盂、肾周围脂肪、输尿管管壁和膀胱外围均可见有包囊，内含脓液和1~5条成虫和大量虫卵。腹腔内腹水增多，并可见有成虫。

【诊断】对5月龄以上的猪，结合临床症状和流行情况，尿液检查发现大量虫卵，或剖检病猪发现病变、虫体和虫卵时，即可确诊。5月龄以下的猪，只能在剖检时，在肝脏、肺、肌肉等处发现虫体和病变。

【防治】防控本病应保持猪舍和运动场干燥、卫生。猪舍和运动场的地面、饲槽和用具应经常打扫，定期用1%~3%漂白粉、10%新鲜石灰乳消毒。加强饲养管理，特别应注意补充维生素和矿物质，以增强猪对疾病的抵抗力。严格检疫，防止本病的传入或传出。有计划地、分期分批地淘汰患病母猪。发现病猪，立即隔离治疗。预防和治疗可选用左旋咪唑、阿苯达唑、氟苯达唑、伊维菌素等药物。

第七节　猪棘头虫病

猪棘头虫病是由棘头动物门少棘吻科巨吻属的蛭形巨吻棘头虫寄生于猪小肠内引起的一种寄生虫病。除猪和野猪外，猫、犬和人也可感染。本病在我国分布广泛。病猪主要表现生长发育受阻等。

【病原】猪棘头虫是一种大型寄生虫，呈乳白色或浅红色，长圆柱形，前部较粗，后部较细，体表光滑，有明显的环状皱纹。虫体不分节，有假体腔。虫体前端有1个近球形吻突，吻突上有5~6列斜列、尖端向后弯曲的小钩，每列6个。吻突之后有1个肌质吻囊，悬系在假体腔内，吻突受数块肌肉的控制，可伸出或缩入吻囊内。1对吻腺呈长形叶状，附着于吻囊基部两侧的体壁上，悬垂于假体腔中。

雄虫长7~15cm，呈长逗点状。2个圆形或椭圆形睾丸，前后排列于韧带囊内，附着于韧带索上。长椭圆形黏液腺4~8个，位于睾丸后方。尾端有1个圆屋顶状的交合伞，可伸缩。

雌虫长30~68cm。卵巢在背韧带囊内发育，成熟后崩解成卵球散于背韧带囊内或假体腔内，含不同发育时期的虫卵。子宫钟呈倒钟形，后端有1个侧孔连选择器，控制着成熟虫卵经子宫钟进入子宫排出。虫卵呈深褐色，长椭圆形，两端稍尖，卵壳厚，由4层组成，由外向内依次为：蛋白质膜，薄而无色、透明，易破裂；卵壳膜，呈褐色，厚，上有细皱纹或小钩，两端有透明的小塞状结构，前端的尖，后端的钝圆；受精膜薄，胚膜不明显。卵内含棘头蚴。虫卵长89~100μm、宽42~56μm，平均91μm×47μm。

【流行特点】猪棘头虫的生活史中需金龟子等甲虫作为中间宿主。成虫在猪小肠内产卵，虫卵被金龟子等甲虫幼虫吞食后，经棘头体发育为棘头囊，达到对终末宿主有感染性的阶段。棘头囊长3.6~4.4mm，肉眼易看到，呈白色、扁平芝麻粒状，表面有横纹，吻突常缩入吻囊。当甲虫化蛹并变为成虫时，棘头囊一直停留在其体内，并保持感染力达2~3年。猪食入含有棘头囊的甲虫成虫、蛹、幼虫时，均能造成感染。在猪的小肠内，棘头囊的吻突翻出并固着于肠壁上，经2~4个月发育为成虫。成虫寿命为10~24个月。

猪棘头虫病常呈地方流行性，以8~10月龄的猪感染率较高，在流行严重的地区感染率可高达60%~80%。

猪棘头虫的卵的卵壳很厚，对外界环境中各种不利因素的抵抗力很强。

猪有拱土的习性，猪拱土时食入甲虫或蛴螬，或在春季放牧时食入成虫而感染。因此，仔猪拱土能力差，感染率低；拱土能力强的后备猪，感染率高；放牧猪比舍饲猪的感染率高。

每年的春、夏季为易感季节，这与甲虫的出现有密切关系。

【症状与病理变化】轻度感染时症状不明显，严重感染时，病猪发生消化机能障碍，食欲减退、腹痛、腹泻，粪中带血，消瘦，贫血，生长发育停滞。当病猪由于肠穿孔而继发腹膜炎时，体温升高，食欲废绝，剧烈腹痛，卧地抽搐死亡。

剖检可见尸体消瘦，黏膜苍白。在肠道，主要是空肠和回肠浆膜上可见有灰黄色或暗红色的豆大结节，结节周围有红色充血带（红晕）；虫体离开寄生部位的陈旧结节变硬，红晕消失。肠黏膜发炎，肠壁增厚，有溃疡灶。有时可见肠穿孔。严重感染时，虫体塞满肠道甚至造成肠破裂而死。

【诊断】生前诊断用沉淀法或硫代硫酸钠饱和溶液漂浮法检查粪便发现虫卵，结合流行病学资料和症状可确诊。死后剖检发现特征性病变和虫体可确诊。

【防治】猪舍和运动场用水泥地面，以免猪拱土时食入中间宿主而感染。早春及5~7月金龟子活跃季节，防止圈养猪食入金龟子而感染。不可诱捕金龟子供猪食用。经常清除猪粪并进行生物热处理，切断传播途径。定期对猪进行检查，发现病猪，及时驱虫，消除传染源。预防和治疗可用左旋咪唑、吡喹酮和阿苯达唑等药物。

第六章 牛、羊的寄生虫病

第一节 巴贝斯虫病

巴贝斯虫病是由巴贝斯属虫体寄生于动物红细胞内引起的蜱传性血液原虫病，俗称巴贝斯焦虫病、蜱热、红尿热、血尿症等，具有发病急、死亡率高、季节性强等特点。本病呈世界性分布，在我国广泛存在，常呈地方流行性。本病在我国被列为三类动物疫病。

【病原】巴贝斯虫在分类上隶属梨形虫目巴贝斯虫科巴贝斯虫属。我国报道的感染牛的巴贝斯虫有5种，常见且危害严重的为双芽巴贝斯虫和牛巴贝斯虫。寄生于羊的巴贝斯虫有3种，分别为莫氏巴贝斯虫、绵羊巴贝斯虫和粗糙巴贝斯虫，前两种在我国已有报道。

巴贝斯虫均寄生于牛、羊的红细胞内，是由原生质和染色质组成的单细胞原虫。虫体形态多样。吉姆萨或瑞氏染色血片中，原生质呈浅蓝色或着色不明显而呈空泡状，染色质呈紫红色。不同巴贝斯虫根据其典型虫体形态、大小和结构进行鉴别。

(1) 双芽巴贝斯虫 寄生于黄牛、水牛、瘤牛红细胞内的大型虫体。典型虫体为尖端呈锐角相连的双梨籽形，每个虫体有2团染色质，位于虫体两端，虫体长度大于红细胞半径，多数位于红细胞中央（彩图3-6-1）。传播媒介（终末宿主）为微小扇头蜱、无色扇头蜱、环形扇头蜱、刻点血蜱等，在我国主要为微小扇头蜱，其可经卵传播病原，第二代幼蜱、若蜱、成蜱均可传播病原。

(2) 牛巴贝斯虫 寄生于牛红细胞内的小型虫体。典型虫体为尖端呈钝角相连的双梨籽形，每个虫体有1团染色质，位于钝端，虫体长度小于红细胞半径，多数位于红细胞边缘（彩图3-6-1）。传播媒介为蓖籽硬蜱和全沟硬蜱，可经卵传递虫体；各发育阶段（幼蜱、若蜱、成蜱）均可传播病原；微小扇头蜱，可经卵传播病原，第二代幼蜱可传播病原，但若蜱、成蜱不能。

(3) 莫氏巴贝斯虫 寄生于羊红细胞内的大型虫体。典型虫体为尖端呈锐角相连的双梨籽形，每个虫体有2团染色质，位于虫体两端，虫体长度大于红细胞半径，多数位于红细胞中央（彩图3-6-2）。传播者为长角血蜱、青海血蜱、刻点血蜱、微小扇头蜱、囊形扇头蜱和阿贝革蜱、蓖籽硬蜱等。长角血蜱和青海血蜱可经卵传播病原，第二代幼蜱、若蜱、成蜱均可传播病原。

(4) 绵羊巴贝斯虫 寄生于羊红细胞内的小型虫体。虫体长度小于红细胞半径，在红细胞内或单独存在呈圆形或单梨籽形，大小为1.0~1.8μm；或成对存在而呈双梨籽形，长1.8~2.4μm、宽1.3~1.8μm，2个虫体的尖端相连呈锐角、钝角或平角，大多位于红细胞边缘，每个虫体通常有2个染色质团，位于虫体较宽的一端（彩图3-6-2）。梨籽形虫体占15%~16%。

【流行特点】巴贝斯虫发育需哺乳动物和硬蜱两个宿主。在中间宿主哺乳动物红细胞内以成对出芽生殖进行无性繁殖，1个母细胞形成2~4个子细胞；在终末宿主硬蜱体内进行配子生殖和孢子生殖。当唾液腺内含虫体的硬蜱再次叮咬宿主吸血时，将虫体注入动物体内而传播病原。所以一宿主蜱吸血后，只有第二代硬蜱才能传播病原，而三宿主、二宿主当代若蜱、成蜱和第二代蜱均能传播病原，吸血的当代成蜱均无传播病原能力。微小扇头蜱可经卵传播病原，第二代幼蜱、若蜱、成蜱可传播病原。

巴贝斯虫病发生和流行于世界许多国家和地区，多发生于热带、亚热带地区，常呈地方流行性。本病的发生和流行与传播媒介蜱的消长、活动密切相关。由于硬蜱的分布具有地区性、活动具有明显的季节性，因此本病的发生和流行也具有明显的地区性和季节性。不同年龄和品种的牛、羊易感性存在差异，犊牛、羔羊发病率高，但症状轻微，死亡率低；成年牛、羊发病率低，但症状明显，死亡率高；纯种和非疫区引进的牛、羊发病率高。

莫氏巴贝斯虫病发生于4~6月和9~10月。绵羊巴贝斯虫病最早发生于5~6月，而以6月中旬和7月中旬为发病高峰期，8月以后很少发生。

【症状与病理变化】

（1）双芽巴贝斯虫病　潜伏期为8~15d。病牛高热稽留，体温升高到40~41.5℃。精神沉郁，食欲减退乃至废绝，反刍迟缓或停止，便秘或腹泻，粪呈棕黄色或黑褐色，带黏液，有恶臭。呼吸困难，心跳加快，心律不齐。奶牛泌乳减少或停止，妊娠母牛常发生流产。典型症状是由于大量红细胞被破坏而出现血红蛋白尿（血尿症、红尿症），尿液呈棕红色乃至酱油色，血液稀薄，红细胞减少且大小不均，血红蛋白含量减少，严重贫血，可视黏膜苍白并逐渐发展为黄染。急性病例可在4~8d内死亡，死亡率可达50%~80%。慢性病例持续数周，渐进性贫血和消瘦，需经数周或数月才能康复。

（2）牛巴贝斯虫病　潜伏期为4~10d。临床症状与双芽巴贝斯虫病基本相似，但常伴有较严重的神经症状，病死率为20%左右。

（3）莫氏巴贝斯虫病　潜伏期一般为10~15d。体温升高至41~42℃，稽留数天，或直至死亡。红细胞数减少至400万个/mm³以下。有的病羊出现神经症状，无目的地狂跑，突然倒地死亡。其他症状与双芽巴贝斯虫病相似。

（4）绵羊巴贝斯虫病　大部分表现为急性型，体温升高至40~42℃。病羊虚弱，肌肉抽搐。红细胞数减少至150万个/mm³以下。50%~60%急性病羊于2~5d后死亡。慢性病例少见，表现为渐进性消瘦、贫血和皮肤水肿，黄疸少见，血红蛋白尿仅见于患病的最后几天。其他症状与双芽巴贝斯虫病相似。

各种巴贝斯虫病引起的病理变化基本相似，主要表现为消瘦、贫血、血液稀薄、凝固不良，严重者呈水样。皮下组织、肌间结缔组织和脂肪呈黄色胶冻样；全身各器官浆膜、黏膜苍白和黄染。全身出血性变化，各内脏器官有出血斑点。胸腔内含大量浅红色液体。脾脏、肝脏、肾脏、心脏肿大，胆囊肿大2~4倍，充满浓稠胆汁。膀胱扩张，充满红色尿液。牛巴贝斯虫病淋巴结稍肿大。

【诊断】根据当地既往病史、动物体表有硬蜱、患病牛和羊来自疫区等流行病学资料，以及在发病季节牛、羊出现高热、贫血、黄疸和红尿等临床症状，可考虑本病；采外周血涂片、吉姆萨或瑞氏染色，油镜下检查到典型形态虫体可确诊；间接免疫荧光抗体试验、间接血凝试验和ELISA等血清学检测方法可用于生前诊断和早期诊断及流行病学调查和出入境检疫。分子生物学技术如PCR、反向线状印迹（RLB）和环介导等温扩增等普遍用于巴贝斯虫感染的检测和虫种的研究与鉴定。

【防治】

（1）畜体灭蜱　蜱类活动季节，用溴氰菊酯（敌杀死）、杀灭菊酯、二氯苯醚菊酯等拟除虫菊酯类杀虫药喷淋畜体，或用敌百虫、辛硫磷等有机磷类杀虫药喷洒畜体。

（2）环境灭蜱　用上述杀虫药喷洒牛、羊舍和运动场以灭蜱。

（3）隔离检疫　引入或调出牛、羊时，先隔离检疫，确认无巴贝斯虫和硬蜱时再合群。

（4）及时治疗病畜　及早确诊，及时治疗，药物可用三氮脒（贝尼尔）、咪唑苯脲（双脒苯脲）、盐酸吖啶黄、硫酸喹啉脲（阿卡普林）等。

（5）加强饲养管理和对症治疗　治疗期间应给予多汁易消化草料，检查和清除牛、羊体表的蜱等；呼吸困难可给予樟脑磺酸钠注射液；心脏衰弱用安钠咖、葡萄糖注射液维护心脏功能；便秘时投以盐类泻剂缓泻或静脉注射高渗盐水、温水灌肠等，以改善胃肠机能。

第二节　牛、羊泰勒虫病

牛、羊泰勒虫病是由泰勒属虫体寄生于牛、羊白细胞和红细胞内引起的蜱传性血液原虫病，旧称泰勒焦虫病，临床以高热、再生障碍性贫血、体表淋巴结肿大为典型特征，具有发病急、发病率和致死率高、季节性强等特点。本病呈世界性分布，在我国广泛存在，常呈地方流行性，对牛、羊业危害很大。

【病原】泰勒虫在分类上属于梨形虫目泰勒科泰勒属。已报道可感染牛、羊的泰勒虫种类较多，在我国至少确认有3种可感染牛，其中环形泰勒虫致病性最强，主要感染黄牛和奶牛；东方泰勒虫和中华泰勒虫致病性较弱，可感染黄牛、牦牛、奶牛和某些鹿科动物。已报道并命名的寄生于羊的泰勒虫有6种，分别是吕氏泰勒虫、尤氏泰勒虫、莱氏泰勒虫、绵羊泰勒虫、分离泰勒虫、隐藏泰勒虫，其中，吕氏泰勒虫、尤氏泰勒虫和莱氏泰勒虫致病性较强，被称为恶性泰勒虫；绵羊泰勒虫、分离泰勒虫和隐藏泰勒虫致病性较弱或无明显致病性，被称为温和型泰勒虫。在我国已报道的感染绵羊和山羊的有吕氏泰勒虫、尤氏泰勒虫和绵羊泰勒虫。

(1) 牛泰勒虫

1) 环形泰勒虫：寄生于红细胞内的虫体，又称血液型虫体（裂殖子），形态多样，呈环形、椭圆形、杆（棒）状、球形、逗点形、大头针状、杆菌状、卵圆形、十字形、圆点形，吉姆萨或瑞氏染色中，原生质呈浅蓝色或不着色，染色质呈紫红色，其中环形虫体为典型形态，最常见，呈戒指状，直径为0.75~1.4μm，原生质呈中央较明亮的环状轮廓，一团紫红色染色质呈点状或半月状居于虫体一侧边缘。红细胞染虫率一般为10%~20%，多者可达90%以上。1个红细胞内可寄生虫体1~4个，最多可达12个。

寄生于淋巴细胞、单核细胞和巨噬细胞内的虫体进行裂体增殖，形成多核虫体——裂殖体（石榴体、柯赫氏蓝体）。裂殖体呈圆形、椭圆形或肾形，直径为8μm（淋巴细胞内）、15μm（单核细胞内）或27μm（巨噬细胞内）；每个裂殖体内含几个至几十个裂殖子，大小为0.7~2.5μm，吉姆萨染色后，裂殖子的细胞核呈紫红色，细胞质呈浅蓝色位于细胞核周围。裂殖体位于淋巴细胞、单核细胞和巨噬细胞内，也可散在于细胞外——血浆中或组织间，位于细胞内时，宿主细胞核常被压挤到一边。裂殖体有大裂殖体（无性生殖体）和小裂殖体（有性生殖体）之分，后者使宿主细胞破裂后，小裂殖子侵入红细胞内（彩图3-6-3）。

2) 东方泰勒虫：寄生于红细胞内，虫体具有多种形态，特征之一是杆形或逗点形虫体多于圆形、椭圆形和梨籽形虫体。杆形虫体与圆形虫体的数量比例随染虫率变化而变化，红细胞染虫率越高，杆形虫体越多。媒介蜱为长角血蜱、日本血蜱和嗜群血蜱。

3) 中华泰勒虫：寄生于红细胞内，虫体呈多形性，有梨籽形、圆环形、椭圆形、杆状、三叶形、十字形等，有些虫体具有出芽增殖的特性。传播媒介为青海血蜱和日本血蜱。

(2) 羊泰勒虫　寄生于红细胞内的各种羊泰勒虫均为大小不一、形态多样的多形性虫体，呈圆形、卵圆形、梨籽形、环形、椭圆形、逗点形、针形、点形、短杆形、三叶草形和不规则形等，其中以圆形和卵圆形虫体最多见，占60%~80%。圆形虫体直径为0.6~2.0μm，卵圆形虫体长约1.6μm。其他特点与环形泰勒虫相似。

吕氏泰勒虫和尤氏泰勒虫均为多形性虫体，在感染羊体内，梨籽形和针形虫体最先出现并长期存在，之后可见杆状、圆形、椭圆形虫体，后期有三叶草形和十字形虫体出现。2种虫体在形态学上难以区别，但从基因序列和进化关系上属于2个不同的种，广泛分布于我国的四川、宁夏、甘肃、辽宁、内蒙古、青海、陕西、河南和河北等地，均能感染绵羊和山羊且常是混合感染并有较强的致病性，对养羊业危害极大。青海血蜱和长角血蜱为传播媒介蜱，传播方式为硬蜱的期间传播。

【流行特点】在我国，环形泰勒虫的主要传播媒介为璃眼蜱属的残缘璃眼蜱和小亚璃眼蜱等。成蜱4~5月出现，7月最多，8月显著减少。璃眼蜱不能经卵传播病原，而以变态形式传递，即幼蜱、若蜱吸食带虫血液，虫体在其体内发育，直至完成蜕化变为成蜱时，唾液腺中才有成熟的具有感染力的子孢子，只有在成蜱吸血时才能传播病原，所以本病多发生在6~8月，7月为高峰，即发病随若蜱的出现和成蜱的消长而呈明显的季节性。璃眼蜱属圈舍蜱，只在圈舍范围内进行发育和繁殖，所以本病主要在舍饲条件下发生传播。牛对本病的易感性无品种、性别和年龄差别，但外来牛较易感。

泰勒虫病为蜱传性季节性疾病，其发生和流行与媒介蜱的出没季节及种类等密切相关。羊泰勒虫病的媒介蜱主要为长角血蜱，根据陕西某羊场的长期检测和监测，一般3月下旬开始发病，4月和5月为发病高峰期，6月中旬后逐渐减少，8月下旬和9月又增加，出现第二个高峰期，10月逐渐停止。吕氏泰勒虫对羊的致病力强，可引起羔羊和外地引进羊的大量死亡，常给养羊业造成重大经济损失。

【症状与病理变化】

（1）症状

1）牛：牛环形泰勒虫病自然病例潜伏期为14~20d，最长25d。常为急性经过。虫体最先进入局部淋巴结中繁殖，体表淋巴结，主要是肩前和腹股沟淋巴结高度肿大至鸡蛋大或更大，从体侧可见，常不易移动，触诊敏感、疼痛，病牛躲闪，这是本病的一个特征。

再生障碍性贫血，可视黏膜苍白，血红蛋白含量降低。因为溶血现象不明显，所以临床上无红尿，黄疸也不明显。

病牛体温升高达40~42℃，一般为稽留热，少数病牛呈弛张热或间歇热。精神沉郁，食欲减退，行走无力。呼吸和心跳加快。眼结膜充血、潮红、肿胀，眼流大量浆液性分泌物，后期眼结膜上有出血斑。反刍减少乃至停止，常磨牙、流涎，粪少而干黑，常带有黏液或血丝，有的粪呈扁黑球状。股内侧、乳房、会阴部皮薄处皮肤上出现深紫褐色瘀血斑，绿豆至蚕豆大，扁平，向外稍突出。常在病后1~2周死亡，耐过的牛成为带虫者，但长期具有免疫力。东方泰勒虫病多呈隐性带虫状态，病死率较低。中华泰勒虫病潜伏期为15d以上，急性病例病程为5~7d，多数为10d以上，妊娠母牛流产。

2）羊：羊吕氏泰勒虫病和尤氏泰勒虫病的潜伏期为4~12d或更长。病羊体温升高达40~42℃，多呈稽留热，一般持续4~7d，也有间歇热者；食欲减退甚至废绝；体表淋巴结肿大，尤其是肩前淋巴结显著肿大；呼吸加快且困难，每分钟达50次，叩诊肺泡音粗厉，腹式呼吸明显；脉搏加快，每分钟达到100次以上，心律不齐；严重贫血，可视黏膜苍白但黄疸不明显；尿液一般无变化，个别病羊尿液混浊或呈红色；反刍及胃肠蠕动音减弱或停止，初期便秘,后期腹泻,呈酱油状,有的病羊粪便混有血样黏液。病羊精神沉郁,消瘦,被毛粗乱,四肢僵硬,以羔羊最明显,放牧时常离群,头伸向前方,呆立不动,步态不稳,后期衰弱,卧地不起,最后衰竭而死。妊娠母羊流产。病程为6~12d,急性病例1~2d死亡。

(2) 病理变化

1) 牛：牛环形泰勒虫病尸僵明显，尸体消瘦，全身性贫血，血凝不良。全身淋巴结肿大、出血，切面多汁，有出血点，为本病的主要特征之一。皱胃黏膜肿胀、充血，有针尖至黄豆大、暗红色或黄白色的结节，结节部上皮细胞坏死后形成糜烂或溃疡斑，针尖、粟粒、高粱乃至蚕豆大，边缘隆起呈暗红色，中央凹陷呈褐红色或灰褐色，是本病的特征性病变。十二指肠黏膜有时也可见到结节和溃疡。脾脏和胆囊高度肿大，为正常的2~3倍。肝脏、肾脏和心脏肿大。全身各脏器浆膜和黏膜上有大量出血斑点。东方泰勒虫病可视黏膜黄染，皮下组织和浆膜轻度黄染，心冠脂肪呈现黄色胶冻样浸润；中华泰勒虫病发生肺气肿；其他与环形泰勒虫病相似。

2) 羊：羊泰勒虫病病死羊尸体消瘦，贫血，血液稀薄，凝固不良，呈浅褐色。皮下脂肪呈胶冻样。全身淋巴结不同程度肿胀，尤以肠系膜、肩前、肝脏和肺淋巴结更为明显，充血和出血，呈紫红色，被膜上有散在出血点，切面多汁；皱胃和十二指肠黏膜脱落，有溃疡斑；肝脏、胆囊、脾脏肿大，有出血点；肺水肿，充血或出血；肾脏呈黄褐色，表面有浅黄色或灰白色结节和小出血点；小肠和大肠黏膜有出血点。心内膜、心外膜有出血点，甚至有大面积片状出血，心冠状沟黄染，心肌苍白、松软，心包积液增多，心外膜有纤维素样渗出。

【诊断】牛、羊泰勒虫病的诊断与巴贝斯虫病相似。根据流行病学资料、典型的临床症状和特征性的剖检病理变化可做出诊断。淋巴结穿刺液涂片或淋巴结、脾脏等脏器触片，染色、镜检查到裂殖体，或采外周血涂片染色镜检查到红细胞内的虫体可确诊。ELISA等血清学方法和PCR等分子生物学诊断技术均具有较高的敏感性和特异性。对怀疑患泰勒虫病的牛、羊，用三氮脒等药物进行治疗性诊断，如果好转甚至症状消失，则可诊断为泰勒虫病。

【防治】畜体灭蜱、圈舍和环境灭蜱、隔离检疫、加强饲养管理和对症治疗等防治措施可参照牛、羊巴贝斯虫病。牛环形泰勒虫裂殖体胶冻细胞苗可用于牛环形泰勒虫病的预防接种。治疗可用三氮脒，需连用2~3d。青蒿素和青蒿琥酯对泰勒虫病具有良好治疗效果。妊娠动物慎用三氮脒和青蒿琥酯。

第三节　牛、羊球虫病

一、牛球虫病

牛球虫病是由一种或多种艾美耳球虫寄生于牛肠黏膜上皮细胞内引起的原虫病，常发生于犊牛，临床以腹泻、出血性肠炎为特征。

【病原】已报道的寄生于牛的艾美耳球虫有20多种，国内报道的有17种。另外，虽有报道的等孢球虫，但未做详细描述和鉴定。寄生于牛的艾美耳球虫属艾美耳科艾美耳属，分布较广且常见的有椭圆艾美耳球虫、牛艾美耳球虫、邱氏艾美耳球虫、亚球形艾美耳球虫、巴西艾美耳球虫、奥博艾美耳球虫和曼德拉艾美耳球虫等。

艾美耳球虫卵囊呈圆形或卵圆形，新排出的卵囊内含有一团卵囊质，此时的卵囊对牛没有感染力，需要在外界适宜的温度、湿度和氧气等条件下进行孢子生殖后才对牛具有感染力。孢子化卵囊内含有4个孢子囊，每个孢子囊内含2个子孢子。

【流行特点】寄生于牛的艾美耳球虫子孢子侵入肠上皮细胞内进行裂体增殖和配子生殖，形成卵囊，随着卵囊的增大，肠上皮细胞破裂，卵囊落入肠腔并随粪排到体外。在外界适宜的温度、湿度和氧气等条件下进行孢子生殖，牛因摄入孢子化卵囊污染的草料或饮水而感染。艾美耳球虫裂体增殖和配子生殖发生的肠段因球虫种类不同而存在差异。不同种球虫从感染到开始排出卵囊的时间（潜隐期）为6~25d，排卵囊持续期（显露期）为1~26d。

牛球虫病分布十分广泛。本病一年四季均可发生，但多发于气候温暖、环境潮湿的春、夏季。各种品种、性别和年龄的牛均可感染球虫，但主要危害犊牛，2岁以内犊牛发病率和死亡率均高；成年牛多为带虫者，但其是重要的传染源。

【症状与病理变化】牛球虫寄生于小肠到直肠的全部肠道，但以牛艾美耳球虫和邱氏艾美耳球虫对牛的致病性最强，对直肠的危害最严重。病牛以出血性肠炎为特征，体温略高或正常，腹泻，粪稀带血，精神沉郁，食欲减退甚至废绝。重者排血便，粪恶臭，呈暗红色，带纤维素性薄膜或成块的肠黏膜。后期体温升高，精神高度沉郁，卧地不起，食欲和饮水废绝，可在数天内死亡。奶牛的产奶量下降。剖检可见尸体消瘦，贫血，后肢和肛门周围被血粪污染。直肠黏膜肥厚，有出血斑点、溃疡及浅白色或灰白色的小病灶结节，肠内容物呈褐色、恶臭，有纤维素性薄膜和黏膜碎片。

【诊断】应从流行病学、临床症状和病理变化等方面做综合判断。用饱和盐水漂浮法查到粪便中有大量球虫卵囊或取肠黏膜涂片查到大量球虫内生发育阶段的裂殖体和裂殖子等虫体，即可确诊。

【防治】犊牛与成年牛分群喂养。勤清扫圈舍，保持饲料和饮水清洁卫生。对犊牛定期给予氨丙啉、莫能菌素等药物进行预防。发现病牛，及时隔离，给予托曲珠利、氨丙啉、莫能菌素、盐霉素或磺胺类药物治疗。

二、羊球虫病

羊球虫病是由一种或多种艾美耳球虫寄生于绵羊或山羊肠黏膜上皮细胞内引起的原虫病。本病分布广泛，临床以腹泻、消瘦、贫血、发育不良为特征，对羔羊危害严重，病死率高，成年羊多为带虫者，是重要的传染源。

【病原】本病病原为艾美耳科艾美耳属的艾美耳球虫。文献报道比较公认的寄生于绵羊的球虫有14种，优势虫种为马尔西卡艾美耳球虫、巴库艾美耳球虫和小型艾美耳球虫。文献报道比较公认的寄生于山羊的球虫有13种，优势虫种为家山羊艾美耳球虫、阿氏艾美耳球虫、克氏艾美耳球虫和艾丽艾美耳球虫。吉氏艾美耳球虫仅在绵羊和山羊的皱胃黏膜中见其裂殖体，尚未发现其卵囊。

寄生于羊的艾美耳球虫的基本形态结构相似。卵囊呈球形、亚球形、卵圆形或椭圆形，未孢子化的卵囊内含一团颗粒状的卵囊质（成孢子细胞），孢子化卵囊（感染性卵囊）内含有4个孢子囊，每个孢子囊内含2个子孢子，呈香蕉形或梨籽形；无外残体（卵囊残体），有内残体（孢子囊残体）；多种卵囊含1个至数个极粒，少数无极粒。

【流行特点】羊球虫病是一种呈世界性分布的原虫病，在我国，虽然在羊粪中常可查到各种球虫卵囊，但有关羊球虫病的病例报道并不多。由于羊球虫卵囊很小，其发育不需中间宿主参与，孢子化卵囊对外界环境的抵抗力也比较强，随羊粪排出和散播的卵囊常污染土壤、饲草、饲料、饮水或用具等，鸟和饲养人员也可机械性传播卵囊，所以其分布相当广泛。各种品种的绵羊、山羊对羊球虫病均有易感性。成年羊一般都是带虫者，羔羊最易感染而且发病严重，时有死亡。本病多发生于多雨炎热季节，在羊舍不卫生及羊体抵抗力降低的情况下，极易诱发本病的流行。

不同地区、年龄、月份、品种、饲养方式的绵羊和山羊感染的球虫种类不一，感染率也不相同，但优势虫种基本一致。山羊常混合感染2~9种艾美耳球虫，在山羊艾美耳球虫中，致病性最强的是妮氏艾美耳球虫，其次为阿氏艾美耳球虫和山羊艾美耳球虫及家山羊艾美耳球虫等。绵羊常混合感染2~10种艾美耳球虫，致病性最强的是类绵羊艾美耳球虫，其次为槌形艾美耳球虫和阿撒他艾美耳球虫等。

舍饲条件下，母羊与羔羊同圈饲养、羊群密度大、羊床潮湿、粪便污染等因素，均易发生羊球虫病。

【症状与病理变化】本病潜伏期为2~3周。病羊临床表现精神沉郁，食欲减退甚至废绝，饮水量增加，被毛粗乱，消瘦，发育缓慢，贫血，可视黏膜苍白，腹泻，后躯被粪便污染，粪恶臭，粪便中常混有血液、脱落的黏膜碎片，并含大量的卵囊。

剖检病理变化可见病变主要在小肠，严重者波及全部肠段，肠壁肿胀、黏膜发炎、水肿、增厚、肉眼可见针尖至粟粒大、白色或灰白色的病灶斑点，呈圆形、椭圆形或不规则形，与肠黏膜齐平或突出于黏膜表面；有些病例可见突出于黏膜表面的白色或浅黄色息肉状病灶，间或有出血点，表面光滑或呈菜花样。挑开病灶取内容物制片镜检，可见大量裂殖体、配子体和少量卵囊。有时在回肠和结肠等可见有许多白色病灶结节或糜烂、溃疡。

【诊断】采用饱和盐水漂浮法或直接涂片法查到粪便中的球虫卵囊，或取肠黏膜刮取物制片镜检查到大量球虫内生发育阶段的裂殖体和配子体等虫体，即可确诊为球虫感染。但由于带虫现象在羊群中极为普遍，所以应在粪检的同时，根据羊的年龄、发病季节、饲养管理条件、发病症状、病理变化及感染强度等因素综合判定羊是否患有球虫病。

【防治】防控羊球虫病应注意羔羊与成年羊分群喂养。母羊产前1周用抗球虫药驱除球虫，以免母羊将球虫传染给羔羊。勤清扫圈舍，保持干燥清洁，对羊粪便、杂草等进行堆积发酵处理以杀灭球虫卵囊。保持饲料和饮水卫生。发现病羊，及时隔离治疗，托曲珠利、地克珠利、莫能菌素、氨丙啉、磺胺甲基嘧啶等均有良好防治效果。

第四节　牛胎儿三毛滴虫病

牛胎儿三毛滴虫病是由毛滴虫科三毛滴虫属的胎儿三毛滴虫（牛胎儿毛滴虫）寄生于牛的泌尿生殖道引起的一种原虫病，临床以生殖道炎症、流产、早产、不育为特征。本病呈世界性分布，被世界动物卫生组织列为B类疾病，我国将其列为三类动物疫病。

【病原】胎儿三毛滴虫呈纺锤形、梨形或长卵圆形，长9~25μm、宽3~10μm。一个近圆形细胞核位于虫体前半部，细胞核前方有一簇状动基体，发出4根鞭毛，3根为前鞭毛，1根沿波动膜向后，末端游离为后鞭毛。与波动膜相对的一侧前端有1个半月状胞口。虫体中央有一纵走的轴柱，其末端突出于虫体后端。

【流行特点】牛胎儿三毛滴虫属于胞外寄生虫，寄生于母牛的子宫、阴道内及公牛包皮腔、阴茎黏膜、输精管等处，通过受感染的公、母牛自然交配或人工授精时的带虫精液或污染的人工授精器械传播，也可经胎盘感染胎儿。妊娠母牛的胎盘、胎液及胎儿胃内含有大量虫体。

胎儿三毛滴虫以胞口摄入或内渗方式从宿主体获得营养，以纵二分裂法进行繁殖。

胎儿三毛滴虫对外界因素的抵抗力较弱。阳光直射4h、45℃温热1~2h、58℃持续3~5min、0.1%~1.0%来苏儿、0.1%漂白粉、0.1%~0.5%高锰酸钾等常用消毒方式均可杀灭虫体。

牛感染胎儿三毛滴虫主要发生在配种季节。公牛一般不表现明显临床症状，但带虫可达 3 年以上，是本病的重要传染源。

【症状与病理变化】牛胎儿三毛滴虫病对母牛危害严重，典型症状是流产。母牛感染后引起滴虫性阴道炎，常在配种后 1~3d 表现阴道黏膜红肿，出现粟粒大的小结节，触诊粗糙，从阴道排出黏液性或黏液脓性絮状分泌物，性欲降低或不育，尿频。严重者向内蔓延发生子宫颈炎、子宫内膜炎，甚至虫体侵入胎儿，引起胎儿死亡、流产。流产多发生在配种后 3~4 个月，流产后屡配不育。

公牛感染后主要表现黏液脓性包皮炎和阴茎炎症，分泌物增多，阴茎黏膜上出现粟粒大的红色小结节，有痛感，不愿交配。慢性病例症状不明显，但长期带虫。

【诊断】根据牛群出现群发性不育、早产、流产和生殖道炎症等临床症状可怀疑本病。取病牛尿液、生殖道分泌物、冲洗液或生殖道黏膜刮取物制片镜检查虫体，或取流产胎液、胎儿胸腹腔液、胃内容物，做成悬滴标本镜检，查到虫体可确诊。PCR 检测的敏感性更高。

【防治】控制牛胎儿三毛滴虫病依赖于科学的牛群管理。定期检查和淘汰患病公牛进行公牛净化，防止传染母牛。严防母牛与来历不明的公牛自然交配。对新引进的牛应隔离检查，杜绝本病。尽量减少或杜绝自然交配，推广人工授精技术；人工授精器械应严格消毒。配种前对牛进行检查，发现病牛，及时隔离治疗。可采用 0.2% 碘液、0.1% 乳酸依沙吖啶溶液、0.1% 盐酸吖啶黄溶液、1% 三氮脒，以及甲硝唑或地美硝唑冲洗病牛阴道、子宫或阴茎、包皮鞘，也可用异丙硝唑等药物进行治疗。

第五节 牛、羊吸虫病

一、歧腔吸虫病

歧腔吸虫病是由歧腔科歧腔属的矛形歧腔吸虫和中华歧腔吸虫寄生于牛、羊、骆驼和鹿等反刍动物的胆管和胆囊内引起的，也可感染马属动物、猪、犬、兔和其他动物，偶尔感染人。本病呈世界性分布，在我国分布广泛，牧区流行严重。

【病原】矛形歧腔吸虫也称矛形双腔吸虫、枝双腔吸虫。虫体呈中间宽、两端尖、表面平滑、背腹扁平的柳叶状或矛状，体壁薄而透明，肉眼即可看到内部器官。新鲜虫体呈棕红色，似小血凝块，固定后呈灰白色。腹吸盘大于口吸盘。虫体较小，长 5~15mm、宽 1.5~2.5mm，2 个睾丸近圆形，稍分叶，斜列或前后纵列于腹吸盘后方；雄茎囊明显，呈长带状位于腹吸盘前方、肠叉后方。1 个卵巢，呈圆形或不规则形，位于睾丸后方、虫体中部中线偏右；其后为卵模、梅氏腺、受精囊和劳氏管。颗粒状卵黄腺分布在虫体中部两侧。曲折的子宫充满虫体后部，分下行支和上行支，其内分别充满未成熟虫卵和成熟虫卵。生殖孔开口于腹吸盘前方、二肠叉后方。盲肠无小分支。虫卵呈褐色，近卵圆形，一端有卵盖，卵内含毛蚴，虫卵长 38~45μm、宽 22~30μm。

中华歧腔吸虫较宽，长 3.54~8.96mm、宽 2.03~3.09mm，2 个睾丸呈圆形，边缘不整齐或稍分叶，左右并列在腹吸盘后方。虫卵长 45~51μm、宽 30~33μm。

【流行特点】歧腔吸虫的发育过程需陆地螺类（蜗牛）和蚂蚁分别作为第一、第二中间宿主。成虫在终末宿主牛、羊等动物的胆管、胆囊内寄生和产卵。歧腔吸虫在蚂蚁体内形成囊蚴，牛、羊等因食入带囊蚴的蚂蚁而感染。囊蚴在终末宿主肠内脱囊，童虫由十二指肠经胆总管进入胆管和胆囊内，经 72~85d 发育为成虫。整个发育过程需 160~240d，成虫在终末宿体内可存活 6 年以上。蜗牛主动食入虫卵而感染，发育过程中无雷蚴阶段是岐腔吸虫的发育史特点。

本病多呈地方流行性，其流行与陆地螺类和蚂蚁的广泛存在有关，不同地区牛、羊的感染率差别很大，如河南某库区羊的矛形岐腔吸虫感染率近 100%。

【症状与病理变化】轻度感染时一般症状轻微或不表现明显症状。严重感染时，患病牛、羊表现慢性消耗性疾病症状，精神沉郁，食欲减退，渐进性消瘦，贫血，可视黏膜黄染，顽固性腹泻，颌下水肿，最后陷于恶病质而衰竭死亡。主要病理变化为胆管发炎，管壁增厚；肝脏肿大，肝被膜肥厚；胆囊也肿大，胆汁浓稠，在胆管和胆囊内可查到虫体和虫卵。

【诊断】在流行病学调查的基础上，结合临床症状和病理变化可怀疑本病。生前用沉淀法检查粪便发现大量虫卵，或死后剖检发现典型的胆管、胆囊病变和在胆管、胆囊内查到大量虫体均可确诊。

【防治】预防本病应做好定期预防性驱虫，至少应在春季和秋季各驱虫 1 次，同时应做好驱虫后的粪便管理工作，防止病原散播。对于放牧的牛、羊，可采取转场轮牧的方式，转场前用驱虫药物驱虫，防止牧场污染和病原散播。定期检查牛、羊群，发现患病牛、羊，及时用药治疗。预防或治疗本病，可选用吡喹酮、六氯对二甲苯（血防 846）、阿苯达唑、芬苯达唑等药物。

二、阔盘吸虫病

阔盘吸虫病是由歧腔科阔盘属的多种吸虫寄生于牛、羊等反刍动物的胰腺、胰管内引起的一种吸虫病。

【病原】本病病原包括胰阔盘吸虫、腔阔盘吸虫和枝睾阔盘吸虫 3 种。

1）胰阔盘吸虫呈背腹扁平、较厚的长卵圆形，新鲜虫体呈棕红色，口吸盘大于腹吸盘。虫体长 8~16mm、宽 5~5.8mm。食道短，盲肠分两支。两个睾丸呈圆形或略分叶，左右并列在腹吸盘后方；雄茎囊呈长管状，位于腹吸盘前方的两肠支之间；生殖孔开口于肠叉后方。卵巢分 3~6 叶，位于睾丸后方的纵中线附近；受精囊呈圆形，位于卵巢附近；卵黄腺呈颗粒状，分布于虫体中部两侧；子宫充满虫体后半部，分下行支和上行支，其内充满虫卵，上行支开口于生殖孔。虫卵呈黄棕色或深褐色，椭圆形，两侧稍不对称，一端有卵盖，新排出的虫卵内含 1 个椭圆形的毛蚴；虫卵长 42~50μm、宽 26~33μm。

2）腔阔盘吸虫呈扁平的短椭圆形，前部较宽，尾突明显；口吸盘与腹吸盘近于等大；虫体长 7.48~8.05mm、宽 2.73~4.76mm；卵巢和睾丸多呈圆形或边缘有缺刻。虫卵长 34~47μm，宽 26~36μm。其他与胰阔盘吸虫相似。

3）枝睾阔盘吸虫呈前尖后钝的瓜子形，虫体长 4.49~7.9mm、宽 2.17~3.07mm，口吸盘小于腹吸盘，卵巢分 5~6 叶，睾丸大且分枝；虫卵长 45~52μm、宽 30~34μm。其他与胰阔盘吸虫相似。

【流行特点】阔盘吸虫在中间宿主体内进行无性繁殖，发育过程中需两个中间宿主，第一中间宿主为陆地螺类（蜗牛），胰阔盘吸虫的第二中间宿主为中华草螽，腔阔盘吸虫的第二中间宿主是红脊草螽、尖头草螽，枝睾阔盘吸虫的第二中间宿主是针蟋。成虫寄生在终末宿主牛、羊、骆驼等反刍动物的胰管内，其他动物如猪、兔及人也可感染。

阔盘吸虫主要分布于亚洲、欧洲及南美洲。我国各地均有报道，但以东北、华北和西北地区的放牧动物之间流行较广，主要与中间宿主的分布密切相关。牛、羊多在冬、春季节发病。

【症状与病理变化】阔盘吸虫病的临床症状取决于虫体寄生的数量和动物的体质。寄生虫体少时一般不表现临床症状，严重感染的牛、羊常发生代谢失调和营养障碍，表现为消化机能障碍，营养不良，精神沉郁、消瘦、贫血、颌下及胸前水肿、腹泻、粪便中带有黏液，严重时可因恶病质引起死亡。

剖检可见慢性增生性胰管炎症，胰管壁增厚，管腔狭窄甚至堵塞，管腔内充满棕红色虫体，严重者胰腺表面有大小不等的囊肿，其为胰管堵塞、胰液排出障碍所致。若继发化脓菌感染，可在胰腺形成脓肿。

【诊断】阔盘吸虫病缺乏特征性临床症状，结合流行病学资料，采用沉淀法检查粪便查到虫卵或剖检在胰管内发现大量虫体即可确诊。

【防治】防治重点是做好预防性驱虫等综合防控措施。定期驱虫，消灭病原；控制或消灭中间宿主，切断其生活史；有条件的地方，实行有计划的轮牧以净化草场；加强饲养管理，提高动物的抗病力。预防或治疗本病，可选用吡喹酮、六氯对二甲苯、阿苯达唑、芬苯达唑等药物。

三、东毕吸虫病

东毕吸虫病是由分体科分体属的土耳其斯坦分体吸虫和彭氏分体吸虫等寄生于牛、羊等反刍动物门静脉和肠系膜静脉内引起的一种吸虫病。本病分布遍及欧、亚两洲，在我国分布广泛，对牛、羊养殖业危害严重，也是人尾蚴性皮炎的重要病原之一。

【病原】本病病原吸虫所属的分体属，旧称东毕属、鸟毕属。根据形态和寄主不同，将原鸟毕属中寄生于哺乳动物的称为东毕属吸虫。分子分类和进化系统分析认为东毕属吸虫应为分体属吸虫。

（1）土耳其斯坦分体吸虫　虫体呈线状，雌雄异体，但常呈雌雄抱合状态。雄虫呈乳白色，雌虫呈暗褐色，体表平滑无结节。雄虫体长 4.39~4.56mm、宽 0.36~0.42mm。虫体前端略扁平，后部体壁向腹面卷曲形成"抱雌沟"。

雌虫体长 3.95~5.73mm、宽 0.074~0.116mm，较雄虫纤细，略长。卵巢呈螺旋状扭曲，位于两条肠管合并处之前。虫卵无卵盖，长 72~74μm、宽 22~26μm，两端各有 1 个附属物，一端比较尖，另一端钝圆。随粪排出的虫卵内即含有毛蚴。

（2）彭氏分体吸虫　雄虫体长 6.75~8.50mm、宽 0.29~0.47mm。表皮上有结节。睾丸较大，呈圆形或卵圆形，按单列排列，睾丸 62~69 个，平均 66 个。雌虫体长 6.28~8.69mm、宽 0.13~0.20mm。其他形态结构与土耳其斯坦分体吸虫基本相同。

【流行特点】本病常呈地方流行性，黑龙江、吉林、内蒙古、甘肃、青海、四川、贵州等地区均有本病发生，东北、西北等地区流行严重。终末宿主主要为黄牛、水牛、绵羊、山羊等反刍动物，主要见于放牧家畜，马属动物、骆驼、马鹿也有感染的报道。中间宿主为椎实螺。感染和流行季节一般在南方为 5~10 月，北方为 6~9 月。本病发生与降雨早晚和降雨量相关，降雨时间越早、雨量越充足，发病就越早越严重。急性感染可在 9 月发病，慢性感染从 11 月开始发病。成年牛比犊牛的感染率高，黄牛比水牛的感染率高，山羊比绵羊的感染率高。

成虫寄生于终末宿主的门静脉和肠系膜静脉内。雌虫在肠系膜静脉内产卵，随血液循环到肠壁和肝脏，在肠壁形成暗色虫卵性结节，也可沉积到肝脏形成针尖大小的黄色虫卵结节。肠壁结节破溃后，虫卵落入肠道；肝脏的虫卵结节被结缔组织包埋后钙化，或结节破溃后随血流、胆汁而进入小肠。毛蚴在螺体内的发育时间为 1 个月，在终末宿主体内从毛蚴发育为成虫并产卵需要 1.5~2 个月，虫体可在终末宿主体内存活数年。

【症状与病理变化】本病常呈慢性经过。临床主要表现为消瘦，贫血，黄疸，生长发育不良，颌下和腹部水肿，母畜不育或流产。后期食欲减退，可视黏膜苍白，被毛粗糙，鼻镜干燥，腹围胀大，腹泻并常混有黏液，甚至衰弱死亡。严重感染时急性发病，死亡率很高。

慢性病例尸体消瘦，贫血，腹腔内常有大量腹水。肠系膜及大网膜均有明显的胶样浸润，肠系膜淋巴结水肿。小肠黏膜可见有出血点或坏死灶，肠壁肥厚，有暗色虫卵结节。肝组织不同程度结缔组织化。肝脏质地变硬，在肝表面可见到灰白色网状交织的凹陷纹理，使肝脏表面不平而散布着大小不等的灰白色坏死结节。肝脏在病初肿大，后期萎缩，被膜增厚呈灰白色。

【诊断】生前诊断需要综合进行。在流行地区依据症状和流行特点，可怀疑本病，确诊需要进行病原学检查和免疫学试验。粪便水洗沉淀法在沉渣中发现特征性虫卵或毛蚴孵化法查到毛蚴，即可确诊。死后剖检在肠系膜静脉内或肝门静脉内发现大量虫体可确诊。免疫学方法主要有间接血凝试验、ELISA、斑点免疫金渗滤法等。

【防治】防治药物可使用吡喹酮、蒿甲醚和青蒿琥酯等。其他防控措施参照日本分体吸虫病。

四、前后盘吸虫病

前后盘吸虫病是由前后盘科的多种吸虫寄生在牛、羊等反刍动物体内引起的，成虫寄生于瘤胃和网胃壁上，童虫可见于皱胃、小肠、胆管和胆囊等处。虫体呈世界性分布，我国南方地区较多见。

【病原】前后盘吸虫种类较多，分类上属于前后盘科（同盘科、对盘科），主要包括前后盘属、殖盘属、腹袋属、菲策属和卡妙属、平腹属等。

（1）共同特征 虫体呈深红色或灰白色，圆柱状、梨形、圆锥形或瓜子形等，大小从数毫米到二十几毫米。口吸盘位于虫体前端，腹吸盘位于后端，所以称前后盘吸虫；腹吸盘显著大于口吸盘。缺咽。食道短，2条盲肠不分支。卵巢位于腹吸盘前方，卵黄腺呈颗粒状分布于虫体两侧。两个睾丸呈椭圆形或分叶，前后纵列于卵巢前方。生殖孔开口于肠叉后方。虫卵呈卵圆形，深灰色或无色，有卵盖，内含1个胚细胞和多个卵黄细胞，但卵黄细胞不充满虫卵，一端较拥挤，另一端留有空隙。大小因种而异，鹿前后盘吸虫卵长114~176μm、宽73~100μm（彩图3-6-4）。

（2）个别特征 殖盘吸虫有1个生殖吸盘围绕生殖孔。腹袋吸虫、菲策吸虫、卡妙吸虫均有1个大腹袋。菲策吸虫肠管仅达虫体中部，睾丸呈背腹方向排列，生殖孔位于食道后部、肠管分叉前方的腹袋内。平腹吸虫背腹扁平，腹面有许多尖锐的乳突；口吸盘两侧各有1个突出袋；生殖孔开口在食道中部。

【流行特点】前后盘吸虫的发育过程中需淡水螺（椎实螺）作为中间宿主。除平腹吸虫成虫寄生于羊、牛的盲肠外，其他前后盘吸虫的成虫均寄生在牛、羊、鹿等反刍动物的瘤胃和网胃壁上。终末宿主牛、羊等因食入黏附有囊蚴的水生植物而感染，童虫逸出，在皱胃黏膜组织下、小肠、胆管、胆囊内移行，寄生数十天，最后上行至瘤胃和网胃发育为成虫。此外，在腹腔、腹水、大肠、肝脏、肾脏和膀胱等处也可见童虫，但均不能发育成熟而停留于童虫阶段。

前后盘吸虫的种类较多，常多种虫体混合感染，但以鹿前后盘吸虫和长形菲策吸虫最常见。本病在我国分布广泛，感染可常年发生，但北方主要发生在5~10月。

【症状与病理变化】大量童虫移行造成胃肠黏膜和其他器官、组织损伤，形成虫道、出血、炎症等，可引起严重症状甚至死亡。成虫寄生的病畜临床上表现食欲不振，消化不良，顽固性腹泻，粪呈粥样或水样，颌下及胸腹部水肿，渐进性贫血，消瘦，衰弱无力，重者卧地难起，衰弱死亡。

成虫以其强大的后吸盘吸附在寄生部位，剖检可见被寄生部位发炎，结缔组织增生，形成小米粒大的灰白色圆形结节，结节表面光滑。瘤胃绒毛脱落。在瘤胃和网胃壁上常可见成虫（彩图3-6-5）。

【诊断】采用水洗沉淀法检查粪便发现大量虫卵，或剖检在寄生部位查到成虫或童虫可确诊。

【防治】应重点做好定期预防性驱虫、粪便管理和灭螺工作。不在低洼、潮湿的地方放牧、饮水，以避免牛、羊感染。预防或治疗本病，可选用氯硝柳胺、硫双二氯酚等药物。

第六节　牛、羊消化道绦虫病

牛、羊消化道绦虫病是由裸头科的多种绦虫寄生于牛、羊等反刍动物小肠内引起的一类常见多发绦虫病。本病分布遍及全国，常呈地方流行性，对羔羊和犊牛危害严重，甚至引起大批死亡。

【病原】病原包括裸头科莫尼茨属的扩展莫尼茨绦虫和贝氏莫尼茨绦虫、曲子宫属的盖氏曲子宫绦虫、无卵黄腺属的中点无卵黄腺绦虫等，均为乳白色、背腹扁平的分节链带状。

（1）扩展莫尼茨绦虫　虫体长1~5m，最长的可达10m，宽16mm。头节小，呈近球形，头节上有4个椭圆形吸盘。颈节呈细线状。节片宽度大于长度，但后部节片长宽近等。每个成熟节片有两组生殖器官，在节片两侧对称分布于两个排泄管之间。每个节片有睾丸300~400个，散在于整个节片中，两侧较密。生殖孔开口在节片两侧边缘横中线稍前方。每个成熟节片有2个子宫，呈盲囊状；孕节子宫分支并汇合成网状。成节向后的每个节片后缘、两个排泄管之间都有一排节间腺，呈圆形泡状，3~16个串珠状排成一行，越向后的节片节间腺数量越多。虫卵无色，直径为56~67μm，形态不一，呈近三角形、近方形或近圆形，周边较厚，中间稍薄。每个虫卵内有1个含六钩蚴的梨形器，但扩展莫尼茨绦虫以近圆形和近三角形虫卵为多。

（2）贝氏莫尼茨绦虫　虫体长4~6m，最宽处为26mm。睾丸约600个；节片后缘的节间腺呈小点状密布的横带状，集中分布在节片后缘的中部。其他与扩展莫尼茨绦虫相似。虫卵的形态结构与扩展莫尼茨绦虫卵相似，但贝氏莫尼茨绦虫以近方形虫卵为多。

（3）盖氏曲子宫绦虫　虫体长2~4m，最宽处为12mm。每个成节内有1组生殖器，偶有2组者。生殖孔左右不规则地开口在节片两侧缘上。睾丸分布于排泄管的外侧，卵巢、卵黄腺和卵模位于排泄管内侧。雄茎囊外突，使节片侧缘外观不整。孕节子宫有很多分支，呈穗状。孕节子宫内形成副子宫器（子宫周围器、卵袋），每个含3~8个虫卵。虫卵呈椭圆形，直径为18~27μm，虫卵内仅含六钩蚴，无梨形器。卵黄腺不发达，但不消失。

（4）中点无卵黄腺绦虫　虫体长而窄，长可达2m以上，宽仅2~3mm。节片短，分界不明显。每个成节有1组生殖器官，生殖孔不规则开口在节片两侧缘。无卵黄腺。睾丸分布于排泄管两侧。成节子宫呈横囊状，位于节片中央。每个孕节子宫形成1个副子宫器，位于节片中央，每个含6~12个虫卵。各孕节副子宫器连成一条不透明而突出的白色线状物，贯穿于虫体后部。虫卵近圆形，直径为21~38μm，卵内无梨形器。

【流行特点】各种绦虫均可感染和寄生于不同品种、性别、年龄的绵羊、山羊和牛，但 6 月龄以内的羔羊、犊牛易感性强，感染率高且发病严重；6 月龄以上的牛、羊较少感染，症状不明显。牛、羊绦虫的发育过程中需土壤螨（地螨）作为中间宿主。在羊小肠内寄生的绦虫的成熟孕卵节片经常不断地自动脱落并随粪便排到体外，破裂后释出虫卵污染环境，被中间宿主土壤螨食入后，经 26~30d 发育为似囊尾蚴而达到感染性阶段。羊、牛食草时因吞食含似囊尾蚴的土壤螨而感染，似囊尾蚴以吸盘吸附在牛、羊的肠黏膜上，经 1~2 个月发育为成虫。成虫寿命为 2~6 个月。

土壤螨怕光和干燥而喜阴暗和潮湿。土壤螨出现的高峰期也在多雨和光照时间短的 4~6 月和 9~10 月。土壤螨具有向湿性和向弱光性，在黄昏和黎明弱光时向草梢部爬，因此，在低洼潮湿处或清晨、傍晚放牧或割喂露水草，牛、羊易因摄入带有似囊尾蚴的土壤螨而感染。羊、牛发病季节与土壤螨出没规律相一致，多在 7~8 月或冬季发病。

【症状与病理变化】成虫寄生于小肠夺取宿主大量营养，患病牛、羊临床表现精神沉郁，营养不良，发育受阻，日渐消瘦，贫血，被毛干燥无光泽，颌下、胸前水肿；腹泻，有时便秘，或二者交替出现，粪便中混有乳白色孕卵节片。寄生虫体多时可造成肠阻塞甚至肠破裂。食欲正常或减退，严重者可因恶病质而死亡。虫体的分泌物、代谢产物的毒素作用可引起幼龄动物的神经症状，表现回旋运动，或抽搐、兴奋、冲撞、头后仰，或表现抑制、低头不愿活动或头抵物体不动等。应注意与脑包虫病和羊鼻蝇蛆病的区别。

剖检可见尸体消瘦、肌肉色浅，虫体的机械性刺激可引起小肠黏膜卡他性炎症，肠扩张、充气，严重者肠黏膜上有小出血点。由于虫体较大，多时可到肠阻塞、套叠、扭转甚至破裂而致死。

【诊断】发现粪中或粪表面的白色、扁平、能蠕动的孕卵节片，或取孕节压破后镜检，见有大量虫卵，或剖检在小肠内发现虫体，均可确诊。

【防治】应采取定期预防性驱虫、加强粪便和牧场管理、轮牧等综合性防控措施。对羔羊和犊牛，应在春季放牧后 4~5 周进行驱虫，间隔 2~3 周进行第二次驱虫。成年牛、羊一般应在春、秋季各驱虫 1 次，驱虫后排出的粪便应集中处理，防止病原散播和牧场污染。尽可能减少牧场上的中间宿主滋生，不在清晨、傍晚放牧，不割喂露水草。预防和治疗本病，可用吡喹酮、阿苯达唑、芬苯达唑、氯硝柳胺等药物。

第七节　多头蚴病

一、脑多头蚴病（脑包虫病）

脑多头蚴病俗称脑包虫病，是由带科带属（或称多头属）的多头带绦虫或称多头绦虫的中绦期幼虫——脑多头蚴（脑包虫）寄生于牛、羊脑及脊髓引起的一种绦虫蚴病，也可感染人。本病呈世界性分布，我国各地均有报道，常呈地方流行性。临床主要表现以神经机能障碍为主的综合征，是危害牛、羊养殖业健康发展的主要寄生虫病之一。

【病原】多头带绦虫成虫呈背腹扁平的分节带状，长 40~100cm，由 200~250 个节片组成，最大宽度为 5mm。头节呈球形，上有 4 个圆形吸盘，顶突上有 22~32 个小钩，排列成内外两圈。虫卵无色，呈圆形或近圆形，直径为 29~37μm，卵壳分两层，内层较厚为胚膜，有放射状棒状条纹，卵内含六钩蚴。

中绦期幼虫脑多头蚴呈圆形或卵圆形、半透明的囊泡状，直径约为 5cm 或更大，甚至超过20cm，大小取决于寄生的部位、发育程度及感染动物的种类。囊壁薄，半透明，由两层膜组成，外层为角质层，内层为生发层，其上生有许多内嵌的原头蚴，直径为2~3mm，数量达100~250个；囊内充满液体，其中有些成分为抗原性物质。

【流行特点】多头带绦虫成虫寄生于终末宿主犬、狼、狐等犬科肉食动物的小肠内，脑多头蚴寄生于中间宿主绵羊、山羊、黄牛、水牛和牦牛等反刍动物的脑及脊髓中，偶见于骆驼、猪、马、兔和人及其他野生反刍动物。在终末宿主小肠内寄生的成虫，其成熟孕节经常不断地自动脱落并随粪排到外界，羊、牛等食入被节片或虫卵污染的饲草、饲料或饮水等而感染。在小肠内，六钩蚴从虫卵内逸出并钻入肠黏膜血管，随血液流到脑和脊髓内，经2~3个月发育为多头蚴。犬吞食了含多头蚴的羊、牛脑即感染，在小肠内头节翻出，以吸盘和顶突上的小钩附着在肠壁上，经1~2个月发育为成虫。成虫在犬体内可存活6~8个月。

本病羊比牛更易感，母羊的患病率高于公羊。我国东北、西北牧区多发；农区多呈散发性，或某羊场、羊群小范围发生，多与养犬相关。本病无明显的季节性，一年四季均可发生，但多见于春季或夏初。2岁以内的羊发生较多。

【症状与病理变化】临床症状主要取决于动物种类、寄生部位、荷虫量及包囊的大小。患病牛、羊主要表现神经症状，初期由于六钩蚴移行到脑组织引起体温升高，呼吸和心跳加快，表现强烈兴奋、脑炎和脑膜炎等症状，严重者导致急性死亡。后期，随着脑多头蚴的发育，包囊体积不断增大，压迫作用使周围脑组织萎缩，表现占位性神经症状，共济失调、反应迟钝、转圈、蹒跚、斜颈或头颈向侧后弯曲呆立不动、食欲减退等。寄生于大脑半球表面则表现典型的转圈运动（回旋症），病牛、羊将头倾向脑多头蚴寄生侧并向病侧做圆圈运动，寄生部位越靠大脑边缘，转圈越小；脑多头蚴寄生于脑前部时，病畜头下垂，向前猛冲或抵物不动；寄生于脑后部时，则头高举或后仰，做后退运动或坐地不能站立。寄生于脑脊髓部则致后躯麻痹、瘫痪。寄生于脑表层则导致颅骨变薄、变软，局部隆起，触诊有痛感，叩诊有浊音。病畜视力减退甚至失明。本病一旦发展到中晚期，治愈率较低，经济损失较大。

剖检病理变化在病的初期可见脑内有六钩蚴移行引起的虫道、出血及脑炎和脑膜炎病变，后期可见大小、数量不等的脑多头蚴及其周围脑、脊髓局部组织贫血、萎缩等（彩图3-6-6）。

【诊断】在本病流行区，根据羊的"回旋症"等特殊神经症状和病史可做出诊断，剖检病死动物脑及脊髓发现脑多头蚴可确诊。

【防治】预防脑多头蚴病应加强犬，尤其是牧羊犬的管理，防止犬粪中的虫体孕节或虫卵污染牛、羊等动物的饲草、饲料或饮水；做好犬定期预防性驱虫并无害处理犬粪。加强动物性食品卫生检验，不用含脑多头蚴的牛、羊等动物脑及脊髓喂犬；治疗脑多头蚴病目前尚无特效药。吡喹酮和阿苯达唑有一定疗效。一旦发展到中晚期，患病动物出现临床综合症状，往往预后不良，尽早淘汰患病动物可能是更好的选择。在头部前脑表面寄生的脑多头蚴，可采用圆锯术摘除，但仅适用于经济价值较高的动物。驱除犬小肠内的多头带绦虫，可用吡喹酮，驱虫后3d内排出的犬粪应集中烧毁或深埋。

二、斯氏多头蚴病

斯氏多头蚴病是由带科带属的斯氏多头带绦虫或称斯氏多头绦虫的中绦期幼虫斯氏多头蚴，或格氏多头带绦虫的中绦期幼虫格氏多头蚴寄生于山羊和绵羊非脑部（中枢神经外）的皮下、肌肉等处引起的绦虫蚴病。

【病原】目前认为，寄生在山羊、绵羊中枢神经系统外的斯氏多头蚴和格氏多头蚴可能是脑多头蚴的种内遗传变异，也可能是其他属的成员，二者形态结构和发育史等相似，现以斯氏多头蚴为例叙述如下。

斯氏多头蚴包囊的形态结构与脑多头蚴相似，不生成子囊，囊体是单一的。包囊呈椭圆形或近圆形，一般为鸡蛋至鸭蛋大，偶尔能达到拳头大，包囊壁呈白色，囊内充满透明液体，从囊外可看到内膜上有成簇的粟粒大、乳白色的原头蚴，每个包囊内的原头蚴数量可达300~400个；有的原头蚴已离开内膜而沉入囊液中。原头蚴前端有4个圆形吸盘，有1圈大钩和1圈小钩相间排列在顶突周围。成虫体长50~100cm。

【流行特点】成虫寄生在终末宿主犬、狼、狐等犬科动物的小肠中。成熟的孕卵节片脱落并随粪排到体外，孕节或孕节破裂后散播出的虫卵污染饲草、饲料或饮水，被羊食入后，六钩蚴随血液循环进入肌肉等组织中，2个月左右发育成多头蚴（囊泡）。

斯氏多头蚴在我国呈全国性分布，在新疆、内蒙古、湖北、陕西、山东、河南、四川和云南等地的山羊和绵羊肌肉中均有查获，尤以西北、华北和东北等广大牧区常见，呈地方流行性。

【症状与病理变化】本病呈慢性经过，病程很长，一般无临床症状，严重感染时，病羊精神沉郁，被毛粗乱，体质瘦弱，生长发育缓慢，可在颈部、肩背部、腿部及口角、眼眶等处有大小不一、形状各异的包囊，虫体包囊外常有宿主组织反应形成的结缔组织包裹着。与寄生局部的器官相关，羊会出现机能障碍，如腰腿不灵活、眼球突出、咀嚼困难等。

【诊断】由于本病一般不表现临床症状，生前诊断比较困难，剖检在肌肉等寄生部位发现包囊可确诊。

【防治】斯氏多头蚴与脑多头蚴的区别主要是寄生部位的不同。治疗可采用外科手术法，但似无必要。主要是预防，其原则参照脑多头蚴病。

第八节　牛囊尾蚴病

牛囊尾蚴病俗称牛囊虫病，是由带科带属的牛带绦虫（又称无钩绦虫、肥胖带绦虫、牛肉绦虫、牛带吻绦虫）的中绦期幼虫——牛囊尾蚴（牛囊虫）寄生于中间宿主牛、羊、鹿等动物的肌肉内引起的一种绦虫蚴病。牛带绦虫寄生于终末宿主——人的小肠内，给人类健康带来危害，因此，本病是一种重要的人兽共患病。

【病原】发育充分的牛囊尾蚴为半透明的椭圆形包囊，长5~9mm、宽3~6mm，囊内充满囊液和1个内嵌的乳白色小结即头节，其形态结构与成虫头节相似。牛带绦虫呈背腹扁平的分节链带状，长3~10m，最长可达25m。头节近球形，直径为1.5~2.0mm，头节上有4个圆形吸盘，无顶突及小钩。颈节呈细线状，长5~10mm。孕节子宫向两侧分支，每侧有15~30个侧支；成熟孕节经常自动逐节脱落，并能自动爬出肛门。虫卵近圆形，长30~40μm、宽20~30μm，外层的胚膜厚，具有放射状条纹，卵内含六钩蚴。

【流行特点】牛囊尾蚴完成发育史需要中间宿主和终末宿主共同参与。成虫寄生在终末宿主的小肠内，人是其唯一终末宿主。牛囊尾蚴寄生于中间宿主黄牛、水牛、绵羊、山羊、长颈鹿、美洲貂、羚羊等的肌肉，常见于舌肌、咬肌、颈肌、肋间肌，很少见于其他器官；人不能作为中间宿主。

在人的小肠内寄生的成虫的成熟孕节自动脱落并随人粪排到外界，破裂后散播出的虫卵污染饲草、饲料和饮水，被牛食入后，六钩蚴钻入肠壁血管，随血流遍布全身肌肉中，尤以舌肌、咬肌、腰肌为多，在肌肉中经3~6个月发育为牛囊尾蚴。人食用了生的或未煮熟的含牛囊尾蚴的牛肉而感染，在小肠中经2.5~3个月发育为成虫。

本病呈世界性分布，发展中国家，特别是南美洲、中东、亚洲及非洲一些国家更为多见。我国主要流行于西北及西南地区，人的感染率也较高。

【症状与病理变化】轻度感染牛囊尾蚴一般不表现明显症状，严重感染时出现高热、跛行、呻吟、肌肉乏力和消瘦等症状。牛囊尾蚴主要寄生于牛的肌肉（包括心肌），其他器官极为少见。在组织内的牛囊尾蚴6个月后即多已钙化（彩图3-6-7）。

【诊断】生前诊断可采用皮内试验、环状沉淀试验等免疫学方法。死后剖检在肌肉内发现牛囊虫可确诊。人牛带绦虫病的诊断主要是查随粪排出的孕节和虫卵。其他参照猪囊尾蚴病。

【防治】治疗可使用吡喹酮、阿苯达唑等药物。预防应加强肉品卫生检验，发现牛囊尾蚴病肉，应按国家规定进行无害化处理，防止人患牛带绦虫病。做好人粪管理，避免人粪污染牛的饲草、饲料、饮水及放牧地，防止牛患牛囊尾蚴病。

第九节　羊囊尾蚴病

羊囊尾蚴病也称羊囊虫病，是由带科带属的羊带绦虫的中绦期幼虫寄生于绵羊和山羊的心肌和膈肌、咬肌、舌肌等横纹肌所引起的绦虫蚴病，偶见寄生于肺、食道壁和胃壁。

【病原】羊囊尾蚴形态与猪囊尾蚴相似，呈卵圆形囊泡状，长4~9mm、宽2~3.5mm，囊内充满清亮的液体，囊壁上有1个内陷入囊内的乳白色小结节（头节）。

羊带绦虫成虫呈背腹扁平的分节链带状，乳白色，体长45~100cm。头节呈近球形，直径为0.80~1.25mm，顶突上有内、外两圈小钩，数量达24~36个。虫卵长30~40μm、宽24~28μm。

【流行特点】成虫寄生于犬、狼、豺、狐等犬科动物小肠内，孕节或虫卵随粪排到体外，污染饲草、饲料及饮水。虫卵被羊摄入后，在消化液的作用下，六钩蚴在小肠逸出，钻入肠壁血管，随血流到达肌肉等寄生部位，经2.5~3个月发育成囊尾蚴。含羊囊尾蚴的羊肉等被犬等终末宿主吞食后，在小肠内约经7周发育为成虫。

本病主要流行于南美洲和大洋洲，我国的新疆、甘肃、河北等地也有散发的报道。

【症状与病理变化】本病症状一般不明显，幼龄羊严重感染时出现发育不良，生长缓慢，甚至死亡；感染羊囊尾蚴的羊肉必须销毁或进行无害化处理，会造成很大经济损失。

【诊断】血清学试验可初步诊断，剖检在肌肉等处发现羊囊尾蚴可确诊。

【防治】防控本病应采取综合性措施。羊场内最好禁止养犬，或对犬及其粪便严格管理，杜绝羊群接触到犬及其粪便。严禁用含有羊囊尾蚴的肌肉和内脏喂犬，并对犬进行定期、定点驱虫，及时对犬粪便进行焚烧或无害化处理。防治药物可用吡喹酮和阿苯达唑等。

第十节　牛、羊消化道线虫病

一、牛蛔虫病

牛蛔虫病又称牛弓首蛔虫病，旧称犊牛新蛔虫病，是由蛔科弓首属的牛弓首蛔虫寄生于初生犊牛（奶牛、黄牛、水牛）的小肠内引起的寄生虫病。病牛临床表现为肠炎、腹泻、腹部膨大和腹痛等症状。本病呈世界性分布，在我国多见于南方地区，大量感染时可引起死亡，对养牛业危害很大。

【病原】成虫虫体粗大，呈浅黄色，体表角质层较薄，虫体柔软，半透明且易破裂。虫体前端有3个唇片，食道呈圆柱形，后端有1个小胃与肠管相接。雄虫长15~26cm，尾部呈圆锥形，弯向腹面，上有1个小锥突。交合刺1对，形状相似，等长或稍不等长。雌虫长22~30cm，尾直；生殖孔开口于虫体前部1/8~1/6处。虫卵呈短圆形，大小为（70~80）μm×（60~66）μm，壳较厚，外层呈蜂窝状，新鲜卵呈浅黄色，内含1个胚细胞。

【流行特点】牛蛔虫可以垂直传播。当母牛妊娠8~9个月时，幼虫便移行至子宫，进入胎盘羊膜中，进行第三次蜕化，变为第四期幼虫；随着胎盘的蠕动，第四期幼虫被胎牛吞入肠内发育；待胎牛出生后，幼虫在小肠内进行第四次蜕皮后长大，经1个月左右发育为成虫。另一条感染途径是母牛体内的幼虫经乳汁被犊牛摄入体内，发育为成虫。牛弓首蛔虫卵对药物的抵抗力较强。但对直射阳光的抵抗力较弱。温湿度对虫卵发育的影响也较大。

本病在我国多见于南方地区，主要发生于5月龄以内的犊牛。对于成年牛，只在内部器官组织中发现有移行阶段的幼虫，尚未有成虫寄生的报道。

【症状与病理变化】本病对15~30日龄的犊牛危害严重，症状表现为精神沉郁，不愿行动，继而消化功能紊乱，食欲减退和腹泻；肠黏膜受损，并发细菌感染时则出现肠炎，排大量黏液或血便，且带有特殊臭味。腹部膨胀，有疼痛症状。患病动物虚弱消瘦，精神迟钝，后期病牛颈部肌肉弛缓，后肢无力，站立不稳。虫体寄生较多时可造成肠阻塞或肠穿孔，引起死亡。

如果犊牛出生后被牛弓首蛔虫虫卵感染，在肠管中孵化的幼虫可侵入肠壁转入肝脏，移行过程中破坏肝组织，损害消化机能，影响食欲。幼虫移行到肺时，在该处停留发育，破坏肺组织造成点状出血并可引起肺炎。临床上表现咳嗽、呼吸困难、口腔内有特殊酸臭味，嗜酸性粒细胞显著增加，也有后肢无力、站立不稳和走路摇摆现象。

【诊断】本病的临床诊断需结合症状（主要表现腹泻，排泄物混有血液、有特殊恶臭，病牛软弱无力等）与流行病学资料综合分析。确诊可采用饱和盐水漂浮法从犊牛粪便中检出虫卵，或犊牛死亡后剖检时发现肠道有相关病理变化及肠道内的虫体。

【防治】

（1）预防　对犊牛进行预防性驱虫是预防本病的重要措施，尤其是15~30日龄的犊牛。因犊牛此时感染达到高峰，而且有许多犊牛是隐性带虫者，此时驱虫不但有益于犊牛的健康，而且可以减少虫卵对环境的污染，使母牛免遭感染。驱虫的同时要注意牛舍清洁，垫草和粪便要勤清理，尤其对犊牛的粪便需要集中进行发酵处理，以杀灭虫卵，减少牛感染的机会。在流行区域对围产期的母牛进行驱虫。

（2）治疗　出生后14~21d的犊牛，可选用阿苯达唑、哌嗪、伊维菌素等药物进行治疗。

二、毛圆科线虫病

寄生于反刍动物皱胃和小肠的毛圆科线虫，有血矛属、长刺属、奥斯特属的许多种线虫，其分布遍及全国各地，引起反刍动物消化道圆线虫病，给畜牧业带来巨大损失。它们在反刍动物体内多呈混合寄生，其中以血矛属的捻转血矛线虫致病力最强。

【病原】

（1）捻转血矛线虫　呈毛发状，因吸血而呈浅红色。雄虫长15~19mm，雌虫长27~30mm。虫体表皮上有横纹和纵嵴。颈乳突显著，头端尖细，口囊小，内有一矛状角质齿。雄虫交合伞发达，以背肋呈人字形为其特征；雌虫因白色的生殖器官环绕于红色含血的肠道周围，形成红白线条相间的外观，所以称捻转血矛线虫，也称捻转胃虫，阴门位于虫体后半部，有一个显著的瓣状阴门盖。卵壳薄，光滑，稍带黄色，虫卵大小为（75~95）μm×（40~50）μm，新鲜虫卵含16~32个胚细胞。

（2）指状长刺线虫（牛捻转胃虫）　主要寄生于牛的皱胃，少见于小肠，羊、猪体内也曾发现。虫体较捻转血矛线虫大，形状类似。雄虫长25~31mm，交合伞的侧腹肋和前侧肋特别发达，背叶对称，交合刺细长。雌虫长30~45mm，阴门位于肛门附近，阴门部体型增宽。虫卵与捻转血矛线虫相似而略大。

毛圆科各属线虫都属直接发育的土源性线虫。捻转血矛线虫寄生于反刍动物的皱胃（彩图3-6-8），偶见于小肠。感染性幼虫（第三期幼虫）外被囊鞘，又称披鞘幼虫。感染性幼虫有如下活动规律：①背地性，在牧地适宜条件下，离开地面向牧草的叶片上爬行。②有趋弱光性，但畏惧强烈阳光，所以仅于清晨、傍晚或阴天爬上草叶，在阳光强烈的白昼和夜晚爬回地面。③对温度的感应性，温暖时活动力增强，寒冷时进入休眠状态。④不能在干的叶面上爬行，必须在具有一层薄薄的水草叶上爬行。⑤有鞘膜的保护，对恶劣环境的抵抗力较强。⑥落入水中常沉于底部，可存活1个月或更久。⑦由于第三期幼虫不采食，所以在温暖季节，幼虫活动量大，其寿命不超过3个月，反之，在潮湿的寒冷条件下，幼虫可存活1年以上。感染后25~35d，产卵量达高峰。成虫寿命不超过1年。

【流行特点】感染性幼虫带有鞘膜，在干燥环境中，可以休眠状态生存1.5年。

据观察，低洼牧场的幼虫数量在放牧结束时达最高。对幼虫数量的影响，牧场小气候比大气候更为重要。在山地牧场，幼虫数量在夏季逐渐增高，8月最高，冬季低温抑制或延迟了幼虫的孵化，所以牧草上几乎没有幼虫。

羊对捻转血矛线虫有"自愈"现象，这是初次感染产生的抗体，和再感染时的抗原物质相结合所引起的一种过敏反应。感染捻转血矛线虫，表现为皱胃黏膜水肿，这种水肿造成对虫体不利的生活环境，导致原有的虫体被排除和不再发生感染。

【症状与病理变化】感染性幼虫进入宿主体内后，经第三次蜕皮，变为第四期幼虫即开始吸血。所以，本病最重要的特征是贫血和衰弱。成虫以头端刺入皱胃黏膜内引起黏膜损伤，由于大量吸血并分泌抗凝血酶，可引起极度贫血、胃黏膜增厚，呈现出血性病灶。病畜表现极度消瘦，最后由于失血和血液再生能力降低，产生代谢障碍。

一般情况下，毛圆科线虫病常表现为慢性过程，病畜日渐消瘦，精神沉郁，放牧时离群落后。严重时卧地不起，贫血，表现为下颌间隙及头部发生水肿，呼吸、脉搏加快，体重减轻，育肥不良，幼畜生长受阻，食欲减退，饮欲如常或增加，腹泻与便秘交替，红细胞减少。严重感染捻转血矛线虫时，羔羊可在短时间内发生大批死亡，此时羔羊膘情尚好，但因极度贫血而死，这是由于短期内集中感染大量虫体所致。轻度感染时，呈带虫现象，但污染牧地，成为传染源。

【诊断】反刍动物往往被多种圆线虫寄生，粪便虫卵区别困难，仅能判定其感染强度，因此对于捻转血矛线虫的诊断，可以根据当地流行情况、症状及剖检做出综合判断。

【防治】

（1）预防　适时进行预防性驱虫，可根据当地流行病学资料做出规划。一般春、秋季各进行1次，即在放牧前和放牧后；注意放牧和饮水卫生，夏季避免吃露水草，避免在低湿的牧地放牧，不要在清晨、傍晚或雨后放牧，以减少感染机会；禁饮低洼地区的积水和死水，换饮干净的流水和井水；有计划地实行轮牧；加强饲养管理，合理补充精料，增强畜体的抗病力；加强粪便管理，将粪便集中在适当地点进行生物热处理，以消灭虫卵和幼虫。

（2）治疗　治疗毛圆科线虫病的药物种类很多，如阿苯达唑、噻苯达唑、左旋咪唑和伊维菌素等都可以用于驱虫。

三、食道口线虫病

反刍动物的食道口线虫病是食道口科食道口属几种线虫的幼虫和成虫寄生于肠壁与肠腔引起的。由于有些食道口线虫的幼虫阶段可使肠壁发生结节，所以又名结节虫病。本病在我国各地牛、羊中普遍存在，并引发病变，有病变的肠管多因不适宜制作肠衣而废弃，所以给畜牧业造成极大的经济损失。

【病原】本属线虫的口囊呈小而浅的圆筒形，周围为一显著的口领。口缘有叶冠。有颈沟，其前部的表皮常膨大形成头囊。颈乳突位于颈沟后方的两侧。有或无侧翼，雄虫交合伞发达，有1对等长的交合刺，雌虫阴门位于肛门前方附近，排卵器发达呈肾形，虫卵较大。

（1）哥伦比亚食道口线虫　主要寄生于羊，也寄生于牛的结肠。有发达的侧翼膜，致使虫体前部弯曲。头囊不膨大。颈乳突位于颈沟稍后方，其尖端突出于侧翼膜之外。

（2）微管食道口线虫　主要寄生于羊，也寄生于牛和骆驼的结肠。无侧翼膜。前部直，口囊较宽而浅；颈乳突位于食道后面。

（3）粗纹食道口线虫　主要寄生于羊的结肠。口囊较深，头囊显著膨大。无侧翼膜。颈乳突位于食道的后方。

（4）辐射食道口线虫　寄生于牛的结肠，侧翼膜发达，前部弯曲。缺外叶冠，内叶冠也只是口囊前缘的一小圈细小的突起。头囊膨大，上有一横沟，将头囊区分为前后两部分。颈乳突位于颈沟的后方。

（5）甘肃食道口线虫　寄生于绵羊的结肠。有发达的侧翼膜，前部弯曲。头囊膨大。颈乳突位于食道末端，稍突出于膜外。

【流行特点】成虫在寄生部位产卵，卵随粪便排出体外。虫卵在外界发育至感染性幼虫的过程及各期幼虫在外界环境中的习性与毛圆科线虫相似。宿主摄食了被感染性幼虫污染的青草和饮水而被感染。幼虫在胃肠内脱鞘，然后钻入小结肠和大结肠固有膜的深处，并在此形成包囊和结节（哥伦比亚食道口线虫和辐射食道口线虫在肠壁中形成结节），在包囊和结节内进行两次蜕化，然后返回肠腔，发育为成虫。有些幼虫可不返回肠腔而自浆膜层移行到腹腔，可生活数天但不继续发育。这种虫体在肉品检验中时有发现。自感染到排出虫卵需30~40d。

低于9℃时虫卵不发育。第一、第二期幼虫对干燥很敏感，极易死亡。第三期幼虫有鞘，在适宜条件下可存活几个月；冰冻可使之死亡。温度达35℃以上时，所有幼虫均迅速死亡。6月龄以下的羔羊肠壁上不形成结节，而主要在成年羊肠壁上形成结节。

【症状与病理变化】本病无特殊症状，轻度感染不显症状，重度感染时（特别是羔羊），可引起典型的顽固性腹泻，粪便呈暗绿色，含有许多黏液，有时带血。病羊弓腰，后肢僵直有腹痛感。严重者可因机体脱水、消瘦，引起死亡。

幼虫阶段在肠壁上形成直径为2~10mm的结节，影响肠蠕动、食物的消化和吸收，结节在肠的腹膜破溃时可引起腹膜炎，肠腔面破溃时引起溃疡性和化脓性结肠炎。成虫吸附在黏膜上虽不吸血，但可分泌有毒物质加剧结节性肠炎的发生。

【诊断】结节虫卵和其他圆线虫卵类似，很难区别，所以生前诊断比较困难，应根据临床症状，结合尸体剖检进行综合判断。

【防治】
防治方法同毛圆科线虫病。

四、仰口线虫病

反刍动物的仰口线虫病（钩虫病）是由钩口科仰口属的牛仰口线虫和羊仰口线虫引起的。前者寄生于牛的小肠，主要是十二指肠；后者寄生于羊的小肠。本病在我国各地普遍流行，可引起贫血，对家畜危害很大，并可以引起死亡。

【病原】本属线虫头端向背面弯曲，口囊大，口腹缘有1对半月形的角质切板。雄虫交合伞背叶不对称，雌虫阴门在虫体中部之前。

羊仰口线虫呈乳白色或浅红色。口囊底部的背侧生有1个大背齿，背沟由此穿出；底部腹侧有1对小的亚腹齿。雄虫长12.5~17.0mm，交合伞发达，背叶不对称，右侧外背肋比左面的长，并且由背干的高处伸出。交合刺等长，褐色，无引器。雌虫长15.5~21.0mm，尾端钝圆。阴门位于虫体中部前不远处。虫卵大小为（79~97）μm×（47~50）μm。两端钝圆，胚细胞大而数量少，内含暗黑色颗粒。

牛仰口线虫的形态和羊仰口线虫相似，但口囊底部腹侧有两对亚腹齿。另一个区别是雄虫的交合刺长（3.5~4.0mm），为羊仰口线虫交合刺长度的5~6倍。雄虫长10~18mm，雌虫长24~28mm。虫卵的大小为106μm×46μm，两端钝圆，胚细胞呈暗黑色。

牛、羊由于吞食了被感染性幼虫污染的饲料或饮水，或感染性幼虫钻进牛、羊皮肤而受感染。

【流行特点】在夏季，感染性幼虫可以存活2~3个月；春季生活时间较长。在8℃时，幼虫不能发育；在35~38℃时，仅能发育到第一期幼虫。

【症状与病理变化】病畜表现进行性贫血，严重消瘦，下颌水肿，顽固性腹泻，粪带黑色。幼畜发育受阻，还有神经症状如后躯萎缩和进行性麻痹，死亡率很高。

尸体消瘦、贫血、水肿，皮下浆液性浸润。血液色浅，水样，凝固不全。肺有瘀血性出血和小出血点。心肌软化，肝脏呈浅灰色，质脆。十二指肠和空肠有大量虫体，游离于肠内容物中或附着在黏膜上。肠黏膜发炎，有出血点。肠内容物呈褐色或血红色。

【诊断】根据临床症状、粪便检查发现虫卵和死后剖检发现大量虫体即可确诊。病尸消瘦、贫血，十二指肠和空肠有大量虫体；黏膜发炎，有小出血点和小齿痕。

【防治】

（1）预防　定期驱虫；舍饲时保持圈舍干燥清洁；饲料和饮水应不受粪便污染，改善牧场环境，注意排水。

（2）治疗　可用噻苯达唑、芬苯咪唑、左旋咪唑、阿苯达唑或伊维菌素等驱虫。

第十一节　牛、羊肺线虫病

反刍动物的肺线虫病的病原为网尾科的网尾属和原圆科的缪勒属、原圆属、歧尾属、囊尾属和刺尾属等属的多种线虫，均寄生于反刍动物的肺部。网尾科的线虫较大，又称大型肺线虫；原圆科的线虫较小，又称小型肺线虫。我国反刍动物肺线虫病分布较广，危害很大，造成生长发育障碍，畜产品质量降低，并能引起死亡。

一、羊网尾线虫病

羊网尾线虫病由网尾属的丝状网尾线虫寄生于绵羊、山羊、骆驼和其他反刍动物的支气管引起，有时也见于气管。临床上以呼吸道症状为主。本病多见于潮湿地区，常呈地方流行性，主要危害羔羊，可引起严重的损失；对犊牛的危害较小。

【病原】丝状网尾线虫虫体呈细线状，乳白色，肠管似一条黑线穿行体内。口囊很小，口缘有4个小唇片。交合伞的前侧肋是独立的；中侧肋和后侧肋合二为一，仅末端分开；外背肋是独立的；背肋为2个独立的支，每支末端分为2或3个小叉。交合刺呈靴形，黄褐色，多孔状结构，有引器，呈泡孔状结构。雌虫阴门位于体中部。虫卵呈椭圆形，大小为（120~130）μm×（80~90）μm，卵内含第一期幼虫。

雌虫产卵于羊支气管内（卵胎生），羊咳嗽时，卵随黏液一起进入口腔，大多数被咽入消化道，部分随痰或鼻腔分泌物排至外界。卵在通过消化道的过程中孵化为第一期幼虫，并随粪便排到体外。第一期幼虫头端钝圆，有1个小的扣状结节，尾端细而钝，易于辨认。感染性幼虫为第三期幼虫，被有两层皮鞘。

羊吃草或饮水时，摄入感染性幼虫。成虫在羊体内的寄生期限，依羊营养的好坏而不同，由2个月到1年不等。一般营养好的羊抵抗力较强，虫体寄生期短。抵抗力强的羊，可以使其淋巴结内的幼虫的发育受到抑制，但一旦宿主的抵抗力下降，幼虫仍然可以恢复发育。

【流行特点】丝状网尾线虫幼虫发育期间温度在4~5℃时，幼虫可以发育；在21℃以上时，幼虫活力受到严重影响。被雪覆盖的粪便，在-40~-20℃气温下，其中的感染性幼虫仍不死亡。温暖季节对其极为不利，由于粪便的迅速干燥，其中早期幼虫的死亡率极高。干粪中幼虫的死亡率比湿粪中大得多。冬季温度常在冰点以下，但感染性幼虫仍能生存。成年羊比幼龄羊的感染率高。

【症状与病理变化】病初病羊表现咳嗽，尤其在夜间和早晨出圈时更为明显。常咳出黏液团块，内含虫卵、幼虫间或有成虫。咳嗽发作时，呼吸音增强，并伴有啰音。严重感染时，呼吸浅表，急促而痛苦，特别是继发肺炎时，可能无咳嗽而有黏液性鼻液，病羊不安和虚弱，迅速消瘦，体温升高，死于肺炎。病羊除消瘦外，被毛粗乱无光，贫血，头、胸和四肢水肿。羔羊症状较重。感染轻微的羔羊和成年羊常为慢性经过，症状不明显。

主要的病变是虫体在肺部引起的。虫体寄生在支气管和细支气管，由于刺激引起发炎，并不断地向支气管周围发展。大量虫体及其所引起的渗出物，可以阻塞细支气管和肺泡，从而引起肺膨胀不全。在膨胀不全的部位可能发生细菌感染，因而导致广泛性的肺炎；还可能在膨胀不全部分的周围发生代偿性肺气肿。

【诊断】根据临床症状，特别是羊咳嗽发生的季节（一般冬季发病），考虑是否有肺线虫感染。用幼虫检查法，在粪便、唾液或鼻腔分泌物中发现第一期幼虫，即可确诊。通过死亡羊的剖检发现虫体和相应的病变时也可确诊。

【防治】

（1）预防　一般春、秋季各进行1次驱虫；注意放牧和饮水卫生，夏季避免吃露水草，避免在低湿的牧地放牧，不要在清晨、傍晚或雨后放牧，以减少感染机会；禁饮低洼地区的积水和死水，换饮干净的流水和井水；有计划地实行轮牧；加强饲养管理，合理补充精料，增强畜体的抗病力；加强粪便管理，将粪便集中在适当地点进行粪便发酵生物热处理，以消灭虫卵和幼虫。

（2）治疗　可用左旋咪唑、阿苯达唑、伊维菌素等药物驱虫。此外，也可选用芬苯达唑、多拉菌素、奥芬达唑等药物，这些药物对网尾线虫成虫和幼虫都非常有效。

二、原圆线虫病

原圆科线虫多混合寄生，分布较广，危害最大的为缪勒属和原圆属的线虫，虫体非常细小，有的肉眼刚能看到，所以又称小型肺线虫。雄虫交合伞不发达，背肋不分支或仅末端分叉或有其他形态变化。雌虫阴门靠近虫体后端。卵胎生。

【病原】

（1）毛样缪勒线虫　分布最广的一种线虫，寄生于羊的肺泡、细支气管、胸膜下结缔组织和肺实质中。交合伞高度退化，雄虫尾部呈螺旋状卷曲，泄殖孔周围有很多乳突；阴门距肛门很近，虫卵呈褐色，大小为（82~104）μm×（28~40）μm，产出时细胞尚未分裂。

（2）柯氏原圆线虫　为褐色纤细的线虫，寄生于羊的细支气管和支气管。交合伞小，交合刺呈暗褐色，阴门位于肛门附近。虫卵大小为（69~98）μm×（36~54）μm。

中间宿主是软体动物中的陆地螺和蛞蝓。羊从感染第三期幼虫到发育为成虫的时间为25~38d。

【流行特点】原圆科线虫的幼虫对低温和干燥的抵抗力均强。在干粪中可生存数周，在湿粪中的生存期更长，能在粪便中越冬，冰冻3d后幼虫仍有活力，12d后死亡。直射阳光可迅速使幼虫致死。陆地螺体内的感染性幼虫，寿命为12~18个月。4月龄以上的羊几乎都有虫体寄生，甚至数量很多。

【症状与病理变化】轻度感染除引起咳嗽外，无其他明显症状。重症时叩诊肺部可发现较大的突变区，并有与网尾线虫感染同样的症状。

原圆线虫寄生于小的细支气管，虫体刺激引起局部炎症，受害肺泡和支气管表皮脱落，阻塞管道，发生浸润和结缔组织增生，形成小叶性肺炎症，呈圆锥形轮廓，黄灰色。有幼虫的肺泡、支气管及其周围组织均发生细胞浸润，引起肺萎陷和实变；进而导致周围的肺组织发生代偿性气肿和膨大。由虫卵引起的假结节，规则地散布在整个肺内。胸膜上也有许多结节。结节被细菌侵袭时，则发生局部脓肿或脓毒性胸膜炎。

【诊断】可用幼虫检查法检查粪便中有无第一期幼虫。每克粪便中约有150条幼虫时，被认为是有病理意义的荷虫量。缪勒线虫的第一期幼虫尾部呈波浪形弯曲，背侧有1个小刺；原圆线虫的幼虫也呈波浪形弯曲，但无小刺。剖检时发现成虫、幼虫和虫卵及相应的病理变化时也可确诊为本病，剖检可在肺内见到大量的变性或钙化的结节。

【防治】可用枸橼酸乙胺嗪、阿苯达唑、伊维菌素等药物驱虫。注意防治中间宿主，避免在低洼、潮湿的地段放牧，减少与陆地螺接触的机会；放牧羊尽可能避免在雾天和早晚陆地螺最活跃时放牧；成年羊与羔羊分群放牧。根据当地情况可以进行计划性驱虫。

三、牛网尾线虫病

牛网尾线虫病是由网尾属的胎生网尾线虫寄生于牛的支气管和气管内引起的，有时也寄生于骆驼和各种野生反刍动物。我国西南的黄牛和西藏的牦牛多有本病，常呈地方流行性。牦牛常在春季大量地发病死亡，是牦牛春季死亡的重要原因之一。

【病原】胎生网尾线虫虫体形态与丝状网尾线虫相似，雄虫长40~55mm，交合刺为黄褐色的多孔状结构，引器呈椭圆形，虫卵呈椭圆形，大小为85μm×51μm，内含幼虫。第一期幼虫长0.31~0.36mm，头端钝圆，其上无扣状结构，尾部短而尖。

【流行特点】基本同于丝状网尾线虫，从感染到雌虫产卵需21~25d，有时需1~4个月。

牛肺线虫在牛犊体内的寄生期限，取决于牛的营养状况。营养好，抵抗力强时，虫体的寄生时间短，否则寄生时间长。

【症状与病理变化】最初出现的症状为咳嗽，初为干咳，后变为湿咳。咳嗽次数逐渐频繁。有时发生气喘和阵发性咳嗽。流浅黄色黏液性鼻液。消瘦，贫血，呼吸困难，听诊有湿啰音；可导致肺泡性和间质性肺气肿，甚至引起死亡。

幼虫移行到肺以前的阶段危害不大。幼虫和成虫所引起的肺损伤及其发病机制同羊网尾线虫病。病牛可能发生自愈现象。

【诊断】根据临床症状，特别是牛咳嗽发生的季节（一般冬季发病），考虑是否有肺线虫感染。用幼虫检查法，在粪便、唾液或鼻腔分泌物中发现第一期幼虫即可确诊。通过死亡羊的剖检发现虫体和相应的病变时也可确诊。

【防治】

（1）预防　同羊网尾线虫病。

（2）治疗　可用枸橼酸乙胺嗪、阿苯达唑、左旋咪唑、噻苯达唑和伊维菌素等药物驱虫。

第十二节　牛吸吮线虫病

在黄牛、水牛的结膜囊、第三眼睑和泪管常有旋尾目吸吮科吸吮属的多种线虫寄生而引起牛眼病；在马的泪管里，有时有泪吸吮线虫（又被称为泪管线虫）寄生而引起结膜肿胀发炎。

【病原】

（1）罗德西吸吮线虫　为最常见的一种，除牛外，山羊、绵羊及马都有发现。虫体为乳白色，表皮有明显的锯齿状横纹，头端细小，有1个小而呈长方形的口囊。雄虫长9.3~13mm，尾端蜷曲，交合刺不等长。雌虫长14.5~17.7mm，尾部钝圆，尾端侧面上有1个突起，阴门开口于虫体前端腹面。

（2）斯氏吸吮线虫　寄生于牛的第三眼睑的泪管内。雄虫长5~9mm，交合刺短，近于等长；雌虫长11~19mm。虫体表皮无横纹。

（3）大口吸吮线虫　虫体表面有不明显的横纹，口囊呈碗状，雄虫长6~9mm，两个交合刺不等长，有18对尾乳突，其中4对位于肛门后。雌虫长11~14mm，阴门开口于食道末端处，开口处的体表平坦。

【流行特点】由于本病的流行与蝇活动季节密切相关，温暖而湿度较高的季节，蝇的繁殖速度快，所以，这时常有大批牛发病；相反，干燥而寒冷的冬季则本病少见。各种年龄的牛均受害。吸吮线虫的生活史必须有家蝇属的各种蝇类作为中间宿主参加才能完成。

【症状与病理变化】病牛烦躁不安，磨蹭眼部、摇头、食欲减退、瘦弱；畏光、流泪，角膜混浊，结膜肿胀，常有脓性分泌物流出，使上、下眼睑黏合，严重时可在角膜上形成血管翳。

吸吮线虫寄生于眼部，对结膜和角膜都会产生机械性的损伤而引起角膜炎。如继发细菌感染，可导致失明。角膜炎进一步发展，可引起角膜糜烂、溃疡甚至角膜穿孔，最终导致失明。当混浊的角膜发生崩解和脱落时，虽能缓慢地愈合，但在该处却留下永久性的白斑，影响视觉，使病畜食欲减退，身体瘦弱，生产力下降。

【诊断】因为本病的中间宿主是家蝇属的各种蝇类，所以，在多蝇的季节里牛患眼病，要考虑本病。仔细检查病牛眼部，常可在结膜囊中检出虫体，可见虫体在眼球上呈蛇样运动，即可确诊。也可用3%硼酸溶液向第三眼睑内猛力冲洗，再吸取冲洗液检查虫体。

【防治】

（1）预防 在本病的流行季节，要大力灭蝇，经常打扫牛舍，搞好环境卫生，灭蛆、灭蛹，消灭蝇类滋生地；在每年的冬、春季节，对全部牛进行预防性驱虫，在蝇类大量出现之前，再对牛进行1次普遍的驱虫。

（2）治疗 可用左旋咪唑、伊维菌素、莫西克丁、赛拉菌素等药物防治牛吸吮线虫病。1%敌百虫溶液滴眼杀虫。用2%~3%硼酸溶液、2%枸橼酸乙胺嗪或0.5%来苏儿等强力冲洗结膜囊，以杀死虫体。当病牛并发结膜炎或角膜炎时，可应用青霉素软膏或磺胺类药物治疗。

第十三节　牛皮蝇蛆病

牛皮蝇蛆病是由于双翅目环裂亚目皮蝇科皮蝇属的第三期幼虫寄生于牛背部皮下组织所引起的一种慢性寄生虫病。皮蝇幼虫的寄生，可使皮革质量降低，病牛消瘦，发育不良，产奶量下降。本病在我国西北、东北牧区流行甚为严重。我国常见的有牛皮蝇和纹皮蝇两种，有时常为混合感染。皮蝇幼虫寄生于黄牛、牦牛、水牛等，偶尔也可寄生于马、驴、山羊和人等。

【病原】皮蝇成虫外形似蜂，全身被有绒毛，头部具有复眼和3个单眼。触角分3节，第3节很短，嵌入第2节内，触角芒无毛。口器退化不能采食。雌蝇产卵管常缩入腹内。

成熟幼虫（第三期幼虫）体粗壮，呈柱状，棕褐色，前后端钝圆，长可达26~28mm。背面较平，腹面稍隆起，有许多疣状带刺结节，身体屈向背面。虫体前端无口钩；后端较齐，有2个气门板。

牛皮蝇第三期幼虫的最后2节背腹面均无刺，气门板向中心钮孔处凹入，呈漏斗状（彩图3-6-9）。纹皮蝇第三期幼虫的倒数第2节腹面后缘有刺，气门板较平。

【流行特点】

（1）传染源 牛皮蝇与纹皮蝇的生活史基本相似，属于完全变态，成蝇不采食，在外界只能生活5~6d。牛皮蝇产卵于牛的四肢上部、腹部、乳房和体侧的被毛上。纹皮蝇产卵于球节、前胸、颈下皮肤等处的被毛上。

（2）传播途径 皮蝇幼虫到达背部皮下后，皮肤表面呈现瘤状隆起，随后隆起处出现直径为0.1~0.2mm的小孔，幼虫以其后端朝向小孔。幼虫在牛体内寄生10~11个月，整个发育过程需1年左右。皮蝇成虫的活动季节因各地气候条件不同而有差异。在东北地区，纹皮蝇出现较早，一般为4月下旬~6月，牛皮蝇出现较晚，大多数为5~8月。

【症状与病理变化】皮蝇飞翔产卵时，发出"嗡嗡声"，引起牛极度惊恐不安，表现蹶踢、狂跑等，因此严重地影响牛采食、休息、抓膘等，甚至可引起摔伤、流产或死亡。幼虫钻入皮肤时，引起皮肤痛痒，精神不安。幼虫移行至背部皮下时，在寄生部位引起血肿或皮下蜂窝织炎，皮肤稍隆起，变得粗糙而凹凸不平，继而皮肤穿孔，如果有细菌感染可引起化脓，形成瘘管，经常有脓液和浆液流出，瘘管愈合，形成瘢痕。皮蝇幼虫的寄生可造成皮张利用率和价格降低30%~50%。严重感染时，病牛贫血、消瘦、生长缓慢，产奶量下降，使役能力降低。有时幼虫进入延脑和脊髓，能引起神经症状，如后退、倒地、半身瘫痪或晕厥，重者可造成死亡。幼虫如在皮下破裂，有时可引起过敏现象，病牛口吐白沫、呼吸短促、腹泻、皮肤皱缩，甚至引起死亡。

【诊断】幼虫出现于背部皮下时易于诊断，最初可在背部摸到长圆形的硬结，过一段时间后可以摸到瘤状肿，瘤状肿中间有1个小孔，内有1条幼虫，即可确诊。此外，流行病学资料包括当地流行情况及病畜来源等，对本病的诊断均有重要的参考价值。

【防治】

（1）预防　为阻断牛皮蝇成虫在牛体表产卵、杀死在牛体表的第一期幼虫，可用0.01%溴氰菊酯、0.02%氰戊菊酯，在牛皮蝇成虫活动的季节，对牛进行体表喷洒，每头牛平均用药500mL，每20d喷1次，一个流行季节共喷4~5次。

（2）治疗

1）化学治疗：多用有机磷杀虫药，沿背线浇注药液，在4~11月进行。伊维菌素或阿维菌素皮下注射治疗效果良好。12月~第2年3月，因幼虫在食道或脊椎死亡后可引起相应的局部严重反应，所以此期间不宜用药。

2）机械治疗：少量在背部出现的幼虫，可用手指压迫皮孔周围，将幼虫挤出，并将其杀死，但需注意勿将虫体挤破，以免引起过敏反应。

第十四节　羊狂蝇蛆病

羊狂蝇蛆病也称羊鼻蝇蛆病。羊鼻蝇蛆病是由双翅目环裂亚目狂蝇科的羊鼻蝇的幼虫寄生在羊的鼻腔及其附近的腔窦内引起的。本病表现为流脓性鼻漏、呼吸困难和打喷嚏等慢性鼻炎症状，病羊精神不安、体质消瘦甚至死亡，严重影响养羊业的发展。本病在我国西北、东北、华北等地区较为常见，流行严重地区感染率高达80%。羊鼻蝇主要危害绵羊，对山羊危害较轻，也有人的眼、鼻被侵袭的报道。

【病原】羊鼻蝇成虫体长10~12mm，呈浅灰色，略带金属光泽，形状似蜜蜂。头大呈半球形，黄色；两复眼小，相距较远；触角短小呈黑色，口器退化，不能采食。头部和胸部具有很多凸凹不平的小结，胸部呈黄棕色，翅透明。腹部有褐色及银白色的斑点。

第三期幼虫（成熟幼虫）呈棕褐色，长约30mm。背面拱起，各节上具有深棕色的横带。腹面扁平，各节前缘具有数列小刺。前端尖，有2个强大的黑色口钩。虫体后端齐平，有2个黑色的后气孔（彩图3-6-10）。

【流行特点】成蝇系野居于自然界，不营寄生生活，也不叮咬羊，只是寻找羊并向其鼻孔中产幼虫。成虫出现于每年5~9月，尤以7~9月最多。雌蝇遇羊时，急速而突然地飞向羊鼻，将幼虫产在鼻孔内或鼻孔周围，幼虫在鼻腔、额窦或鼻旁窦内（少数能进入颅腔内）寄生9~10个月，经过2次蜕化变为第三期幼虫。第2年的春季，发育成熟的第三期幼虫由深部向浅部移行，当病羊打喷嚏时，幼虫即被喷落于地面，钻入土内或羊粪内变蛹。成蝇寿命为2~3周。在温暖地区1年可繁殖2代，在寒冷地区每年繁殖1代。

【症状与病理变化】当雌蝇突然冲向羊鼻产幼虫时，羊群惊恐不安，摇头或低头，或将鼻孔抵地，或将头部藏于两羊之间，扰乱采食和休息，造成羊逐渐消瘦。

当幼虫在鼻腔及额窦内固着或爬行时，其口前钩和体表小刺损伤黏膜引起发炎，初为浆液性，以后为黏液性。病羊开始分泌浆液性鼻漏，后为脓性鼻漏，有时带血。鼻漏干涸在鼻孔周围形成硬痂，严重者使鼻孔堵塞而呼吸困难。病羊表现为打喷嚏，甩鼻子，摇头，磨鼻，眼睑浮肿，流泪和食欲减退，日益消瘦等症状。个别幼虫可进入颅腔，损伤脑膜，或因鼻旁窦发炎而波及脑膜，均能引起神经症状，即所谓"假旋回症"，表现为运动失调，旋转运动，头弯向一侧或发生痉挛麻痹症状。

【诊断】根据症状、流行病学资料和死后剖检，在鼻腔、鼻旁窦、额窦找到幼虫即可确诊。如果出现神经症状，应与羊多头蚴病、莫尼茨绦虫病区别。

【防治】防治羊鼻蝇蛆病，应以消灭羊鼻腔内的第一期幼虫为主要措施。治疗可用下列药物：①口服2%敌百虫溶液，对第一期幼虫驱杀效果理想。②20%碘硝酚注射液，是驱杀羊鼻蝇各期幼虫的理想药物。③伊维菌素皮下注射。④阿维菌素皮下注射。

第七章 马的寄生虫病

第一节　驽巴贝斯虫病

驽巴贝斯虫病为驽巴贝斯虫寄生于马的红细胞内，引起以高热、贫血、黄疸、出血和呼吸困难等急性症状为特征的血液原虫病。

【病原】驽巴贝斯虫为大型虫体，虫体长度大于红细胞半径；有梨籽形（单个或成双）、椭圆形、环形等，偶见有变形虫样虫体，典型虫体为成对的梨籽形虫体，以其尖端呈锐角相连。1个红细胞内通常只有1~2个虫体，偶见3~4个。每个虫体内有两团染色质（彩图3-7-1）。

【流行特点】本病由硬蜱传播，具有一定的地区性和季节性。我国已查明草原革蜱、森林革蜱、银盾革蜱、中华革蜱是驽巴贝斯虫的传播媒介。本病主要流行于东北、内蒙古东部及青海等地。

革蜱以经卵方式传播驽巴贝斯虫，在自然条件下，仅第二代成蜱有传播意义。驽巴贝斯虫病一般从2月下旬开始出现，3~4月达到高峰，5月下旬逐渐停止流行。疫区的马匹不易发病。由外地进入疫区的马匹及新生幼驹容易发病。在发病牧场，即使把全部马匹转移到其他地区，该牧场在短期内也不可能转变为安全牧场，因为蜱具有很强的耐饥饿能力，一定时期内不采食也不会死亡。

【症状与病理变化】体温升高（39.5~41.5℃），呈稽留热。明显黄疸，结膜潮红黄染，可视黏膜黄染，有时黏膜上出现大小不等的出血点。食欲减退至废绝。肠音微弱，排粪迟滞。排尿淋漓，尿呈黄褐色、黏稠。心律不齐，甚至出现杂音，脉搏细速。肺泡音粗厉，呼吸促迫，常流出黄色、浆液性鼻液。

妊娠母马发生流产或早产。后期病马显著消瘦，黏膜苍白黄染；步态不稳，最后昏迷卧地；呼吸极度困难，潮式呼吸，由鼻孔流出大量黄色带泡沫的液体。病程为8~12d，不经治疗而自愈的病例很少。血液变化为红细胞急剧减少（常降到200万个/mm^3左右），血红蛋白含量相应减少，血沉加快；白细胞数变化不大，往往见到单核细胞增多。幼驹症状比成年马严重，红细胞染虫率高，病马常躺卧地面，反应迟钝，黄疸明显。

【诊断】在疫区的流行季节，如果病马出现高热、贫血、黄疸等症状应怀疑本病。血液检查发现虫体即可确诊。虫体检查一般在病马发热时进行，但有时体温不高也可检查出虫体。一次血液检查未发现虫体，应反复检查。无条件进行血液检查时，可进行诊断性治疗。若病马血涂片中检出了虫体，用特效药治疗效果不显著时，应考虑是否与马传染性贫血混合感染。

【防治】

（1）预防　预防的关键在于灭蜱。使用杀蜱药物消灭马体上的蜱；避免到蜱大量滋生的牧场放牧、活动。选择无蜱活动季节进行马匹调动，在调入、调出前，应做药物灭蜱处理。在发病季节前或由安全区向疫区输入马匹时，可应用咪多卡进行药物预防。

（2）治疗　应尽量做到早确诊、早治疗，除应用特效药物杀灭虫体外，还应针对病情给予对症治疗，如健胃、强心、补液等。常用的特效药有咪多卡，该药具有较好的预防效果；也可用三氮脒、盐酸吖啶黄、硫酸喹啉脲、青蒿素等。

第二节　马泰勒虫病（原马巴贝斯虫病）

马泰勒虫病病原为马泰勒虫，之前称为马巴贝斯虫。马泰勒虫病是马属动物的一种重要的蜱传性血液原虫病，以高热、贫血、黄疸、淋巴结肿大、死亡等为主要临床症状。

【病原】马泰勒虫为小型虫体，长度不超过红细胞半径，有圆形、椭圆形、单梨籽形、钉子形、逗点形、短杆形、圆点形等，以圆形和椭圆形居多，典型虫体为4个梨籽形虫体以尖端相连构成十字形，每个虫体内只有一团染色质（彩图3-7-2）。

【流行特点】马泰勒虫的传播媒介在我国证实的有草原革蜱、森林革蜱、银盾革蜱、镰形扇头蜱。

本病于3月末~5月多发，6~8月零散发生，具有一定的区域性和季节性。我国东北、西北、华北均有马泰勒虫病流行与发病的报道。

【症状与病理变化】

（1）症状　本病分为急性、亚急性和慢性3型。急性型症状与驽巴贝斯虫病相似，但病程稍长，热型为间歇热或不规则热，病马常出现血红蛋白尿和肢体下部水肿。亚急性型症状基本与驽巴贝斯虫病相似，但程度较轻，病程可达30~40d，期间可有一定的缓解期。慢性型马泰勒虫病，临床上不易被发现，体温正常或出现黄疸症状时稍高于正常体温，病马逐渐消瘦、贫血，病程约为3个月，然后病势加剧或转为长期带虫者。

（2）病理变化　尸体消瘦、黄疸、贫血和水肿；心包及体腔有积水；脂肪胶冻状黄染；肝脏、脾脏、肾脏肿大；肠道和胃黏膜上有红色条纹。

【诊断】根据临床症状（高热稽留、淋巴结肿大、肢体僵硬）、流行病学（蜱、发病季节）及病理变化，可做出初步诊断。急性感染期，在吉姆萨染色的血涂片上找到虫体及淋巴结或脾脏涂片上发现石榴体即可确诊。在慢性期寄生虫携带者外周血液中很难发现虫体。因此，ELISA和间接免疫荧光抗体试验等血清学方法可用于慢性期寄生虫抗体的检测。另外，分子生物学检测技术如PCR、反向线状印迹和环介导等温扩增等，能进行病原核酸检测，也可进行病原种类的鉴定。

【防治】至今尚无针对泰勒虫病的特效治疗药物，但如能及早使用比较有效的杀虫药物，再配合对症治疗，特别是输血疗法及加强饲养管理，可以大大降低病死率。目前，认为比较有效的治疗药物有三氮脒、新鲜黄花蒿、青蒿琥酯。

预防首先应做好灭蜱工作，全年要适时灭除畜体、圈舍及环境中的蜱类。在疫区，发病季节对马匹应用三氮脒等药物进行药物预防。

第三节 马媾疫

马媾疫是由锥虫科锥虫属的马媾疫锥虫寄生于马属动物的生殖器官而引起的一种慢性原虫病。病马以外生殖器水肿、皮肤轮状丘疹和后躯麻痹为特征，给养马业带来一定的损失。

【病原】病原为马媾疫锥虫，单型性虫体，是唯一无须虫媒而主要经交配传播的锥虫，典型虫体长 15.6~31.3μm，有 1 根鞭毛，形态与伊氏锥虫相同，较少在血液中出现，是典型的组织间寄生锥虫。

【流行特点】仅马属动物易感，病原主要寄生于病马的生殖道黏膜、水肿液及短暂地寄生于血液中；感染后无明显症状者是主要传染源。本病主要通过病马与健康马交配接触传播，人工授精器械消毒不严格也可传播。本病主要流行于 3~8 月马属动物的繁殖旺季，多发生于配种之后。

【症状与病理变化】本病的潜伏期一般为 8~28d，少数长达 3 个月。主要症状有：①生殖器官急性炎症。②皮肤轮状丘疹，病马胸、腹和臀部等处的皮肤上出现无热、无痛的扁平丘疹，直径为 5~15cm，呈圆形或马蹄形，中央凹陷，周边隆起，界线明显，称"银圆疹"，其特点是突然出现，迅速消失（数小时到 1d），然后再于其他部位出现。③神经症状，可引起腰神经与后肢神经麻痹，表现为步样强拘、后躯摇晃、跛行等，症状时轻时重，反复发作，容易误诊为风湿病。少数病马有面神经麻痹。在整个病程中，体温仅一时性升高，后期有些病马有稽留热。病后期出现贫血，消瘦，最后死亡，死亡率可达 50%~70%。

【诊断】根据临床症状、剖检病变、发病季节可做初步诊断。在疫区，马匹配种后，如果发现有外生殖器炎症、水肿、皮肤轮状丘疹、耳耷唇歪、后躯麻痹，以及不明原因的发热、贫血、消瘦等症状时，可怀疑为马媾疫。

病原学检查可取尿道或生殖道黏膜刮取物做压滴标本和涂片标本进行虫体检查。我国对本病常用的血清学诊断方法为琼脂扩散试验、间接血凝试验及补体结合试验等，也可进行分子生物学诊断。

【防治】在疫区于配种季节前对公马和繁殖母马进行一次检疫，阳性或可疑马隔离治疗，病公马一律去势，不能作种用。对健康母马和用于采精的种马，在配种前用喹嘧胺进行预防注射。公马的生殖器应用 10% 碳酸氢钠溶液或 0.5% 氢氧化钠溶液冲洗。对新调入的种公马或母马，要严格进行隔离检疫，每隔 1 个月进行 1 次，共进行 3 次。1 岁以上的公马和去势不久的公马应与母马分开饲养。没有育种价值的公马应进行去势。

治疗用药有以下几种：萘磺苯酰脲（那加诺、拜耳 205、苏拉明）、喹嘧胺、三氮脒。

第四节 马绦虫病

马绦虫病是由裸头科裸头属的大裸头绦虫、叶状裸头绦虫和副裸头属的侏儒副裸头绦虫寄生于马的小肠和大肠所引起的疾病。我国各地均有发生，特别是西北和东北牧区发生较多，常呈地方流行性。本病对马驹危害大，可导致高度消瘦，甚至因肠破裂而死亡。

【病原】病原以叶状裸头绦虫较为常见，大裸头绦虫次之，侏儒副裸头绦虫则少见（彩图 3-7-3）。

（1）大裸头绦虫 虫体长 1m 以上，最宽处可达 2.8cm。头节宽大，有 4 个发达的吸盘，无顶突和小钩。所有节片的长度均小于宽度，节片有缘膜，前节缘膜覆盖后节约 1/3。虫卵近圆形，直径为 50~60μm。卵内有梨形器，含六钩蚴，梨形器小于卵的半径。成虫寄生于马属动物的小肠，偶见于大肠和胃。

（2）叶状裸头绦虫 虫体短而厚，大小为（2.5~5.2）cm×（0.8~1.4）cm，头节小，有 4 个吸盘，每个吸盘后方各有 1 个特征性的耳垂状附属物，无顶突和小钩。节片短而宽。虫卵直径为 65~80μm，梨形器约等于卵的半径。成虫寄生于马属动物的小肠后部和盲肠。

（3）侏儒副裸头绦虫 虫体短小，大小为（6~50）mm×（4~6）mm，头节小，吸盘呈裂隙样。虫卵大小为 51μm×37μm，梨形器大于虫卵半径。成虫寄生于马属动物的十二指肠，偶见于胃。

【流行特点】裸头绦虫发育过程中均需地螨作为中间宿主，在地螨体内发育到似囊尾蚴才具有感染性。本病以 2 岁以下的幼驹感染率最高。马匹多在夏末秋初感染，至冬季和第 2 年春季出现症状。大裸头绦虫病的发生常以每数年为一个周期，而叶状裸头绦虫病则始终是每年发病。

【症状与病理变化】本病主要临床表现为慢性消耗性的症状，如消化不良、间歇性疝痛和腹泻等。叶状裸头绦虫常在回盲口的狭小部位集群寄生，可达数十至数百条，以其吸盘吸附于肠黏膜，造成黏膜炎症、水肿、机械性损伤，形成形状似网状的肿块，这种渐进性组织增生，可导致局部或全部的回盲口堵塞，产生严重的间歇性疝痛。急性大量感染虫体的病例，可致回肠、盲肠、结肠大面积溃疡，发生急性卡他性肠炎和黏膜脱落。这类病例仅见于幼驹，往往导致幼驹死亡。重度感染大裸头绦虫和侏儒副裸头绦虫时可引起卡他性或出血性肠炎。

【诊断】根据流行病学调查、临床症状、粪便检查进行诊断，如果在马属动物的粪便中发现孕卵节片，或用饱和盐水漂浮法发现大量虫卵即可确诊。

【防治】预防马绦虫病主要在于管理好牧场，马匹最好放牧于人工种植牧草的草场，因为这种草场一般地螨较少，特别是幼驹从开始放牧即应放置于这样的草场。改变夜间放牧习惯，如日出前、日落后不放牧，阴雨天尽可能改为舍饲，减少马匹感染绦虫的机会。对马匹进行预防性驱虫，驱虫后的粪便应集中堆积发酵，以杀灭虫卵，防止虫卵污染草场。

治疗常用阿苯达唑、氯硝柳胺、吡喹酮等药物。

第五节　马消化道线虫病

一、马副蛔虫病

马副蛔虫病由蛔科副蛔属的马副蛔虫引起，成虫寄生于马属动物的小肠内，是马属动物常见的一种寄生虫病，对幼驹危害大。

【病原】虫体近似圆柱形，两端较细，呈黄白色。口孔周围有 3 个唇片，唇片与体部之间有明显的横沟。雄虫长 10~28cm，尾端向腹面弯曲；雌虫长 18~37cm，尾部直。虫卵近圆形，直径为 90~100μm，呈黄色或黄褐色。新排出时，内含 1 个近圆形的尚未分裂的胚细胞。卵壳表层蛋白质膜凹凸不平。

【流行特点】马副蛔虫病广泛流行，对幼驹危害最为严重，成年马多为带虫者，感染率与饲养管理有关，感染多发于秋、冬季。虫卵对不利的外界因素抵抗力较强，低于 10℃时，虫卵停止发育，但不死亡，遇到适宜条件，仍可继续发育为感染性虫卵，所以若冬季厩舍内存在蛔虫卵，为早春季节的传染源。马副蛔虫卵对理化因素有很强的抵抗力，对大多数消毒剂有抵抗力。

【症状与病理变化】发病初期（幼虫移行期）呈现肠炎症状，持续 3d 后，出现支气管肺炎症状（蛔虫性肺炎），表现为咳嗽、短期发热，流浆液性或黏液性鼻液；后期，即成虫寄生期呈肠炎症状，腹泻与便秘交替出现，严重感染时发生肠堵塞或穿孔。幼驹生长发育停滞。

寄生于小肠的成虫可引起卡他性肠炎、出血，严重时发生肠梗死、肠破裂。有时虫体钻入胆管或胰管，可引起呕吐、黄疸等相应症状。

【诊断】结合临床症状与流行病学，通过粪便检查发现特征性虫卵即可确诊。粪便检查可采用直接涂片法或饱和盐水漂浮法。有时见自然排出的蛔虫或剖检时检出蛔虫也可确诊。

【防治】

（1）预防

1）定期驱虫。马驹从 2 月龄开始驱虫，每隔 2 个月驱虫 1 次，直至 1 岁；成年马每年进行 1~2 次驱虫；妊娠母马在产前 2 个月驱虫。驱虫后 3~5d 内不要放牧，以防给药后排出虫体及虫卵污染牧场。

2）加强饲养卫生管理。粪便及时清理并进行堆肥发酵，利用生物热杀灭虫卵；定期对用具消毒，马最好饮用自来水或井水。

3）划区轮牧或与牛、羊群互换轮牧。

（2）治疗　常用治疗药物有哌嗪、噻苯达唑。其他药物如阿苯达唑、噻咪唑、芬苯达唑、伊维菌素、莫昔克丁等也可使用。对于感染非常严重的马驹，首次给药不要用高效药物（苯并咪唑类、伊维菌素、莫昔克丁），否则会导致马驹死于虫体阻塞肠道或过敏，而要用比较温和的药物（如哌嗪或矿物油）。近年来，有些地区的马副蛔虫抗药性开始突显，需要注意轮换用药。

二、马圆线虫病

马圆线虫病是由圆线科线虫寄生于马属动物所引起的，该属线虫有 40 多种，形态多样，寄生于宿主大肠内，以盲肠和结肠为主。本病呈世界性分布，感染率高，感染强度大（可达 10 万条），危害广泛。根据虫体大小，分为两类：大型圆线虫（马圆线虫、无齿圆线虫、普通圆线虫）和小型圆线虫。

【病原】

（1）大型圆线虫

1）马圆线虫：寄生于马属动物的盲肠和结肠。虫体较大，呈灰红色或红褐色。口囊发达，口缘有发达的内叶冠与外叶冠。口囊背侧壁上有 1 个背沟，基部有 1 个大型、尖端分叉的背齿，口囊底部腹侧有两个亚腹侧齿。虫卵呈椭圆形，卵壳薄。

2）无齿圆线虫：又名无齿阿尔夫线虫，寄生于马属动物的盲肠和结肠内。虫体呈深灰色或红褐色，形状与马圆线虫极相似，但头部稍大，口囊前宽后窄，口囊内也具有背沟，但无齿。虫卵呈椭圆形。

3）普通圆线虫：又名普通戴拉风线虫，寄生于马属动物的盲肠和结肠。虫体比前两种小，呈深灰色或血红色。口囊壁上有背沟，底部有两个耳状的亚背侧齿，外叶冠边缘呈花边状构造。虫卵呈椭圆形。

（2）小型圆线虫　体型小，多数长度为 4~26mm，形态多样，种类多。

【流行特点】在自然状况下，所有的马属动物都易感。本病主要在草地放牧时经口感染，但也可由饮水感染。感染性幼虫的抵抗力很强。感染期幼虫对弱光、微热具有趋向性，常在清晨和黄昏爬到牧草茎叶上，在阴雨、多露、多雾天气较为活跃，马最易感染。

【症状与病理变化】临床上分为肠内型和肠外型。

（1）肠内型　肠内型为成虫寄生于肠管引起。成虫大量寄生于肠管时，可呈急性发作，表现为急性卡他性肠炎、腹痛、腹泻、贫血、消瘦明显，常因恶病质而死亡。少量寄生时呈慢性经过，表现食欲减退、轻度腹痛和贫血、腹泻与便秘交替，如果不治疗，病症可逐渐加重。

（2）肠外型　肠外型为幼虫移行引起。幼虫期症状随虫种不同而异，以普通圆线虫引起的血栓性疝痛最为多见和严重，常在没有任何可被察觉原因的情况下突然发作，持续时间不等，并容易复发；病马不发病时则表现完全正常。轻型者开始变得不安，打滚，频频排粪，但脉搏与呼吸正常，数小时后症状消失；重型者疼痛剧烈，病马犬坐或四足朝天仰卧、腹围增大、腹壁极度紧张、排粪频繁，粪便为半液状并含血液，脉搏、呼吸加快，体温升高，在不加治疗的情况下，多以死亡告终。

【诊断】根据临床症状（发育不良、消化机能紊乱、疝痛、贫血、进行性消瘦）和流行病学资料可做出初步诊断。进一步检查时，可取新鲜的粪便，用饱和盐水漂浮法检查虫卵，但应考虑数量，一般每克粪便检出1000个虫卵以上时，应进行药物驱虫。

【防治】

（1）预防　合理放牧，尽量少在清晨、傍晚及阴雨天放牧，牧场应避免载畜量过多，有条件可以与牛、羊轮牧；幼驹与成年马分群放牧；定期对马匹驱虫，春、秋季各1次；搞好马厩卫生，粪便及时清理，堆积发酵；注意饲料、饮水的清洁卫生。

（2）治疗　对肠道内寄生的圆线虫成虫可用哌嗪、阿苯达唑、芬苯达唑、伊维菌素等药物进行防治。此外，还可以用噻苯达唑、甲苯咪唑、奥苯达唑等药物进行驱虫。

对幼虫引起的疾病，特别是马的栓塞性疝痛，除采用一般的疝痛治疗方法之外，尚可用去甲肾上腺素、10%樟脑或安钠咖以升高血压，促进侧支循环形成；还可以注射肝素等抗凝血剂以减少血栓形成。

三、马胃线虫病

马胃线虫病由柔线属的蝇柔线虫、小口柔线虫和德拉西属的大口德拉西线虫引起，成虫寄生于马胃内，可致宿主全身性慢性中毒、慢性胃肠炎、营养不良及贫血。蝇柔线虫的幼虫还可以导致马皮肤和肺部炎症。

【病原】

（1）蝇柔线虫　虫体呈黄色或橙红色，头部有2个较小的三叶唇，咽呈圆筒状，有厚角质壁。虫卵呈圆柱形，稍弯，壳厚，内含幼虫。

（2）小口柔线虫　形态与蝇柔线虫相似，但较大，咽前部有1个背齿和1个腹齿。虫卵内含幼虫，幼虫可在雌虫子宫内孵化。

（3）大口德拉西线虫　头部有2个宽大而不分叶的侧唇，并有1条明显的横沟与体部隔开。咽呈漏斗状。虫卵呈圆柱形，两端钝圆，卵胎生。

【流行特点】本病分布于世界各地，在我国各地也均有分布。

【症状与病理变化】严重感染时，病马出现慢性胃肠炎、进行性消瘦、食欲减退、消化不良，还有周期性疝痛现象。皮肤柔线虫病多发生在温暖地带的夏季，并且发生于马体容易受伤的部位，如颈部、胸部、背部和四肢等处。小伤口可能因之扩大，表面粗糙，有干酪性肉芽增生，至冬季逐渐平息，并自行康复。

【诊断】由于马胃线虫排到粪便中的虫卵稀少，生前诊断比较困难，可根据临床症状进行初步判断，确诊要找到虫卵或幼虫。建议给马洗胃，用胃管吸取胃液镜检，观察有无虫体和虫卵。皮肤柔线虫病可取创面病料或剪小块皮肤检查有无虫体。最近研究证明，可以用巢式PCR检测粪便中的蝇柔线虫和小口柔线虫虫卵DNA。

【防治】

（1）预防　秋、冬季进行预防性驱虫，控制疾病发展并减少虫卵对外界的污染；改善厩舍卫生，防蝇灭蝇；夏、秋季预防马皮肤发生创伤。

（2）治疗　广谱抗虫药物包括伊维菌素、莫昔克丁、奥芬达唑、奥苯达唑和阿苯达唑，它们对柔线虫成虫均有较好的治疗效果。驱虫的同时可以皮质类固醇类药物控制炎症，用抗生素防止继发感染。

第六节　马网尾线虫病

马网尾线虫病由网尾属的安氏网尾线虫寄生于马属动物支气管内引起，本病多见于北方，但一般寄生数量很少，仅在死后剖检时发现，或粪便检查时可以发现其幼虫。

【病原】虫体呈白色丝线状，雄虫交合伞的中侧肋与后侧肋在前半段时，为一总干，后半段则分开；交合刺2根，呈棕褐色的网状结构，略弯曲；雌虫阴门位于虫体前部。虫卵呈椭圆形，大小为（80~100）μm×（50~60）μm，随粪便排出时，卵内已含幼虫，且多在外界孵化。

【流行特点】本病呈散发性流行，主要发生于幼驹，自夏末到秋季和整个冬季都有发生。感染性幼虫对干燥敏感，不能在牧场越冬。在疾病流行区，对放牧的马和驴都有危害。

【症状与病理变化】本病一般不引起严重的肺部异常，但也有研究显示本病可以引起支气管炎，肺内结节，导致幼驹死亡。

【诊断】根据临床症状和在粪便中发现虫卵、幼虫；或在死亡后剖检时，在支气管内发现虫体和相应的病变而做出诊断。

【防治】

（1）预防　在流行地区，应避免在低洼潮湿的草地上放牧；注意饮水清洁；马、驴分开放牧，幼驹与成年马也要分开放牧。

（2）治疗　治疗可用枸橼酸乙胺嗪、阿苯达唑、左旋咪唑、噻苯达唑、甲苯咪唑和伊维菌素等。

第七节　马脑脊髓丝虫病与浑睛虫病

马脑脊髓丝虫病是由腹腔丝虫的幼虫侵入马脑脊髓而引起的一种神经病理性变化。指形丝状线虫或唇乳突丝状线虫的幼虫通过脑脊髓的神经孔，进入大脑、小脑、延脑、脑桥和脊髓等处，可引起脑脊髓炎症和实质性的病理变化。由于幼虫是移行的，并无特定的寄生部位，所以病情轻重不同，潜伏期长短不一。本病主要表现为腰部脊髓所支配的后躯运动神经障碍、痿弱和共济失调，所以通常称为"腰痿病"或"腰麻痹"。本病也可突然发作，导致马在数天内死亡。浑睛虫病由丝状线虫（牛指形丝状线虫、鹿丝状线虫、马丝状线虫）的幼虫（童虫）寄生于马眼前房内引起，这些疾病均给畜牧业造成了一定损失。

【病原】丝状线虫成虫较大，长数厘米至十余厘米，呈乳白色，体壁坚实，后端常卷曲呈螺旋形。口孔周围有角质环围绕，在背腹面或侧面有向上的隆起，形成唇状的外观。雄虫泄殖孔前后均有性乳突数对，交合刺两根，大小长短不等。雌虫较雄虫大，尾尖上常有小结或小刺，阴门位于食道部。雌虫产带鞘的微丝蚴，出现于宿主的血液中（彩图3-7-4）。

【流行特点】易感动物为马属动物，传染源为蚊虫；当蚊虫吸牛血时进入其体内，并进一步发育为感染性幼虫，后者集中到蚊的口器内。当蚊吸食马血时，幼虫侵入马体内，经血流进入脑脊髓表面或实质内发育为童虫，引起脑脊髓损伤和相应的神经症状；经血液循环达到眼前房发育为童虫，则引起眼部病变。

我国主要见于长江流域和华东沿海地区，东北和华北等地也有病例出现。本病有明显的季节性，多发于夏末秋初，其发病时间比蚊虫出现时间晚1个月，一般为7~9月，而以8月中旬发病率最高。本病的发病率与环境因素较为密切，饲养在地势低洼、多蚊、距牛圈近的马，发病率明显增高。各种年龄的马均可发病。

【症状与病理变化】

（1）马脑脊髓丝虫病

1）早期症状：主要表现一后肢或两后肢提举不充分，运动时蹄尖轻微拖地。后躯无力，后肢强拘。久立后牵引时，后肢出现鸡伸腿样动作和黏着步样。从腰荐部开始，出现反应迟钝，继而发生在颈部两侧，凹腰反应迟钝，整个后躯感觉也迟钝或消失。此阶段病马低头无神，行动缓慢，对外界反应降低，有的耳根和额部出汗。

2）中晚期症状：病马精神沉郁，有的出现意识障碍，呈痴呆样、磨牙、凝视、易惊、采食异常，甩尾欠灵活，尾力减退，不能驱赶蚊蝇；腰、臀、股内侧部针刺反应迟钝或消失；弓腰、腰硬、突然严重跛行。随着病情加重，病马阴茎脱出下垂，尿淋漓或尿频，尿色呈乳状，重症者甚至尿闭、粪闭，须人工掏粪、导尿。

（2）浑睛虫病　病马畏光、流泪，角膜和房水轻度混浊，眼睑肿胀，结膜和巩膜充血，瞳孔散大，视力减退。病马不时摇晃头部或在饲槽及桩上摩擦病眼，严重时可致失明。

【诊断】

（1）马脑脊髓丝虫病　病马出现临床症状可做出诊断，但此时为时已晚，病马已难以治愈。因此，本病的早期诊断非常重要。在流行区，需要注意马的运动情况，如后肢强拘、提举伸扬不充分、蹄尖拖地、行动缓慢，甚至运步困难、步样跟跄；马匹出现嗜睡症状后，继而出现运动姿势异常及后坐等特征性症状，在排除流行性乙型脑炎、外伤、风湿、骨软症等疾病之后，可怀疑为脑脊髓丝虫病。

（2）浑睛虫病　眼内常寄生1~3条虫体，由于虫体在眼前房水中游动，当对光观察时，可见虫体时隐时现，即可确诊。

【防治】

（1）预防　必须采取控制传染源、切断传播途径、在发病季节采用药物预防，对易感动物加强饲养管理等综合性措施。

1）控制传染源，马厩应设置在干燥、通风、远离牛舍（1~1.5km）的地方；在蚊虫活跃季节，尽量防止马和牛、羊等接触，有条件时普查病源牛，对带微丝蚴的牛使用枸橼酸乙胺嗪，可大大减少病原。

2）切断传播途径，做好厩舍环境卫生，消除蚊虫滋生条件；采用杀蚊药物喷洒灭蚊、烟熏驱蚊等。

3）药物预防，在发病季节，应用枸橼酸乙胺嗪可起到防治本病的效果。

4）加强饲养管理以增强马的抵抗力。

（2）治疗

1）马脑脊髓丝虫病：应在早期诊断的基础上尽快治疗，以免虫体侵害脑脊髓实质，造成不易恢复的虫伤性病灶。

2）浑睛虫病：根本疗法是应用角膜穿刺术取出虫体。手术时，将病马横卧或站立保定，尤其注意保定好头部，当虫体在眼前房游动时，用毛果芸香碱液点眼，使瞳孔缩小，防止虫体退缩至眼后房；再用利多卡因或普鲁卡因多次点眼，使眼麻醉。张开眼睑，固定眼球，用外科刀的刀尖或小宽针或静脉注射用针头，在距角膜下0.2~0.3cm处，斜向角膜，即使刀或针与虹膜面平行（如果用静脉注射针头，斜面向内），待虫体正向术者方向游来时，迅速刺入开天穴（黑睛下缘与白睛上缘交界处），此时虫体便随房水流出。如果虫体不随房水流出，可用小镊子将虫体取出。术后，使病马静养于暗厩内，穿刺的创口一般可在1周左右愈合，如果术后分泌物多，可用硼酸溶液清洗并用抗生素眼药水点眼。

第八节　马胃蝇蛆病

马胃蝇蛆病是由双翅目胃蝇属的各种幼虫寄生于马属动物的体内（较长时间寄生于胃内）引起的疾病。

【病原】马胃蝇成虫营自由生活，形似蜜蜂，全身密布有色绒毛，俗称"蛰驴蜂"。口器退化，两复眼小而远离，触角小，藏于触角窝内。翅透明，有褐色斑纹或不透明呈烟雾色。

蝇卵呈浅黄色或黑色，前段有1个斜的卵盖。第三期幼虫（成熟幼虫）粗大，长度因种不同而异（13~20mm）。有前钩，虫体由11节构成，每节前缘有刺1~2列，刺的多少因种而异。虫体末端齐平，有1对后气门，气门每侧有背腹直行的3条纵裂（彩图3-7-5）。

【流行特点】易感动物为马属动物，不同年龄、不同性别均易感。我国常见胃蝇有肠胃蝇、红尾胃蝇、鼻胃蝇和黑腹胃蝇。本病在我国普遍存在，流行于西北、东北等地。干旱、炎热和管理不良及消瘦有利于本病流行。成蝇活动的季节多在5~9月，8~9月活动最盛。

【症状与病理变化】马胃蝇幼虫在整个寄生周期均有致病作用，但病的轻重与马匹的体质和幼虫的数量及虫体寄生部位有关。早期幼虫可损伤齿龈、舌和咽喉部黏膜，引起水肿、炎症，甚至溃疡，病马表现咀嚼吞咽困难、咳嗽、流涎、打喷嚏，有时饮水从鼻孔流出。

幼虫移行到胃及十二指肠后，会损伤胃黏膜，引起水肿、发炎和溃疡，在幼虫吸附部位，病变似火山喷口状，病马常表现为慢性胃肠炎、出血性胃肠炎，最后使胃的运动和分泌机能产生障碍。有时，幼虫会堵塞幽门部和十二指肠，引起局部阻塞，甚至造成胃或十二指肠穿孔。幼虫（特别是第三期幼虫）吸血，会分泌毒素损伤机体正常机能，使病马出现营养障碍为主的症状，如食欲减退、消化不良、贫血、消瘦、腹痛等，甚至逐渐衰竭死亡。有的幼虫排出前，还要在直肠寄生一段时间，引起直肠充血、发炎，病马频频排粪或努责，又因幼虫刺激而发痒，病马摩擦尾根，引起尾根损伤、发炎、尾根毛逆立，有时兴奋和腹痛。

【诊断】特征性临床症状不明显，主要以消化机能紊乱和消瘦为主，难以与其他消化系统疾病相区分。诊断本病时需要注意了解各方面的情况，如本病在当地的流行情况、既往病史、动物是否从流行区域引进等。此外，还要注意在胃蝇活动季节动物被毛上有无蝇卵，粪便中有无幼虫排出等。在夏、秋季，马属动物出现咀嚼或吞咽困难时，应检查口腔、齿龈、舌和咽喉部黏膜有无胃蝇幼虫寄生。

当胃蝇蛆寄生于胃时，必要时，可用大环内酯类抗寄生虫药物进行诊断性驱虫：用药后，如粪便中有胃蝇幼虫排出可确诊。尸体剖检时,在胃、十二指肠或咽喉部发现特征性病变和胃蝇幼虫可确诊。根据幼虫形态特征及寄生部位可对各种胃蝇蛆病进行鉴别诊断。

【防治】在胃蝇成蝇活动季节结束后,用药物杀灭动物体内的胃蝇幼虫是防治马胃蝇蛆病最好的方法。大环内酯类药物(如伊维菌素、多拉菌素)对马胃蝇幼虫有很好的驱杀效果。可在胃蝇活动季节,定期检查马被毛上是否有蝇卵,若发现蝇卵,可用添加杀虫剂的大量温水(40~48℃)擦拭马体表,促使幼虫从卵内孵出后将其杀灭。

第八章 禽的寄生虫病

第一节 组织滴虫病

组织滴虫病也称传染性盲肠肝炎或黑头病,是由火鸡组织滴虫寄生于禽类盲肠和肝脏引起的疾病。本病多发于火鸡和雏鸡,成年鸡也能感染。孔雀、珍珠鸡、鹌鹑、野鸭也有本病的流行。

【病原】

(1)病原形态 火鸡组织滴虫为多形性虫体,无包囊阶段。虫体形态取决于所寄生的器官位置和发育阶段。在盲肠腔中的虫体呈近圆形或变形虫形,直径为6.0~20μm,细胞核为囊泡状,细胞核附近有1个生毛体,由生毛体生出1根鞭毛。然而,肠黏膜和肝组织中的虫体无鞭毛,直径为8~17μm,生长后可达12~21μm,陈旧病变中的虫体直径仅为4~11μm,存在于吞噬细胞中。无论是在肠腔中或是在组织中的虫体都有伪足,依靠伪足运动(彩图3-8-1和彩图3-8-2)。

(2)生活史 鸡摄入带有火鸡组织滴虫的异刺线虫虫卵而遭受感染。寄生在鸡盲肠中的火鸡组织滴虫被同样寄生在盲肠内的异刺线虫吞食后,进入异刺线虫的卵巢中,转入虫卵内,随着异刺线虫卵排到体外,火鸡组织滴虫包含其中,并受到线虫卵壳的保护。鸡也可能通过摄入蚯蚓而感染,因为蚯蚓为异刺线虫的贮藏宿主。

【流行特点】火鸡和雏鸡对本病的易感性最高,尤其是15~60日龄的雏鸡更易发病,严重时死亡率可达100%,随着日龄的增大则发病逐渐减少,成年鸡往往带虫不发病。本病的发生主要是由于鸡食入感染火鸡组织滴虫的异刺线虫虫卵,也可能通过摄入异刺线虫的贮藏宿主蚯蚓而感染,因此,鸡饲养在腐殖土地上容易出现发病,而采取网养、笼养时往往呈散发性,且基本不会发生死亡。本病呈世界性分布,发生呈现明显的季节性,在每年的夏、秋季多见。

【症状与病理变化】

(1)症状 本病潜伏期为7~12d,病程为1~3周,若不及时治疗,雏鸡感染往往以死亡告终,死亡率可达100%。火鸡易感性最强,病鸡呆立,翅下垂,步态蹒跚,眼半闭,头下垂,食欲减退,排出硫黄色粪便。部分病鸡鸡冠、肉髯发绀,呈暗黑色,因而有黑头病之名,但这种症状不一定出现在所有病例中。成年鸡症状不明显,表现为慢性消瘦综合征。

(2)病理变化 雏鸡发病严重,特征病变为盲肠和肝脏坏死性病变。早期盲肠黏膜上出现针尖大小的溃疡，随后这些溃疡很快扩大融合，整个黏膜坏死并脱落，与盲肠内容物一起形成干酪样堵塞物。剖检见一侧或两侧盲肠肿胀，肠壁肥厚，内腔有干酪状的盲肠芯，间或有盲肠穿孔。肝脏病变为浅绿色圆形坏死灶，可见于肝脏表面和实质。病灶直径达1.0cm，中心呈黄色凹陷，病鸡恢复后，可留下永久性的疤痕（彩图3-8-3）。

【诊断】依据流行病学、临床症状、病理变化及病原学诊断进行综合诊断。

（1）临床诊断　病鸡可排出硫黄色粪便，部分病鸡鸡冠、肉髯发绀，呈暗黑色。

（2）病理剖检诊断　肝脏病变明显易观察，肝脏病变为淡绿色圆形坏死灶，具有较大特征性，再综合观察盲肠病变，可做出确诊。

（3）病原学诊断　检查盲肠内容物时，以温生理盐水（40℃）稀释，做成悬滴标本检查，可在显微镜下发现活动的虫体。

（4）分子生物学诊断　国内一些学者建立了分子生物学检测方法来检测火鸡组织滴虫，如巢式PCR、荧光定量PCR和原位杂交等方法。

【防治】

（1）治疗　甲硝达唑混于饲料有良好治疗效果。预防可用甲硝达唑混入饲料中，连用3d为1个疗程，停药3d，再用下1个疗程，连续5个疗程。还可使用硝基咪唑类化合物如二甲硝唑，但由于它们对人体毒性和致癌性的问题，这些药物在许多国家已被禁用。

（2）预防　火鸡易感性强，而成年鸡又往往是本病的带虫者，因此，火鸡与鸡不能同场饲养，也不能将养鸡场改养火鸡。由于本病的传播主要依靠异刺线虫，因此，定期使用甲苯达唑、噻苯达唑和左旋咪唑等抗线虫药物驱除异刺线虫是防治本病的根本措施。

第二节　住白细胞虫病

住白细胞虫病是由住白细胞虫属的原虫寄生于鸡的白细胞（主要是单核细胞）和红细胞内引起的一种血孢子虫病。本病常呈地方流行性。病鸡冠肉髯苍白，又称鸡白冠病。本病对雏鸡危害严重，症状明显，能引起大批死亡；对成年鸡的危害性较小，症状轻微，但能引起贫血和产蛋力降低。

【病原】

（1）病原形态　鸡住白细胞虫主要有2种，分别为沙氏住白细胞虫和卡氏住白细胞虫。沙氏住白细胞虫主要分布于东南亚、印度和我国等地，传播媒介为蚋。卡氏住白细胞虫主要分布在东南亚、北美和我国等地，传播媒介为蠓。

1）沙氏住白细胞虫的成熟配子体呈椭圆形或者长形，大小为（22~24）μm×（4~7）μm，内含色素颗粒。宿主细胞被虫体挤压变形，细胞核被挤压延长，呈长条状围绕虫体一侧，细胞质被挤压到虫体两端，使宿主细胞呈纺锤形，大小约为67μm×6μm（彩图3-8-4）。

2）卡氏住白细胞虫的成熟配子体近于圆形，大小为15.5μm×15.0μm。大配子体的直径为12~14μm，有1个细胞核，直径为3~4μm；小配子体的直径为10~12μm，细胞核的直径也为10~12μm。即整个细胞几乎全为细胞核所占据。宿主细胞为圆形，直径为13~20μm，细胞核被压挤成一深色狭带，围绕虫体（彩图3-8-5）。

（2）生活史　鸡住白细胞虫的生活史需要两个宿主，在中间宿主鸡体内进行裂殖生殖并形成大、小配子体，在传播媒介体内进行配子生殖和孢子生殖。

【流行特点】各日龄鸡均易感，本病对雏鸡危害严重，症状明显，引起大批死亡，但对成年鸡危害较小。鸡日龄和感染率成正比，与发病率成反比，3~6月龄雏鸡感染率和发病率较高；而成年鸡和种鸡感染率虽高，但发病率低，血液内虫体也较少，多为带虫者，发病鸡和带虫鸡均为感染来源。本病分布较广，卡氏住白细胞虫和沙氏住白细胞虫广泛分布于我国台湾、广东、广西、海南、福建、江苏、陕西、河南和河北等地，以及菲律宾、日本及伊朗等亚洲国家。其发病具有明显的季节性，一般夏、秋季易发，在我国，南方一般在4~10月，北方在7~9月感染率较高。尤其是温度高于20℃且湿度较大时，大量的吸血昆虫进行繁殖，频繁活动，特别是临近小溪、水塘、沼泽地区附近的养殖场非常容易暴发本病。一般来说，乡村鸡和本地鸡对本病有较强的抵抗力，死亡率较低。

【症状与病理变化】

（1）症状　自然潜伏期为6~10d。雏鸡和童鸡的症状明显。病初发热，食欲减退，精神沉郁，流涎，腹泻，粪呈绿色。贫血，鸡冠和肉髯苍白。生长发育迟缓，四肢轻瘫，活动困难，病程一般为数天，严重者死亡。成年鸡表现为贫血和产蛋率下降。

（2）病理变化　死后剖检时，见全身消瘦，全身鸡肉和鸡冠苍白，血液稀薄，高度贫血，肝脏、脾脏肿大，有出血点，肠黏膜有时有溃疡。

【诊断】根据流行病学、临床症状和剖检变化，结合病原检查进行诊断。

（1）临床诊断　病鸡腹泻，粪呈绿色，出现贫血，鸡冠和肉髯苍白等临床症状。

（2）病理剖检诊断　在胸肌、心脏、肝脏、脾脏、肾脏等器官上看到灰白色或者稍黄色的、针尖至粟粒大小的小结节，挑出镜检可见许多裂殖子。也可取上述组织进行切片检查，HE染色镜检，可见大裂殖体，最大可达408μm，其存在部位和数量与眼观病变程度一致。

（3）病原学诊断　用血片检查法，以消毒的注射针头从鸡的翅下小静脉或鸡冠采血一滴，涂成薄片，用瑞氏或吉姆萨染色法染色，在高倍镜下观察。

（4）分子生物学诊断　国内外一些学者建立了分子生物学检测方法来检测鸡住白细胞虫，如PCR、巢式PCR、PCR-RFLP、DNA测序及分析等。

【防治】

（1）预防　扑灭传播媒介蚋和蠓。在流行季节，于鸡舍内外，每隔6d或7d喷洒杀虫剂以减少蚋、蠓侵袭。

（2）治疗　可用磺胺间甲氧嘧啶、磺胺间二甲氧嘧啶、磺胺喹噁啉和呋喃唑酮（痢特灵）等进行治疗。

第三节　鸡球虫病

鸡球虫病是由一种或者多种艾美耳属球虫感染引起的，发病率为50%~70%，死亡率为20%~30%，甚至超过80%，除了直接造成死亡之外，还可以导致增重和产蛋量等生产性能严重下降。本病呈世界性流行，给全球养禽业带来了巨大的经济损失。

【病原】

（1）病原形态　鸡球虫为严格的细胞内寄生性原虫，寄生于鸡肠道上皮细胞内。世界公认的有7个种，分别为柔嫩艾美耳球虫、巨型艾美耳球虫、堆型艾美耳球虫、和缓艾美耳球虫、早熟艾美耳球虫、毒害艾美耳球虫和布氏艾美耳球虫。这7种鸡球虫的寄生部位、致病力及卵囊大小等方面有所差异。

1）柔嫩艾美耳球虫寄生于盲肠，致病力最强，严重感染时可引起增重剧减，盲肠高度肿胀，黏膜出血，甚至造成大量死亡。卵囊为宽卵圆形，少数为椭圆形，大小为 22.0μm×19.0μm（彩图 3-8-6）。

2）巨型艾美耳球虫寄生于小肠中段，具有中等强度的致病力，可引起肠壁增厚、带血色的黏液性渗出物、肠道出血等病变。卵囊大，呈卵圆形，大小为 30.5μm×20.7μm（彩图 3-8-7）。

3）堆型艾美耳球虫寄生于十二指肠和小肠前段，主要在十二指肠，具有中等强度的致病力。轻度感染时可产生散在的局灶性灰白色病灶，横向排列成梯状。严重感染时可引起肠壁增厚和病灶融合成片。卵囊中等大小，呈卵圆形，大小为 8.3μm×14.6μm（彩图 3-8-8）。

4）和缓艾美耳球虫主要寄生于小肠后段，从卵黄蒂到盲肠颈，有时寄生于盲肠和直肠。其致病力弱，一般不引起明显的病变，仅有黏液性渗出物。卵囊小，近于圆球形或者亚球形，大小为 15.6μm×14.2μm。

5）早熟艾美耳球虫寄生于十二指肠和小肠的前 1/3 段，致病力弱，一般不引起明显的病变，仅出现黏液性渗出物。卵囊较大，多数为卵圆形，少数为椭圆形，大小为 21.3μm×17.1μm。卵囊指数为 1.24。

6）毒害艾美耳球虫寄生于小肠中 1/3 段，卵囊形成于盲肠。致病力强，引起肠壁扩张增厚、坏死及出血等病变。有时小肠比正常体积肿大两倍，在肠壁浆膜上可见到许多圆形的裂殖体白色斑点，为本病的特异性病变。卵囊中等大小，呈长卵圆形，大小为 20.4μm×17.2μm（彩图 3-8-9）。

7）布氏艾美耳球虫寄生于小肠后段、直肠和盲肠近端区。致病力较强，引起肠道的凝固性坏死和黏液性带血的肠炎。卵囊较大，仅次于巨型艾美耳球虫，呈卵圆形，囊壁光滑，大小为 24.6μm×18.80μm。

（2）生活史　鸡球虫的发育属于直接发育型，不需要中间宿主。发育可以分为孢子生殖、裂殖生殖和配子生殖 3 个阶段。随着鸡粪便排出的新鲜卵囊尚未孢子化，不具有感染力。在外界适宜的温度、湿度和充足氧气的条件下，经过孢子生殖形成孢子化卵囊后才具有感染力，每个孢子化卵囊内含 4 个孢子囊，每个孢子囊内有 2 个子孢子。当鸡通过饲料、饮水误食了孢子化卵囊后，子孢子从孢子囊中释放出来，随着肠内容物到达寄生部位，侵入肠上皮细胞。堆型艾美耳球虫、巨型艾美耳球虫、毒害艾美球虫和柔嫩艾美耳球虫在隐窝上皮细胞内发育，而布氏艾美耳球虫和早熟艾美耳球虫则在侵入的肠上皮细胞内发育。第 2~4 代裂殖生殖，裂殖生殖阶段虫体数量增加极快，是主要致病阶段。末代裂殖子再次侵入新的肠上皮细胞进行配子生殖。大部分种类球虫的末代裂殖子就在侵入部位附近细胞内进行配子生殖，但对于毒害艾美耳球虫来说，末代裂殖子移行到盲肠，在盲肠上皮细胞内进行配子生殖。大小配子结合后形成合子，大配子细胞中 Ⅰ 型成囊体分化形成囊壁外膜，Ⅱ 型成囊体则形成囊体内膜，最终发育为未孢子化卵囊，进而破坏宿主肠上皮细胞，随粪便排出体外。从感染到排出卵囊的时间一般为 5~7d。

【流行特点】鸡球虫唯一的天然宿主为鸡，所有日龄和品种的鸡对球虫都有易感性，但是刚孵出的雏鸡由于小肠内没有足够的胰凝乳蛋白酶和胆汁使球虫脱去孢子囊，因而对球虫是不易感的。球虫病一般暴发于 3~6 月龄的雏鸡，很少见于 2 周龄以内的鸡群。

鸡球虫感染途径是摄入有活力的孢子化卵囊，被带虫鸡粪便污染过的饲料、饮水、土壤或用具等，都有卵囊存在；昆虫、野鸟和尘埃及管理人员，都可成为球虫病的机械性传播媒介。被苍蝇吸吮到体内的卵囊，可在肠管中保持活力达24h。

卵囊对恶劣的外界环境条件和消毒剂具有很强的抵抗力。

饲养管理条件不良能促使本病的发生。当鸡舍潮湿、拥挤、饲养管理不当或卫生条件恶劣时，最易发病，而且往往能迅速波及全群。发病时间与气温和降雨量有密切关系，本病通常多在温暖的季节流行。在我国北方，大约从4月开始到9月末为流行季节，7~8月最严重。全年孵化的养鸡场和笼养的现代化养鸡场中，一年四季均有发病。

【症状与病理变化】

(1) 柔嫩艾美耳球虫　对雏鸡危害最大，引起严重的盲肠球虫病。病初表现为不饮、不食，随后由于盲肠损伤，导致发生腹泻，血便（彩图3-8-10），以致排出鲜血。病鸡拥簇成堆，战栗，临死前体温下降，重症者常表现为严重的贫血，并成为死亡的直接原因。柔嫩艾美耳球虫主要损害盲肠，其病变程度与虫体增殖过程相关。随着第1代和第2代裂殖体的出现而逐渐加剧，感染后第4天末，盲肠高度肿大，出血严重，肠腔中充满血凝块和盲肠黏膜碎片。至感染后的第6~7天，盲肠肠芯逐渐变硬和形成干团，感染后第8天可从黏膜上剥脱下来，上皮的更新是迅速的，至第10天即可修复。病变常可从浆膜面观察到，外观为暗红色的瘀斑或连片的瘀斑（彩图3-8-11）。

(2) 毒害艾美耳球虫　致病性也很严重，病鸡精神沉郁，翅下垂，弓腰，腹泻，排血便，甚至死亡。小肠中段高度肿胀，有时可达正常体积的两倍以上。肠管显著充血、出血和坏死；肠壁增厚。肠内容物中含有大量的血液、血凝块和脱落的黏膜（彩图3-8-12）。从浆膜面观察，在病灶区可见到小的白斑和红瘀点，感染后的第4~5天，在做涂片检查时可见到成簇的大裂殖体（直径为66μm），这是本种的特征。耐过的雏鸡可出现消瘦，继发感染和失去色素。在商品化的养鸡场，自然感染引起的死亡率超过25%。

(3) 堆型艾美耳球虫　具有中等致病力，有时可达到严重的程度。病变可以从十二指肠的浆膜面观察到，病初肠黏膜变薄，覆有横纹状的白斑，外观呈梯状；肠道苍白，含水样液体。轻度感染的病变仅局限于十二指肠袢，每厘米只有几个斑块；但严重感染时，病变可沿小肠扩展一段距离，并可能融合成片。本种可引起饲料转化率下降、增重率降低和蛋鸡的产蛋量下降。

(4) 巨型艾美耳球虫　致病力也属中等程度，病变发生在小肠中段，从十二指肠袢以下直到卵黄蒂以后，严重感染时，病变可能扩散到整个小肠。由于它有特征性的大卵囊，所以很易鉴别。常出现严重的消瘦、苍白、羽毛蓬松和食欲减退。主要的病变为出血性肠炎，肠壁增厚、充血和水肿，肠内容物为黏稠的液体，呈褐色或红褐色。严重感染时，肠黏膜大量崩解。

(5) 布氏艾美耳球虫　具有中等的死亡率，引起增重下降和饲料转化率下降。本种寄生于小肠下段，通常在卵黄蒂至盲肠连接处。在感染的早期阶段，小肠下段的黏膜可被小的瘀点所覆盖。黏膜稍增厚和褪色。严重感染时，黏膜严重受损，凝固性坏死出现在感染后5~7d，整个小肠黏膜呈干酪样侵蚀，在粪便中出现凝固的血液和黏膜碎片。黏膜增厚和水肿发生在感染后的第6天。

(6) 早熟艾美耳球虫　致病力弱，仅引起增重减少，色素消失，严重脱水和饲料转化率下降。

(7) 和缓艾美耳球虫　致病力弱。其病变一般不明显，本种对增重有一定的影响，大量感染时可引起轻度发病和失去色素。

在实际生产上，球虫病的症状是由数种球虫混合感染引起的。

【诊断】鸡球虫病的诊断须根据粪便检查、临床症状、流行病学调查和病理变化等多方面因素加以综合判断。

（1）临床诊断　球虫病多发于温暖湿润的季节。主要临床症状为消瘦、产蛋量下降、贫血、腹泻、血便，具有较高的死亡率。

（2）病理剖检诊断　盲肠球虫感染可见盲肠高度肿大，出血严重，肠腔中充满血凝块和盲肠膜碎片。小肠球虫感染可见小肠中段高度肿胀，有时可达正常体积的两倍以上，肠管显著充血、出血和坏死；肠壁增厚，内容物中含有大量的血液、血凝块和脱落的黏膜；采取小肠和盲肠病变处肠黏膜接触片显微镜下观察，可见大量裂殖体和不同发育阶段的虫体；涂片染色后观察，裂殖体更加明显。

（3）病原学诊断　取病程较长病鸡的新鲜粪便直接涂片和用饱和盐水漂浮后涂片镜检，观察卵囊。对阳性粪便进行定量检查，用麦氏计数法计算每克粪便卵囊数（OPG），判断标准为 $OPG>1\times10^5$ 为严重感染，$1\times10^4 \leqslant OPG \leqslant 1\times10^5$ 为中度感染，$OPG<1\times10^4$ 为轻度感染（GB/T 18647—2020《动物球虫病诊断技术》）。需注意，成年鸡和雏鸡的带虫现象极为普遍，所以不能只根据从粪便和肠壁刮取物中发现卵囊，就确定为球虫病。鉴定球虫的种类，可将少许病鸡粪便或病变部位刮取物放在载玻片上，与1~2滴甘油水溶液（等量混合）调和均匀，加盖玻片，置于显微镜下观察。可根据卵囊特征做出初步鉴定。可用ITS-PCR（内源转录间隔区基因位点-PCR）技术对其中的虫种进行鉴定。

（4）分子生物学诊断　一些分子生物学方法可用于鸡球虫病的诊断或者感染虫种的鉴定，如PCR、同工酶、荧光定量PCR、随机扩增多态性DNA（RAPD）、多重PCR、限制性片段长度多态性（RFLP）、扩增片段长度多态性（AFLP）、单链构象多态性（SSCP）等，其中最为广泛使用的是ITS-PCR技术。

【防治】

（1）药物防治

1）药物治疗：早期治疗的重点是在感染症状出现之后，用磺胺类药物或其他化学药物进行治疗，不久就发现其局限性，因为抗球虫药物应当在球虫生活史的早期使用，一旦出现症状和组织损伤，再使用药物往往已无济于事。由于这一原因，应用药物预防的观点就基本上取代了治疗。实施治疗，若不晚于感染后96h给药，有的可降低鸡死亡率。在一个大型鸡场中，应随时储备一些治疗效果好的药物，以防鸡球虫病的突然暴发。常用的治疗药物有以下几种：磺胺二甲嘧啶、磺胺喹噁啉、氨丙啉、磺胺氯吡嗪、磺胺间二甲氧嘧啶和托曲珠利等。

2）药物预防：药物防控是防控鸡球虫病的第一重要手段。不但能使球虫的感染处于低水平，而且可以使鸡保持一定的免疫力。目前所有的肉鸡场都应无条件地进行药物预防，而且应从雏鸡出壳后第1天即开始使用预防药。由于抗生素药物残留引起的公共卫生问题越来越受到重视。我国农业农村部第194号和第246号公告指出，自2020年7月1日起，退出除中药外的所有促生长类药物饲料添加剂品种，但保留了部分抗球虫药物，将批准文号从"兽药添字"改为"兽药字"，可在商品饲料和养殖过程中使用，包括二硝托胺、马度米星铵、盐酸氯苯胍、海南霉素钠、氯羟吡啶、地克珠利、盐霉素、盐霉素钠、甲基盐霉素、莫能菌素、拉沙洛西钠和尼卡巴嗪等。

生产实践证明，各种抗球虫药在使用一段时间后，都会引起虫体的抗药性，甚至产生抗药虫株，有时可对该药同类的其他药物也产生抗药性。因此，必须合理使用抗球虫药。肉鸡生产常以下列两种用药方案来防止虫体产生抗药性。

① 穿梭方案：即在开始时使用一种药物，至生长期时使用另一种药物。例如，在1~4周龄时使用一种药物（如二硝托胺或尼卡巴嗪），自4周龄至屠宰前使用一种离子载体抗生素（如盐霉素或马度米星铵）。

② 轮换方案：即合理的变换使用抗球虫药，在春季和秋季变换药物可避免抗药性的产生，从而可改善鸡群的生产性能。

对于一直饲养在金属网上的后备母鸡和蛋鸡，不需要采用药物预防。对于从平养移至笼养的后备母鸡，在上笼之前，需使用常规用量的抗球虫药进行预防，但在上笼之后就不需再使用药物预防。

（2）免疫预防 为了避免药物残留对环境和食品的污染和抗药虫株的产生，现已研制了数种球虫疫苗，一种是利用少量未致弱的活卵囊制成的活虫苗，包装在藻珠中，混入雏鸡的饲料中或是将活虫苗直接喷入鸡舍的饲料或饮水中服用。另一种是连续选育的早熟弱毒虫株制成的虫苗，已选育出7种早熟虫株并混配成疫苗，并已在生产中推广使用。上述两种疫苗均已在生产上取得了较好的预防效果。

第四节　鸭球虫病

鸭球虫病是由艾美耳属、泰泽属、温扬球虫属和等孢属的多种球虫感染而引起的寄生原虫病，是鸭的常见寄生虫病，发病率为30%~90%，死亡率为29%~70%，耐过的病鸭生长发育受阻，增重缓慢，给养鸭业造成巨大的经济损失。

【病原】

（1）病原形态 文献记载的鸭球虫有23种，其中14种为艾美耳球虫，4种为泰泽球虫，4种为温扬球虫，1种为等孢属。除了水鸭艾美耳球虫和绒鸭艾美耳球虫寄生于肾小管上皮细胞之外，其余各种均寄生于肠黏膜上皮细胞内。有明显致病力的为毁灭泰泽球虫、菲莱氏温扬球虫和潜鸭艾美耳球虫。

1) 毁灭泰泽球虫卵囊呈椭圆形，平均大小为12.4μm×10.2μm，卵囊壁光滑，无卵膜孔和极粒。有卵囊残体。卵囊内无孢子囊，有8个裸露的香蕉形子孢子，这是其主要识别特征。寄生部位为十二指肠、空肠和回肠。潜隐期为5~7d，可能为世界性分布（彩图3-8-13）。

2) 菲莱氏温扬球虫卵囊呈椭圆形，平均大小为19.3μm×13.0μm，卵囊壁光滑，有卵膜孔和极粒，无卵囊残体。有4个孢子囊，孢子囊呈椭圆形，每个孢子囊有4个子孢子，有孢子囊残体和斯氏体。主要识别特征是卵囊胚孔端壁增厚，有时突出。寄生部位为小肠，潜隐期为93h。

3) 潜鸭艾美耳球虫卵囊呈宽椭圆形，平均大小为19.5μm×15.6μm，卵囊壁光滑，有卵膜孔和胚帽。无卵囊残体，有极粒。孢子囊呈卵圆形，有斯氏体和孢子囊残体。主要识别特征是卵囊呈宽椭圆形，卵囊壁在卵膜孔周围形成环状加厚，极帽扁平。寄生部位为小肠。

（2）生活史 毁灭泰泽球虫的卵囊在肠内脱囊后，子孢子侵入肠上皮细胞，经1~2代裂殖生殖后发育为大、小配子母细胞，成熟的大、小配子经配子生殖形成卵囊，卵囊随粪便排出体外，鸭因食入染有卵囊的食物或水而感染。

【流行特点】鸭球虫病通过被病鸭或带虫鸭粪便污染的饲料、饮水、土壤和用具传播；有时甚至饲养和管理人员本身也可能是鸭球虫卵囊的机械性传播媒介。鸭毁灭泰泽球虫卵囊的抵抗力较弱。

鸭球虫具有明显的宿主特异性，它仅能感染鸭；同样，其他禽类的球虫也不能感染鸭。各种年龄段的鸭均易感，雏鸭发病严重，死亡率也高。网上饲养的雏鸭，一般不会感染鸭球虫，由网上转为地面饲养后 4~5d 常常暴发鸭球虫病，感染率可达 100%。

鸭球虫病的发病时间与外界气温和降雨量有密切关系。北京和天津地区的流行时间为 4~11 月，其中以 9~10 月发病率最高。

【症状与病理变化】

（1）症状　感染鸭球虫后第 4 天，雏鸭出现精神沉郁、缩脖、不食、喜卧、渴欲增加等症状，病初腹泻，随后排血便，粪便呈暗红色。多数于第 4~5 天死亡；第 6 天以后耐过的病鸭逐步恢复食欲，仅生长发育受阻，增重缓慢。慢性鸭球虫病虽不显症状，偶见有腹泻，但往往成为球虫的携带者和传染源。

（2）病理变化

1）毁灭泰泽球虫引起的病变严重，肉眼可见小肠呈泛发性出血性肠炎，尤以小肠中段更为严重。肠壁肿胀，出血；黏膜上密布针尖大小的出血点，有的黏膜上覆盖着一层麸糠样或奶酪状黏液，或有浅红色或深红色胶冻状血样黏液，但不形成肠芯。

2）菲莱氏温扬球虫的致病力较弱，肉眼可见病变仅于回肠后部和直肠，轻度充血，偶尔在回肠后部黏膜上见有散在的出血点，直肠黏膜呈现弥漫性充血。

【诊断】必须根据临床症状、病理变化和病原学诊断等进行综合判断。

（1）临床症状诊断　病鸭出现精神沉郁，缩脖、不食和喜卧等全身症状，病初腹泻，随后排暗红色血便。

（2）病理变化诊断　急性死亡的病例可根据病理变化和镜检肠黏膜涂片做出诊断。从病变部位刮取少量黏膜，制成涂片，可在显微镜下观察到大量裂殖体和裂殖子。

（3）病原学诊断　用硫酸镁溶液做粪便漂浮试验，可在漂浮液的表面检查到大量卵囊。成年鸭和雏鸭带虫现象都极为普遍，所以不能仅根据粪便中有无卵囊做出诊断。为了鉴定鸭球虫种类，可以用 PCR 等分子生物学方法进行检测。

【防治】

1）用磺胺甲噁唑、磺胺间甲氧嘧啶（SMM）或三甲氧苄氨嘧啶治疗。

2）在鸭球虫病的流行季节，当雏鸭由网上转为地面饲养时，或已在地面饲养至 2 周龄时，用 0.02% 磺胺甲噁唑或复方磺胺甲噁唑（磺胺甲基异噁唑 + 甲氧苄啶，比例为 5∶1）、0.1% 磺胺间甲氧嘧啶或 1mg/kg 三甲氧苄氨嘧啶混入饲料，连喂 4~5d。当发现地面污染的卵囊过多时，或有个别鸭发病时，应立即对全群进行药物预防。

第五节　鹅球虫病

鹅球虫病是由艾美耳科艾美耳属、泰泽属和等孢属的 16 种球虫感染引起的寄生原虫病。其中以截形艾美耳球虫致病力最强，寄生在肾小管上皮，使肾组织遭到严重损伤。3 周龄至 3 月龄的雏鹅最易感，常呈急性经过，病程为 2~3d，死亡率颇高。其余球虫均寄生于肠道，致病力不等，有的球虫，如鹅艾美耳球虫可引起严重发病；另一些种类单独感染时，相对来说是无害的，但混合感染时可能严重致病。

【病原】

（1）病原形态　病原为艾美耳科艾美耳属、泰泽属和等孢属的多种球虫，其中艾美耳属14种，泰泽属和等孢属各1种。截形艾美耳球虫致病性最强，能引起鹅的肾球虫病。鹅艾美耳球虫有较强的致病性（彩图3-8-14），有害艾美耳球虫（彩图3-8-15）、考氏艾美耳球虫致病力中等，棕黄艾美耳球虫（彩图3-8-16）和赫氏艾美耳球虫（彩图3-8-17）的致病性较弱。

截形艾美耳球虫卵囊呈卵圆形，平均大小为21μm×15.0μm，卵囊壁光滑，有卵膜孔和极帽，有卵囊残体。孢子囊呈卵圆形，有孢子囊残体。寄生部位为肾小管上皮细胞，潜隐期为5~14d，分布普遍。

鹅艾美耳球虫卵囊呈梨形，平均大小为21μm×17μm，卵囊壁光滑，有卵膜孔和卵囊残体，无极粒。孢子囊呈卵圆形，有斯氏体和孢子囊残体。寄生部位为小肠，严重感染时可累及盲肠和直肠，潜隐期为6~7d。

有害艾美耳球虫卵囊呈卵圆形，平均大小为31.6μm×22.4μm，卵囊壁光滑，有卵膜孔，无卵囊残体和极粒。孢子囊呈卵圆形，有斯氏体和孢子囊残体。寄生部位在小肠后段，潜隐期为4~9d。

考氏艾美耳球虫卵囊呈卵圆形，大小为29.2μm×21.3μm，卵囊壁光滑，卵膜孔宽，无卵囊残体和极粒。孢子囊呈长卵圆形，有孢子囊残体，斯氏体不明显。寄生部位为大肠，潜隐期为10d。

（2）生活史　鹅球虫的生活史与鸡球虫的生活史相似，但柯氏艾美耳球虫、多斑艾美耳球虫（彩图3-8-18）、有害艾美耳球虫、赫氏艾美耳球虫和微小泰泽球虫在宿主的细胞核内发育。

【流行特点】野生水禽在鹅球虫病的发生和流行过程中具有重要意义。大群舍饲会促使本病的发生，5~8月多发。不同日龄的鹅均可发生感染，日龄小的发病严重。鹅肾球虫病主要发生于3~12周龄的雏鹅，我国至今未有报道。鹅肠球虫病主要发生于2~11周龄的雏鹅，以3周龄以下的雏鹅多见，常引起急性暴发，呈地方流行性。成年鹅一般为带虫者，是本病的传染源。

【症状与病理变化】

（1）症状　3~12周龄雏鹅的肾球虫病通常呈急性经过，表现为精神沉郁，极度衰弱和消瘦，食欲减退，腹泻，粪带白色。眼迟钝和下陷，翅下垂。雏鹅死亡率可高达87%。肠道球虫可引起鹅的出血性肠炎，临床症状为食欲减退，步态摇摆，虚弱和腹泻，甚至发生死亡。

（2）病理变化　尸体剖检可见肾的体积肿至拇指大，由正常的红褐色变为浅灰黑色或红色，可见到出血斑和针尖大小的灰白色病灶或条纹。

患肠球虫的病鹅，可见小肠肿胀，其中充满稀薄的红褐色液体。小肠中段和下段的卡他性炎症严重，在肠壁上可出现大的白色结节或纤维素性类白喉坏死性肠炎。在干燥的假膜下面有大量的卵囊、裂殖体和配子体。寄生阶段的虫体侵入小肠后半段的上皮细胞，密集的拥挤成排。发育中的配子体深深地嵌入绒毛的上皮下组织。

【诊断】必须根据临床症状、病理变化和病原学诊断等进行综合判断。

（1）临床症状诊断　截形艾美耳球虫感染引起的肾球虫病，可引起病鹅腹泻，粪带白色，雏鹅的死亡率可高达87%。

（2）病理变化诊断　肾球虫病病鹅剖检，可见肾脏的体积肿至拇指大，有出血斑和针尖大小的灰白色病灶或条纹，取其病灶进行镜检，可见大量的卵囊。患肠球虫病的病鹅，小肠肿胀，急性死亡的病例可根据病理变化和镜检肠黏膜涂片做出诊断。从病变部位刮取少量黏膜，制成涂片，可在显微镜下观察到大量的卵囊、裂殖体和配子体。

（3）病原学诊断　可用饱和盐水漂浮法进行粪便检查，可在漂浮液的表面检查到大量卵囊。成年鹅和雏鹅带虫现象都极为普遍，所以不能仅根据粪便中有无卵囊做出诊断。为了鉴定鹅球虫种类，可以用PCR等分子生物学方法进行检测。

【防治】

（1）治疗　多种磺胺类药物已用于治疗鹅球虫病，尤以磺胺间甲氧嘧啶和磺胺喹噁啉效果好。其他药物如氨丙啉、氯苯胍、氯羟吡啶、地克珠利、盐霉素等也有较好效果。

（2）预防　将鹅群从高度污染的地区移开，雏鹅和成年鹅分群饲养。在雏鹅未产生免疫力之前，应避开靠近有水的、含有大量卵囊的潮湿地区。在严重发生鹅球虫病的地区，在球虫病的多发季节（如广东省3~5月阴雨潮湿季节），对鹅群进行药物预防，可控制鹅球虫病的暴发。

第六节　前殖吸虫病

前殖吸虫病是由前殖科前殖属的多种吸虫寄生于鸡、鸭、鹅等禽类和鸟类的泄殖腔、生殖道内而引起的寄生吸虫病。本病是我国放养或散养家禽常见的吸虫病之一，多诱发母鸡产蛋异常，严重者甚至死亡。

【病原】

（1）病原形态　透明前殖吸虫成虫呈长梨形、半透明，新鲜虫体为橙色，长度为9~12mm，虫体后部稍宽，有2个吸盘，不规则的椭圆形睾丸位于中线和水平位置，卵巢分叶，位于睾丸的背侧和中线（彩图3-8-19）。卵圆前殖吸虫成虫较透明前殖吸虫虫体小，虫体扁平，呈梨形，长度为3~6mm。睾丸略长，并排位于中线（彩图3-8-20）。鸭前殖吸虫比透明前殖吸虫小，但睾丸比透明前殖吸虫的大，虫体呈梨形（彩图3-8-21）。

（2）生活史　虫卵通过粪便排出体外，落入水中发育成毛蚴，毛蚴钻入陆地螺体内形成母胞蚴，母胞蚴产生子胞蚴，进而直接产生尾蚴，尾蚴从螺体内逸出，通过直肠呼吸腔进入蜻蜓或蜻蜓稚虫体内，形成囊蚴，家禽由于吞食了含有前殖吸虫囊蚴的蜻蜓或稚虫而遭受感染。囊蚴脱囊，进一步移行至泄殖腔、法氏囊或输卵管，经过1周发育为成虫。

【流行特点】前殖吸虫是家禽常见的一类寄生虫病，多发生于春季和夏季，呈世界性分布。在我国，主要流行于南方各省市。前殖吸虫发育过程需要2个中间宿主，即淡水螺和蜻蜓。我国气候温和的江、湖、沼泽地区，很适合螺类和蜻蜓的繁殖。农村一般放养式养鸡、鸭等，因早晚及阵雨之前蜻蜓群集，鸡、鸭等捕食而感染。我国鸡、鸭前殖吸虫病呈普遍感染。

【症状与病理变化】

（1）症状　初期病鸡症状不明显，食欲、产蛋和活动均正常，但开始产薄壳蛋，易破。后来产蛋率下降，逐渐产畸形蛋或流出石灰样的液体。食欲减退，消瘦，羽毛蓬乱，脱落。腹部膨大，下垂，产蛋停止。少活动，喜蹲窝。后期体温上升，渴欲增加。全身乏力，腹部压痛，泄殖腔突出，肛门潮红，腹部及肛周羽毛脱落，严重者可致死。

（2）病理变化　主要病变是输卵管发炎，由卡他性到格鲁布性炎（纤维素性炎）。输卵管黏膜充血，极度增厚，在黏膜上可找到虫体。此外，尚有腹膜炎，腹腔内含有大量黄色混浊液体。脏器被干酪样凝集物黏着在一起；可见到浓缩的卵黄；浆膜呈明显充血和出血。有时出现干性腹膜炎。

【诊断】根据病禽临床症状，结合流行病学，辅以检查粪便中虫卵，或剖检发现输卵管内虫体，进行综合诊断。

（1）临床症状诊断　病禽产畸形蛋，排出石灰样等半液状物质。有的因继发腹膜炎而死亡。

（2）病理变化诊断　剖检可见输卵管发炎，可见有腹膜炎，输卵管黏膜充血，在黏膜上找到虫体可确诊。

（3）病原学诊断　用水洗沉淀法检查粪便发现虫卵。

【防治】

1）可用阿苯达唑，也可使用吡喹酮治疗。

2）定期驱虫，在流行区，根据病的季节动态进行有计划的驱虫；消灭第一中间宿主，有条件的地区可用药物杀灭；防止鸡群啄食蜻蜓及其稚虫，在蜻蜓出现的季节，勿在早晨或傍晚及雨后到池塘岸边放牧，以防感染。

第七节　后睾吸虫病

后睾吸虫病是由后睾科的对体属、次睾属和后睾属的多种吸虫寄生于禽类的肝脏和胆管内引起的一类寄生吸虫病。幼龄雏禽最易感染。

【病原】

（1）病原形态

1）鸭后睾吸虫：新鲜虫体为浅红色，寄生于鹅、鸭等水禽肝脏和胆管内。虫体较长，两端较细，大小为（7~23）mm×（1~1.5）mm。肠管伸达虫体末端。睾丸分叶，位于虫体后方。卵巢分许多小叶，子宫发达。虫卵大小为（28~29）μm×（18~26）μm。

2）鸭对体吸虫：属对体属，多寄生于鸭胆管内。虫体窄长，后端尖细，背腹扁平，大小为（14~24）mm×（0.88~1.12）mm，口吸盘大于腹吸盘。两个睾丸前后排列于虫体后部。卵巢分叶，位于睾丸之前。虫卵呈卵圆形，一端有卵盖，另一端有较尖刺突，大小为26μm×16μm（彩图3-8-22）。

3）东方次睾吸虫：寄生于鸭、鸡的胆管和胆囊内。虫体呈叶状，体表有小刺，大小为（2.35~4.64）mm×（0.53~1.2）mm。睾丸大而分叶，前后排列分布于虫体后方。卵巢呈卵圆形。虫卵呈浅黄色，椭圆形，大小为（29~32）μm×（15~17）μm（彩图3-8-23和彩图3-8-24）。

（2）生活史　后睾吸虫生活史需要两个中间宿主。虫卵随着终末宿主粪便排出体外，落入水中，被第一中间宿主淡水螺食入，在螺的消化道内孵出毛蚴，毛蚴进入淡水螺的淋巴系统发育为胞蚴、雷蚴和尾蚴，尾蚴逸出螺体，游于水中，遇到第二中间宿主淡水鱼、虾等，随即转入其体内，发育为囊蚴。终末宿主吞食含有囊蚴的淡水鱼、虾而感染，经过2~3周在终末宿主体内发育为成虫，开始产卵。

【流行特点】后睾吸虫主要感染鸭，偶见于鸡和鹅。后睾吸虫对1月龄以上的雏鸭危害最严重，感染率较高，感染强度大。江苏、安徽等地曾有报道放牧鸭群暴发此类疾病，解剖病死鸭在其体内发现虫体数量达500条以上。

【症状与病理变化】

（1）症状　虫体分泌的毒素导致病禽贫血，消瘦和水肿。患病幼禽生长发育受阻，成年禽产蛋量下降。病禽表现精神沉郁，食欲减退，无力，不觅食，消瘦，离群呆立，羽毛蓬乱，排白色、灰绿色水样粪。

（2）病理变化　剖检发现胆囊肿大，囊壁增厚，胆汁变质。肝脏表现不同程度的炎症和坏死，常呈橙黄色，有花斑，后期肝硬化，病禽衰竭而死。胆管被堵塞，胆汁分泌受影响，肝功能被破坏。

【诊断】生前诊断主要用沉淀法粪检发现虫卵。死后剖检，在胆管或胆囊内发现虫体确诊。

（1）临床症状诊断　病禽生长发育受阻，排白色、灰绿色水样粪。

（2）病理变化诊断　剖检可见胆囊肿大，肝脏有不同程度的炎症和坏死，胆管阻塞，在胆管或胆囊内发现虫体，可确诊。

（3）病原学诊断　用水洗沉淀法检查粪便发现虫卵。

【防治】

1）可用阿苯达唑、硫双二氯酚和吡喹酮等药物进行治疗。

2）禽粪堆积发酵，杀灭虫卵，以免污染环境。消灭淡水螺，切断传播途径。流行区家禽避免到水边放牧，以防止感染。不用淡水鱼、虾饲喂家禽。及时治疗病禽，防止病原散播。

第八节　赖利绦虫病

赖利绦虫病是由戴文科赖利属的有轮赖利绦虫、棘沟赖利绦虫和四角赖利绦虫寄生于鸡和火鸡的小肠内而引起的一类寄生绦虫病。我国各地均有发病报道，各种年龄的鸡均可感染，其中17~40日龄雏鸡易感，死亡率高。

【病原】

（1）病原形态

1）有轮赖利绦虫：小型虫体，最长可达14cm，最常见虫体长3~4cm。头节大，中央顶突较宽，上有数百个锤子样的钩子规则排列，吸盘不突出且无小钩。孕节子宫分支成卵袋，每个卵袋内有1个虫卵（彩图3-8-25）。

2）棘沟赖利绦虫：虫体长20~25cm，形状与四角赖利绦虫相似。吸盘呈圆形，上有数圈小钩。中央顶突上有两圈约200个小钩。头节与颈节分界不明显。孕节内有卵袋，每个卵袋内有6~12个虫卵（彩图3-8-26）。

3）四角赖利绦虫：禽体内最大的绦虫，虫体长20~25cm，头节较小，头节和颈节分界明显，椭圆形的吸盘上有几圈小钩，中央顶突上有1圈或2圈约100个小钩。孕节内有卵袋，每个卵袋内有8~14个虫卵（彩图3-8-27）。

（2）生活史　四角赖利绦虫和棘沟赖利绦虫的中间宿主为蚂蚁。虫卵被蚂蚁食入后，于其体内约经2周的发育，变为似囊尾蚴，鸡啄食含似囊尾蚴的蚂蚁后，经2~3周发育为成虫。有轮赖利绦虫的中间宿主为蝇类和甲虫。虫卵被中间宿主食入后经14~16d的发育，变为似囊尾蚴。鸡啄食含似囊尾蚴的昆虫而遭感染，约经20d发育为成虫。

【流行特点】中间宿主分布广泛，很多甲虫可以在垫料中繁殖，给终末宿主感染创造了条件。雏鸡比成年鸡容易感染。饲养管理差且放养的鸡群，本病最易流行；饲养管理条件好的地方，不但中间宿主能随时被消除，而且鸡获得全价营养时抗病力必会加强，还会使鸡对啄食中间宿主的兴趣减少。虫卵对外界环境有很强的抵抗力，可以存活数月。

【症状与病理变化】

(1) 症状　赖利绦虫为大型虫体，通过夺取宿主营养、机械性刺激、机械性阻塞和代谢产物引起中毒等机制而致病。寄生虫体夺取宿主大量营养，病鸡表现消化不良，发育迟缓，腹泻，食欲减退，精神沉郁，倦怠，羽毛逆立，两翅下垂。蛋鸡产蛋量下降，雏鸡生长受阻或完全停止，严重感染导致死亡。

(2) 病理变化　剖检主要是卡他性肠炎，肠黏膜肥厚，肠腔内有许多黏液，恶臭。棘沟赖利绦虫感染时，肠壁的浆膜下层和肌肉层产生大量干酪样结节。四角赖利绦虫的致病性较其他两种小。

【诊断】根据病鸡临床症状，结合流行病学，辅以检查粪便中虫卵，或剖检发现肠道内虫体，进行综合诊断。

(1) 临床症状诊断　蛋鸡产蛋量下降，雏鸡生长受阻或完全停止，严重感染导致死亡。

(2) 病理变化诊断　剖检可见卡他性肠炎，肠黏膜肥厚。棘沟赖利绦虫的顶突深入肠黏膜，引起结核样病变，在肠道发现虫体可确诊。

(3) 病原学诊断　通过饱和盐水漂浮法检查粪便，发现孕节节片或虫卵可确诊。

【防治】

(1) 预防　定期检查鸡群，定时驱虫，消灭传染源；及时清理粪便，生物热发酵处理粪便，消灭孕节或虫卵；化学药物喷洒鸡舍，消灭中间宿主；新购鸡群先驱虫再合群饲养。

(2) 治疗　可用阿苯达唑、吡喹酮、氯硝柳胺和硫双二氯酚等药物进行治疗

第九节　戴文绦虫病

戴文绦虫病主要是由戴文科戴文属的节片戴文绦虫寄生于鸡、火鸡、鸽、鹌鹑等的小肠，特别是十二指肠内引起的寄生绦虫病。本病呈世界性分布，是禽绦虫病中致病性最强的一类。

【病原】

(1) 病原形态　节片戴文绦虫是一种小型虫体，长度仅有1~4mm，由4~9个节片组成。中央顶突有80~94个小钩，呈内外两圈排列，吸盘也有几排小钩。每个节片均有一套生殖器官，生殖孔规则地交替开口于每个节片侧缘。孕节子宫分裂为许多卵袋，每个卵袋内只有1个虫卵。虫卵呈球形，大小为30~40μm。

(2) 生活史　节片戴文绦虫的中间宿主是蜗牛、蛞蝓等软体动物。孕节随着鸡的粪便排出体外，被蜗牛等中间宿主吞食，逸出六钩蚴，经过约3周在其体内逐渐发育为似囊尾蚴。当鸡啄食含有似囊尾蚴的中间宿主时会遭受感染，经过约2周在鸡体内发育为成虫。

【流行特点】本病中间宿主种类多，分布广泛，因此在散养家禽中很常见。雏鸡更容易感染，死亡率较高。

【症状与病理变化】中度感染可导致体重增加减少、食欲减退和产蛋量降低。重度感染可能导致消瘦和呼吸困难，出血性肠炎，甚至致命。剖检可见肠黏膜增厚，并伴有局部坏死斑块，肠内充满恶臭的黏液，内含有脱落的黏膜和虫体。

【诊断】由于节片戴文绦虫虫体小，容易被忽略。生前诊断，结合流行病学和临床症状进行观察，通过饱和盐水漂浮法检查粪便虫卵或孕节；死后可刮取十二指肠和小肠前部的黏膜，通过显微镜进行观察，看到虫体而确诊。

【防治】

(1) 预防　对鸡舍内外中间宿主进行捕杀，减少中间宿主滋生；对雏鸡进行预防性驱虫，防止感染；无害化处理鸡舍粪便；新购入鸡群，先隔离观察驱虫之后再合群。

(2) 治疗　可用硫双二氯酚、氯硝柳胺、吡喹酮和阿苯达唑等药物进行治疗。

第十节　剑带绦虫病

剑带绦虫病是由膜壳科剑带属的矛形剑带绦虫寄生于鹅、鸭等水禽的小肠内而引起的寄生绦虫病。本病呈世界性分布，幼禽发病最为严重。

【病原】

(1) 病原形态　矛形剑带绦虫是细长的绦虫，虫体呈乳白色，前窄后宽，形似矛头。长度可达15~20cm，由20~40个节片组成，节片宽大于长。头节小，顶突上有8个小钩，虫卵椭圆形，无卵囊包裹（彩图3-8-28和彩图3-8-29）。

(2) 生活史　中间宿主为水生类甲壳动物。成虫寄生于鹅、鸭等水禽的小肠内，孕节随着宿主粪便排到水中，孕节在肠中或外界破裂散落出虫卵，虫卵被剑水蚤吞食，六钩蚴逸出，穿过剑水蚤肠壁进入血腔，在其体内经过约6周发育为似囊尾蚴，终末宿主由于吞食含有似囊尾蚴的剑水蚤而感染。似囊尾蚴在小肠翻出头节，吸附于肠壁黏膜上，约经19d发育为成虫，并开始排出孕节。

【流行特点】剑带绦虫的中间宿主为剑水蚤，剑水蚤种类多，分布广泛，死水区、水流缓慢的活水区、沼泽、水洼地等处均有剑水蚤生存，5~7月剑水蚤滋生最为旺盛，此时剑带绦虫病感染率最高。剑水蚤的生活期为1年，似囊尾蚴可以和它们一起生存到第2年春季，因此，春季孵化的雏鹅也有机会感染本病。本病呈地方流行性，对雏鹅危害最大。

【症状与病理变化】大量剑带绦虫感染会引发腹泻、食欲减退、生长发育不良、贫血、消瘦等症状。重度感染会引发卡他性肠炎。由于虫体借助顶突小钩吸附于肠壁上，会引发黏膜充血、出血、坏死。严重感染者可以致死。

【诊断】用水洗沉淀法检查粪便，如无节片，再将粪渣过滤，镜检检查虫卵。死后剖检，在小肠内发现虫体即可确诊。

【防治】

(1) 预防　春、秋季进行预防性驱虫，消灭病原。清洁禽舍，无害化处理粪便，杀灭虫卵和孕节。减少水塘边放牧，切断传播途径。幼禽和成禽分开饲养，防止幼禽接触患病成禽粪便而感染。

(2) 治疗　可用阿苯达唑、吡喹酮进行治疗。

第十一节　皱褶绦虫病

皱褶绦虫病是由膜壳科皱褶属的片形皱褶绦虫寄生于鸡、鸭、鹅等禽类的小肠中所引起的寄生虫病。本病呈世界性分布，多为散发。

【病原】片形皱褶绦虫不是一种常见的绦虫。成虫长度差异很大（2.5~40cm），头节很小，中央顶突上有10个小钩。在虫体前部有1个扩展的皱褶状的假头节，用于吸附宿主的小肠。子宫呈管状，贯穿整个链体，后面分为许多小管，内部充满虫卵。生殖孔为单侧，每组生殖器官有3个睾丸。虫卵为椭圆形，两端稍尖，大小为13μm×74μm，内含六钩蚴。

片形皱褶绦虫的中间宿主是剑水蚤。生活史与剑带绦虫相似。孕节随着终末宿主粪便排出体外，落入水中，被剑水蚤吞食，六钩蚴逸出，发育为似囊尾蚴。终末宿主吞食了含有似囊尾蚴的中间宿主而感染，头节外翻吸附于肠壁上，逐渐发育为成虫。

【流行特点】本病在我国主要流行于福建、台湾、湖北等地。其中间宿主剑水蚤的种类多，分布广泛，终末宿主很容易感染。据报道，我国部分地区放牧家鸭感染率为5%~87.5%，感染强度为每只鸭2~82条。

【症状与病理变化】病禽感染片形褶皱绦虫后，食欲减退，渴欲增加，消瘦，被毛粗乱，不喜运动，随后出现贫血、消瘦、衰弱和渐进性麻痹，甚至死亡。虫体寄生代谢产生毒素，会引起神经症状，突然倒向一侧，步态不稳，张口、仰头、仰卧，足做划水动作。

【诊断】参考剑带绦虫病。

【防治】预防和治疗同剑带绦虫病。

第十二节　膜壳绦虫病

膜壳绦虫病是由膜壳科膜壳属的绦虫寄生于陆栖禽类和水禽类的消化道中而引起的寄生虫病。膜壳属包括24种绦虫，除了缩小膜壳绦虫和微小膜壳绦虫不感染禽类外，其余都感染禽类，下面以鸡膜壳绦虫和冠状膜壳绦虫为代表加以叙述。

【病原】鸡膜壳绦虫为陆栖禽类膜壳绦虫病的代表病原。成虫长3~8cm，细似棉线，节片多达500个。头节纤细，极易断裂，有顶突，无小钩，睾丸3个。寄生于鸡和火鸡的小肠内（彩图3-8-30和彩图3-8-31）。

冠状膜壳绦虫作为水禽类膜壳绦虫病的代表病原。虫体大小为(12~19)cm×(0.25~0.3)cm。头节上有顶突和吸盘，顶突上有20~26个小钩，排成一圈呈冠状，吸盘上无钩。睾丸排列成等腰三角形。寄生于家鸭、鹅和其他水禽类的小肠内（彩图3-8-32）。

【流行特点】鸡膜壳绦虫的中间宿主为食粪甲虫和刺蝇，而冠状膜壳绦虫的中间宿主为一些小的甲壳类和螺类，终末宿主食入含有成熟似囊尾蚴的中间宿主而感染。本病呈地方流行性。

【症状与病理变化】鸡膜壳绦虫寄生多时可达数千条，但致病力不强，对雏鸡的发育有一定的影响。冠状膜壳绦虫由于虫体以吸盘固着于肠壁，损伤肠黏膜，导致消化功能紊乱，加之虫体的代谢产物具有毒素作用，造成雏鹅死亡，成年鹅产蛋停止，因此致病力较强。

【诊断】在粪便中检出虫卵或孕节，或尸体解剖时在肠道内发现虫体即可确诊。

【防治】常用的驱虫药有硫双二氯酚、吡喹酮和阿苯达唑。

第十三节　消化道线虫病

一、禽蛔虫病

禽蛔虫病是由禽蛔科禽蛔属的鸡蛔虫寄生于鸡和珍珠鸡、雉、石鸡和松鸡等的小肠内引起的线虫病。本病呈世界性分布，是鸡及野禽的一种常见寄生虫病，主要危害雏鸡，在地面大群饲养的情况下，感染严重，甚至引起雏鸡大批死亡。

【病原】鸡蛔虫是寄生于鸡体内的线虫中最大的一种，呈黄白色，圆筒形，体表角质层有横纹。口孔位于体前端，其周围有3个唇片。雄虫长26~70mm，尾端有明显的尾翼和10对尾乳突，有1个圆形或椭圆形的肛前吸盘，吸盘上有角质环；1对交合刺，近于等长；雌虫长

65~110mm，阴门开口于虫体中部。虫卵呈椭圆形，大小为（70~90）μm×（47~51）μm，深灰色，新排出虫卵内含单个胚细胞（彩图3-8-33~彩图3-8-35）。

鸡蛔虫的发育不需要中间宿主。雌虫在鸡小肠内产卵，虫卵随粪便排出体外。在适宜的外界环境下，17~18d发育为含幼虫的感染性虫卵。鸡吞食了含有感染性虫卵的饲料与饮水而被感染。鸡吞食了感染性虫卵后，虫卵内的幼虫在鸡的腺胃和肌胃处逸出，移行至小肠黏膜内发育一段时期后，重返回肠腔发育为成虫。从感染性虫卵进入鸡体内到发育为成虫，需35~50d，成虫可以在宿主体内生存9~14个月。蚯蚓也可吞食感染性虫卵，当鸡啄食蚯蚓也可感染鸡蛔虫病。

【流行特点】虫卵对外界环境因素和常用的消毒药抵抗力很强，感染性虫卵可在土壤中存活6个月，但对干燥和高温（50℃以上）很敏感，阳光直射、沸水处理及粪便发酵处理等都可使其迅速死亡。在19~39℃的温度和90%~100%的相对湿度下，易发育为感染性虫卵，而温度高于45℃，虫卵在5min内死亡，但在严寒季节，土壤冻结，虫卵不会死亡。

本病主要发生于平养和放养的鸡，笼养的鸡较少发生。各龄期的鸡均易感染鸡蛔虫，尤其以3~4月龄的鸡易感且病情较重，5月龄以上的鸡抵抗力增强，1岁以上的鸡多为带虫者。肉用鸡较蛋鸡抵抗力强，本地种比外来种抵抗力强。维生素A和B族维生素可增强鸡的抵抗力。

【症状与病理变化】雏鸡主要表现为营养不良，精神沉郁，行动迟缓，羽毛松乱，鸡冠苍白，顽固性腹泻，有时便中带血，严重者逐渐衰弱而死亡；雏鸡生长发育迟缓，母鸡产蛋量下降，成年鸡一般不表现症状，成为带虫者。

剖检时发现肠壁有颗粒状化脓灶或形成结节，严重感染时成虫大量聚集，相互缠结，可能发生肠梗阻，甚至出现肠破裂和腹膜炎。

【诊断】通过粪便检查发现大量虫卵或尸体剖检时在小肠内发现虫体即可确诊。

【防治】

（1）预防　加强饲养管理，雏鸡与成年鸡应分群饲养，不共用运动场；注意清洁卫生，鸡舍和运动场上的粪便应逐日清除，集中进行生物热发酵，饲草和饮水器定期消毒；定期驱虫，在蛔虫病流行的鸡场，每年进行2~3次驱虫，雏鸡在2月龄进行首次驱虫，在秋、冬季进行2次驱虫；饲喂全价饲料，适量添加维生素A和B族维生素，饮水中也可添加适量的驱虫药物，以防止或减轻鸡的蛔虫病。

（2）治疗　驱虫可用左旋咪唑、阿苯达唑、芬苯达唑、枸橼酸哌嗪和伊维菌素等药物。

二、异刺线虫病

异刺线虫病是由尖尾目异刺科异刺属的鸡异刺线虫寄生于鸡的盲肠所引起的线虫病，因寄生于盲肠中，又称盲肠虫。在鸡群内普遍存在，其他家禽、野鸟也有异刺线虫寄生。

【病原】虫体较小，呈白色或浅色，细线状。头端有3个不明显的唇片围成口孔，有侧翼。食道末端有一膨大的食道球。雄虫大小为（7~13）mm×0.3mm，尾直，末端尖细，1对交合刺，不等长，泄殖腔前有1个圆形吸盘，有12对尾乳突。雌虫大小为（10~15）×0.4mm，尾细长，阴门开口于虫体中央稍后方。虫卵呈椭圆形，灰褐色，壳厚，大小为（65~80）μm×（35~46）μm，内含单个胚细胞（彩图3-8-36和彩图3-8-37）。

成虫在盲肠内产卵，虫卵随粪便排出体外，在外界适宜的温度和湿度下，约经2周发育为含幼虫的感染性虫卵。鸡摄食受虫卵污染的饲料或饮水而感染。感染性虫卵进入鸡的小肠内，孵出幼虫，移行至盲肠黏膜发育，后重返肠腔，发育为成虫。从感染性虫卵被摄食至发育为成虫需 24~30d，成虫的寿命约为 1 年。有时感染性虫卵被蚯蚓吞咽，可在蚯蚓体内长期生存，鸡摄食到这种蚯蚓也会感染异刺线虫病。

【流行特点】虫卵对外界抵抗力较强，在阴暗潮湿处可保持活力达 10 个月，0℃可存活 67~172d，在 10% 硫酸和 0.1% 氯化汞（升汞）中均能发育，可耐干燥 16~18d，阳光直射下易死亡。本病主要感染时期为 6~9 月，与虫卵的发育和贮藏宿主——蚯蚓的活动季节基本一致。

【症状与病理变化】病鸡消化机能障碍，食欲减退，腹泻。雏鸡发育停滞，消瘦，严重时可造成死亡，成年鸡产蛋量下降。

剖检时，病鸡尸体消瘦，盲肠肿大，盲肠壁上有结节，黏膜肥厚，间或有溃疡，肠内容物凝结成条状，含有虫体。由于鸡异刺线虫是黑头病的病原火鸡组织滴虫的传播媒介，病鸡还呈现肝脏肿大，表面散布大小不等的溃疡。

【诊断】通过直接涂片法或漂浮法检查粪便发现虫卵，或尸体剖检时可见盲肠症状，即可确诊。

【防治】可参照鸡蛔虫病的防治措施。

三、毛细线虫病

毛细线虫病是由毛细科毛细属的多种线虫寄生于禽类食道、嗉囊和肠道等处所引起的一类线虫病，主要种类包括有轮毛细线虫、鸽毛细线虫、膨尾毛细线虫和鹅毛细线虫。我国各地均有分布，严重感染可引起家禽死亡。

【病原】虫体细长，毛发状，长 10~50mm。虫体前部稍细，为食道部；后部稍粗，包含肠管和生殖器官。雄虫有 1 根交合刺，细长有刺鞘，也有的雄虫无交合刺而只有鞘。雌虫阴门位于虫体前后部的连接处。虫卵呈桶形，两端具有塞。

(1) 有轮毛细线虫 虫体前端有 1 个球状角皮膨大。雄虫长 15~25mm，有交合刺；雌虫长 25~60mm，虫卵大小为 (55~60) μm × (26~28) μm。寄生于鸡的嗉囊和食道（彩图 3-8-38）。

(2) 鸽毛细线虫 又称为封闭毛细线虫，雄虫长 8.6~10mm，尾部两侧有铲状的交合伞，有交合刺，交合刺长 1.2mm，交合刺鞘长达 2.5mm，有细横纹；雌虫长 10~12mm。虫卵大小为 (48~53) μm × 24μm。寄生于鸽、鸡和火鸡的小肠。

(3) 膨尾毛细线虫 雄虫 9~14mm，食道部约占虫体的一半，尾部侧面各有 1 个交合伞膜，交合刺圆柱状，长 1.1~1.58mm。雌虫长 14~26mm，食道部约占虫体的 1/3，阴门开口于一个稍微隆起的突起上，突起长 50~100μm。虫卵大小为 (43~57) μm × (22~27) μm。寄生于鸡、鸽的小肠（彩图 3-8-39）。

(4) 鹅毛细线虫 雄虫长 10~13.5mm，雌虫长 16~26.4mm，虫卵大小为 (42~51) μm × (22~26) μm。寄生于鹅和野鹅小肠的前半部，也见于盲肠。

毛细线虫的发育史分为直接和间接两种方式：鸽毛细线虫和鹅毛细线虫属于直接发育型，雌虫产卵，卵随粪便排出，在外界适宜的环境下发育为感染性虫卵（内含第一期幼虫）。经口感染宿主后，幼虫进入宿主十二指肠黏膜发育，需 20~26d 发育为成虫。有轮毛细线虫和膨尾毛细线虫的发育需要中间宿主蚯蚓参与完成其生活史。感染性虫卵被中间宿主吞食，在中间宿主体内孵化蜕皮，发育为第二期幼虫，具有感染性。禽类摄食含有感染性幼虫的蚯蚓即被感染，虫体在终末宿主体内的嗉囊、食道和肠黏膜内发育为成虫。成虫的寿命为 9~10 个月。

【流行特点】虫卵耐低温，发育慢，可在外界存活很长时间，如膨尾毛细线虫卵在普通冰箱可存活 344d。各种毛细线虫卵在外界发育为感染性虫卵的条件不同：有轮毛细线虫在 28~32℃条件下需 24~32d，鹅毛细线虫在 22~27℃条件下需 8d，膨尾毛细线虫在 25℃条件下需要 11~12d。

【症状与病理变化】病禽食欲减退，消瘦，产蛋量下降。严重感染时，雏鸡和成年鸡均可发生死亡

剖检时，寄生部位食道和嗉囊出血，有黏液性分泌物，黏膜脱落、坏死，有大量虫体，寄生部位可见虫体移行的虫道。

【诊断】根据临床症状，结合剖检病禽，粪便检查检出虫卵可做出诊断。

【防治】治疗可用甲苯咪唑、左旋咪唑。预防应搞好禽舍的清洁工作，及时清理粪便并进行生物化处理消灭虫卵，严重流行区可进行预防性驱虫。

四、胃线虫病

胃线虫病是由旋尾目锐形科的锐形属和四棱科四棱属的线虫寄生于禽类的食道、腺胃、肌胃和肠道引起的寄生虫病，主要有小钩锐形线虫、旋锐形线虫、美洲四棱线虫等（彩图 3-8-40 和彩图 3-8-41）。本病在我国各地都有分布。

【病原】

（1）小钩锐形线虫　虫体两端尖细，头部有 4 条绳状饰带，两两并列，呈不整齐的波浪形，由前向后延伸，几乎达虫体后部，不折回，也不相吻合。雄虫长 9~14mm，肛前乳突 4 对，肛后乳突 6 对，1 对交合刺不等长，左侧纤细，右侧扁平。雌虫长 16~19mm，阴门位于虫体中部。虫卵大小为（40~45）μm×（24~27）μm，寄生于鸡和火鸡的肌胃。

（2）旋锐形线虫　虫体细线状，体前部背、腹面各有两条波浪形的饰带，由前向后折回，但不吻合。雄虫长 7~8.3mm，体长卷曲呈螺旋状，泄殖腔前乳突 4 对，泄殖腔后乳突 4 对，1 对交合刺不等长，左侧的纤细，右侧的呈舟状。雌虫长 9~10.2mm，尾端尖锐，阴门位于虫体后部。虫卵卵壳厚，大小为（33~40）μm×（18~25）μm，内含幼虫，寄生于鸡、火鸡、雉等禽类的食道、腺胃，偶见小肠，是我国南方流行的寄生虫病，雏鸡感染严重。

（3）美洲四棱线虫　虫体无饰带。雄虫体长 5~5.5mm，体型纤细，游离于胃腔中。雌虫体长 3.5~4.5mm，呈亚球形，并在纵线的部位形成 4 条深沟，其前端和后端自球体部突出。虫卵大小为（42~50）μm×24μm，卵壳厚，内含幼虫，一段含有塞状结构，寄生于鸡和火鸡的前胃。

禽胃线虫的发育是以昆虫为中间宿主的间接发育，虫卵被中间宿主吞食后，蜕皮发育为感染性幼虫，禽类吞食含有感染性幼虫的中间宿主而感染。幼虫在禽类的胃黏膜内发育为成虫。

【流行特点】胃线虫病呈世界性分布，在我国的华南、华北及东北地区均有发生。本病多发生于平养和散养的鸡，发病季节与中间宿主的活动季节基本一致。

【症状与病理变化】轻度感染症状不明显。严重感染时，特别是雏鸡，食欲减退，出现消瘦贫血和腹泻症状，甚至引起死亡。

剖检时，感染小钩锐形线虫的病禽肌胃黏膜出血，形成干酪样结节，严重者肌胃破裂；感染旋锐形线虫的病禽可见腺胃溃疡，溃疡中可发现虫体；感染美洲四棱线虫的病禽，可从前胃外部看到组织深处暗黑色的成熟雌虫，虫体吸血，但最大的损害是在幼虫移行到前胃胃壁时，造成明显的刺激和发炎，这种情况可引起鸡死亡。

【诊断】结合临床症状，粪便检查发现虫卵或尸体剖检发现虫体即可确诊。

【防治】常用的驱虫药有甲苯咪唑和阿苯达唑。重点是做好禽舍的卫生工作，粪便进行生物发酵。在流行区进行定时驱虫，消灭中间宿主，切断虫体的传播。

第十四节　比翼线虫病

比翼线虫病是比翼科比翼属的气管比翼线虫和斯氏比翼线虫寄生于家禽及多种野禽气管和肺内所引起的呼吸系统疾病。发病时病禽张口呼吸，因而又称为开口病，主要侵害幼禽，病禽常因呼吸困难而死亡，死亡率几乎可达100%，成年鸡很少发病和死亡。

【病原】虫体呈红色，头端膨大，呈半球形，口囊宽阔，呈杯状，其外缘有角质环，底部有三角形小齿。雌虫体长大于雄虫，阴门位于体前部。雄虫细小，交合伞厚，肋粗短，1对交合刺，短小。由于雄虫常以交合伞附着在雌虫阴门部，构成Y形外观，所以得名比翼线虫。虫卵两端有卵塞。

（1）气管比翼线虫　雄虫长2~4mm，雌虫长7~20mm，口囊底部有6~10个齿。虫卵大小为（78~110）μm×（43~46）μm，卵两端有卵塞，内有16个胚细胞（彩图3-8-42）。

（2）斯氏比翼线虫　又称为斯克里亚宾比翼线虫。雄虫长2~4mm，雌虫长9~26mm，口囊底部有6个齿。卵呈椭圆形，大小为90μm×49μm，两端有厚的卵盖。

雌虫在支气管内产卵，卵随咳嗽或气管黏液进入口腔，咽入消化道后，随粪便排到体外，有时虫卵可能通过咳嗽排出体外。在外界的适宜环境下，幼虫在卵壳内蜕皮两次发育为感染性虫卵。这种虫卵可在土壤中生存8~9个月。本病通过三种方式感染宿主：一是感染性虫卵被终末宿主摄食而感染；二是感染性幼虫从卵内孵出，被终末宿主吞食而感染；三是贮藏宿主吞食了感染性虫卵或感染性幼虫，终末宿主吞食了贮藏宿主而被感染。感染性虫卵被禽类吞食后，卵内幼虫逸出，钻入十二指肠、胃和食道，而后随血流到达肺部，在肺内经两次蜕皮，移行到气管内发育为成虫。

【流行特点】本病呈地方流行性，主要发生于放养的家禽，各种年龄均易感，但对雏禽危害严重，宿主缺乏维生素A、钙和磷时也易感。虫卵和感染性幼虫在环境中抵抗力弱，但是感染性幼虫可在蚯蚓体内长期保持感染性，可达4年，在蛞蝓和蜗牛体内可存活1年以上。来自野鸟的幼虫寄生于蚯蚓后对鸡的感染性增强。宿主的感染主要发生在鸡舍、运动场和潮湿的草地和牧场。

【症状与病理变化】

（1）症状　成年禽感染后症状不明显，幼禽感染3~6条虫体即出现临床症状。病鸡伸颈、张口呼吸，头左右摇甩，排出黏液性分泌物，有时分泌物中可见到少量虫体，食欲减退，消瘦，口腔内充满泡沫状黏液，而后呼吸困难，窒息而死。

（2）病理变化　剖检可见气管黏膜潮红，出血，有大量黏液，并有虫体附着，肺部有明显病变。

【诊断】根据临床症状结合粪便检查可做出诊断。打开口腔，可见喉头附近有蠕动的红色虫体。

【防治】

（1）预防　及时清理禽粪并进行生物发酵处理。禽舍和运动场保持干燥，定期消毒。尽可能改放牧为舍饲。消灭蜗牛和蛞蝓，避免在贮藏宿主多的地方放养家禽。

（2）治疗　采用左旋咪唑、阿苯达唑、芬苯达唑、甲苯咪唑和伊维菌素进行治疗。也可用1/1500的稀碘液注入气管，还可用棉签插入气管将虫体裹出，或用小镊子经喉伸入将虫体夹出。

第十五节 禽皮刺螨病

禽皮刺螨病是由皮刺螨科皮刺螨属的鸡皮刺螨、禽刺螨属的林禽次螨和囊禽刺螨等侵袭家禽和野禽,吸食血液而引起的一种外寄生虫病。禽皮刺螨病还可传播禽霍乱和螺旋体病。

【病原】

(1) 鸡皮刺螨　虫体呈长椭圆形,后部略宽,体表密布短细绒毛,根据虫体吸血量虫体呈现浅红色、红色或红褐色。雄螨大小为 0.6mm×0.32mm。背面有一块盾板,前部较宽,后部较窄,1 对螯肢,细长呈针状,用以穿刺宿主皮肤以吸血。雌螨大小为 (0.72~0.75) mm×0.4mm,吸饱血后直径可达 1.5mm。足长,有吸盘。雌虫肛板小,与腹板分离,而雄虫肛板较大,与腹板相接(彩图 3-8-43)。

(2) 林禽刺螨　虫体卵圆形,盾板后端变细呈舌状,有 1 对发达的刚毛。肛板卵圆形,螯肢呈剪状。

(3) 囊禽刺螨　雌螨盾板狭长并逐渐收窄,盾板后端有 2 对发达的刚毛,螯肢呈剪状。

皮刺螨的发育属于不完全变态,发育过程包括卵、幼虫、若虫和成虫 4 个阶段,若虫包括 2 个阶段。雌螨吸血后 12~24h 内在禽窝的缝隙、灰尘碎屑中产卵,每次产十多枚。虫卵发育为成虫大约需 7d。

【流行特点】皮刺螨是鸡、鸽或雀巢窝及其附近缝隙中的主要螨类之一,是鸡、鸽的重要害虫,也侵袭人和其他畜禽。主要是在夜间侵袭吸血,但有时鸡在白天留居鸡舍或母鸡孵卵,也能遭受侵袭。本病呈世界性分布。

【症状与病理变化】皮刺螨寄生于体表吸血,雏鸡和老年鸡最为严重。严重侵袭时,出现日渐衰弱,贫血,产蛋量下降,甚至死亡。

【诊断】根据鸡感染皮刺螨的临床症状进行初步诊断,结合实验室采集虫体样本,置于显微镜下观察,找到虫体即可确诊。

【防治】

(1) 预防　搞好环境卫生,定期清理粪便,集中堆积发酵,清除杂草、污物;避免在潮湿的草地上放养鸡,以防感染;将产蛋箱清洗干净,并用沸水浇烫,阳光暴晒,彻底杀灭虫体。定期采用杀螨药对运动场、鸡舍、栖架、墙壁和缝隙等彻底消毒,用石灰水对房舍进行消毒;鸡出栏后,使用辛硫磷对鸡舍和运动场彻底消毒,进鸡苗前,用溴氰菊酯喷洒。

(2) 治疗　可运用溴氰菊酯杀灭鸡体上的螨。

第十六节 突变膝螨病

突变膝螨病是由疥螨科膝螨属的突变膝螨寄生于鸡体及其他鸟类的胫部和趾部等无羽毛处引起的疾病,病变导致足部似涂上了一层石灰,称为"石灰脚"。本病主要引起病禽消瘦、贫血、产蛋率降低等。

【病原】突变膝螨俗称鳞足螨、鸡腿疥螨,躯体背面无鳞片和棒状刺,仅有皱纹,呈间断状。雄螨大小为 (0.195~0.20) mm×(0.12~0.13) mm,呈卵圆形,足长,各足端均有带柄的吸盘;雌螨大小为 (0.408~0.44) mm×(0.33~0.38) mm,呈近圆形,足短,足端全无吸盘(彩图 3-8-44)。

全部发育过程都在动物体上,为不完全变态发育,包括卵、幼虫、若虫和成虫,雄螨有

1个若虫期，雌螨有2个若虫期。突变膝螨寄生在鸡腿的无毛处及趾部，虫体从胫部的大鳞片上感染，钻入后在坑道中产卵，孵出幼螨蜕化后发育为成螨。

【流行特点】本病的发生概率与严重程度与日龄有关，多发生于较大日龄和将要被淘汰的鸡；主要发生在污秽湿润、密集饲养的禽舍。任何品种和年龄的鸡都可感染，足部无毛者易感。夏季更易感，发病率高。

【症状与病理变化】剧痒，常导致病部的搔伤关节炎，趾骨坏死，甚至死亡。搔伤会造成皮肤发炎，渗出液干后形成灰白色痂皮，呈现"石灰脚"。寄生部位的羽毛变脆，脱落发红，抚摸时有脓包。

【诊断】用小刀蘸上甘油刮去病灶部皮屑，显微镜下观察是否有螨存在。

【防治】

（1）预防　加强饲养管理，首先注意鸡场的环境卫生，发现病鸡时立即隔离，彻底消毒鸡舍，产蛋箱、栖架及可能存在虫体的地方要喷药杀虫；不引进病鸡。

（2）治疗　治疗鸡膝螨病，可将病鸡的爪浸于温水或肥皂水中，使其痂皮变软，然后刷去痂皮，创面略干后涂上外用杀螨药物。也可用10%硫黄软膏涂擦病部或用500mg/L双甲脒溶液浸浴病部。另外，还可用0.5%氟化钠溶液浸浴病爪，每周1次。

第十七节　新棒恙螨病

新棒恙螨属于恙螨亚目恙螨科新棒恙螨属，又名新勋恙螨、奇棒恙螨。幼虫寄生于鸡及鸟类的翅内侧、胸肌两侧和腿的内侧皮肤。新棒恙螨病呈全国性分布，为鸡的重要外寄生虫之一。

【病原】幼虫较小，不易被发现，饱食后呈橘黄色，大小为0.421mm×0.321mm。分头胸部和腹部，3对足，背面盾板呈梯形，盾板上有5根刚毛，中央有1对感觉毛，其远端部膨大呈球拍形（彩图3-8-45）。

鸡新棒恙螨的发育为不完全变态，包括卵、幼虫、若虫和成虫4个阶段，仅幼虫营寄生生活。成虫多生活于潮湿的草地上，以植物汁液为食。雌螨受精后产卵，约需2周孵化出幼虫，幼虫遇到鸡或其他鸟类时，便爬至其体上，刺吸体液和血液。幼虫吸血饱食落地数天后发育为若虫，之后发育为成虫，从卵发育到成虫，需1~3个月。

【流行特点】鸡新棒恙螨主要的传播方式是接触传播（包括直接接触和间接接触）。携带虫体（或卵）的鸡或野鸟是鸡新棒恙螨重要的传染源。此外，也可通过工作人员的衣物（如衣服、鞋子）、鸡舍用具（如扫帚、产蛋箱、运雏箱）、羽毛在鸡场内迅速传播。鸡新棒恙螨的流行主要受栖息环境的影响，多见于温暖潮湿的地区，如我国的南方。本病多见于散养鸡，雏禽比较敏感，火鸡比鸡敏感；在温带地区多见于夏季末，在热带地区全年均可发生。

【症状与病理变化】在鸡及其他鸟类翅内侧、胸两侧和腿内侧体表，可发现大量幼虫，病部奇痒，出现痘疹状病灶，为周围隆起、中间凹陷的痘脐形病灶，中央有1个小红点，即幼虫。病鸡病情严重时消瘦、贫血和不食，甚至死亡。

【诊断】在鸡体表或鸡舍等处发现虫体即可确诊。

【防治】治疗参阅禽皮刺螨病，也可在鸡体病部涂抹70%乙醇、碘酊或5%硫黄软膏。避免在潮湿的草地上放养鸡，以防感染。

第十八节 禽虱病

禽虱病是由长角羽虱科的羽虱、短角羽虱科的羽虱寄生在家禽体表的不同部位而引起的外寄生虫病。

【病原】羽虱寄生在禽类羽毛上，终生营寄生生活，以啃食羽毛及皮屑为生。体长0.5~1.0mm，身体扁平，无翅。头部钝圆，宽度大于胸部。咀嚼式口器。头部侧面有触角1对，由3~5节组成。胸部分前胸、中胸和后胸。中、后胸呈现不同程度的愈合，每个胸节上有1对足，足粗短，爪不发达。腹部由11节构成，最后数节常变成生殖器。

【流行特点】羽虱具有宿主特异性，而一种动物又可寄生多种，每种又有其特定的寄生部位。例如，鸡圆羽虱寄生于鸡背部、臀部的绒毛上，鸡翅长羽虱寄生于翅部下面，广幅长羽虱寄生于头部和颈部（彩图3-8-46）。

【症状与病理变化】寄生时不吸血，但可引起禽痒感，精神不安，常啄食寄生处，引起羽毛脱落，食欲减退，生产力降低。

【诊断】在禽类不同部位的羽毛处发现虱或虱卵即可确诊。

【防治】主要是灭虱，常用的药物有5%甲萘威及其他除虫菊酯类药物。治疗禽虱病还可用上述杀虫药直接喷于体表。更新鸡群时，应对整个禽舍和饲养用具进行灭虱；对饲养期较长的鸡，可在饲养场内设置沙浴箱，箱中放置10%硫黄粉或4%马拉硫磷粉。保持禽舍清洁、通风，管理用具要定期消毒。

第九章 犬、猫的寄生虫病

第一节 犬巴贝斯虫病

犬巴贝斯虫病是由巴贝斯科巴贝斯属的吉氏巴贝斯虫、犬巴贝斯虫和韦氏巴贝斯虫寄生于犬红细胞内引起的以高热、贫血、黄疸和血红蛋白尿为主要临床症状的一种血液原虫病。

【病原】我国主要有吉氏巴贝斯虫和犬巴贝斯虫2种，其中吉氏巴贝斯虫是我国的主要虫种。吉氏巴贝斯虫虫体很小，多位于红细胞的边缘或偏中央，多呈环形、椭圆形、圆点形、小杆形，偶尔也可见到成对的小梨籽形虫体，其他形状的虫体较少见。梨籽形虫体的长度为1~2.5μm。圆点形虫体为一团染色质，吉姆萨染色呈深紫色，多见于感染初期。环形的虫体为浅蓝色的细胞质包围一个空泡，有一团或两团染色质。小杆形虫体的染色质位于两端，染色较深。在一个红细胞内可寄生1~13个虫体，以1~2个的为多（彩图3-9-1）。

犬巴贝斯虫为大型虫体，典型虫体呈梨籽形，一端尖，一端钝，长4~5μm，梨籽形虫体之间可以形成一定的角度。此外，还有似变形虫、环形等其他多种形状的虫体。一个红细胞内可以感染多个虫体，多的可以达到16个。

【流行特点】虫体发育需要蜱作为传播媒介。吉氏巴贝斯虫的传播媒介为长角血蜱、镰形扇头蜱和血红扇头蜱，以经卵传播或期间传播方式传播。发育过程与马巴贝斯虫相似。

蜱既是巴贝斯虫的终末宿主，也是传播媒介，因此，本病的分布和发病季节往往与蜱的分布和活动季节有着密切的关系。一般而言，蜱多在春季开始出现，冬季消失。

原来认为犬巴贝斯虫病主要发生在热带地区，然而，随着犬的流动及温带地区蜱的存在，亚热带地区发生的病例越来越多。目前，本病已蔓延到全球。另外，已从狐、狼等多种动物体内分离到犬巴贝斯虫，说明这些动物在犬巴贝斯虫病的流行中具有重要意义。本病在我国江苏、河南和湖北的部分地区呈地方流行性，对犬，特别是军犬、警犬危害严重。

与其他动物的巴贝斯虫病不同，幼犬和成年犬对巴贝斯虫病一样敏感。

【症状与病理变化】巴贝斯虫在红细胞内繁殖，破坏红细胞，导致溶血性贫血，并引起黄疸。虫体本身具有酶的作用，使动物血液中出现大量的扩血管活性物质，如激肽释放酶、血管活性肽等，引起低血压休克综合征。虫体可以激活动物的凝血系统，导致血管扩张、瘀血，从而引起系统组织器官缺氧，损伤器官。

本病多呈慢性经过。病初犬精神沉郁，喜卧，四肢无力，身躯摇摆，发热，呈不规则间歇热，体温为40~41℃，食欲减退或废绝，营养不良，明显消瘦。结膜苍白，黄染，常见有化脓性结膜炎。从口、鼻流出具有不良气味的液体。尿呈黄色至暗褐色，少数有血红蛋白尿。粪往往混有血液。部分病犬呕吐。

【诊断】根据症状、当地以往流行情况和血涂片染色中发现虫体即可确诊。

【防治】

(1) 预防　要做好灭蜱工作，在蜱出没的季节消灭犬体、犬舍及运动场等处的蜱。另外，在引进犬时，要在非流行季节引进，尽可能从非流行地区引进。

(2) 治疗　可以采用硫酸喹啉脲、三氮脒、咪多卡等药物进行治疗。

第二节　犬、猫球虫病

犬、猫球虫病是由艾美耳科等孢属的球虫引起的，寄生于犬、猫的小肠和大肠黏膜上皮细胞内，造成出血性肠炎。

【病原】

(1) 犬等孢球虫　寄生于犬的小肠和大肠，具有轻度至中度致病力。卵囊呈椭圆形至卵圆形，大小为(32~42)μm×(27~33)μm，囊壁光滑，无卵膜孔。卵囊孢子化时间为4d（彩图3-9-2）。

(2) 俄亥俄等孢球虫　寄生于犬的小肠，通常无致病性。卵囊呈椭圆形至卵圆形，大小为(20~27)μm×(15~24)μm，囊壁光滑，无卵膜孔（彩图3-9-2）。

(3) 猫等孢球虫　寄生于猫的小肠，有时盲肠，主要在回肠的绒毛上皮细胞内，具有轻微的致病力。卵囊呈卵圆形，大小为(38~51)μm×(27~39)μm，囊壁光滑，无卵膜孔。卵囊孢子化时间为72h，潜隐期为7~8d。

(4) 芮氏等孢球虫　寄生于猫的小肠和大肠，具有轻微的致病力。卵囊呈椭圆形至卵圆形，大小为(21~28)μm×(18~23)μm，囊壁光滑，无卵膜孔。卵囊孢子化时间为4d，潜隐期为6d。有典型的球虫生活史。

【流行特点】各品种的犬、猫对等孢球虫都易感，但成年动物多为带虫者，是主要的传染源。犬、猫球虫病主要发生在幼龄动物。本病的主要感染途径是经口摄入被孢子化卵囊污染的食物和饮水感染，幼犬、幼猫主要是在哺乳时食入母体乳房上的孢子化卵囊而感染。

【症状与病理变化】严重感染时，幼犬和幼猫在感染后3~6d，出现水样腹泻或排出泥状粪便，有时排带黏液的血便。病者轻度发热，精神沉郁，食欲减退，消化不良，消瘦，贫血。感染3周后，临床症状逐渐消失，大多数可自然康复。

等孢球虫的致病作用主要表现为虫体在肠道繁殖时对肠上皮细胞的破坏，肠道出血，整个小肠出现卡他性肠炎或出血性肠炎，但多见于回肠段，尤以回肠下段最为严重，肠黏膜肥厚，黏膜上皮脱落。

【诊断】根据临床症状（主要是腹泻）、流行病学资料和实验室诊断在粪便中发现大量卵囊，即可确诊。粪便检测可采用直接涂片法和饱和盐水漂浮法。

【防治】

（1）预防　保持犬、猫舍清洁、干燥，搞好犬、猫的环境卫生，可有效减少球虫感染。药物预防可让母犬产前饮用900mg/L的氨丙啉溶液作为其唯一的饮水，在母犬生产前10d内饮用。

（2）治疗　可采用磺胺间甲氧嘧啶、氨丙啉、磺胺二甲嘧啶+甲氧苄啶进行治疗。临床上对脱水严重的犬、猫要及时补液，对贫血严重的病例也要进行输血治疗。

第三节　并殖吸虫病

并殖吸虫病（又称肺吸虫病）是由并殖科吸虫寄生于人和动物的肺组织内所引起的吸虫病，是一种重要的人兽共患寄生虫病。目前全世界报道的并殖吸虫已达50多种，我国报道的有28种，其中有些是同物异名或异物同名。国内分布最广、危害最大的是卫氏并殖吸虫，其次是斯氏狸殖吸虫。卫氏并殖吸虫寄生于人、犬、猫、猪和多种野生动物的肺组织内，是人并殖吸虫病的主要病原，主要危害犬、猫，分布于我国24个省、自治区、直辖市。

【病原】卫氏并殖吸虫成虫虫体肥厚，背面稍隆起，腹面扁平。活虫体呈深红色，形态因伸缩变化颇大，固定后呈椭圆形。虫体大小为（7.5~16.0）mm×（4.0~8.0）mm，厚3.5~5.0mm。体表被有小棘，以单生棘为主。口、腹吸盘大小相近，腹吸盘位于体中横线稍前。咽小，食道短，两肠支呈波浪状弯曲并伸至体后端，睾丸分4~6支，犹如掌状，无次级分支，左右并列于虫体后1/3处。无阴茎囊和阴茎。贮精囊弯曲，后接射精管。生殖孔位于腹吸盘之后。卵巢与子宫并列于腹吸盘之后、睾丸之前。卵巢位于腹吸盘左后方，分5~6叶，形如指状，每叶可再分叶。有受精囊和劳氏管。卵黄腺特别发达，分布于虫体两侧，起于口吸盘，后达体末端。子宫盘曲于腹吸盘右后方，前可达腹吸盘前缘水平，后可达睾丸后缘水平（彩图3-9-3）。

虫卵呈金黄色，椭圆形，不太对称，卵盖大，常略有倾斜，大小为（75~118）μm×（48~67）μm，卵内含1个胚细胞和十余个卵黄细胞。

【流行特点】卫氏并殖吸虫的发育需要两个中间宿主，第一中间宿主为淡水螺类，第二中间宿主是甲壳类的淡水蟹和蝲蛄。成虫寄生于终末宿主（人和犬、猫等动物）肺组织的虫囊内，产出的虫卵经虫囊与细支气管的通道进入支气管、气管，或随痰液排出，或痰液吞咽后随粪便排至外界。犬、猫、人及其他终末宿主食入含有活囊蚴的淡水蟹、蝲蛄后，囊蚴进入终末宿主的消化道，在消化液作用下，囊蚴脱囊而出，穿过肠壁进入腹腔。多数童虫侵入腹壁，经5~7d的发育后，又回至腹腔，在脏器间移行窜扰后穿过膈肌进入胸腔，停留相当时间后，钻入肺部，移行至支气管附近。在虫体的刺激下，引起宿主的组织反应，在虫体外围形成纤维组织的虫囊。虫囊内通常有 2 个虫体，偶尔也可以只有 1 个或多至 5~6 个。由于虫囊破裂或细支气管被破坏，虫卵经气管排至外界。自毛蚴侵入螺体，约经 3 个月开始从螺体逸出尾蚴。自囊蚴进入终末宿主至成熟产卵需 2~3 个月。成虫在终末宿主体内一般可活 5~6 年，长者可达 20 年。

由于童虫有到处窜扰的习性，因此除在肺部寄生外，还常侵入肌肉、脑及脊髓等处，有些童虫可终生穿行于组织间直至死亡。在生活史中，有时尚有贮藏宿主的参加，现已证实野猪、兔、鼠、蛙、鸡、鸟类等多种动物可作为贮藏宿主，作为终末宿主的肉食类动物，常因捕食这些体内含有童虫的贮藏宿主而受到感染。本虫的终末宿主种类多，除人和犬、猫、猪等外，许多野生动物如狐、狼、貉、猞猁、虎、豹、狮、豹猫、大灵猫和果子狸等都可感染。

我国已发现的第一中间宿主多达 20 余种，隶属于黑贝科和蜷科。第二中间宿主主要是淡水蟹，其次是蝲蛄，分布于东北。淡水虾也可作为中间宿主。第一、第二中间宿主均分布于山间小溪中，野生动物宿主常在这些溪边饮水、猎取食物，排出的粪便污染水域。这些动物又常在水中捞食淡水蟹、蝲蛄，又造成了这些动物的感染。这就形成了本病在这些动物之间的长期流行，因此本病具有自然疫源性。贮藏宿主的种类多、数量大、分布广，也是造成肉食类动物感染的重要因素。猫、犬、猪和人多因食用生的或半生的淡水蟹、蝲蛄而感染。在流行地区，生饮溪水也可引起感染，因为囊蚴可因淡水蟹、蝲蛄的死亡破裂而进入水中。

【症状与病理变化】卫氏并殖吸虫的致病作用主要在于童虫、成虫在组织器官的移行、窜扰、定居所造成的组织器官损伤、出血和发炎，虫体的代谢产物等抗原物质所引起的免疫病理反应。患病的猫、犬主要表现咳嗽，并可伴有咳血、气喘、发热、腹痛、腹泻、黑便等。该虫寄生于脑部及脊髓时可引起抽搐、截瘫等神经症状。

【诊断】生前根据临床症状，结合曾用淡水蟹或蝲蛄饲喂犬、猫的病史，做出初步诊断。再检查病犬、病猫的痰液、粪便，查出虫卵而确诊。此外，尚可用 X 线检查和 ELISA 等血清学方法作为辅助诊断。

死后剖检，在肺部发现虫囊，囊内有虫体，或在其他组织器官发现童虫而确诊。

【防治】

（1）预防　在流行地区，防止犬、猫和人生食或食用未熟的淡水蟹、蝲蛄是预防本病的关键。

（2）治疗　可采用吡喹酮、硫双二氯酚或阿苯达唑进行治疗。

第四节　犬复孔绦虫病

犬复孔绦虫病是由囊宫科的犬复孔绦虫寄生于犬、猫的小肠中而引起的一种常见绦虫病。

【病原】犬复孔绦虫新鲜时为浅红色，固定后为乳白色，最长可达 50cm，约由 200 个节片组成，节片宽约 3mm。每个成节内含 2 套生殖器官，睾丸 100~200 个，位于纵排泄管的内侧，两个生殖孔开口于节片两侧的中央稍后。成节与孕节均长大于宽，形似黄瓜子，所以又称瓜子绦虫。孕卵节片内的子宫初为网状，后分化为许多卵袋。每个卵袋内约含 20 个虫卵。虫卵呈球形，直径为 35~50μm，内、外壳均薄，内含六钩蚴（彩图 3-9-4）。

【流行特点】犬复孔绦虫的中间宿主主要是蚤类，如犬栉首蚤、猫栉首蚤，其次是食毛目的犬毛虱。成虫的孕卵节片随犬粪排出体外或主动爬出犬肛门外。虫卵污染外界环境，蚤类幼虫吞食虫卵后，六钩蚴在其血腔内约经 18d 发育为似囊尾蚴，随幼蚤发育为成蚤而寄生于成蚤体内。犬、猫等动物因舔被毛时吞入含有似囊尾蚴的跳蚤而被感染。似囊尾蚴在终末宿主小肠内约经 3 周发育为成虫。

本病广泛分布于世界各地，在我国各地均有流行，感染无明显的季节性。犬和猫的感染率较高，狐和狼等野生动物也可感染。

【症状与病理变化】虫体少量寄生时致病作用轻微；大量寄生时，以其小钩和吸盘损伤宿主的肠黏膜，常引起炎症。虫体吸取营养，给宿主生长发育造成障碍；虫体分泌的毒素引起宿主中毒；虫体聚集成团，可堵塞小肠腔，导致腹痛、肠扭转甚至肠破裂。

犬、猫轻度感染时一般无症状。幼犬严重感染时，可引起食欲减退、消化不良、腹痛、腹泻或便秘、肛门瘙痒等症状。剖检可在小肠内发现虫体。

【诊断】诊断时，检查犬、猫肛门周围被毛上是否有犬复孔绦虫孕节；检查粪便中的孕节、虫卵和卵袋。若节片为新排出的，可用放大镜观察进行初步诊断。若节片已干缩，可用解剖针挑碎，在显微镜下观察其卵袋，检查到卵袋即可确诊。

【防治】

（1）预防　对犬、猫要进行定期驱虫，驱虫以后的粪便要及时清除，堆积发酵，防止虫卵污染环境。可用蝇毒灵、溴氰菊酯等药物定期杀灭犬、猫体表的虱和蚤类，以切断本病流行环节。猫、犬舍也要定期进行消毒和灭虫。要大力开展宣传教育工作，不要抚摸流浪犬、猫，以防感染。

（2）治疗　可选用吡喹酮或阿苯达唑进行治疗。

第五节　孟氏迭宫绦虫病

孟氏迭宫绦虫又名孟氏裂头绦虫，属双叶槽科迭宫属，寄生于犬、猫和一些食肉动物包括虎、狼、豹、狐、貉、狮、浣熊的小肠中，人偶能感染。孟氏迭宫绦虫的裂头蚴又名孟氏裂头蚴，寄生于蛙、蛇、鸟类和一些哺乳动物包括人的肌肉、皮下组织、胸腔和腹腔等处。

【病原】孟氏迭宫绦虫一般长 40~60cm，最长可达 1m，虫体宽 0.5~0.6cm。头节细小，呈指状，其背腹各有一纵行的吸槽。颈部细长，链体有节片约 1000 个，节片一般宽度均大于长度，但远端的节片长宽几近相等。成节和孕节均具有发育成熟的雌、雄生殖器官一套，结构基本相似。肉眼即可见到节片中部突起的子宫，在孕节中更为明显。睾丸呈小泡状，有数百个，散布在节片中部，由睾丸发出的输出管在节片中央汇合成输精管，然后弯曲向前并膨大成贮精囊和雄茎，再通入节片前部中央腹面的圆形雄性生殖孔。卵巢分两叶，位于节片后部，自卵巢中央伸出短的输卵管，其末端膨大为卵模后连接子宫。卵膜外有梅氏腺包绕。阴道为纵行的小管，其月牙形的外口位于雄性生殖孔之后。卵黄腺散布在实质的表层。子宫位于节片中部，螺旋状盘曲，紧密重叠，基部宽大而顶端窄小，略呈发髻状，子宫孔开口于阴道口之后。虫卵呈浅灰褐色，椭圆形，两端稍尖，长 52~76μm、宽 31~44μm，卵壳较薄，一端有卵盖，内有 1 个卵细胞和若干个卵黄细胞（彩图 3-9-5）。

孟氏裂头蚴呈长带形，乳白色，大小约为 300mm×0.7mm，头部膨大，末端钝圆，体前端无吸槽，中央有一明显凹陷，是与成虫相似的头节。体不分节但具有横皱褶。虫体活动时伸缩和移动能力很强。

【流行特点】孟氏迭宫绦虫的生活史比较复杂，需要3个宿主才能完成。成虫寄生在终末宿主的小肠内。孕节的虫卵从子宫孔产出，随终末宿主的粪便排至体外，在适宜温度的水中，经3~5周发育为钩球蚴，钩球蚴呈椭圆形或圆形，周身被有纤毛，直径为80~90μm。在第一中间宿主剑水蚤体内发育为原尾蚴。一个剑水蚤血腔里的原尾蚴数可达20~25条。原尾蚴呈椭圆形，前端略凹，后端有小尾球，内含6个小钩。含原尾蚴的剑水蚤被第二中间宿主蝌蚪吞食后，在其体内发育成具有雏形的裂头蚴或称实尾蚴，当蝌蚪发育为成蛙时，幼虫迁移至蛙的肌肉内，以大腿、小腿肌肉处最多。如果蛙被蛇、鸟类或其他哺乳动物吞食，则不能发育为成虫，仍停留在裂头蚴阶段，这些动物为贮藏宿主。当犬和猫等终末宿主吞食了含有裂头蚴的蛙等第二中间宿主或贮藏宿主后，裂头蚴便在其小肠内发育为成虫，约需3周。成虫在猫体内寿命约为3.5年。

本病呈世界性分布，欧洲、美洲、非洲及大洋洲均有报道，但多见于东南亚地区，我国的许多地区均有记载，尤其多见于南方各省。裂头蚴宿主范围广泛，包括两栖类、爬行类、鸟类和哺乳类。其活力强，具有再生能力，如被剪断，头部还能再生。寿命长，具有广泛的传染源。人体感染裂头蚴是由于偶然误食了含有原尾蚴的水蚤，或以新鲜蛙肉敷治疮疖与眼病时，蛙肉内的裂头蚴移行至人体内引起。猪感染裂头蚴可能是由于吞食蛙及蛇肉引起的。猪体内的裂头蚴一般长数厘米到20cm，多在腹腔网膜、肠系膜、脂肪及肌肉中寄生，有时数量很多，可达数十条。

【症状与病理变化】人感染孟氏迭宫绦虫时有腹痛、恶心、呕吐等轻微症状。动物表现不定期的腹泻、便秘、流涎，皮毛无光泽，消瘦及生长发育受阻等。

裂头蚴对人和动物的危害较成虫严重，危害程度主要取决于幼虫移行和定居部位。常见寄生于人体的部位依次是：眼睑部、四肢、躯体、皮下、口腔颌面部和内脏。被侵袭部位可形成嗜酸性肉芽肿包囊，致使局部肿胀，甚至发生脓肿。包囊直径为1~6cm，具有囊腔，腔内盘曲的裂头蚴有一至十余条。裂头蚴对猪的致病作用及引起的症状均不明显，多数是在屠宰后被发现，但严重感染时，在寄生部位可见发炎、水肿、化脓、坏死与中毒反应等。

【诊断】粪便检查查获虫卵可对成虫感染做出诊断，裂头蚴的诊断需要从寄生部位检出虫体。采用计算机断层扫描（CT）等放射影像技术有助于诊断，也可用裂头蚴抗原进行各种免疫学辅助诊断，如间接免疫荧光抗体试验和皮内试验。

【防治】
（1）预防　首先是宣传教育，提高对本病危害性的认识和增加防病知识，禁止用生蛙肉、蛇肉、蛇皮等贴敷皮肤、伤口，不生食或半生食蛙、蛇、禽、猪等动物的肉，不生吞蛇胆，不饮用生水等。加强肉类卫生检验工作，进行无害化处理。猪肉在 -20~ -18℃条件下冷冻20h以上，可杀死裂头蚴，也可充分煮熟，制止传播。

（2）治疗　在流行区，对犬和猫可用吡喹酮、阿苯达唑等药进行定期驱虫，防止散布病原，以减少猪体的感染。人感染裂头蚴可用外科手术方法摘除，术中注意务必须将虫体尤其是头部取尽，方能根治，也可用40%乙醇和2%普鲁卡因 2~4mL 局部封闭杀虫。

第六节　犬、猫蛔虫病

犬、猫蛔虫病是由弓首科的犬弓首蛔虫、猫弓首蛔虫及狮弓蛔虫寄生于犬、猫的小肠所引起的寄生虫病。

【病原】

（1）犬弓首蛔虫　头部有3片唇，虫体前端两侧有向后延展的颈翼膜。食道与肠管连接部有小胃。雄虫长5~11cm，尾部弯曲，有1个小锥突，有尾翼。雌虫长9~18cm，尾部直，阴门开口于虫体前半部。虫卵呈亚球形，卵壳厚，表面有许多点状凹陷（彩图3-9-6）。

（2）猫弓首蛔虫　外形与犬弓首蛔虫近似，颈翼前窄后宽，虫体前部如箭镞状。雄虫长3~6cm，尾部有指状突起。雌虫长4~10cm。虫卵表面有点状凹陷，与犬弓首蛔虫卵相似（彩图3-9-6）。

（3）狮弓蛔虫　头部向背侧弯曲，颈翼中间宽、两端窄，头部呈矛尖形。无小胃。雄虫长3~7cm。雌虫长3~10cm，阴门开口于虫体前1/3与中1/3交接处。虫卵偏卵圆形，表面光滑（彩图3-9-6）。

【流行特点】犬弓首蛔虫和猫弓首蛔虫发育过程类似于猪蛔虫，需在宿主体内经复杂移行过程，发育需4~5周。年龄较大的犬感染犬弓首蛔虫后，幼虫可随血流到达体内各器官组织中，形成包囊，但不进一步发育，如果被其他肉食动物摄食，包囊中幼虫可发育为成虫。此外，母犬妊娠后，幼虫还可经胎盘感染胎儿或产后经母乳感染幼犬。狮弓蛔虫发育史简单，在体内不经复杂移行，幼虫孵出后进入肠壁发育，然后返回肠腔发育成熟。

感染性虫卵可被贮藏宿主摄入，在贮藏宿主体内形成含有第三期幼虫的包囊，犬、猫捕食贮藏宿主后发生感染。犬弓首蛔虫的贮藏宿主为啮齿类动物；猫弓首蛔虫的贮藏宿主多为蚯蚓、蟑螂、一些鸟类和啮齿类动物；狮弓蛔虫的贮藏宿主多为啮齿类动物、食虫目动物和小的肉食动物。

犬蛔虫病主要发生于6月龄以下的幼犬，感染率为5%~80%。发病的主要原因是：首先，虫体繁殖力强，每条雌虫每天可随每克粪便排出约700个虫卵；其次，虫卵对外界环境的抵抗力非常强，可在土壤中存活数年；最后，妊娠母犬的组织中隐匿着一些幼虫包囊，可抵抗药物的作用，而成为幼犬感染的一个重要来源。

犬弓首蛔虫在兽医学及公共卫生学上都很重要，它不仅可造成幼犬生长缓慢、发育不良，严重感染时可引起幼犬死亡；而且它的幼虫也可感染人，引起人体内脏幼虫移行症及眼部幼虫移行症。

【症状与病理变化】幼虫在宿主体内移行时可引起腹膜炎、败血症、肝脏的损害和蠕虫性肺炎，严重者可见咳嗽、呼吸加快和泡沫状鼻漏，重度病例可在出生后数天内死亡。成虫寄生可引起胃肠功能紊乱、生长缓慢、呕吐、腹泻、贫血、神经症状等，有时可在呕吐物和粪便中见到完整虫体。大量感染时可引起肠阻塞，进而引起肠破裂、腹膜炎。成虫异常移行而致胆管阻塞，引起胆囊炎等。本病常导致幼犬和幼猫发育不良、生长缓慢，严重时可引起死亡。

【诊断】结合犬舍或猫舍的饲养管理状况，根据临床症状和病原检查做出综合诊断。可观察粪便或呕吐物中有无排出的虫体；用直接涂片法或饱和盐水漂浮法检查粪便中的虫卵；2周龄幼犬出现肺炎症状，可考虑为幼虫移行期临床表现。

【防治】

（1）预防　因地面上的虫卵和母犬体内的幼虫是主要传染源，因此，预防需做到环境、食具、食物的清洁卫生，及时清除粪便，并进行生物热处理。对犬、猫进行定期驱虫：母犬在妊娠后40d至产后14d驱虫，以减少围产期感染；幼犬应在2周龄时进行首次驱虫，2月龄时进一步给药以驱除出生后感染的虫体；哺乳期母犬应与幼犬一起驱虫。防止犬、猫摄食贮藏宿主。

（2）治疗　可选用芬苯达唑、甲苯咪唑、伊维菌素、噻嘧啶等药物进行治疗。

第七节 犬、猫钩虫病

犬、猫钩虫病是由钩口科的钩口属、板口属和弯口属线虫寄生于犬、猫小肠内而引起的一种线虫病。

【病原】主要病原种类有犬钩口线虫、巴西钩口线虫、美洲板口线虫和狭首弯口线虫。成虫具有大的向背侧弯曲的口囊，口边缘具有齿或切板（彩图3-9-7）。钩口属线虫口缘腹侧具有齿状切割器；板口属线虫和弯口属线虫口缘腹侧则具有板状切割器，板口属线虫口囊内有2对口针，弯口属线虫口囊中有1对口针。钩口线虫长5~16mm，雄虫交合伞发达，交合刺2根，等长。雌虫阴门开口于虫体后1/3前部，尾部尖锐呈细刺状。虫卵呈钝椭圆形，无色，内含数个卵细胞。

【流行特点】钩虫的发育不需要中间宿主，属直接发育型。

钩虫的感染途径有3种：一是经皮肤感染，即幼虫进入血液，经心脏、肺、呼吸道、喉头、咽部、食道和胃进入小肠内寄生，此途径较为常见；二是经口感染，犬、猫食入感染性幼虫后，幼虫侵入食道等处黏膜而进入血液循环（哺乳幼犬的一个重要感染方式是吮乳感染，源于隐匿在母犬组织内的虫体）；三是经胎盘感染，幼虫移行经血液循环进入胎盘，从而使胎犬感染，此途径少见。弯口属线虫以经口感染为主，幼虫移行一般不经肺。潮湿、阴暗的犬、猫舍有利于本病的流行。

本病呈世界性流行，一般主要危害1岁以内的幼犬和幼猫，成年动物多由于免疫而不发病。

【症状与病理变化】幼虫钻入宿主皮肤时可引起瘙痒、皮炎，也可继发细菌感染，病变常发生在趾间和腹下被毛较少处。幼虫移行阶段一般不出现临床症状，有时大量幼虫移行至肺可引起肺炎。成虫寄生时吸附在小肠黏膜上，不停地吸血，并不断变换吸血部位；同时，犬不停地从肛门排出血便，而且虫体分泌抗凝血素，延长凝血时间，由此造成动物大量失血。

急性感染病例主要表现为贫血、倦怠、呼吸困难。哺乳期幼犬更为严重，常伴有血性或黏液性腹泻，粪便呈柏油状。血液检查可见白细胞总数增多、嗜酸性粒细胞比例增大，血红蛋白含量下降，病犬营养不良，严重感染者可引起死亡。

尸体剖检可见黏膜苍白，血液稀薄，小肠黏膜肿胀，黏膜上有出血点，肠内容物混有血液，小肠内可见许多虫体。

【诊断】根据流行病学资料、临床症状和病原学检查进行综合判断。临床症状主要是贫血、排黑色柏油状粪便、肠炎和低蛋白血症等。病原学检查主要是粪便漂浮法检查虫卵、贝尔曼法分离犬、猫栖息地土壤或垫草内的幼虫及剖检发现虫体。

【防治】本病的预防和治疗同犬、猫蛔虫病。

第八节 犬恶丝虫病

犬恶丝虫病是由恶丝虫属的犬恶丝虫寄生于犬的右心室和肺动脉所引起的一种线虫病。

【病原】犬恶丝虫成虫为细长白色，食道长。雄虫长12~16cm，尾部螺旋状蜷曲，有肛前乳突5对、肛后乳突6对；交合刺2根，不等长，左侧的长，末端尖，右侧的短，相当于左侧的1/2，末端钝圆。雌虫长25~30cm，尾部直，阴门开口于食道后端处（彩图3-9-8）。

【流行特点】犬恶丝虫需要蚊等作为中间宿主，包括中华按蚊、白纹伊蚊、淡色库蚊等。除蚊外，微丝蚴也可在猫蚤与犬蚤体内发育。成熟雌虫产生微丝蚴，微丝蚴进入宿主的血液循环系统。蚊等吸血时，微丝蚴进入蚊体内，2周内发育为感染性幼虫，并移行到蚊的口器内。蚊再次吸血时，将虫体带入宿主体内。未成熟虫体在宿主皮下或浆膜下层发育约2个月，然后经2~4个月移行到达右心室，再经2~3个月变为成虫。

成虫主要在肺动脉和右心室寄生，严重感染时，也可发现于右心房、前腔静脉、后腔静脉和肺动脉。雌虫直接产微丝蚴，出现于血液中。微丝蚴在外周血液中出现的最早时间为感染后6~7个月。

除犬、猫外，狐、狼等动物也能感染，人偶被感染。本病在我国分布很广，广东地区犬的感染率可达50%。

【症状与病理变化】由于虫体的刺激作用和对血流的阻碍作用及抗体作用于微丝蚴所形成的免疫复合物的沉积作用，病犬可发生心内膜炎、肺动脉内膜炎、心脏肥大及右心室扩张，严重时因静脉瘀血导致腹水和肝脏肿大，肾脏可以出现肾小球肾炎。

临床症状的严重程度取决于感染的持续时间和感染程度，以及宿主对虫体的反应。犬的主要症状为咳嗽，训练耐力下降，体重减轻。其他症状有心悸，心内有杂音，呼吸困难，体温升高，腹围增大等。后期贫血加重，逐渐消瘦衰弱而死。

在腔静脉综合征中，右心房和腔静脉中的大量虫体可引起犬突然衰竭，发生死亡。在此之前，常有食欲减退和黄疸。

患恶丝虫病的犬常伴有结节性皮肤病，以瘙痒和倾向破溃的多发性结节为特征。皮肤结节中心化脓，在其周围的血管内常见有微丝蚴。

猫最常见的症状为食欲减退、嗜睡、咳嗽、呼吸痛苦和呕吐。其他症状为体重下降和突然死亡。猫少见右心衰竭和腔静脉综合征。

【诊断】根据临床症状，并在外周血液内发现微丝蚴即可确诊。

检查微丝蚴较好的方法是改良的 Knott 氏试验和毛细管离心法。①改良 Knott 氏试验：取全血 1mL 加 2% 甲醛 9mL，混合后 1000~1500r/min 离心 5~8min，弃上清液，取 1 滴沉渣和 1 滴 0.1% 亚甲蓝溶液混合，在显微镜下检查微丝蚴。②毛细管离心法：取抗凝血，吸入特制的毛细管内，用橡皮泥封住下端，离心后在显微镜下红细胞和血浆交界处直接观察微丝蚴，或将毛细管切断，将所要检查的部分血浆置于载片上镜检。微丝蚴长约315μm，宽度大于6μm，前端尖细，后端平直，呈直线形。

感染的犬和猫分别有20%和80%以上呈隐性感染。对于这些动物，可根据症状结合胸部X线检查进行诊断。犬特征性的病理变化有肺动脉扩张，有时弯曲；肺主动脉明显隆起，血管周围实质化；肺尾叶有动脉分布；心扩张。猫最常见的病理变化是肺尾叶动脉扩张。

超声波心动记录仪有助于腔静脉综合征的诊断。成年动物右动脉 M 型超声波图转移到右心室被认为有诊断意义。死后剖检发现成虫也可以确诊。

【防治】

（1）预防　消灭中间宿主是重要的预防措施。也可采用药物进行预防，对流行地区的犬，应定期进行血检，发现微丝蚴要及时治疗。

（2）治疗　治疗成虫可采用硫乙胂胺钠、盐酸二氯苯砷；治疗微丝蚴可采用伊维菌素、锑波芬等药物。

第九节　犬耳痒螨病

犬耳痒螨病是主要由痒螨科耳痒螨属的螨虫寄生于犬的耳内所引起的寄生虫病。耳痒螨引起宿主出现外耳道炎、中耳炎等症状，严重时可波及内耳，甚至引起脑膜炎。

【病原】虫体呈乳白色，椭圆形。雄螨大小为（363~388）μm×（267~279）μm，4对足末端均有短柄的吸盘，柄不分节；第1~3对足较长，足的各肢节有1~2根短纤毛，第4对足不发达，其上有2根刚毛（彩图3-9-9）。雌螨大小为（469~534）μm×（270~347）μm，4对足末端均有足吸盘，足肢节上各有1~2根纤毛，第4对足末端有1根较长刚毛。幼螨大小为（205~253）μm×（124~160）μm，第1、第2对足末端有足吸盘，第3对足末端有2根刚毛，各足肢节上有纤毛。卵呈卵圆形，大小为（190~210）μm×（90~120）μm。

【流行特点】生活史与痒螨相似，全部发育过程包括卵、幼螨、若螨和成螨4个阶段。耳痒螨寄生于皮肤表面，以脱落的上皮细胞和宿主的组织液为食。雌螨一生产卵约100个，条件适宜时，整个发育过程需18~28d，条件不利时可转入5~6个月的休眠期。耳痒螨在6~8℃、相对湿度为85%~100%的条件下可存活2个月以上。

犬耳痒螨病呈世界性分布，多发生于春、秋季。本病通过健康动物与患病动物直接接触或通过被耳痒螨或卵污染的犬舍和猫舍、用具等间接接触感染。本病以犬、猫感染较为普遍，也见于红狐、蓝狐、银狐、貂熊、雪貂等。

【症状与病理变化】患病动物初期表现为局部皮肤发炎、瘙痒，动物不断用爪搔抓耳部或将头在墙壁、栏柱及其他物体上用力摩擦。耳道中可见棕黑色的分泌物及表皮增生症状，耳垢增多，有时继发细菌感染可造成化脓性外耳炎及中耳炎，深部侵害时可引起脑炎，出现神经症状，严重者可导致死亡。

【诊断】根据临床症状可做初步诊断，确诊需要取耳内分泌物，镜检检出耳痒螨。可以用棉签掏取耳内分泌物，置于显微镜下镜检。

【防治】

（1）预防　给犬每月使用塞拉菌素滴剂、莫昔克丁-吡虫啉复方滴剂，可有效预防犬耳痒螨病。

（2）治疗　可以用塞拉菌素滴剂、莫昔克丁-吡虫啉复方滴剂；或者向耳道内滴伊维菌素治疗。

第十节　猫背肛螨病

猫背肛螨病是由疥螨科背肛螨属的螨虫寄生于猫的表皮内引起的一种以剧痒、结痂、脱毛和皮肤增厚为特征的顽固性皮肤病。

【病原】主要包括猫背肛螨和猫背肛螨兔变种。

（1）猫背肛螨　躯体呈圆形，雌、雄虫体长分别为0.17~0.24mm和0.12~0.14mm，其上的指状刺、锥状刺和棘突均细小或较少。肛门位于虫体背面。常寄生于猫的面部、鼻、耳及颈部等处（彩图3-9-10）。

（2）猫背肛螨兔变种　虫体较小，形态与猫背肛螨相似。常寄生于兔的头部、鼻、口及耳，也可蔓延至腿及生殖器。

【流行特点】猫背肛螨寄生在单一宿主的皮肤表层，大约在21d内完成整个生活史，虫卵在产后3~10d孵化，雌螨在角质层隧道中成群产卵，与疥螨不同，一般认为背肛螨属的宿主间感染是通过幼螨或若螨的转移完成的，而不是通过成螨的移动。它可感染任何年龄和性别的猫，也能感染狐、家兔和其他小型家养哺乳动物。猫背肛螨是一种专性寄生虫，离开宿主只能存活几天，猫背肛螨具有高度传染性，易出现局部暴发感染，通过直接或间接接触病媒传播。主要发生于流浪猫。

【症状与病理变化】猫背肛螨以严重瘙痒为特征，最初伴有局部脱毛、红斑、鳞屑和结痂，进而导致苔藓样病变，常见于头部，特别是耳郭和颈部近侧边缘，经常出现表皮脱落，导致继发细菌感染，使得病变更加普遍，像疥螨感染一样扩散全身。

【诊断】一般通过皮肤刮片检查确诊，使用与疥螨相同的检测方法。猫疥螨寄生的位置更浅，数量也更多。猫背肛螨形态上与疥螨相似，但猫背肛螨的背部覆盖有同心圆，而不是疥螨的三角形鳞片状皮棘，两者肛门都位于背侧。

【防治】背肛螨病的防治方法同疥螨病。

第十一节　犬、猫蚤病

犬蚤、猫蚤，即通常所说的跳蚤，属于蚤科栉首蚤属，常见的种有犬栉首蚤和猫栉首蚤，这两种并无严格的宿主特异性，可在犬、猫间相互流行，并可寄生于人体。各种蚤类通过叮咬骚扰犬、猫，引起犬、猫蚤病。

【病原】蚤为小型无翅昆虫，呈棕褐色，虫体左右扁平，体表覆盖有较厚的几丁质。头部呈三角形，口器为刺吸式；侧方有 1 对单眼；触角 3 节，收于触角沟内。胸部小，分 3 节，有 3 对粗大的足，尤其是第 3 对足特别发达，具有很强的跳跃能力。腹部 10 节，有 7 节清晰可见，后 3 节变为外生殖器。

【流行特点】蚤属于完全变态发育的昆虫，发育经过卵、幼虫、蛹、成虫 4 个阶段（彩图 3-9-11）。

除成虫寄生于动物体外，其余 3 个阶段的发育均在夏季于动物活动场所的地面或犬、猫的窝内完成。

【症状与病理变化】蚤在动物体上大量吸血，引起动物痒感、皮肤炎症，影响采食和休息；大量寄生时可致动物贫血、消瘦或死亡。此外，更重要的是蚤能传播一些疾病，特别是宠物的寄生虫，可跳至人体引起瘙痒，传播病原，导致疾病。因此，宠物饲养者应给予一定的重视。

【诊断】蚤为肉眼可见的病原，因此出现症状后，可拨开动物被毛，在毛间和皮肤上见到蚤即可做出诊断。

【防治】在流行地区，应清扫蚤的滋生场所，并喷洒杀虫药剂；在动物体表发现虫体寄生时，可用菊酯类、甲萘威等杀虫药喷洒杀虫；宠物及其居住场所应注意清洁卫生；还可给犬和猫佩戴"杀蚤药物项圈"等。

第十章　兔的寄生虫病

兔球虫病

兔球虫病是家兔最常见且危害严重的一种寄生虫病，断奶至 2 月龄的仔兔最易感，感染率可达 100%，死亡率为 40%~70%，高的可达 80% 以上。耐过的兔生长发育受到严重影响。

【病原】据文献记载，寄生于兔的艾美耳属球虫有18种，国内外公认的有效种为11种（彩图3-10-1）。除斯氏艾美耳球虫和盲肠艾美耳球虫分别寄生于兔的肝、胆管上皮细胞和肠道相关淋巴组织外，其余种类均寄生于肠黏膜上皮细胞内。兔球虫病一般为混合感染。肠艾美耳球虫、黄艾美耳球虫、斯氏艾美耳球虫和大型艾美耳球虫致病性较强。

【流行特点】兔球虫病呈世界性分布，我国各地均有发生，其流行与卫生状况密切相关。发病多在温暖多雨季节，如兔舍内温度经常保持在10℃以上时，则随时可能发生球虫病。各品种家兔对球虫均易感，断奶后至3月龄的仔兔容易感染，其中以断奶后至2月龄的仔兔感染与发病最严重。成年兔多为带虫者，成为重要的传染源。球虫卵囊尤其是孢子化卵囊，对干燥环境和各种消毒剂均有较强的抵抗力。本病感染途径是经口食入含有孢子化卵囊的水与饲料。饲养人员、工具、鼠、苍蝇等也可机械搬运球虫卵囊而传播本病。营养不良、兔舍卫生条件恶劣是促成本病流行的重要因素。

【症状与病理变化】按球虫种类和寄生部位不同将球虫感染分为肠型、肝型及混合型，临床上多为混合型。症状轻者一般不显症状。症状重者则表现为食欲减退或废绝，精神沉郁，动作迟缓，伏卧不动，眼、鼻分泌物增多，眼结膜苍白或黄染，唾液分泌增多，口腔周围被毛潮湿，腹泻或腹泻与便秘交替出现。病兔尿频或常呈排尿姿势，后肢和肛门周围被粪便所污染。腹围增大，肝区触诊疼痛。后期出现神经症状，极度衰竭死亡。即使有耐过兔，预后生长发育不良。

（1）肠型球虫病　病变主要在肠道，肠壁血管充血，十二指肠扩张、肥厚，黏膜发生卡他性炎症，小肠内充满气体和大量黏液，黏膜充血、有出血点。慢性病例的肠黏膜呈浅灰色，上有许多小的白色结节，压片镜检可见大量卵囊，肠黏膜上有时见有小的化脓性、坏死性病灶。

（2）肝型球虫病　急性病例可见肝脏高度肿大，肝脏表面及实质内有白色或浅黄色粟粒至豌豆大的结节性病灶，多沿胆小管分布。取结节性病灶压片镜检，可见到不同发育阶段的球虫虫体。慢性肝球虫病例，胆管周围和小叶间部分结缔组织增生而引起肝细胞萎缩和肝脏体积缩小，胆囊肿大，胆汁浓稠。

【诊断】根据流行病学、临床症状、病理剖检变化及粪便检查发现大量卵囊，或肝脏和肠道病变组织内发现大量不同发育阶段的虫体，即可确诊。

由于兔球虫种类繁多，兔群感染率极高，仅凭检出粪便中存在卵囊不能准确诊断临床病例。因此，应检测病兔新鲜粪便或盲肠内容物中球虫感染强度即每克粪便卵囊数和鉴定出是否有中度致病力以上的球虫种类，结合兔场发病状况进行综合判断。

【防治】兔球虫病控制目前主要依靠使用各种抗球虫药物。鸡用抗球虫药物多可应用于兔，但试验证明氨丙啉、尼卡巴嗪等药物对兔球虫无效。马杜霉素对兔毒性较大，禁用。磺胺氯丙嗪钠、磺胺喹噁啉、磺胺间甲氧嘧啶、磺胺间二甲氧嘧啶、氯苯胍、地克珠利、癸氧喹酯、甲基盐霉素、莫能菌素、盐霉素、托曲珠利等均可应用于兔球虫病的治疗和预防。

对兔球虫病的预防应采取综合措施。保持兔笼、兔舍的干燥、通风，充足的光照与清洁卫生，定期清除兔粪，对笼舍及兔场进行火焰消毒，特别应保持饲料及饮水的清洁卫生。饲喂全价饲料，保证充足的营养供给，以提高兔的抗病力。新引进兔应注意隔离检疫，发现病兔应及时隔离治疗或淘汰处理。仔兔与成年兔应分笼饲养，断奶至2月龄以内的兔的饲料和饮水中应添加抗球虫药物进行本病的预防。杀灭兔场内的鼠类、蝇类及其他昆虫，防止球虫卵囊散播。

第十一章
蚕的寄生虫病

蚕业生产过程的寄生虫病主要包括寄生蝇类引起的蝇蛆病、寄生螨类引起的虱螨病、寄生蜂类引起的寄生蜂病、寄生性线虫引起的线虫病等。在我国，家蚕生产（室内饲养）以蝇蛆病、虱螨病为主，而柞蚕生产（野外放养）以寄生蝇病、寄生蜂病、线虫病为主。

第一节 家蚕的寄生虫病

一、蝇蛆病

蝇蛆病是由家蚕追寄蝇将卵产于蚕体表面，孵化后的幼虫（蛆）钻入蚕体内寄生而引起的非传染性病害，又称多化性蚕蛆蝇病。本病导致家蚕死亡，大多不能上蔟结茧，对生产危害极大，亚洲、欧洲、非洲和大洋洲的主要养蚕国家普遍发生。我国除新疆外的各蚕区均有分布，春蚕期即开始发生，夏、秋蚕期发生最烈，整个养蚕季节均受其威胁。

【病原】家蚕追寄蝇属寄蝇科追寄蝇属，宿主除家蚕外，还寄生野桑蚕、柞蚕、蓖麻蚕、天蚕、豆天蛾、桑尺蠖、松毛虫等。家蚕追寄蝇具有多化性，完全变态，每个世代经成虫（蝇）、卵、幼虫（蛆）、蛹4个阶段。

成虫雄大雌小，雄蝇体长约12mm，雌蝇体长约10mm。成虫由头、胸、腹3部分组成，头呈三角形，附属器有单眼、复眼、触须和口器。口器呈马蹄形，舐吸式，能吸取液态食物。胸部3个环节，腹面有3对足，背面有4条黑色纵带，中胸有膜状翅1对，后胸有1对由后翅退化的平衡棒。

卵呈长椭圆形，乳白色，长0.6~0.7mm、宽0.25~0.30mm。背面隆起，腹面扁平，能牢固吸附于寄主体表。

幼虫呈长圆锥形，浅黄色，老熟时长10~14mm，宽4.0~4.5mm，由头部及12个环节组成，头部尖，有口钩及2对突起感觉器。

蛹为围蛹，呈圆筒形，深褐色，长4~7mm、宽3~4mm。有12个环节，但不明显，可见到口钩及后气门痕迹。

1个世代经过的时间，25℃时需25~30d，20℃以下需35~40d。各阶段的发育时间（温度25℃）：成虫期为6~10d，卵期为1.5~2d，幼虫在5龄蚕体内寄生4~5d，蛹期为10~12d。蛹在土中生存可达数月并能越冬。

【流行特点】本病的发生因气温、环境（蚕区）和蝇口密度而异。一般来说，华东蚕区夏蚕和夏、秋蚕期发生较多，春蚕、晚秋蚕期发生少。我国东北、华北地区，1年发生4~5代，华东地区1年发生6~7代，华南地区1年发生10~14代。在野外有世代重叠现象。

每年春季转暖时，越冬蛹开始羽化，羽化后通常栖息在竹林、蔗地、桑园、花丛、果树及野外树林草丛中，在蚕室附近较集中，以植物的花蜜汁液和叶面露水为食物。雌蝇取食1~2d后发育成熟，开始交配，雌蝇交配后的第2天开始产卵，它循着蚕气味的引诱飞进蚕室，停在蚕体上产卵，产卵期可持续4~6d。每头雌蝇可产下400粒卵，产卵结束后自行死亡。一般每次产卵1粒，产后即飞走。雄蝇交尾后可存活2~5d。初产下的卵以卵胶黏附于蚕体上，6~8h后卵壳变硬。卵1d左右开始孵化，孵化期可持续72~102h。孵化时，卵壳内的幼蛆以口钩在卵的腹面咬破卵壳,再咬破蚕体皮肤,钻入蚕体内,经过3龄而成熟。寄生天数与蚕发育时期有关,如寄生在3~4龄蚕体内发育较慢,寄生时间可长达7~8d;寄生在5龄蚕体内的蛆发育快,每天增长1倍以上。蝇蛆成熟后从病斑附近蜕出,但蚕死亡后蛆体无论成熟与否均离开尸体。蜕出的蛆体有背光性和向地性,入土化蛹。从蜕出至形成围蛹的时间,在夏季需5~6h,春、秋季则需12~24h(彩图3-11-1)。

【症状与病理变化】家蚕3~5龄上簇时期均可被寄生。最明显的症状是在寄生部分形成黑色喇叭状病斑。初期病斑上带有蚕蛆蝇卵壳,当卵壳脱落后,可见1个小孔(蛆的呼吸孔)。幼蛆寄生在家蚕体壁与肌肉层之间,以家蚕的血液和脂肪为食。随着蛆体在蚕体内迅速长大,蚕体肿胀或向一侧弯曲。蛆对蚕体组织的破坏会引起蚕的防御反应,蚕体液中的颗粒细胞及伤口附近的新增生组织将蛆体包围,形成1个喇叭形的鞘套。鞘套随着蛆体的增大而延长、加厚、变形。由于蛆体前部不断活动,鞘套仅包围蛆的后半部,外观即呈病斑。老熟后从病斑附近逆出。蛆蝇寄生的蚕有时体色变成紫色,易误诊为败血症。死后尸体变黑腐烂,发出恶臭。被寄生的5龄蚕,一般都有早熟现象,所以始熟蚕中寄生率较高。5龄后期被寄生的蚕可上簇结茧或化蛹,如果结茧后蛆体始蜕出,则蛹体死亡,成为笼茧、薄皮或蛆孔茧。

【诊断】本病病斑的特征为呈黑褐色喇叭状,周围体壁呈现油迹状半透明,并且随蛆体成长而增大。解剖病斑部位,发现蝇蛆即可确诊。

【防治】
(1)农业防治 蚕室门窗安装防蝇设备。蚕沙远离蚕室,及时堆肥杀蛆(蛹),及时收集蚕室、收茧场所的蛆蛹并杀灭。

(2)化学防治 我国研制的灭蚕蝇是杀蛆保蚕的特效药剂。灭蚕蝇对蝇卵有触杀作用,经口舔食或喷布于蚕体表面均能进入其体内将寄生的蛆蝇杀死。有效剂量为每克蚕体重5.5~23.0μg,该剂量范围对家蚕无不良影响。无论是添食法(与桑叶按一定比例调匀后给桑)还是体喷法(给桑前将稀释液均匀喷布于蚕体上,待蚕体稍干燥后给桑),须按照标准用足剂量。预防时,以4龄第3天及5龄第2、第4、第5、第6天各用1次为宜。如果发现蝇蛆病,第1天连续用药24h,第2~3天各用药1次。长期使用灭蚕蝇的蚕区,可选用其他药剂。

(3)其他防治方法 应用雄性不育释放技术,通过释放不育雄蝇来防治蚕蛆蝇。用化学不育剂1%噻替哌溶液浸蛹,或用0.25%~0.75%噻替哌溶液饲喂蚕蛆蝇,均有良好的不育效果。此外,通过寄生蜂等天敌防治蚕蛆蝇也是值得研究的新途径。但这些方法仍处于试验阶段。

二、蒲螨病

蒲螨病是由螨类寄生在家蚕体表,吸食血液,同时注入毒素而引起蚕中毒致死的一种急性蚕病,也叫虱螨病,俗称蚕壁虱病。危害家蚕的螨类有多种,以蒲螨科的球腹蒲螨最为严重。家蚕蒲螨病可发生于幼虫、蛹、成虫(蛾),分布于中国、日本、欧洲、美洲等地。我国很多蚕区都有发现,危害程度不一,20世纪50年代在山东和四川蚕区曾大量发生。

【病原】球腹蒲螨属蛛形纲蜱螨目蒲螨科,卵胎生,经历卵、幼螨、若螨和成螨4个发育阶段。卵、幼螨和若螨的发育都在母体内完成。母体先产雄螨,后产雌螨,一般雄螨占4%~7%,雌螨占93%~96%。雄螨从母体产出后,群集在母体生殖孔附近,等候雌螨产出后陆续与之交配,交配后的雄螨经1~2d死亡。交配后的雌螨迅速寻找宿主寄生,若找不到宿主经2~3d死亡。雌螨以其针状螯肢刺入宿主体内吸食血液,同时注入毒素,致使寄主中毒昏倒,之后继续吸食血液,直至寄主死亡。雌螨吸食血液后,末体段不断膨大,成为大肚雌螨,不再爬行和取食，黏附于宿主体上，待产完螨后，球形腹部萎缩，由褐色变为黑褐色并死亡。一头大肚雌螨可产螨100~150头。

初产的雌成螨为浅黄色，体柔软透明，纺锤形，长0.16~0.27mm、宽0.06~0.09mm，肉眼不易识别。交配后雌螨寻找宿主吸血，末体段逐渐膨大成圆球形，直径达1~2mm，此时雌螨称大肚雌螨（母螨）。

雄成螨呈椭圆形，长0.14~2.0mm、宽0.08~0.13mm，头部近圆形，螯肢退化（彩图3-11-2）。

球腹蒲螨的世代数，因温度和寄主不同而异。4月中旬~9月底有17~18个世代。一世代所需时间在温度为16~17℃时需17~18d，20~21℃时需14~15d，22~24℃时需10d，26~28℃时需7d。大肚雌螨可越冬。

【流行特点】

（1）传染源　球腹蒲螨的宿主范围广，能寄生于鳞翅目、鞘翅目、膜翅目等多种昆虫的幼虫、蛹及成虫。鳞翅目昆虫中除家蚕外，棉铃虫是它最喜好的宿主。蓖麻蚕、柞蚕、麦蛾、桑螟、水稻二化螟、菜粉蝶、米象和大豆象的幼虫都能被其寄生。这些昆虫都可以作为本病的传染源。

（2）传播途径　在棉蚕混产区危害较大。棉花在蚕室、蚕具堆放，球腹蒲螨随寄主棉铃虫侵入蚕室。在当年或第2年危害家蚕。春、夏、秋蚕期发病较多。

（3）传播特点　球腹蒲螨抵抗力强，在宿主体上经40℃高温24h不死，在零下温度环境中3d都不会死亡。在水中浸泡对大小虱螨无杀灭作用，常用的一般消毒剂也不能将其杀灭。20%福尔马林溶液，11h以上才能杀死球腹蒲螨。阳光直射，对球腹蒲螨生长发育不利，容易死亡，但球腹蒲螨喜光照充足而阳光直射不到的地方。在多湿环境中易遭霉菌寄生而死。

【症状与病理变化】球腹蒲螨能寄生家蚕的幼虫、蛹、成虫，其中以1~2龄蚕、眠蚕和嫩蛹受害较严重。受害蚕食欲减退，行动不活泼，吐液，胸部膨大并左右摆动，排粪困难，有时排念珠状粪，皮肤上常有粗糙的凹凸不平的黑斑。

（1）幼虫期病症　1~2龄蚕受害，病势急骤，立即停止食桑，痉挛，吐液。有的躯体弯曲呈假死状，头部突出，胸部膨大，静伏不动，数小时至十几小时死亡，尸体干涸不腐烂。3龄蚕受害，蚕发育不全，虫体呈灰黄色，有起皱、缩小症状。老龄蚕受害比较少见，发病较慢，多发生起缩、缩小、脱肛等症状，尾部被黑褐色或红褐色黏液污染。病蚕胸、腹皱褶处及腹面常有黑色斑点。眠蚕受害，头胸左右摆动，呈不安状，吐液，尾部常有红褐色黏液污染，蚕体腹面和胸、腹足褶皱处出现明显黑斑，眠蚕常不蜕皮或半蜕皮而死。

（2）蛹期病症　雌螨多寄生在蛹体腹部和节间膜处，肉眼可见黄色珠状的大肚雌螨，蚕蛹呈现较多的黑斑，常不能羽化而死。尸体呈黑褐色，腹面凹陷，干瘪不腐。

（3）蛾期病症　雌螨多寄生在蛾体的环节处，蛾体的腹部弹力减弱。雄蛾受害后狂躁，雌蛾受害后产卵极少，且多为不受精卵和死卵。

蚕被害后死亡的快慢与寄生的球腹蒲螨的数量多少、寄生时间的长短和蚕龄的大小有关。寄生数量越多，寄生时间越长，蚕龄越小，死亡越快。在1头1~2龄蚕体上接上1头当天产出的雄成螨，在蚕身上叮刺2~5min后把球腹蒲螨移开，蚕经过21h即死亡；若不把球腹蒲螨从蚕身上移开，经2h后就有症状出现，7h后蚕即中毒死亡。

【诊断】根据病蚕、蛹、蛾各期典型症状进行鉴别。怀疑本病时，可将蚕连同蚕沙或蚕蛹、蛾等放在深色的光面纸上，轻轻抖动数次，如果有浅黄色针尖大小的螨在爬动，再用小滴清水固定，用放大镜观察，若看到雌成螨，可确诊为本病。如果养蚕人员有痒感，也怀疑有本病感染。

【防治】蒲螨病尚无治疗措施,应以预防为主。通常采用隔离、杀灭和驱赶等综合预防措施。

(1)隔离病原 蚕室、蚕具不要贮藏、堆放棉花、稻谷、麦草、油菜籽等。堆放过棉花的蚕室,春蚕期前严格进行蚕室、蚕具消毒和杀螨工作。用稻草、麦秆等作为养蚕隔离材料时,必须经阳光暴晒后使用。

(2)杀灭病原 养蚕前蚕室内外墙壁缝隙、门窗、屋顶进行擦、刮、塞、堵等打扫清洁,杀死潜藏的雌螨。蚕具浸泡水中2~3d,取出后充分洗刷暴晒,架空在蚕室内。然后,蚕室用复方多聚甲醛粉(蚕用),以常规方法进行熏烟消毒兼杀螨;或用其他药剂,计算实际用药量后进行熏烟灭螨。

(3)驱赶病原 养蚕过程中发现蒲螨病后,可用灭蚕蝇驱螨,1龄蚕用1000倍液,2龄蚕用500倍液,3~5龄蚕用300倍液,喷洒蚕体、蚕座,以驱离球腹蒲螨。也可用防僵粉驱螨。喷药、撒粉后必须立即除沙。

第二节 柞蚕的寄生虫病

一、寄生蝇

柞蚕幼虫在野外柞林中放养,危害柞蚕的寄生蝇种类远多于家蚕。已知有7种寄生蝇可危害柞蚕。柞蚕饰腹寄蝇(彩图3-11-3)在辽宁、吉林、黑龙江等柞蚕产区普遍发生,对春季柞蚕生产危害极大,辽宁蚕区一般被害率为20%~70%。蚕饰腹寄蝇和家蚕追寄蝇分布广泛,在河南、山东、贵州、四川、陕西等蚕区有危害柞蚕的报道。札幌毛瓣寄蝇、坎坦追寄蝇、舞毒蛾克麻蝇、透翅追寄蝇对柞蚕的危害轻微。近几年,河南蚕区的春蚕寄生率达30%,秋蚕的寄生率高达90%。

【病原】柞蚕饰腹寄蝇属寄蝇科饰腹寄蝇属。除柞蚕外,还寄生天幕毛虫、舞毒蛾等。

雄蝇体长11~13mm,翅展21.2~23.7mm,体呈黑色,头部呈半圆形,覆金黄色或灰黄色粉被。唇瓣肥大,下颚须呈黄褐色,向上弯曲呈新月形。有单眼鬃和内顶鬃,间额黑色,侧额覆灰白色粉被,有颚须6~7对。胸部黑色,被浓密黑毛,覆灰色或灰黄色粉被,背面有5条黑色纵条。雌蝇体长9~12mm,体色为灰黑色,全身有浓厚的灰色粉被。头部有外顶鬃,每侧各具2根外侧额鬃。后足胫节前背鬃长短不一,排列较疏松。

卵呈瓜子形,浅灰色,具有多角形花纹,腹面无花纹。

幼虫为黄白色,体长10~14.5mm、体宽4.1~5.8mm。头部有1对尖锐的口钩,第2体节后缘有黄褐色前气门群,由5个小气门组成,第5体节的两侧有1对圆孔,第12体节向内凹陷,有1对后气门。

蛹为围蛹,呈椭圆形,黑褐色,尖端略粗,后端较钝。蛹长9.8~11.5mm,宽4.0~5.3mm。蛹表面平滑,分节不清晰,有灰色或黑色条纹。

【流行特点】寄生蝇的发生是气候、雨水、森林郁闭度、寄主数量等多方面因素共同作用的结果。柞蚕饰腹寄蝇在辽宁1年发生1代。第2年5月中上旬成虫羽化,下旬产卵寄生柞蚕,6月上旬为寄生盛期。蛆在蚕体内寄生22~40d,6月末~7月上旬脱蛆,潜入土中化蛹越冬。

成虫羽化多在白天,羽化期长达24~34d。成虫羽化与土壤湿度关系密切,湿度越低,越冬蛹的羽化率越高,有"旱蛆"之说。5~6月少雨、干旱的年份,寄生蝇发生量大。

羽化后成虫栖息于背风向阳的柞林和其他树林中，早晨和傍晚活动最盛。成虫羽化当天即可交尾，雌、雄蝇均能多次交尾，最多者可达5次。成虫喜在温暖背风向阳的地方活动，夜间、雨天或阴冷的天气则静止于柞林树丛内。

雌蝇交尾后第12天开始产卵，产卵期约为31d，寿命长达46d。产卵前落在有柞蚕的叶面上，慢慢靠近蚕的头部，将卵产在柞蚕幼虫口器前边取食的部位。雌蝇产卵后立即飞走，在2~5min内，伴随柞蚕取食，蝇卵就被蚕食入消化管里。雌蝇每次产卵1~22粒，多在12粒以内，成堆产卵。卵距离柞蚕头部1~40mm，多在11mm以内。1只雌蝇可产卵255粒，能寄生13~57头柞蚕。产卵时间多在6∶00~8∶00和17∶00~19∶00，以17∶00~19∶00为产卵盛期。

小蚕期（1~3龄）感染的，蝇蛆在蚕体内可寄生36~40d；大蚕期（4~5龄）感染的，在蚕体内可寄生20~25d。不论寄生时间长短，一般都在营茧后第6~8天从茧内脱出。1头蚕可脱出1~15头蛆，时间为8~12h。

在辽宁、吉林蚕区，危害柞蚕的寄生蝇主要是柞蚕饰腹寄蝇。在河南蚕区，危害柞蚕的寄生蝇则主要是蚕饰腹寄蝇（发生概率约40%）、坎坦追寄蝇（发生概率约30%）、家蚕追寄蝇（发生概率约20%）和透翅追寄蝇（发生概率接近12%）。

【症状与病理变化】2~5龄柞蚕均能被寄生，4~5龄柞蚕寄生最多。寄生初期，外表看不出症状。第7天，被寄生部位的蓝色斑点变黄，刚毛卷曲，大多数到5龄初期出现斑点变色，刚毛脱落，瘤状突变为黄色秃顶。寄生数量少的，甚至到5龄末期也不表现症状。

【诊断】本病的寄生方式、病理变化、病斑特征与家蚕的蝇蛆病基本一致。解剖病斑部位，发现蝇蛆即可确诊。

【防治】
（1）化学防治　灭蚕蝇（40%乐果乳油）浸蚕杀蛆，用药浓度为0.025%，用药时间为5龄柞蚕第5~8天，浸渍时间为10s。柞蚕与柞树枝一起剪下装筐（但枝叶不宜过多），一起浸药，取出后立即窝茧。浸药要在晴天。20%灭蚕蝇溶液50g可浸蚕4000~5000头。也可用灭蚕蝇喷雾杀蛆，用25%灭蚕蝇溶液300~400倍液，在5龄第4~8天。将药液喷雾在柞叶和柞蚕体上，喷至叶尖滴水为止，保证蚕食喷药叶4d以上。

（2）农业防治　及时摘茧，集中放在硬地面上（防止蝇蛆入土），收集制种室的蛆蛹杀灭，减少越冬基数。二化一放秋柞蚕和放养一化秋柞蚕，可避免柞蚕饰腹寄蝇的危害。

二、线虫病

线虫病是由索科线虫寄生于柞蚕幼虫而引起的一种寄生虫病。本病在辽宁、吉林、河南、贵州等柞蚕区有发生，以辽宁危害最重。由于索科线虫寿命长、繁殖力强、寄主多，发生面积不断扩大，对柞蚕的危害日趋严重，辽宁蚕区的发病率通常为50%~60%，严重的高达90%以上。春、秋蚕都可被寄生，但以秋蚕受害最重。被寄生的柞蚕，均随着线虫的脱出而死亡。

【病原】已知的柞蚕病原线虫有7种，分别为秀丽两索线虫、柞蚕两索线虫、细小六索线虫、粗壮六索线虫、短六索线虫、基氏六索线虫和凤城六索线虫，均属于线虫纲咀刺目索总科索科（彩图3-11-4）。

柞蚕两索线虫的成虫体长且粗，呈圆筒形，角皮厚，有明显的交叉纹。雌成虫体长约486mm，头乳突基部体宽0.07mm；雄成虫体长137mm，体中部宽0.147mm。卵呈椭圆形，略扁，长0.102~0.107mm，宽0.055~0.058mm。幼虫Ⅰ期细长，头钝尾尖，体长2.30~2.44mm；

Ⅱ期有较粗的口刺；Ⅳ期有 1 根较粗的尾端角皮突起，长 0.07mm。

【流行特点】线虫以幼虫寄生柞蚕，春、秋柞蚕均可被害，以秋蚕为重。在辽宁 1 年发生 1 代，以成虫、Ⅰ期或Ⅳ期幼虫、卵在土内越冬。第 2 年 5 月上旬交尾，中旬即开始产卵，产卵期可至 10 月中旬，6 月上旬和 7 月中旬为产卵盛期。

线虫寄生柞蚕与降雨关系密切，生产上有"涝蛟"之说。幼虫潜伏在柞树根部附近，降雨时感染期幼虫沿树干的湿迹逆流而上并分散到各个枝叶，遇到柞蚕便从其腹面和节间膜处钻入。幼虫钻入蚕体内，先游离在血淋巴中，将要蜕皮时固定在气管和脂肪体中，此后不再游动而缠绕着蚕的消化管营寄生生活。

寄生幼虫在柞蚕体内经 15~23d 的成长后，成熟前期幼虫开始从蚕体内口器、腹足基部、节间膜、肛门等部位脱出钻入土壤中，当年或第 2 年经最后一次蜕皮成为成虫。成虫在土壤中交尾产卵，孵化出的幼虫再行侵染柞蚕。

成虫居住在柞树根部长径为 3~5mm 的椭圆形土室中，平均每个土室有 5 只成虫。寿命长达 7 年，在土中生存繁殖，但不能上树寄生柞蚕。1 只柞蚕两索线虫的产卵量达 5800 粒。

传播途径有自体传播、借水流传播、寄主传播和人力传播 4 种。自体传播的距离较近，而水流传播的距离较远。

【症状与病理变化】1~5 龄柞蚕均可被寄生。线虫幼虫寄生在蚕的消化道周围，吸吮体液生活。初期症状不明显，蚕的活动、取食、生长也无异常表现。幼虫被寄生 8d 后，体内线虫增长盘结，病蚕表现出行动迟钝，发育迟缓，体变瘦小，体皮变硬，节间松弛；进而蚕体细长，失去原有色泽，变暗、变浅，取食缓而少，腹足把握力差，约比正常蚕晚 1 个龄期。解剖病蚕可见消化管变细，内容物少且呈黑色，肌肉层薄，脂肪体少，丝腺发育差或完全不发育，体腔大部分被线虫所占，表现严重缺乏营养状态。被寄生 12d 后，线虫在蚕体内充分成长，从蚕的节间膜及腹足基部可透视线虫的存在。线虫从蚕体钻出后蚕随即死亡。个别晚寄生的柞蚕能结薄茧，有些能化蛹并羽化为成虫，但成虫瘦弱，产卵量极少。

【诊断】典型的症状为线虫寄生柞蚕 12d 后，从蚕的节间膜及腹足基部可观察到线虫的存在。

【防治】

（1）农业防治　防止有线虫分布柞蚕场的柞蚕移入没有线虫的柞蚕场。也可在撒蚕前于距离地面 15cm 处的树干上涂抹 10cm 宽的葱油原液环带，以切断线虫上树的途径，防治效果可达 90%。清理柞蚕场杂草，也能防止线虫借助杂草上树。

（2）其他防治方法　还可以直接剔除感染线虫的柞蚕。

第十二章
蜂的寄生虫病

第一节　孢子虫病

孢子虫病又称微粒子病，由微孢子虫科微孢子虫属的蜜蜂微孢子虫或东方蜜蜂微孢子虫寄生于蜜蜂中肠上皮细胞内引起。本病只侵染各个日龄的成蜂，不侵染卵、幼蜂和蛹。

【病原】蜜蜂微孢子虫的孢子为存活状态，呈长椭圆形，米粒状。表面光滑，具有高度折光性，孢子虫长4~6μm，宽2~3μm。孢子内有2个细胞核，极丝长160μm，以螺旋形式卷曲在液泡里，孢子膜前端有1个胚孔。孢子被蜜蜂摄入体内在消化液的作用下放出极丝（彩图3-12-1）。

蜜蜂微孢子虫的孢子被蜜蜂吞食后，通过前胃后很快进入中肠，孢子以极丝穿入上皮细胞。在上皮细胞的细胞质内进行发育和繁殖。蜜蜂微孢子虫的生殖方式有两种：一种为无性繁殖，即孢子放出极丝形成游走体→单核裂殖体→双核裂殖体→多核裂殖体→双核裂殖子→初生孢子→成熟孢子；另一种为孢子生殖，上皮细胞内的孢子直接以横分裂法形成两个孢子。成蜂吞食孢子后，在31~32℃下，36h即可受到感染，刚出房的幼龄蜂47h就能被感染。孢子侵入中肠上皮细胞，经过无性繁殖或孢子生殖，形成大量孢子，孢子又重新感染另外的上皮细胞。孢子随粪便排出体外，继续传播蔓延。

【流行特点】

（1）传染源　感染了蜜蜂微孢子虫的蜜蜂是传播本病的传染源，孢子的繁殖速度极快，一只感染的蜜蜂肠道中多时可含有3000万~6000万个孢子，被含孢子的排泄物污染的饲料、巢脾、蜂箱和水源等都可能成为孢子虫病的传染源。

孢子对外界环境有很强的抵抗力，在蜜蜂尸体内可存活5年，在干燥的蜂粪中能存活2年，在蜂蜜中可存活10~11个月，在水中可存活100多天，在巢房里可存活2年。孢子对化学药剂的抵抗力也很强，在4%福尔马林中能存活约1h，在10%漂白粉溶液里能存活10~12h，在1%苯酚溶液中能活1min。高温的水蒸气1min就能杀死孢子，阳光直射需15~32h才能杀死孢子。

（2）传播途径　蜜蜂微孢子虫通过消化道传播。微孢子虫在群内传播，主要是通过内勤蜂清理巢房和相互间的饲料传递。群间传播，主要是盗蜂将微孢子虫带入健康的蜂群里，或健康蜂采集被微孢子虫污染的蜜源或饮水，将微孢子虫带入蜂箱，从而造成污染。患病蜜蜂采集的花粉和花蜜有可能带有大量病原，是重要的传播载体。

（3）传播特点　孢子虫病是世界性的成蜂病害，在欧洲、美洲的许多国家及我国东北地区发生较为普遍。我国中华蜜蜂与西方蜜蜂均发病，蜂群中蜜蜂发病率常年维持在15%~30%。本病的发生具有明显的季节性，冬季、春季、初夏是流行高峰，从3月气温上升开始，蜜蜂进入繁殖期，孢子虫的病情指数急剧上升，5~6月达到最高峰，7~8月又急剧下降，到秋、冬寒冷季节孢子虫的病情指数则下降到最低。

【症状与病理变化】

（1）症状　患病蜂群最初无明显的症状，活动正常，甚至当蜜蜂的中肠出现明显损伤时，也无明显的外观症状。病情发展到后期蜜蜂表现不安、虚弱、个体瘦小、尾尖发黑、体色呈棕色，失去飞翔能力，腹泻严重，粪便污染蜂箱壁、巢脾、隔板（彩图3-12-2）。患病蜜蜂常被健康蜂追咬，爬到框梁上或巢门外，不久即死亡。特别是当蜜蜂经过一段时间的幽闭（如阴雨、低温）后，这种现象尤为严重。

（2）病理变化　剖检中肠呈灰白色，病变从中肠的后端逐渐向前发展，外表环纹模糊不清甚至消失，肠壁失去弹性，极易破裂。病理组织学变化为中肠围食膜消失，肠上皮细胞内充满大量新生孢子。

【诊断】

（1）临床症状诊断　根据蜂尾变黑、腹泻等症状，结合病蜂中肠的病变得出初步诊断。

取可疑感染蜜蜂数只，先剪开病蜂的腹部，拽出完整的中肠进行仔细观察。健康蜜蜂中肠呈赤褐色，条纹明显，并且具有弹性和光泽。如发现蜜蜂中肠膨大、呈乳白色，条纹不清，失去弹性和光泽，初步确诊为孢子虫病。

（2）病原学诊断　诊断工蜂是否患病时，取可疑感染壮年蜜蜂20~30只，放在研钵内研碎后，加蒸馏水10mL，制成混悬液，涂于载玻片上，加上盖玻片。在400~600倍显微镜下观察，若发现有较多的呈椭圆形并有蓝色折光的孢子，即可确诊。

诊断蜂王是否患病时，抓取蜂王将其扣在纱笼或玻璃杯中，下垫一张白纸，待排出粪便后，将其放归，取其少许粪便，用水稀释后涂片、镜检。

【防治】发病初期症状不明显，一旦出现症状病情已很严重，应采取科学管理、药物治疗和严格消毒相结合的综合性防治措施。必要时更换蜂王。

（1）加强饲养管理　保持强群是有效的预防措施，对蜂群在越冬和春季进行适当保温（室温保持在2~4℃），注意通风和干燥，越冬及春季饲料不能含有甘露糖，饲喂优质饲料，加强蜂箱、蜂具、蜂场消毒，早春及时发现并更换病群的蜂王，饲喂蜂蜜花粉时，可将花粉先进行煮沸或蒸制等方法消毒，采取综合管理措施增强蜂群防御能力。选育对孢子虫抗性较强的蜂种也是一种有效的途径。

（2）药物防治　孢子虫在酸性环境中会受到抑制，根据这一特性在早春繁殖时期可以结合蜂群饲养饲喂柠檬酸、食醋等配制成的酸糖水，1kg糖浆中加入柠檬酸1g或食醋4mL制成酸性饲料，每10框蜂每次喂250mL，隔1d喂1次，连喂4~5次为1个疗程；也可在每千克酸饲料中加入20mg土霉素混匀，每群每次喂0.5kg，隔1d喂1次，连喂4次；或将40mg烟曲霉毒素溶解在5mL无水乙醇内，再加1kg糖浆，拌匀喂蜂，1群1次喂完，连喂4次，均可取得较好治疗效果

第二节　蜜蜂马氏管变形虫病

蜜蜂马氏管变形虫病又称蜜蜂阿米巴病，是由阿米巴科阿米巴属的马氏管变形虫寄生于成蜂的马氏管内引起的疾病。西方蜜蜂和东方蜜蜂均可发生，西方蜜蜂发病较东方蜜蜂常见，是我国西方蜜蜂春季常见的成蜂病害。

【病原】马氏管变形虫具有变形虫和孢囊2种形态，在蜂体外以孢囊形式存活，孢囊近似球形，直径为6~7mm，具有较强的折光性。孢囊外壳有双层膜，表面光滑，难以着色，孢囊内充满细胞质，中间有1个较大细胞核，细胞核内含1个大的核仁。变形虫为可变单细胞小体，由细胞核和细胞质组成，无固定形态，具有指形伪足和鞭毛，无伸缩泡（彩图3-12-3）。

成蜂吞食孢囊而感染，孢囊在中肠先发育为变形虫阶段，变形虫能用伪足运动，或在前孢囊期形成鞭毛游走，后由肠道移行入侵马氏管的上皮组织。如遇到不良条件，变形虫停止发育，体表形成具有厚壁的孢壳后成为孢囊，随粪便排出体外。

【流行特点】

（1）传染源　患病蜜蜂是本病的传染源，病蜂排泄含有大量孢囊的粪便污染蜂箱、巢脾、隔板、蜂蜜、花粉等。

（2）传播途径　蜜蜂食入被孢囊污染的饲料和饮水而感染，30℃时经24~28d在蜜蜂体内形成孢囊，随粪便排出，进而传播本病。

（3）传播特点　本病主要危害工蜂，蜂王很少感染。我国的温暖地区，4~7月有明显的发

病高峰，接着发病率突然下降，仲夏之后，几乎难以发现侵染。早春多雨期、场地潮湿、天气多变、饲料不良等可促使本病发展加快，加上外界粉源好，蜂群处于繁殖期则易暴发本病。这种变化与蜜蜂微孢子虫极相似。蜜蜂马氏管变形虫病与孢子虫病的传播途径相同，容易并发，混合感染危害大，极易使蜂群暴死。

【症状与病理变化】

（1）症状　春季常见病蜂腹部膨胀拉长，有腹泻现象，体质衰弱，无力飞翔，不久死亡。病群发展缓慢，群势逐渐削弱，采集力下降，蜂蜜产量降低。马氏管变形虫繁殖迅速，可阻塞管腔，破坏其正常功能，代谢产物毒害蜜蜂机体，破坏上皮细胞，促使病原侵入，往往造成孢子虫病的并发。尤其在久雨初晴时，往往造成蜂群突然死亡，大量死蜂堆积在蜂箱内底板上。

（2）病理变化　病蜂腹部末端2~3节变为黑色，中肠前端为红褐色，后肠膨大，积满大量黄色粪便。马氏管膨大，近于透明状，有时可透过管壁看到孢囊呈珍珠样聚集其中，组织切片可见马氏管上皮细胞萎缩。

【诊断】根据蜜蜂腹部膨胀、腹泻可怀疑本病，结合马氏管的病理变化得出初步诊断结果。确诊时挑取马氏管组织，置于载玻片上，滴加蒸馏水，盖上盖玻片，轻轻挤压马氏管组织，置于400~600倍显微镜下检查，见到孢囊从马氏管破裂处逸出散落在水中，即可确诊。

【防治】同孢子虫病。

第三节　蜂螨病

蜂螨病主要有狄斯瓦螨病和梅氏热厉螨病。狄斯瓦螨病俗称大蜂螨病，是由皮刺螨总科瓦螨科瓦螨属的狄斯瓦螨寄生于蜂体表引起的疾病。由于该螨吸取血淋巴和脂肪体，造成蜜蜂寿命缩短，采集力下降，影响蜂产品的质量，受害严重的蜂群可出现幼蜂和蜂蛹大量死亡，甚至全群覆灭。

梅氏热厉螨病俗称小蜂螨病，由厉螨科热厉螨属的梅氏热厉螨寄生于蜂体表引起，主要寄生于幼蜂和蜂蛹上，很少寄生于成蜂，不但可以造成幼蜂大批死亡，腐烂变黑，而且还会造成蜂蛹死亡。梅氏热厉螨繁殖周期短，防治比狄斯瓦螨困难。

【病原】

（1）狄斯瓦螨　俗称大蜂螨，是危害西方蜜蜂最严重的蜜蜂体外寄生螨。狄斯瓦螨属于不完全变态，其发育过程经过卵、若螨、成螨3个阶段。

卵呈乳白色，长约0.60mm、宽约0.43mm。卵膜薄而透明，产出时即可见4对肢芽，形如握紧的拳头。若螨分为前期若螨和后期若螨。前期若螨呈乳白色，长约0.74mm、宽约0.69mm。体表生有稀疏刚毛，具有4对粗壮的附肢，体型由最初的卵圆形逐渐变成近圆形。后期若螨初呈心脏形，长约1.10mm、宽约1.40mm。此后随着横向生长的加速，虫体变成横椭圆形，体背出现褐色斑纹。雌螨和雄螨的体型大小、颜色等有明显的区别。雌螨呈横椭圆形，暗红色或棕色，体长约1.17mm、宽约1.77mm。背板具有网状花纹和浓密的刚毛，足4对，足短粗而弯曲，足末端有钟形爪垫（吸盘），能分泌黏液、吸附物体，爬行快。前方有发达而尖锐的口器。体末端下方有生殖口。雄螨比雌螨小，体长约0.85mm、宽约0.72mm，呈卵圆形，浅黄色，生殖孔位于第1基节间，突出于板前缘。导精管很明显（彩图3-12-4和彩图3-12-5）。

狄斯瓦螨生活史大体可分为两个时期：体外寄生期和蜂房繁殖期，分别以成蜂的血淋巴和幼蜂及蛹的体液为食。蜂螨完成一个世代必须借助蜜蜂的封盖幼蜂和蛹来完成。成熟的雌螨和雄螨在蜂体上或巢脾上交配，交配后雄螨死去。雌螨在封盖前潜入幼蜂房内生活，并在其中产卵1~3粒，产卵可持续1~2d。卵约经1d后可孵化成若螨。若螨就在封盖幼蜂房和封盖蛹房内生长发育，靠吸食幼蜂和蛹的体液为食，最后发育为成螨。雌螨若虫期为7.5d，雄螨若虫期仅为5.5d。幼蜂出房时，幼蜂体上附着的成螨跟着出房，吸吮蜂体的血淋巴和脂肪体，完成整个生活期。在蜂群繁殖期，雌螨的平均寿命为43.5d，越冬期长达6个月以上。

狄斯瓦螨发育的最适温度为32~35℃，10~13℃会冻僵，18~20℃开始活动，温度更高则生命力下降。蜂螨对温度的适应范围与蜜蜂基本一致，42℃时出现昏迷，43~45℃时出现死亡。螨虫的平均寿命为45d，北方越冬蜂群内螨的寿命在3个月以上，寒冷地区可长达6个月。狄斯瓦螨喜相对湿度高的环境，相对湿度低于40%不利于螨的生存。15~25℃、相对湿度为65%~70%时，雌螨在蜂群外的空蜂箱里能生存7d，在封盖子脾上可生存32d，在成蜂体表生存可达60~90d，最长可达180d。

（2）梅氏热厉螨　发育经历卵、若螨和成螨3个阶段。卵呈近圆形，卵膜透明，腹部膨大，中间稍凹陷，似紧握的拳头，长约0.66mm、宽约0.54mm。前期若螨呈椭圆形，乳白色，体背有细小刚毛，长约0.54mm、宽约0.38mm。后期若螨呈卵圆形，长约0.90mm、宽约0.61mm。雌成螨呈卵圆形，前端较窄，后端钝圆，体色为浅黄褐色，体背密布细小刚毛，各足跗节的末端有爪垫，体长约1.06mm、宽约0.59mm。雄成螨略小于雌成螨，呈卵形，浅棕色，趾特化为输精管，体长约0.98mm、宽约0.59mm（彩图3-12-6）。

梅氏热厉螨的整个生活期都在子脾上完成，靠吸食幼蜂体液为生，交配后的雌螨潜入即将封盖的幼蜂房内产卵繁殖，雌螨每次产卵1~5粒，产卵期持续1~6d，多为4d，卵经15min即可孵化为若螨。若螨期为4~4.5d，最长不超过5d，从卵发育到成螨需5d。成螨随同羽化后的幼蜂出房，再潜入其他幼蜂房内寄生和繁殖。如果被寄生的幼蜂死亡，梅氏热厉螨便从封盖房的穿孔内爬出，再潜入另一个幼蜂房内繁殖。成螨寿命长短与温度关系很大，在最适宜温度（31~36℃）时，能存活8~10d，最长可达17d。

【流行特点】

（1）传染源　感染蜂螨的蜜蜂是传播本病的重要传染源。狄斯瓦螨呈世界性分布，本病对外来蜂种危害很大，我国的地方蜂种有一定的抵抗力，从有蜂螨的国家和地区引进蜂群时会引起疾病的发生和流行。

（2）传播途径　盗蜂、迷巢蜂，有螨工蜂和无螨工蜂采集同一蜜源，合并蜂群、调换子脾、混用蜂具等，是造成蜂螨病在蜂群间互相传播的主要途径。

（3）传播特点　狄斯瓦螨一年四季都可在蜂群中见到，本病的消长与蜂群群势、气温、蜜源及蜂王产卵时间均有关系。在北方地区，春季蜂王开始产卵，蜂群内有封盖子脾时，狄斯瓦螨就随之开始繁殖，4~5月寄生率可达15%。夏季蜜源充足，蜂王产卵力旺盛，蜂群进入繁殖盛期，蜂螨的寄生率保持相对稳定。秋季外界气温低，蜜源缺乏，蜂群群势下降，而蜂螨仍继续繁殖，集中在少量的封盖子脾和蜂体上，寄生率急剧上升，可达50%；冬季蜂王停止产卵，蜂群内无子脾时，蜂螨停止繁殖，以成螨在蜂体上越冬。

梅氏热厉螨的发生与蜂群群势、子脾、气温变化有密切联系。我国北方6月之前和10月以后，蜂群群势较弱，气温低，基本上见不到梅氏热厉螨。每年的7~9月是梅氏热厉螨的猖獗时期，寄生的密度很大。

【症状与病理变化】

(1) 狄斯瓦螨　在成蜂体上吸食血淋巴，使蜜蜂体重减轻、飞翔能力大大降低、寿命缩短，由于身体被刺穿，蜜蜂很易感染病毒引起麻痹病。病蜂主要表现烦躁不安，足、翅残缺、用足擦胸部，体质衰弱，很少出巢采集，寿命缩短，体小色浅的幼蜂在地面上爬行，蜂群繁殖缓慢，群势减弱。打开蜂箱，提出子脾观察，可见巢房封盖不整齐，封盖破裂，幼蜂和蛹发育不良，死蛹头部伸出；虫尸变形、腐烂、发臭，但无黏性，容易被清除（彩图3-12-7）。

(2) 梅氏热厉螨　主要在子脾上的幼蜂房内产卵繁殖，以吸吮幼蜂的血淋巴为生（彩图3-12-8），很少寄生在成蜂体上，因此对幼蜂、蛹的危害特别严重。轻者出现"花子脾"，重者幼蜂和蜂蛹大批死亡、腐烂，新羽化的幼蜂蜂体弱小，无翅或残翅，不能飞翔，在巢门前或地面乱爬。严重时蜂群内无健康幼蜂，群势陡然下降，甚至全群覆没。

【诊断】

(1) 狄斯瓦螨　根据巢门前死蜂和巢脾上幼蜂和蜂蛹的临床特征，可做出疑似诊断。肉眼观察蜜蜂胸、腹部有无螨寄生，观察子脾上有无死亡变黑的幼蜂或蛹，蛹体有无螨的存在，即可进行确诊。

(2) 梅氏热厉螨　主要采用封盖巢房检查法和箱底检查法。

1）封盖巢房检查法：提取封盖子脾，抖落其上附着的蜜蜂，将脾面朝向阳光，仔细观察脾面上有无快速窜动的梅氏热厉螨，或用镊子挑开巢房盖，迎光观察有无螨虫爬出。

2）箱底检查法：在蜂箱箱底放置纱网落螨框和一张涂有黏胶的白板纸。然后打开蜂箱盖进行喷烟6~10次，盖上蜂箱盖，过20min取出白纸板，观察有无螨虫。

【防治】

(1) 药物防治　根据蜂螨寄生于蜂体、繁殖于蜂盖房的特点，选择在早春蜂王尚未产卵和秋末蜂王停止产卵的有利时机进行防治。常用的杀蜂螨药物有氟胺氰菊酯、双甲脒和升华硫。

(2) 抗螨新品系的选育　不同蜂种、同一蜂种的不同品种、同一品种的不同蜂群都存在抗螨性的差异。西方蜜蜂中的某些亚种，如卡尼鄂拉蜂和突尼斯蜂表现出明显有效的自洁和移除行为，通过品种间杂交及系统选育方法完全可能培育出具有抗螨性的新品系；此外，东方蜜蜂是蜂螨的原寄主，但其对狄斯瓦螨有效的自洁和移除行为使其并不会受狄斯瓦螨的危害。将东方蜜蜂的抗螨基因转移至西方蜜蜂中，培育出具有抗螨性的西方蜜蜂新品种，也许是未来能够实现的。

(3) 预防　不随意合并健康蜂群和有螨感染的蜂群，不调换不同蜂群的子脾。不从蜂螨病流行的区域引进蜜蜂，新引进的蜂群需观察确定无蜂螨病后，再并群饲养。蜂分群后，割除雄蜂房。

第四篇

兽医公共卫生学

第一章 环境与健康

第一节 生态环境与人类健康

一、生态系统与生态平衡

1. 生态系统

生态系统是指在一定的时间和空间内,生物和非生物的成分之间,通过不断的物质循环和能量流动而形成的统一整体。一个生物物种在一定地域内所有个体的总和在生态学中称为种群;在一定自然区域中许多不同的生物总和称为群落;任何一个群落与其周围环境的统一体就是生态系统。

2. 生态平衡

在一定时间内,生态系统的结构和功能相对稳定,生态系统中生物与环境之间、生物各种群之间,通过能流、物流、信息流的传递,达到了互相适应、协调和统一的状态,处于动态平衡之中,这种动态平衡称为生态平衡。

二、影响生态平衡的因素

生态平衡是生态系统得以维持和存在的先决条件,失去生态平衡,生态系统就会被破坏和瓦解。造成生态平衡失调的原因,不外乎自然因素和人为因素两大类。

1. 物种改变

人类在改造自然的过程中,有意或无意地使生态系统中的某一物种消失,或盲目向某一地区引进某种生物,结果造成整个生态系统的破坏。

2. 环境因子的改变

(1) 盲目开荒 人们为了增加眼前的生产和满足当前的生活需要,大肆砍伐森林、滥垦草原,破坏植被,不仅降低了固定太阳能的能力,而且地面因失去植被保护,造成水土流失、气候干旱、水源干涸、土地沙化、水旱灾频发。

(2) 资源利用不合理 生物资源虽属可更新的资源,但可更新是有条件的,只有在生态系统收支相等时,才能成为取之不尽的自然资源。在实践中,由于人口不断增加,人们向自然的索取量往往超过生物的生产量,引起环境质量下降和生态平衡失调。

(3) 环境污染 工农业生产的迅速发展,有意或无意地使大量污染物进入环境,从而改变了生态系统的环境因素,影响整个生态系统,甚至破坏了生态平衡。

3. 信息系统改变

生态系统信息通道堵塞,信息传递受阻,就会引起生态系统改变,从而使生态平衡受到破坏。

三、食物链

食物链是生态系统中以食物营养为中心的生物之间食与被食的索链关系。生态系统中的能量流动是以食物链为渠道来实现的。食物链上每一个环节,称为一个营养级。在生态系统中,能量是通过生物成分之间的食物关系,在食物链上从一个营养级到下一个营养级逐渐向前流动着。不同的生态系统,食物链的长短不同,营养级的数目也不一样。

四、臭氧层破坏对人类健康的影响

臭氧层耗减的直接影响就是引起地球表面紫外线 B 段（UV-B）的辐射增强。据估计，在中纬度地区，平流层臭氧减少 1%，UV-B 到达地球表面的辐射量会增加 2%。这种 UV-B 辐射量增加到一定程度，就会对人产生不良影响，可能有以下几个方面。

1. 皮肤癌增多

太阳光线与基底细胞癌（BCC）、鳞状细胞癌［SCC，也称为非黑瘤皮肤癌（NMSC）］和皮肤黑瘤（CM）3 种类型的皮肤癌的发生有关。动物试验表明，UV-B 对皮肤癌的诱发起到主要作用，并呈剂量反应关系。美国环保局将人群 SCC 的发病率资料进行估计，臭氧每减少 1%，SCC 发病率增加 2%~3%。流行病学研究表明，UV-B 与 CM 发病率之间有一定关系，臭痒量减少 1%，CM 发病率会增加 2%。

2. 大气光化学氧化剂增加

地球表面 UV-B 辐射量的增加，加上全球变暖，会加速大气中化学污染物的光化学反应速率，使大气中光化学氧化剂的产量增加，大气质量恶化。污染区居民的呼吸道疾病和眼睛炎症的发病率可能会增加。

3. 免疫系统的抑制

近年来的研究发现，UV-B 可使免疫系统功能发生变化。有试验结果表明，传染性皮肤病也可能与臭氧减少而导致 UV-B 辐射增强有关，如疱疹和利什曼原虫病的增多就是两个明显的例子。此外，某些动物研究和流行病学统计数字表明，UV-B 是白内障的发病原因之一。

五、环境有害因素对机体作用的一般特性

1. 有害物质作用于靶器官

所谓靶器官是指污染物进入机体后，对机体的器官并不产生同样的毒性作用，而只是对部分器官产生直接毒性作用。某种有害物质首先在部分器官中达到毒性作用的临界浓度，这种器官就称为该有害物质的靶器官。例如，脑是甲基汞和汞的靶器官，甲状腺是碘化物和钴的靶器官等。

2. 有害物质在机体内的浓缩、积累与放大作用

（1）生物浓缩　生物浓缩是指生物机体或处于同一营养级的许多生物种群，从周围环境中蓄积某种元素或难分解的化合物，使生物体内该物质的浓度超过周围环境中的浓度的现象，又称为生物学浓缩、生物学富集。

（2）生物积累　生物积累是指生物从周围环境和食物链蓄积某种元素或难分解的化合物，以致随着生物生长发育，浓缩系数不断增大的现象。

（3）生物放大　生物放大是指有毒化学物质在食物链各个环节中的毒性渐进现象，即在生态系统中同一条食物链上，高营养级生物通过摄食低营养级生物，某种元素或难分解的化合物在生物机体内的浓度随着营养级的提高而逐步增加的现象。

3. 有害物质对机体的联合作用

环境中往往有多种化学污染物同时存在，生物体通常暴露于复杂、混合的污染物中，它们对机体同时作用产生的生物学效应，与任何单一化学污染物分别作用所产生的生物学效应完全不同。因此，把两种或两种以上化学污染物共同作用所产生的综合生物效应，称为联合作用。根据生物学效应的差异，多种化学污染物的联合作用通常分为协同作用、相加作用、独立作用和拮抗作用 4 种类型。

（1）协同作用　指两种或两种以上化学污染物同时或数分钟内先后与机体接触，对机体产生的生物学作用强度远远超过它们分别单独与机体接触时所产生的生物学作用的总和。

（2）相加作用　指多种化学污染物混合所产生的生物学作用强度等于其中各化学污染物分别产生的生物学作用强度的总和。

（3）独立作用　指多种化学污染物各自对机体产生毒性作用的机理不同，互不影响。由于各种化学物质对机体的侵入途径、侵入方式和作用的部位各不相同，因而所产生的生物学作用也彼此无关联，各种化学物质自然不能按比例相互取代。因此，独立作用产生的总效应往往低于相加作用，但不低于其中活性最强者。

（4）拮抗作用　指两种或两种以上的化学污染物同时或数分钟内先后进入机体，其中一种化学污染物可干扰另一种化学污染物原有的生物学作用，使其减弱，或两种化学污染物相互干扰，使混合物的生物学作用或毒性作用的强度低于两种化学污染物任何一种单独的强度。

4. 存在个体感受性差异现象

个体感受性差异是指个体的健康状况、性别、年龄、生理状态和遗传因素等差别，可以影响环境污染物对机体的作用。由于个体感受性的不同，个体对环境污染物的反应也各有差异。因此，当某种环境有害因素作用于个体时，并非所有的个体都能出现同样的反应，这主要是由于个体对有害因素的感受性不同。

第二节　环境污染及对人类健康的影响

一、环境污染与公害的概念

1. 环境污染的概念

环境污染是指有害物质或因子进入环境，并在环境中扩散、迁移和转化，使环境系统结构与功能发生变化，导致环境质量下降，对人类及其他生物的生存和发展产生不利影响的现象。例如，工业废水和生活污水的排放使水体水质变坏，煤炭的大量燃烧使大气中颗粒物和二氧化硫浓度急剧升高等现象，均属环境污染。

2. 公害的概念

公害一词最早出现在日本于1896年颁布的《河川法》，是指河流侵蚀、妨碍航行等危害。后来日本于1967年颁布的《公害对策基本法》中提出，公害是指由事业活动和人类其他活动产生的相当范围内的大气污染、水质污染、土壤污染、噪声、振动、地面沉降及恶臭，对人体健康和生活环境带来的损害。我国对公害的定义为：污染和破坏环境对公众的健康、安全、生命及公私财产等造成的危害。

近一个多世纪以来，随着能源的变化、新工业部门的增加、新工业基地的建立和新应用技术的出现，公害的发展大体上可分为以下3个阶段。

（1）第一阶段产业革命时期（18世纪末~20世纪初）　这一阶段由于以煤为能源，产生的煤烟尘、二氧化硫引起大气污染；由于矿石冶炼和制碱业的发展引起水质污染。

（2）第二阶段公害发展期（20世纪20~40年代）　以煤为能源的产业进一步增加，燃煤引起的污染又有所发展，开始出现石油和石油产品带来的污染；有机化学工业的污染问题也逐渐增多。

（3）第三阶段公害泛滥期（20世纪50~70年代）　继石油和石油产品造成大量的环境污染

之后，又出现了新的污染源，如有机农药和放射性物质；除大气污染严重外，水质污染问题非常突出，噪声、振动、垃圾、恶臭和地面沉降等其他公害也纷纷出现。

这一时期污染环境较严重的工业是化工、冶金、轻工三大部门和火电厂、钢铁厂、炼油厂、石油化工厂、矿山、有色金属冶炼厂六类企业。

二、环境污染的分类

环境污染有不同的类型，因目的、角度的不同而有不同的划分方法。按环境要素可分为大气污染、水体污染和土壤污染等；按污染物的性质可分为生物性污染（如有害病毒、细菌、支原体、衣原体、立克次氏体、霉菌和寄生虫等）、化学性污染（如铅、汞、镉、酚类及农药等）和物理性污染（如噪声、粉尘、射线和高频电磁场等）；按污染物的形态可分为废气污染、废水污染和固体废弃物污染；按污染产生的原因可分为生产污染和生活污染，生产污染又可分为工业污染、农业污染和交通污染等；按污染涉及范围又可分为全球性污染、区域性污染和局部污染等。

以下按污染物性质进行分类介绍。

1. 生物性污染

生物性污染物主要指微生物、寄生虫及其虫卵。此外，还有害虫、啮齿动物及引起人和动物过敏的花粉。

（1）微生物

1）空气中的微生物：主要有球菌、杆菌、霉菌和酵母的孢子。在室内或厩舍通风不良、人员或动物拥挤的情况下，病原微生物可以通过空气传播，常见的有流感病毒、麻疹病毒、白喉杆菌、肺炎球菌、分枝杆菌和军团菌等；口蹄疫病毒、炭疽杆菌和巴氏杆菌等污染空气后对人畜健康危害严重。

2）水中的微生物：常见的有假单胞菌、不动杆菌、莫拉氏菌、黄色杆菌、产碱杆菌、芽孢杆菌、微球菌、链球菌和弧菌等；常见的致病菌有沙门菌、志贺菌、致泻性大肠埃希菌、李氏杆菌、霍乱弧菌、副溶血性弧菌、河弧菌、创伤弧菌、气单胞菌和弯曲菌等；常见的病毒有肠道病毒、甲型肝炎病毒、轮状病毒、脊髓灰质炎病毒、诺如病毒和星状病毒等。

3）土壤中的微生物：土壤中除了许多天然存在的土壤微生物外，常见的还有微球菌、不动杆菌、产碱杆菌、黄色杆菌、假单胞菌、莫拉氏菌、节状杆菌和芽孢杆菌等腐败菌，以及沙门菌、志贺菌、肠道病毒、破伤风梭菌、肉毒梭菌、炭疽杆菌和钩端螺旋体等病原微生物。

（2）寄生虫及其虫卵　环境中的寄生虫及虫卵主要来自人畜排泄物。污染水体的有血吸虫、华支睾吸虫、肝片吸虫、并殖吸虫和异尖线虫等寄生虫的虫卵或幼虫，以及马氏管变形虫包囊、贾第虫包囊和隐孢子虫卵囊等。许多寄生虫虫卵在土壤中可存活很久或发育为感染性幼虫，常见的有蛔虫、蛲虫、鞭虫、膜壳绦虫、有钩绦虫、无钩绦虫和棘球绦虫等蠕虫的虫卵，以及钩虫和类圆线虫的幼虫。

（3）害虫和鼠类　环境中的害虫很多，有些可危害农作物、食品和饲料，造成农作物减产、食品卫生质量降低，如甲虫和蛾等；有些可寄生于人畜体表或体内，引起寄生虫病，如粉螨、尘螨；有些是传播媒介，可传播多种疫病，如蚊（传播疟疾和丝虫病等）；有些可携带病原污染食品而传播疾病，如苍蝇、蟑螂和螨等。鼠类既可毁坏农作物、食品与饲料，又可携带多种病原而传播疾病（如鼠疫）。

（4）花粉　在一定季节，空气中常含有一些致敏性花粉，被人或动物吸入后，可引起花粉病，患者出现过敏性鼻炎和哮喘等症状；患病动物通常表现为皮肤瘙痒、红肿、眼睛发红、流泪，甚至打喷嚏、咳嗽等症状。常见的致敏原有蒿草、豚草和藜等植物的花粉。

2. 化学性污染

对环境产生危害的化学性污染物主要有以下几类：①重金属和非金属元素，如汞、铅、镉、砷、铬等重金属元素，以及卤素、磷、氮等非金属元素。②农药和兽药，如有机磷、有机氯、氨基甲酸酯类和拟除虫菊酯类等农药，以及大环内酯类、磺胺类、喹诺酮类等兽用抗菌药物。③无机物，如一氧化碳、氮氧化物、卤氧化物、氟化物、氰化物、无机磷化物和无机硫化物等。④其他有机物，如苯、醛、酮、酚、烷烃、芳烃和多环芳烃（PAH）、二噁英等。

（1）大气中的化学污染物　进入大气中的污染物很多，按其存在形态可分为颗粒状污染物和气体污染物。按形成原因可分为一次污染物和二次污染物，一次污染物是指直接从污染源排放到大气中的污染物质，常见的有二氧化硫、一氧化碳、一氧化氮和粪臭素等，对人和动物危害严重的还有多环芳烃类和二噁英等；二次污染物是由一次污染物在大气中经物理或化学反应而形成的污染物，毒性比一次污染物强，常见的有硫酸与硫酸盐气溶胶、硝酸与硝酸盐气溶胶、臭氧、光化学氧化剂及多种自由基（表4-1-1）。

表4-1-1　大气中的主要化学污染物

类别	主要污染物	主要来源
含硫化合物	二氧化硫、硫化氢、三氧化硫、硫酸、硫酸盐、有机硫等	炼油、燃烧煤、炼焦、冶炼、畜禽养殖场等
含氮化合物	一氧化氮、二氧化氮、氨、硝酸、硝酸盐等	交通、炼油、炸药、氮肥、畜禽养殖场等
碳氧化合物	一氧化碳、二氧化碳	燃料燃烧、冶炼、炼焦等
氟化物	氟化氢、四氟化硅、氟硅酸、氟等	化工、电解铝、钢铁、制陶
碳氢化合物	甲烷、烷烃、烯烃、醛、酮、过氧乙酰硝酸酯等	石油精炼和燃烧、化工等
颗粒物	重金属元素、多环芳烃类、硫酸、硝酸盐等	开矿、冶炼、化工、燃料燃烧等
光化学烟雾	臭氧、醛、酮、过氧化氢、高活性自由基等	化工、汽车尾气等

（2）水体中的化学污染物　根据污染物的性质，可将水体中的化学污染物分为无机污染物和有机污染物两大类（表4-1-2）。

1）无机污染物：无机污染物主要来自工矿企业的废水和生活污水，少数来自岩石的风化分解和土壤的沥滤，主要有重金属、氰化物和氟化物等。

表4-1-2　水体中的主要化学污染物

类别		主要污染物	主要来源
无机污染物	汞	金属汞、无机汞等	仪表、化工、炸药、电池、医药、农药、塑料等
	砷	金属砷、氧化砷、亚砷酸盐、砷盐等	采矿、冶炼、化工、制药、农药、颜料等
	镉	镉、硫酸镉、亚硫酸镉等	开矿、冶炼、电镀、燃料、化肥等

（续）

类别		主要污染物	主要来源
无机污染物	铅	铅、醋酸铅、氯酸铅、亚硝酸铅等	冶炼、合金、农药等
	铬	氧化铬、三氧化铬、铬酸钾、重铬酸钾等	合金、电镀、制革、颜料、化工、印染、油漆等
	锌	锌及其化合物等	开矿、冶炼、电镀、纺织、化工、橡胶、农药等
	铜	铜、硫酸铜、氧化铜、醋酸铜等	冶炼、金属制造、纺织、化工、农药、油漆等
	银	银、银盐等	采矿、冶炼、照相废水等
	锡	锡、氧化锡、硫化锡、铬酸锡等	采矿、冶炼、燃料、油漆、搪瓷、农药等
	钡	钡、氯化钡、硝酸钡、氢氧化钡等	玻璃、油漆、橡胶、搪瓷、杀虫剂等
	镍	镍及其化合物	开矿、冶炼、合金、电镀、燃料、炼油等
	硒	硒及其化合物	电子、电器、油漆、墨水、玻璃等
	硼	硼酸、硼砂、硼酸钙、硼酸镁	化工、化肥、农药等
	磷和氮	磷、氮、磷化物和含氮化合物	生活污水、工业污水、磷肥、氮肥等
	氟化物	氟和氟化物	冶炼、电镀、化肥、农药等
	氰化物	氢氰酸、氰化钾、氰化钠等	炼焦、电镀、选矿、燃料、化工、医药、塑料等
	盐、碱	硝酸盐、各种碱等	造纸、纤维、化工等
	酸	硫酸、硝酸等	石油化工、电镀、酸洗、酸雨等
有机污染物	酚类	苯酚、甲酚、甲氧酚、氯酚及其钠盐	炼焦、炼油、造纸、塑料、橡胶、农药等
	苯类	苯、甲苯、二甲苯、苯乙烯、氯苯、溴苯、邻二氯苯和多氯联苯	炼油、化工、油漆、油墨、肥皂、农药等
	卤烃类	四氯化碳、三氯甲烷、四氯乙烷、氯乙烯、二氯乙烯、三氯乙烯、四氯乙烯、氟利昂	炼油、化工、橡胶、灭火剂、杀虫剂、清洁剂、溶剂等
	油类	原油、石油制品、焦油、动植物油	原油开采、炼油、石油化工、运输、生活垃圾
	多环芳烃	苯并芘、甲基苯并芘、蒽、苯并蒽等	炼焦、石油等工业废水，汽车尾气，燃料燃烧
	有机农药	有机氯、有机磷、氨基甲酸酯类	农药的生成和使用
	二噁英	多氯代二苯并二噁英和多氯代二苯并呋喃	氯化物的生产和使用、塑料燃烧
	有机酸碱	甲酸、醋酸等有机酸，吡啶等有机碱	有机酸生产、合成树脂、煤气站、焦化厂等
	高分子化合物	人造纤维、树脂、橡胶、淀粉、纤维素等	化工、造纸、食品工业、有机发酵等
	表面活性剂	洗涤剂、除垢剂、消毒剂、乳化剂、分散剂	生产废水、生活污水等

2）有机污染物：主要来自化工、石油、造纸、纺织、制药和食品加工等工业生产排出的废水、未经处理的城市生活污水，其中含有多种对水体污染严重及危害人体健康的有机污染物，如卤烃类、酚类、苯类、油类和洗涤剂等。

(3) 土壤中的化学污染物

1）无机污染物：污染土壤环境的无机污染物主要有汞、镉、铅、铬、砷、铜、锌、锰和镍等重金属，以及氟、氰化物、酸、碱、盐等。由于重金属不能被土壤微生物所分解，而且可发生生物富集，因此一旦污染土壤，就会对环境和人类健康构成严重威胁。

2）有机污染物：污染土壤环境的有机污染物主要有有机氯、有机氯、氨基甲酸酯类、拟除虫菊酯类等农药、化肥、石油、酚类、多环芳烃类、多氯联苯（PCB）、有机合成洗涤剂、废塑料、废橡胶、纤维素和油脂等。

3. 物理性污染

对环境产生危害的物理性污染因素如下。

（1）放射性物质　环境中的放射性物质有天然放射性核素和人工放射性核素两类。

1）天然放射性核素：来自地球外层空间的宇宙射线，以及空气、水体、土壤、建筑物和其他物体中天然存在的放射性核素。例如，地下水、地表水和土壤环境中可能含有 ^{226}Ra（镭）、^{236}U（铀）、^{232}Th（钍）等放射性核素。

2）人工放射性核素：主要来自放射性物质的开采、选矿、精炼等核工业及核试验、核动力等排出的"三废"（废水、废气、废渣）。放射性核素在其他工业、农业、医疗和科研等领域中的应用，也有可能向外界环境释放一定量的放射性物质。环境中人工放射性核素很多，如 ^{236}U（铀）、^{137}Cs（铯）、^{226}Ra（镭）、^{60}Co（钴）、^{90}Sr（锶）、^{106}Ru（钌）、^{131}I（碘）等。

（2）非电离辐射　非电离辐射是指波长大于100nm的电磁波，包括可见光、紫外线、红外线等，以及高频和微波等电磁辐射。环境中的非电离辐射来源于天然、日常生活和其他人为的发生源。

（3）热污染　热污染是工业企业向水体排放高温废水所致。水温升高，使化学反应和生化反应速度加快，水中溶解氧减少，从而影响水生生物的生存和繁殖。

此外，其他物理因素还有磁场与极低频电磁场、噪声、超声波、空气离子化、激光、气温（高温和严寒）、气湿、气流和高山环境等。

三、环境污染对人体健康影响的特点

（1）广泛性　环境污染的范围大，受影响的人多，对象广泛。

（2）多样性　环境污染物的种类多，其造成的人体健康损害表现出多样性，如急性、亚急性、慢性的损害；局部的损害，全身性的损害；近期的损害，远期的损害；特异的损害，非特异的损害等。

（3）复杂性　多种环境污染物在环境中可同时存在，而且可以相互影响。环境污染物作为致病因素所造成的健康损害多属于多因多果，关系复杂。

（4）长期性　有些环境污染物可较长时间存在于空气、水和土壤等自然环境中，并长时间作用于人群；有些污染物造成的健康损害，在短时间内不易被发现，一旦出现病理损害，将对人体健康产生长期影响或最终引起死亡。

四、环境污染对健康的病理损害作用

1. 临床作用

一些环境污染物对人体的毒性作用较强，一次性大量暴露或多次少量暴露后，就会引起

严重的病理损害，出现与有害物质毒性作用一致的临床症状，这种病理损害效应就称为临床作用。

2. 亚临床作用

绝大多数环境污染物对人体健康的影响常常是低毒性和缓慢作用的，通常是污染物及其代谢产物在人体内过量负荷而导致发生亚临床作用。所谓亚临床作用，是指不出现临床症状、用一般的临床医学检查方法难以发现阳性体征的病理损害作用。随着污染物浓度（剂量）的增加和接触时间的延长，才逐渐显露出人体健康的损害或引起疾病。近年来，人们为预防疾病，已把注意力从发病期扩展到发病前期（或亚临床期），把发病前期机体的变化作为评价环境质量的依据。

3. 三致作用

环境污染往往具有使人或哺乳动物致癌、致突变和致畸的作用，统称三致作用。三致作用的危害，一般需要经过比较长的时间才显露出来，有些危害甚至影响后代。

（1）致癌作用　致癌作用是指污染物导致人或哺乳动物患癌症的作用。1915年，日本科学家通过试验证实，煤焦油可以诱发皮肤癌。污染物中能够诱发人或哺乳动物患癌症的物质叫作致癌物。致癌物可以分为化学性致癌物（如亚硝酸盐、石棉和生产蚊香用的双氯甲醚）、物理性致癌物（如镭的核聚变物）和生物性致癌物（如黄曲霉毒素）3类。

（2）致突变作用　致突变作用是指污染物导致人或哺乳动物发生基因突变、染色体结构变异或染色体数目变异的作用。人或哺乳动物的生殖细胞如果发生突变，可以影响妊娠过程，导致不育或胚胎早期死亡等。人或哺乳动物的体细胞如果发生突变，可以导致癌症的发生。常见的致突变物有亚硝胺类、甲醛、苯和敌敌畏等。

（3）致畸作用　致畸作用是指污染物作用于妊娠母体，干扰胚胎的正常发育，导致新生儿或幼小哺乳动物先天性畸形的作用。20世纪60年代初，西欧和日本出现了一些畸形新生儿，科学家们经过研究发现，原来是孕妇在妊娠后的30~50d服用了一种叫作"反应停"的镇静药，这种药具有致畸作用。目前，已经确认的致畸物有甲基汞和某些病毒等。在妊娠关键阶段，对胚胎或胎儿产生毒性作用，造成先天性畸形的污染物称为致畸物。

4. 免疫损伤作用

由内源性或外源性抗原所致的细胞或体液介导的免疫应答导致的组织损伤称为免疫损伤，通常包括免疫抑制、变态反应（或称超敏反应）和自身免疫。引起免疫损伤的因素有化学性的，如多氯联苯、苯并芘引起的免疫抑制，某些染料、油、药物等引起的接触性皮炎，氯化汞引起的自身免疫性肾炎；也有物理性的，如辐射能对免疫系统产生持久的影响，受辐射后机体巨噬细胞、$CD4^+/CD8^+T$细胞和自然杀伤细胞显著下降，且与辐射量呈正相关，直接导致免疫调节功能的低下和紊乱，严重时可引起机体感染，甚至造成死亡。

5. 激素样作用

近年来研究发现，环境中存在一些天然和人工合成的污染物具有动物和人体激素的活性，能干扰和破坏动物与人的内分泌功能，导致动物繁殖障碍，甚至能诱发人类肿瘤等疾病。这些物质被称为环境激素，或外源性雌激素，或环境内分泌干扰物。环境激素主要包括天然雌激素、合成雌激素和植物雌激素3类。

（1）天然雌激素和合成雌激素　环境中的天然雌激素是从动物和人尿中排出的一些性激素，主要有17-β雌二醇、孕酮、睾酮。合成激素包括与雌二醇结构相似的类固醇衍生物，如二甲基己烯雌酚（DES）、己烷雌酚、乙炔基雌二醇和炔雌醚等，也包括结构简单的同型物,即非甾体激素。这些物质主要来自口服避孕药和促进家畜生长的同化激素。早在20世纪70年代,环境学家就开始研究水环境中天然雌激素和合成激素对饮用水的污染问题。例如,英国曾对9条河流和8种饮用水样进行检测,在2条河流水样品中检出了炔诺酮,浓度为17ng/L,在1条河流水样品和饮用水样中检出了孕酮,浓度为6ng/L。

（2）植物雌激素 这类物质是由某些植物产生,并具有弱激素活性的化合物,以非甾体结构为主。这些化合物主要有异酮类（如染料木黄酮、染料木苷、黄豆黄原、黄豆苷、鸡豆苷素、β-谷甾醇）、木质素和拟雌内酯。产生这些化合物的植物有豆科植物、茶和人参等。这些植物雌激素对内源性雌激素和脂肪酸的代谢及其生物活性产生影响,如抗激素活性、抗癌和抗有丝分裂作用等。还可导致牛、羊不育和肝脏疾病。有研究报道,我国和日本等是食用豆制品较多的国家,乳腺癌、冠心病和前列腺癌等激素依赖性疾病的发病率较欧美国家低,这可能是植物雌激素所诱导的免疫反应起作用的结果。然而,植物激素过多也能引起生殖系统损害和疾病。

五、环境污染引起的疾病

1. 传染病

研究表明,许多传染病都是由环境问题引起的。在大多数国家,天气的变化无常是引起环境问题的主要因素,很多传染病都是紧紧跟随着天气的变化而发生的,如登革热、霍乱等。另一个致病因素是沙尘,它们来自五大洲的沙土聚集地。每年大约有几亿吨沙尘在全世界范围内飞舞,每100万t沙尘中含有超过$1×10^{16}$个的细菌,许多细菌都会在沙尘转移的过程中死亡,但是更多的细菌还是会存活下来。细菌在空气中传播会成为人类疾病的病原体,容易导致炭疽、肺结核、流感、肺感染综合征等。

动物是人类传染病的重要来源。在动物的传染病中约有60%可以传染给人,包括细菌病、病毒病、立克次体病、真菌病和其他种类的疾病等。流行较广的有以炭疽、鼠疫、口蹄疫、流行性乙型脑炎、狂犬病等为代表的近百种。随着科学技术的发展,新的人兽共患传染病还在陆续地被发现和证实。例如,新出现的SARS病毒、禽流感病毒新亚型、戊型肝炎病毒、尼帕病毒和西尼罗病毒等其他潜在的致病因子,已经在世界上很多地方出现或者大范围的存在；长期以来一直被认为只有人类才能感染的麻风杆菌,已被发现在个别猫科动物中也可感染；对人类健康危害严重的乙型肝炎病毒也已被证实某些动物可以感染。

其他一些农业生产也会导致传染病的传播。美国医疗研究所的报告指出,许多传染病的发生与农业生产用地的交互更替有关联。农业用地一般积聚着大量污水和淤泥,其中就含有无数的病原体。

2. 寄生虫病

寄生虫病是与环境关系最为密切的流行病,自然界状况对于寄生虫的存在、分布、发生和发展等有着重要的影响。例如,蛔虫是以虫卵的形式经人的粪便排至体外,粪便中的蛔虫卵在外界条件下发育到感染期。当人们生食了附有感染期蛔虫卵的蔬菜时,就有可能患蛔虫病。这就使那些虫卵污染严重、卫生条件不良的发病区具有顽固、难以消除的特性,这就是蛔虫病的流行病学特征。又如,许多寄生虫需要中间宿主,中间宿主的有无和多少就成为这些寄生虫病发生和发展的必要条件,如钉螺是日本血吸虫的中间宿主,如果消灭了钉螺,人类和动物的日本血吸虫病就不会发生。相反,如果钉螺在环境中大量存在,日本血吸虫病就很难得到控制。还有一些寄生虫病的传播和灌溉水坝的建设有关系。在世界上的许多地方,灌溉水坝常常是蚊虫繁殖的栖息地,能在较短的时间内导致疟疾的大量传播。

3. 职业病

职业性有害因素作用于人体的强度和时间超过一定限度时，造成的损害就超出了机体的代偿能力，从而导致一系列的功能性/器质性的病理变化，出现相应的临床症状和体征，影响身体健康和劳动能力，这类疾病统称为职业病。

医学上所称的职业病泛指职业性有害因素所引起的特定疾病，而在立法意义上，职业病却具有一定的范围，即政府法定的职业病。凡属法定的职业病患者，在治疗和休息期间及在确定为伤残或治疗无效死亡时，均应按劳动保护有关法规或条例的有关规定享受劳保待遇。我国《职业病分类和目录》（国卫疾控发〔2013〕48号）规定的职业病包括：职业性尘肺病及其他呼吸系统疾病（尘肺病、其他呼吸系统疾病）、职业性皮肤病、职业性眼病、职业性耳鼻喉口腔疾病、职业性化学中毒、物理因素所致职业病、职业性放射性疾病、职业性传染病［炭疽、森林脑炎、布鲁氏菌病、艾滋病（限于医疗卫生人员及人民警察）、莱姆病］、职业性肿瘤和其他职业病10大类132种（含4项开放性条款）。

职业病的病因很多，涉及机体各系统，临床表现形式多样，但具有以下共同特点。

1）病因明确，病因即为职业性有害因素（化学性、物理性、生物性因素）。消除和控制了病因或限制其作用条件，就能有效地消除或减少发病。

2）病因大多数可以定量检测，接触有害因素的水平与发病率及病理损害程度有明确的剂量-效应关系。

3）接触同一种职业性有害因素的人群中有一定数量的职业病病例发生，很少出现个别病例。

4）如能早期发现，并及时合理地处理，预后一般良好。

4. 地方病

地方病是指局限于某些特定地区发生或流行的疾病，或是在某些特定地区经常发生并长期相对稳定的疾病。地方病与自然环境有密切关系，分为化学性地方病和生物性地方病。

化学性地方病又称生物地球化学性疾病。人的生长和发育与一定地区的化学元素含量有关，出于地质历史发展或人为的原因，地壳表面的元素分布在局部地区内呈异常现象，如某些元素过多或过少等，造成当地居民同环境之间元素交换出现不平衡。人体从环境摄入的元素量超出或低于人体所能适应的变动范围，就会患化学性地方病。例如，一个地区的碘元素缺乏，可引起地方性甲状腺肿或地方性克汀病；氟元素分布过多，可引起地方性氟中毒等。

生物性地方病是指在某些特异的地区，由于某些致病生物或某些疾病媒介生物滋生繁殖而导致的疾病。如一些人烟稀少的草原和荒漠地区，存在着鼠疫的自然疫源地，人进入疫区，就可能患病。

地方病多发生在经济不发达、与外地物资交流少、卫生保健条件不良的地区。如流行在我国黑龙江省克山县等地区的克山病流行于某些山区和半山区的大骨节病，都与地方性缺硒和其他环境条件密切相关。

六、兽药对生态环境的污染与影响

随着畜牧业生产向现代化、集约化和规模化方向发展，兽药（包括兽药添加剂）在降低动物发病率与死亡率、提高饲料利用率、促进动物生长和改善产品品质等方面起着显著的作用，已成为现代畜牧业不可缺少的因素。然而，作为饲料添加剂或抗生素喂食动物的兽药，经动物代谢后大部分以原药或代谢物的形式经动物的粪便和尿液排出体外，对土壤、水体等生态环境产生不良影响，并通过食物链对生态环境产生毒害作用，影响环境中动植物和微生物的生命活动，最终影响人类的健康，其后果不容忽视。

1. 兽药对生态环境的污染

近 20 年来，由于兽药在畜牧业和水产养殖业中的大量使用，环境中兽药的种类和含量也呈现出不断增加的趋势。以丹麦为例，1996 年，在自然环境样本中检测到 25 种药物，1999 年，这个数字上升到 68 种。由于新兽药的不断推出，这个数目仍然有增加的趋势。20 世纪 90 年代末，欧洲的一些国家开始比较系统地调查、研究环境中兽药的残留和污染问题。

在我国，存在滥用和超标使用兽药尤其是抗菌药物的现象。动物的排泄物未经无害化处理就排放于自然界中，有的兽药持续性蓄积，严重污染环境。另外，低剂量的抗菌药长期排入环境中会造成敏感菌耐药性的增加。因此，开展兽药残留及其对生态环境影响的研究，对于认识兽药残留的规律及作用机制，降低或减少其对环境的负效应具有重要的现实意义。

2. 兽药残留对生态环境的影响

（1）对水环境的影响　研究表明，大多数兽药不能被动物体充分吸收利用，而是随着排泄物进入污水或直接排入环境，并且现有的水处理技术对污水中含有的大部分抗生素类药物没有明显的去除效果，导致水环境中药物残留量超标。水体中的浮游生物数量大、种类多，而且对各种化学药品污染比较敏感，所以，对浮游生物生态毒理学的研究较多。鱼类在水生生态系统中处于较高的营养级，并与人类生活密切相关，而且鱼类对水质的变化很敏感。因此，用鱼作为生物材料研究污染物对水生生态系统影响的研究较多。研究表明，伊维菌素对大型蚤的毒性大于鱼类，伊维菌素对太阳鱼和虹鳟 48h 的半数致死浓度分别为 4.80μg/L 和 3.00μg/L。

（2）对土壤环境的影响　随着兽药在养殖业中的大量使用，排放到环境中的兽药污染土壤的问题日益严重。绝大多数兽药以原药或代谢产物的形式经动物的粪尿排出，通过一定的途径进入农田，使作物的生存环境发生变化，对其生长发育造成不同的影响。有研究表明，施用动物粪肥和污泥后，作物产量降低，这除了与氮肥和重金属的过度施用有关外，在某种情况下也与粪肥和污泥中的兽药残留有关。植物不同组织对污染物毒性作用的反应不同，根系和叶是植物体内污染物的主要蓄积场所，它们对污染物的反应较明显。对农作物而言，兽药残留对其危害有两种情况：一是农作物减产或品质降低；二是可食部分有毒物质积累量已超过允许限量，但农作物产量却没有明显下降或不受影响。药物对植物生长发育的影响取决于药物的类型、剂量、药物与土壤吸附能力及其在土壤中的稳定性，同时，药物对植物的影响还随药物和植物的品种不同而不同。土霉素和金霉素对杂色豆的生长有明显的抑制作用，具体表现为植株的生长受阻、鲜重下降，并影响植物对钙、钾和镁等离子的吸收；土霉素和金霉素能促进萝卜、小麦的生长，但对玉米的生长没有影响。

七、环境污染的控制

随着我国经济的高速发展，环境污染已成为当前亟待解决的重大问题。尽管 20 世纪 80 年代初我国把环境保护确定为一项基本国策，颁布了《中华人民共和国海洋环境保护法》（1982 年颁布，2023 年第四次修订）、《中华人民共和国水污染防治法》（1984 年颁布，2017 年第二次修正）、《中华人民共和国固体废物污染环境防治法》（1995 年颁布，2020 年第二次修订）、《中华人民共和国环境保护法》（1989 年颁布，2014 年修订）、《中华人民共和国大气污染防治法》（1987 年颁布，2018 年第二次修正）、《中华人民共和国噪声污染防治法》（2021 年颁布）六部法律和若干相关的规定、国家标准，还制定了一系列的政策、方案和计划，如《中国环境与发展十大对策》《中国环境保护战略》及《中国环境保护 21 世纪议程》等，但我国的环境形势仍然相当严峻，环境污染问题未得到很好的解决，环境污染防治工作的任务还相当繁重。面对我国环境污染的新形势、新内容，环境污染的防治必须从源头抓好下述几个方面的工作。

1. 治理工业"三废"

工业"三废"是环境污染的主要来源，治理"三废"是防止环境污染的主要措施。因此，应在工业企业设计和生产过程中采取有效措施，力求不排放或少排放"三废"。对于不得不排放的"三废"，在排放前要进行适当的净化处理，使其达到国家排放标准。治理"三废"的基本措施主要包括以下内容。

（1）工业企业合理布局　这是保护环境、防止污染危害的一项战略性措施。在厂址选择时，排放有毒废气、废水的企业，应设在城镇暖季最小频率风向的上风侧和水源的下游，并与居民区保持一定距离。在居民区内，不准设立污染环境的工厂，已设立的要改造，危害严重的要迁移。新建、扩建和改建的企业，要将防治"三废"污染的项目和主体工程同时设计、同时施工和同时投产使用。

（2）改革工艺，综合利用　这是治理"三废"的根本性措施。例如，用我国创新的无氰电镀新工艺代替过去的含氰电镀工艺，可消除含氰废水对环境的污染。厂矿企业要"一业为主，多种经营"，大搞综合利用，将生产过程中排放的"三废"回收利用，化害为利，如可以从造纸厂排出的废水中回收大量氢氧化钠、脂肪酸和木质素等，石油工厂排出的硫化氢和二氧化硫尾气可经回收利用制成硫酸等。

（3）净化处理　对于暂时还没有适当方法进行综合利用的工业"三废"，为了避免排放后污染环境，应采取经济有效的方法加以净化。常用的净化方法有筛滤、沉淀、浮选等物理方法，加混凝剂、氧化剂、还原剂等化学方法，以及各种生物学方法。近年来，利用微生物处理废水的技术发展很快，自然界存在着大量微生物，它们具有氧化分解有机物的巨大能力。利用微生物处理工业废水比用化学法要经济得多，是一种有前途的方法，应用它可以去除废水中的有机污染物质，特别是用于处理酚、氰化物等已取得很好的效果。近年来，采用生物技术（包括基因工程、细胞工程、酶工程、生态工程）对环境污染物进行净化处理，也取得了较好的效果。总之，工业企业所排出的"三废"多是成分复杂的混合体，单一的净化方法常常达不到彻底净化的目的，在实际工作中往往把几种方法结合起来，才能收到较好的效果。

2. 预防农业性污染

（1）合理使用农药　农药被广泛地用于防治农业、林业、牧业等的病、虫、草害，为农业增产起到了重要的作用。但是滥施乱用农药，也造成了环境污染。因此，在使用农药时，应大力推广高效、低毒、低残留的农药，限制使用某些毒性大、残留期长的农药。施用农药要严格按照国家规定，控制使用的范围和用量，执行一定的间隔期，以减少农药在食品中的残留量。对于有"三致"作用的农药，应禁止生产和使用。

在农业病虫害防治工作中，应提倡综合防治，即将化学农药、生物防治（利用害虫天敌）和物理防治方法（如电离辐射使雄性绝育）等结合起来，联合或交替使用，既能减少化学农药的用量，又能更有效地防治病虫害。

（2）加强污水灌溉农田的卫生管理　利用城市污水及工业废水灌溉农田，既解决了污水的处理问题，又为农业生产提供不可缺少的水、肥等资源。但如果用未经处理的含毒工业废水灌田，则可能带来破坏土壤、污染环境（特别是污染地下水）等不良后果。因此，要求在引灌前进行预处理，并使水质达到灌溉标准后才能使用。

(3) **防止畜禽养殖污染** 近20年我国的畜牧养殖业发展很快，不但满足了畜产品市场的需要，还提高了农民的收入。但随之而来的一系列问题是畜禽养殖场排放的粪便、尿液、污水及其恶臭等对环境造成的污染越来越突出。为了防止畜禽养殖对环境的污染，在养殖场设计时，就要达到减少粪污排放量及无害化处理的技术要求，在养殖过程中妥善处理粪尿。

1) 用作肥料：可将畜禽粪尿作为肥料直接施入农田后经过耕翻，使鲜粪尿在土壤中分解，不会造成污染，不会散发恶臭，也不会招引苍蝇；或者是将畜禽排出的新鲜粪便在专用场地经腐熟堆肥法处理后施入农田。

2) 生物能利用：主要是将畜禽粪便与其他有机废弃物混合，在一定条件下进行厌氧发酵而产生沼气，可作为燃料或供照明，以回收一部分生物能。这是养殖场解决环境污染的一种良性循环机制，也是生态农业发展的一部分。

3) 用作饲料：畜禽粪便中最有价值的是含氮化合物，其中的粗蛋白含量可由总氮量来估计。目前，国内外已成功地利用发酵粪便作为动物饲料应用于生产。研究表明，鸡粪粗蛋白含量高，发酵后总蛋白含量显著高于其他动物粪便，因此，鸡粪发酵后作为饲料的效果优于其他畜禽的粪便。

合理使用兽药，严格执行兽药和饲料添加剂的使用对象、使用期限、使用剂量及休药期等，禁止使用违禁药物和未被批准的药物，限制或禁止使用人畜共用的抗菌药物或可能具有"三致"作用和过敏反应的药物，尤其禁止将它们作为促生长剂使用。

3. 预防生活性污染

日常生活中产生大量的废气、污水及垃圾等，生活污水及粪便、垃圾中富含氮、磷、钾及其他有机物质，可以作为农业生产的肥源，但若未经处理就直接排放，也可引起环境污染，甚至引起疾病。例如，人体粪便中可能含有各种寄生虫虫卵和病原微生物；医院的污水垃圾中更是含有大量的病原微生物，因此，应经过专门的消毒处理才能排放。

4. 预防交通性污染

汽车尾气是造成大中型城市大气污染的主要原因之一。汽车尾气中含有氮氧化物、一氧化碳、碳氢化合物、多环芳烃及铅等化学污染物。近年来，在全球范围内，针对汽车尾气污染新开发的交通工具燃料、新的汽化器等，对降低汽车尾气中有毒有害化学成分起了非常重要的作用，如用无铅汽油取代有铅汽油后，道路旁大气中铅含量明显下降。

第二章
动物性食品污染及控制

第一节 动物性食品污染概述

一、概念

1. 食品动物

食品动物是指各种人工养殖提供人食用或动物性食品的动物，包括猪、牛、羊、驴、兔等家畜，鸡、鸭、鹅、火鸡、珍珠鸡、鹌鹑、鸽等家禽，鱼、虾、蟹、螺、贝类等水生动物，以及蜜蜂、牛蛙等。

2. 动物性食品

动物性食品又称动物源性食品，指来源于动物体及其产物可食部分或以其为原料加工而成的食品。动物性食品主要包括供人食用的畜（禽）产品、水产品和蜂产品。

（1）畜（禽）产品　主要包括肉与肉制品、蛋与蛋制品、乳与乳制品。肉类分为畜肉和禽肉两类，前者包括猪肉、牛肉、羊肉和兔肉等，后者包括鸡肉、鸭肉和鹅肉等；蛋类有鸡蛋、鸭蛋、鹅蛋和鹌鹑蛋等；生鲜乳主要有牛乳、羊乳。

（2）水产品　包括各种鱼类、虾、蟹、螺和贝类等。

（3）蜂产品　主要包括蜂蜜、蜂王浆和蜂花粉等。

3. 动物性食品污染

世界卫生组织（WHO）定义的食品污染，是指食物中原来含有或者加工时人为添加的生物性或化学性物质，其共同特点是对人体健康有急性或慢性的危害。动物性食品污染是指在食品动物养殖及动物性食品加工、贮存、运输和销售等过程中，有害物质进入动物体内或污染动物性食品，可能对人体健康产生危害的现象。这些有害物质可能是原来含有或者加工和流通过程中人为添加的生物性、化学性或放射性物质。

4. 食品安全

食品安全是指食品在按照预期用途制备或食用时，应当无毒、无害，符合营养要求，对人体健康不造成任何急性、亚急性或者慢性危害。

5. 食品防护

食品防护是指确保食品生产和供应过程的安全，防止食品因不当逐利、恶性竞争、社会矛盾和恐怖主义等原因影响而受到生物、化学和物理等方面因素的故意污染或蓄意破坏。

6. 兽医食品卫生

兽医食品卫生是指为确保动物性食品安全和卫生，在生产、加工、贮存、运输和销售动物产品时必须要求的条件和措施。

二、动物性食品污染的分类

根据污染物性质不同，动物性食品污染分为生物性污染、化学性污染和物理性污染。

1. 生物性污染

生物性污染是由有害微生物及其毒素、寄生虫及其虫卵、食品害虫及其排泄物引起的食品污染。

（1）微生物污染　指由细菌及其毒素、霉菌及其毒素、病毒引起的食品污染。

动物性食品中污染的细菌包括致病菌和腐败菌两大类。

1）致病菌：根据引起食源性疾病的不同，致病菌又分为两类：①食物中毒病原菌，常见有沙门菌、志贺菌、致泻性大肠埃希菌、副溶血性弧菌、小肠结肠炎耶尔森菌、变形杆菌、空肠弯曲菌、金黄色葡萄球菌、溶血性链球菌、肉毒梭菌、产气荚膜梭菌和蜡样芽孢杆菌等。②食源性人兽共患病病原菌，如结核分枝杆菌、布鲁氏菌、炭疽杆菌、霍乱弧菌、单核细胞增生李氏杆菌等。

2）腐败菌：能引起动物性食品腐败变质的细菌，主要有以下几类：①微球菌属和葡萄球菌属，在肉类、蛋类和水产品等动物性食品中多见，有的可引起食品变色。②芽孢杆菌属与梭菌属，在肉类和鱼类食品，尤其是罐头食品中常见。③乳杆菌属，在乳品中多见。④假单胞菌属，在肉类、鱼类等动物性食品中易生长繁殖。⑤肠杆菌科，除志贺菌属和沙门菌属外，均为常见的腐败菌，多见于肉类、蛋类和水产品等动物性食品。⑥弧菌属和黄杆菌属，多见于水产品。⑦嗜盐杆菌属和嗜盐球菌属，多见于咸鱼。

3）霉菌及其毒素：污染食品的产毒霉菌及其毒素主要有曲霉属、青霉属和镰刀菌属等；霉菌毒素有200余种，主要有黄曲霉毒素、赭曲霉毒素、杂色曲霉素、展青霉素和伏马菌素等。

4）病毒污染：污染食品的病毒主要有禽流感病毒、轮状病毒、诺如病毒、甲型肝炎病毒、戊型肝炎病毒、肠腺病毒、埃可病毒和朊病毒等。

（2）寄生虫污染　污染动物性食品并引起人兽共患寄生虫病的病原体主要有4类：①原虫，主要有弓形虫、隐孢子虫和肉孢子虫等。②吸虫，主要有肝片吸虫、日本血吸虫和华支睾吸虫等。③绦虫，主要有猪囊尾蚴、细粒棘球蚴等。④线虫，主要有旋毛虫、广州管圆线虫等。

（3）食品害虫　食品害虫是指能引起食源性疾病、破坏食品、造成食品腐败变质的各种害虫，如在肉类、鱼类、蛋类等动物性食品中的蝇蛆、酪蝇、皮蠹、螨等。食品被这些昆虫污染后，品质受到破坏，感官性状不良，营养价值降低，甚至完全失去食用价值。食品害虫属节肢动物门，以昆虫纲鞘翅目和鳞翅目的昆虫，以及蛛形纲蜱螨目的螨类最为常见。除蛀蚀、破坏食品外，还可携带病原菌、霉菌孢子和寄生虫虫卵等，污染食品后，引起食品霉变、毒素残留、疫病传播。

2. 化学性污染

化学性污染是指有毒有害化学物质对食品的污染。农药、化肥、兽药和饲料添加剂等农业投入品的使用，食品添加剂和包装材料的不合理使用及高温加热处理、环境污染等，使化学物质通过多种途径有意或无意污染而残留于动物性食品中，影响其食用安全性。化学性污染主要包括以下几类。

（1）重金属和非金属污染　主要是汞、铅、镉、砷、氟及其化合物等的动物性食品污染。

（2）农药残留　主要是有机氯农药、有机磷农药、氨基甲酸酯类和拟除虫菊酯类农药等的动物性食品污染。

（3）兽药残留　主要是抗微生物药物、抗寄生虫药物、激素类，以及其他促生长添加剂等残留引起的动物性食品污染。

（4）食品添加剂污染　指为改善食品色、香、味及其品质，或为满足防腐、保鲜和加工工艺的需要而加入食品的天然或人工合成物质。在动物性食品加工中，滥用、超剂量、超范围使用食品添加剂，或者添加非食品添加剂的物质，造成动物性食品污染。例如，肉制品中过量添加硝酸盐或亚硝酸盐护色剂。

（5）食品包装材料污染　包装材料中可能含有的有害化学物质通过迁移引起动物性食品污染。包括：①塑料制品、橡胶、涂料等高分子材料，主要是游离单体、添加剂和裂解物残留，如聚氯乙烯塑料制品可能游离出氯乙烯单体。②金属和含金属包装材料，主要是铅、镉、锑和铬等重金属溶出而污染食品，尤其是酸性食品。③回收塑料、金属、包装纸等材料，主要是微生物和重金属污染。

（6）其他有害物质污染　N-亚硝基化合物、多氯联苯、多环芳烃、杂环胺、二噁英等物质，可通过环境污染和食品链的传递及蓄积造成动物性食品污染。

3. 物理性污染

物理性污染指由机械杂质、放射性物质引起的食品污染。动物性食品中肉眼可见的杂质包括毛发、指甲、骨屑、塑料、石头、金属丝和纸片等。食品放射性污染是由人工辐射源或开采、冶炼使用具有放射性物质时引起的食品污染。食品吸附的外来放射性核素产生的放射性高于自然界放射性本底时，即可产生食品放射性污染。

三、动物性食品污染的来源与途径

根据污染的来源与途径，动物性食品污染可分为内源性污染和外源性污染两类。生物性和化学性污染物均可造成动物性食品的内源性污染和外源性污染。

1. 内源性污染

内源性污染是指食品动物在生前受到的污染，也称为一次污染。

（1）内源性生物性污染　主要原因：①动物生前感染了人兽共患病，如感染结核病或布鲁氏菌病的病牛分泌的乳汁含有结核分枝杆菌或布鲁氏菌，沙门菌病禽产的蛋含有沙门菌。②动物生前感染了固有疫病，抵抗力降低，常导致大肠埃希菌和沙门菌等继发感染。③动物饲养期间感染了某些微生物，在长途运输、过劳和饥饿等状况下，动物机体抵抗力降低，肠道内的大肠埃希菌等微生物可侵入其他内脏组织。

（2）内源性化学性污染　来源于工业、农业、医疗卫生及日常生活等各个方面的化学物质，通过排出的废弃物进入环境，再通过饮水、呼吸和食物链（包括饲料）进入动物体内，造成动物性食品的内源性化学性污染。

1）工业生产：工业生产排放的"三废"含有重金属、有机物等有害化学物质污染环境及农作物，通过空气、饮水和饲料进入动物体内，发生生物富集，造成动物性食品污染。

2）农业生产：由于农药和化肥等农用化学品使用量的增加、滥用、不遵守安全间隔期、使用违禁农药等，导致农药通过饮水、饲料残留于动物组织内，造成动物性食品污染。

3）动物养殖：不合理使用兽药和饲料添加剂，或非法使用违禁物质，造成动物性食品化学性污染。例如，非法给猪饲喂盐酸克伦特罗（俗称瘦肉精），引起瘦肉精残留于猪组织器官中。此外，垃圾场内有害化学污染物质种类繁杂众多，在垃圾填埋场放养猪群，或以垃圾饲喂猪，使有害物质进入猪体内并富集，生产污染物含量很高的垃圾猪。

2. 外源性污染

外源性污染是指动物性食品在加工、运输、贮存、销售和烹饪等过程中受到的污染，也称二次污染。

（1）外源性生物性污染　主要原因与来源：①空气污染。②水污染。③土壤污染。④加工、运输、贮存和销售过程中的污染。⑤人和动物活动的污染。

（2）外源性化学性污染　主要原因与来源：①食品添加剂的污染。②包装材料的污染，如包装材料溶出的塑化剂污染食品。③食品加工中产生的有害化合物污染，如以腌、熏、烤和炸等方法加工肉类，可产生N-亚硝基化合物、多环芳烃和杂环胺等有害化学物质。④食品贮藏中的污染。⑤动物性食品腐败变质产生有害化学物质的污染，如肉腐败后产生胺类化合物。⑥食品掺假等人为污染，不法生产经营者以劣充优、以假充真，有意在动物性食品中加入危害人体健康的化学物质，如牛乳中掺入尿素、三聚氰胺等，用甲醛处理水产品等。

四、动物性食品污染的危害

动物性食品污染可引起食品腐败变质、感官性状改变、食用价值降低，还能对人体健康构成不同程度的威胁，并有可能引起食源性疾病的发生与流行。世界卫生组织认为食源性疾病是由通过摄食进入人体内的各种致病因子引起的，通常具有感染性质或中毒性质的一类疾病。《中华人民共和国食品安全法》（2021年修正版）第一百五十条定义：食源性疾病，指食品中致病因素进入人体引起的感染性、中毒性等疾病，包括食物中毒。食源性疾病包括食物中毒的各种中毒性疾病和经食物传播的各种感染性疾病。通常认为只要是通过食物传播的方式和途径致使病原进入人体并引起中毒性或感染性的疾病统称为食源性疾病。因此，食源性疾病具有 3 个基本特征：①食物发挥传播病原的媒介作用。②病原是食物中的各种致病因子。③临床特征为中毒或感染。

1. 食源性感染

食源性感染是指食用了含有被病原污染的食品而引起的一类感染性疾病。其中，许多人兽共患病可直接、间接通过动物性食品传播给人，而且常因病害动物及动物产品或废弃物处理不当，造成动物疫病流行，影响公共卫生安全和养殖业的发展。根据病原不同，食源性感染有以下两种类型。

（1）食源性传染病　指摄入了被病原污染的食品后引起的传染病。通过动物性食品可传播人兽共患传染病，如炭疽、布鲁氏菌病和结核病等。

（2）食源性寄生虫病　指摄入被寄生虫或其虫卵污染的食品而感染的寄生虫病。一类是通过畜肉传播的寄生虫病，如猪囊尾蚴病、旋毛虫病等；另一类是通过水产品传播的寄生虫病，如华支睾吸虫病、广州管圆线虫病等。

2. 食物中毒

食物中毒是指食用了被有毒有害物质污染的食品或者食用了含有毒有害物质的食品后出现的急性、亚急性疾病。

（1）特点

1）病因食物：发病与食物有关，患者在近期内都食用过相同食物，发病范围局限于食用中毒食品的人，停止食用该食物后发病很快停止。

2）发病急剧：发病呈暴发性，潜伏期短，来势急剧，短时间内可能有较多的人同时发病。

3）有类似症状：患者一般具有相似的、与该病因引起的致病作用相符而与其他疾病不同的特殊临床症状，多表现急性胃肠炎症状。

4）无传染性：食物中毒病人对健康人不具有传染性。

（2）分类　根据病因物质不同，可将食物中毒分为以下 5 类。

1）细菌性食物中毒：因摄入含有致病菌或其毒素的食品引起的非传染性的急性或亚急性疾病，如沙门菌食物中毒、肉毒梭菌毒素食物中毒。

2）真菌性食物中毒：因食用被真菌及其毒素污染的食品而引起的食物中毒。发病具有季节性和地区性，多由植物性食品所引起，如黄曲霉毒素中毒、毒蕈中毒等。

3）动物性食物中毒：因摄入某些动物性食品本身含有或分解产生的有毒成分而引起的食物中毒，如河豚中毒、贝类中毒或变质鲭鱼（青皮红肉鱼类）引起的组胺中毒。

4）植物性食物中毒：因摄入某些植物性食品本身含有的有毒成分而引起的食物中毒，如将天然含有有毒成分的植物或其加工制品当作食品（大麻油、发芽马铃薯等）、将未能破坏或除去有毒成分的植物当作食品（木薯、苦杏仁等）。

5）化学性食物中毒：因摄入化学性毒物污染的食品或者将有毒物质当作食物误食而引起的食物中毒，如亚硝酸盐中毒、盐酸克伦特罗中毒等。主要包括 4 类：①被有毒有害的化学物质污染的食品。②误将有毒有害的化学物质作为食品、食品添加剂、营养强化剂。③添加非食品级的、伪造的或禁止使用的食品添加剂、营养强化剂的食品，以及超量使用食品添剂的食品。④营养素发生化学变化的食品（如油脂酸败）。

第二节　化学性污染

化学污染物种类繁多，来源广泛，并可发生生物富集，使其毒性增强，经食物链传递，引发严重的食品安全问题。特别是有的化学污染物性质稳定，生物半衰期长，环境降解和生物代谢慢，危害更加严重。

一、农药残留

1. 概念

农药是指用于预防、消灭或者控制危害农业、林业的病、虫、草和其他有害生物，以及有目的地调节植物、昆虫生长的化学合成或者来源于生物、其他天然物质的一种物质或者几种物质的混合物及其制剂。

农药残留是指农药使用后其母体、衍生物、代谢物、降解物等在环境、动植物或食品中的残余存留现象。

农药残留物是指任何由于使用农药而在食品、农产品和动物饲料中出现的特定物质，包括被认为具有毒理学意义的农药衍生物，如农药转化物、代谢物、反应产物及杂质。

2. 农药残留的影响因素、来源与途径

动物在生长期间或动物性食品在加工与流通中均可能受到农药的污染，引起原料、半成品和成品的农药残留。

（1）食品中农药残留的影响因素　主要包括农药的种类、性质、剂型、使用方法、施用浓度、使用次数、施药时间、环境条件和动植物的种类等。通常，性质稳定、生物半衰期长、与机体组织亲和力较高的农药，更容易发生生物富集并经食物链传递，致使食品中农药残留量高。施药次数多、浓度大、间隔时间短，食品中农药残留量则较高。

（2）来源与途径　主要包括：①用药后直接污染。②从环境中吸收。③通过食物链富集。④意外污染。

3. 农药残留对人体健康的影响

农药的毒性分为3种：急性毒性、慢性毒性和特殊毒性。人体内的农药多数是由于摄入被农药污染的食品而进入人体，当农药在体内蓄积到一定量时，就会对人体产生明显的毒害作用。农药残留对人体的危害常是慢性的、潜在性的。主要毒害表现有：①影响各种酶活性。②损害神经系统、内分泌系统、生殖系统、肝脏和肾脏。③引起皮肤病、不育和贫血。④降低机体免疫功能。⑤具有致癌、致畸和致突变作用。

4. 有机氯农药残留

有机氯农药包括滴滴涕（DDT）、六六六（BHC或HCH）、艾氏剂、异艾氏剂、狄氏剂、异狄氏剂、毒杀芬（氯化烯）、氯丹、七氯和林丹等。虽然该类农药已被禁用，但因其性质相当稳定，在环境中残留时间长，不易分解，不断地迁移和循环，从而波及全球的每个角落。因此，目前有机氯农药仍是一类重要的环境污染物和食品残留物，以其蓄积性强和远期危害备受人们的关注。

（1）食品中残留状况　由于有机氯农药是脂溶性的，选择性高，进入体内多蓄积于动物的脂肪或含脂肪多的组织，不易排出。一般动物性食品有机氯农药残留量高于植物性食品，含脂肪多的食品高于脂肪少的食品，猪肉高于牛肉、羊肉和兔肉，淡水鱼高于海产鱼类。动物性食品中有机氯农药主要来自畜禽采食被农药污染的饲草料、饮水；药物经皮肤吸收或被动物舔食非法使用的抗寄生虫病有机氯药物；畜禽误食拌有有机氯农药的种子。

（2）对人健康的影响　有机氯农药中毒表现为四肢无力、头痛、头晕、食欲减退、抽搐、肌肉震颤和麻痹等神经症状。有机氯农药在人体内代谢缓慢，主要蓄积于脂肪组织，其次为肝、肾、脾和脑组织，少部分可随乳汁排出，并能通过胎盘传递。有机氯农药种类不同，其毒性作用也不同，如DDT有较强的蓄积性，能损伤肝脏、肾脏和神经系统，引起肝脏肿大、贫血、白细胞增多，而且对免疫系统、生殖系统和内分泌系统也有显著影响；氯丹和林丹是人类癌症的诱发剂，艾氏剂、狄氏剂和异狄氏剂可引起食管癌、胃癌和肠癌，联合国粮食及农业组织（FAO）、世界卫生组织将异狄氏剂列为Ia类极度危险性农药。

二、兽药残留

1. 概念

兽药残留是指对食品动物用药后，动物产品的任何食用部分中的原型药物或/和其代谢产物，包括与兽药有关的杂质的残留。

残留总量是指对食品动物用药后，动物产品的任何食用部分中某种药物残留的总和，由原型药物或/和其全部代谢产物组成。

饲料药物添加剂是指为预防、治疗动物疾病而掺入载体或者稀释剂的兽药预混物，包括抗球虫药类、驱虫剂类和抑菌促生长类等。

2. 兽药残留的原因与来源途径

（1）兽药残留产生的原因　包括：①未按兽药标签和说明书使用，如用药方法不当，超剂量、超范围、超长疗程用药。②不执行休药期规定。③非法使用违禁药物。④饲料在生产、加工、贮藏、运输、使用过程中被兽药污染。⑤环境污染。⑥其他原因。

动物性食品的兽药残留与药物的种类、剂量、时间，以及动物的品种、生长期有关，但主要是由人为用药不当造成的。

（2）兽药残留的来源途径

1）兽药的使用：人为使用兽药或饲料药物添加剂预防、治疗动物疫病或促进动物生长。

2）环境污染：动物养殖和疫病防治中大量使用的药物，很多会以原型或以有活性的代谢产物随动物粪便、尿液或其他排泄物污染环境，引起兽药在生态环境中残留，进而污染饲料、饮水，通过食物链富集于食品动物体内。

3. 兽药残留对人体的危害

（1）变态反应　有些药物可引起一些个体出现变态反应或过敏反应，如青霉素、四环素类和磺胺类等药物，食用这些药物残留量高的动物性食品，存在引发食用者出现变态反应的食品安全风险。常见症状有皮疹、荨麻疹、皮炎、发热、血管性水肿、哮喘和过敏性休克等。

（2）毒性作用

1）急性毒性：有些动物性食品中残留兽药可引起食用者急性中毒。

2）慢性毒性：长期食用残留兽药的动物性食品，当药物在人体内蓄积达到一定浓度时，可对机体产生各种慢性毒性作用，损害肝脏、肾脏、消化系统、神经系统、造血系统和循环系统等。例如，链霉素可引起前庭功能障碍和耳蜗听神经损伤；氯霉素能抑制骨髓造血机能，引起再生障碍性贫血。

3）特殊毒性：有些药物具有"三致"作用，如雌激素类（己烯雌酚）、同化激素（苯丙酸诺龙)、硝基呋喃类(呋喃西林)、硝基咪唑类和砷制剂等药物,规定在动物性食品中不得检出具有"三致"作用的药物。

(3) 对胃肠道微生物的影响　大量或长期低水平使用抗微生物药物,不但对人的胃肠道微生态系统产生不良影响,而且会产生严重的细菌耐药问题。细菌耐药性是指某些细菌菌株对通常能抑制其生长繁殖的某种浓度的抗生素产生了耐受性。

抗微生物药物残留对人的胃肠道微生态系统的主要影响包括:①破坏或抑制胃肠菌群中敏感菌的生长。②导致条件性病原菌大量繁殖或体外病原菌侵入肠道。③改变肠道菌群代谢活性,使菌群固有活性和毒性的生物转化能力发生变化。④引发细菌耐药性,导致人类感染性疾病治疗的失败。

(4) 激素样作用　影响内分泌功能;影响生育能力;诱发儿童性早熟。

4. 常见的兽药残留

(1) 抗微生物药物残留　抗微生物药物是指能够抑制或杀灭病原微生物的药物,包括抗生素、化学药品、中药材及其制剂。抗微生物药物残留可能引发食用者发生变态反应、毒性作用、菌群失调,以及产生耐药菌株。该残留主要来源于治疗或预防动物的疾病,或者促进动物生长的抗微生物药物,以及为防止食品腐败变质而加入的抗生素类药物。

(2) 抗寄生虫药物残留　抗寄生虫药物是指能够杀灭或驱除动物体内、外寄生虫的药物,包括化学药品、抗生素、中药材及其制剂。食入含抗寄生虫药物残留的动物性食品,可能引起人体出现头晕、胃肠道症状,对肝脏有损害,有些具有"三致"作用。抗寄生虫药物多蓄积于畜禽肉、肝脏和肾脏。

(3) 激素残留　动物性食品中残留的激素主要有雌激素及其类似合成药物、促性腺激素、孕激素、雄激素及同化激素、肾上腺皮质激素及促肾上腺皮质激素等,其中以性激素对人体健康危害最大。主要表现在3个方面:①对生殖系统和功能造成严重影响,如性早熟、男性女性化等。②诱发癌症,如生殖系统肿瘤、白血病等。③对肝等组织有损害作用。

(4) β-受体激动剂残留　β-受体激动剂又称为β-兴奋剂,是一类能结合并激活肾上腺素受体的药物。该药物能促进动物生长,提高畜禽的瘦肉率,减少脂肪沉积,提高饲料转化率,对生长激素和胰岛素还具有调节作用。目前在畜禽养殖中非法使用最广泛的β-受体激动剂是克伦特罗,其次是使用沙丁胺醇(又称舒喘宁),还有莱克多巴胺、西马特罗(又称息喘宁)等十余种。这类药物在动物体内生物半衰期长,清除缓慢,可残留于肌肉、肝脏和肺等可食组织。克伦特罗是一种平喘药,对心有兴奋作用,可损害胃、肝脏和气管等组织。人食用瘦肉精残留浓度较高的动物性食品产品后,会出现头痛、头晕、心悸、心律失常、呼吸困难、肌肉震颤和疼痛等中毒症状。

三、重金属和非金属污染

1. 重金属污染

自然界中含有80多种金属和类金属元素,通常引起人中毒的主要是重金属,其密度在 $4.5g/cm^3$ 以上,如铅、镉、汞等,称为有毒金属;砷兼有金属与非金属的性质,所以称为半金属元素,是常见的有毒元素。其中铅、镉、汞、砷和铬等是影响动物性食品安全的主要有毒金属。

(1) 汞的污染　汞包括3种形式:金属汞、无机汞和有机汞。金属汞,又称水银,常温下可以蒸发,而且随温度升高,蒸发量增大。在环境中或生物体内无机汞可以通过微生物作用形成甲基汞。甲基汞性质稳定,易溶于脂肪,通过食物链富集,难以排出体外。

1) 污染来源：

① 自然环境：朱砂矿等岩石中所含的汞，可通过风化和雨水冲刷等自然现象进入环境。

② 工业"三废"：工业"三废"中含有大量的汞，常造成灌溉用水、饲草等污染，再由畜禽采食通过食物链导致动物性食品污染。

③ 农业生产：早期使用的有机汞农药（如氯化乙基汞、醋酸苯汞和磺胺苯汞等），通过环境、饲料进入动物体内，造成动物性食品污染。20世纪50年代发生于日本水俣湾地区的"水俣病"是世界历史上首次发生重金属污染的重大事件，该水域鱼类被附近化工厂排出的含汞废水污染，当地居民因食用该水域捕获的鱼类而发生甲基汞中毒。鱼体内的汞来自水环境中的汞，并可通过食物链在体内富集高浓度的甲基汞。

2) 对人体健康的影响：无机汞主要损害肝脏和肾脏。甲基汞毒性很强，会损害中枢神经系统，并可以通过血-脑屏障、血-睾屏障及胎盘屏障。

① 急性中毒：表现胃肠道和神经症状，患者迅速昏迷、抽搐，最终死亡。

② 慢性中毒：患者出现消瘦、视力障碍、听力下降、口唇发麻、震颤、手脚麻痹、步态不稳、言语不清等症状，重者瘫痪、耳聋眼瞎、智力丧失、神经错乱，最后痉挛、窒息而死亡。甲基汞可引起孕妇流产、胎儿畸形；新生儿汞中毒表现为发育不良、智力低下、脑瘫痪等先天性水俣病病征，甚至死亡。

(2) 铅的污染 铅及其化合物种类多、应用广，会以各种形式排放到环境中，难以降解，是动物性食品中最常见的重金属污染物之一。

1) 污染来源：

① 工业生产：铅在工业上应用广泛，并被排放到环境中。

② 农业生产：使用含铅农药。

③ 交通运输：使用含铅汽油，造成空气、农作物及饲草料中含铅量升高。

④ 食品加工：在动物性食品加工过程中含铅的添加剂、包装材料和加工机械设备等的使用，可造成动物性食品的铅污染，如传统皮蛋制作过程中使用四氧化三铅（黄丹粉），导致皮蛋中含铅量较高。

2) 对人体健康的影响：铅在人体内的生物半衰期为4年，约有90%的铅蓄积于骨骼中，在骨骼中的生物半衰期长达10年。铅还可沉积于脑、肾和肝组织中，主要损害神经系统、造血系统和肾脏，使免疫功能降低、消化道黏膜坏死、肝变性坏死。

① 急性中毒：表现为口腔有金属味、出汗、流涎、呕吐、便秘或腹泻、血压升高等，严重时抽搐、瘫痪、昏迷，甚至死亡。

② 慢性中毒：以神经系统功能紊乱为主，出现食欲减退、头痛、头昏、失眠、记忆力下降等。重者表现为多发性神经炎、肌肉关节疼痛、牙龈有"铅线"、贫血、肾功能障碍乃至衰竭、视力模糊、记忆力减退、脑水肿等，甚至发生休克或死亡。

③ 婴幼儿中毒：损害脑组织，导致儿童发育迟缓、智力低下、烦躁多动、癫痫、行为障碍、心理异常和脑性瘫痪。

(3) 镉的污染 镉在自然界分布广泛，多以硫镉矿存在，1940年发现镉具有慢性毒性。

1) 污染来源：

① 工业生产：镉在工业中应用极广，可通过"三废"污染环境和饲料。

② 农业生产：使用含镉的化肥和农药，污染环境、饲草料和饮水，通过食物链的富集，在动物的可食组织中维持较高水平。通常，海产品、动物内脏中镉含量较高。

2）对人体健康的影响：镉的毒性较大，损害肾脏、骨骼和消化系统，引起骨质疏松和骨折。进入体内的镉主要分布于肝脏，其次是肾脏。

① 急性中毒：出现流涎、恶心和呕吐等消化道症状，重者可因衰竭而死。

② 慢性中毒：表现为骨质疏松症、软化、骨骼疼痛、容易骨折，出现高钙尿、肾绞痛、高血压、贫血。20世纪50~70年代镉污染引起日本富山县发生了"痛痛病"。

（4）砷的污染　砷是一种类金属元素，有灰色、黑色、黄色3种异形体。元素砷极易氧化为有剧毒的三氧化二砷（砒霜）等化合物。砷化物包括无机砷（多为三价和五价砷化物）和有机砷（主要是五价砷）两类。自然界中的砷多以五价形式出现，环境污染的砷多以三价形式存在。砷对环境的污染和人体健康的危害仅次于铅。

1）污染来源：

① 自然环境：砷多以无机砷形态分布于许多矿物中，如黄铁矿、雄黄矿与雌黄矿（As_2S_3）等。

② 工业生产：在工业中广泛应用砷矿、煤燃料及砷化物等，均可通过工业"三废"污染环境、饲料、饮水，再通过食物链污染动物性食品。

③ 农业生产：使用含砷农药引起作物的砷污染。

④ 畜牧业生产：使用砷制剂或含砷抗寄生虫药物，引起动物性食品的砷污染。

2）对人体健康的影响：砷损害神经系统、肾脏和肝脏，对消化道黏膜有腐蚀作用，被国际癌症研究机构确认为致癌物。三价砷的毒性强于五价砷，无机砷的毒性大于有机砷，有机砷的毒性随甲基数增加而递减。经消化道吸收的砷分布到全身，蓄积在肝脏、肺、肾脏、脾脏、皮肤、指甲及毛发中，生物半期为80~90d，并可通过胎盘进入胎儿体内。

① 急性中毒：误食引发中毒，主要表现为恶心、呕吐、腹泻、兴奋、躁动、意识模糊、四肢痉挛等，重者意识丧失、昏迷、呼吸麻痹而死亡。

② 慢性中毒：表现为神经衰弱综合征、消化机能紊乱、食欲减退、多发性神经炎、慢性结膜炎、脱发、皮肤色素沉着和角化等。我国台湾某些地区居民由于长期饮用含砷过高的水而导致黑脚病。

2. 非金属污染

非金属污染主要是氟及其化合物、多氯联苯、N-亚硝基化合物、多环芳烃、杂环胺、二噁英等化合物的污染。这些物质主要来自环境或食品加工过程，对人体健康危害很大，多数具有致癌、致畸和致突变的"三致"作用。

（1）多环芳烃的污染　多环芳烃主要指稠环芳烃，由两个以上苯环连在一起的化合物，是一大类广泛存在于环境中的污染物。多环芳烃是最早被发现和研究的致癌物，其中苯并芘（3，4-苯并芘）是最重要的一种，也是动物性食品理化检验中重点检测的化学污染物。

1）污染来源：

① 来自环境：各种燃料不完全燃烧或垃圾焚烧产生并释放多环芳烃，继而被动物富集，污染动物性食品。

② 熏烤加工食品：动物性食品在熏、烤、炸等加工过程中会产生多环芳烃。除了受烟尘中的多环芳烃污染外，食品组成成分经高温热解或聚合也可产生多环芳烃。反复高温加热使脂肪热解产生多环芳烃，经检测煎炸油比普通油中多环芳烃的含量高。污染程度与燃料种类和燃烧时间有关，燃料燃烧越不完全、熏烤时间越长、食品越被烧焦或炭化，产生的多环芳烃就越多。与用电炉或红外线加工食品相比，用煤炉、柴炉加工食品产生的多环芳烃多。

2）对人体健康的影响：多环芳烃具有"三致"作用，可引起实验动物的组织增生，神经系统、免疫系统、肝脏、肾脏和肾上腺损害，支气管坏死等。苯并芘和多种多环芳烃可诱发皮肤、肺、肝脏、食道、胃、肠、乳腺等组织器官发生肿瘤，导致生育能力降低或不育，引起子代肿瘤、胚胎死亡或免疫功能降低。冰岛人胃癌的死亡率居世界第三位，与居民喜欢吃自制烟熏羊肉（苯并芘含量较高）有一定关系。

（2）N-亚硝基化合物的污染　N-亚硝基化合物是一类具有R1（R2）=N-N=O分子结构的致癌物质，广泛存在于自然界、食品（海产品、肉制品、腌菜类）和药物中。根据其结构不同，可分为两类：①N-亚硝胺，R_1和R_2可为烷类或芳香基，也可以是芳香基或杂环化合物，R_1和R_2相同者称为对称性亚硝胺，如N-二甲基亚硝胺（NDMA）；R_1和R_2不同者称为非对称性亚硝胺，如N-亚硝基甲乙胺（NMEA）。②N-亚硝酰胺，R_1为烷基或芳烷基，R_2为酰基，如亚硝基甲基乙酰胺。

1）污染来源：形成N-亚硝基化合物的两种前体物质是可亚硝化的含氮物质和N-亚硝基化剂。可亚硝化的含氮物质种类很多，包括胺类、氨基酸、多肽、酰胺、吡啶、脲、胍、肼、酰肼、脎等，广泛存在于环境、药品、化工产品中，食物中蛋白质分解生成的氨基酸经脱羧后可产生胺类。

① 来自环境：N-亚硝基化剂包括硝酸盐、亚硝酸盐及其他氮氧化合物（如三氧化二氮和二氧化氮等），广泛存在于自然环境中，如肥料中的氮在土壤中可以转化为硝酸盐，腐烂变质的蔬菜中含有亚硝酸盐。可亚硝化的含氮物质和N-亚硝基化剂在适宜条件下（环境、生物体内、食物或人胃中），经亚硝基化反应生成N-亚硝基化合物。

② 来自食品：N-亚硝基化合物及其前体广泛存在于环境、工业生产（化工、制药、农药生产及化妆品和香烟燃烧等）中。许多橡胶制品（包括婴儿奶嘴）和纸箱等包装材料含有一定量的亚硝胺，通过与食品接触导致N-亚硝基化合物及其前体向食品迁移造成污染。此外，食品加工过程可造成食品中N-亚硝基化合物污染，常见的加工食品如下：

a. 腌腊制品：在腌腊过程中使用的护色剂硝酸盐或亚硝酸盐，遇到肉或鱼中的胺类、酰胺等化合物即可生成N-亚硝基化合物，腐败变质肉中的胺类化合物很多。有资料表明，腌制后的肉和鱼再经熏、烤和油炸等处理可产生N-二甲基亚硝胺等十多种亚硝基化合物，咸肉中亚硝胺含量可达0.4~7.6μg/kg，咸鱼中亚硝胺含量高达1~9μg/kg。

b. 干燥食品：加热干燥食品时，空气中的氮氧化合物与食品中的胺类作用，生成亚硝胺。例如，乳粉干燥中可形成微量N-二甲基亚硝胺；烤鱼中也常检出高浓度的N-二甲基亚硝胺，尤其是用煤气炉明火烧烤时产生的亚硝胺更多。

c. 发酵食品：奶酪、酸菜等食品在发酵中可产生亚硝胺。

2）对人体健康的影响：N-亚硝基化合物具有一定的急性毒性，主要引起肝坏死和出血，慢性中毒以肝硬化为主，并具有"三致"作用。诱发肿瘤所需剂量较低，可引起机体组织器官出现广泛性肿瘤，如神经系统、口腔、食道、胃、肠、肝脏、肺、肾脏、膀胱、胰脏、心脏、皮肤和造血系统等发生肿瘤。N-亚硝基化合物也能通过胎盘诱发后代出现肿瘤或畸形。

（3）多氯联苯的污染　多氯联苯是一类由多个氯原子取代联苯分子中氢原子而形成的氯代芳烃类化合物，有200多种异构体。其理化性质稳定，容易蓄积，是世界上公认的全球性环境污染物之一。

1）污染来源：

① 工业生产：工业生产排放至环境的含多氯联苯的废水是造成动物性食品污染的主要原因。

② 食品加工和包装：在食品加工中使用多氯联苯作为热载体，以及源自含有油墨的回收废纸或无碳复写废纸的包装纸均能造成多氯联苯污染食品，用这类包装纸包装含油脂的动物性食品更易造成污染。1968年日本发生的"米糠油事件"，就是因为在米糠油生产中使用多氯联苯作为热载体而污染了油，引起13000多人中毒，16人死亡。

2) 对人体健康的影响：多氯联苯经食物进入人体后，主要蓄积于脂肪组织。

① 急性中毒：主要表现为恶心、呕吐、眼皮肿胀、手掌出汗、皮肤溃疡、黑色痤疮、手脚麻木、肌肉疼痛等症状，严重者死亡。

② 慢性中毒：主要表现为胃肠黏膜受损，肝脏肿大、坏死，胸腺和脾脏萎缩，体重下降，记忆力减退或丧失。

③ 致癌和致畸作用：多氯联苯有致癌作用，并能通过母体导致胎儿畸形。

第三节 放射性污染

自然界本身存在微量的放射性物质，与来自宇宙空间的宇宙射线共同形成放射性天然辐射源。其中，参与外环境和生物体之间的物质交换，并存在于动植物体内的放射性核素，构成了食品的天然放射性本底。环境中放射性物质的存在，最终将通过食物链进入人体。食品可吸附外来放射性核素，当其放射性高于自然界放射性本底时，称为食品的放射性污染。放射性物质对食品污染的特点是种类多，生物半衰期一般较长，被人摄取的机会多，在人体内可长期蓄积，危害程度大，消除影响的时间长。

一、食品放射性污染物的来源与途径

1. 食品放射性污染物的来源

（1）食品中天然放射性物质的来源　天然放射性核素分成两大类：①宇宙射线的粒子与大气中的物质相互作用的产物，如 ^{14}C（碳）、^{3}H（氚）等。②地球在形成过程中存在的放射性核素及其衰变产物，如 ^{238}U（铀）、^{235}U、^{40}K（钾）、^{87}Rb（铷）等。自然界中天然放射性物质分布很广（如矿石、土壤、水体、大气和动植物组织），动植物组织中主要是 ^{40}K。天然放射性本底基本不会影响食品安全性和人体健康。

（2）食品中人工放射性物质的来源

① 核试验：核爆炸时会产生大量的放射性裂变产物，是放射性污染的主要来源。

② 核工业生产：核工业的生产环节、核装置材料的运输和废物的贮存、排放和生产放射性核素等，均有放射性物质排入环境中。核燃料设备排出的 ^{3}H（氚）和 Kr（氪），在环境中很难清除，通过污染水源和空气，进入人体后产生遗传基因诱变或放射线。

③ 核动力工业：核电站的建立和运转，产生放射性裂变产物，如 ^{3}H（氚）、^{55}Fe（铁）、^{60}Co（钴）、^{90}Sr（锶）等。虽然极其微量，但核电站的污水排放量很大，可能经过水生生物链被富集浓缩，成为水产品放射性物质污染的来源之一。

④ 放射性矿石的开采和冶炼：在开采和冶炼放射性矿石（如铀、钍矿等）的过程中，产生放射性粉尘、废水和废渣，造成环境和食品的放射性污染。

⑤ 其他方面：放射性核素在工农业生产、医学和科研上的广泛应用，造成环境和食品的放射性污染。

2. 食品放射性物质污染的途径

环境中的放射性核素，通过吸附滞留、固着滞留、生化浓缩、物化浓缩、生物洄游运

转，以及水体流动的稀释扩散等方式在环境中迁移转化。进入大气的放射性尘埃，随气流和雨水扩散，大部分会沉降到江河湖海和大地表面，污染水域和植被，然后通过饲草或水体等进入畜禽或水产动物体内，引起动物性食品的放射性物质残留。水体是核试验和核动力工业放射性物质的主要受纳体。水生生物对放射性核素有明显的富集作用，富集系数可达 $1\times(10^3\sim10^4)$。污染水体的放射性核素，一部分被水吸收后消除，大部分被水生生物吸收、富集并随食物链转移传递。

放射性核素进入生物体，即参与相应同位素的代谢。当机体的该同位素含量很少或缺乏时，就参与同族化学性质近似的元素代谢。例如，^{90}Sr 和 ^{137}Cs 分别参与体内钙和钾的代谢，这种放射性污染叫作结构性污染。生物半衰期长的 ^{90}Sr、^{137}Cs 及生物半衰期短的 ^{89}Sr、^{131}I 和 ^{140}Ba 都是食物链中重要的放射性核素，它们通过牧草、饲料、饮水等途径进入畜禽体内，造成放射性物质残留，并可从乳中排出。

二、食品放射性污染的危害

通常，放射性物质主要经消化道进入人体（其中食物占94%~95%、饮水占4%~5%、其他占1%~2%）。而在核泄漏事故时，放射性物质可经消化道、呼吸道和皮肤进入人体，并在人体内继续放射多种射线引起内照射。当放射性物质达到一定浓度时，便能对人体产生损害。其危害性因放射性物质的种类、人体差异、富集量等因素而有所不同。人被大剂量放射性照射可以发生放射病；一般剂量和小剂量照射，能引起慢性放射病和长期效应，如血液学变化、性欲减退、生育能力障碍及诱发肿瘤等。通过食物链蓄积在人体内的放射性核素，主要是小剂量的内照射，会产生潜在危害。它取决于食品中放射性核素的含量、食品在膳食中的比例及其加工方法等。通过饮食摄入小剂量放射性核素引起的放射病，潜伏期较长，且以肿瘤形式呈现者较多。此外，放射性核素还可引起动物多种基因突变及染色体畸变，即使是小剂量也能对动物的遗传过程产生影响。

第四节 细菌性食物中毒

动物性食品是引起细菌性食物中毒的主要食品，以肉品最常见，其次是变质畜禽肉及鱼、乳、蛋、剩饭等。细菌性食物中毒的特点：①发病的季节性强，多见于夏、秋季。②病因食品比较明确，主要是动物性食品。③引起食物中毒的原因明显，如与饮食卫生状况相关等。

一、沙门菌食物中毒

【病原】沙门菌属为肠杆菌科中的一个大属，包括肠道沙门菌和邦戈尔沙门菌2个种，其中肠道沙门菌几乎包括了所有对人和温血动物致病的各种血清型菌种。现已发现2500多个血清型和变种，在我国发现120多个血清型，经常从人体、动物体和食品中分离到的仅有40~50个血清型。引起食物中毒最常见的是鼠伤寒沙门菌、猪霍乱沙门菌和肠炎沙门菌。许多沙门菌具有产生毒素的能力，尤其是肠炎沙门菌、鼠伤寒沙门菌和猪霍乱沙门菌等所产生的毒素具有耐热性，经75℃处理1h仍具有毒力，常引起人的食物中毒。

【流行病学】沙门菌分布极广，遍及自然界，畜禽的带菌率高，在屠宰加工过程中极易污染畜禽产品。动物性食品在食用前热处理不够彻底，或者放置过程中受到沙门菌的二次污染，引起食后的沙门菌食物中毒。一年四季均可发生，大多发生于5~10月，以7~9月最多。发病率一般为40%~60%，各种年龄的人均可发病，以婴幼儿、老人和体弱者多见，且症状较重。

【症状】潜伏期4~48h，一般12~24h，患者主要呈现急性胃肠炎症状。病初恶心、头痛、头晕、食欲减退，继而呕吐、寒战、面色苍白、全身无力、腹痛、腹泻，体温38~40℃。急性腹泻以黄色或黄绿色水样便为主，恶臭。重者痉挛、脱水、休克。病程3~7d，预后良好，但老人、婴幼儿或病弱者如不及时治疗，也会导致死亡。

【诊断】根据流行病学特点和临床表现可做出初步诊断；用可疑食物、病人呕吐物或排泄物检出血清型相同的沙门菌，即可确诊。沙门菌检验方法参见 GB 4789.4—2024《食品安全国家标准　食品微生物学检验　沙门氏菌检验》。

二、志贺菌食物中毒

【病原】志贺菌通常称为痢疾杆菌，包括 A 群痢疾志贺菌、B 群福氏志贺菌、C 鲍氏志贺菌及 D 群宋氏志贺菌。其中，宋氏志贺菌对外界环境抵抗力强，在 5~10℃仍可生长，20~30℃生长繁殖最好。本菌引起的食物中毒最为常见，是志贺菌食物中毒的主要致病菌。

【流行病学】志贺菌污染的熟制肉类和乳类食品，在室温放置过程中，本菌大量繁殖，食用前未经充分加热灭菌，极易引起食物中毒，多发生于春、夏、秋季。苍蝇、蟑螂等昆虫为主要传播媒介。

【症状】潜伏期 4~24h，多数患者在进食后 10~20h 发病。病人突然剧烈腹痛、恶心、呕吐和频繁腹泻，多为水样便，随后出现泡沫黏液便或血液便，里急后重显著，粪便中有很多红细胞和白细胞；病人多发冷、寒战、头晕、头痛，体温升高（一般为 38~40℃），有的出现肌肉痛、发绀、痉挛等症状。多在 3d 后恢复，个别重症患者 10d 左右痊愈。

【诊断】根据流行病学特点和临床表现可做出初步诊断，泡沫黏液便和血液便是痢疾病人的主要临床表现；在病因食品和病初 1~2d 病人腹泻物中检出相同血清型的宋氏志贺菌或福氏志贺菌，即可确诊。病原菌检验方法参见 GB 4789.5—2012《食品安全国家标准　食品微生物学检验　志贺氏菌检验》。

三、致泻性大肠埃希菌食物中毒

【病原】埃希菌属有 5 个种，其中最重要的是大肠埃希菌，俗称大肠杆菌，主要存在于人和动物的肠道，通常不致病，但少数菌株具有致病性。根据致泻性大肠埃希菌引起的食物中毒临床症状、流行病学特点、发病机理及 O∶H 血清型、质粒编码毒力特性、与肠黏膜特有的相互作用、产生肠毒素或细胞毒素型别等，将致泻性大肠埃希菌分为 6 种类型，包括产肠毒素大肠埃希菌（ETEC）、肠致病性大肠埃希菌（EPEC）、肠侵袭性大肠埃希菌（EIEC）、肠出血性大肠埃希菌（EHEC）。肠出血性大肠埃希菌有特定的血清型，主要是 O157∶H7，致病性极强，会引起出血性肠炎，导致剧烈腹泻和便血，严重者出现溶血性尿毒症，甚至死亡。大肠埃希菌对外界环境有中等程度的抵抗力，在 60℃下 15min 即被杀死，但耐热肠毒素（ST）在 100℃处理 20min 仍保持毒性。

【流行病学】致泻性大肠埃希菌主要存在于人和动物的肠道内。健康人和儿童肠道带菌率为 2%~8%，有时高达 44%；肠炎病人和腹泻婴儿的带菌率为 29%~52%；畜禽的带菌率为 7%~22%。病原菌随粪便排出体外，污染环境，进而污染食品。被本菌污染严重的动物性食品，尤其是熟肉类、冷荤拼盘、蛋与蛋制品、乳与乳制品等，若没有充分加热，被食入后会引起食物中毒。夏、秋季多发，苍蝇是重要的传播媒介。本病以婴幼儿多发，但在旅游者中无年龄差异。在发展中国家常呈地方流行性，在发达国家多为散发。

【症状】菌型不同，食物中毒的症状各异。

（1）急性胃肠炎型　由产肠毒素大肠埃希菌引起，比较常见。潜伏期 10~15h。主要症状为水样腹泻、腹痛、呕吐、头痛、发热（38~40℃）。病程 3~5d。

（2）**出血性肠炎型** 由肠出血性大肠埃希菌引起。潜伏期3~4d。主要症状为痉挛性腹痛，腹泻，发热，呕吐。初为水样便，而后为血便，严重者出现溶血性尿毒症。病程10d左右，病死率3%~5%。

（3）**急性菌痢型** 由肠侵袭性大肠埃希菌引起。潜伏期48~72h。主要表现为出血性腹泻，里急后重，腹痛，发热（38~40℃）。病程1~2周。

（4）**急性腹泻型** 由肠致病性大肠埃希菌引起。主要症状为水样腹泻，腹痛。

【诊断】根据流行病学特点和临床症状可做出初步诊断；通过病原菌和毒素鉴定，即可确诊。病原菌检验方法参见 GB 4789.6—2016《食品安全国家标准 食品微生物学检验 致泻大肠埃希氏菌检验》和 GB 4789.36—2016《食品安全国家标准 食品微生物学检验 大肠埃希氏菌 O157:H7/NM 检验》。

四、小肠结肠炎耶尔森菌食物中毒

【病原】小肠结肠炎耶尔森菌属于肠杆菌科耶尔森菌属，是革兰氏阴性小杆菌，有多形性倾向，呈椭圆形或短杆状，单个存在或呈短链或成堆。本菌为兼性厌氧菌，对环境适应力较强。在26℃培养有周鞭毛，37℃培养鞭毛很少或无鞭毛。本菌在1~44℃均能生长，最适生长温度为22~29℃，4℃仍能生长繁殖，属于嗜冷菌。本菌有57个O抗原和20个H抗原，已知有17个血清群和57个血清型，与人类疾病有关的主要为 O:3、O:8 和 O:9 血清型，还有 O:5 和 O:1 血清型。我国从腹泻病人排泄物或分泌物中分离出的主要是 O:3 型菌株。

【流行病学】本菌在自然环境中分布较广，已从数十种动物中分离得到。带菌动物和病人的粪尿、眼和呼吸道的分泌物，以及伤口的脓液是主要污染来源。主要致病食品是肉、禽及乳类食品，故本菌对冷藏食品安全构成了威胁。致泻性大肠埃希菌食物中毒多发生于秋末和冬季。

【症状】潜伏期4~10d，以幼儿多发。无明显的前驱症状，起病急骤。临床表现多样，但主要表现为胃肠炎，最常见的症状为腹痛（41.2%~84%，以脐部和右下腹部多见）、腹泻（35.8%~78%，绿色水样便）、发热（43%~87%，一般39~40℃）；其次为头痛、恶心、呕吐；尚可出现结节性红斑、红色斑丘疹、关节痛、败血症等症状。

【诊断】根据流行病学特点和临床症状可做出初步诊断；若从中毒原因食品和病人腹泻物中分离出同一血清型的小肠结肠炎耶尔森菌，即可确诊。病原菌检验方法参见 GB 4789.8—2016《食品安全国家标准 食品微生物学检验 小肠结肠炎耶尔森氏菌检验》。

五、空肠弯曲菌食物中毒

【病原】空肠弯曲菌为革兰氏阴性的细长弯杆菌，具有多形性，一般呈两端渐细的弧形，当两个细菌以不同方式接近时，可形成S形、海鸥展翅形及螺旋形等形状，也可见到短棒状、梨形、逗点形及球形。根据本菌耐热可溶性O抗原的间接血凝分型法可将本菌分为60个血清型，根据不耐热的H抗原和K抗原的玻片凝集分型法可将本菌分为56个血清型。本菌对低温的抵抗力很强，在被污染的鸡肉上，5℃条件下可存活9d，25℃条件下可存活3~4个月；在冻结保存3个月的鸡肉、猪肉、牛肉中，仍能全部存活。

【流行病学】空肠弯曲菌广泛存在于畜、禽及鸟类的肠腔中，随粪便排出体外，也可随其他分泌物排出，极易污染动物性食品，特别是在屠宰过程中。本菌是导致冷藏肉品发生食物中毒的重要原因。病因食品主要是受污染的禽肉、畜肉、牛乳等，肉类受污染比较严重。本菌食物中毒全年都可发生，但多发生于夏、秋季节。

【症状】潜伏期多为35h左右，也可长达3~5d。典型病例先发热（40℃），伴全身乏力、头痛、肌肉酸痛等。早期症状是腹痛,常位于脐周或上腹部,间歇性或呈绞痛,常波及右下腹部,排便时前腹痛加剧,便后可暂时缓解。发热12~24h后腹泻,初为水样便,每天4~5次或多达20余次,继有黏液便或血黏液便,少数有血便。病程多为1周左右,但少数见间歇性腹泻,持续数周。预后一般良好,偶有死亡病例。

【诊断】根据流行病学特点和临床表现可做出初步诊断;从病因食品和病人腹泻物中分离到同一血清型空肠弯曲菌,即可确诊。病原菌检验方法参见GB 4789.9—2014《食品安全国家标准 食品微生物学检验 空肠弯曲菌检验》。

六、葡萄球菌食物中毒

【病原】葡萄球菌食物中毒是由葡萄球菌肠毒素引起的一种最常见的食物中毒。能产生肠毒素的葡萄球菌主要为金黄色葡萄球菌。该肠毒素的化学本质是蛋白质,按肠毒素抗原性分为A、B、C_1、C_2、C_3、D、E、F 8个型,其中A型引起的食物中毒较多,B、C和D型次之。肠毒素耐热稳定,能抵抗胃蛋白酶的水解作用,A型肠毒素毒力较强,摄入1μg即可引起中毒。

【流行病学】金黄色葡萄球菌广泛分布于自然界及人和动物的体表,化脓性皮肤病、急性上呼吸道炎症和口腔疾患的病人带菌普遍,健康人鼻腔、咽喉、皮肤及肠道中带菌率为20%~30%。动物带菌率也较高,禽体表带菌率可达43%~67%,患乳腺炎的牛所产的乳中会含有大量的金黄色葡萄球菌,食品加工者的手不清洁也是常见的污染来源。因此,食品被金黄色葡萄球菌污染的机会较多。病因食品主要为乳与乳制品、含乳的冷冻食品,其次为肉类(熟肉和内脏)和其他动物性食品。污染食品的金黄色葡萄球菌,在25~30℃条件下放置5~10h,可产生足以引起人体中毒的肠毒素,含有肠毒素的食品通常无感官变化,食用后即可引起中毒。发病率达30%,儿童发病率更高且中毒表现较成人严重。本菌食物中毒多发于夏、秋季节。

【症状】潜伏期一般2~4h。主要症状为突然恶心,反复剧烈呕吐,大量分泌唾液,上腹部不适或腹痛、腹泻。呕吐为本病的特征症状,常呈喷射状,初为食物残渣,后干哕,有时带有胆汁或血液。腹泻多为水样便或黏液样便。病程1~2d。

【诊断】根据临床症状、流行病学特点可做出初步诊断;从病因食品检测到肠毒素,或通过培养病因食品和患者腹泻物能够检出金黄色葡萄球菌,即可确诊。病原菌检验方法参见GB 4789.10—2016《食品安全国家标准 食品微生物学检验 金黄色葡萄球菌检验》。

七、链球菌食物中毒

【病原】链球菌依其溶血作用可分为3个型,分别是α(甲)型、β(乙)型和γ(丙)型。溶血作用分为α溶血(又称草绿色溶血,呈现不完全溶血)、β溶血(又称完全溶血)、γ溶血(又称不溶血)。引起人类食物中毒的多是β型溶血性链球菌。链球菌对热和高渗抵抗力强,在50℃能迅速生长,在含有6.5%食盐和pH 9.6的环境里也能生长。本菌在粪便中可存活数月,在-30℃可生存4个月以上。

【流行病学】链球菌广泛分布于自然环境中,在空气、尘埃、水、牛乳及人、畜的肠道和皮肤病灶中均有存在,对食品污染的机会很多。病因食品主要为动物性食品,尤其是畜禽内脏、熟肉类、乳类、冷冻食品和水产品等。被污染的动物性食品经烹饪灭菌不彻底,或在20~50℃的环境中放置较长时间,会被大量繁殖的链球菌二次污染,食后就可能引起食物中毒。本菌食物中毒多发生在5~11月。

【症状】潜伏期一般为2~10h。患者主要表现为上腹部不适、恶心、呕吐、腹胀、腹痛、腹泻等急性胃肠炎症状，腹泻多为水样便。少数病人还有头晕、头痛、低热、乏力等全身症状。病程一般为 1~2d。

【诊断】根据流行病学特点和临床表现可做出初步诊断；在病因食品及病人的腹泻物中检查出同型链球菌，即可确诊。病原菌检验方法参见 GB 4789.11—2014《食品安全国家标准 食品微生物学检验 β 型溶血性链球菌检验》。

八、李氏杆菌食物中毒

【病原】李氏杆菌为革兰氏阳性无芽孢杆菌，幼龄菌呈球杆状，呈单个、V 形或 Y 形排列，在血平板上菌落周围有 β 溶血环。李氏杆菌属有 8 个种，引起食物中毒的主要是单核细胞增生李氏杆菌，有 16 个血清型，以 4 b、1 b、1 a 血清型多见。

【流行病学】引起本菌食物中毒的食品主要是乳与乳制品、肉类制品、水产品等动物性食品，特别是在冰箱中保藏时间过长的乳品和肉品。乳的污染主要来自粪便和受本菌污染的青贮饲料，肉的污染主要源于屠宰加工过程中的胃肠道内容物。春季可发生，夏、秋季呈季节性增长。

【症状】

（1）腹泻型 潜伏期 8~24h。主要表现为腹泻、腹痛和发热。

（2）侵袭型 潜伏期 2~6 周。病人起初常有胃肠炎症状，但主要症状是发热、败血症、脑膜炎、脑脊髓炎，有时可引起心内膜炎。

【诊断】根据流行病学特点和临床症状可做出初步诊断；由病因食品和患者粪便中分离出同一血清型单核细胞增生李氏杆菌，即可确诊。病原菌检验方法参见 GB 4789.30—2016《食品安全国家标准 食品微生物学检验 单核细胞增生李斯特氏菌检验》。

九、肉毒梭菌毒素食物中毒

【病原】肉毒梭状芽孢杆菌简称肉毒梭菌，厌氧条件下可在肉类、罐头食品、腌制品等食品中大量繁殖，并产生肉毒毒素。肉毒毒素是一种外毒素，根据其抗原性分为 A、B、Cα、Cβ、D、E、F、G 8 个型，引起人中毒的主要是 A、B、E、F 型，在我国多由 A 型引起。肉毒梭菌的芽孢或繁殖体在肠道内发芽和繁殖并产生毒素，食入肉毒毒素或芽孢（繁殖体）污染的食物均能引起中毒。肉毒毒素不是由活的细菌释放，而是在活的肉毒梭菌细胞质中先产生无毒的毒素前体物，这种前体物是一种由神经毒素亚单位与 1 个至数个非毒素亚单位组成的复合物。细菌死亡自溶后，释放复合形式的毒素前体物。这种前体物对热不稳定，在 75~85℃加热 5~15min，或 100℃加热 1 min 即被破坏。复合形式的毒素前体物随食物进入胃内，可抵抗胃酸与酶的消化作用，然后进入小肠被小肠胰蛋白酶分解，在 pH 较高的环境中解离出神经毒素，被小肠吸收进入血液而引起中毒。胃液不能破坏肉毒毒素，需 80℃加热 30min 或煮沸 5~20min 才能破坏肉毒毒素，煮沸固体食物 2h，可将肉毒毒素全部破坏。

【流行病学】肉毒梭菌广泛分布于自然界、畜禽粪便、鱼类的肠道中，食品中的肉毒梭菌主要来自土壤。在我国，病因食品多为家庭自制豆谷类的发酵制品（如臭豆腐、豆豉、豆酱等），少数由牛肉、羊肉等动物性食品引起。肉毒梭菌及其芽孢污染食品，可在厌氧环境和适宜温度下繁殖、产生毒素，食用前不经加热或加热不彻底能引起肉毒毒素中毒。该食物中毒一年四季都有发生，但多发于 3~5 月。

【症状】潜伏期一般为 12~48h，长者可达 8~10d。潜伏期越短或病程越长，病死率越高。中毒特征为肌肉麻痹。病初可有头痛、头昏、眩晕、乏力、恶心、呕吐（E 型毒素中毒者恶心、呕吐重，A 型及 B 型毒素中毒者较轻）等症状；稍后，眼内、外肌麻痹，出现眼部症状，如视力模糊、复视、眼睑下垂、瞳孔散大、对光反射消失，口腔及咽部潮红，伴有咽痛，如咽肌麻痹，则致呼吸困难。由于颈肌无力，头向前倾或倾向一侧。轻者5~9d内逐渐恢复，但全身乏力及眼肌麻痹持续较久。得不到肉毒抗毒素治疗的重症患者，病死率较高。

【诊断】根据流行病学特点和临床表现可做出初步诊断；从病因食品或患者粪便、血液中检出型别相同的肉毒毒素，即可确诊。病原菌检验方法参见GB 4789.12—2016《食品安全国家标准　食品微生物学检验　肉毒梭菌及肉毒毒素检验》。

十、产气荚膜梭菌食物中毒

【病原】产气荚膜梭菌也称魏氏梭菌，是一种厌氧型梭菌。根据产生的肠毒素性质和致病性将本菌分为A、B、C、D、E、F 6个型，引起食物中毒的主要是A型，其次是C型。本菌产生的毒素可分为α、β、γ、δ、ε、η、θ、ι、κ、λ、μ、ν 12种，其中α毒素是重要的致病因子，具有致死和致坏死的作用。

【流行病学】本菌广泛分布于自然界，在土壤、污水、垃圾、昆虫、人和动物粪便中均有存在，极易污染动物性食品。被本菌芽孢污染的食品，一般的烹饪方法并不能将其杀灭，待温度降至40℃以下时，本菌又可再度繁殖并产生毒素，食入后即可发生中毒。本菌污染并大量繁殖的食品，并无明显腐败现象，易于造成食物中毒。病因食品多为加热、烹煮后在较高温度下长时间缓慢冷却且不经再加热而直接食用的肉、鸡、鸭、鱼等。本菌食物中毒多发生在炎热的夏、秋季节。

【症状】

（1）急性胃肠炎型　由A型产气荚膜梭菌产生的肠毒素引起，潜伏期一般为8~24h。90%以上的病人以腹痛、腹泻等急性胃肠炎症状为主，腹泻多为稀粪或水样便，偶见便中混有黏液和血液，恶心、呕吐者较少，一般体温正常或有微热。病程1~2d，预后良好。

（2）坏死性肠炎型　由C型产气荚膜梭菌产生的肠毒素引起，潜伏期一般为2~3h。症状为严重的下腹部疼痛，重度腹泻，便中带有血液、黏液，甚至黏膜碎片，并伴有呕吐。病人还可出现高热（38~39℃）、发冷、恶寒、抽搐、虚脱、神志不清，甚至昏迷等症状。预后多不良，严重者发生毒血症，病死率高达35%~40%。

【诊断】根据流行病学特点和临床表现可做出初步诊断；从多数患者粪便中检出本菌肠毒素，或者从多数患者的粪便与可疑食品中检出血清型相同且数量很多的产肠毒素性产气荚膜梭菌，即可确诊。病原菌检验方法参见GB 4789.13—2012《食品安全国家标准　食品微生物学检验　产气荚膜梭菌检验》。

第五节　动物性食品的安全性评价

一、食品卫生标准和食品安全标准

1. 食品卫生标准

在2009年6月1日《中华人民共和国食品安全法》施行之前，我国实行的是食品卫生标准。食品卫生标准是指对食品中具有安全、营养和保健功能意义的技术要求及其检验方法和评价规程所做的规定。制定和实施食品卫生标准的目的是要保障消费者的健康，所以食品卫生标准围绕食品的安全、营养、保健功能制定了一系列的技术规定。

在我国，从食品卫生标准的制定和管理上看，可分为国家标准（GB）、行业标准（SB：商业行业标准；NY：农业行业标准；QB：轻工业行业标准；SN：商品检验行业标准）、地方标准（DB+省级行政区划代码前两位+直辖市的代码前两位）和企业标准（Q+企业代号）。《中华人民共和国标准化法实施条例》（2024年5月1日起施行）中对标准的制定有以下要求：第十一条"对需要在全国范围内统一的下列技术要求，应当制定国家标准（含标准样品的制作）"；第十二条"国家标准由国务院标准化行政主管部门编制计划、组织草拟、统一审批、编号、发布"；第十三条"对没有国家标准而又需要在全国某个行业范围内统一的技术要求，可以制定行业标准（含标准样品的制作）。制定行业标准的项目由国务院有关行政主管部门确定"；第十四条"行业标准由国务院有关行政主管部门编制计划、组织草拟、统一审批、编号、发布，并报国务院标准化行政主管部门备案。行业标准在相应的国家标准实施后，自行废止"；第十五条"对没有国家标准和行业标准而又需要在省、自治区、直辖市范围内统一的工业产品的安全、卫生要求，可以制定地方标准。制定地方标准的项目，由省、自治区、直辖市人民政府标准化行政主管部门确定"；第十六条"地方标准由省、自治区、直辖市人民政府标准化行政主管部门编制计划、组织草拟、统一审批、编号、发布，并报国务院标准化行政主管部门和国务院有关行政主管部门备案。法律对地方标准的制定另有规定的，依照法律的规定执行。地方标准在相应的国家标准或行业标准实施后，自行废止"；第十七条"企业生产的产品没有国家标准、行业标准和地方标准的，应当制定相应的企业标准，作为组织生产的依据。企业标准由企业组织制定（农业企业标准制定办法另定），并按省、自治区、直辖市人民政府的规定备案。对已有国家标准、行业标准或者地方标准的，鼓励企业制定严于国家标准、行业标准或者地方标准要求的企业标准，在企业内部适用"；第十八条"国家标准、行业标准分为强制性标准和推荐性标准，并规定药品标准、食品卫生标准、兽药标准为强制性标准"，等等。

2. 食品安全标准

《中华人民共和国食品安全法》于2009年6月1日施行后，食品卫生标准逐渐被食品安全国家标准取代，食品安全标准工作取得了新进展。一是完善食品安全标准管理制度。公布实施食品安全国家标准、地方标准管理办法和企业标准备案办法，明确标准制定、修订程序和管理制度。组建食品安全国家标准审评委员会，建立健全食品安全国家标准审评制度。二是加快食品标准清理整合。重点对粮食、植物油、肉制品、乳与乳制品、酒类、调味品、饮料等食品标准进行清理整合，废止和调整了一批标准和指标，初步稳妥处理现行食品标准间交叉、重复、矛盾的问题。三是制定公布新的食品安全国家标准。截至2015年底，已制定公布了400多项食品安全国家标准，包括乳品安全标准、真菌毒素、农药和兽药残留、食品添加剂和营养强化剂使用、预包装食品标签和营养标签通则食品安全国家标准，覆盖了6000余项食品安全指标。四是推进食品安全国家标准顺利实施。积极开展食品安全国家标准宣传培训，组织开展标准跟踪评价，指导食品行业严格执行新的标准。五是深入参与国际食品法典事务。担任国际食品添加剂和农药残留法典委员会主持国，当选国际食品法典委员会亚洲区域执行委员，主办国际食品添加剂法典会议、农药残留法典会议，充分借鉴国际食品标准制定和管理的经验。

二、生物性污染评价指标

1. 菌落总数

（1）概念　菌落总数指食品检样经过处理，在一定条件下（如培养基、培养温度和培养时间、pH、气压等）培养后，所得每克（每毫升）检样中形成的微生物菌落总数。检验方法参见GB 4789.2—2022《食品安全国家标准　食品微生物学检验　菌落总数测定》，菌落计数以菌落形成单位（CFU）表示，通常培养条件为 36℃±1℃培养 48h±2h，水产品培养条件为 30℃±1℃培养 72h±3h。此培养条件下所得的结果只包括一群在营养琼脂上生长发育的嗜中温性需氧菌的菌落总数。食品中细菌数量越多，其腐败变质越快。细菌数达 $1×(10^6$~$10^7)$ 个/g 的食品，可能引起食物中毒。

（2）食品卫生学意义 菌落总数标志着食品质量安全的优劣，主要有两方面的食品卫生学意义。一方面，菌落总数主要作为判定食品被细菌污染程度的标志，反映食品被污染的程度，对食品卫生质量的评定具有重要的参考价值；另一方面，根据细菌在食品中繁殖的动态，预测食品的贮存程度和时间，为被检样品的安全卫生学评价提供依据。

2. 大肠菌群

（1）概念 大肠菌群指一群在一定培养条件下能发酵乳糖、产酸产气、需氧和兼性厌氧的革兰氏阴性无芽孢杆菌，包括肠杆菌科中的 4 个属，即大肠埃希菌属、枸橼酸杆菌属、克雷伯氏菌属及肠杆菌属。检验方法参见 GB 4789.3—2016《食品安全国家标准 食品微生物学检验 大肠菌群计数》，食品中大肠菌群数以每克（毫升）样品中大肠菌群最可能数（MPN）表示。

（2）食品卫生学意义 大肠菌群的细菌主要来源于人畜粪便，所以以此作为粪便污染指标评价食品的卫生质量，推断食品中有否污染肠道致病菌的可能，是评价食品质量安全的重要指标之一，具有广泛的卫生学意义。

3. 致病菌

致病菌指能引起人类疾病的细菌。食品中致病菌主要指肠道致病菌和致病性球菌，还有产毒霉菌。我国于 2021 年发布了 GB 22921—2021《食品安全国家标准 预包装食品中致病菌限量》和 GB 31607—2021《食品安全国家标准 散装即食食品中致病菌限量》，规定了金黄色葡萄球菌、蜡样芽孢杆菌、副溶血性弧菌、单核细胞增生李氏杆菌等致病菌的检出限量。致病菌的检验参考 GB 4789.1—2016《食品安全国家标准 食品微生物学检验 总则》，规定的检测对象主要包括沙门菌、志贺菌、致泻性大肠埃希菌、副溶血性弧菌、小肠结肠炎耶尔森菌、空肠弯曲菌、金黄色葡萄球菌、溶血性链球菌、肉毒梭菌及其肉毒毒素、产气荚膜梭菌、蜡样芽孢杆菌、单核细胞增生李氏杆菌等致病菌。

4. 寄生虫

从食品安全的角度来讲，在食品中不得检出寄生虫虫体和虫卵。在《病死及病害动物无害化处理技术规范》（农医发〔2017〕25 号）、NY467—2001《畜禽屠宰卫生检疫规范》，以及农业农村部制定的《生猪屠宰检疫规程》《家禽屠宰检疫规程》《牛屠宰检疫规程》《羊屠宰检疫规程》和《兔屠宰检疫规程》等（农牧发〔2023〕16 号）中规定了屠宰检疫对象和进行生物安全处理的寄生虫病害动物产品，包括猪丝虫病、猪囊尾蚴病、猪弓形虫病、牛日本血吸虫病、羊肝片吸虫病、羊棘球蚴病、鸡球虫病、兔球虫病等。

三、化学性污染评价指标

1. 每日允许摄入量

每日允许摄入量（ADI）是指人类终生每日摄入某物质，而不产生可检测到的危害健康的估计量，以每千克体重可摄入的量表示（mg/kg BW）。ADI 的计算公式为：

$$ADI = \frac{\text{实验动物最大未观察到有害作用计量}}{\text{安全系数}}$$

ADI值越高，说明该化学物质的毒性越低。ADI值是根据食品毒理学试验等资料而制定的，并随获得的新资料而修正。制定ADI值的目的是规定人体每日可从食品中摄入某种药物或化学物质残留而不引起可觉察危害的最高量。为使制定出的ADI值尽量适用，应采用与人的生理状况近似的动物进行喂养试验，或者在可能的条件下，从志愿者的试验中获取最大未观察到有害作用剂量。我国农药的ADI参见GB 2763—2021《食品安全国家标准　食品中农药最大残留限量》。

2. 限量

限量（ML）是指污染物和真菌毒素等有害物质在食品原料和/或食品成品可食用部分中允许的最高含量。制定食品中的限量标准的目的是将食品中污染物和真菌毒素等有害物质降低到实际可能达到的最低浓度，对保障食品安全、规范食品生产经营、维护公众健康具有重要意义。为满足食品污染物控制需求、适应食品安全监管需要，我国以食品生产、食品污染物和真菌毒素监测数据为基础，开展食品安全风险评估，并借鉴了国际食品法典委员会（CAC）、欧盟、美国、澳大利亚、新西兰等国际组织、国家（地区）的食品安全标准，修订并颁布了两个有害物质限量标准。GB 2762—2022《食品安全国家标准　食品中污染物限量》规定了食品中铅、镉、汞、砷、锡、镍、铬、亚硝酸盐、硝酸盐、苯并（a）芘、N-二甲基亚硝胺、多氯联苯、3-氯-1, 2-丙二醇的限量指标；GB 2761—2017《食品安全国家标准　食品中真菌毒素限量》规定了食品中黄曲霉毒素B_1、黄曲霉毒素M_1、脱氧雪腐镰刀菌烯醇、展青霉素、赭曲霉毒素A及玉米赤霉烯酮的限量指标。

3. 最高残留限量

最高残留限量（MRL）指在食品或农产品内部或表面法定允许的兽药或农药最大浓度，以每千克食品或农产品中农药残留的毫克数表示（mg/kg）。过去曾称为允许残留量或允许量，1976年世界卫生组织决定将允许量改称为最高残留限量。根据毒理学试验结果，参照国际食品法典委员会和其他国家标准，我国修订的GB 2763—2021《食品安全国家标准　食品中农药最大残留限量》规定了食品中2, 4-滴丁酸等548种农药最大残留限量；农业部发布的《动物性食品中兽药最高残留限量》（中华人民共和国农业部公告第235号），对常用兽药及其标志残留物在食品动物的可食组织中的最高残留限量确定了具体指标。此外，GB 2760—2014《食品安全国家标准　食品添加剂使用标准》对食品添加剂的最大残留量也做了定义，即食品添加剂或其分解产物在最终食品中的允许残留水平。

4. 再残留限量

再残留限量（EMRL）指一些持久性农药虽已禁用，但还长期存在于环境中，从而再次在食品中形成残留，为控制这类农药残留物对食品的污染而制定其在食品中的残留限量，以每千克食品或农产品中农药残留的毫克数表示（mg/kg）。GB 2763—2021《食品安全国家标准　食品中农药最大残留限量》规定了艾氏剂、滴滴涕、狄氏剂、毒杀芬、林丹、六六六、氯丹、灭蚁灵、七氯、异狄氏剂10种有机氯农药的再残留限量。

第六节　动物性食品污染的控制

一、生物性污染控制措施

1. 防止一次污染

主要措施：①建立生物安全体系，保持动物养殖环境卫生，防止疫病传入。②加强饲养管理，提高动物抗病能力。③做好动物疫病预防、控制和动物检疫工作，建立无规定动物疫病区。④实施动物及动物产品可追溯管理。⑤开展良好农业规范（GAP）认证，推广绿色和有机养殖。

2. 防止二次污染

在动物性食品加工、包装、贮藏、运输及销售等环节中要严防生物性因素的污染，尤其是微生物的污染。在动物屠宰、乳畜挤乳过程中应严格遵守卫生制度，采用良好生产规范（GMP）和危害分析与关键控制点（HACCP）控制体系，从原料到产品实行全过程质量安全监控。生产用水应符合 GB 5749—2022《生活饮用水卫生标准》的规定。保持加工厂、车间、用具和设备、包装材料、运输车船及贮藏间的卫生。从业人员身体健康，保持良好的卫生习惯。建立健全各级动物卫生监督检验和食品安全监督管理机构，加强动物产品检验，鼓励动物性食品质量安全示范区的建立。

二、化学性污染控制措施

1. 控制农药污染及残留

主要措施：①加强农药管理。②合理使用农药。③加强食品和饲料农药残留评估和监测。④执行食品中农药最大残留限量标准。严格执行 GB 2763—2021《食品安全国家标准 食品中农药最大残留限量》。

2. 控制兽药残留

主要措施：①严格执行兽药管理有关法律法规。②加强兽药使用管理。③建立并完善兽药和饲料药物添加剂残留监控体系。

3. 加强农牧渔业用水管理

农田灌溉用水应符合 GB 5804—2021《农田灌溉水质标准》的规定，畜禽养殖用水应符合 NY 5027—2008《无公害食品 畜禽饮用水水质》的规定，渔业用水应符合 GB 11607—1989《渔业水质标准》的规定。

4. 防止动物性食品加工和流通过程中污染

主要措施：①保证生产用水清洁。②规范使用食品添加剂。③改进食品加工方法。④规范食用食品包装材料的使用。⑤采用食品安全控制体系，实施"从农田到餐桌"全过程质量安全控制体系。

三、放射性污染控制措施

1. 加强对放射性污染源的监控

严格遵守技术操作规程，定期检查放射源装置的安全性。对食品进行辐照保鲜时，应严格遵守照射源和照射剂量的规定，禁止任何能够引起食品和包装物产生放射性的照射。严禁将放射性核素作为食品保藏剂。核装置和同位素实验装置的废物排放，必须做到合理、无污染。

2. 开展食品放射性物质监测与评估

按 GB 14883.1—2016《食品安全国家标准 食品中放射性物质检验 总则》规定的方法，开展食品放射性污染的检测与监测，及时掌握食品放射性污染的动态。尤其对应用于工农业、医学和科学试验的核装置及同位素装置附近地区的食品，要定期进行监测。

3. 严格执行放射性物质限制浓度标准

严格按照 GB 14882—1994《食品中放射性物质限制浓度标准》规定的食品中放射性核素限制浓度执行。

4. 销毁被污染的食品

对不符合 GB 14882—1994《食品中放射性物质限制浓度标准》规定的食品要予以销毁。尤其是意外事故造成的偶然性放射性污染，要全力进行控制，把污染缩小到最小范围。

5. 规范辐射操作

按照国家标准或相关行业标准，对动物性食品进行辐照处理，尤其注意严格控制辐照剂量。

四、畜禽标识和可追溯管理

可追溯体系是指在产品供应的整个过程中对产品的各种相关信息进行记录存储的质量保障体系，又称为可追溯系统。动物可追溯体系（管理）是指对动物个体或群体进行标识，对有关饲养、屠宰加工等场所进行登记，对动物的饲养、运输、屠宰及动物产品的加工、贮藏、运输、销售等全过程相关信息进行记录，以便在标识与畜禽、畜禽产品不符，畜禽、畜禽产品染疫，畜禽、畜禽产品没有检疫证明，发生违规使用兽药及其他有毒、有害物质，发生重大动物卫生安全事件，以及其他应当实施追溯的情形等情况出现时，能及时对动物饲养及动物产品生产、加工、销售等不同环节可能存在的问题进行有效追踪和溯源，及时加以解决。动物标识及可追溯体系是以新型的动物标识为载体，以现代信息网络技术为手段，通过标识编码、标识佩戴、身份识别、信息录入与传输、数据分析和查询，实现动物及其产品从农场到餐桌的全程安全监管，为动物疫病防控和动物产品质量安全控制提供可靠的科学依据。可追溯管理包括组织结构、法律法规与标准、监督管理、企业标识、动物标识、动物产品标识、动物标识信息管理和计算机数据库等。动物和动物产品可追溯系统包括动物标识、中央数据库和信息传递系统、动物流动登记3个基本要素。

1. 畜禽标识申购与发放管理系统

农业农村部建立了包括国家畜禽标识信息中央数据库在内的国家畜禽标识信息管理系统。畜禽标识是指经农业农村部批准使用的耳标、电子标签、脚环及其他承载畜禽信息的标识物，畜禽标识编码由畜禽种类代码、县级行政区域代码、标识顺序号共15位数字及专用条码组成，猪、牛、羊的畜禽种类代码分别为1、2、3。编码形式为：×（种类代码）—××××××（县级行政区域代码）—××××××××（标识顺序号）。动物标识通过网络订购、签收、领用，不但能保证动物标识的质量，而且能快速、准确地查寻动物标识的使用地。

各县区机构通过网络申请动物标识的种类和数量，由省级机构审批并指定生产厂家，然后通过网络报到中国动物疫病预防控制中心，中国动物疫病预防控制中心根据省级机构上报的信息统一进行编码，并把生产命令下达生产厂家，同时通过网络对动物标识数量、质量、包装全程监控。动物标识生产完毕后，生产厂商发放到指定的县区，接收单位验货后通过网络签收，乡里到县里领用动物标识，村防疫员到乡里领用动物标识，领用动物标识号段通过网络上报。

2. 畜禽生命周期全程监管系统

该系统是畜禽标识及疫病可追溯体系建设的重要组成部分，是监管重大动物疫病和动物产品质量安全的新手段和先进技术举措。畜禽标识及疫病可追溯体系建设要实现的最终目标是能快速、准确地实现动物产品原产地、防疫检疫等信息的追溯。通过将饲养信息、防疫档案、检疫证明和监督数据传输到中央数据库，实现在发生重大动物疫病和动物产品安全事件时，利用畜禽唯一标识编码追溯原产地和同群畜，以达到快速、准确控制动物疫病的目的。

在防疫环节中，动物防疫员为初生动物佩戴动物标识，对外引动物进行标识重新注册，录入标识、免疫等信息,并利用移动智能识读器将有关信息存入 IC 卡,通过网络上传到中央数据库。

在产地检疫环节中,动物检疫员通过移动智能识读器扫描二维码动物标识,在线查询免疫等情况,对免疫、检疫合格的动物出具电子产地检疫证,将产地检疫信息通过网络上传到中央数据库,并存入流通 IC 卡。

在流通监督环节中,动物监督员使用移动智能识读器扫描电子产地检疫证上的二维码或通过网络查询以鉴别动物标识和电子产地检疫证的真伪,并将监督信息通过网络上传到中央数据库。如发现动物患病则应根据耳标编码及时识读追溯原产地,并通报原产地及有关方面采取疫情控制、扑火措施。

在屠宰检疫环节中,动物检疫员通过移动智能识读器扫描畜禽标识和检疫证上的二维码进行信息查核。对检疫合格的动物产品出具电子检疫证明,通过网络上传屠宰检疫信息、注销和回收二维码标识。如发现动物患病则应根据耳标编码及时识读追溯原产地,并通报原产地及有关方面采取疫情控制、扑灭措施。

此外,死亡动物和扑杀动物的动物标识也要注销,其中流通和运输环节由监督人员注销,产地和养殖场由当地兽医和养殖场的兽医注销。

3. 动物产品质量安全追溯系统

该系统是当畜禽进入屠宰企业时,对畜禽唯一的编码和胴体进行绑定,在发生重大动物疫病和动物产品质量安全事件时,动物分割品依据其绑定的编码来实现对供体的原产地及同群动物的追溯。

在畜禽屠宰过程中,使用识读设备读取畜禽标识,由系统自动进行标识转换,将二维码标识转换为标准条码,以产品标签形式随同动物胴体出厂,达到能追溯到供体动物的目的。

在分割动物产品过程中,由相关人员使用终端设备识读、打印动物胴体标准条码,粘贴于分割产品包装上,达到能追溯到胴体及其生产商的目的。

建立动物产品消费查询网络平台,消费者可通过互联网、移动智能识读设备查询动物从出生到屠宰到餐桌的全程质量安全监管信息,实现动物产品质量安全可追溯。

第七节 动物性食品安全生产与管理

一、无公害食品的生产与管理

1. 无公害食品概述

在我国,无公害食品是指生产地环境清洁,按规定的技术操作规程生产,将有害物质控制在规定的标准内,并通过部门授权审定批准,可以使用无公害食品标识的食品。无公害食品的生产允许限量使用限定的人工合成的化学农药、肥料、兽药,但不禁止使用基因工程技术及其产品。无公害食品质量指标主要包括食品中重金属、农药和兽药残留量。

2. 无公害食品的生产与质量安全控制

无公害食品标准主要指无公害食品行业标准,由农业农村部制定,是无公害农产品认证的主要依据。无公害食品标准是整个食品生产和质量控制过程中的依据和基础,其质量是依靠一整套质量标准体系来保证的,现行的标准涉及产地环境质量标准、生产技术规程、产品认证准则、产品检验规范和兽医防疫准则等。

(1) 无公害食品产地环境质量标准 只有在生态环境良好的农业生产区域才能生产出优

质、安全的无公害食品。因此,无公害食品产地环境质量标准应对产地的空气、农田灌溉水质、渔业水质、畜禽养殖用水和土壤等的各项指标,以及浓度限值做出规定,一是强调无公害食品必须产自良好的生态环境地域,以保证无公害食品最终产品的无污染、安全性;二是促进对无公害食品产地环境的保护和改善。

(2) 无公害食品生产技术标准　无公害食品生产技术操作规程是按作物种类、畜禽种类和不同农业区域的生产特性来分别制定的,用于指导无公害食品的生产活动、规范无公害食品生产,内容包括农产品种植、畜禽饲养、水产养殖和食品加工等技术操作规程。从事无公害农产品生产的单位或者个人,应当严格按规定使用农业投入品。禁止使用国家禁用、淘汰的农业投入品。

(3) 无公害食品产品标准　无公害食品产品标准是衡量无公害食品产品质量的指标。它虽然跟普通食品的国家标准一样,规定了食品的外观品质和卫生品质等内容,但重点突出了安全指标,且安全指标的制定与当前生产实际紧密结合。无公害食品产品标准反映了无公害食品生产、管理和控制的水平,突出了无公害食品无污染、食用安全的特性,为强制性标准。

2018年4月农业农村部发布了《无公害农产品认定暂行办法》(以下简称《暂行办法》),明确了改革现行无公害农产品认证制度。《暂行办法》第五条规定"农业农村部负责全国无公害农产品发展规划、政策制定、标准制修订及相关规范制定等工作,中国绿色食品发展中心负责协调指导地方无公害农产品认定相关工作。各省、自治区、直辖市和计划单列市农业农村行政主管部门负责本辖区内无公害农产品的认定审核、专家评审、颁发证书及证后监管管理等工作。县级农业农村行政主管部门负责受理无公害农产品认定的申请。县级以上农业农村行政主管部门依法对无公害农产品及无公害农产品标识进行监督管理"。

2018年11月20日,农业农村部农产品质量安全监管司在北京组织召开无公害农产品认证制度改革座谈会。会上提出,将停止无公害农产品认证工作,启动合格证制度试行工作。2022年9月2日修订通过的《中华人民共和国农产品质量安全法》不再规定"生产者可以申请使用无公害农产品标志"。2022年9月24日,农业农村部办公厅关于深入学习贯彻《中华人民共和国农产品质量安全法》的通知提出停止无公害农产品认证,一是自本通知印发之日起,停止无公害农产品认证受理(包括复查换证);二是对目前已受理的申请,应当最晚不迟于2022年12月31日完成审查颁证工作;三是证书在有效期内的无公害农产品,可继续使用无公害农产品标志,证书到期后不再开展无公害农产品认证。

(4) 无公害农产品的生产管理　①生产过程符合无公害农产品生产技术的标准要求,严格按规定使用农业投入品,禁止使用国家禁用、淘汰的农业投入品。②有相应的专业技术人员和管理人员。③有完善的质量控制措施,并有完整的生产和销售记录档案。

(5) 无公害农产品标识管理　无公害农产品标识使用是政府对无公害农产品质量的保证和对生产者、经营者及消费者合法权益的维护。县级以上地方农业农村行政主管部门应当依法对辖区内无公害农产品的产地环境、农业投入品使用、产品质量、包装标识、标识使用等情况进行监督检查。省级农业农村行政主管部门应当建立证后跟踪检查制度,组织辖区内无公害农产品的跟踪检查;同时,应当建立无公害农产品风险防范和应急处置制度,受理有关的投诉、申诉工作。任何单位和个人不得伪造、冒用、转让、买卖无公害农产品认定证书和无公害农产品标识。获证单位应当严格执行无公害农产品产地环境、生产技术和质量安全控制标准,建立健全质量控制措施及生产、销售记录制度,并对其生产的无公害农产品质量和信誉负责。获证单位存在下列情形之一，由省级农业农村行政主管部门暂停或取消其无公害农产品认定资质，收回认定证书，并停止使用无公害农产品标识：①无公害农产品产地被污染或者产地环境达不到规定要求的；②无公害农产品生产中使用的农业投入品不符合相关标准要求的；③擅自扩大无公害农产品产地范围的；④获证产品质量不符合无公害农产品质量要求的；⑤违反规定使用标志和证书的；⑥拒不接受监管部门或工作机构对其实施监督的；⑦以欺骗、贿赂等不正当手段获得认定证书的；⑧其他需要暂停或取消证书的情形。

获得无公害农产品认定证书的单位（以下简称获证单位），可以在证书规定的产品及其包装、标签、说明书上印制或加施无公害农产品标识；可以在证书规定的产品的广告宣传、展览展销等市场营销活动中、媒体介质上使用无公害农产品标识。无公害农产品标识应当在证书核定的品种、数量范围内使用，不得超范围和逾期使用。获证单位应当规范使用标识，可以按照比例放大或缩小，但不得变形、变色。当获证产品产地环境、生产技术条件等发生变化，不再符合无公害农产品要求时，获证单位应当立即停止使用标识，并向省级农业农村行政主管部门报告，交回无公害农产品认定证书。

无公害农产品标识图案由麦穗、对号和无公害农产品字样构成，麦穗代表农产品，对号表示合格；橙色寓意成熟和丰农，绿色象征环保和安全。

二、绿色食品的生产与管理

1. 绿色食品概述

（1）绿色食品的概念　绿色食品是指产自优良生态环境、按照绿色食品标准生产、实行全程质量控制并获得绿色食品标识使用权的安全、优质食用农产品及相关产品。绿色食品是对无污染、安全、优质和营养食品的一种形象的表述，其概念不仅表述了绿色食品产品的基本特性，而且蕴含了绿色食品特定的生产方式、独特的管理模式和全新的消费观念。

（2）绿色食品的特征　无污染、安全、优质、营养是绿色食品的特征。无污染、安全是指在绿色食品生产、加工等各个环节中，通过严密监测和控制，防范农药残留和放射性物质、重金属、有害细菌等对食品的污染，以确保绿色食品的洁净，而不仅仅是将污染水平控制在危害人体健康的安全限度之内。绿色食品的优质特性不仅指产品本身无污染，而且生产场地、初级产品、加工过程都不得受污染；产品的外包装水平、内在品质、营养价值和卫生安全指标高。也就是说，绿色食品不仅是对产品的质量标准要求，而且是对生产到消费全过程的技术和管理要求。绿色食品有3个显著特征：①强调产品出自最佳生态环境。②对产品实行全程质量控制。③对产品依法实行标识管理。

2. 绿色食品的生产与质量安全控制

（1）绿色食品生产体系　我国绿色食品生产体系具有独特的生产方式和管理模式，既符合国情，又有较强的适应性和可操作性。

1）严密的质量标准体系：绿色食品的产地环境质量标准、生产操作规程、产品质量和卫生标准，以及产品包装标准构成了绿色食品完整的质量标准体系。绿色食品产地环境质量标准要求农业初级产品和加工原料的产地在其生长区域内没有工业企业的直接污染，大气、土壤、水体等生态环境洁净。绿色食品生产操作规程涵盖种植业、畜牧业、水产养殖业和食品加工业诸多领域，总体要求是在生产和加工过程中，禁止或严格限制使用化学肥料、农药、兽药及其他化学合成物质，以确保食品的安全，保护和改善生态环境。绿色食品产品质量和卫生标准是参照有关国家、部门和行业标准并综合多部门、多学科专家的意见而制定的，普遍高于现行的国家食品标准，部分与国际标准化组织推荐的标准直接接轨。绿色食品产品包装标准对包装材料的选择、包装设计等方面均做了明确的规范要求。从综合质量标准来看，绿色食品的整体质量代表了我国食品质量的最高水平。

2）全程质量控制措施：在绿色食品的生产中，实施从土地到食用的全程质量控制措施，以保证产品的整体质量。其核心内容是将我国传统农业的优秀农艺技术与现代高新技术有机地结合起来制定的具体的生产和加工操作规程，指导、推广到每个农户和企业，落实到食品生产、加工、包装、贮藏、运输、销售的每个环节，改变以往仅以最终产品的检验结果评定产品质量的传统观念，这是以质量控制为核心的生产方式，是一个很大的进步。实施全程质量控制不仅要求在食品生产的产中环节强调技术投入，而且要求在食品生产的产前环节（环境监测、原料检测）和产后环节（包装、防伪、贮运、销售）追加技术投入，从而有利于推动农业和食品工业的技术进步。

3）科学规范的管理手段：我国绿色食品管理实行统一、规范的标识管理，即对合乎特定标准的产品发放特定的标识，以证明该产品的特定身份及与一般同类产品的区别。绿色食品标识作为质量认证商标由中国绿色食品发展中心负责其使用申请的审查、颁证和颁证后跟踪检查工作。绿色食品标识管理将质量认证和商标管理紧密结合，既使绿色食品的认定具备产品质量认证的严格性和权威性，又具备商标使用的法律地位。实施绿色食品标识管理不仅可以有效地规范企业的生产和流通行为、树立保护知识产权的意识，而且有利于保护广大消费者的权益；不仅可以有效地促进企业争创名牌、开拓市场，而且有利于绿色食品的产业化发展。

4）高效的组织管理系统：绿色食品构建了3个组织管理系统，将分散的农户和企业组织发动起来参与绿色食品的管理和开发。一是在全国各地成立了绿色食品委托管理机构，系统地承担绿色食品宣传、发动、指导、管理和服务工作；二是通过全国各地的农业技术推广部门将绿色食品的生产操作规程落实到每个农户、每个农场，以保证绿色食品生产技术的普及、推广和应用，推动绿色食品开发向基地化、区域化方向发展；三是委托全国各地农业环保机构和区域性的食品质量检测机构负责绿色食品的产地环境质量和食品质量检测，这个独立于管理系统之外的质量监督保障网络，不仅保证了绿色食品产品质量检测的公正性，而且也增加了整个绿色食品生产体系的科学性。

（2）绿色食品质量标准体系　绿色食品标准包括分级标准、产地环境质量标准、生产操作规程、产品质量和卫生标准、包装标准、贮藏和运输标准及其他相关标准，它们构成了绿色食品完整的质量控制标准体系。绿色食品质量标准体系是绿色食品生产体系中最重要的组成部分。

1）绿色食品分级标准：绿色食品分级标准是绿色食品标准体系中的初级标准，参照国外与绿色食品类似的有关食品标准，结合我国的国情，自1996年开始，在绿色食品申报审批过程中将绿色食品分为两类，即AA级绿色食品和A级绿色食品。AA级绿色食品是指在生态环境质量符合规定标准的产地，生产过程中不使用任何有害化学合成物质，按特定的生产操作规程生产、加工，产品质量及包装经检测、检查符合特定标准，并经专门机构认定，许可使用AA级绿色食品标识的产品。A级绿色食品是指在生态环境质量符合规定标准的产地，生产过程中允许限量使用限定的化学合成物质，按特定的生产操作规程生产、加工，产品质量及包装经检测、检查符合特定标准，并经专门机构认定，许可使用A级绿色食品标识的产品。

2）绿色食品产地环境质量标准：绿色食品产地环境质量标准是指在农业初级产品或食品原料的生长区域内没有工业企业的污染，在水域上游、上风口没有污染源，区域内的大气、土壤质量及灌溉和养殖用水质量分别符合绿色食品大气标准、绿色食品土壤标准和绿色食品水质标准,并有一套保证措施,产品或产品原料产地环境符合 NY/T 391—2021《绿色食品产地环境质量标准》。该标准规定了绿色食品的产地生态环境基本要求、隔离防护要求、产地环境质量通用要求(空气质量要求、水质要求、土壤环境质量要求)、环境可持续发展要求等,其中水质要求包括农田灌溉水水质要求、渔业水水质要求、畜牧养殖用水水质要求、加工用水水质要求、食用盐原料水水质要求。

3)绿色食品生产操作规程:绿色食品质量控制的关键环节是绿色食品生产过程控制,所以绿色食品生产过程标准是绿色食品质量标准体系的核心。绿色食品生产过程标准包括生产资料使用准则和生产操作规程两部分。①生产资料使用准则:生产资料使用准则是对绿色食品生产过程中物资投入的一个原则性的规定,它适用于所有地区的所有产品,包括农药、肥料、饲料、兽药、食品添加剂等投入品的使用准则。该准则可分别按 NY/T 472—2022《绿色食品 兽药使用准则》、NY/T 393—2020《绿色食品 农药使用准则》、NY/T 394—2023《绿色食品 肥料使用准则》、NY/T 471—2023《绿色食品 饲料及饲料添加剂使用准则》和 GB 2760—2024《食品安全国家标准 食品添加剂使用标准》执行。②生产操作规程:绿色食品生产操作规程涵盖种植业、畜牧业、水产养殖业和食品加工业诸多领域。畜牧业生产的操作规程是指畜禽在选种、饲养、防治疾病等环节必须遵守的规定。其主要内容是:必须饲养适应当地生长条件的种畜、种禽;饲料的原料应主要来源于无公害区域内的草场和种植基地,饲料添加剂的使用必须符合 NY/T 471—2023《绿色食品 饲料和饲料添加剂使用准则》;畜禽圈舍内不得使用毒性杀虫、灭菌和防腐等药物;不可对畜禽使用各类化学合成激素、化学合成促生长素、有机磷和其他有机药物,兽药的使用必须符合绿色食品投入品使用准则。

水产养殖过程中的绿色食品生产操作规程要求养殖用水必须达到绿色食品要求的水质标准,鱼虾等水生物饵料的固体成分应主要来源于无公害生产区域。

生产操作规程要求在绿色食品加工过程中,食品添加剂的使用必须符合 NY/T 392—2023《绿色食品 食品添加剂使用准则》,不能使用国家明令禁用的色素、防腐剂、品质改良剂等添加剂,禁止使用糖精及人工合成添加剂,允许使用的添加剂要严格控制用量。食品生产加工过程、包装材料选用、产品流通媒介等都要具备完全无污染的条件。

4)绿色食品产品标准:①原料要求:生产绿色食品的主要原料,其产地环境必须符合绿色食品产地的环境要求;绿色食品的主要原料不允许来自未经绿色食品产地环境监测的任何源地。②感官要求:感官要求包括外形、色泽、气味、口感、质地、滋味等,是评价绿色食品质量的重要指标。绿色食品的感官要求必须优于同类非绿色食品,绿色食品产品标准中的感官要求有定性、半定量和定量标准指标。③理化指标要求:理化指标要求是对绿色食品的内涵要求,包括应有的成分指标,如蛋白质、脂肪、糖类、维生素等的含量,这些指标不低于国标要求,同时还包括污染物、限量、农药和兽药最高残留限量指标。④微生物学指标:产品的生物学特性必须得到保证,如活性酵母菌、乳酸菌等,这是产品质量的保证。绿色食品的微生物学指标必须严于普通食品的限量指标。

5)绿色食品包装和标签规定:为规范绿色食品包装及标签和标识设计,国家制定了绿色食品包装和标签标准,该标准包括绿色食品包装材料使用准则、绿色食品标识及标签设计要求。绿色食品产品标签,除要求符合 GB 7718—2011《食品安全国家标准 预包装食品标签通则》外,还应标明主要原料产地的环境、产品的安全质量等主要指标并符合《中国绿色食品商标标志设计使用规范手册》规定。

绿色食品标识作为质量证明标识，有3条一般商品标识不具备的特定含义：①有一套专门的质量标准，即绿色食品标准；②有专门的质量保证机构和除工商行政管理机构外的标识管理机构；③绿色食品标识的商标注册人在产品上只有该标识商标的转让权、授予权，无使用权。

3. 绿色食品的管理

（1）绿色食品标识　为了区别于一般的食品，绿色食品实行标识管理。绿色食品标识由特定的图形来表示。图形由3部分构成，即上方的太阳、下方的叶片和蓓蕾。标识图形为正圆形，意为保护、安全。绿色食品企业须按照"绿色食品标识图形、中英文文字与企业信息码"组合形式设计获证产品包装，同时可根据产品包装的大小、形状，在企业信息码右侧或下方标注"经中国绿色食品发展中心许可使用绿色食品标识"字样。

（2）绿色食品标识的申报管理　中国绿色食品发展中心负责全国绿色食品标识使用申请的审查、颁证和颁证后跟踪检查工作。凡具有绿色食品生产条件的单位和个人，出于自愿申请绿色食品标识使用权者，均可成为申请人。随着绿色食品产业的不断发展，绿色食品的开发领域逐步拓宽，不仅会有更多的食品类产品被划入绿色食品标识的涵盖范围，而且为体现绿色食品全程质量控制的思想，一些用于食品类的生产资料，如肥料、农药、食品添加剂及商店、市场和餐厅也将划入绿色食品的专用范围而被许可申请使用绿色食品标识。

（3）绿色食品标识使用证书的管理　绿色食品标识使用证书是申请人合法使用绿色食品标识的凭证，应当载明准许使用的产品名称、商标名称、获证单位及其信息编码、核准产量、产品编号、标识使用有效期、颁证机构等内容。绿色食品标识使用证书分中文、英文版本，具有同等效力，有效期为3年。证书有效期满，需要继续使用绿色食品标识的，标识使用人应当在有效期满3个月前向省级工作机构书面提出续展申请。准予续展的，与标识使用人续签绿色食品标识使用合同，颁发新的绿色食品标识使用证书并公告；不予续展的，书面通知标识使用人并告知理由。标识使用人逾期未提出续展申请，或者申请续展未获通过的，不得继续使用绿色食品标识。中国绿色食品发展中心和省级工作机构应当建立绿色食品风险防范及应急处置制度，组织对绿色食品及标识使用情况进行跟踪检查。

（4）绿色食品标识的管理　绿色食品标识管理包括技术手段和法律手段。技术手段是指按照绿色食品标准体系对绿色食品产地环境、生产过程及产品质量进行认证，只有符合绿色食品标准的企业和产品才能使用绿色食品标识商标。法律手段是指对使用绿色食品标识的企业和产品实行商标管理，具体方式是将绿色食品标识商标作为特定的产品质量证明商标在国家工商行政管理局进行注册，从而使绿色食品标识商标专用权受《中华人民共和国商标法》保护，这样既有利于约束和规范企业的经济行为，又有利于保护广大消费者的利益。

未经中国绿色食品发展中心许可，任何单位和个人不得使用绿色食品标识。禁止将绿色食品标识用于非许可产品及其经营性活动。在证书有效期内，标识使用人的单位名称、产品名称、产品商标等发生变化的，应当经省级工作机构审核后向中国绿色食品发展中心申请办理变更手续。产地环境、生产技术等条件发生变化，导致产品不再符合绿色食品标准要求的，标识使用人应当立即停止标识使用，并通过省级工作机构向中国绿色食品发展中心报告。

三、有机食品的生产与管理

1. 有机食品概述

（1）有机食品的概念　有机食品指来自有机农业生产体系，根据有机农业生产的规范生产加工，并经独立的认证机构认证的农产品及其加工产品等，也有人称之为生态食品、天然食品。有机农业生产体系指在动植物生产加工过程中不使用化学合成的农药、化肥、生产调节剂、激素、饲料添加剂等物质,并且不允许使用基因工程技术,而是遵循自然规律和生态学原理,采取一系列可持续发展的农业技术,协调种植业和养殖业的平衡,维持农业生态系统持续稳定的一种农业生产方式。对于有机配料含量高于或者等于95%的加工产品,可以在产品或者产品包装及标签上标注"有机"字样;有机配料含量低于95%且高于或者等于70%的加工产品,可以标注"有机配料生产"字样;如果是有机配料含量低于70%的加工产品,只能在产品成分表中注明某种配料为"有机"字样。无公害农产品、绿色食品和有机食品都属于安全食品,无公害农产品是安全食品的初级层次,绿色食品是安全食品的中级层次,有机食品是安全食品的高级层次。

(2)有机食品的特征

1)有机食品的原料要无任何污染且仅来自有机农业生产体系,或采用有机方式采集的野生天然产品。有机食品在生产加工过程中绝对禁止使用农药、化肥、激素等合成物质,并且不允许使用基因工程技术;其他食品则允许有限使用这些物质,并且不禁止使用基因工程技术。

2)在整个生产过程中严格遵守有机食品的加工、包装、贮存、运输等要求。有机食品在土地生产转型方面有严格规定。考虑到某些物质在环境中会残留相当一段时间,土地从生产其他食品到生产有机食品需要2~3年的转换期,而生产绿色食品和无公害食品则没有转换期的要求。

3)在生产和流通过程中有完善的跟踪审查体系和完整的生产、销售记录。有机食品在数量上进行严格控制,要求定地块、定产量,生产其他食品没有如此严格的要求。

4)通过独立的有机产品认证机构审查并颁发证书。

2. 有机食品的生产与质量安全控制

2020年1月我国实施了新的国家标准GB/T 19630—2019《有机产品 生产、加工、标识与管理体系要求》,该标准明确了有机产品的生产、加工、标识与管理体系应达到的技术要求。

(1)有机农产品生产的环境 ①选择符合GB 3095—2012《环境空气质量标准》的地区进行有机农产品生产。②有机农产品生产用水(农田灌溉用水、渔业用水、畜禽饮用水及食品加工用水等)水质应符合有关标准。③在土壤耕性良好、无污染、符合标准的地区进行有机农产品生产。④避免在废水污染源和固体废弃物处理场所(如废水排放口,污水处理池,排污渠,重金属含量高的污灌区和被污染的河流、湖泊、水库,冶炼废渣、化工废渣、废化学药品、废溶剂、尾矿粉、煤叶石、炉渣、粉煤炭、污泥、废油及其他工业废料、生活垃圾等处理区)周围进行有机农产品生产。⑤严禁未经处理的工业废水、废渣、城市生活垃圾和污水等废弃物进入有机农产品生产用地,采取严格措施防止可能来自系统外的污染。

(2)有机畜禽产品生产技术规范 ①选择适合当地条件、生长健壮的畜禽作为有机畜禽生产系统的主要品种,在繁殖过程中应尽可能减少品种遗传基质的损失,保持遗传基质的多样性。②可以购买不处于妊娠最后1/3时期内的畜禽,但是,购买的母畜禽只有在按照有机标准饲养1年后,才能作为有机牲畜出售。③根据畜禽的生活习性和需求进行圈养和放养,给动物提供充分的活动空间、充足的阳光、新鲜空气和清洁的水源。④饲养绵羊、山羊和猪等大牲畜时,应给它们提供天然的垫料。有条件的地区,对需要放牧的动物应经常放牧。⑤畜禽的饲养环境应保持清洁和卫生。不在消毒处理区内饲养畜禽,不使用有潜在毒性的材料和有毒的木材、防腐剂。⑥通常不允许用人工授精的方法繁殖后代，严禁使用基因工程方法育种。禁止给畜禽预防接种转基因疫苗，需要治疗的畜禽应与健康群隔离。⑦不干涉畜禽的繁殖行为，不允许有割禽畜的尾、拔牙、去嘴、烧翅等损害动物的行为。⑧屠宰场应符合国家食品卫生的要求和食品加工的规定，宰杀的有机畜禽应标记清楚，并与未颁证的肉类分开。有条件的地方，最好分别屠宰已颁证和未颁证的畜禽，屠宰后分别挂放或存放。⑨在不可预见的严重自然、人为灾害情况下，允许反刍动物消耗一部分非有机无污染的饲料，但饲料量不能超过该动物每年所需饲料干重的10%。⑩人工草场应实行轮作、轮放，天然牧场避免过度放牧。⑪禁止使用人工合成的生长激素、生长调节剂和饲料添加剂。

(3) 有机食品的管理

1) 有机食品的生产管理：有机食品对生产基地的大气、水体、土壤等环境要求严格，施用过禁用物质的田地，必须经过3年的有机转换才能生产有机食品，且产地周围要有隔离带，避免常规农业的影响。有机食品在原料生产中严禁化肥、农药、除草剂等人工化学品的投入，只允许使用有机肥、生物肥。发生病虫害时绝对不能使用化学农药，只能使用生物农药。

2) 有机食品的认证管理：有机食品认证是认证机构按照GB/T 19630—2019《有机产品 生产、加工、标识与管理体系要求》和《有机产品认证管理办法》，以及《有机产品认证实施规则》的规定对有机食品生产和加工过程进行评价的活动。在我国境内销售的有机食品均需经国家认监委批准的认证机构认证才能销售。按照相关规定，认证机构需经国家认监委批准后才能开展有机产品认证。

依据国家和有关行业对有机食品认证管理的规定，申请有机食品认证的单位或个人，应向有机食品认证机构提出书面认证申请，并提供营业执照或证明其合法经营的其他资质证明。申请有机食品基地生产认证的，还须提交基地环境质量状况报告及有机食品技术规范中规定的其他相关文件。申请有机食品加工认证的，还须提交加工原料来源为有机食品的证明、产品执行标准、加工工艺、市（地）级以上环境保护行政主管部门出具的加工企业污染物排放状况和达标证明，以及有机食品技术规范中规定的其他相关文件。有机食品认证证书必须在限定的范围内使用，证书有效期为1年，认证证书的编号应当从"中国食品农产品认证信息系统"中获取，认证机构不得自行编制认证证书编号发放认证证书，任何单位和个人不得伪造、涂改、转让有机食品认证证书，有机食品生产经营单位或个人在有机食品认证证书有效期届满后需要继续使用认证证书的，必须在期满前1个月内向原有机食品认证机构重新提出申请；其经营的有机食品未获得重新认证的单位或个人，不得继续使用有机食品认证证书。

3) 有机食品的标识管理：我国的有机产品标识图案由3部分组成，即外围的圆形、中间的种子图形及周围的环形线条。标识外围的圆形似地球，象征和谐、安全，圆形中的"中国有机产品"字样为中英文结合方式，既表示中国有机产品与世界同行，又有利于国内外消费者识别；标识中间类似种子的图形代表生命萌发之际的勃勃生机，象征有机产品是从种子开始的全过程认证，同时昭示出有机产品就如同刚刚萌生的种子，正在中国大地上茁壮成长；种子图形周围圆润自如的线条象征环形的道路，与种子图形合并构成汉字"中"，体现出有机产品植根中国，有机之路越走越宽广；处于平面的环形又是英文字母C的变体，种子形状也是O的变形，意为"China organic"。同时，获得国家市场监督管理总局批准的认证机构进行认证后的有机食品拥有一个由有机食品认可委员会统一规定的专门的质量认证标识，已经在国家知识产权局商标局注册。标识由两个同心圆、图案及中英文文字组成，内圆表示太阳，其中既像青菜又像绵羊头的图案泛指自然界的动植物；外圆表示地球。整个图案采用绿色，象征着有机产品是真正无污染、符合健康要求的产品，以及有机农业给人类带来了优美、清洁的生态环境。

为保证有机产品的可追溯性，国家认证认可监督管理委员会要求自2012年3月1日起有机产品将增加唯一编号标识，认证机构在向获得有机产品认证的企业发放认证标识或允许有机生产企业在产品标签上印制有机产品认证标识前，必须按照统一编码要求赋予每枚认证标识一个唯一编码。该编码由17位数字组成，其中认证机构代码3位、认证标识发放年份代码2位、认证标识发放随机码12位，并且要求在17位数字前加"有机码"3个字。每枚有机产品认证标识的有机码都需要报送到中国食品农产品认证信息系统，确保认证机构发放的每枚认证标识能够从市场溯源到每张对应的认证证书、产品和生产企业，做到信息可追溯、标识可防伪、数量可控制。

第八节　食品安全监督管理与控制

一、食品安全监督管理

1. 食品安全监督管理概述

（1）食品安全及监管的概念

1）食品安全：食品安全是指食品中不应包含有可能损害或威胁人体健康的有毒、有害物质或不安全因素，不可导致消费者急性、慢性中毒或感染疾病，不能产生危及消费者及其后代健康的隐患。食品安全的范围包括食品数量安全、食品质量安全、食品卫生安全。

2）食品安全监管：食品安全监管是指为了使食品卫生质量达到应有的安全水平，政府监管部门综合运用法律、行政和技术等手段，对食品的生产、加工、包装、贮藏、运输、销售、消费等环节进行监督管理的活动。

（2）食品安全监管理念

1）全过程监管理念：以前人们对食品安全、质量的监管主要以食品的终端产品抽样检验为主。这种监管模式要等到终端产品的检验才发现问题，往往为时已晚，不但造成食品浪费，还可能已对消费者的健康产生危害。联合国粮食及农业组织在2003年提出了"从农场到餐桌"全过程控制食品安全的理念，并在全球进行推广实施。这种以过程监管为主、以终端产品的抽检为辅的管理模式，强调从农田到餐桌的整个过程的有效控制，监管环节包括生产、收获、加工、包装、运输、贮藏和销售等；监管对象包括化肥、农药、饲料、包装材料、运输工具、食品标签等。通过全程监管，对可能给食品安全构成潜在危害的风险预先加以防范，避免重要环节的缺失，并以此为基础实行问题食品的追溯制度。

2）风险评估理念：为应对不断发生的食品安全问题，国际上普遍采用食品安全"风险评估"的方法评估食品中有害因素可能对人体健康造成的风险，并被世界贸易组织（WTO）和国际食品法典委员会作为制定食品安全监管控制措施和标准的科学手段。我国也实行了食品安全风险监测评估制度，颁布了《食品安全风险评估管理规定》，成立了国家食品安全风险评估专家委员会，制定并组织实施了国家年度风险评估计划。

2. 食品安全监督管理体系

食品安全法律是指与食品安全相关的法律，包括食品生产、经营、检验和监督管理等全程涉及的法律。制定食品安全法律是为了保证食品安全，保障公众身体健康和生命安全。食品法规是指与食品相关的行政法规、技术法规和部门规章。食品标准是人们对科学、技术和经济领域中重复出现的事物和概念，结合生产实践，经过论证、优化，由有关各方充分协调后为各方共同遵守的技术性文件，即在产品的品种、规格、质量、等级或者安全、卫生要求等方面规定的统一技术要求。法律法规是一种社会规范，而标准是一种技术规范。

（1）食品安全相关法律　　目前实施的与食品安全相关的法律主要包括《中华人民共和国食品安全法》《中华人民共和国农产品质量安全法》《中华人民共和国动物防疫法》《中华人民共和国畜牧法》《中华人民共和国标准化法》和《中华人民共和国进出境动植物检疫法》等。其中《中华人民共和国食品安全法》是我国食品安全监管法律体系的核心，其确立了以食品安全风险监测和评估为基础的科学管理制度。该法强化事先预防和生产经营过程控制，以及食品发生安全事故后的可追溯，建立问题食品的召回制度；进一步强化各部门在食品安全监管方面的职责，完善监管部门在分工负责与统一协调相结合体制中的相互协调、衔接与配合；加大了对食品生产经营违法行为的处罚力度；规定建立国家食品安全委员会及统一的食品安全国家标准。《中华人民共和国食品安全法》的实施，对于保证食品安全，保障公众身体健康和生命安全，具有十分重要的意义。

（2）食品安全相关行政法规　　主要有《中华人民共和国食品安全法实施条例》《乳品质量安全监督管理条例》《国家食品安全事故应急预案》《兽药管理条例》《农药管理条例》《饲料和饲料添加剂管理条例》《农业转基因生物安全管理条例》《中华人民共和国进出境动植物检疫法实施条例》《生猪屠宰管理条例》等。

（3）食品安全相关部门规章　　主要有《食品生产加工企业质量安全监督管理实施细则（试行）》《餐饮服务许可管理办法》《食品添加剂新品种管理办法》《产品质量法》《环境保护法》《网络餐饮服务食品安全监督管理办法》《食品添加剂生产监督管理规定》《流通环节食品安全监督管理办法》《农产品产地安全管理办法》《农产品包装和标识管理办法》《食品安全风险监测管理规定》《食品生产许可管理办法》《食品经营许可和备案管理办法》《食品安全抽样检验管理办法》《食品召回管理办法》《食品药品安全监管信息公开管理办法》《食品动物中禁止使用的药品及其他化合物清单》《食品生产企业安全生产监督管理暂行规定》《农业转基因生物安全评价管理办法》《无公害农产品管理办法》《农产品质量安全监测管理办法》《食品安全国家标准管理办法》《新资源食品管理办法》《动物检疫管理办法》《畜禽标识和养殖档案管理办法》《食用农产品市场销售质量安全监督管理办法》《食品生产经营日常监督检查管理办法》《进出口肉类产品检验检疫监督管理办法》《进出口水产品检验检疫监督管理办法》《进出口食品安全管理办法》《食品安全标准管理办法》等。

3. 我国食品安全监管的行政组织体系

食品安全监管行政组织体系是指我国食品安全监管法律法规体系所确立的食品安全监管部门的职责分工与协调关系。

目前，我国食品安全监管是在食品安全委员会协调下的多部门分段监管体制。在国家层面，2010年2月根据《中华人民共和国食品安全法》的规定成立了国务院食品安全委员会，作为国务院食品安全工作的高层次议事协调机构。2013年3月，根据《国务院机构改革和职能转变方案》和《国务院关于机构设置的通知》，决定将卫生部、国家人口和计划生育委员会的职责整合组建国家卫生和计划生育委员会；将国务院食品安全委员会办公室的职责、国家食品药品监督管理局的职责、国家质量监督检验检疫总局（以下简称质检总局）的生产环节食品安全监督管理职责、国家工商行政管理总局的流通环节食品安全监督管理职责整合,组建国家食品药品监督管理总局,不再保留原国家食品药品监督管理局和单设的国务院食品安全委员会办公室。在地方层面,设立地方食品安全委员会,协调本级卫生行政、农业行政、质量监督工商行政管理、食品药品监督管理部门分工监管食品安全。2015年10月1日起施行的《中华人民共和国食品安全法》(修正本)规定国务院设立食品安全委员会,其职责由国务院规定。国务院食品药品监督管理部门依照本法和国务院规定的职责,对食品生产经营活动实施监督管理。国务院卫生行政部门依照本法和国务院规定的职责,组织开展食品安全风险监测和风险评估,会同国务院食品药品监督管理部门制定并公布食品安全国家标准。

2018年3月,根据第十三届全国人民代表大会第一次会议批准的国务院机构改革方案将国家工商行政管理总局、国家质量监督检验检疫总局、国家食品药品监督管理总局整合组建国家市场监督管理总局,将国家质量监督检验检疫总局的出入境检验检疫管理职责和队伍划入海关总署,保留国务院食品安全委员会,国家认证认可监督管理委员会、国家标准化管理委员会职责划入国家市场监督管理总局,对外保留牌子。食品安全监督管理的综合协调工作由新组建的国家市场监督管理总局负责,具体工作由食品安全协调司、食品生产安全监督管理司、食品经营安全监督管理司、特殊食品安全监督管理司及食品安全抽检监测司等内设机构负责。而药品安全的监督管理工作则由国家药品监督管理局承担,将食品与药品的监督管理分开,从而明确区分了食品与药品的不同性质,使食品与药品的监督管理步入科学的管理轨道,有助于实现食品安全的长治久安。

各部门在食品安全监管中的职责如下。

1)国务院食品安全委员会:主要负责分析食品安全形势,研究部署、统筹指导全国的食品安全工作,提出食品安全监管的重大政策措施,督促落实食品安全监管责任,具体工作由国家市场监督管理总局承担。

2)国家市场监督管理总局:涉及食品安全的主要职责是:①负责市场综合监督管理,起草市场监督管理有关法律法规草案;制定有关规章、政策、标准,组织实施质量强国战略、食品安全战略和标准化战略;拟订并组织实施有关规划,规范和维护市场秩序,营造诚实守信、公平竞争的市场环境。②负责食品安全监督管理综合协调,组织制定食品安全重大政策并组织实施;负责食品安全应急体系建设,组织指导重大食品安全事件应急处置和调查处理工作;建立健全食品安全重要信息直报制度;承担国务院食品安全委员会日常工作。③负责食品安全监督管理,建立覆盖食品生产、流通、消费全过程的监督检查制度和隐患排查治理机制并组织实施,防范区域性、系统性食品安全风险;推动建立食品生产经营者落实主体责任的机制,健全食品安全追溯体系;组织开展食品安全监督抽检、风险监测、核查处置和风险预警、风险交流工作;组织实施特殊食品注册、备案和监督管理。

3)农业农村部:涉及食品安全的主要职责是负责农产品质量安全监督管理;组织开展农产品质量安全监测、追溯、风险评估;提出技术性贸易措施建议;参与制定农产品质量安全国家标准并会同有关部门组织实施;指导农业检验检测体系建设。

4)国家卫生健康委员会:主要负责组织开展食品安全风险监测、评估,依法制定并公布食品安全标准,负责食品、食品添加剂及相关产品新原料、新品种的安全性审查,参与拟订食品安全检验机构资质认定的条件和检验规范。会同国家市场监督管理总局等部门制订实施食品安全风险监测计划。对通过食品安全风险监测或者接到举报发现食品可能存在安全隐患的,应当立即组织进行检验和食品安全风险评估,并及时向国家市场监督管理总局等部门通报食品安全风险评估结果,对得出不安全结论的食品,国家市场监督管理总局等部门应当立即采取措施。国家市场监督管理总局等部门在监督管理工作中发现需要进行食品安全风险评估的,应当及时向国家卫生健康委员会提出建议。

5)中国海关总署:2018 年 3 月第十三届全国人民代表大会第一次会议审议通过的国务院机构改革方案明确"将国家质量监督检验检疫总局的出入境检验检疫管理职责和队伍划入海关总署",转隶组建已正式完成。原国家质量监督检验检疫总局主要负责进出口食品安全的监管、出入境商品检验、出入境卫生检疫、出入境动植物检疫、进出口食品安全和认证认可、标准化等工作,并行使行政执法职能。海关总署原动植物检疫司主要负责拟订出入境动植物及其产品检验检疫的工作制度,承担出入境动植物及其产品的检验检疫、监督管理工作,按分工组织实施风险分析和紧急预防措施,承担出入境转基因生物及其产品、生物物种资源的检验检疫工作;原卫生检疫司主要负责拟订出入境卫生检疫监管的工作制度及口岸突发公共卫生事件处置预案,承担出入境卫生检疫、传染病及境外疫情监测、卫生监督、卫生处理,以及口岸突发公共卫生事件应对工作;原进出口食品安全局主要负责拟订进出口食品、化妆品安全和检验检疫的工作制度,依法承担进口食品企业备案注册和进口食品、化妆品的检验检疫、监督管理工作,按分工组织实施风险分析和紧急预防措施工作。依据多双边协议承担出口食品相关工作。

4. 我国食品安全监管标准体系

食品安全标准是为了保证食品安全,保障公众身体健康,防止食源性疾病,对食品、食品添加剂、食品相关产品及生产经营过程中的卫生安全要求,依照法定权限做出的统一规定。

《中华人民共和国食品安全法》第二十五条规定:"食品安全标准是强制执行的标准。除食品安全标准外,不得制定其他食品强制性标准";第二十六条规定:"食品安全标准应当包括下列内容:①食品、食品添加剂、食品相关产品中的致病性微生物,农药残留、兽药残留、生物毒素、重金属等污染物质以及其他危害人体健康物质的限量规定;②食品添加剂的品种、使用范围、用量;③专供婴幼儿和其他特定人群的主辅食品的营养成分要求;④对与卫生、营养等食品安全要求有关的标签、标志、说明书的要求;⑤食品生产经营过程的卫生要求;⑥与食品安全有关的质量要求;⑦与食品安全有关的食品检验方法与规程;⑧其他需要制定为食品安全标准的内容"。《中华人民共和国食品安全法》公布施行前,我国已有食品、食品添加剂、食品相关产品国家标准 2000 余项、行业标准 2900 余项、地方标准 1200 余项,基本建立了以国家标准为核心,以行业标准、地方标准和企业标准为补充的食品标准体系。但是,由于标准的管理部门多,标准的种类和层级多,导致食品安全标准存在交叉、重复、矛盾,标准间的衔接协调程度不高,个别重要标准或者重要指标缺失,不能满足食品安全监管需求等突出问题。因此,为了贯彻《中华人民共和国食品安全法》及其实施条例,落实《食品安全国家标准管理办法》,2010 年 1 月组建了食品安全国家标准审评委员会,并于 2013 年底完成了对近 5000 项食用农产品质量安全标准、食品卫生标准、食品质量标准及行业标准的清理,截至 2024 年 3 月,我国制定发布食品安全国家标准 1610 项,包括通用标准 15 项、食品产品标准 72 项、特殊膳食食品标准 10 项、食品添加剂质量规格及相关标准 643 项、食品营养强化剂质量规格标准 75 项、食品相关产品标准 18 项、生产经营规范标准 36 项、理化检验方法标准 256 项、寄生虫检验方法 6 项、微生物学检验方法标准 45 项、食品安全性毒理学检验方法与规程标准 29 项、兽药残留检测方法标准 95 项、农药残留检测方法标准 120 项、被替代和已废止（待废止）标准190项，基本构建了完善的食品安全国家标准体系。

5. 我国食品安全监管检测体系

目前我国已初步形成了具有一定规模的食品检测体系，主要分布在卫生、农业、质检（包括进出口）、商务、工商、食药等行政管理部门和粮食、轻工、商业等行业系统，大、中型食品生产企业也建立了具备一定检测能力的实验室。市场监管部门初步建立了针对食品批发为主体的市场检测体系，配备了流通检测车、快速检测仪等快速筛选检测设备。食品安全检测的内容包括：①食品、食品相关产品中的致病性微生物、农药残留、兽药残留、重金属、污染物质，以及其他危害人体健康物质的含量。②食品添加剂的品种、使用范围、用量。③对与食品安全、营养有关的标签、标识、说明书的要求。④食品生产经营过程的卫生要求。⑤与食品安全有关的其他质量要求。食品安全检测常用的方法有感官检验法、化学分析法、仪器分析法、微生物分析法和酶分析法等。

6. 我国食品安全监管认证认可体系

《中华人民共和国认证认可条例》规定"国家实行统一的认证认可监督管理制度"。认证是指由认证机构证明产品、服务、管理体系符合相关技术规范、相关技术规范的强制性要求或者标准的合格评定；认可是指由认可机构对认证机构、检查机构、实验室，以及从事评审审核等认证活动人员的能力和执业资格，予以承认的合格评定活动。我国与食品安全管理有关的认证认可体系包括产品认证和体系认证两方面。产品认证的对象是特定的产品，我国施行了无公害食品认证、绿色食品认证和有机食品认证、农产品地理标志认证等食品认证制度。体系认证的对象是企业的管理体系，包括HACCP、GAP、GMP体系和ISO22000食品安全管理体系认证等。通常所讲的食品安全管理控制体系主要指在种植业、养殖业中采用的良好农业规范（GAP），在食品加工中采用的良好操作规范（GMP）、良好卫生规范（GHP）、危害分析与关键控制点（HACCP）、卫生标准操作程序（SSOP）、标准操作规程（SOP），涵盖从农田到餐桌的全过程的质量安全管理与控制。2018年4月农业农村部根据中共中央办公厅、国务院办公厅《关于创新体制机制推进农业绿色发展的意见》要求和国务院"放管服"改革的精神，决定改革现行无公害农产品认证制度。在无公害农产品认证制度改革期间，将原无公害农产品产地认定和产品认证工作合二为一，实行产品认定的工作模式，下放由省级农业农村行政部门承担。省级农业农村行政部门及其所属工作机构按《无公害农产品认定暂行办法》负责无公害农产品的认定审核、专家评审、颁发证书和证后监管等工作。农业农村部统一制定无公害农产品的标准规范、检测目录及参数。中国绿色食品发展中心负责无公害农产品的标志式样、证书格式、审核规范、检测机构的统一管理。

7. 我国食品安全监管风险监测和评估体系

详见本节"二、食品安全风险监测和评估"所述。

8. 我国食品安全监管应急管理体系

食品安全应急体系是指以最大限度地减少重大食品安全事故危害为目标，针对突发食品安全事件的预防、预备、响应和恢复4个阶段形成的组织机构、管理体制和运行机制，主要包括法律法规体系、组织管理机构、食品安全信息系统和预警与应急处理机制4部分。

（1）法律法规体系　目前，我国已经初步建立了与食品安全应急处理相关的法律法规体系，主要有《中华人民共和国突发事件应对法》《突发公共卫生事件应急条例》《国家突发公共事件总体应急预案》《国家食品安全事故应急预案（2011年修订）》和《国务院关于进一步加强食品安全工作的决定》。2007年，我国颁布了《中华人民共和国突发事件应对法》

（2024年修订），明确规定了各级政府在自然灾害、事故灾难、公共卫生事件和社会安全事件的预防与应急准备、监测与预警、应急处置与救援、事后恢复与重建等应对工作方面的权利和义务。《中华人民共和国食品安全法》第七章专门对食品安全应急管理制度做了法律规定，对食品安全事故处置过程中各级政府部门的工作职责等做出了明确规定。

（2）组织管理机构　按照"全国统一领导、地方政府负责、部门指导协调、各方联合行动"的食品安全工作原则，根据食品安全事故的范围、性质和危害程度，对重大食品安全事故实行分级管理。《国家食品安全事故应急预案（2011年修订）》（以下简称《预案》）等法规、规章对食品安全应急组织机构及其职责等做了明确规定。在组织机构建设方面，《预案》确立了由国家重大食品安全事故应急指挥部、地方各级应急指挥部、重大食品安全事故日常管理机构专家咨询委员会等共同组成的应急处理指挥机构体系。海关总署原卫生检疫司主要负责出入境卫生检疫监管的工作及口岸突发公共卫生事件处置。

（3）食品安全信息系统　国家建立统一的食品安全信息平台，实行食品安全信息统一公布制度。国家食品安全信息平台是由一个主系统和各食品安全监管部门的相关子系统共同构成的，按照"标准统一、业务协同、信息共享、安全可靠"的原则构建的互联互通的国家、省、地市、县4级食品安全信息网络体系。国家食品安全总体情况、食品安全风险警示信息、重大食品安全事故及其调查处理信息和国务院确定需要统一公布的其他信息由国家市场监督管理总局、国家卫生健康委员会等管理部门统一公布。食品安全风险警示信息和重大食品安全事故及其调查处理信息的影响限于特定区域的，也可以由有关省（自治区）、直辖市人民政府市场监督管理局、卫生健康委员会公布。公布食品安全信息，应当做到准确、及时并进行必要的解释说明，避免误导消费者和社会舆论，任何单位和个人不得编造、散布虚假食品安全信息。有关部门应当设立信息报告和举报电话，畅通信息报告渠道，确保食品安全事故的及时报告与相关信息的及时收集。

（4）预警与应急处理机制　由于我国的食品安全采用分段监管的模式，目前国家卫生健康委员会、农业农村部和国家市场监督管理总局分别建立了侧重点不同的食品安全监测和安全预警系统。国家卫生健康委员会开展了食品污染物和食源性疾病监测工作。农业农村部建立了农产品质量安全例行监测制度。国家市场监督管理总局组织制定食品安全重大政策并实施。负责食品安全应急体系建设，组织指导重大食品安全事件应急处置和调查处理工作；建立健全食品安全重要信息直报制度；承担国务院食品安全委员会日常工作；建立全国食品安全风险快速预警与快速反应系统，通过动态收集、监测和分析食品安全信息，初步实现了食品安全问题的早发现、早预警、早控制和早处理。在国家预案的指导下，我国各地区也相继出台针对本地区的食品安全应急预案处置程序等制度。食品安全事故发生后，卫生行政部门依法组织对事故进行分析评估，核定事故级别。食品安全事故共分4级，即特别重大食品安全事故、重大食品安全事故、较大食品安全事故和一般食品安全事故。特别重大食品安全事故由国家市场监督管理总局、国家卫生健康委员会会同国务院食品安全委员会办公室向国务院提出启动Ⅰ级响应的建议，经国务院批准后，成立国家特别重大食品安全事故应急处置指挥部，统一领导和指挥事故应急处置工作；重大、较大、一般食品安全事故，分别由事故所在地省、市、县级人民政府组织成立相应应急处置指挥机构，统一组织开展本行政区域内的事故应急处置工作。

9. 我国食品安全监管诚信体系

《中华人民共和国食品安全法》第一百一十三条规定："县级以上人民政府食品安全监督

管理部门应当建立食品生产经营者食品安全信用档案,记录许可颁发、日常监督检查结果、违法行为查处等情况,依法向社会公布并实时更新;对有不良信用记录的食品生产经营者增加监督检查频次,对违法行为情节严重的食品生产经营者,可以通报投资主管部门、证券监督管理机构和有关的金融机构"。食品安全信用档案是食品安全信用制度的基础,我国正加强食品行业诚信体系建设,加大对道德、诚信缺失的治理力度,积极开展守法经营宣传教育,完善行业自律机制。我国制定了《食品工业企业诚信体系建设工作指导意见》及实施方案,2016 年 12 月 13 日,发布了 GB/T 33300—2016《食品工业企业诚信管理体系》,启动了乳制品、肉类食品、葡萄酒、调味品、罐头、饮料行业诚信建设试点工作,实施了食品经营主体信用分级监管,建成了产品质量信用记录发布平台,发布了 GB/T 22117—2018《信用 基本术语》、GB/T 23791—2009《企业质量信用等级划分通则》等 9 项国家标准。

二、食品安全风险监测和评估

为应对不断暴露的食品安全问题,国际社会普遍采用食品安全风险评估的方法评估食品中有害因素可能对人体健康造成的风险。食品安全风险监测评估制度是《中华人民共和国食品安全法》确立的一项重要制度。通过食品安全风险监测和评估,可以为制定或者修订食品安全国家标准提供科学依据、确定监督管理的重点领域、发现食品安全隐患。同时,通过将风险监测和评估结果及时通报各食品安全监管部门,可以预防、控制食品安全事故的发生,提高监督执法的针对性。

1. 食品安全风险监测

食品安全风险监测是通过系统和持续地收集食源性疾病、食品污染及食品中有害因素的监测数据和相关信息,并进行综合分析和及时通报的活动。食品安全风险监测是制定、修订国家和地方食品安全标准、开展食品安全风险评估的技术依据,是食品安全监管的重要基础。《中华人民共和国食品安全法》第十四条规定:"国家建立食品安全风险监测制度,对食源性疾病、食品污染以及食品中的有害因素进行监测。国务院卫生行政部门会同国务院食品安全监督管理等部门,制定、实施国家食品安全风险监测计划"。2010 年 1 月 25 日卫生部、工业和信息化部、工商行政管理总局、国家质量监督检验检疫总局、国家食品药品监督管理总局 5 部门联合制定发布了《食品安全风险监测管理规定(试行)》,对食品安全风险监测进行了法律界定与约束。目前,我国已开始制订并组织实施国家年度食品安全风险监测计划,定期监督检测蔬菜、畜产品、水产品质量安全状况;建立生产加工环节食品安全风险监测制度,加强对加工食品中法律法规已经明确禁止的非食品原料和滥用食品添加剂的监测;实施进出口食品质量安全风险监测机制,建立了进口食品质量安全监控体系和出口动植物源性食品残留监控、有毒有害物质监控体系;构建国家食物中毒网络直报系统,每季度定期收集、发布食物中毒信息。

2. 食品安全风险评估

1995 年 3 月,联合国粮食及农业组织、世界卫生组织联合专家咨询会议,形成了题为《风险分析在食品标准问题上的应用》的报告,提出风险分析。风险分析包括风险评估、风险管理和风险交流 3 个方面。风险评估是指利用现有的科学资料和科学手段,对食品、食品添加剂中生物性、化学性和物理性危害对人体健康可能造成不良影响的危害因子所进行的科学评估。风险评估是整个风险分析体系的核心和基础,食品安全风险评估结果是制定、修订食品安全标准和实施食品安全监督管理的科学依据。风险管理是指在风险评估的科学基础上,为保护消费者健康、促进国际食品贸易而采取的预防和控制措施。风险交流是在风险分析全过程中，风险评估人员、风险管理人员、消费者、企业、学术界和其他利益相关方就某项风险、风险所涉及的因素和风险认知相互交换信息和意见的过程，内容包括风险评估结果的解释和风险管理决策的依据。

《中华人民共和国食品安全法》第十七条规定："国家建立食品安全风险评估制度，运用科学方法，根据食品安全风险监测信息、科学数据以及有关信息，对食品、食品添加剂、食品相关产品中生物性、化学性和物理性危害因素进行风险评估"；第十八条规定："有下列情形之一的，应当进行食品安全风险评估：通过食品安全风险监测或者接到举报发现食品、食品添加剂、食品相关产品可能存在安全隐患的；为制定或者修订食品安全国家标准提供科学依据需要进行风险评估的；为确定监督管理的重点领域、重点品种需要进行风险评估的；发现新的可能危害食品安全因素的；需要判断某一因素是否构成食品安全隐患的；国务院卫生行政部门认为需要进行风险评估的其他情形"。

风险评估包括危害识别、危害特征描述、暴露评估和风险特征描述。

（1）危害识别　根据流行病学、动物试验、体外试验、结构-活性关系等科学数据和文献信息确定人体暴露于某种危害后是否会对健康造成不良影响、造成不良影响的可能性，以及可能处于风险之中的人群和范围。危害识别是确定食品中可能存在的对人体健康造成不良影响的生物性、化学性或物理性因素的过程。

（2）危害特征描述　《食品安全风险评估管理规定（试行）》对危害特征描述的定义为：对与危害相关的不良健康作用进行定性或定量描述。可以利用动物试验、临床研究，以及流行病学研究确定危害与各种不良健康作用之间的剂量-反应关系、作用机制等。如果可能，对于毒性作用有阈值的危害应建立人体安全摄入量水平。

（3）暴露评估　描述危害进入人体的途径，估算不同人群摄入危害的水平。根据危害在膳食中的水平和人群膳食消费量，初步估算危害的膳食总摄入量，同时考虑其他非膳食进入人体的途径，估算人体总摄入量并与安全摄入量进行比较。

三、HACCP体系

HACCP是危害分析与关键控制点的英文缩写，是对食品安全有显著意义的危害加以识别、评估和控制的体系。HACCP体系是涉及从农场到餐桌全过程食品安全的预防体系，已成为目前国际上公认的最有效预防和识别食品危害并实施相应预防措施和科学管理的体系。目前，在HACCP体系推广应用较好的国家，大部分是强制性推行采用HACCP体系。2002年我国正式启动对HACCP体系认证机构的认可试点工作。《中华人民共和国食品安全法》第四十八条规定："国家鼓励食品生产经营企业符合良好生产规范要求，实施危害分析与关键控制点体系，提高食品安全管理水平"。

1. HACCP的概念和特点

（1）HACCP的概念　GB/T 15091—1994《食品工业基本术语》对HACCP的定义为：生产（加工）安全食品的一种控制手段；对原料、关键生产工序及影响产品安全的人为因素进行分析；确定加工过程中的关键环节，建立、完善监控程序和监控标准，采取规范的纠正措施。在国家认证认可监督管理委员会发布的《食品生产企业危害分析与关键控制点（HACCP）管理体系认证管理规定》中，把HACCP定义为：对食品安全危害予以识别、评估和控制的系统化方法；把HACCP管理体系定义为：企业经过危害分析找出关键控制点，制订科学合理的HACCP计划在食品生产过程中有效地运行并能保证达到预期的目的，保证食品安全的体系。

（2）HACCP 的特点　HACCP 是一种质量保证体系，是一种预防性策略，是一种简便易行、合理、有效的食品安全保证系统，为实行食品安全管理提供了实际内容和程序。其特点可概括为①预防性：一种用于保护食品，以防止生物、化学和物理风害的管理工具，它强调企业自身在生产全过程的控制作用，而不是最终的食品检测或者是政府部门的监管作用。②针对性：主要针对食品的安全卫生，是为了保证食品生产系统中任何可能出现的危害或有危害风险的地方得到控制。③经济性：设立关键控制点控制食品的安全卫生，降低了食品安全卫生的检测成本，同以往的食品安全控制体系比较，具有较高的经济效益和社会效益。④实用性：在世界各国得到了广泛的应用和发展，易于推广应用。⑤动态性：HACCP 中的关键控制点随食品、生产条件等因素的改变而改变，企业如果出现设备、检测仪器、人员等的变化，都可能导致 HACCP 计划的改变。

2. HACCP 体系的基本原理与实施步骤

（1）HACCP 体系的基本原理　HACCP 体系是一个系统的、连续性的食品安全预防和控制体系，包括 7 项基本原理：①进行危害分析（HA）；②确定关键控制点（CCP）；③确定关键限值（CL）；④建立监控关键控制点的程序；⑤建立纠偏措施；⑥建立验证程序；⑦建立记录保持程序。

（2）HACCP 体系的建立与实施步骤　实施 HACCP 体系分为 12 个步骤，具体要求如下。

1）组建 HACCP 小组：食品生产应确保有相应的产品专业知识和技术支持，以便制订有效的 HACCP 计划。最理想的是组成多学科小组来完成该项工作。若现场缺乏这些知识和技术支持，应该能够从其他途径获得专家的意见，明确 HACCP 计划的范围。该范围应列出食品链中所涉及的环节并说明所强调的危害的总体分类（如是否包括所有危害类型或只是特定类型）。

2）产品描述：应对产品进行全面描述，包括相关的安全信息，如成分、物理或化学结构（包括水分活度、pH 等）、加工方式（热处理、冷冻、盐渍、烟熏等）、包装、保质期、贮存条件和配送方法。

3）识别预期用途：预期用途应基于最终用户和消费者对产品的使用期望。在特定情况下，还必须考虑易受伤害的消费群体，如团体进餐情况。

4）制订流程图：流程图应由 HACCP 小组制订，包括操作过程的所有步骤。HACCP 应用于给定的操作时，还应考虑该特定操作的前后步骤。

5）流程图的现场确认：HACCP 小组应在所有操作阶段和时间内，按照流程图确认操作过程。必要时，应对流程图加以修改。

6）进行危害分析：HACCP 小组应列出各个步骤中预期可能产生的所有危害，这些步骤包括原料生产、加工、制造、配送直到消费。HACCP 小组下一步应为 HACCP 计划进行危害分析，确定哪些危害具有如下特性，即在食品安全生产方面，将它们消除或降低至可接受水平是必须的。在进行危害分析时，只要有可能，应包括下列因素：①危害产生的可能性及其影响健康的严重性；②危害存在的定量和／或定性评价；③相关微生物的存活或繁殖；④食品生产中的毒素、化学或物理因素的产生及其持久性；⑤导致上述因素的条件。

HACCP 小组必须对每个危害提出可应用的控制措施。控制某一特定危害可以根据需要采用一个以上的控制措施，而某一个特定的控制措施也可能用来控制一个以上的危害。

7）确定关键控制点：可能有一个以上的关键控制点用于控制同一危害。HACCP 体系中关键控制点（CCP）的确定能够通过判断树 - 逻辑推理法的应用予以促进。判断树应用于生产、屠宰、加工、贮藏、销售等操作时，应有灵活性，确定关键控制点时应使用判断树作为指南。判断树也并不一定适用于所有情况，也可采用其他方法，建议对判断树的应用进行培训。

8）建立每个关键控制点的关键限值：对每个关键控制点，必须规定关键限值，如有可能，应予以确认。在某些情况下，对某一特定步骤需要建立一个以上的关键限值。通常采用的指标包括对温度、时间、湿度、pH、水分活度、有效氯的测量及感官参数等，如外观和组织形态。

9）建立每个关键控制点的监测系统：监控是有计划地测量或观测关键控制点的控制界限是否在要求之内，监控程序必须能够监控出关键控制点的失控，能及时提供资讯，当得知关键控制点趋向失控时，能给予调整恢复至正常情况下。物理及化学方法因其快速且可适合连续性监控而优于微生物方法。

10）建立纠偏措施：必须制定HACCP体系中各个关键控制点特定的纠正措施，以便出现偏离时对偏离进行处理。纠正措施必须保证关键控制点重新处于受控状态。采取的措施还必须包括受影响的产品的合理处理。偏离和产品处置过程必须记载在HACCP体系记录保存档案中。

11）建立验证程序：可以采用包括随机抽样和分析在内的验证和审核方法、程序和检测来确定HACCP体系是否正确地运行。验证的频率应足以证实HACCP体系运行的有效性。

12）建立文件和记录的保持程序：应用HACCP体系必须有效、准确地保存记录，HACCP程序应文件化。文件和记录的保持应适合生产操作的特性和规模。文件和记录包括：①危害分析；②关键控制点确定；③关键限值的确定；④关键控制点监控活动；⑤偏离和有关的纠正措施；⑥HACCP体系的改进等。

四、GMP体系

GMP是良好操作规范的简称，是一种具有专业特性的品质保证或制造管理体系，特别注重制造过程中对产品质量与卫生安全的自主性管理。食品GMP体系是为保障食品安全、质量而制定的贯穿食品生产全过程的一系列措施、方法和技术要求。该体系要求食品生产企业具备良好的生产设备、合理的生产工艺、完善的质量管理和严格的检测系统，确保最终产品的质量符合标准。

五、食品安全的其他质量控制体系

1. GAP体系

GAP是良好农业规范的简称，是一种适用方法和体系，通过经济的、环境的和社会的可持续发展措施，来保障食品安全和食品质量。GAP主要针对未加工和最简单加工（生的）出售给消费者和加工企业的大多数果蔬的种植、采收、清洗、摆放、包装和运输过程中常见的微生物的危害控制，其关注的是新鲜果蔬的生产和包装，但不限于农场，包含了从农场到餐桌的整个食品链的所有步骤。

2. ISO 22000食品安全管理体系认证

ISO 22000标准表达了食品安全管理中的共性要求，该标准适用于在食品链中所有希望建立保证食品安全体系的组织，无论其规模、类型和其所提供的产品。ISO 22000既是描述食品安全管理体系要求的使用指导标准，又是可供食品生产、操作和供应的组织认证和注册的依据。

3. GHP体系

GHP是良好卫生规范的简称，是所有食品卫生体系的基础，有助于生产安全、适用的食品。食品企业经营者必须了解可能影响其食品的危害，并确保妥善处理此类危害以保护消费者健康。良好卫生规范是有效实施食品安全管理计划的基础，为食品企业经营者提供控制食品安全危害的系统。在食品安全方面，危害可定义为在摄入食品时可能造成伤害的任何与食品相关的因子或物质。

第三章 人兽共患病概论

第一节 人兽共患病的概念与分类

一、人兽共患病的概念

人兽共患病是指在人类和脊椎动物之间自然传播的疾病和感染，即脊椎动物和人类由共同病原体引起的、在流行病学上相互关联的疾病。目前该类病有多种名称，如人兽共患病、动物源性疾病、人与动物共患病、人兽共通病等。

二、人兽共患病的分类

1. 按病原体的种类分类

这种分类方法是医学和兽医学上通用的分类法。按本法将人兽共患病分为病毒病、细菌病、支原体病、衣原体病、立克次氏体病、真菌病、寄生虫病等。病毒病又可分为接触性传染的病毒病、虫媒性传染的病毒病和朊病毒病等；细菌病又可分为革兰氏阴性细菌病、革兰氏阳性细菌病、放线菌病等；真菌病又可分为曲霉菌病、皮肤真菌病、隐球菌病、念珠菌病、孢子丝菌病、毛霉菌病；寄生虫病也可进一步分为原虫病、蠕虫病（包括绦虫病、吸虫病、线虫病及棘头虫病）和外寄生虫病。

2. 按病原体贮存宿主的性质分类

（1）以动物为主的（动物源性）人兽共患病 病原体的贮存宿主主要是动物，通常在动物之间传播，偶尔感染人类。人感染后往往成为病原体传播的生物学终端，失去继续传播的机会，如狂犬病、鼠疫、布鲁氏菌病、棘球蚴病、旋毛虫病和马脑炎等。

（2）以人为主的（人源性）人兽共患病 病原体的贮存宿主是人，通常在人之间传播，偶尔感染动物。动物感染后往往成为病原体传播的生物学终端，失去继续传播的机会，如人型结核、阿米巴痢疾和人的 A 型流感等。

（3）人兽并重的（互源性）人兽共患病 人和动物都是其病原体的贮存宿主。在自然条件下，病原体可以在人之间、动物之间及人与动物之间相互传染，人和动物互为传染源，如结核病、炭疽、日本血吸虫病和钩端螺旋体病等。

（4）真性人兽共患病 这类疾病必须以动物和人分别作为病原体的中间宿主或终末宿主，缺一不可，又称真性周生性人兽共患病，如猪带绦虫病及猪囊尾蚴病、牛带绦虫病及牛囊尾蚴病等。

3. 按病原体的生活史分类

（1）直接传播性人兽共患病 指通过直接接触或间接接触（通过媒介物或媒介昆虫机械性传递）而传播的人兽共患病。病原体本身在传播过程中没有增殖，也没有经过必要的发育阶段，主要感染途径是皮肤、黏膜、消化道和呼吸道等。这类人兽共患病主要包括全部细菌病、大部分病毒病、部分原虫病、少部分线虫病等，如狂犬病、炭疽、结核病、布鲁氏菌病、钩端螺旋体病、弓形虫病和旋毛虫病等。

（2）媒介传播性人兽共患病　指病原体的生活史必须有脊椎动物和无脊椎动物共同参与才能完成的人兽共患病。无脊椎动物作为传播媒介，病原体在其体内完成必要的发育阶段或增殖到一定的数量，才能传播到另一易感脊椎动物体内继续发育，完成其整个发育过程。例如，流行性乙型脑炎（日本脑炎）、森林脑炎、登革热、莱姆病、并殖吸虫病、华支睾吸虫病和利什曼原虫病等。

（3）循环传播性人兽共患病　指病原体的生活史要有两种或多种脊椎动物宿主，但不需要无脊椎动物参与的人兽共患病。这类疾病又分为真性和非真性两种，前者病原体的生活史必须有人类的参与才能完成，如猪带绦虫病（人）、牛带绦虫病（人）及其囊尾蚴病（猪、牛、人）；后者病原体的生活史不一定有人类的参与也能完成，人类的参与有一定的偶然性，如棘球绦虫病（犬、狼等）及其棘球蚴病（以羊、牛、骆驼等为主，人偶尔感染）。

（4）腐物传播性人兽共患病　指病原体的生活史至少要有一种脊椎动物宿主和一种非动物性滋生物或基质（有机腐物、土壤、植物等）才能完成感染的人兽共患病。病原体先在非动物性滋生物或基质上繁殖或进行一定阶段的发育，然后才能传染给脊椎动物宿主，如肝片吸虫病、钩虫病等。

第二节　人兽共患病的特征及危害

一、人兽共患病的特征

1. 动物是主要传染源

人兽共患病大多是动物或动物性产品传播给人，由人传播给动物的很少。据估计，动物传染病和寄生虫病有60%可以传播给人，人类传染病和寄生虫病有60%来自动物。

2. 突发性

地球的部分地区存在的人兽共患病将在何时、由何种方式传播至地球的其他区域，这种传播在其内在必然性的基础上往往表现为偶然性，因此增加了疫病传播的突发性。鸟类越洋跨洲的迁徙，可以远距离传播人兽共患病，如禽流感、西尼罗河热等，其发生很难预测，给防控工作带来很大挑战。

3. 隐蔽性

许多动物在感染病原体后，自身并不发病，呈隐性感染或病原体携带状态，如犬的弓形虫病、狂犬病和猫的汉塞巴尔通体病（猫抓病）。人类与伴侣动物接触不易产生警惕，容易被感染导致发病。此外，蝙蝠、鸟类等动物可在较广范围内自由活动，人们常常在无意识中接触到这些动物的分泌物或排泄物，从而导致感染。

4. 区域性

在人兽共患病中，自然疫源性疾病占据重要位置。自然疫源性疾病具有明显的区域性和季节性，易感的人和动物一旦进入这一区域，就可能感染而发病。因此，是否进入过某种人兽共患病的自然疫源地，就成为诊断该疾病的重要流行病学线索和依据。

5. 职业性

动物是人兽共患病的主要传染源，接触发病或携带病原的动物是感染的重要前提。因此，从事某些特定职业的人员,更有可能感染某种人兽共患病。例如,畜牧养殖和皮毛加工者易患布鲁氏菌病,养猪场或屠宰场人员易患猪链球菌病及尼帕病毒性脑炎等。

二、人兽共患病的危害

人兽共患病种类繁多、分布广泛、病原生态系统复杂,并不断有新的出现或被发现,不但严重危害畜牧业的发展,而且威胁人类的生命和健康,由此造成的公共安全威胁、社会经济损失均难以估量。

1. 人兽共患病种类多、分布广

目前已经证实的人兽共患病有 200 多种,广泛分布于世界各地,我国已发现的有 100 余种。由联合国确定的在公共卫生方面具有重要意义的人兽共患病约有 90 种,其中在许多国家流行、危害严重的有 50 多种。随着新病原体的不断出现和医学、兽医学的发展,新的人兽共患病会不断出现或被发现。20 世纪 70 年代以来,全球范围内新出现的传染病和重新出现的传染病有 60 多种,其中半数以上是人兽共患病。近年来,发现和证实的新型人兽共患病逐年增多,如莱姆病、人的猪链球菌病、高致病性禽流感、猴痘、轮状病毒感染、艾滋病、牛海绵状脑病(疯牛病)、拉沙热、埃博拉出血热、马尔堡出血热、西尼罗河热和尼帕病毒性脑炎等。过去认为只有人类才能感染的麻风病,现已证实有些动物也可以感染。

2. 人兽共患病严重危害人类健康

人兽共患病不仅在古代和近代广泛流行、危害严重,就是在现代医学和兽医学高度发展的今天,人类也无法完全控制人兽共患病的发生和流行。人兽共患病的发生和流行,可造成感染者的死亡、残疾或丧失劳动能力,使感染者生活质量下降,给很多家庭带来不幸和灾难,给社会带来巨大的损失或负担。

人兽共患病毒病的威胁呈上升趋势。不但狂犬病、流行性出血热、流行性乙型脑炎、登革热等传统病毒病频频发生和流行,而且新出现的病毒性传染病的威胁日益严重。以高致病性禽流感为代表的新出现的人兽共患病毒病,严重地威胁着人类的生命安全。SARS 病毒、甲型 H1N1 流感病毒、朊病毒、人类免疫缺陷病毒(HIV)、新型汉坦病毒、亨德拉病毒、尼帕病毒、猴痘病毒和西尼罗病毒等新病原体出现或感染新的宿主,已成为重要的新型人兽共患病毒病。新的疫病不断席卷而至,传播迅速,病死率高,给畜牧业生产、世界贸易和人类健康都造成了空前打击和严重威胁,给社会稳定带来极大危害。

在人兽共患细菌病中,鼠疫给人类造成的危害最为严重。另外,布鲁氏菌病几乎遍布世界各地,危害也十分严重,全世界每年约有 800 万新病例发生。近年来,人兽共患细菌病也出现了一些新的成员,如伯氏疏螺旋体引起的莱姆病、大肠埃希菌 O157:H7 引起的出血性肠炎等。与此同时,结核病的发病率回升,并出现新的多重抗药性菌株,且常与 HIV 合并感染,潜在威胁巨大。

危害较严重的人兽共患寄生虫病有弓形虫病、钩虫病、丝虫病,全世界感染者数以亿计。另有数千万人感染猪带绦虫病、牛带绦虫病、旋毛虫病和姜片吸虫病等。

3. 人兽共患病给畜牧经济造成巨大损失

人兽共患病给畜牧业带来的危害和损失难以估量,主要包括因发病造成的大批畜禽死亡和扑杀、大量的畜禽产品废弃、畜禽产品产量减少和质量下降而造成的直接损失,以及因采取控制、消灭措施和贸易及旅游限制而带来的巨大间接损失。对畜牧业危害最为严重的人兽共患病有结核病、布鲁氏菌病、口蹄疫、高致病性禽流感和牛海绵状脑病等。

第三节　人兽共患病疫源地和自然疫源地

一、人兽共患病疫源地

1. 疫源地的概念

存在传染源，并在一定条件下病原体由传染源向周围传播时可能波及的地区，称为疫源地。疫源地包括传染源的停留场所、周围的环境，以及所有可能与传染源接触过的人或动物。构成疫源地有2个必不可少的条件，一是传染源的存在，二是病原体能够继续传播。

2. 疫源地的范围

不同的人兽共患病，其疫源地的范围也不同，这主要取决于病原体的传播媒介、传播途径和传播条件。一般来说，经水源、空气、媒介昆虫传播的人兽共患病，其疫源地的范围就较大；而以直接接触为传播途径的人兽共患病，其疫源地的范围就较小。

在实际工作中，并不是每次都能很清楚地划出疫源地的范围。常把传染源明确和集中的独立单位划为疫点，而把包括疫点在内的可能受到病原体污染的区域划为疫区。

二、人兽共患病自然疫源地

1. 自然疫源性

病原体、传播媒介（主要是媒介昆虫）和宿主动物在自己的世代交替中无限期地存在于自然界的各种生物群落里，组成各种独特的生态系统，它们不论是在以前还是在现阶段的进化过程中均不依赖于人，这种现象称为自然疫源性。

2. 自然疫源性疾病

一种疾病和病原体不依靠人而能在自然界生存繁殖，并只在一定条件下才传染给人和动物，这种疾病称为自然疫源性疾病。自然疫源性疾病又称为动物地方病，但自然疫源性疾病这一术语更能反映病原体的进化本质及与各种生物的内在联系。已知的自然疫源性疾病有森林脑炎、流行性出血热等病毒性疾病。

3. 自然疫源地

存在自然疫源现象的地方，称为自然疫源地。这些地方主要是原始森林、沙漠、草原、深山、沼泽、荒岛等；当人和动物闯进这些区域时，在一定条件下可感染自然疫源性疾病。

4. 自然疫源性疾病的特点

（1）有明显的区域性　这是由于病原体只在特定的生物群落中循环，而特定的生物群落只在特定的地域才存在，因而导致这种疾病具有明显的区域性。

（2）有明显的季节性　自然疫源性疾病的病原体主要以野生脊椎动物（兽和鸟）为天然宿主，以节肢动物为传播媒介。而宿主的活动性和抵抗力、媒介者的活动性和数量多与季节的变化有关，季节也影响人和动物的活动范围。因此，这类疾病在人群或动物中流行时呈现明显的季节性。

（3）受人类活动的影响　人类的活动，如垦荒、修路、水利建设、采矿、旅游、探险等，常会破坏或扰乱原来的生物群落，使病原体赖以生存、循环的宿主和媒介发生变化，从而导致自然疫源性疾病增强、减弱或消失，也会引发从前在本地并不存在的新的自然疫源性疾病。

既然自然疫源性疾病不依赖人类而存在于自然界，那么在人迹罕至之处存在某种未知的自然疫源性疾病也是完全可能的。

第四章 动物检疫

动物检疫是指为了防止动物疫病传播、促进养殖业发展、保护人体健康、维护公共卫生安全，由国家法定机构、法定人员，依照法定条件和程序，对动物、动物产品的法定检疫对象进行认定和处理的行政管理行为。

动物检疫的任务和作用在于对活体动物及动物产品进行检疫，以检出患病动物或带菌（毒）动物，以及带菌（毒）动物产品，并通过兽医卫生措施进行合理处理和彻底消毒，以防止动物疫病和人兽共患病的传入或传出，从而保障动物及动物产品的正常贸易，促进国民经济的发展。

第一节 动物检疫方式

一、现场检疫

1. 现场检疫的概念

现场检疫是指动物在交易、待宰、待运或运输前后，以及到达口岸时，在现场集中进行的检疫方式。现场检疫方式适用于内检和外检的各种动物检疫，是一种常用而且必要的检疫方式。

2. 现场检疫的一般内容

（1）查证验物　查证就是查看无有检疫证书，检疫证书是否由法定检疫机构出证，检疫证书是否在有效期内，查看贸易单据、合同及其他应有的证明。验物就是核对被检动物的种类、品种、数量、产地、畜禽标识等是否与上述证单相符合。

（2）三观一查　三观是指临床检疫中群体检疫的静态、动态和饮食状态3个方面的观察，一查是指临床检疫中的个体检查。也就是说，通过三观从群体中发现可疑患病动物，再对可疑患病动物个体进行详细的临床检查，以便得出临床诊断结果。

二、隔离检疫

1. 隔离检疫的概念

隔离检疫是指将动物放在具有一定条件的隔离场或隔离圈（列车箱、船舱）进行的检疫方式。隔离检疫主要用于进出境检疫，跨省（自治区）、直辖市引进乳用、种用动物检疫，输入到无规定动物疫病区的动物检疫，建立健康畜群时的净化检疫。

2. 隔离检疫的内容

（1）临床检查　动物在隔离场期间，必须按规定进行临床健康检查，如观察动物静态、动态和饮食状态，并定时进行体温检查，以便及时掌握动物的健康状况。一旦发现可疑患病动物，应及时采取病料送检。当有病死动物时，应及时剖检，并做好有关记录。

（2）实验室检查　动物在隔离期间，按照我国有关规定或两国政府签订的条款，以及双方合同的要求，进行规定项目的实验室检查，并严格按照有关规定进行检疫后的处理。

第二节 产地检疫

一、产地检疫对象

产地检疫一般是到现场或指定地点，对出售或者运输的动物、动物产品在离开饲养地、生产地之前实施的检疫。产地检疫是由动物卫生监督机构及官方兽医，依照法定的条件和程序，对法定检疫对象进行认定和处理的行政许可行为。

二、产地检疫方法

1. 查验资料及畜禽标识

1）官方兽医应查验饲养场（养殖小区）"动物防疫条件合格证"和养殖档案，了解生产、免疫、监测、诊疗、消毒、无害化处理等情况，确认饲养场（养殖小区）6个月内未发生相关动物疫病，确认动物已按国家规定进行强制免疫，并在有效保护期内。调运种猪（种用、乳用反刍动物或种禽、种蛋），还应查验"种畜禽生产经营许可证"。

2）官方兽医应查验散养户防疫档案，确认动物已按国家规定进行强制免疫，并在有效保护期内。

3）对于生猪和反刍动物，官方兽医还应查验畜禽标识佩戴情况，确认其佩戴的畜禽标识与相关档案记录相符。

4）调运精液和胚胎的，还应查验其采集、存储、销售等记录，确认对应供体及其健康状况。

5）跨省调运种蛋，还应查验其采集、消毒等记录，确认对应供体及其健康状况。

2. 临床检查

采用群体检查和个体检查相结合的方法。

3. 实验室检测

对怀疑患有产地检疫规程规定疫病的动物及临床检查发现其他异常情况，应按相应疫病防治技术规范进行实验室检测。实验室检测须由动物疫病预防控制机构和具有资质的实验室承担，并出具检测报告。调运种猪（种用、乳用反刍动物或种禽、种蛋）应进行实验室检测，并提供相应的检测报告。

第三节 屠宰检疫

一、屠宰检疫对象

屠宰检疫是指对被屠宰的畜禽进行宰前检查和在屠宰过程中实施全流程同步检疫及必要的实验室疫病检测。屠宰检疫包括宰前检疫和宰后检验两个密切相关的环节。

二、宰前检疫方法

1. 入场（厂）监督查验

官方兽医查验入场（厂）畜禽的动物检疫证明和佩戴符合要求的畜禽标识；了解畜禽运输途中的有关情况；检查畜禽群体的精神状况、外貌、呼吸状态及排泄物状态等情况。如实记录监督查验结果，根据查验结果按国家有关规定，做出准许卸载入场或其他处理决定。

2. 检疫申报

畜禽宰前6h，货主向当地动物卫生监督机构申报检疫，急宰动物随时申报。动物卫生监督机构接到检疫申报后，对符合要求的派出官方兽医实施现场检疫。

3. 宰前检查

宰前 2h 内，官方兽医对要屠宰的畜禽实施宰前检查。宰前检查采用群体检查和个体检查相结合的方法，遵循先群体检查、后个体检查的原则。

（1）群体检查　从静态、动态和饮食状态等方面进行检查，主要包括畜禽群体的精神状况、外貌、呼吸状态、运动状态、反刍状态（牛、羊）、饮水饮食情况及排泄物状态等。

（2）个体检查　通过视诊、触诊和听诊等方法进行检查。家畜的个体检查主要包括精神状况、体温、呼吸、皮肤、被毛、可视黏膜、胸廓、腹部及体表淋巴结、排泄动作及排泄物性状等；家禽的个体检查主要包括精神状况、体温、呼吸、羽毛、天然孔、冠、髯、爪、粪，以及触摸嗉囊内容物性状等。

三、宰后检验方法

以感官检查为主，必要时辅以病原学、血清学、病理学和物理化学等实验室检查。

1. 感官检查

官方兽医采用视检、嗅检、触检及剖检的方法，判断畜禽胴体及内脏等是否有病变，并对患病畜禽做出诊断及处理。

（1）视检　用肉眼观察胴体的皮肤、肌肉、胸膜和腹膜、脂肪、骨骼、关节、天然孔及各种脏器的色泽、形状、大小、组织状态等是否正常，为进一步剖检提供依据。

（2）触检　采用手或刀具触摸和触压的方法，判定组织、器官的弹性和软硬度是否正常。

（3）嗅检　利用嗅觉嗅闻畜禽的组织和脏器有无异常气味，以判定肉品的卫生质量。

（4）剖检　借助检验刀具，剖开被检组织和器官，检查其深层组织的结构和状态，以发现组织和器官内部的病变。

2. 实验室检查

当感官检查不能对发现的问题做出准确判定时，则视情况进行实验室检查，以便对宰后检验中发现的患病畜禽做出准确诊断及判定肉品中有害物质的残留情况，并做出相应的卫生处理。

（1）病理学诊断　采取病料组织，制作切片，观察组织的病理变化，做出病理学诊断。

（2）病原学诊断　病原菌的检查可采取有病变的器官、组织、血液等，直接涂片，染色镜检。必要时再进行细菌分离培养、生化试验及动物试验。病毒的检查主要是将病料经适当处理后，接种于细胞培养物、鸡胚或易感动物，初步分离病毒后，对病毒核酸类型、脂溶剂（乙醚、氯仿等）及对酸和热的敏感性等生物学特性进行检验，做出初步鉴定，必要时可通过电子显微镜对病毒粒子进行形态学鉴定。

（3）血清学诊断　针对所怀疑疫病的检测需要，采用适合的检测方法来鉴定疫病的性质。

（4）理化检验　根据检验需要，采集宰后畜禽的脏器、局部组织或尿液等，检测其中的农药、兽药、重金属或其他有害化学物质。

第四节　屠宰畜禽重要疫病的检疫与处理

一、屠宰畜禽重要疫病的检疫

1. 炭疽

（1）宰前检疫　①最急性型：羊炭疽多呈最急性型。发病急剧，表现为突然站立不稳，全身痉挛，迅速倒地；高热，呼吸困难，天然孔出血，血凝不全，迅速死亡。②急性或亚急性型：牛炭疽多呈急性型。多数病牛精神沉郁，少数兴奋不安，但很快转为高度沉郁。病畜体温升高，食欲废绝，行走踉跄，肌肉震颤，呼吸高度困难，可视黏膜发绀或有出血点，天然孔出血，最后窒息而死。急性者一般发病后2d死亡，亚急性者病程为2~5d。③痈型炭疽：牛、羊的痈型炭疽可见颈、胸、腰或外阴部出现界线明显的局灶性炎性水肿，触诊如面团，开始热痛，不久则变冷无痛，甚至软化龟裂，渗出黄色液体。猪对炭疽的抵抗力较强，因此主要为咽型炭疽，一般无明显症状。

（2）宰后检验 宰后检验见到的炭疽多为痈型炭疽、咽型炭疽、肠型炭疽和肺炭疽等。牛宰后检验多见痈型（局灶型）炭疽，主要病变是痈肿部位的皮下有明显的出血性胶样浸润，附近淋巴结肿大，周围水肿，淋巴结切面呈暗红色或砖红色。猪炭疽多呈局部性病变，宰后检验以咽型炭疽最为常见，特征是一侧或双侧下颌淋巴结肿大、出血，刀切时感觉硬而脆，切面呈樱桃红色或砖红色，上有数量不等的紫黑色、砖红色或黑红色小坏死灶，淋巴结周围组织有不同程度的胶样浸润。此外，扁桃体也常发生充血、水肿、出血及溃疡。猪肠型炭疽主要症状为十二指肠和空肠前半段的少数或全部肠系膜淋巴结肿大、出血、坏死，病变与咽型炭疽相似。

2. 结核病

（1）宰前检疫 结核病病畜的生前症状随患病器官的不同而异，其共同表现为全身渐进性消瘦和贫血，尤其是病牛最为明显。发生肺结核时，病畜常咳嗽并伴有肺部异常，呼吸迫促，呼吸音粗并伴有啰音或摩擦音。乳房结核的临床表现多种多样，有的表现为单纯的乳房肿胀，无热无痛；有的表现为表面凹凸不平的坚硬大肿块或乳腺中有多数不痛不热的坚硬结节。泌乳期可见乳汁稀薄，颜色微绿，内含大量白色絮片和碎屑。发生肠结核时，表现为便秘和腹泻交替出现，或持续性腹泻。

猪结核在临床上能被发现的多为淋巴结结核，常见的有下颌淋巴结结核、咽淋巴结结核和颈淋巴结结核等。主要特征是淋巴结肿大发硬，无热痛。

患禽结核病的鸡不活泼，精神委顿，软弱。病鸡进行性消瘦，胸部肌肉明显萎缩，胸骨显露，羽毛粗乱，出现严重贫血，冠及肉髯苍白，个别病鸡出现腹泻，但体温正常。

（2）宰后检验 病畜的胴体通常都比较消瘦，器官或组织形成结核结节或干酪样坏死是结核病的特征性病变。结核病病变可发生在体内任何器官和淋巴结。牛结核病在胸膜和肺膜可发生密集的结核结节，形如珍珠状。病禽常在肝脏、脾脏、肠及骨髓中发现结核结节病变，而其他脏器少见。

3. 布鲁氏菌病

（1）宰前检疫 妊娠母畜流产是主要症状，流产时胎衣往往滞留，胎儿死亡。公畜主要表现为睾丸炎或附睾炎，有些病例呈现关节炎、黏液囊炎，常侵害膝关节和腕关节，关节肿胀、疼痛，出现跛行。必要时可进行血清凝集试验。

（2）宰后检验 主要病变为生殖器官的炎性坏死，脾脏、淋巴结、肝脏、肾脏等部位形成特征性肉芽肿（布病结节）。当发现屠畜有下列病变之一时，应考虑有患布鲁氏菌病的可能。①猪有阴道炎、睾丸炎及附睾炎、化脓性关节炎、骨髓炎、颈部及四肢肌肉变性，子宫黏膜有较多的高粱粒大的黄白色结节。牛、羊有阴道炎、子宫炎、睾丸炎等。②肾皮质出现荞麦粒大小的灰白色结节。③管状骨或椎骨中积脓或形成外生性骨疣，使骨外膜表面呈现高低不平的现象。

4. 口蹄疫

（1）宰前检疫　患口蹄疫的牛主要症状表现在口腔黏膜和蹄部的皮肤形成水疱和溃疡。病牛病初体温升高，食欲减退，闭口流涎，运步困难，重者蹄壳脱落。

羊对本病的易感性较低，症状与牛基本相似，但较轻微，水疱较少并很快消失。绵羊主要在四肢蹄部见有水疱，偶尔也见于口腔黏膜；山羊的水疱多见于口腔。

病猪水疱以蹄部多见，严重者蹄壳脱落。口腔和吻突的病变较少见。

（2）宰后检验　宰后应仔细检查瘤胃黏膜，尤其是肉柱部分常见浅褐色糜烂，胃、肠有时出现出血性炎症。心因心肌纤维脂肪变性，可见柔软扩张。病势严重时，左心室壁和室中间隔往往发生明显的脂肪变性和坏死，断面可见不整齐的斑点和灰白色或带黄色的条纹，形似虎皮斑纹，称为"虎斑心"。心内膜有出血斑，心外膜有出血点。肺有气肿和水肿，腹部、胸部、肩胛部肌肉中有浅黄色麦粒大小的坏死灶。

5. 猪丹毒

（1）宰前检疫　①急性败血型：病猪体温升高达42℃以上，呈稽留热，寒战，喜卧阴湿地方，食欲废绝，间有呕吐，离群独卧。发病1~2d后，皮肤上出现红斑，大小不等，形状不同，耳、腹及腿内侧较多见，指压时褪色。②亚急性疹块型：特征性症状是在颈、肩、胸、腹、背及四肢等处皮肤上出现圆形、方形、菱形或不规则形的红色疹块，有的疹块中心部分变浅，边缘部分呈灰紫色；也有的疹块表面中心产生小水疱，或变成棕色痂块；还有的痂块自然脱落，留下缺毛的疤痕。③慢性型：四肢关节特别是腕关节、跗关节常发生浆液性纤维素性关节炎。伴发心内膜炎时，听诊心跳加快、杂音明显。有的病猪皮肤成片坏死或脱落，也有的整个耳壳或尾甚至蹄壳全部脱落。

（2）宰后检验　①急性败血型：在耳根、颈部、胸前、腹壁和四肢内侧等处皮肤上有方形、菱形或不规则形的鲜红色斑块，指压褪色。红斑可相互融合成片，微隆起于周围正常的皮肤表面。全身淋巴结充血肿胀，切面多汁，呈红色或紫红色。脾肿大明显，质地柔软，呈樱桃红色，切面外翻，结构模糊不清。肾脏肿大、瘀血，皮质部可见小点状出血，切面常有肿大出血的肾小球显现。肺充血、水肿。心包积液，心冠脂肪充血发红，心内膜和心外膜有点状出血。胃肠黏膜呈急性卡他性或出血性炎症变化。②亚急性疹块型：以颈、背、腹侧部皮肤疹块为特征，疹块部的皮肤和皮下结缔组织充血并有浆液浸润和出血变化，或有坏死。有的疹块部分病变并发生坏死脱落，留下灰色的疤痕。内脏仍具有败血型的病变。③慢性型：主要病变在心脏二尖瓣上有菜花状赘生物。四肢关节变形肿大或粘连，切开腕关节和跗关节的肿胀部分，有黄色浆液流出，其中常混有白色絮状物。

6. 猪肺疫

（1）宰前检疫　猪肺疫最急性型俗称"锁喉风"，病猪发热，呼吸困难，呈犬坐姿势，口鼻流出泡沫，咽喉部肿胀，有热痛；急性型主要表现为纤维素性胸膜肺炎症状，病猪体温升高，咳嗽，有鼻液和脓性结膜炎，耳根和四肢内侧有红斑；慢性型主要表现为慢性肺炎或慢性胃肠炎症状。

（2）宰后检验　最急性型可见咽喉及其周围组织有明显的出血性浆液性炎症变化，颌下、咽喉头和颈部皮下有大量浅红色略透明的水肿液流出，局部组织因水肿液浸润而呈胶冻样。下颌、咽后和颈部淋巴结明显发红肿大，切面多汁，并有出血点。全身浆膜、黏膜有出血点。

急性型和慢性型病例以典型的纤维素性胸膜肺炎为特征。肺炎病变主要位于肺的尖叶、心叶和膈叶的前部，严重的可波及整个肺叶。在肺组织内有大小不等的肝变区，颜色从暗红色、灰红色到棕绿色不等。肝变区的切面可见间质增宽，常杂有大小不等、形状不一的灰黄色坏死灶，眼观肺呈大理石样纹理。肺胸膜也发生浆液性纤维素性炎症，胸腔积有含纤维素凝块的混浊液体，肺炎区的胸膜上附有黄白色纤维素性薄膜。

7. 猪副伤寒

（1）宰前检疫　急性病例多为败血型表现，病猪发热、呆钝和虚弱，有时四肢内收，匍匐在地，耳、腹部和股内侧皮肤先呈朱红色，后为紫红色。慢性病例多为肠炎型表现，病猪瘦弱贫血，长期腹泻，粪便呈糊状、具有恶臭味，粪内混有白色肠黏膜小片或有纤维素性渗出物。

（2）宰后检验　急性病例耳根、胸前和腹下皮肤呈青紫色或有紫红色斑点，全身浆膜有点状出血，胃肠道卡他性炎症。慢性病例的胴体失水、消瘦。肠道病变为局灶性或弥漫性纤维素性坏死性炎症，病变多集中在回肠和大肠部，脾脏肿大，肠系膜淋巴结肿大、灰红色，呈髓样肿胀。

8. 猪Ⅱ型链球菌病

（1）宰前检疫　病猪起病急，体温升高至42~43℃，步态不稳，行走困难，呼吸窘迫，眼结膜充血，眼有分泌物，病至3~4d在腹股沟、臀部、耳尖部皮肤出现暗紫色点或斑，口鼻流红色泡沫液体，有的病猪出现共济失调、磨牙、昏睡等神经症状，停食，最后衰竭而死。一般病程5d左右，多数于发病后1~2d死亡。

（2）宰后检验　病理变化主要表现为血液凝固不良，胸腹下和四肢皮肤有紫斑或出血斑。肝脏、脾脏、心脏可能有不同程度的出血。小肠黏膜有不同程度的充血和出血。病死猪的淋巴结肿大，其脂肪为浅玫瑰色或红色。

9. 副猪嗜血杆菌病

（1）宰前检疫　病猪发热，厌食，反应迟钝，呼吸困难，咳嗽，疼痛（尖叫），关节肿胀，跛行，皮肤及可视黏膜发绀，侧卧，消瘦和被毛凌乱，随之可能死亡。母猪发病可导致流产，公猪有跛行。

（2）宰后检验　在腹膜、心包膜和胸膜等浆膜面可见浆液性和化脓性纤维蛋白渗出物，严重病例可见豆腐渣样渗出物。肺可有间质水肿、粘连，心包积液、粗糙、增厚，腹腔积液，肝脏和脾脏肿大、与腹腔粘连。腕关节和跗关节也有炎性渗出物。腹股沟淋巴结切面呈大理石状，下颌淋巴结严重出血，肠系膜淋巴结变化不明显；脾脏有出血，边缘隆起米粒大的血泡，有时有梗死灶；肾乳头出血严重；心肌表面有大量纤维素渗出；喉管内有大量黏液；切开跗关节有胶冻样物。

10. 猪支原体肺炎

（1）宰前检疫　病猪的明显特征是在夜间、清晨、运动和吃食时发生持续性咳嗽。病猪呼吸加快，呈腹式呼吸，伸颈弓背，或犬坐姿势。病猪体温正常，食欲变化不明显。X线检查对生前确诊有重要价值。

（2）宰后检验　病变主要局限于肺，常在肺的尖叶、心叶、中间叶和膈叶的前部出现融合性支气管肺炎变化。肺的病变部分与正常部分界线分明，通常左右两肺病变对称发生。病肺呈肉样红色或灰红色，无弹性，有时呈米黄色，很像胰的颜色。支气管淋巴结肿大多汁，呈黄白色。

11. 高致病性猪蓝耳病

（1）宰前检疫　病猪体温明显升高，可达41℃以上；眼结膜发炎、眼睑水肿；有咳嗽、气喘等呼吸道症状；部分猪呈现后躯无力、不能站立或共济失调等神经症状。

(2) 宰后检验　肺肿胀，呈大理石样病变，多见于肺部的尖叶和心叶；脾脏边缘或表面出现梗死灶；肾脏呈土黄色，表面可见针尖至小米粒大小的出血点；皮下、扁桃体、心脏、膀胱、肝脏和肠道均可见出血点和出血斑；心脏、肝脏和膀胱可见出血性、渗出性炎症等病变；部分病例可见胃肠道出血、溃疡、坏死。若高致病性猪蓝耳病病毒分离鉴定阳性及RT-PCR检测阳性，即可确诊。

12. 非洲猪瘟

(1) 宰前检疫　①最急性型：往往未见到病猪有明显临床症状即倒地死亡。有时可见食欲废绝、惊厥，数小时内即死亡。②急性型：病猪表现食欲废绝，体温升高至40~42℃，稽留3~5d，体温下降，心跳加快，呼吸困难，皮肤出血，病死率高。③亚急性型：与急性型表现相似，病猪体温升高，鼻、耳、腹肋部发绀，有出血斑。时有咳嗽，眼、鼻有浆液性或黏液性脓性分泌物，后肢无力，出现短暂性的血小板、白细胞减少。④慢性型：妊娠母猪流产、腹泻、呕吐，粪便有黏液、血液。病死率较低。

(2) 宰后检验　急性病例出现全身各脏器严重出血，淋巴结尤为明显。下颌淋巴结肿胀、出血，呈紫红色；腹股沟浅淋巴结肿大、出血，呈紫褐色；肠系膜淋巴结出血，淋巴结切面严重出血，指压时有血液渗出。脾脏瘀血、出血、极度肿大、质脆易碎，切面可见粥样物流出；心包积液，心肌外膜或内膜有出血点或出血斑，心外膜附有纤维素；肾脏表面布满出血点，肾盂及肾乳头部有出血斑；肺充血、出血、水肿，心脏、肺粘连，偶见肺部肉芽肿病变；肝脏肿大、瘀血、出血；胆囊壁水肿，胃、肠均有出血。慢性病例极度消瘦。

非洲猪瘟临床症状与猪瘟症状相似，只能依靠实验室确诊。

13. 猪瘟

(1) 宰前检疫　①最急性型：表现急性败血症症状。病猪突然发病，高热稽留，皮肤和黏膜发绀，有出血点。②急性型：病猪发热，精神沉郁，食欲减退或废绝，寒战，背拱起，后肢乏力，步态蹒跚，重者可见全身性痉挛现象。两眼无神，眼结膜潮红，口腔黏膜发绀或苍白。在耳、鼻、腹下、股内侧、会阴等处皮肤可见出血斑点，先便秘后腹泻。公猪阴茎鞘内积有恶臭尿液。③亚急性型：与急性型表现相似，病猪体温升高，扁桃体、舌、唇及齿龈可见到溃疡。多处皮肤可见有出血点，常并发肺炎和肠炎。④慢性型：病猪消瘦，便秘与腹泻交替出现。腹下、四肢和股部皮肤有出血点或紫斑。扁桃体肿大，有时出现溃疡。

(2) 宰后检验　①最急性型：黏膜、浆膜和内脏有少量出血斑点，但无特征性变化。②急性型：全身皮肤特别是颈部、腹部、股内侧、四肢等处皮肤，有暗红色或紫红色的小出血点或融合成出血斑。脂肪、肌肉、浆膜、黏膜、喉头、胆囊、膀胱和大肠也有出血点。全身大部分淋巴结常呈现出血性炎症变化，淋巴结肿胀和出血，且出血的髓质与未出血的皮质镶嵌，使之呈现大理石样外观。脾脏边缘出血性梗死，呈紫黑色。肾脏呈土黄色，表面有针尖状出血点。胃肠黏膜潮红，上面散布许多小出血点。③亚急性型和慢性型：病变主要见于肺和大肠。亚急性型病猪肺的切面呈暗红色，质地致密，间质可见水肿、出血，局部肺表面有红色网纹。慢性型病猪肺表面有黄色纤维素，间质增厚，呈大理石样。肺、心包和胸膜常发生粘连。慢性型病猪大肠病变主要为回肠末端、盲肠和结肠黏膜有纽扣状溃疡。

14. 牛传染性胸膜肺炎

(1) 宰前检疫　病牛病初体温升高，呈稽留热，咳嗽，随后呼吸系统的症状逐渐加重，频繁咳嗽，常表现痛性短咳，流浆性或脓性鼻液，呼吸困难。听诊肺泡呼吸音减弱或消失，出现支气管呼吸音、啰音及胸膜摩擦音。叩诊胸部，病侧肩胛骨后有浊音或实音区，上界为一水平线或微凸曲线。胸腔积水时，胸前皮下和肌肉水肿。慢性病牛消瘦，不时发痛性短咳，听诊有实音区且敏感，体温时高时低，食欲反复无常。

（2）宰后检验　本病的特征性病变在胸腔和肺。胸腔内有大量无色或黄色积液，并含有絮状纤维素物。肺炎的肝变区多见于一侧肺的隔叶且以右侧较多，外观呈大理石样花纹。病程较长者，肺小叶发生肉变或坏死，坏死灶被结缔组织包围，形成坏死性包囊，后因发生干酪化或脓性液化，形成空洞或瘢痕。肺部淋巴结肿大。胸膜有纤维蛋白渗出物，肺与胸膜粘连。

15. 牛传染性鼻气管炎

（1）宰前检疫　①呼吸道型：急性病例主要表现整个呼吸道受损害，其次是消化道。病牛病初突发高热，精神委顿，拒食，流黏脓性鼻液，鼻黏膜高度充血（故名红鼻病），有浅溃疡，鼻旁窦及鼻镜组织高度发炎。常因炎性渗出物堵塞而导致呼吸高度困难，甚至张口喘气，由于鼻黏膜坏死而呼出恶臭气体，并有深部支气管性咳嗽。病牛有时排血痢。②生殖道型：又称牛传染性脓疱阴户阴道炎、交合疹，由配种传染。病初轻度发热，尿频，排尿时感痛而不安。外阴和阴道黏膜充血潮红，黏膜表面有灰色小病灶，继而发展成小脓疱，外观黏膜呈颗粒状，黏膜表面覆盖黏性分泌物。部分病例小脓疱融合成片，连成一层灰色坏死膜。妊娠牛一般不发生流产。公牛包皮和阴茎上出现与母牛相似的症状和病变，故名传染性脓疱性龟头包皮炎。③眼炎型：主要表现为角膜和结膜炎症。可见角膜下水肿，其上形成灰色坏死膜，呈颗粒状外观。眼、鼻流浆性或脓性分泌物。结膜充血、水肿，形成灰色坏死膜。有时可与呼吸道型同时发生。④流产型：一般见于初胎青年母牛妊娠期的任何阶段，有时也可见于经产牛。常于妊娠的第5~8个月发生流产，多无前驱症状，胎衣常不滞留。⑤脑膜脑炎型：仅犊牛发生，主要表现脑膜脑炎。病牛共济失调，出现神经症状，先沉郁后兴奋或沉郁、兴奋交替发生，口吐白沫，惊厥，最后倒卧，角弓反张。病程短，发病率低，但病死率高。

（2）宰后检验　特征性病变为呼吸道黏膜的高度炎症，有浅溃疡，其上覆有灰色、恶臭脓性渗出物。可见化脓性肺炎和脾脏脓肿，肾脏包膜下有散在粟粒大、灰白色至灰黄色坏死灶，肝脏也有少量散在粟粒大、灰黄色坏死灶。流产的胎儿有坏死性肝炎和脾脏局部坏死，有的皮肤水肿。

16. 痒病

（1）宰前检疫　以瘙痒与运动共济失调为临床特征。瘙痒部位多在臀部、腹部、尾根部、头顶部和颈背侧，常常是两侧呈对称性的。病羊频频摩擦、啃咬、蹬踢自身的发痒部位，造成大面积掉毛和皮肤损伤。运动失调表现为转弯僵硬、步态蹒跚或跌倒，最后衰竭，躺卧不起。其他神经症状有微颤、癫痫和瞎眼。

（2）宰后检验　除消瘦、脱毛、皮肤损伤外，内脏器官缺乏明显可见的肉眼变化。病理组织学检查，可见脑组织神经元变性和形成空泡，脑组织呈海绵状变化，胶质细胞增生，轻度脑脊髓炎变化。确诊主要依赖组织病理学检查。

17. 小反刍兽疫

（1）宰前检疫　本病临床症状和牛瘟相似，但只有山羊和绵羊感染后才出现症状，感染牛不出现临床症状。羊发病急，高热可达41℃以上，持续3~5d，病羊精神沉郁，食欲减退，鼻镜干燥，口、鼻腔流黏脓性分泌物，呼出恶臭气体；口腔黏膜先是轻微充血及出现表面糜烂，大量流涎，小区域坏死通常首发于牙龈下方黏膜，其后坏死现象迅速向牙龈、硬腭、颊、口腔乳突、舌等黏膜蔓延。坏死组织脱落，出现不规则且浅的糜烂斑。后期出现带血水样腹泻，严重脱水，消瘦，并常有咳嗽、胸部啰音及腹式呼吸。死前体温下降。幼龄动物发病严重，发病率和病死率都很高。超急性病例可能无病变，仅出现发热及死亡。

（2）宰后检验　可见结膜炎、坏死性口炎等病变，在鼻甲、喉、气管等处有出血斑，严重病例可蔓延到硬腭及咽喉部。皱胃常出现有规则、有轮廓的糜烂，创面出血呈红色。肠可见糜烂或出血，结肠和直肠结合处出现特征性线状出血或斑马样条纹。淋巴结肿大，脾脏出现坏死灶。

确诊需要进行实验室检查，通常包括病毒分离鉴定和血清学试验。

18. 绵羊痘和山羊痘

（1）宰前检疫　①典型羊痘：分前驱期、发痘期和结痂期。病初体温升高达41~42℃，呼吸加快，结膜潮红肿胀，流黏液脓性鼻液。经1~4d后进入发痘期。痘疹多见于无毛部或被毛稀少部位，如眼睑、嘴唇、鼻部、腋下、尾根及公羊阴茎鞘、母羊阴唇等处，先呈红斑，1~2d后形成丘疹，突出于皮肤表面，随后形成水疱，此时体温略有下降，再经2~3d后，由于白细胞集聚，水疱变为脓疱，此时体温再度上升，一般持续2~3d。在发痘过程中，如没有其他病菌继发感染，脓疱破溃后逐渐干燥，形成痂皮，即为结痂期，痂皮脱落后痊愈。②顿挫型羊痘：常呈良性经过。通常不发热，痘疹停止在丘疹期，呈硬结状，不形成水疱和脓疱，俗称"石痘"。③非典型羊痘：全身症状较轻。有的脓疱融合形成大的融合痘（臭痘）；有的脓疱伴发出血形成血痘（黑痘）；有的脓疱伴发坏死，形成坏疽痘。重症病羊常继发肺炎和肠炎，导致败血症或脓毒败血症而死亡。

（2）宰后检验　特征性病变是在咽喉、气管、肺和皱胃等部位出现痘疹。在消化道的嘴唇、食道、胃、肠等黏膜上出现大小不同的扁平的灰白色痘疹，其中有些表面破溃形成糜烂和溃疡，特别是唇黏膜与胃黏膜表面更明显。但气管黏膜及其他实质器官如心脏、肾脏等黏膜或包膜下则形成灰白色扁平或半球形的结节，特别是肺的病变与腺瘤很相似，多发生在肺的表面，切面质地均匀，但很坚硬，数目不定，性状则一致。在这种病灶的周围有时可见充血和水肿等。

19. 高致病性禽流感

（1）宰前检疫　高致病性禽流感常突然暴发，流行初期的病例可不见明显症状而突然死亡。症状稍缓和者可见精神沉郁，头翅下垂，鼻分泌物增多，常摇头企图甩出分泌物，严重的可引起窒息。病鸡流泪、颜面水肿、冠和肉髯肿胀、发绀、出血、坏死，脚鳞变紫，腹泻，有的还出现歪脖、跛行及抽搐等神经症状。蛋鸡产蛋停止。

感染低致病性流感病毒的鸡主要表现为呼吸道症状，即咳嗽、打喷嚏、呼吸有音、流鼻液、流泪等，也有的出现腹泻、头及颜面水肿等症状。蛋鸡产蛋率下降或产蛋停止。

（2）宰后检验　特征性病变是口腔、腺胃、肌胃角质膜下层和十二指肠出血。颈、胸部皮下水肿。胸骨内面、胸部肌肉、腹部脂肪和心脏均有散在性的出血点。头部青紫，眼结膜肿胀有出血点。口腔及鼻腔积有黏液，并混有血液，头部眼周围、耳和肉髯水肿，皮下有黄色胶样液体。肝脏、脾脏、肺、肾脏有灰黄色小坏死灶。卵巢和输卵管充血或出血，产卵鸡常见卵黄性腹膜炎。

20. 鸡新城疫

（1）宰前检疫　急性型病鸡体温高达43~44℃，食欲减退或废绝，有渴感，精神沉郁，不愿走动，垂头缩颈或翅下垂，眼半开或全闭，状似昏睡。鸡冠和肉髯逐渐变为暗红色或暗紫色，母鸡产蛋停止或产软壳蛋。随后出现典型症状，如咳嗽、呼吸困难，有黏液性鼻漏，常伸头、张口呼吸并发出"咯咯"的喘鸣声或尖锐的叫声。嗉囊内充满液体，倒提时常有大量酸臭液体从口内流出。病鸡排出黄绿色稀粪，有时混有血液。亚急性型或慢性型者可见下肢瘫痪、翅下垂、伏地旋转等神经症状。

（2）宰后检验 主要特征是全身黏膜、浆膜和内脏出血，尤其是腺胃乳头肿胀，挤压后有豆腐渣样坏死物流出，乳头有散在的出血点，肌胃角质膜下层有条纹状或点状出血，有时见不规则溃疡，腺胃与肌胃交界处有出血斑或出血条。整个肠道发生出血性卡他性炎症，重症病例可见肠黏膜出血和坏死，并形成溃疡，尤以十二指肠、空肠和回肠最为严重。有的心冠脂肪、心外膜及心尖脂肪上有针尖状小出血点。

21. 鸡马立克病

（1）宰前检疫 ①神经型（古典型）：主要侵害外周神经。其临床特点是病鸡的一侧或两侧肢体发生麻痹，步态不稳，跛行，蹲伏呈劈叉姿势。还可见嗉囊膨大，翅下垂。个别病鸡有腹泻、消瘦、食欲减退症状。②内脏型：主要症状为精神委顿，食欲减退，体重减轻，面色苍白，腹泻等。神经症状不明显，常突然死亡。③皮肤型：生前不易被发现，往往在宰后脱毛时见局部（主要是胸部和大腿部）或大部皮肤增厚，毛囊肿大呈结节状，有时可在肌肉上形成肿瘤。④眼型：较少见，常为一侧眼失明，对光反射减弱或消失，虹膜褪色，瞳孔小，边缘不整齐。

（2）宰后检验 ①神经型：主要病变为被侵害的神经水肿、变粗，横纹消失，甚至出现小结节。②内脏型：可见内脏器官发生细胞性肿瘤病灶。其特点是肝脏、脾脏、肾脏及卵巢等器官比正常明显增大，颜色变浅。卵巢病变最常见，肿大卵巢的正常结构消失，形成很厚的皱褶，外观似脑回状。法氏囊常萎缩，未见有肿瘤性结节，可据此与鸡淋巴细胞性白血病区别。③皮肤型和眼型：病变基本同宰前检疫。

22. 禽白血病

（1）宰前检疫 淋巴白血病病鸡的症状不明显，只表现一般全身性症状，如冠和肉髯苍白、皱缩，有时变成紫色，食欲减退，衰弱。当内脏器官所受损害达一定程度时，可发生贫血。

（2）宰后检验 淋巴白血病病变主要发生在肝脏、脾脏和法氏囊，其他如胃、肺、性腺、心脏、骨髓及肠系膜也可能受到损害，主要表现为有肿瘤形成。根据肿瘤的形态和分布，可分为结节型、粟粒型、弥漫型和混合型4种。

结节型病变可见淋巴瘤从针尖至鸡蛋大，单个存在或大量散在，一般呈结节状，灰白色，稍突出表面。间或有坏死，形状似结核结节，但不同的是，结节质地柔软，切面光亮。其他器官如脾脏、肾脏、心脏、肺、肠壁、卵巢和睾丸的病变与肝脏病变相似，都有呈灰白色、大小不同的结节状肿瘤。

弥漫型病变可见病鸡的肝脏比正常时大几倍，质地脆弱，灰红色，表面和切面散在白色颗粒状病灶，整个肝脏的外观呈大理石样的色彩。肝脏的这种病变是淋巴白血病的一个主要特征，所以称"大肝病"。

淋巴白血病的病变和症状与内脏型马立克病极为相似，剖检时，可以采取新鲜病变组织制成涂片，用吉姆萨或瑞氏染液染色镜检，淋巴白血病浸润的细胞类型主要是淋巴母细胞，而马立克病则是大小不同的多形的淋巴样细胞，淋巴母细胞较少。

23. 禽痘

禽痘可分皮肤型、黏膜型（白喉型）、混合型和败血型4种。皮肤型多发生于冠、肉髯、喙角和眼的皮肤，也可在腿、胸、翅内侧、泄殖腔周围形成痘疹。鸡痘结节隆起于皮肤上，表面不平，干而硬，有时多个结节融合在一起，随后变为黄色并形成深棕色片状结痂，脱落后可形成疤痕。黏膜型病初鼻、眼有分泌物，面部肿胀，咳嗽，呼吸困难，随后可在口腔和咽喉黏膜形成纤维素性坏死性炎症，常形成假膜，又称禽白喉。有的在肝脏、肾脏、心脏、胃、肠等处可发生病变。混合型即兼有皮肤型、黏膜型两种病变。败血型极少见，可出现全身症状，继而发生肠炎。

24. 鸭瘟

（1）宰前检疫　病初体温升高到43℃以上，呈稽留热，病鸭精神委顿，头颈缩起，食欲减退或废绝，渴欲增加，两翅下垂，两腿发软或麻痹，走动困难，严重者卧地不动。病鸭不愿下水。流泪和眼睑水肿，上下眼睑粘连。眼结膜充血，常有小出血点或小溃疡，鼻流稀薄或黏稠分泌物，呼吸困难，叫声粗。部分病鸭头颈部肿胀，严重的头颈变成同样粗细，俗称"大头瘟"。病鸭出现腹泻，排出绿色或灰白色稀粪。

（2）宰后检验　食道与泄殖腔的疹性病变具有特征性。全身皮肤散布出血斑点，尤以头颈水肿部皮肤出血最为严重，有时连成大块的出血斑；该部皮下组织呈明显的出血性胶样浸润。眼睑常被分泌的黏液所闭合，结膜充血、出血，偶见角膜混浊，甚至形成溃疡。口腔黏膜（主要是舌根后面的咽部和上颚黏膜）被覆一层灰黄色或浅黄褐色的假膜，剥去假膜可见不规则的出血性浅溃疡。食管黏膜也有同样性质的变化。泄殖腔黏膜肿胀。

25. 小鹅瘟

（1）宰前检疫　本病在临床上可分为最急性、急性、亚急性等病型。病程的长短视雏鹅日龄大小而定，3~5日龄发病者常为最急性型，往往无前驱病症，一发现即极度衰弱，或倒地乱划，不久死亡。6~15日龄内所发生的大多数病例常为急性型，表现为精神委顿，虽能随群采食，但将啄得之草随即丢弃，之后打盹，拒食，但多次饮水，排灰白色或浅绿色稀粪，并混有气泡，呼吸用力，鼻端流出浆液性分泌物，临死前出现两腿麻痹或抽搐，病程1~2d。15日龄以上雏鹅病程稍长，一部分转为亚急性型，以精神委顿、消瘦和腹泻为主要症状，少数幸存者在一段时间内生长不良。

（2）宰后检验　最急性型病例除肠道有急性卡他性炎症外，其他器官的病变一般不明显。急性型病例表现败血症变化，全身脱水，皮下组织显著充血。心脏有明显急性心力衰竭变化，心脏变圆，心房扩张，心壁松弛，心肌晦暗无光泽，颜色苍白。肝脏肿大。本病的特征性变化是空肠和回肠的急性卡他性-纤维素性坏死性肠炎，整片肠黏膜坏死脱落，与凝固的纤维素性渗出物形成栓子或包裹在肠内容物表面的假膜，堵塞肠腔。剖检时可见靠近回盲部的肠段外观极度膨大，质地坚实，长2~5cm，状如香肠，肠管被浅灰色或黄色的栓子塞满。这一变化在亚急性型病例更易看到。

26. 野兔热（土拉杆菌病）

（1）宰前检疫　一般没有特征性症状，多数病例表现慢性经过。病兔出现鼻炎、体温升高、极度消瘦和体表淋巴结肿胀发硬症状。

（2）宰后检验　病兔颌下、颈部、腋下及腹股沟淋巴结显著肿大，切面呈深红色并有针头大的灰白色干酪样坏死点，周围组织充血、水肿。脾脏肿大，呈深红色，表面和切面有灰白色或乳白色、大小不一的坏死点。肝脏、肾脏也肿大并有灰白色粟粒大的坏死点。有些病例在肺、骨髓和网膜也见有同样病灶。

27. 兔黏液瘤病

（1）宰前检疫　出现全身各处皮肤次发性肿瘤样结节，眼睑水肿，口、鼻和眼流出黏液性或黏脓性分泌物；头部似狮子头状；上下唇、耳根、肛门及外生殖器充血和水肿，破溃流出浅黄色浆液等症状的，怀疑感染兔黏液瘤病。

（2）宰后检验　眼观最明显的变化是皮肤上特征性的肿瘤结节和皮下胶冻样浸润，颜面部和全身天然孔皮下充血、水肿及脓性结膜炎和鼻漏。淋巴结肿大、出血，肺肿大、充血，胃肠浆膜下、胸腺、心内膜和心外膜可能有出血点。

28. 兔病毒性出血症

（1）宰前检疫　①最急性型：多发生在流行初期。病兔无明显症状，突然死亡，死后从鼻孔流出带泡沫样血液。一般在感染后10~12h，体温升高到41℃，稽留6~8h而死。②急性型：病兔体温升高达41℃以上，精神委顿，食欲减退或废绝，口渴。呼吸迫促，抽搐而死。有些病例兴奋不安，癫痫样发作，惨叫而死。部分病兔从鼻孔流出带泡沫状血液。③慢性型：体温升高到41℃左右，食欲减退，迅速消瘦，排胶冻样粪便。最后消瘦、衰竭而死。有的病兔可以耐过，呈隐性感染状态。

（2）宰后检验　以全身实质器官瘀血、水肿和出血为主要特征。主要病变是齿龈出血、喉头、气管黏膜严重瘀血、出血，气管、支气管有大量泡沫状红色分泌物，肺瘀血、出血、水肿，间质增宽。肝脏变性、肿大，呈浅黄色、土黄色，有的肝脏瘀血呈紫红色，并有出血斑点。肾脏瘀血、肿大，呈暗红色。消化道主要表现为胃肠黏膜脱落，小肠黏膜充血和出血，膀胱积尿。母兔子宫黏膜充血和出血。

29. 猪囊尾蚴病

（1）宰前检疫　轻症病猪无明显症状。重症病猪可见眼结膜发红或有小结节样疙瘩，舌根部见有半透明的米粒大小的水疱囊。有些病猪表现肩胛部增宽，臀部隆起，不愿活动，叫声嘶哑等症状。

（2）宰后检验　猪囊尾蚴为米粒大至豌豆大的白色半透明的囊泡。钙化后的囊尾蚴呈白色圆点状，显微镜检查可见头节的四周有4个吸盘和一圈小钩。猪囊尾蚴多寄生于肩胛外侧肌、臀肌、咬肌、深腰肌、膈肌、颈肌、股内侧肌、心肌和舌肌等部位。我国规定猪囊尾蚴主要检验部位为咬肌、深腰肌和膈肌，其他可检验部位为心肌、肩胛外侧肌和股内侧肌等。

30. 旋毛虫病

（1）宰前检疫　动物感染旋毛虫后大都有一定耐受力，往往不显症状。但感染严重的猪和犬，初期食欲减退、呕吐、腹泻，以后幼虫移行时可引起肌炎，病畜出现肌肉疼痛、麻痹、运动障碍、声音嘶哑、发热等症状，有的表现眼睑和四肢水肿。

（2）宰后检验　①常规检验法：猪体内肌肉旋毛虫常寄生于膈肌、舌肌、喉肌、颈肌、咬肌、肋间肌及腰肌等处，其中膈肌部位发病率最高，并多聚集在筋头。我国规定旋毛虫的检验方法是：在每头猪左右横膈膜肌脚采取不少于30g肉样2块（编上与胴体同一号码），先撕去肌膜进行肉眼观察，然后在肉样上剪取24个肉粒（每块肉样12个），制成肌肉压片，在低倍显微镜下观察。肌旋毛虫包囊与周围肌纤维有明显的界线，显微镜下包囊内的虫体呈螺旋状。被旋毛虫侵害的肌肉发生变性，肌纤维肿胀、横纹消失，甚至发生蜡样坏死。②其他检验方法：包括集样消化法、快速消化法、肌肉压片染色法等。

31. 日本血吸虫病

（1）宰前检疫　家畜感染日本血吸虫后，临床表现与家畜种类、年龄大小、感染轻重、免疫状态及饲养管理有密切关系。一般是黄牛的症状较水牛明显，犊牛的症状较成年牛明显。黄牛或水牛犊牛大量感染日本血吸虫尾蚴时，常呈现急性经过，首先是饮食量减少、精神委顿、行动迟缓甚至呆立不动。体温升高，呈不规则间歇热，继而消化不良，腹泻或便血，消瘦，发育迟缓，贫血，严重时全身衰竭而死亡。患病母牛则不育或发生流产。胎儿期感染日本血吸虫的犊牛，症状尤为明显，多于娩出后不久死亡。其中存活的犊牛发生生长发育障碍，成为"侏儒牛"。家禽少量感染日本血吸虫时，一般不出现明显症状，但能排出虫卵传播疾病。

（2）宰后检验　日本血吸虫病的基本病变是出现由虫卵沉着在组织中引起的虫卵结节。虫卵结节分急性和慢性两种。急性由成熟虫卵引起，结节中央为虫卵，周围聚积大量嗜酸性粒细胞，并有坏死，称为嗜酸性脓肿。脓肿外围有新生肉芽组织与各种细胞浸润。急性虫卵结节形成10d左右，卵内毛蚴死亡，虫卵破裂或钙化，围绕类上皮细胞、异物巨细胞和淋巴细胞，随后肉芽组织长入结节内部，并逐渐被类上皮细胞所代替，形成慢性虫卵结节。最后结节发生纤维化。

病变主要出现于肠道、肝脏、脾脏等部位。异位寄生者可以引起肺、脑等其他器官以肉芽肿为主的相应病变。确诊方法推荐粪便毛蚴孵化法和间接血凝试验。

32. 肝片吸虫病

（1）宰前检疫　轻度感染无明显症状，感染数量多时（牛250条、羊50条以上）则可出现症状，但幼畜即使感染虫体也很少也出现症状。病畜营养不良、消瘦、贫血，下颌间隙、颈下和胸腹部常有水肿。根据临床症状、当地的流行病学资料、粪便检查虫卵等进行诊断。

（2）宰后检验　肝片吸虫虫体扁平，外观呈柳叶片状，自胆管取出时呈棕红色，固定后变为灰白色。虫体长20~35mm，宽5~13mm。牛、羊急性感染时，肝脏肿胀，被膜下有点状出血和不规整的出血条纹。慢性病例的胆管发生慢性增生性炎症和肝实质萎缩、变性，导致肝硬化。

33. 棘球蚴病

（1）宰前检疫　轻度感染或初期感染都无症状。绵羊对本病最易感，严重感染时育肥不良，被毛逆立，易脱毛。肺部感染则连续咳嗽，卧地不能起立。牛感染时，营养失调，反刍无力，常臌气，体瘦，衰弱。

（2）宰后检验　棘球蚴主要寄生在肝脏，其次是肺。肝脏、肺等受害脏器体积增大，表面凹凸不平，可在该处找到棘球蚴；有时也可在脾脏、肾脏、脑、皮下、肌肉、骨、脊椎管等器官发现棘球蚴。切开棘球蚴可见有液体流出，将液体沉淀，用肉眼或在解剖镜下可看到许多生发囊与原头蚴（即包囊砂）；有时肉眼也能见到液体中的子囊甚至孙囊，偶尔还可见到钙化的棘球蚴或化脓灶。

二、屠宰畜禽重要疫病的处理

屠宰畜禽重要疫病的主要处理措施见表4-4-1。

表4-4-1　屠宰畜禽重要疫病的主要处理措施

疫病	处理措施
炭疽	宰前检疫发现炭疽病畜时，采取不放血的方法扑杀后焚烧；宰后确诊为炭疽病畜的，其整个胴体、内脏、皮毛及血液等进行焚烧
结核病	确诊为结核病的病畜禽或其整个胴体及其产品，均做无害化处理

(续)

疫病	处理措施
布鲁氏菌病	确诊为布鲁氏菌病的病畜禽或其整个胴体及其产品，均做无害化处理
口蹄疫	宰前检疫发现口蹄疫病畜时，采取不放血的方法扑杀后销毁；宰后确诊为口蹄疫病畜的，其整个胴体、内脏、皮毛及血液等进行无害化处理
猪丹毒	确诊为猪丹毒的病猪或其胴体及其产品，均做无害化处理
猪肺疫	确诊为猪肺疫的病猪或其胴体、内脏和血液，均做无害化处理
猪副伤寒	确诊为猪副伤寒的病猪或其胴体、内脏及其他副产品，均做无害化处理
猪Ⅱ型链球菌病	确诊为猪Ⅱ型链球菌病的病猪或其整个胴体、内脏及其他副产品，均做无害化处理
副猪嗜血杆菌病	确诊为副猪嗜血杆菌病的病猪或其胴体、内脏，均做无害化处理
猪支原体肺炎	确诊为猪支原体肺炎的病畜或其胴体、内脏，均做无害化处理
高致病性猪蓝耳病	确诊为高致病性猪蓝耳病的病猪扑杀后销毁，病猪的胴体及其产品均做无害化处理
非洲猪瘟	确诊为非洲猪瘟的病猪及同群猪，全部扑杀后销毁；病猪的整个胴体及其产品均做无害化处理
猪瘟	确诊为猪瘟的病猪，扑杀后销毁；病猪的整个胴体及其产品均做无害化处理
牛传染性胸膜肺炎	确诊为牛传染性胸膜肺炎的病牛或其整个胴体及其产品，均做无害化处理
牛传染性鼻气管炎	确诊为牛传染性鼻气管炎的病牛或其整个胴体及其产品，均做无害化处理
痒病	确诊为痒病的羊或疑似感染羊，必须扑杀后做焚烧处理；病羊产品做焚烧处理
小反刍兽疫	确诊为小反刍兽疫的病畜，必须扑杀后做销毁处理；病羊产品做销毁处理
绵羊痘和山羊痘	确诊为绵羊痘和山羊痘的病畜扑杀后做销毁处理；病畜的整个胴体及其产品做销毁处理
高致病性禽流感	宰前检疫发现高致病性禽流感病禽时，必须进行扑杀和焚烧处理；宰后确诊为高致病性禽流感的，其整个胴体及其产品应做焚烧处理
鸡新城疫	确诊为鸡新城疫的病禽或其整个胴体及其产品，应做焚烧处理
鸡马立克病	确诊为鸡马立克病的病禽或其整个胴体及其产品，应做无害化处理
禽白血病	确诊为禽白血病的病禽或其整个胴体及其产品，应做无害化处理
禽痘	确诊为禽痘的病禽或其整个胴体及其产品，应做无害化处理
鸭瘟	确诊为鸭瘟的病禽或其整个胴体及其产品，应做无害化处理
小鹅瘟	确诊为小鹅瘟的病禽或其整个胴体及其产品，应做无害化处理
野兔热（土拉杆菌病）	确诊为野兔热的病兔或其整个胴体及副产品，应做无害化处理
兔黏液瘤病	确诊为兔黏液瘤病的病兔或其整个胴体及副产品，应做无害化处理
兔病毒性出血症	确诊为兔病毒性出血症的病兔或其整个胴体及副产品，应做无害化处理
猪囊尾蚴病	确诊为猪囊尾蚴病的病猪或其胴体、内脏，均做无害化处理
旋毛虫病	确诊为旋毛虫病的病畜，其整个胴体、内脏、皮张均做无害化处理
日本血吸虫病	将发生病变的脏器做无害化处理
肝片吸虫病	将肝片吸虫寄生的脏器做无害化处理
棘球蚴病	棘球蚴寄生的脏器和有病变的脏器均做无害化处理

第五章 乳品卫生

第一节 影响乳品质量安全的因素

一、饲养管理

合理的饲养管理和供给乳畜全价优质饲料，不仅可增加产奶量，而且可提高乳的品质。饲料影响乳的色泽、风味、化学组成，若长期饲料供应不足，可使乳的风味改变、干物质降低。突然变更饲料的配方能影响乳的成分和性质。饲喂麸皮、禾本科谷料、优良干草可提高乳中脂肪含量；饲喂青饲料可提高乳中维生素含量；饲喂啤酒糟和胡萝卜，能增加乳的产量；饲喂各种榨油副产品可使乳脂的熔点降低，乳油发软；饲喂黄豆粉和豌豆可提高乳脂的熔点和奶油的硬度，但降低乳中维生素含量；饲喂大蒜、洋葱等具有强烈刺激气味的饲料时，可使乳具有不良的滋味，乳脂肪含量降低。

二、乳畜的健康状况

乳畜的健康状况对产奶量和乳的质量安全影响非常显著。乳畜患有乳腺炎时，会导致产奶量下降，乳中脂肪、蛋白质和乳糖等干物质含量急剧下降，而氯离子含量则有所增加。同时，乳的感官性状改变，体细胞数增加。当乳畜患有结核病、布鲁氏菌病、炭疽等人兽共患病时，会引起乳的内源性微生物污染；当乳畜患有酮病、生产瘫痪、低钾血症、创伤性心包炎等普通病时，乳的理化性质也会发生改变。

三、化学性污染

乳与乳制品中残留的有毒有害化学物质主要有来自原料、设备等的铅、砷等有害元素；来自饲料、饮水的六六六、滴滴涕等有机氯农药；抗微生物药、抗寄生虫药和激素等残留；玉米等饲料被污染，造成乳与乳制品中含有黄曲霉毒素；人为在乳中掺杂掺假等。

四、微生物污染

微生物侵入乳的途径：一是内源性污染（乳房内污染），即乳在挤出之前受到了微生物的污染；二是外源性污染（乳房外污染），即乳挤出后被微生物污染。

1. 内源性污染

无论是健康乳畜，还是患病乳畜，其乳头管内都有一定含量和一定类群的微生物，因此挤出的乳中会含有微生物。一般而言，健康乳牛乳汁中细菌含量较少，为200~600个/mL；最先挤出的乳汁中细菌含量较多，为6000个/mL，随后挤出的乳汁中细菌含量逐渐减少，最后挤出的乳汁中细菌含量为400个/mL。所以，挤乳时最先挤出的两三把乳汁最好废弃。

当乳畜患病时，体内的病原微生物通过血液循环进入乳房，分泌的乳汁中则带有病原微生物。影响乳品卫生的乳牛常见疾病以结核病、布鲁氏菌病、炭疽、口蹄疫、李氏杆菌病、副伤寒和乳腺炎等疾病最为常见。

2. 外源性污染

引起外源性污染的微生物含量和种类比内源性污染的多而复杂，在乳品微生物污染方面占有重要地位。引起乳外源性污染的微生物来源可概括为以下几个方面。

（1）体表的污染　乳畜的体表，特别是乳房皮肤常附着各种微生物，如果挤乳前未清洗乳房或不注意操作卫生，极易造成乳汁污染。

（2）环境的污染　灰尘、饲料、粪便、垫草、毛发、昆虫等表面含有大量的微生物，落入乳中可造成污染。如果乳畜舍空气不新鲜，微生物含量高，附着在灰尘和气溶胶中的微生物均可污染乳。

（3）容器和设备的污染　乳品在生产加工、运输及贮存过程中，使用或接触不清洁的乳桶、挤乳机、过滤纱布、过滤器、储乳槽车、离心机等加工设备和包装材料，是造成乳品中微生物含量极高的主要根源。

（4）工作人员的污染　挤乳人员的手臂和衣服不清洁、患有传染病，或挤乳和加工乳品时不规范操作，均会污染乳品。

（5）其他方面的污染　生产用水不卫生，苍蝇和蟑螂等昆虫滋生，也可造成乳品的微生物污染。

第二节　乳的生产卫生

一、环境与设施

2008年1月9日农业部办公厅制定了《奶牛标准化规模养殖生产技术规范（试行）》，对选址与设计、饲料与日粮配制、饲养管理、选育与繁殖、卫生与防疫、挤乳厅建设与管理、粪便及废弃物处理、记录与档案管理8个方面提出了技术要求。奶牛场选址设计与环境要求参照《生鲜乳生产技术规程（试行）》规定。

1. 选址

（1）原则　符合当地土地利用发展规划，与农牧业发展规划、农田基本建设规划等相结合，科学选址，合理布局。

（2）地势　应建在地势高燥、背风向阳、地下水位较低，具有一定缓坡而总体平坦的地方，不宜建在低凹、风口处。

（3）水源　应有充足并符合卫生要求的水源，取用方便，能够保证生产、生活用水。

（4）土质　沙壤土、沙土较适宜，黏土不适宜。

（5）气象　要综合考虑当地的气象因素，如最高温度、最低温度、湿度、年降雨量、主风向、风力等，选择有利地势。

（6）交通　交通便利，但应离公路主干线不小于500m。

（7）周边环境　应位于距居民点1000m以上的下风处，远离其他畜禽养殖场，周围1500m以内无化工厂、畜产品加工厂、屠宰厂、兽医院等容易产生污染的企业和单位。

2. 布局与设施

奶牛场一般包括生活管理区、辅助生产区、生产区、粪污处理区和病畜隔离区等功能区。具体布局应遵循以下原则。

（1）生活管理区　包括与经营管理有关的建筑物，应建在奶牛场上风处和地势较高的地段，并与生产区严格分开，距离保证在50m以上。

（2）辅助生产区　主要包括供水、供电、供热、维修、草料库等设施，要紧靠生产区。干草库、饲料库、饲料加工调制车间、青贮窖应设在生产区边沿下风地势较高处。

（3）生产区　主要包括牛舍、挤奶厅、人工授精室等生产性建筑，应设在场区的下风位置，入口处设人员消毒室、更衣室和车辆消毒池。生产区奶牛舍要合理布局，能够满足奶牛分阶段、分群饲养的要求，泌乳牛舍应靠近挤奶厅，各牛舍之间要保持适当距离，布局整齐，以便防疫和防火。

（4）粪污处理区、病畜隔离区 主要包括兽医室、隔离禽舍、病死牛处理及粪污贮存与处理设施，应设在生产区外围下风地势低处，与生产区保持300m以上的间距。粪尿污水处理区、病畜隔离区应有单独通道，便于病牛隔离、消毒和污物处理。

二、动物卫生条件

饲养场（养殖小区）需要符合农业农村部规定的动物防疫条件，并取得县级以上地方人民政府兽医主管部门颁发的"动物防疫条件合格证"。

按国家规定佩戴畜禽标识，养殖档案齐全。

三、饲养卫生与管理

《生鲜乳生产技术规程（试行）》中指出，饲料与日粮是奶牛生产的基础，直接关系生鲜牛乳的质量。饲料配制必须以满足奶牛健康为前提，根据奶牛生产各阶段的营养需求加以调整。禁止在饲料和饮用水中添加国家禁用的药物及其他对动物和人体具有直接或者潜在危害的物质。禁止在饲料中添加肉骨粉、骨粉、肉粉、血粉、血浆粉、动物下脚料、动物脂肪、干血浆及其他血浆制品、脱水蛋白、角粉、鸡杂碎粉、羽毛粉、油渣、鱼粉、骨胶等动物源性成分（乳及乳制品除外），以及用这些原料加工制作的各类饲料。禁止在饲料中加入三聚氰胺、三聚氰酸及含三聚氰胺的下脚料。不饲喂可使生鲜牛乳产生异味的饲料，如丁酸发酵的青贮饲料、芜菁、韭菜、葱类等。使用的精饲料补充料、浓缩饲料等要符合饲料卫生标准。防止饲草被养殖动物、野生动物的粪便污染，避免引发疾病。不喂发霉变质的饲料，避免造成生鲜牛乳中黄曲霉毒素等生物毒素的残留。饲料贮藏要防雨、防潮、防火、防冻、防霉变及防鼠、防虫害；饲料应堆放整齐，标识鲜明，便于先进先出；饲料库应有严格的管理制度，有准确的出入库、用料和库存记录。化学品（如农药、处理种子的药物等）的存放和混合要远离饲草、饲料贮存区域。

四、工作人员的健康与卫生

饲养人员、挤乳人员、生鲜乳收购站的工作人员应每年至少体检1次，要有健康合格证。应建立员工健康档案。患有传染病的人员不得从事生鲜乳收购站的各项工作。工作人员进入生鲜乳收购站应穿工作服和工作鞋、戴上工作帽。要洗净双手，并经紫外线消毒。工作服、工作鞋及工作帽必须每天消毒。非工作人员禁止进入饲养场地、乳品生产和加工厂，以及生鲜乳收购站。

五、挤奶卫生

挤乳厅应清洁卫生，通风良好，每天消毒1次。挤乳厅的下水道必须便于对冲洗所用的水进行处理，确保挤乳厅的水被排净。挤乳前先将乳房清洗干净，并统一用含氯消毒水（浓度为200~300mg/L）浸泡消毒乳头20s，用清洗消毒过的干毛巾抹干净乳头，做到一牛一巾。挤完乳后用1%的碘附药浴乳头。应将挤出的头两把乳收集于专用桶中进行无害化处理。

六、鲜奶盛装、贮藏与运输卫生

按照NY/T 2362—2013《生乳贮运技术规范》的规定，生乳应存放于符合本规定要求的直冷式或带有制冷系统的储乳罐，温度应在2h内降至2~4℃，运输过程的温度控制在0~6℃。生乳挤出后应在48h内运至乳品加工企业。

七、免疫与消毒

按国家规定开展重大疫病强制免疫工作，免疫抗体合格率应达到国家规定要求，免疫档案齐全。饲养场（养殖小区）引进奶牛/奶山羊必须严格执行检疫和隔离观察制度。开展定期消毒、灭鼠杀虫工作。

八、监测与净化

按照国家动物疫病监测计划对奶牛的口蹄疫、牛瘟、牛肺疫、布鲁氏菌病、结核病、炭疽进行监测，其中布鲁氏菌病、结核病检测比例为100%，经农业农村部批准进行布鲁氏菌病免疫的，免疫抗体应检测合格；不进行布鲁氏菌病免疫的，血清学检测结果应为阴性；结核病经变态反应检测应为阴性。对奶山羊的口蹄疫、山羊痘、小反刍兽疫进行监测。

第三节 乳品掺假及不合格乳的卫生评定

一、乳品掺假

凡是人为地使乳的成分改变均为掺假。为牟取暴利，一些乳品生产和经营者在乳中加入各种物质，以假乱真、以杂充真或以伪充真。乳中掺假是违法行为，必须对掺假乳进行细致的检验，对当事人进行严厉处理。

1. 乳中掺假物的特点

（1）掺假物是廉价的物质　最常见的是加入水。

（2）掺假物和乳的物理性质非常相似　在乳中加入米汤、豆浆、白鞋粉等，因其色泽与乳的色泽相似，通过感官检查难以辨认。

（3）掺假物起特殊作用　①提高乳的相对密度：乳掺水后，密度降低，然后加入食盐、蔗糖或尿素等物质以提高乳的相对密度，以假乱真。②提高乳的"蛋白质"含量：三聚氰胺是一种低毒的化工原料，由于其含氮量为66%左右，而蛋白质平均含氮量为16%左右，因此，三聚氰胺被称为"蛋白精"，常被不法商人用作添加剂，以提高乳品检测中的蛋白质含量。还有利用已经废弃的动物皮革制品、动物毛发水解为皮革水解蛋白后等掺入乳中，制成所谓的"皮革乳"。③降低乳的酸度：乳酸败后加入中和剂，以中和过多的乳酸。④阻止乙醇阳性试验结果出现：为了防止乙醇阳性试验结果出现，掺假者在乳中加入洗衣粉。⑤防止乳的酸败：在乳中加入甲醛、过氧化氢等，以抑菌和防腐。

2. 常见掺假物的分类

乳的掺假情况极其复杂，掺假物种类繁多，五花八门，难以检出。其中，以掺水、碱、盐、糖、淀粉、豆浆、尿素等物质较为常见，并且以混合物掺假现象较为普遍。按掺假物的性质不同分为以下几类。

（1）水　水是最常见的一种掺假物质，加入量一般为5%~20%，有时高达30%。

（2）电解质　为增加乳的密度或掩盖乳的酸败，在乳中掺入电解质。①中性盐类：为了提高乳的密度，在乳中掺入食盐、土盐、芒硝（Na_2SO_4）、硝酸钠和亚硝酸钠等物质。②碱类物质：为了降低乳的酸度，掩盖乳的酸败，防止乳因酸败而发生凝结现象，常在乳中加入少量的碳酸钠、碳酸氢钠、明矾、石灰水和氨水等中和剂。

（3）非电解质物质　这类物质加入水中后不发生电离，如在乳中掺入尿素、蔗糖等，其目的是增加乳的相对密度。

（4）胶体物质　一般都是大分子物质，在水中以胶体液、乳浊液等形式存在，能增加乳的黏度，感官检验时使乳没有稀薄感。例如，在乳中加入米汤、豆浆和明胶或卡拉胶、黄原胶等，以增加乳的相对密度。

（5）防腐物质　为了防止乳的酸败，在乳中加入具有抑菌或杀菌作用的物质，常见的有防腐剂和抗生素两类。防腐剂主要有甲醛、苯甲酸、水杨酸、硼酸及其盐类、过氧化氢、亚硝酸钠和重铬酸钾等。

（6）其他物质　在乳中掺入牛尿、人尿、白陶土、滑石粉、大白粉、白鞋粉、三聚氰胺和皮革乳等物质。

3. 牛乳掺假检验

在乳中掺入其他物质，不但降低乳的营养价值和风味，影响乳的加工性能和产品的品质，使消费者经济受到损失，而且许多掺假物质可损害食用者的健康，严重时可造成食物中毒，甚至危及人的生命，导致死亡。因此，生产单位和检验部门应严格把关，加强原料乳和产品的掺假检验。

检验人员应通过现场调查获取资料，对可疑掺假物进行初步分析，确定检验方案。首先进行感官检验，如色泽、气味、滋味、黏稠度和乳凝块等有无异常，其次通过加热煮沸检查滋味、气味有无咸味、苦味和其他异味，最后采用物理方法检验乳的冰点、相对密度、电导率等。同时，根据现场调查和感官检验结果，通过综合分析，确定化学检验项目，采用定量或定性分析方法检验乳中掺假物质的性质和含量。通过检验与分析，判定乳中是否有掺假物。

皮革水解蛋白粉检测只需取 5mL 乳样，加除蛋白试剂 5mL 混合均匀，过滤，沿试管壁慢慢加入饱和苦味酸溶液约 0.6mL 形成环状接触面。如果环状接触面清亮，就表明不含皮革水解蛋白；如果环状接触面呈现白色，说明乳样含皮革水解蛋白。

乳与乳制品中三聚氰胺的检测按 GB/T 22400—2008《原料乳中三聚氰胺快速检测　液相色谱法》和 GB/T 22388—2008《原料乳与乳制品中三聚氰胺检测方法》进行测定。

二、不合格乳的卫生评定

生乳是指从符合国家有关要求的健康乳畜乳房中挤出的无任何成分改变的常乳。产犊后的初乳、应用抗生素期间和休药期间的乳汁、变质乳不应用作生乳。

1. 感官检查

检测方法参照 GB 19301—2010《食品安全国家标准　生乳》、GB 19645—2010《食品安全国家标准　巴氏杀菌乳》和 GB 25190—2010《食品安全国家标准　灭菌乳》进行。

（1）检验方法　取适量试样置于 50mL 烧杯中，在自然光下观察色泽和组织形态。然后闻其气味，用温开水漱口，品尝滋味。

（2）结果判定　合格乳呈乳白色或微黄色，具有乳固有的香味、无异味，呈均匀一致的液体，无凝块，无沉淀，无正常视力可见异物。

2. 生乳相对密度的测定

按 GB 5009.2—2016《食品安全国家标准　食品相对密度的测定》进行测定。

3. 生乳冰点的测定

按 GB 5413.38—2016《食品安全国家标准　生乳冰点的测定》进行测定。

4. 生乳、巴氏杀菌乳、灭菌乳中脂肪的测定

按 GB 5009.6—2016《食品安全国家标准　食品中脂肪的测定》进行测定。

5. 生乳、巴氏杀菌乳、灭菌乳中非乳脂固体的测定

按 GB 5413.39—2010《食品安全国家标准 乳和乳制品中非乳脂固体的测定》进行测定。

6. 生乳、巴氏杀菌乳、灭菌乳中乳酸度的测定

按 GB 5009.239—2016《食品安全国家标准 食品酸度的测定》进行测定。

7. 生乳、巴氏杀菌乳、灭菌乳中乳杂质度的测定

按 GB 5413.30—2016《食品安全国家标准 乳和乳制品杂质度的测定》进行测定。

8. 乳消毒效果的检测（磷酸酶测定）

生乳中含有磷酸酶，它能分解有机磷酸化合物为磷酸及原来与磷酸相结合的有机单体。经消毒处理的生乳磷酸酶失去活性，在同样条件下就不能分解有机磷酸化合物。利用苯基磷酸二钠在碱性缓冲液中被磷酸酶分解产生苯酚，苯酚再与2，6-二氯醌氯亚胺起作用显蓝色，蓝色深浅与苯酚含量成正比，即与消毒是否完善成反比。

9. 乳腺炎乳的检测

乳腺炎乳属于异常乳，因乳中含有溶血性链球菌、金黄色葡萄球菌、铜绿假单胞菌和大肠埃希菌及小球菌、芽孢杆菌等腐败菌，严重影响乳的卫生质量。由于乳牛乳房发生炎症，上皮细胞坏死、脱落进入乳汁，白细胞含量也会增加，甚至有血和脓。因此，收购生乳时应加强乳腺炎乳的检测。

乳腺炎乳的检测内容包括氯糖数的测定、凝乳检验、血与脓的检出、体细胞计数和电导率测定。

10. 乳中有毒有害物质的检测

（1）乳中有害化学物质含量的检测 按照国家标准和规定对乳中铅、黄曲霉毒素M族、硝酸盐和亚硝酸盐等进行检测。

（2）乳中农药残留量的检测 具体测定项目和方法见相关国家标准。

（3）乳中兽药残留量的检测 GB/T 4789.27—2008《食品卫生微生物学检验 鲜乳中抗生素残留检验》适用于能杀灭嗜热乳酸链球菌的各种常用抗生素的检验。

11. 乳中微生物的检测

按照现行国家标准对生乳、巴氏杀菌乳、灭菌乳进行微生物检测，微生物指标包括菌落总数、大肠菌群、沙门菌、金黄色葡萄球菌、霉菌和酵母菌计数、单核细胞增生李氏杆菌和阪崎肠杆菌等，具体测定方法见相关国家标准。

第六章
场地消毒及无害化处理

第一节 场地消毒技术

一、养殖场的消毒

养殖场消毒是预防畜禽感染和控制疫病暴发的重要措施之一，是养殖业健康发展的重要保证。

1. 进出人员消毒

非生产人员严禁进入养殖场；饲养人员及其他消毒、检查、实习、参观人员必须进入养殖场时，必须严格遵守消毒程序，更衣、换鞋、风淋、喷雾或紫外线灯照射等体表清洁消毒，鞋底通过消毒池消毒后，方可放入。

2. 环境消毒

养殖场内畜禽圈舍周围每2~3周用2%~4%氢氧化钠溶液或撒生石灰消毒（农村地区）1次；场周围及场内污水池、排粪坑、下水道出口，每月用10%~20%漂白粉混悬液消毒1次；大门口、圈舍入口消毒池要定期更换消毒液。

3. 畜禽舍消毒

畜禽圈舍的消毒包括平时消毒和临时消毒。平时消毒是平时日常进行的卫生消毒，包括每天机械清除、冲洗和定期预防消毒。每天应定时机械清除粪便，打扫、冲洗干净地面。定期消毒一般每月进行1~2次，目的是有效杀灭可能出现的病原微生物，预防传染病的发生。临时消毒则是在发生传染病时进行的紧急预防性消毒，应及时、彻底，目的在于控制传染病的蔓延和扩散。消毒一般应按先用机械清除，后用其他消毒方法的程序进行，若发生重大疫病时，则应先消毒后用机械清除，再用消毒药液进行冲洗或喷雾消毒。

每批商品畜禽调出后，要彻底将畜禽圈舍、笼架用具清洁干净，用高压水枪冲洗，然后喷雾消毒或熏蒸消毒。间隔5~7d，方可调入下一批畜禽。

圈舍、场地常用的消毒剂有2%~4%氢氧化钠溶液、2%~4%甲醛溶液、10%~20%漂白粉混悬液、0.3%~0.5%二氧化氯溶液和0.3%~0.5%过氧乙酸溶液。在农村也可配制10%~20%石灰乳用于畜禽圈舍消毒。

4. 用具消毒

应对养殖场的孵化器、育雏器、笼架、母猪产床、保育箱、料槽、水槽、饲料车和料箱等养殖用具进行定期清洁消毒，可用0.1%苯扎溴铵（新洁尔灭）或0.2%~0.5%过氧乙酸进行喷洒消毒，也可在密闭的空舍内进行熏蒸消毒。

5. 带畜禽消毒

定期进行带畜禽消毒有利于减少环境中的病原微生物。常用的带畜禽消毒方法是喷雾消毒法，可选用的消毒药有0.1%苯扎溴铵、0.3%过氧乙酸、0.1%次氯酸钠。

6. 储粪场消毒

畜禽粪便要运往远离场区的储粪场，统一在硬化的水泥池内堆积发酵后利用。储粪场周围也要定期消毒，可喷洒2%~4%氢氧化钠溶液或撒生石灰消毒。

二、屠宰加工车间的消毒

1. 日常消毒

每天工作结束，必须将全部车间的生产地面、墙裙、通道、排污沟、台桌、设备、用具、工作服、手套、围裙和胶靴等彻底洗刷干净，并用82℃热水或化学消毒剂进行消毒。

2. 定期消毒

每周末进行1次大消毒，在彻底扫除、洗刷的基础上，对生产地面、墙裙和主要设备用2%氢氧化钠溶液或4%次氯酸钠溶液进行喷洒消毒，保持1~4h后，用水冲洗；器械可用82℃热水或0.015%碘溶液消毒；胶鞋、围裙等橡胶制品用0.5%过氧乙酸溶液喷雾消毒，工作服、口罩、手套等应煮沸消毒；直接用于肉品加工的各种设备如架空轨道、盛装肉品和脏器的不锈钢容器等，在洗刷的基础上，常用 0.2%~0.5% 过氧乙酸溶液喷雾消毒，有些小的容器也可用 0.2%~0.5% 过氧乙酸溶液浸泡消毒。

3. 临时性消毒

临时性消毒是指在生产车间发现炭疽等烈性传染病或其他疫病的情况下进行的以消灭特定传染性病原为目的的消毒。用具设备、地面和操作台等受到一般性传染病污染后，可先清洗，再用 2% 氢氧化钠热溶液（40~45℃）刷洗消毒；若受到病毒的污染，可采用 3% 氢氧化钠溶液喷洒消毒；受到能形成芽孢的细菌（如炭疽杆菌）的污染，应用 10% 氢氧化钠热溶液或 20% 漂白粉溶液进行消毒，也可用 2% 戊二醛溶液进行消毒。

三、冷库的消毒

冷库的消毒包括定期消毒和临时消毒两种。定期消毒每年进行 1~2 次。消毒工作常在业务淡季进行，消毒前先将库房内的仪器全部搬空，升高库房内的温度，用机械方法消除地面、墙壁、顶板上的污物和排管上的冰霜，在霉菌生长的地方应用刮刀或刷子仔细清除，之后通过消毒药液喷洒或熏蒸的方法对冷库进行彻底消毒。临时消毒在发生疫情时进行，一般是在库内肉品搬空后，在低温条件下进行消毒。冷库消毒应使用无毒、无异味的消毒药物。冷库常用的消毒药有以下几种。

1. 甲醛

常用于冷库熏蒸消毒，消毒有效浓度为 $1~3mg/m^3$，空气相对湿度为 60%~80%。在低温冷库内，采用每立方米空间用 15~25mL 甲醛（也可加入高锰酸钾 30g），加入等量沸水后自发蒸发熏蒸消毒。

2. 漂白粉

用含有效氯 0.3%~0.4% 的液体喷洒，或与石灰混合粉刷墙面。也可用 2%~4% 次氯酸钠溶液，加入 2% 碳酸钠后喷洒库房。

3. 乳酸

按每立方米库房 3~5mL 粗制乳酸，加水 1~2 倍，放在瓷盘内，加热蒸汽消毒。也可用柠檬酸蒸汽消毒，该法对口蹄疫病毒的杀灭效果良好。

4. 乙内酰脲

具有良好的除霉效果，用 0.1% 溶液，按 $0.1kg/m^3$ 用量喷雾消毒。

5. 氯化苯甲羟胺

杀菌除霉效果显著，并有除臭作用。可用 30% 石灰水、10% 氯化苯甲羟胺和 5% 食盐溶液混合喷洒墙壁。

6. 羟基联苯酸钠

库房严重发霉时，用 2% 羟基联苯酸钠溶液喷洒墙壁或者在刷白混合剂内加入 2% 羟基联苯酸钠后涂刷墙壁。注意不能与漂白粉相混，否则易使墙壁变成褐红色。

7. 过氧乙酸

具有一定的杀菌除霉效果，用 5%~10% 过氧乙酸溶液，按每立方米空间 0.25~0.5mL 电热熏蒸或超低容量喷雾器喷雾。喷雾时应戴防护面具。用于低温冷库时可用乙二醇和乙醇有机溶剂防冻。过氧乙酸消毒液应现配现用。

除上述消毒药外，季铵盐、丙酸盐等也用于冷库的杀菌除霉。紫外线也具有杀菌除霉作用。应该注意的是在使用漂白粉、甲醛、次氯酸钠等熏蒸或喷雾消毒冷库时，应将库门紧闭，消毒一定的时间后再打开库门通风换气，以驱散消毒药的气味。

四、运输工具的消毒

运载过或将用于运载屠宰畜禽及其产品的车船和其他运输工具，都应进行消毒。应根据运载物品种类的不同采用不同的消毒方式。

（1）对尚未装运畜禽及其产品的车船等运输工具 应先进行机械清除，然后用 0.1% 苯扎溴铵溶液喷洒消毒。

（2）对装运过健康畜禽及其产品，在运输中未发生传染病的车船等运输工具 机械清除后用 85~90℃ 的热水冲洗消毒即可，也可于冲洗后再用 0.1% 苯扎溴铵溶液喷洒消毒。机械消除后的污染物及粪便应集中进行生物热发酵处理。

（3）对装运过由不形成芽孢的病原微生物感染引起的一般性传染病病畜及其产品的运输工具 机械清除后用 4% 氢氧化钠溶液或 0.1% 碘溶液清洗消毒，清除的污染物及粪便应集中进行生物热发酵处理。

（4）对装运过由形成芽孢的病原微生物感染引起的烈性传染病病畜及其产品的车船 先用 4% 甲醛溶液喷洒，30min 后清扫；清扫后用 4% 甲醛溶液（用量按 $0.5L/m^2$ 计算）喷洒消毒，保持 30min 后用水冲洗；最后再用 4% 甲醛溶液（用量按 $1L/m^2$ 计算）喷洒消毒，经 2~4h 后，用热水冲刷干净方可使用。清除的污染物及粪便进行焚烧销毁。

第二节 污水的处理

一、污水处理的原理与基本方法

屠宰污水的处理方法通常包括预处理和生物处理两部分。

1. 预处理

主要利用物理学的原理除去污水中的悬浮固体、胶体、油脂和泥沙。常用的方法是设置格栅、格网、除脂槽、沉沙池和沉淀池等，所以又称物理学处理或机械处理。预处理的意义主要在于减少生物处理时的负荷，提高排放水的质量，还可以防止管道堵塞，降低能源消耗，节约费用，以便于综合利用。

（1）格栅和格网 防止羽毛、碎肉等较大杂物进入污水处理系统，堵塞管道，甚至损坏水泵。格栅、格网能使五日生化需氧量（BOD_5）及悬浮固体物质（SS）去除率达 10%~20%。

（2）除脂槽 用于收集污水中的油脂。污水中的油脂，一部分为乳化状态，温度较低时能黏附在管道壁上，使流水受阻，而且还会严重妨碍污水的生物净化。因此，污水处理系统必须首先设置除脂槽。进入除脂槽的污水，一般取 0.075m/s 的流速，停留 30s 使油脂颗粒上浮到水面，除脂槽的除脂效率为 60%~70%。

除脂槽是一种长方形的水槽，槽内具有几层横断水槽的隔板，隔板与槽底之间留有窄缝。入水和出水管孔低于隔板的高度。因此，槽内的水面高度总是低于隔板的高度，污水不会从隔板上面漫过，只能从隔板下的窄缝流出，而浮在污水上层的脂肪层就被储留在槽内，可定期取出作为工业用油。

（3）沉沙池 又称沉井，用以沉淀污水中的不溶性矿物质和杂质，主要为沙、泥土、炉渣及骨屑等。这些物质的相对密度较大，污水流入沉井后，因流速骤减，沙土、杂质沉淀于池底，污水由井身上部的出口流出。

（4）沉淀池 污水处理中利用静止沉淀的原理沉淀污水中固体物质的澄清池，称为沉淀池，该池设于生物反应池之前，也称初次沉淀池。使用时应注意延缓污水流经水池的速度，并使其在整个池里均匀分配流量，以利于污物的沉淀，沉淀池沉积的污泥要经常排出，以免厌氧细菌作用产生气体，使污泥上升到水面，降低沉淀效果。

2. 生物处理

利用自然界大量微生物氧化有机物的能力，除去污水中的胶体、有机物质。污水中各种有机物被微生物分解后形成低分子的水溶性物质、气体和无机盐。根据微生物嗜氧性的不同，将污水处理分为好氧处理法和厌氧处理法两类。

（1）好氧处理法的基本原理 污水的好氧处理法是在有氧的条件下，借助好氧微生物的作用对污水中的有机物进行降解的过程。在此过程中，污水中溶解的有机物质可透过细菌细胞壁，为细菌所吸收。对于一些固体和胶体的有机物，则被一些微生物分泌的黏液所包围，附着于菌体外，再由细菌分泌的胞外酶分解为溶解性物质，渗入细菌细胞内。细菌通过自身的生命活动——氧化、还原、合成等过程，把一部分被吸收的有机物氧化成简单的无机物，释放出细菌生长活动所需要的能量，而把另一部分有机物转化为本身所需的营养物质，组成新的原生质，于是细菌逐渐长大、分裂，产生更多的细菌。除了醛类物质外，几乎所有的有机物都能被相应的细菌氧化分解。

污水好氧处理法主要有土地灌溉法、生物过滤法、生物转盘法、接触氧化法、活性污泥法及生物氧化塘法等。其中活性污泥法对有机污水的处理效果较好，应用较广。一般生活污水和工业废水经活性污泥法二级处理均能达到国家规定的排放标准，可减少 BOD_5 94%~97%、悬浮固体物 85%~92%，所得污泥可作为农田的肥料。肉类加工企业的污水净化处理，也已广泛采用此法。

活性污泥法是利用低压浅层曝气池，使空气和含有大量微生物（细菌、原生动物、藻类等）的絮状活性污泥与污水密切接触，加速微生物的吸附、氧化、分解等作用，达到去除有机物、净化污水的目的。初次沉淀池排出的污水，与曝气池流向二次沉淀池按比例返回的活性污泥混合，进入曝气池的源头。污水在曝气池内借助机械搅拌器或加压鼓风机，与回流来的活性污泥充分混合，并通过曝气提供微生物进行生物氧化过程所需的氧，加速对污水中有机物的氧化分解。曝气处理后的混合流出物流入二级沉淀池中沉淀，上层清液经氯化消毒后排出，沉积的剩余污泥则进行浓缩处理。返回到曝气池的活性污泥，由于给污水加入大量的微生物而被活化。

（2）厌氧处理法的基本原理 污水的厌氧处理法是在无氧条件下，借助于厌氧微生物的作用将污水中可溶性或不溶性的有机废物进行生物降解。本法适用于高浓度的有机污水和污泥的处理，一般称为厌氧消化法。污水中的有机物进行厌氧分解，经历酸性发酵和碱性发酵两个阶段。分解初期，微生物活动中的分解产物是有机酸，如脂肪酸、甲酸、乙酸、丙酸、丁酸、戊酸及乳酸等，还有醇、酮、二氧化碳、氨和硫化氢等。此阶段由于有机酸的大量积聚，所以称酸性发酵阶段。在分解后期，由于产生的大量氨的中和作用，污水的pH逐渐上升，加之另一群专性厌氧的甲烷细菌分解有机酸和醇，生成甲烷和二氧化碳，使pH迅速上升，所以将这一阶段称为碱性发酵阶段。

用厌氧处理法处理污水，由于产生硫化氢等有异臭的挥发性物质而发出臭气，加之硫化氢与铁形成硫化铁，故使污水呈现黑色。这种方法净化污水需要较长的处理时间（停留约1个月），而且温度低时效果不显著，处理后的水中有机物含量仍较高。所以，目前多数厂家在进行厌氧处理后，再用好氧处理法进一步处理，才能达到净化污水的目的。

污水厌氧处理法主要有普通厌氧消化法、高速厌氧消化法和厌氧稳定池塘法等方法。

二、测定指标

GB 13457—1992《肉类加工工业水污染物排放标准》对屠宰加工企业排放污水的理化、微生物的各项卫生标准做出了规定。

1. 溶解氧

溶解于水中的氧称为溶解氧（DO），单位是 mg/L。水中溶解氧的含量与空气中氧的分压、大气压，以及水的温度都有密切关系。水受污染时，由于有机物被微生物氧化而耗氧，使水中溶解氧逐渐减少；当污染严重时，氧化作用进行得很快，而水体又不能从空气中吸收充足的氧来补充其耗量，水中溶解氧不断减少，甚至会接近于零。这时，厌氧性细菌繁殖起来，有机物发生腐败，使水体发臭。因此，水中溶解氧的含量也可作为水被污染程度的标识。我国的河流、湖泊、水库水的溶解氧含量多高于 4mg/L，有的可达 6~8mg/L。当水中溶解氧的含量小于 3mg/L 时，鱼类就难以生存。

2. 生化需氧量

生化需氧量（BOD）是指在一定时间和温度下，水体中有机污染物被微生物氧化分解时所耗去水体溶解氧的总量，单位是 mg/L。国内外现在均以 5d、水温保持 20℃时的 BOD 值作为衡量有机物污染的指标，用 BOD_5 表示，BOD_5 数值越高，说明水体有机污染物含量越多，污染越严重。污水处理的效果，常用生化需氧量能否有效地降低来判断。清洁水生化需氧量一般小于 1mg/L。

3. 化学耗氧量

化学耗氧量（COD）是指在一定条件下，用强氧化剂如高锰酸钾或铬酸钾等氧化水中有机污染物和一些还原物质（有机物、亚硝酸盐、亚铁盐、硫化物等）所消耗氧的量，单位为 mg/L。化学耗氧量是测定水体中有机物含量的间接指标，代表水体中可被氧化的有机物和还原性无机物的总量。化学耗氧量的测定方法简便快速，化学耗氧量是水污染程度的指标之一，但不能完全表示出水被有机物污染的程度，因为有机物的降解主要靠水中微生物的作用。

当用重铬酸钾作为氧化剂时，所测得的化学耗氧量用 COD_{cr} 表示，而高锰酸钾法则用 COD_{Mn} 表示。因屠宰污水中污物含量很多，成分复杂，COD_{cr} 法氧化较完全，能够较确切地反映污水的污染程度。

4. 悬浮物

悬浮固体物质（SS）简称悬浮物，是水中含有的不溶性物质，包括不溶于水的淤泥、黏土、有机物、微生物等细微的悬浮物，直径一般大于 100μm。悬浮物能够阻断光传播，影响水生植物的光合作用，也会堵塞土壤的空隙。我国污水排放标准规定，污水排入地面水体后，下游最近用水点水面，不得出现较明显的油膜和浮沫。悬浮物的最大允许排放浓度为 400mg/L。

三、处理后的消毒

经过生物处理后的污水一般还含有大量的微生物，特别是病原微生物，需经消毒处理达标后，方可排出。目前我国用于屠宰污水处理后消毒的方法主要有氯化消毒、二氧化氯消毒、臭氧消毒和紫外线消毒。

1. 氯化消毒

氯化消毒法主要包括液氯消毒、漂白粉消毒。

液氯和漂白粉在水中均可形成次氯酸。次氯酸有很强的杀菌作用，杀菌机理主要是次氯酸体积小，不带电，易穿过细胞壁；同时，次氯酸又是一种强氧化剂，能损害细胞膜，使蛋白质、RNA 和 DNA 等物质释放，影响多种酶系统（主要是磷酸葡萄糖脱氢酶的巯基被氧化破坏），从而使细菌死亡。氯对病毒的作用在于其对核酸的致死性损害。

液氯消毒是最常用的污水消毒方法，将液态氯转变为气体，通入消毒池，可杀灭99%以上的有害细菌。液氯消毒的特点是消毒成本低、工艺成熟、效果稳定可靠，可以实现自动化。但氯气是剧毒危险品，存储液氯的钢瓶属高压容器，有潜在危险，需要按安全规定兴建氯库和加氯间；液氯消毒可生成有害的有机氯化物，但因其持续消毒能力强、消毒效果好，仍被广泛使用。液氯用于屠宰污水消毒时，如果污水中有机物含量高，则需要加入过量氯，使余氯达到1~5mg/L。消毒后的水，需用二氧化硫、亚硫酸钠或活性炭脱氯。

漂白粉和漂白粉精也常用于污水的消毒，该含氯化合物中的有效氯具有广泛的杀菌作用。漂白粉含有效氯约为30%，漂白粉精含60%~70%。漂白粉类消毒剂，也会造成氯对水质的二次污染。小型屠宰场处理后的污水的消毒，可以选择漂白粉和漂白粉精，通常消毒药剂投加量为有效氯不低于15mg/L（相当于漂白粉50mg/L）。

2. 二氧化氯消毒

二氧化氯（ClO_2）对微生物的细胞壁有较强的吸附穿透能力，可有效地氧化细胞内巯基的酶，抑制微生物蛋白质的合成，阻碍微生物的新陈代谢和生长繁殖，杀灭微生物。二氧化氯是一种黄绿色至橙黄色的气体，是国际上公认的强力高效、快速持久、安全无毒的绿色消毒剂。二氧化氯可以杀灭一切微生物，包括细菌繁殖体、芽孢、真菌和病毒等，并且这些微生物不会对其产生抗药性。二氧化氯消毒剂被广泛用于场地、器具、污水等的消毒，但二氧化氯性质不稳定，需采用二氧化氯发生器现场制备和使用。用于水处理领域的小型化学法二氧化氯发生器主要有两种：以氯酸钠、盐酸为原料的复合型二氧化氯发生器和以亚氯酸钠、盐酸为原料的纯二氧化氯发生器，其中前者应用最为广泛。

二氧化氯用于污水消毒，投加点一般在污水处理的最后环节，有效氯投加量一般为3~5mg/L。

3. 臭氧消毒

臭氧具有很强的氧化能力，能氧化分解细菌内部氧化葡萄糖所必需的酶，使细菌灭活；还能直接与微生物作用，破坏其细胞壁、DNA 和 RNA，导致微生物新陈代谢、生长繁殖停止、死亡。因此，臭氧常用于除藻杀菌，消灭病毒，对分枝杆菌、芽孢、孢子等生命力较强的微生物也能起到很好的杀灭作用。

臭氧是一种强氧化剂，具有高效、无二次污染，既能氧化有机物，又能杀菌、杀病毒，去除色、嗅、味等的特点。臭氧消毒不受污水中氨气和pH的影响，而且其最终产物是二氧化碳和水，不产生致癌物质。但臭氧很不稳定，也无法贮藏，因此应根据需要就地生产使用。臭氧的制备一般有紫外辐射法、电化学法和电晕放电法。目前臭氧制备主要采用的是电晕放电法。将用臭氧发生器制备好的臭氧气体，通过管道输送到密闭的臭氧接触池，与污水接触反应。反应后的气体由池顶汇集后，经收集器离开接触池，进入尾气臭氧分离器，在此剩余的臭氧气体被分解成氧气排入大气。

屠宰污水处理后用臭氧消毒，使用的臭氧浓度应为100~200mg/L，作用30min后可杀灭或破坏水中绝大多数微生物及其毒素，并能改善水质。

4. 紫外线消毒

紫外线可以破坏微生物的遗传物质（DNA 或 RNA），使其分裂复制受阻。除此之外，紫外线还可引起微生物其他结构的破坏，导致死亡。

波长范围中260nm处紫外线消毒效果最好，目前生产的紫外线的最大功率输出为

253.7nm 波长。紫外线消毒技术已广泛用于污水消毒领域，用于各类污水的消毒处理中，包括低质污水、常规二级生化处理后的污水和再生水等的消毒。应用污水紫外线消毒设备或将紫外线灯成排地安装在污水净化处理后的排水口前进行污水消毒，待排出的污水在紫外线灯周围经过 0.3s，即可达到消毒的目的。

紫外线消毒法对紫外线穿透效率较低的水质不适用，但未经处理或只经过一级处理的污水和悬浮物高于 30mg/L 的污水也不适用。这种情况采用紫外线消毒的方式不但会增加能耗，还会造成消毒效果不好。而对于经过二级处理的污水和再生水，紫外线穿透率一般为40%~80%，采用紫外线消毒是不错的选择。但是紫外线消毒法不能提供剩余的消毒能力，当处理水离开反应器之后，一些被紫外线杀伤的微生物在光复活机制下会修复损伤的 DNA 分子，使细菌再生。

第三节　粪便、垫料及其他污物的无害化处理

一、粪便的无害化处理

畜禽粪便的无害化处理有生物发酵、掩埋、焚烧及化学消毒等方法，其中生物热消毒是一种最常用的粪便消毒处理方法，粪便在集中发酵过程中所产生的生物热可达 70℃或更高，能杀灭一切不形成芽孢的病原微生物和寄生虫虫卵。用这种方法处理后的粪便，既可达到无害化处理的目的，又可利用无害化处理开展畜禽粪便的能源化、肥料化利用，提高养殖废弃物的应用价值。此方法通常有发酵池法（含沼气发酵法）和堆肥法两种。

1. 生物发酵

（1）发酵池法　适用于动物养殖场，多用于稀粪便的发酵处理，多采用沼气发酵法。沼气发酵法是将畜禽粪便、有机垫料、污物、废弃草料和料槽地面冲洗液等原料，按一定比例纳入沼气池内，经过一定时间的厌氧发酵可消灭 90% 以上的畜禽寄生虫虫卵和有害微生物，并产生大量清洁再生能源沼气。沼气可以作为燃料，沼液、沼渣可以直接肥田，沼渣还可以用来养鱼，形成养殖业与种植业和渔业紧密结合的物质循环生态模式。

（2）堆肥法　适用于干固粪便的发酵消毒处理。堆肥法生物热消毒应在专门的场所设置堆放坑或发酵池，其侧壁和底面应由水泥或黏土筑成，常用的生物热消毒法有地面泥封堆肥发酵法、地上台式堆肥发酵法及坑式堆肥发酵法。采用堆肥法应注意以下几点：①设专门堆肥场，堆放坑或发酵池应远离居民区、生活区、养殖场、屠宰场和饮用水源，避开斜坡。②堆料内不能只堆放粪便，还应混合一些垫草、秸秆、稻草之类富含有机质的物质，以保证堆料中有足够的有机质，作为微生物活动的能量来源。③堆料应疏松，切忌夯压，以保证堆内有足够的空气，各层薄厚一致，高度可达 2m，侧面斜度为 70°，堆好后表面覆盖一层 5~10cm 厚的泥土。④堆料的干湿度要适当，发酵时如为干粪，应加水浇湿以便促进发酵，含水量应为 50%~70%。⑤堆肥时间要足够，必须等彻底腐熟后方可开封、施肥，一般好气堆肥，在夏季需 1 个月左右，冬季需 2~3 个月方达腐熟，被分枝杆菌污染的粪便，应堆放 6 个月之久。⑥必须注意的是生物热消毒法虽然是粪便消毒优选方法，可以杀灭许多传染性病原，如口蹄疫病毒、猪瘟病毒、布鲁氏菌、猪丹毒杆菌等，但对于感染炭疽、气肿疽等芽孢菌的动物的粪便，只能用焚烧方法处理。

2. 掩埋

适用于较偏远地区患疫病畜禽粪便的无害化处理，掩埋地点应远离村庄和水源。将粪便

与漂白粉或新鲜的生石灰混合，然后深埋在地下 2m 左右的坑里。

3. 焚烧

焚烧法是消灭一切病原微生物最有效的方法，所以用于最危险的传染病畜禽粪便（如炭疽、牛瘟、朊病毒病等）的无害化处理。

4. 化学消毒

可用含 2%~5% 有效氯的漂白粉溶液、20% 石灰乳等消毒粪便。但粪便数量庞大，选用这种方法操作比较麻烦，药剂费用较大，还可能造成二次污染，且处理后再利用受限，因此，除非重大动物疫病的粪便，一般不用化学消毒法。

二、垫料及其他污物的无害化处理

养殖场的一般性垫料及其他污物，可以选择随粪便一起进行生物热发酵处理。但染疫或重大疫病畜禽场的垫料及其他污物应采取严格的无害化处理措施，采用深埋、焚烧、化学消毒等方法进行无害化处理。

1. 深埋

将垫料和其他不可再用的污染物收集起来，喷淋混合化学消毒液，杀灭病原体，并进行深埋处理。

2. 焚烧

当发生抵抗力强的病原体引起的传染病（如炭疽、口蹄疫、海绵状脑病和高致病性禽流感等）时，病畜禽的饲料残渣、垫草、污染的垃圾和其他价值不大的物品，均可采用焚烧的方法杀灭病原体或致病因素。

3. 化学消毒

对可再用的污染物品（如胶靴、橡胶手套、工作服、饲槽、水槽、笼架和清洁工具等）进行无害化处理时，采用化学药品进行消毒是最常用和最有效的方法。可用化学消毒液对污染物品进行喷雾消毒或浸泡消毒，也可将污染物品集中放在密闭室内进行甲醛熏蒸消毒。

第七章
动物诊疗机构及其人员公共卫生要求

第一节　动物诊疗机构的卫生要求

一、环境和公共区清洁卫生要求

动物诊疗机构是指从事动物疾病预防、诊断、治疗和动物绝育手术等经营性活动的机构，包括动物医院、动物诊所及其他提供动物诊疗服务的机构，是患病动物较为集中的场所，具有重要的兽医公共卫生学意义。

1. 动物诊疗机构的基本要求

1）动物诊疗场所选址距离畜禽养殖场、屠宰加工厂、动物交易场所不少于 200m。

2）动物诊疗场所应设有独立的出入口，出入口不得设在居民住宅楼内或者院内，不得与同一建筑物的其他用户共用通道。

3）具有布局合理的诊疗室、手术室、药房等功能区。

4）具有诊断、手术、消毒、冷藏、常规化验、污水处理等器械设备。

5）从事动物颅腔、胸腔和腹腔手术的，还应具备影像室及X线或者B超等影像设备。

6）具有诊疗废弃物暂存处理设施。

7）具有染疫或者疑似染疫动物的隔离控制措施及设施设备。

8）兼营宠物用品、宠物食品、宠物美容等项目的，兼营区域与动物诊疗区域应当分别独立设置。

2. 动物诊疗机构的公共卫生要求

1）动物诊疗场所门前及周围环境应保持清洁卫生，不能影响周围居民和行人的卫生和安全。至少每天清扫2次，动物在就诊过程中排泄的粪尿要及时清理，必要时应进行临时消毒。

2）动物诊疗场所必须设置动物普通病区和动物疫病区，根据动物疾病性质进行分区诊疗。对动物疫病区应该进行严格的卫生管理，非医疗工作人员、疫病动物及其主人不得进入疫病区。由于很多动物疫病都是人兽共患病，分区诊疗有利于保障动物诊疗人员、动物主人及就诊动物的公共卫生安全。

3）动物诊疗场所门厅、走廊、楼梯等公共区域应保持清洁卫生。每天上午和下午应各打扫1次，并随时清理排泄物，必要时进行消毒处理。

4）认真做好室内清洁卫生工作，诊疗室、手术室等必须保持整齐和清洁卫生。每天必须打扫2次以上，并做到随污染随清洁，必要时进行随时消毒。

5）每天坚持紫外线消毒。每天下班前做好室内外清洁卫生工作，定时开启紫外线消毒灯，对诊室、手术室等空气和物体表面进行消毒。

二、污水和废弃物处理要求

1）动物诊疗机构应安排专人负责动物医疗废物管理工作，负责本单位医疗废物的分类、收集、贮存、处置及监督管理工作。

2）动物医疗废物管理人员应进行医疗废物分类、收集、贮存、处置等相关法律、专业技术、安全防护等知识的培训。

3）动物诊疗机构应及时收集本单位的医疗废物，并按照类别存放于防渗漏、防穿透的专用包装袋或者密闭容器内，放入医疗废物临时存放点或设备内。

4）动物医疗废物临时存放点或贮存设备应远离诊疗区、饮食区和人员活动场所，并设置明显的警示标识和防渗漏、防鼠、防蚊蝇、防蟑螂、防盗等安全措施。医疗废物的暂时存放点或贮存设备应当定期清洁和消毒。

5）收集和临时贮存的医疗废物，应及时交由专业医疗废物集中处置单位统一管理和处置，无专用防护设备、运输工具的单位和个人，不许从事医疗废物的收集、运送工作。

6）动物诊疗机构产生的污水、传染病患病动物或者疑似传染病患病动物的排泄物，应按照国家有关规定彻底消毒处理后方可排入公共污水系统。

7）不具备集中处置医疗废物条件的地区，动物诊疗机构应当按照县级以上地方人民政府卫生主管部门、环保主管部门的要求，自行就地处置其产生的医疗废物。自行处置医疗废物的，应当符合下列基本要求：①使用后的一次性医疗器具和容易致人损伤的医疗废物，应当消毒并做毁形处理。②能够焚烧的，应当及时焚烧。③不能焚烧的，消毒后集中填埋。

8）遵守动物医疗废物登记制度。应对本单位医疗废物进行实时登记，登记内容应包括医疗废物的来源、种类、质量或者数量、临时存储地点或设备、接收处置单位（或处置方法）、交接（或处置）时间等，最后由经办人签名等。

三、放射线防护要求

1. 机房的位置、建筑和防护要求

（1）机房位置的选择　机房应建造在动物医院相对僻静的位置，远离诊疗室、会议室、主要通道等人员密集区。

（2）机房建筑和防护结构　①机房的空间要求：每台固定式X射线机应设有单独的机房，机房应满足使用设备的空间要求。②机房的屏蔽防护：机房的屏蔽防护应符合标准要求。应合理设置机房门、窗和管线口位置，机房的门和窗应有其所在墙壁相同的防护铅当量。设于多层建筑中的机房（不含顶层）顶棚、地板（不含下方无建筑物的）应满足相应照射方向的屏蔽要求。隔室、操作室与机房间的观察窗要用足够铅当量的铅玻璃。③机房的其他要求：机房内要布局合理，应避免有用线束直接照射门、窗和管线口位置；机房应设置动力排风装置，并保持良好的通风；机房门应有闭门装置，且工作状态指示灯和与机房相通的门能有效联动。

（3）放射性安全警示　因为X线电离空气对人体有害，根据规定，机房门外应有电离辐射警示标识、放射防护注意事项、醒目的工作状态指示灯，灯箱处应设警示语句。

（4）X射线设备及其机房的防护监测　X射线设备机房放射防护安全设施在项目竣工时应进行验收检测，在使用过程中，应按有关规定进行定期检测。X射线设备及其机房防护检测合格并符合国家有关规定后方可投入使用。

2. 对放射工作人员和受检动物的防护要求

1）从事放射工作的人员必须熟练掌握业务技术和射线防护知识，配合有关执业兽医做好X线检查的临床判断，遵循医疗照射正当化和放射防护最优化的原则，正确、合理地使用X线诊断。

2）除临床必须的透视检查外，应尽量采用摄影检查，以减少受检动物和工作人员的受照剂量。

3）放射工作人员在透视前必须做好充分的暗适应。在不影响诊断的原则下，应尽可能采用"高电压、低电流、厚过滤和小照射野"进行工作。

4）用X线进行各类特殊检查时，要特别注意控制照射条件和避免重复照射，对受检动物和工作人员都应采取有效的防护措施。摄影时，工作人员必须根据使用的不同管电压更换附加过滤板；并应严格按照投射部位调节照射野，使有用线束限制在临床实际需要的范围内，同时对受检动物的非投射期部位采取适当的防护措施。

5）摄影时，工作人员必须在屏蔽室等防护设施内进行曝光，除正在接受检查的动物外，其他人员和动物不应留在机房内。

6）应随时关闭机房门，X射线机曝光时，应关闭机房与操作室间的门，并应通过观察窗等密切观察受检动物状态。

7）工作人员应接受个人剂量的监测，且个人剂量应符合相关规定。

第二节　动物诊疗机构医护人员防护要求

一、疫病预防措施

1. 预防原则

1）确认患病动物的血液、体液、分泌物、排泄物具有传染性时，不论是否有明显的血迹污染或是否接触非完整的皮肤与黏膜，接触者都必须采取防护措施。

2）既要防止血源性疾病的传播，也要防止非血源性疾病的传播。

3）强调双向防护，既要防止传染病从发病动物传播至医务人员，又要防止因诊治活动，使传染病经过医务人员或诊疗器械传播给其他动物。

4）根据传染病的传播途径，采取相应的隔离措施，防止传染病传播。

2. 预防措施

主要是降低动物诊疗机构内已知或未知来源传播病原微生物的危险性，感染来源包含所有就诊动物的血液、体液、分泌物、排泄物，以及不完整的皮肤和黏膜等。其主要措施如下。

（1）洗手　接触患传染病动物的血液、体液、分泌物、排泄物及其污染物品时，不论是否戴手套，都必须洗手；遇有下述情况必须立即洗手：①摘除手套后。②接触传染病患病动物前后可能污染环境或传染其他人时。

（2）戴防护手套　接触患传染病动物的传染性物质及其污染物品时，接触发病动物的黏膜和非完整皮肤前均应戴手套；既接触清洁部位，又接触污染部位时应更换手套。

（3）戴防护眼镜和口罩、穿防护衣　上述物质有可能发生喷溅时，应戴防护眼镜和口罩，并穿防护衣，以防止医护人员皮肤、黏膜和衣服的污染。

（4）清洁消毒　①医疗用品消毒处理：被上述物质污染的仪器设备和医疗用品应及时清洗和消毒，被污染的医疗仪器设备应进行清洁和有效消毒，锐利器具和针头应小心处理，以防刺伤，用过的一次性医疗用品要注意消毒和毁形处理。②污染场地消毒处理：对污染的现场地面用0.1%~0.2%含氯消毒液进行喷洒、擦地消毒和清洁处理，对可能被污染的所有使用过的卫生工具也应当进行消毒。③防护用品消毒处理：医疗工作结束后，耐用性防护用品需进行清洗消毒处理，一次性防护用品需消毒或灭菌处理后毁形，按照医疗废物处理。

（5）应急措施　如果在操作中医护人员的身体（皮肤）不慎受伤，应及时采取处理措施，更换防护用品，受染皮肤部位用0.25%过氧乙酸擦拭，3min后清洗，必要时接受医疗处理。

二、卫生防护要求

1. 基本防护

（1）防护对象　在动物医疗机构中从事诊疗活动的所有医疗人员。

（2）着装要求　工作服、工作帽、医用口罩、工作鞋。

2. 加强防护

（1）防护对象　进行动物体液或可疑污染物操作的医疗人员；对患重要人兽共患传染病的动物进行诊疗的工作人员；处理患病动物的分泌物、排泄物、病理组织和动物尸体的工作人员。

（2）着装要求　在基本防护的基础上，可按危险程度使用以下防用品：①防护眼罩或防护眼面罩：有体液或其他污染物喷溅的操作时使用。②外科口罩或医用防护口罩：接触患高危险性人兽共患病、传染病的动物时使用。③乳胶手套：操作人员皮肤破损，或接触体液或破损皮肤黏膜的操作时使用。④鞋套：进入高危险性人兽共患病病区时使用。

参 考 文 献

[1] 陆承平，刘永杰.兽医微生物学［M］.6版.北京：中国农业出版社，2021.
[2] 杨汉春.动物免疫学［M］.3版.北京：中国农业大学出版社，2023.
[3] 崔治中.兽医免疫学［M］.2版.北京：中国农业出版社，2015.
[4] 陈溥言.兽医传染病学［M］.5版.北京：中国农业出版社，2006.
[5] 孔繁瑶.兽医寄生虫学［M］.2版.北京：中国农业出版社，2010.
[6] 汪明.兽医寄生虫学［M］.3版.北京：中国农业出版社，2003.
[7] 张彦明.兽医公共卫生学［M］.3版.北京：中国农业出版社，2019.
[8] 中国兽医协会.2018年执业兽医资格考试应试指南：兽医全科类［M］.北京：中国农业出版社，2018.
[9] 陈明勇.全国执业兽医资格考试历年试卷：兽医全科类［M］.北京：中国农业出版社，2023.